Uni-Taschenbücher 919

W0065409

Eine Arbeitsgemeinschaft der Verlage

Wilhelm Fink Verlag München
Gustav Fischer Verlag Jena und Stuttgart
Francke Verlag Tübingen und Basel
Paul Haupt Verlag Bern · Stuttgart · Wien
Hüthig Verlagsgemeinschaft
Decker & Müller GmbH Heidelberg
Leske Verlag + Budrich GmbH Opladen
J. C. B. Mohr (Paul Siebeck) Tübingen
Quelle & Meyer Heidelberg · Wiesbaden
Ernst Reinhardt Verlag München und Basel
F. K. Schattauer Verlag Stuttgart · New York
Ferdinand Schöningh Verlag Paderborn · München · Wien · Zürich
Eugen Ulmer Verlag Stuttgart
Vandenhoeck & Ruprecht in Göttingen und Zürich

Grundwissen der Ökonomik

Betriebswirtschaftslehre

Herausgegeben von

F. X. Bea, Tübingen
E. Dichtl, Mannheim
M. Schweitzer, Tübingen

Marketing

Franz Böcker

5., überarbeitete Auflage

200 Abbildungen

Gustav Fischer Verlag · Stuttgart

Prof. Dr. Franz Böcker (†)
Wirtschaftswissenschaftliche Fakultät
Universität Regensburg

Prof. Dr. Heribert Gierl
Lehrstuhl für Betriebswirtschaftslehre
Schwerpunkt Marketing
Universität Augsburg
Memminger Str. 14, D-86159 Augsburg

Mitautor der 1. Auflage:
Lutz Thomas

1. Auflage 1980
2. Auflage 1987
3. Auflage 1990
4. Auflage 1991

Die Deutsche Bibliothek – CIP-Einheitsaufnahme

Marketing / Franz Böcker. – Stuttgart : G. Fischer
  Früher verf. von Franz Böcker ; Lutz Thomas
  NE: Böcker, Franz; Thomas, Lutz
  [Hauptbd.]. – 5., überarb. Aufl. – 1994
    (UTB für Wissenschaft : Uni-Taschenbücher ; 919)
    (Grundwissen der Ökonomik : Betriebswirtschaftslehre)
    ISBN 3-8252-0919-9 (UTB)
    ISBN 3-437-40309-5 (G. Fischer)
  NE: UTB für Wissenschaft / Uni-Taschenbücher

Satz: Graphischer Betrieb Friedrich Pustet, Regensburg
Druck und Einband: Claussen & Bosse, Leck
Umschlaggestaltung: Alfred Krugmann, Stuttgart
Printed in Germany   0 1 2 3 4 5
UTB-Bestellnummer: ISBN 3-8252-0919-9

Vorwort der Herausgeber

Für die Studierenden im Anfänger- wie im Fortgeschrittenenstadium ist es erfahrungsgemäß eine große Hilfe, wenn ihnen der Stoff eines Teilgebietes eines Faches in einer knappen, systematisch aufbereiteten und leicht faßlichen Form dargeboten wird. Gleichzeitig müssen sie die Gewißheit haben, daß die wichtigsten Elemente in einer Weise abgedeckt sind, die den jeweiligen Prüfungserfordernissen Rechnung trägt.

Diesem Ziel dienen die Uni-Taschenbücher (UTB), die wir in der Reihe «Grundwissen der Ökonomik: Betriebswirtschaftslehre» beim Gustav Fischer Verlag herausgeben. Die Themen der einzelnen Bände sind so gewählt, daß davon der Wissensbereich der modernen Betriebswirtschaftslehre erfaßt wird. Welche Werke bereits erschienen sind, geht aus einer Übersicht am Ende dieses Buches hervor.

Als Autoren konnten Hochschullehrer gewonnen werden, die dank der Verschiedenheit von Alter, Herkunft und Wissenschaftsauffassung die Gewähr dafür bieten, daß der Charakter der Reihe von keiner bestimmten Schulrichtung geprägt, sondern ein getreues Abbild der Wissenschaftsvielfalt in der Betriebswirtschaftslehre geboten wird.

Eine Besonderheit der Reihe besteht im übrigen darin, daß Bände, bei denen es sich vom Gegenstand her anbietet, durch Arbeitsbücher ergänzt werden. Diese Studienhilfen dienen vor allem der Vertiefung theoretischer Erörterungen, der Einübung von Wissen und der Anwendung des Erlernten auf praktische Fälle. Außerdem bilden sie ein nützliches Instrument für eine wirksame Lernkontrolle. Mit diesem Konzept ist zugleich die Chance verbunden, die Tätigkeit von Dozenten didaktisch zu unterstützen und sie von Arbeiten zu befreien, deren Erledigung zwangsläufig zu Lasten vordringlicher Aufgaben ginge.

Abschließend sei noch darauf hingewiesen, daß Teil der Reihe eine «Allgemeine Betriebswirtschaftslehre» in drei Bänden ist, die, von einem Expertenteam verfaßt, die Klammer um die einzelnen Titel bildet. Die positive Aufnahme, die diese am Markt findet, führt immer wieder zu Neuauflagen und gelegentlich auch zu Übersetzungen in fremde Sprachen.

Mannheim und Tübingen, Oktober 1993   F. X. Bea
E. Dichtl
M. Schweitzer

Vorwort zur fünften Auflage

Franz Böcker ist am 31. Juli 1991 infolge eines Unfalls im Straßenverkehr gestorben. Zu seinem bedeutendsten Erbe ist sein Lehrbuch zum Marketing zu rechnen. Das Anliegen von Franz Böcker war es, damit den Studierenden der Wirtschaftswissenschaften eine kompakte Einführung in das Marketing zu ermöglichen. Als sein Schüler und Freund bin ich gerne der Aufforderung seiner Angehörigen, der Herausgeber der Reihe und des Verlages nachgekommen, sein Werk für interessierte Leser durch Aktualisierung zu erhalten. Dipl.-Kfm. Armin Stich hat einige Schaubilder und Textpassagen behutsam überarbeitet. Ich wünsche dem Werk weiterhin eine breite Leserschaft.

Augsburg, im Juli 1993   Heribert Gierl

Vorwort zur ersten Auflage

Wer es angesichts der schon bestehenden Fülle von Marketing-Lehrtexten unternimmt, ein einführendes Buch zum Marketing zu verfassen, muß sich die Frage gefallen lassen, welche Bereicherung der bereits überreichen Marketing-Literatur das vorgelegte Buch darstellen soll. Das vorliegende Werk weist hinsichtlich der inhaltlichen Ausrichtung, der didaktischen Konzeption und der exakten Zielgruppenorientierung meines Erachtens ein solches Maß an Andersartigkeit auf, daß es vertretbar erscheint, das Werk zu verfassen, bzw. – anders ausgedrückt – daß das Werk sein Marktsegment finden wird. – Diese im Vorwort der ersten Auflage zum Ausdruck gebrachte Vermutung hat nicht getrogen, wie die nun bereits dritte Auflage zeigt.

In einer gedrängten Zusammenschau wird im Rahmen dieses Werkes versucht, die Prinzipien der betrieblichen Absatzpolitik in marktwirtschaftlich orientierten Industrieländern theoretisch zu begründen. Das Grundkonzept basiert zum einen auf Vorstellungen, wie sie im Rahmen der Entscheidungstheorie formuliert werden, und zum anderen auf verhaltenswissenschaftlichen Erkenntnissen. Auf diesen Fundamenten aufbauend werden einerseits die betrieblichen Gegebenheiten dargestellt sowie erklärt und andererseits Entscheidungshilfen erarbeitet. Dabei erweist sich eine modern formulierte Nutzentheorie als besonders brauchbar, bestehende Präferenzen für das eigene Angebot/eigene Unternehmen sowie deren Werden und Vergehen aufzuzeigen. Um Präferenzen nicht nur zu beschreiben, sondern um auch ihre Erfassung und Entstehung zumindest ansatzweise erläutern zu können, wurde in der zweiten Auflage ein neues Kapitel, das den Inhalten und Methoden der Marketingforschung gewidmet ist, eingefügt; in der dritten Auflage wurden einige Fakten auf den neuesten Stand gebracht.

Grundvoraussetzung für eine rationale Abstimmung der Nutzenvorstellungen der Käufer mit denen der Verkäufer ist die Formulierung von Marktwirkungsfunktionen. Angesichts bedeutender Fortschritte im Bereich einer wirklichkeitsnahen Modellbildung und Modellspezifikation erscheint es heute mehr als noch vor wenigen Jahren gerechtfertigt, Marktwirkungsfunktionen, die die Gesetzmäßigkeiten der Absatzmärkte zum Ausdruck bringen, absatzpolitischen Planungen zugrunde zu legen. Die Analyse der für bestimmte betriebliche Aktionsbereiche typischen Zielsetzungen, die Analyse der Gesetzmäßigkeiten der Wirkungen betrieblicher Aktionen und die Ableitung zieladäquater Entscheidungen im Einzelfall stellen somit den Kern der Ausführungen dieses Werkes dar.

Die Zusammenfassung der unterschiedlichen absatzpolitischen Einzelmaßnahmen in einer integrierten Marketingstrategie ist der Inhalt des abschließenden Kapitels zur Marketing-Planung und -Kontrolle. Dabei wird der Versuch unternommen, planungstechnische, organisatorische und informationswirtschaftliche Gesichtspunkte miteinander zu integrieren sowie Ansatzpunkte für die Entwicklung adäquater Strategien aufzuzeigen und zu begründen.

Das Lehrbuch will in die Analyse- und Planungsprobleme des Marketings einführen; es ist nicht auf einen spezifischen Wirtschaftsbereich hin konzipiert, sondern strebt eine allgemeine Sicht an. Daß die Verhältnisse von Konsumgüterherstellern im Vordergrund der Darstellung stehen, ist letztlich allein dadurch bedingt, daß diese Unternehmen – insbesondere die großen Markenartikel-Hersteller – auch heute noch über das am weitesten entwickelte Instrumentarium des Marketing verfügen. Investitionsgüter- und Handelsunternehmen haben zwar in den vergangenen Jahren mehr und mehr das moderne Marketing und seine Möglichkeiten entdeckt, dennoch wurde in diesen Branchen bis heute noch nicht überall derselbe Entwicklungsstand wie im Ursprungsgebiet des Marketing erreicht. Es stellt somit keine Mißachtung der teils anders gelagerten Verhältnisse vor allem des Investitionsgüter- oder Handelsbereichs dar, wenn bei den Betrachtungen bisweilen die Verhältnisse der Produktionsunternehmen von Konsumgütern unterstellt werden; wichtige Besonderheiten anderer Wirtschaftsbereiche werden zumeist aufgezeigt.

Gegenüber der ersten Auflage zeichnete sich die zweite Auflage dadurch aus, daß ein Kapitel zur Marketingforschung hinzugefügt und das Kapitel zur integrierten Marketing-Planung wesentlich umgestaltet sowie erweitert wurde. Darüber hinaus wurden den einzelnen Kapiteln authentische Fallstudien zugeordnet. Gegenüber der zweiten Auflage zeichnet sich die dritte Auflage durch eine Überarbeitung der Daten und Literaturhinweise aus. Von weiteren Vertiefungen des Stoffes wurde trotz wohlgemeinter Ratschläge abgesehen. Die Kombination einer Theorie-orientierten Darstellung der Grundlagen und einer Präsentation realer Planungsprobleme entspricht einem didaktischen Grundprinzip, dem sich der Unterzeichner verpflichtet weiß: Hochschulausbildung sollte generelle – d. h. theoretische – Ausbildung sein, bei der die Studenten aber auch mit praktischen Planungs- und Analyseaufgaben zu konfrontieren sind. Das Vermögen, alltägliche Problemstellungen mit theoretischen Fragestellungen sinnvoll zu verknüpfen, ist geradezu ein Kennzeichen des qualifizierten modernen Wirtschaftsakademikers.

In didaktischer Hinsicht wurde vorrangig folgenden Gesichtspunkten Rechnung getragen: Eine wichtige Funktion von Vorlesungen und Übungen sowie des diesem Lehrbuch zugehörigen Arbeitsbuches (Böcker, F.; Thomas, L.: Marketing – Arbeitsbuch, Stuttgart 1984) wird in der Anreicherung der theoretischen Grundlagen durch praktische Beispiele, zeitnahe Problemdiskussionen und vertiefende quantitative Analysen gesehen. Die für die jeweils behandelten Problembereiche relevante Literatur ist am Ende der einzelnen Kapitel zusammengestellt, wobei die noch in der 2. Auflage anzutreffende Unterteilung der Literatur in Ergänzungs- und Vertiefungsliteratur aufgegeben wurde.

Das vorliegende Werk ging aus einem Veranstaltungsprogramm an der wirtschaftswissenschaftlichen Fakultät der Universität Regensburg hervor. Die Arbeiten an der ersten Auflage des Werkes wurden von Lutz Thomas tatkräftig mitgetragen; insbesondere brachte er ein Manuskript zum Konsumentenverhalten ein und verfaßte einige Teile des Arbeitsbuches. Angesichts starker beruflicher Belastungen konnte er an der Fortentwicklung des Buches nicht mehr mitwirken. Als einem Geburtshelfer des Buches gilt ihm das erste Dankeswort. Den Studenten, die durch kritische Fragen manche Unschärfen des Inhalts aufgedeckt haben, den Kollegen und Mitarbeitern, die fruchtbare Hinweise beigesteuert haben, sei bestens für diese Förderung der Wissenschaft gedankt. Erwin Dichtl, dem wissenschaftlichen Freund und verantwortlichen Herausgeber der Reihe «Grundwissen der Ökonomik», gilt ebenfalls mein Dank. Dr. Magda Hirschberger hat durch viele kritische Anmerkungen tatkräftig an der zweiten Auflage dieses Werkes mitgewirkt; ihr verdanke ich die Beseitigung mancher Unklarheit und die Verbesserung vieler wichtiger Details. Dr. Heribert

Gierl hat tatkräftig den Übergang von der zweiten zur dritten Auflage unterstützt. Ohne die vielfältige technische Hilfe von Rosemarie Ermel und vor allem Gabriele Piendl wäre das Werk nicht so instruktiv und lesbar geworden.

Regensburg, im Januar 1990   Franz Böcker

Inhalt

Zur Notation

$\underline{a}$:	= Spaltenvektor ($\underline{a}'$: = Zeilenvektor)
$\underline{A}$:	= Matrix
$\mathbb{R}$:	= Menge der reellen Zahlen
$a \in A$:	= a Element der Menge A
$x \in [a, b]$:	= $\{x \in \mathbb{R},\ a \leq x \leq b\}$
$x \in (a, b)$:	= $\{x \in \mathbb{R},\ a < x < b\}$
$f : A \to B$:	= Abbildung von A in B, d.h. jedem $a \in A$ wird nur ein $b \in B$ zugeordnet
$A = \{a_1, \ldots, a_i, \ldots, a_I\}$:	= Aktionsmenge
$Z = \{z_1, \ldots, z_j, \ldots, z_J\}$:	= Zustandsmenge
$X = \{x_{11}, \ldots, x_{ij}, \ldots, x_{IJ}\}$:	= Ergebnismenge
$t \in \{1, \ldots, T\}$:	= Zeitindex
$s \in \{1, \ldots, S\}$:	= Produktindex
$r \in \{1, \ldots, R\}$:	= Unternehmensindex
u_{ij}:	= Ergebnisnutzen von Aktion i für Zustand j
$\varphi : X \to U$:	= Ergebnisnutzenfunktion, mit $\varphi : x_{ij} \to u_{ij} \in \mathbb{R}$
$\underline{U} \in \mathbb{R}^{I \times J}$:	= Ergebnisnutzenmatrix
$\underline{u}_i \in \mathbb{R}^J$:	= Ergebnisnutzenvektor der Aktion i
$w_j := w(z_j)$:	= Wahrscheinlichkeit für Zustand j
g	= Gewichtungsfaktor
$a^* \in A$:	= optimale Aktion
p_s:	= Preis Produkt s
k_s:	= variable Einzelkosten Produkt s
d_s:	= Stückdeckungsbeitrag Produkt s
y_s:	= Absatz Produkt s
M_{rs}:	= Marktanteil Unternehmen r bei Produkt s
U_s:	= Umsatz Produkt s
K_s:	= Gesamtkosten Produkt s
F_s:	= Fixkosten Produkt s (außer Kosten C_s, E_s)
C_s, E_s:	= Kosten absatzpolitischer Maßnahmen für Produkt s
D_s:	= Produktdeckungsbeitrag Produkt s

$\varepsilon_{ps/ys}$:   = direkte Preiselastizität der Nachfrage

$\varepsilon_{ps'/ys}$:   = Kreuzpreiselastizität der Nachfrage $(s' \neq s)$

$\eta_{Es/ys}$:   = Grenzerlös der Werbung

1. Grundsätze marktorientierter Unternehmenspolitik

1.0. Lernziele des Kapitels

Ziel der Darstellungen in diesem Kapitel ist es, dem Leser ein Verständnis davon zu vermitteln,

- welchen Grundproblemen sich Unternehmensleitungen gegenübergestellt sehen, die in Konkurrenzwirtschaften Produkte oder sonstige Leistungen über einen Markt abzusetzen wünschen, und
- welche Grundsätze bei der Gestaltung der absatzpolitischen Anstrengungen nach heutiger Erkenntnis beachtet werden sollten.

1.1. Eine Fallstudie[1]

1970 wurde in Passau die Jado GmbH von Dipl.-Chem. Dr. R. Dohm und Dipl.-Kfm. H. Jaus gegründet und bald darauf ebenfalls in Passau die Produktion aufgenommen. Das Produktionsprogramm bestand vorwiegend aus einfachen kosmetischen Präparaten wie Badezusätzen, Hautcremes, Lidschattenstiften, Lippenstiften und verschiedenen Arten von Eau de Toilette bzw. Rasierwasser. Die Belegschaft wuchs bereits in kurzer Zeit auf 16 Arbeiter und Angestellte an. Die Produkte der Jado GmbH gingen zum größten Teil über eine Handelskette und einige freie Großhändler an Drogerien im Stuttgarter Raum und im Rhein-Ruhr-Gebiet. Die Jado-Erzeugnisse wurden vorwiegend als Handelsmarken verkauft und rundeten in den meisten Einzelhandelsgeschäften das Sortiment hinsichtlich des Preises und der Qualität nach unten ab.

Anfang 1977 waren langwierige Laborversuche mit einem neuen Produkt aus dem Bereich Rasierwasser abgeschlossen worden, deren Ergebnisse ein nach Meinung der Unternehmensleitung hochwertiges neues After-Shave-Rasierwasser war. Bei einer Reihe vergleichender Tests, bei denen Proben unterschiedlicher Rasierwasser dargeboten wurden, bestätigten Fachleute dem neuen Jado-Produkt hervorragende Eigenschaften, wie

---

[1] Um Vertraulichkeit zu bewahren, wurden einige Namen und Daten abgeändert.

etwa Hautschonung, aseptische Wirkung und einen angenehm herben, nachhaltigen Duft. Angesichts der günstigen Kostensituation des Unternehmens war man in der Lage, das Produkt im Vergleich zu anderen Marken wie Russisch Leder, Tabac und Sire relativ preiswert anzubieten. Dem Produkt wurde der Name Flair gegeben und man ließ umgehend einige Musterpackungen für Präsentationszwecke erstellen.

Da man sich von dem neuen Produkt einen spürbaren Umsatzanstieg erhoffte, bemühte sich Herr Jaus selbst um den Absatz des Produktes und suchte daher zunächst die bisherigen Hauptabnehmer auf. Sowohl bei einer Drogeriekette als auch bei den freien Großhändlern zeigte man sich nur wenig interessiert, da man die Sortimente in dem ehedem übersetzten Markt hochpreisiger Rasierwassermarken nicht noch weiter aufblähen wollte und im übrigen kaum an den Erfolg von Flair glaubte.

Mit gedämpften Optimismus nahm Herr Jaus Mitte 1977 Kontakt mit der Verbrauchermarktgruppe Kupa auf. Anders als im Drogeriemarktbereich zeigte man sich hier dem Angebot gegenüber sehr aufgeschlossen und orderte zunächst einige Proben für Testzwecke. Bei günstigem Verlauf der Tests und ausreichender Abverkaufsunterstützung durch die Jado GmbH wollte man die Abnahme einer größeren Menge ins Auge fassen und gegebenenfalls das neue Rasierwasser auch in die Orderliste aufnehmen. Die Produkttests verliefen äußerst positiv und auch hinsichtlich der Modalitäten der Abnahme zeichnete sich ein für Jado vergleichsweise günstiges Ergebnis ab. Für den ersten Liefervertrag war ein Volumen von 80 000 Flaschen vorgesehen, das in vier Lieferungen (erste Lieferung 6. 12. 77) an ausgewählte Verbrauchermärkte der Kupa-Gruppe geliefert werden sollte.

Bald nach Beginn der Verhandlungen mit der Verbrauchermarktgruppe hatte Jaus auch Kontakte zu einem renommierten Spezialversandhaus für Geschenkartikel aufgenommen, das eine Ausweitung seines Angebots in den Bereich der Kosmetika hinein erwog. Die mit dem Spezialversandhaus diskutierten Konditionen erschienen der Geschäftsleitung der Jado GmbH akzeptabel, eine Aufnahme in den Sommerkatalog 1978 des Versandhauses lag damit im Bereich des Möglichen. Bei einer Aufnahme in den Sommerkatalog wäre mit einem Auftragsvolumen von zunächst ca. 30 000 Flaschen zu rechnen. Würde Flair im kommenden Sommer eine vom Auftraggeber fest vorgegebene Umsatzschwelle überschreiten, was Herr Jaus für realisierbar hielt, würde man Flair auch in die folgenden Kataloge aufnehmen. Sollte die Umsatzschwelle nicht erreicht werden, müßten die bis 1.10.1978 verbliebenen Restbestände von Jado zum Einkaufspreis zurückgenommen werden.

Herr Jaus und Herr Dr. Dohm standen damit vor der Aufgabe, relativ zügig Entscheidungen über die künftige Absatzpolitik zu fällen, wobei sie insofern vergleichsweise wenig Beschränkungen zu berücksichtigen hatten, als seitens der Produktion die diskutierten Mengen ohne Investitionen zur Verfügung gestellt werden konnten und die solide finanzielle Grundlage der Jado GmbH sowohl eine Aufnahme der Produktion und des Vertriebs als auch deren Unterlassung zuließ. Die Entscheidung war für die Jado GmbH insofern allerdings von weitreichender Bedeutung, als man mit Hilfe von Flair in die oberen Preis- und Qualitätsstufen eindringen wollte. Zugleich wollte man aber auch die freien Kapazitäten sinnvoll auslasten.

Der Fall Jado GmbH ist geeignet, einige typische Probleme der Absatzpolitik zu beleuchten, wobei hier allerdings keine vollständige Problemanalyse angestrebt wird.

Die Ausgangssituation ist insbesondere durch folgende Tatbestände charakterisiert: Bei der Jado GmbH handelt es sich um ein mittelständisches Unternehmen, das vorwiegend Produkte der mittleren und unteren Preisklassen an eine relativ geringe Zahl von Wiederverkäufern veräußert. Auf dem Markt der Endabnehmer (hier: Konsumenten) ist Jado nicht aktiv; sie tritt dort vielmehr nur schwach in Erscheinung, da ihre Produkte zum großen Teil unter anderem Namen als dem Firmennamen Jado verkauft werden. Hinsichtlich des neuen Produktes existieren bisher lediglich Laborerfahrungen.

Bereits hinsichtlich der Beurteilung des Produktes selbst sind Zweifel an der Richtigkeit der Vorgehensweise der Verantwortlichen der Jado GmbH berechtigt. Zu sehr gehen diese offensichtlich davon aus, daß von günstigen Ergebnissen der Laborversuche auf eine entsprechende Akzeptanz bei den Konsumenten geschlossen werden kann. Maßgeblich für die Entscheidungen der Konsumenten sind aber nicht die objektiven Meßwerte aus Laborversuchen, sondern allein das, was sie von den einzelnen Produkten halten. Die objektiven Gegebenheiten und das subjektiv geformte Abbild davon können in mehrfacher Hinsicht voneinander abweichen:

- Realität und subjektives Abbild können darin abweichen, daß die Einstufungen der Objekte hinsichtlich wichtiger Merkmale nicht übereinstimmen. So ist etwa keineswegs sicher,

3

daß das labormäßig als herb eingestufte Produkt auch von den Konsumenten als herb beurteilt wird.

- Realität und subjektives Abbild können auch darin abweichen, daß die Beurteilungsdimensionen variieren. So wird in Laborversuchen etwa in keiner Weise der Herkunftsort oder der Produktname berücksichtigt. Es ist aber wohl einsichtig, daß ein Rasierwasser, versehen mit dem Namen DIOR und der Firmensitzangabe Paris, der vermuteten Hauptstadt des Parfüms, anders eingestuft wird als ein solches mit dem Namen Flair und der Herkunftsbezeichnung Passau.

Gerade im Kosmetikbereich wird man solche Komponenten der Produktausstattung zweifellos nicht vernachlässigen dürfen. Ein unbekannter Produktname (Flair) und eine unbekannte Unternehmung (Jado GmbH) erzeugen bei den meisten Konsumenten kaum den Eindruck hoher Qualität, die dem Produkt nach den Laborversuchen offenbar zukommt. Als Qualitätszeichen sind neben Produkt- und Unternehmensnamen auch die Verpackung zu nennen. Produkte, deren äußeres Erscheinungsbild keine Qualitätsvermutung erzeugt, werden ohne sonstige Kaufanreize kaum ein erstes Mal gekauft und haben damit auch nicht die Chance, dem potentiellen Käufer ihre «wahre» Qualität zu verdeutlichen.

Analysiert man das Verhalten von Käufern kosmetischer Produkte, so tauchen unmittelbar noch andere gravierende Probleme für die Jado GmbH auf: Vor allem wenn es um kosmetische Produkte für die Frau geht, besteht ohne Zweifel ein gewisses Bestreben, für verschiedene Anwendungen Produkte derselben Marke zu verwenden. Begründet liegt dieser Wunsch vor allem darin, daß viele Frauen bestrebt sind, eine einheitliche Duftnote zu verwenden. Diese Duftnote soll darüberhinaus der Vorstellung von der eigenen Persönlichkeit entsprechen, wobei auch hier regelmäßig von einer Harmonie der Parfümnote mit der «Persönlichkeit» die Rede ist, in Wirklichkeit aber eine Harmonie der Parfümnote mit der vermuteten bzw. gewünschten «Persönlichkeit» gemeint ist. Wenn auch die Notwendigkeit der Ergänzung des Angebots eines Produktes durch das Angebot einer Produktfamilie im Herrenkosmetikbereich wohl nicht so zwingend ist wie im Damenkosmetikbereich, so böte es sich dennoch an, dem Angebot eines After-Shave-Produktes ein Pre-Shave-Produkt hinzuzufügen. Ein Produkt wie Flair nicht isoliert zu offerieren, gebietet allerdings nicht nur der Wunsch der Konsumenten nach einer Produktfamilie, sondern ergibt sich auch aus Gründen der Ersparnis etwa von Werbekosten. Der Aufwand, um eine Marke oder Firma durch Werbung bekannt zu machen, ist kaum größer, wenn in diese Werbung eine größere Zahl zusammengehöriger Produkte eingeschlossen wird.

Die Geschäftsleitung beabsichtigt, mit Flair einen Zugang zu den oberen Preis- und Qualitätsstufen zu gewinnen. Erscheint dies schon aufgrund der regionalen Herkunft des Produktes und aufgrund der fehlenden Einbindung in eine Produktfamilie kaum erreichbar, so wird es vollends illusionär, wenn einer der derzeit diskutierten Vertriebswege beschritten wird. Geht man wiederum von plausiblen Verhaltensannahmen aus, so erscheint es kaum sinnvoll, ein Produkt, das von den Käufern als qualitativ hochwertig eingestuft werden soll, über Verbrauchermärkte zu vertreiben, die regelmäßig durch niedrige Preise den Markt zu erobern versuchen. Da die sonstigen Möglichkeiten, die Qualität eines Rasierwassers zu beurteilen, beschränkt sind, werden von den Konsumenten häufig zum einen der Name bzw. die Herkunftsbezeichnung und zum anderen der Preis bzw. die Verkaufsstätte als Qualitätsindikatoren herangezogen. «Teuere» Geschäfte verkaufen teuere, d. h. qualitativ hochwertige Produkte und billige Geschäfte verkaufen billige, d. h. qualitativ weniger hochwertige Produkte, so kann vereinfacht der Gedankengang von manchen Konsumenten gekennzeichnet werden. Ob das Spezialversandhaus, das neben dem Verbrauchermarkt als Vertriebsweg zur Diskussion steht, als «teueres» oder «billiges» Geschäft zu qualifizieren ist, mag hier offen bleiben. Zumindest hinsichtlich der Verbrauchermarktgruppe bestehen erhebliche Zweifel, ob es auf diese Weise möglich ist, das Produkt Flair als hochwertiges Produkt am Markt zu etablieren.

Die Jado GmbH treibt eine Absatzpolitik, die vorwiegend auf den unmittelbaren Absatzerfolg ausgerichtet ist und nur am Rande die langfristigen Marktchancen ins Kalkül einbezieht. Ein Zeichen davon ist die Vernachlässigung des Endverbrauchermarktes, was eine vollständige Abhängigkeit vom Handel zur Folge hat. Dem entspricht der Tatbestand, daß keine Überlegungen hinsichtlich der «Art» und der speziellen Wünsche/Bedürfnisse der Abnehmer angestellt werden. Auf einem so konkurrenzintensiven Markt wie dem Kosmetikmarkt erscheint es wenig erfolgversprechend, als unbedeutender Anbieter gewissermaßen den Gesamtmarkt in Angriff zu nehmen, da man Gefahr läuft,

- zum einen nur Gelegenheitskäufer und keine Stammkäufer gewinnen zu können, wenn das Produkt auf keine spezifischen Bedürfnisse zugeschnitten ist, und
- zum anderen keine differenzierte Bearbeitung ausgewählter Konsumentengruppen bzw. Handelsgruppen vornehmen zu können, weil das notwendigerweise beschränkte Marketingbudget auf zu viele und zu unterschiedliche potentielle Konsumenten bzw. Handelsunternehmen verteilt wird.

Den soeben skizzierten Gefahren kann nur dadurch begegnet werden, daß ein Teil des Marktes als Zielgruppe gewählt wird und alle absatzpolitischen Anstrengungen auf dieses Marktsegment konzentriert werden. Diese Strategie bietet die Möglichkeit, einerseits das Produkt selbst (Duftnote) und die Werbeaussage auf die Wünsche dieser Zielgruppe auszurichten und andererseits die Vertriebsanstrengungen und die Werbemittel (z. B. Zeitschriften, Schaufensterdekorationen) so zu steuern, daß möglichst nur die Zielgruppe angesprochen wird. Gelingt es einem Unternehmen, seine Leistung einem Teil des Marktes als maßgeschneidert darzustellen, so kann das Unternehmen bei diesem Teil des Marktes eine relativ starke Position, gewissermaßen eine Art kleines Monopol, erlangen.

Insgesamt gesehen ermangelt es den absatzpolitischen Plänen der Jado GmbH an einem einheitlichen Konzept, das seinen logischen Ausgang von einer klar definierten Zielgruppe von Konsumenten nimmt und die Anstrengungen am Letztverbrauchermarkt mit denen am Handelsmarkt sinnvoll miteinander kombiniert.

1.2. Absatzpolitik und Absatzwirtschaft in Industrieländern marktwirtschaftlicher Prägung

Was an dem einführenden Fallbeispiel mehr erzählerisch dargestellt wurde, gilt es im folgenden im einzelnen zu begründen, zumindest aber plausibel zu machen. Dazu bedarf es zunächst einiger begrifflicher Klarstellungen.

Unter Absatzpolitik werden im folgenden alle Entscheidungen, die primär die aktive Gestaltung der Absatzbedingungen eines Unternehmens zum Gegenstand haben, und deren Realisationen verstanden. Das Bestreben von Absatzpolitik betreibenden Organisationen kann dann – vereinfacht ausgedrückt – darin gesehen werden, den potentiellen Abnehmern ihrer Leistungen

ein Angebot darzubieten, das zum einen dem der konkurrierenden Anbieter vorgezogen wird und das zugleich der anbietenden
Organisation einen als ausreichend eingestuften Ertrag verspricht. Absatzpolitik in diesem Sinne treiben sowohl die Hersteller von Konsumgütern und von Industriegütern als auch diejenigen Organisationen, die irgendwelche Dienste wie etwa
Handels- oder Transportdienste, Ausbildungsdienste oder Bank-
dienstleistungen im Wettbewerb gegen Entgelt anbieten.
Absatzpolitik treiben insofern auch soziale Dienste wie «War-
mes Essen auf Rädern». Nicht Absatzpolitik treiben allerdings
staatliche Institutionen, die hoheitlich tätig werden, oder etwa
Ausbildungseinrichtungen, die weder nach der Zahl noch nach
der Qualität der Absolventen beurteilt oder danach finanziell
ausgestattet werden. Wenn im weiteren Verlauf der Darstellung
zumeist implizit auf Unternehmen Bezug genommen wird, die
Konsumgüter produzieren und vermarkten, so lediglich deshalb,
weil diese Organisationen ihre absatzpolitischen Anstrengungen
zur vergleichsweise größten Reife entwickelt haben und somit –
im guten wie im schlechten Sinne – als besonders ergiebige
Erkenntnisobjekte einzustufen sind.
Alle diejenigen Entscheidungen, die im Zusammenhang mit der
Planung und Realisierung von absatzpolitischen Maßnahmen
anfallen, und die Gesamtheit der Tatbestände, die diese Entscheidungen tangieren oder aus ihnen erwachsen, bezeichnet man als
Absatzwirtschaft oder betriebliche Marktwirtschaft. Der Begriff
der Absatzwirtschaft ist auf den betrieblichen Bereich ausgelegt.
Das gesamtwirtschaftliche Analogon, d. h. die Summe aller Einrichtungen und Entscheidungen, die primär dem Güteraustausch
im Gegensatz zur Güterproduktion dienen, wird üblicherweise
als Distribution bezeichnet.
Die wissenschaftliche Auseinandersetzung mit der Absatzwirtschaft ist Gegenstand der *Lehre von der Absatzwirtschaft*. Wie in
den meisten sozialwissenschaftlichen Erkenntnisgebieten sind
auch in der Absatzwirtschaft zwei im Prinzip unterschiedliche
Forschungsstrategien möglich, nämlich eine deskriptive und
eine normative. Ziel der deskriptiven oder registrierenden Lehre
von der Absatzwirtschaft ist die Beschreibung und Erklärung der
Tatbestände, die die betriebliche Absatzpolitik tangieren oder
von ihr geschaffen werden. Beispiele einer deskriptiven Lehre
von der Absatzwirtschaft sind die Lehre von den Handelsinstitu-
tionen, von den Handelsfunktionen und von den Güterarten.
Ziel der normativen Lehre von der Absatzwirtschaft ist es dem-

gegenüber, den konkret Absatzpolitik Treibenden Hilfen für die Lösung praktischer Entscheidungsprobleme zur Verfügung zu stellen. Die normative Lehrrichtung baut insofern auf der deskriptiven Lehre von der Absatzwirtschaft auf, als sie zumindest Teile deren Erkenntnisse als Bausteine ihrer Lehre verwendet. Die normative Lehre von der Absatzwirtschaft ist begriffslogisch immer auf bestimmte Entscheidungsträger hin orientiert; zugleich besitzt sie in gewissem Sinne instrumentellen Charakter.

Gegenstand der normativen Lehre von der Absatzwirtschaft, die dieses Buch darzustellen versucht, sind nach den vorangegangenen Überlegungen somit Entscheidungen von Personen bzw. Institutionen, die Absatzpolitik treiben. Absatzpolitik bedeutet dabei, daß die planenden Subjekte keinem strikten, übergeordneten (gesamtwirtschaftlichen) Plan unterworfen sind und daß jene Personen, auf die die absatzpolitischen Anstrengungen abzielen («Zielgruppe»), keinem physischen Kaufzwang unterworfen werden, sondern eine Wahlmöglichkeit besitzen.

Die Ausformung der Absatzpolitik und das Maß der Intensität, mit der sie betrieben wird, haben in den letzten Jahrzehnten mehrfach entscheidende Wandlungen durchgemacht. Die Intensität absatzpolitischer Anstrengungen und deren Grundmuster wird regelmäßig stark davon geprägt, ob ein *Markt* (= Ort des Zusammentreffens von Angebot und Nachfrage bezüglich bestimmter Produkte) als *Verkäufer*- oder als *Käufermarkt* klassifiziert werden kann. Mit dem Begriff Verkäufermarkt kennzeichnet man dabei eine Marktsituation, in der sich die Verkäufer in der verhandlungstaktisch besseren Position befinden, der Begriff Käufermarkt die entgegengesetzte Situation. Die Ausprägungen verschiedener Merkmale für beide Marktsituationen faßt Schaubild 1.1. zusammen.

Marktsituationen lassen sich für eine Volkswirtschaft und Branche zumeist nicht einheitlich als Käufer- oder Verkäufermärkte beschreiben. So kann es durchaus sein, daß etwa für eine bestimmte handwerkliche Leistung in einem Gebiet ein Verkäufermarkt und in einem anderen ein Käufermarkt herrscht. Den zügigen Ausgleich verhindert in einem solchen Fall etwa die eingeschränkte Mobilität der Handwerker. Auch existiert keineswegs eine Art Naturgesetz, daß sich alle Märkte vom Verkäufer- zum Käufermarkt verändern, vielmehr sind auch umgekehrte Entwicklungen zu beobachten (Rohstoffe).

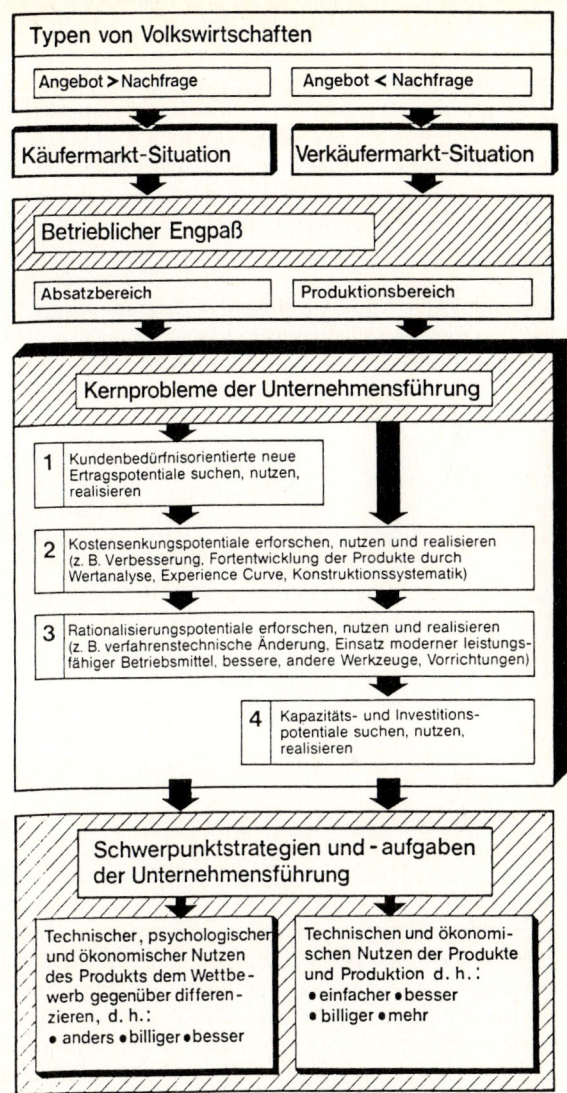

Quelle: Kramer, S.: Innovative Produktpolitik, Berlin 1987, S. 8.

Schaubild 1.1.: Kennzeichen des Verkäufer- und Käufermarktes und der daraus abzuleitenden Unternehmensstrategien

Aufgrund der unterschiedlichen Engpaßsituationen beim Verkäufer- und beim Käufermarkt ergeben sich aus der «Dominanz des Minimumsektors» recht unterschiedliche Folgerungen. Nach der Hypothese von der *Dominanz des Minimumfaktors* ist derjenige betriebliche Funktionsbereich als der das Gesamtsystem des Betriebes bestimmende anzusehen, der der «schwächste» (= Engpaß) ist. Analog zum sogenannten «Ausgleichsgesetz der Planung» von Gutenberg kann die Wirkung des Minimumsektors auf die Gesamtplanung wie folgt umrissen werden:

- Die Dominanz des Minimumfaktors erfordert *kurzfristig* das *Einregulieren* der Gesamtplanung *auf den Engpaß.*
- *Langfristig* resultiert aus der Dominanz des Engpaßfaktors das Bestreben, die betriebliche Planung disharmonisch voranzutreiben, d. h. den *Engpaßbereich vorrangig* zu entwickeln.

Folgt man diesen Aussagen, so besteht im Käufermarkt in zweierlei Hinsicht ein *Primat des Absatzbereiches*: Zum einen formen kurzfristig die Absatzmöglichkeiten die übrigen betrieblichen Funktionsbereiche, zum anderen wird aus langfristiger Sicht vor allem versucht, die Absatzchancen kontinuierlich zu verbessern. Damit ist klar, daß unter solchen Marktgegebenheiten die Absatzplanung nicht mehr am Ende der Planungsüberlegungen steht, sondern die Absatzplanung zum Ausgangspunkt der kurz- und langfristigen Unternehmensplanung wird. Unter solchen Umständen ist Absatzplanung nahezu identisch mit Gesamtunternehmensplanung.

1.3. Die differenzierte Nachfrage

In Käufermarktsituationen wird man angesichts der Konkurrenzsituation nur dann langfristig erfolgreich Absatzpolitik betreiben können, wenn man in einem ausreichenden Maße der stärkeren Marktposition der Nachfrager gerecht wird. Damit wird es geradezu zwingend, die Analyse der Nachfragesituation an den Anfang aller absatzpolitischen Überlegungen zu stellen.

Nach der Art der nachgefragten Produkte kann die Marktsituation einfach charakterisiert werden. Produkte können vor allem in dreierlei Hinsicht beschrieben werden, nämlich nach

- Verwendungsreife,
- Verwendungszweck und
- Beschaffungsaufwand bzw. Beschaffungshäufigkeit.

Die Unterteilung der Produkte nach der *Verwendungsreife* hebt darauf ab, inwieweit das Produkt unmittelbar einer konsumtiven oder einer industriellen Verwendung zugeführt werden kann oder – aus der Sicht der Produktionskette gesehen – inwieweit es vorher noch zu bearbeiten ist. Ein *Ur- oder Rohstoff* ist ein Naturgut, das (noch) keine wesentliche Bearbeitung erfahren hat (Holz, Kohle, Wasser, Milch). *Halbfertigerzeugnisse* (Zwischenprodukte) haben demgegenüber bereits einen industriellen oder handwerklichen Bearbeitungsprozeß durchlaufen, sind allerdings noch nicht tauglich, ihrem letzten Verwendungszweck zu dienen; die mangelnde Tauglichkeit kann dabei daher rühren, daß das Zwischenprodukt selbst noch weiterverarbeitet werden muß («Rohling», Rohstahl) oder noch mit anderen Zwischenprodukten verbunden werden muß (Fernsehbildröhre). *Fertigerzeugnisse* schließlich können direkt einer bestimmten Verwendung zugeführt werden.

Unterteilt man Produkte nach ihrem *Verwendungszweck*, so sind zweimal zwei Produktarten zu bilden: Zum einen Produkte, die für die Verwendung in der Privatsphäre *(Konsumgüter)* bzw. im gewerblichen Bereich *(Produktivgüter)* bestimmt sind, und zum anderen solche, die bei der Verwendung gebraucht *(längerfristige bzw. mehrmalige Nutzung; Investitionsgüter)* bzw. verbraucht *(einmalige Nutzung; Produktionsgüter)* werden. Anders als die Unterteilung der Produkte nach ihrer Verwendungsreife ist die Unterteilung nach dem Verwendungszweck keineswegs immer durch die Produktart bestimmt; so sind Personenkraftwagen, Taschenrechner oder Strom sowohl als Konsum- als auch als Produktivgüter einsetzbar.

Eine in diesem Zusammenhang relativ selten diskutierte Unterteilung der Produkte ist diejenige nach dem *Beschaffungsaufwand* bzw. der *Beschaffungshäufigkeit*. Gemeinhin werden in diesem Zusammenhang – beschränkt auf den Konsumgüterbereich – sog. *«convenience goods», «specialty goods»* und *«shopping goods»* unterschieden. Wenngleich die Klassifizierung nicht immer einheitlich ist, so dürfte folgende Kennzeichnung dennoch weitestgehend Zustimmung finden: Convenience goods sind Produkte, die häufig gekauft werden, bei denen man eine (subjektiv!) ausreichende Markttransparenz besitzt und für deren Erwerb man nur geringe Beschaffungsanstrengungen (z. B. Wegstrecke) auf sich zu nehmen bereit ist. Specialty und shopping goods werden demgegenüber relativ selten gekauft, dies oft schon deshalb, weil sie vergleichsweise teuer sind. Specialty goods sind Produkte, die zumeist deshalb geringere Beschaffungsanstrengungen erfordern als shopping goods, weil man bei ihnen eine relative gute Markttransparenz besitzt, was bei shopping goods kaum jemals gegeben ist. Ein Beispiel für convenience goods sind Lebensmittel; ein Motorrad ist für einen Motorrad-Fan ein specialty good, für einen Motorrad-Laien dagegen ein shopping good.

Für die betriebliche Absatzpolitik ist eine Typisierung von Produkten nach dem soeben diskutierten Raster insofern von Bedeutung, als etwa bei convenience goods anders als bei shopping goods oder specialty goods potentielle Käufer kaum bereit sind, besondere physische oder psychische Anstrengungen zu unternehmen, um eine bestimmte Marke zu erwerben. Ist etwa die präferierte Marke nicht in der Nähe erhältlich, bestehen für sie längere Wartezeiten (Katalogversand) oder ist sie in einem bestimmten Geschäft ausverkauft, so wird der Kunde bei einem convenience good oft ohne zu zögern die Marke wechseln, während er insbesondere bei einem specialty good kaum dazu bereit sein wird.

Die absatzpolitische Relevanz der Unterteilung der Produkte nach ihrer Verwendungsreife und ihrem Verwendungszweck ergibt sich insbesondere daraus, daß für einen Teil der Produkte die Nachfrage derivativer Natur ist. *Derivative Nachfrage* bedeutet in diesem Zusammenhang, daß die Nachfrage nach dem jeweiligen Produkt von der Nachfrage nach einem anderen Pro-

		Rohstoffe	Zwischenprodukte	Fertigprodukte
Produktiv-güter	Gebrauch	Diamant (d)	—	Lastkraftwagen (d)
	Verbrauch	Kohle (d)	Rohstahl (d)	Maschinenöl (d)
Konsum-güter	Gebrauch	Holz (d)	—	Wohngebäude
	Verbrauch	Milch (d)	Do-It-Yourself-Materialien (d)	verarbeitete Lebensmittel

Schaubild 1.2.: Unterteilung der Produkte nach Verwendungsreife und Verwendungszweck mit Beispielen ((d): = derivative Nachfrage)

dukt abhängt. Ein besonders augenfälliges Beispiel hierfür mag die Nachfrage nach Fernsehbildröhren sein, die in fast vollkommener Weise von der Nachfrage nach Fernsehgeräten abhängt. Da die Merkmale Verwendungsreife und Verwendungszweck voneinander unabhängig sind, können beliebige Kombinationen der einzelnen Merkmalsausprägungen gebildet werden.

Als derivativ (d) anzusehen ist insbesondere die Nachfrage nach Produktivgütern und gegebenfalls auch die Nachfrage nach Rohstoffen und Zwischenprodukten im Konsumgüterbereich. Die Nachfrage nach Do-It-Yourself-Materialien (z. B. Klebstoff) kann insofern als derivativ angesehen werden, als sie eine Funktion der Nachfrage etwa nach Wohnraum bestimmter Qualität ist. Das Schaubild verdeutlicht die erhebliche Bedeutung der derivativen Nachfrage in hoch entwickelten Volkswirtschaften. Nachfrage nach Produktivgütern und nach Konsumgütern entsteht grundsätzlich aus Bedürfnissen der am Wirtschaftsprozeß Beteiligten. Der Zusammenhang zwischen den Konstrukten Bedürfnis, Bedarf, Nachfrage und Kaufvolumen ist in Schaubild 1.3. wiedergegeben.

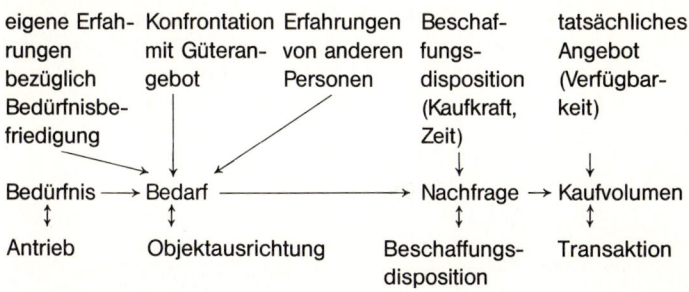

Schaubild 1.3.: Stufen zunehmender Konkretisierung des Objekts des Kaufentscheidungsprozesses

Bedürfnisse stellen den gedanklichen Startpunkt des menschlichen Kaufentscheidungsprozesses dar, sie können als Mangelgefühle beschrieben werden, denen das Bestreben zugeordnet ist, diese Mangelgefühle zu beheben. Bedürfnisse sind demnach intrapersonale und damit nicht beobachtbare Tatbestände, auf deren Vorhandensein man nur aufgrund bestimmter Verhaltensweisen indirekt schließen kann. Anders als Bedürfnisse sind *Bedarfs*größen bereits auf bestimmte Mittel der Bedürfnisbefrie-

13

digung hin orientiert; der Bedarf ist gewissermaßen das durch die Konfrontation mit Objekten, die grundsätzlich zur Bedürfnisbefriedigung geeignet sind, konkretisierte Bedürfnis. So kann ein Individuum zu einem bestimmten Zeitpunkt etwa ein Bedürfnis nach Erfrischung besitzen, das nach Analyse der alternativen Formen der Befriedigung dieses Bedürfnisses (Bier, Mineralwasser, Eis, Freibad, ...) dann vom Individuum zum Bedarf nach einem Bad in einem Gebirgssee konkretisiert wird. An der Umformung von Bedürfnissen zu Bedarfsgrößen sind insbesondere *eigene Erfahrungen* hinsichtlich der Eignung der alternativen Objekte, das entsprechende Bedürfnisse zu befriedigen, und *Erfahrungen oder Meinungen anderer Personen*, die einen Einfluß auf das Entscheidungsverhalten des entsprechenden Individuums besitzen, beteiligt.

Bedarf ist lediglich objektorientiert, nicht aber auf einen bestimmten *Kaufzeitpunkt oder Kaufort bezogen*. Damit es zu einer solchen weiteren Konkretisierung der *Nachfrage* kommt, sind vom Individuum bestimmte Beschaffungsdispositionen vorzunehmen. Zunächst einmal muß eine entsprechende Kaufkraft disponiert werden, was stets eine *Abwägung der Dringlichkeit alternativer Bedarfskategorien* beinhaltet. Insofern konkurrieren etwa Ausgaben für einen Theaterbesuch mit solchen für ein wissenschaftliches Lehrbuch. Es ist allerdings nicht nur eine Disposition der Kaufkraft vorzunehmen, sondern auch eine der Zeit, die sich etwa in der Frage niederschlägt: «Kann ich mir angesichts der bevorstehenden Klausur einen Theaterbesuch (zeitlich) leisten?» Wie unmittelbar einsichtig, hängt der zeitliche Bedarf für die Befriedigung eines bestimmten materiellen Bedarfs stark von der räumlichen Verteilung der Bedarfsbefriedigungsmöglichkeiten ab. Eine Folgerung aus dieser Erkenntnis besteht darin, daß es möglich ist, durch eine hohe räumliche Angebotsdichte die Nachfrage nach einem Produkt merklich zu beeinflussen.

Die Nachfrage ist der zu einem bestimmten Zeitpunkt an einem bestimmten Ort marktwirksam gewordene Bedarf. Aus der Gegenüberstellung von Nachfrage und Angebot ergibt sich schließlich das *Kaufvolumen*. Das letztere wird insbesondere dann vom Nachfragevolumen abweichen, wenn zu einem bestimmten Zeitpunkt und an einem bestimmten Ort ein üblicherweise dort zum Kauf angebotenes Produkt nicht verfügbar ist.

Bisher war stets nur die Rede von Produkten; dies stellt allerdings insofern eine grobe Vereinfachung dar, als man in der Realität regelmäßig *Produkte und Marken* nebeneinander zu betrachten hat. Unter Produkt soll dabei im Gegensatz zur Marke eine Objektmenge verstanden werden, die zur Befriedigung eines bestimmten Bedarfs bzw. Bedürfnisses geeignet ist. Im obigen Beispiel wären etwa Bier, Mineralwasser oder auch – umfassender klassifiziert – Erfrischungsgetränke relevante Produkte. Marken sind demgegenüber Herkunftsbezeichnungen, die bestimmten Produkten (oder Produktgruppen) zur Unterscheidung beigegeben werden. Wie das Beispiel Bier/Mineralwasser/Erfrischungsgetränke bereits deutlich gemacht hat, kann eine Produktdefinition unterschiedlich weit gefaßt werden. Je nachdem, ob die Nachfrager Bier und Mineralwasser als gegenseitig austauschbare Mittel zur Bedarfsbefriedigung ansehen oder nicht, wird man als Produkt Erfrischungsgetränke oder Bier und Mineralwasser definieren. Nach dem Grund der Markenorientiertheit des Käufers kann dann zwischen zwei extremen Typen von Kaufentscheidungsprozessen unterschieden werden.

Kaufentscheidungsprozeß eines stark markenorientierten Individuums	Phasen	Kaufentscheidungsprozeß eines nicht markenorientierten Individuums
weder produkt- noch markenbezogen	Bedürfnis	weder produkt- noch markenbezogen
markenbezogen	Bedarf	produkt-, aber nicht markenbezogen
markenbezogen	Nachfrage	produkt-, aber nicht markenbezogen
markenbezogen	Kauf	markenbezogen

Schaubild 1.4.: Kaufentscheidungsprozeß bei extremen Formen der Markenbezogenheit von Individuen

Die in Schaubild 1.4. skizzierten Typen von Kaufentscheidungsprozessen können leicht dadurch ineinander überführt werden, daß Produkte enger definiert werden. Dies sei an einem Beispiel verdeutlicht: Für einen Nichtraucher sind alle in Deutschland handelsüblichen Zigarettenmarken Teil eines einheitlichen Produktes «Zigaretten»; für einen «eingeschworenen»

Raucher filterloser Zigaretten dagegen ist die Gesamtheit der Zigarettenmarken in die zwei Produkte «Filterzigaretten» und «filterlose Zigaretten» zu unterteilen; für den überzeugten Gauloise-Raucher sieht die Welt der Zigaretten wiederum anders aus, für ihn gibt es zum Beispiel drei Gruppen von Zigarettenmarken und -typen: «Gauloise ohne Filter», «übrige filterlose Zigaretten», «Filterzigaretten» (inkl. Gauloise mit Filter). Naturgemäß stehen diese drei Produkte nicht völlig isoliert nebeneinander, vielmehr bestehen zwischen ihnen hinsichtlich der Bedürfnisse, die sie befriedigen, mehr oder weniger enge Substitutionsbeziehungen. So mögen etwa «Gauloise ohne Filter» und «übrige filterlose Zigaretten» als miteinander enger verbunden angesehen werden als die anderen beiden Paare. Daß die unterschiedlichen Substitutionalitätsgrade der einzelnen Produkte untereinander für die Absatzpolitik erhebliche Relevanz besitzen, wird unmittelbar dann klar, wenn es für diese Individuen darum geht, wegen Nichterhältlichkeit eine andere Marke bzw. ein anderes Produkt als die am meisten präferierte Zigarette «Gauloise ohne Filter» zu wählen. Was hier für den Fall verschiedener Zigarettenprodukte diskutiert wurde, gilt analog für die Relationen zwischen Zigaretten, Zigarren und Pfeifen oder auf einem noch allgemeineren Niveau für die Produkte Tabakwaren und alkoholische Getränke. Die Substitionalitätsbeziehungen zwischen einzelnen Produkten können mittels sog. Dendrogramme in einer hierarchischen Ordnung dargestellt werden; für den Fall des «Gauloise ohne Filter»-Rauchers gilt dann etwa folgende Beziehungsstruktur:

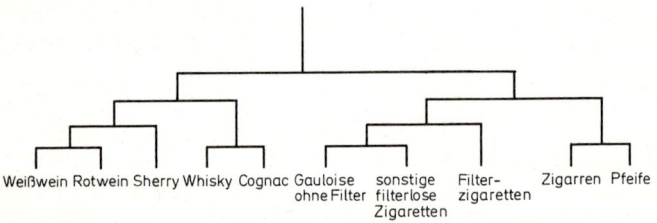

Schaubild 1.5.: Produkthierarchie nach Maßgabe der Substitutionalität der Produkte

Das Verbindungsstück zwischen den Senkrechten, die zu einzelnen Produkten bzw. Produktgruppen hinführen, verdeutlicht jeweils den Grad der Substitutionalität zwischen den betroffenen Produkten bzw. Produktgruppen.

Da der Bedarf der potentiellen Abnehmer stark von ihren subjektiven Erfahrungen und Beurteilungskriterien geprägt wird, kann mit einiger Berechtigung davon ausgegangen werden, daß alle *Abnehmer mit mehr oder weniger unterschiedlichen Bedarfsvorstellungen* an den Markt herantreten und auf bestimmte Aktionen der Anbieter unterschiedlich reagieren. Bezieht man diese Erkenntnisse auf Produkte, so bedeutet dies nichts anderes, als daß realistischerweise davon auszugehen ist, daß die potentiellen Abnehmer die Leistungen der Anbieter unterschiedlich einstufen. Die Unterschiedlichkeit der Beurteilung von objektiv gleichen Leistungen ist auf zweierlei Aspekte zurückzuführen:

- Individuen nehmen gleiche Objekte unterschiedlich war; daraus resultiert eine *Unterschiedlichkeit der merkmalspezifischen Beurteilung* der einzelnen Objekte.
- Individuen messen darüberhinaus den *einzelnen subjektiv wahrgenommenen Merkmalen* von Objekten *unterschiedliche Bedeutung* bei ihren Nachfrageentscheidungen zu.

An einem Beispiel ist der Sachverhalt einfach zu erläutern: Kaum zwei Personen werden denselben Typ eines Personenkraftwagens (z. B. Golf) hinsichtlich aller Merkmale gleich beurteilen. Als Merkmale kommen dabei zum Beispiel Sportlichkeit, Sparsamkeit im Benzinverbrauch, Geräumigkeit, Motorleistung, Fahrkomfort und Inspektionskosten in Betracht. Jemand, der beispielsweise ein «Montagsauto» besitzt, wird wahrscheinlich über die Reparaturanfälligkeit anders urteilen als ein Käufer, der mehr Glück hatte. Darüberhinaus mag für Individuum 1 die Sportlichkeit sehr wichtig, die Sparsamkeit dagegen recht unwichtig sein, während für Individuum 2 genau das Gegenteil zutrifft. Betrachtet man eine sehr große Zahl von Individuen, so ist es weder plausibel, davon auszugehen, daß alle Personen gleich sind, noch davon, daß alle Personen jeweils paarweise unterschiedlich sind. Man wird erwarten können, daß die Gesamtheit der Personen in einzelne Gruppen von untereinander relativ homogenen, aber zwischeneinander relativ heterogenen Personen unterteilt werden kann. Wie bereits angedeutet, kann sich die Heterogenität bzw. Homogenität der Personen dabei auf jeweils eines oder auch auf beide Beurteilungsphänomene erstrecken:

- Homogenität/Heterogenität hinsichtlich der Einstufung der zur Beurteilung anstehenden Objekte bei allen relevanten

soziodemographische Merkmale:
- Alter
- Geschlecht
- Zivilstand
- Stellung in der Familie
- Größe der Familie, der die Person angehört
- Einkommen (Familien-/persönliches/disponibles Einkommen)
- Beruf
- Ausbildungsabschluß
- soziale Schicht
- physiologische Bedingungen (Diätregeln, Körperschäden)
- Rasse/Religion

geographische Merkmale:
- Regionen (Bundesländer, Staaten)
- überörtliche Siedlungsstruktur
  (Ort mit < 500 Einwohner/.../Ort mit > 1 Mio Einwohner)
- örtliche Siedlungsstruktur (Stadtrandlage/.../Citylage)
- klimatische und topographische Bedingungen (Verkehrsanbindung)

allgemeine psychographische Merkmale («Persönlichkeit»):
- Leistungsstreben
- Gesellichkeitsstreben
- Risikobereitschaft und Innovationsbereitschaft
- Beeinflußbarkeit durch formale oder personale Kommunikation
- Wertvorstellungen

objektive Verhaltensmerkmale im Hinblick auf bestimmte Produkt-
bereiche:
- Besitz bestimmter Gebrauchsgüter
- realisierte Kaufkraft
- Intensiv-/Wenig-/Nichtkäufer einer Produktgruppe
- Markenwechsler/markentreuer Käufer
- Kaufrhythmus und jeweiliges Beschaffungsvolumen
- Informationsverhalten vor dem Kauf (intensiv/wenig intensiv)

psychographische Merkmale im Hinblick auf bestimmte Produkt-
bereiche:
- Lebensstil
- periphere Einstellungen
- zentrale Einstellungen
- Informationsinteresse
- Wissen über angebotene Objekte
- Aktivitätsvorlieben (Hobbies etc.)

Merkmale der Kaufverhaltensreaktion auf absatzpolitische Anstren-
gungen der Anbieter in einem bestimmten Produktbereich:
- Qualitätsbewußtsein
- Preisbewußtsein
- Werbeempfänglichkeit
- Bereitschaft, Beschaffungsanstrengungen auf sich zu nehmen

Schaubild 1.6.: Merkmale zur Beschreibung von Nachfragergruppen

Merkmalen: *Homogenität/Heterogenität der Objektwahrneh-mungen.*

- Homogenität/Heterogenität hinsichtlich der Beurteilung der Wichtigkeit der einzelnen Objektmerkmale: *Homogenität/ Heterogenität der Merkmalsgewichtungen.*

Stufen im Familienlebenszyklus	Verhaltenscharakteristika
(1) Ledige I: jung, ledig, nicht zu Hause lebend	geringe finanzielle Lasten, Meinungsführer in Modefragen, Urlaubs-orientiert, Kauf von Grundausstattung, Küche, Möbel, Auto
(2) junges Paar: jung, keine Kinder	noch relativ gut finanziell situiert, größte Konsumintensität vor allem bei Gebrauchsgütern
(3) volles Nest I: jüngstes Kind weniger als 6 Jahre alt	finanzielle Reserven gering, mit Finanzlage unzufrieden, Kauf von Haushaltseinrichtungen, Kindernahrung etc.
(4) volles Nest II: jüngstes Kind mindestens 6 Jahre alt	finanzielle Lage verbessert, teilweise Berufstätigkeit der Hausfrau, vorzugsweise Einkauf von Großpackungen, Fahrrädern, Haushaltsgroßgeräte
(5) volles Nest III: älteres Paar mit abhängigen Kindern	finanzielle Lage weiter verbessert, zunehmende Berufstätigkeit der Hausfrau und beginnend auch bei Kinder, kaum durch Werbung beeinflußbar, hohe disponible Kaufkraft
(6) leeres Nest I: älteres Paar, keine Kinder im Haus, Haushaltsvorstand berufstätig	Hauseigentumsanteil am höchsten, finanzielle Lage vergleichsweise sehr befriedigend, starkes Interesse an Reisen, Erholung, bessere Wohnungen
(7) leeres Nest II: altes Paar, keine Kinder im Haus, Haushaltsvorstand nicht mehr berufstätig	drastische Verschlechterung der Finanzlage, Zunahme der Ausgaben für Gesundheitserhaltung etc.
(8) Ledige II: überlebender Teil des Paars, berufstätig	relativ gute finanzielle Lage, evt. Hausverkauf
(9) Ledige III: überlebender Teil des Paars, nicht mehr berufstätig	drastische Verschlechterung der Finanzlage, starkes Sicherheitsbedürfnis, hohe Ausgaben für Gesundheitserhaltung

Quelle: Wells, W. D.; Gubar, G.: Life cycle concept in marketing research, in: Journal of Marketing Research 1966, S. 362.

Schaubild 1.7.: Einzelne Stufen des Familienlebenszyklus und das sie kennznende Verhalten

Im folgenden soll vor allem der Fall der Heterogenität der Merkmalsgewichtung näher analysiert werden. Die nachstehenden Aussagen gelten allerdings analog für den Fall der Heterogenität der Objektwahrnehmungen.

Von großem absatzpolitischen Interesse sind Versuche, Gruppen homogener Nachfrager, d.h. von Personen, die einzelnen Objektmerkmalen gleiche Bedeutung zumessen, anhand folgender *Personenmerkmale* zu beschreiben.

Die bekanntesten Merkmale zur Abgrenzung von Gruppen «einheitlicher» Nachfrager sind die soziodemographischen Merkmale; ihr besonderer Vorzug ist darin zu sehen, daß sie unmittelbar einsichtig und leicht ermittelbar sind. Sie sind allerdings häufig wenig geeignet, wenn es darum geht, Nachfrager verschiedener Marken zu unterscheiden. Statt der unmittelbar zugänglichen Merkmale Alter, Größe der Familie etc. wird häufig auch die aus diesen Variablen zusammengesetzte Variable *Familienlebenszyklus* zur Beschreibung verwendet. Eine Charakterisierung – die ursprüngliche – der einzelnen Stufen des Familienlebenszyklus enthält Schaubild 1.7.

Während demographische und geographische Merkmale sowie die allgemeinen psychographischen Merkmale gewissermaßen

Gebrauchsgut	Ausstattungsanteil der Haushalte (in %)	
	Norddeutschland (Nordrhein-Westfalen, Niedersachsen und weiter nördlich)	Süddeutschland (Hessen, Rheinland-Pfalz und weiter südlich)
Stereo-/Hifi-Anlage	39,9	37,1
Plattenspieler	33,4	33,7
Kassettenrecorder	16,7	16,5
CD-Player	15,5	13,5
Farbfernsehgerät	28,4	27,6
tragbares Farbfernsehgerät	14,8	12,0
Videorecorder	36,9	34,9
Spiegelreflexkamera	29,3	29,9
Pocketkamera	36,3	32,0
Sofortbildkamera	14,7	14,8

Quelle: Burda GmbH (Hrsg.): Typologie der Wünsche 1989.

Schaubild 1.8: Regionale Differenzierung des Bestandes an langlebigen Gebrauchsgütern in der Bundesrepublik Deutschland im Jahre 1989 *universell* (d.h. für alle Produktbereiche) anwendbar sind, sind die übrigen drei Merkmalsgruppen im Grundsatz auf *bestimmte Produktbereiche* beschränkt.

Objektive Verhaltensmerkmale sind gewissermaßen statisch angelegt. Sie bringen etwa Verbrauchsvoraussetzungen, Verbrauchshäufigkeiten und Ausgangsvolumina zum Ausdruck (Schaubild 1.8). Psychographische Merkmale stellen Prädispositionen für das Verhalten bezüglich bestimmter Produkte und Marken dar. Diese Gruppe von Merkmalen ist für die Strukturierung der Märkte von außerordentlicher Bedeutung.

Insbesondere die Variablen zentrale Einstellungen, Informationsinteresse und Aktivitätsvorlieben faßt man häufig zu dem Konglomerat *Lebensstil* (life style) zusammen. Wie leicht einsichtig ist, existiert eine Hierarchie der verschiedenen psychographischen Größen:

Wert-		zentrale		periphere
vorstellungen	→	Einstellungen	→	Einstellungen

Die zuerst genannte psychographische Größe (Wertvorstellungen) ist vergleichsweise allgemeiner Natur und damit wenig tauglich, konkretes Verhalten zu prognostizieren, während für die rechts genannte Größe das Gegenteil gilt.

Merkmale der Kaufverhaltensreaktion sind anders als alle anderen Merkmale insofern dynamisch, als sie Wenn-dann-Aussagen für die Absatzplanung beinhalten. So besagt beispielsweise ein hohes Preisbewußtsein, daß die entsprechende Nachfragergruppe auf Variationen des Preises für das jeweilige Produkt relativ stark reagiert. Eine hohe Bereitschaft zur Übernahme von Beschaffungsanstrengungen bringt etwa zum Ausdruck, daß die entsprechenden Nachfrager bereit sind, für die Beschaffung eines Produktes erhebliche Mühen auf sich zu nehmen. Die Folgerung für die Absatzpolitik, die aus einer hohen Bereitschaft zu Beschaffungsanstrengungen zu ziehen ist, ist evident: Da sich diese Nachfrager nicht scheuen, erhebliche Beschaffungsanstrengungen zu unternehmen, bedarf es für sie kaum eines sehr engmaschigen Netzes von Angebotspunkten.

1.4. Marketingpolitik als systematisch geplante, marktorientierte Unternehmenspolitik

Folgerungen für die betriebliche Absatzpolitik aus den Gegebenheiten des Absatzmarktes bzw. des jeweiligen Nachfrageverhaltens waren bei den vorangegangenen Darstellungen bisweilen schon gezogen worden; sie sollen im folgenden systematisiert und integriert werden. Die daraus abzuleitenden Grundsätze einer marktorientierten Unternehmensführung machen das aus, was gemeinhin mit «Marketing als Philosophie» gemeint ist. Marketing als Philosophie macht somit einen Teil der Unternehmensgrundsätze aus, die zum einen unternehmensziel- sowie mitarbeiterbezogene Aussagen und zum anderen Aussagen über Planungs- sowie Kontrollprozeduren enthalten.

«Marketing» bedeutete im Amerikanischen ehedem nichts anderes als Absatz bzw. Absatzpolitik; im landwirtschaftlichen Bereich wird der Ausdruck *«Vermarktung»* als analoger Begriff auch heute noch gebraucht. Wortverbindungen wie Marketing Management, Marketing Research oder Marketingforschung bewahren ebenfalls diese ursprüngliche Bedeutung des Begriffs «Marketing» (= Absatz). Mit dem Übergang vom Verkäufer- zum Käufermarkt wurde zunächst in den USA dem Begriff «Marketing» immer mehr auch ein zweiter Bedeutungsinhalt zugewiesen. «Marketing» wurde zunehmend als eine *Philosophie der Unternehmensführung* angesehen, die recht treffend durch das Schlagwort *«Marketing ist Führung des Unternehmens vom Absatzmarkt her»* (Hammel) umrissen werden kann. Während der alte Marketingbegriff sich durch einen bestimmten Anwendungsbereich (Absatzsphäre von Unternehmen) und beliebige methodische Vorgehensweisen auszeichnete, kann dem neueren Marketingbegriff eine nahezu unbeschränkte Anwendungsbreite (Personalmarketing, Non-Business-Marketing), aber eine eingeengte methodische Vorgehensweise zugeschrieben werden. Im Rahmen dieses Buches soll der Begriff Marketing stets eine marktorientierte Vorgehensweise zum Ausdruck bringen; Marketingpolitik bedeutet also nicht Absatzpolitik, sondern systematische, absatzmarktorientierte Gesamtunternehmenspolitik.

Es ist einleuchtend, daß die Philosophie des Marketing nur dann Relevanz besitzt, wenn der Absatzbereich wirklich der *strategische Engpaß* der Unternehmensentwicklung darstellt. Auch in Industrieländern marktwirtschaftlicher Prägung sind viele Wirtschaftsbereiche anzutreffen, wo nicht der Absatzbereich, sondern der Personal- oder Beschaffungsbereich den eigentlichen Engpaß darstellt.

Ein *erstes Kennzeichen* der Marketingpolitik ist, daß der Absatzmarkt als der Ausgangspunkt aller strategischen und taktischen Planungen angesehen wird. Die *Orientierung* der Bemühungen eines Unternehmens *an den Bedürfnissen der aktuellen oder potentiellen Nachfrager* geschieht dabei keineswegs aus altruistischen Motiven, sondern aus der Annahme heraus, daß allein eine systematische Berücksichtigung der Bedürfnisse der Nachfrager dem jeweiligen Anbieter die Möglichkeit gibt, zufriedenstellende Absatz- und damit Unternehmenserfolge zu erzielen. Gottlieb Duttweiler, der Schweizer Unternehmer und Sozialreformer formulierte bereits 1955 diesen Sachverhalt wie folgt: «Wer seinem Nächsten Rechnung trägt, hat unendlich mehr Aussicht auf die Rechnung zu kommen – sogar geschäftlich gesehen». Hinsichtlich der Bedürfnisse ist davon auszugehen, daß sie *teils* als *unveränderlich* und *teils* als *veränderbar* einzustufen sind. Dementsprechend versuchen Unternehmen, die Bedürfnisse in eine ihren Zwecken genehme Richtung zu verändern. Eine *aktive Anpassung der unternehmenspolitischen Maßnahmen an die Bedürfnisse* der Nachfrager ist somit ein Wesensmerkmal der Marketingpolitik. Sowohl die Behauptung, daß man die Nachfrager nicht beeinflussen möchte/könne, als auch die Behauptung einer vollständigen Veränderbarkeit (Manipulierbarkeit) der Bedürfnisse, muß dabei als empirisch widerlegt abgetan werden. Ausgehend von der Erkenntnis, daß Nachfrager Objekte hinsichtlich der relevanten Merkmale häufig unterschiedlich wahrnehmen, kann ein *zweites Kennzeichen* der Marketingpolitik formuliert werden. Bezeichnet man in Anlehnung an den Sprachgebrauch in der Wahrnehmungspsychologie mit Perzeption die Gesamtheit der subjektiv verarbeiteten Wahrnehmungen hinsichtlich aller relevanten Merkmale eines bestimmten Wahrnehmungsobjekts, so kann aus der obigen Darstellung gefolgert werden, daß *nicht das objektive Bild* eines Produktes, sondern *dessen Perzeption* entscheidend für die Kaufentscheidungsprozesse ist. Die subjektiv geformten Perzeptionen machen also die Realität des Marktes aus. Daraus folgt für die Marketingpolitik, daß es nicht genügt, objektiv gute Produkte anzubieten, sondern auch dafür Sorge zu tragen ist, daß diese Produkte als gut beurteilt werden. Ein Beispiel zur Bedeutung objektiver versus wahrgenommener Produktqualitäten bietet der Markt für HiFi-Geräte. Auf diesem Markt wird häufig mit der Produkteigenschaft Frequenzbereich geworben, wobei Frequenzbereiche von 16 Hertz bis 30 000 Hertz oder 10 Hertz bis 50 000 Hertz angepriesen werden, obwohl auch jüngere Erwachsene maximal in einem Frequenzbereich zwischen 30 Hertz und 15 000 Hertz Musik wahrzunehmen in der Lage sind. Ohne auf die Besonderheiten der Musikwahrnehmung (Unterschied zwischen reinen Tönen und Mischtönen) einzugehen, drängt sich der Schluß auf, daß hier mit nicht-wahrnehmbaren Ausprägungen objektiver Merkmale Absatzpolitik getrieben wird. Daß Werbung mit solchen, nicht-wahrnehmbaren Qualitätsausprägungen dennoch sinnvoll sein kann, ergibt sich aus einem anderen Aspekt: Der technische Frequenzbereich dient hier dazu, eine Vorstellung von der Qualität des jeweiligen Produktes als ganzem zu vermitteln. Dem Frequenzbereich kommt also eine Indikatorfunktion für die Wiedergabequalität zu. Aus der beschränkten akustischen Wahrnehmungsfähigkeit des Menschen heraus erscheint somit die Betonung des Frequenzbereiches bei hochwertigen HiFi-Geräten kaum absatzpolitisch erfolgversprechend; sie wird aber wichtig als Mittel, um die Qualität des Gerätes als ganzes den Nachfragern verständlich zu machen, sie zu kommunizieren. Das Bewußtsein, daß *Produktperzeptionen anstatt objektiver Produkteigenschaften im Mittelpunkt der Kaufentscheidungsprozesse* der Nachfrager stehen, ist das zweite Kennzeichen der Marketingpolitik. Dies verlangt vom Marketingpolitik treibenden Unternehmen, stets über die Perzeption des von ihm vertriebenen Pro-

Begriff	undifferenzierte Marktbearbeitung	selektive Marktbearbeitung	segmentweise Marktbearbeitung (Marktsegmentierung)
Strategie	ein einheitliches Produkt für alle Nachfrager eines Marktes	ein einheitliches Produkt für einen Teil der Nachfrager eines Marktes	differenziertes Produktprogramm für einen in Nachfragersegmente aufgeteilten Gesamtmarkt
Beispiel	Modell T von Ford	Timex-Uhren (robust und preiswert), die für einen Teil des Marktes konzipiert sind	Pauschalreisen von großen Reiseveranstaltern (Familien-, Sport-, Bildungs-, Abenteuerreisen)

Schaubild 1.9.: Alternative Strategien der Marktbearbeitung

duktes informiert zu sein und diese auch in seinem Sinne zu formen. Diese Formung der Produktperzeption geschieht zum einen durch eine entsprechende Gestaltung der Produkte und zum anderen beispielsweise durch bestimmte Werbemaßnahmen.

Wenn sich, wie bereits mehrfach dargestellt wurde, die möglichen Nachfrager nach einem Produkt in mehrfacher Weise unterscheiden, dann ist es geradezu zwingend, nicht alle Nachfrager einheitlich, sondern sie als Gruppen homogener Nachfrager zu betrachten. Damit ist der Grundgedanke der Marktsegmentierung angesprochen, der als alternative Strategien die undifferenzierte und die selektive Marktbearbeitung gegenübergestellt werden können.

Das Beispiel Modell T von Ford aus der Zeit zwischen den beiden Weltkriegen demonstriert drastisch die Gefahren, die einem Anbieter eines «Durchschnittsproduktes» drohen können. In vielen Märkten ist die Häufigkeit der Bevorzugung von alternativen Ausprägungen eines Merkmals nicht eingipflig, sondern zweigipflig verteilt; in diesen Fällen setzt man sich mit einem Durchschnittsprodukt in der Tat zwischen die Stühle, sprich: Marktsegmente. Treten segmentweise ausgerichtete Angebote auf, so ist die Folge für den Durchschnittsanbieter leicht einsichtig. Am Beispiel des Uhrenmarktes sei dies verdeutlicht (Schaubild 1.10).

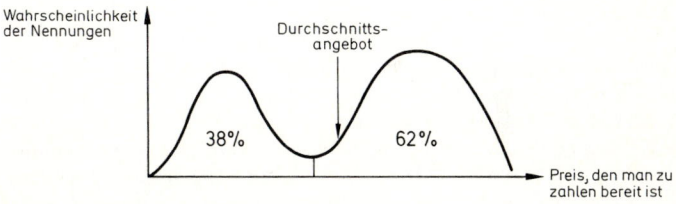

Schaubild 1.10.: Problem der undifferenzierten Marktbearbeitung am Beispiel der Preisgestaltung für Uhren

Die *segmentweise Marktbetrachtung* und eventuell auch *-bearbeitung* als das *dritte Kennzeichen* der Marketingpolitik zielt darauf ab, durch ein Angebot, das für das entsprechende Marktsegment «maßgeschneidert» ist, eine Art Monopolstellung aufzubauen und damit weniger durch die Konkurrenten angreifbar zu sein. Informationen über die Zusammensetzung des Marktsegmentes, das von einem bestimmten Unternehmen tatsächlich erreicht wird bzw. erreicht werden soll, erlauben darüberhinaus eine wesentlich effizientere Gestaltung des Angebots. Wenn ein Verlag für seine Illustrierten beispielsweise zuverlässig weiß, welcher Art die Käufer sind (Geschlecht, Alter, Preisbewußtsein, Freizeitinteressen, ...) und wie diese Käufer regional verteilt sind (Siedlungsstruktur), so besteht die Möglichkeit einer wesentlich gezielteren Gestaltung der Verlagsobjekte selbst und deren Verteilungssystem.

Bedenkt man die Vielfalt der absatzpolitischen Möglichkeiten, die etwa einem Hersteller von kosmetischen Präparaten offenstehen (Produktgestaltung, Vertriebswege, Werbemaßnahmen, ...), so bedarf es einer *geplanten Integration der Einzelmaßnahmen (viertes Kennzeichen)*, um mit einem widerspruchsfreien Maßnahmenbündel auf dem Markt in Erscheinung zu treten. Die Entwicklung eines hochwertigen teueren Parfüms und die Einschaltung von Discountläden als Vertriebsstellen würde mit ziemlicher Sicherheit von den Nachfragern als «nicht miteinander vereinbar» beurteilt werden; in der Folge würde man weder die Käufer hochwertigen Parfüms noch die preiswerter Parfüms gewinnen können. Im Kosmetikbereich kaufen – um ein Wort von Revson zu verwenden – Personen nicht chemische Präparate, sondern Schönheit; die Präparate sind nur ein notwendiges Mittel hierzu. Besteht das Bedürfnis also in dem umfassenden Streben nach Schönheit, so muß auch das Angebot umfassend Schönheit versprechen, wozu das Produkt selbst, die Verpackung, das Einzelhandelsgeschäft und die Werbung ihren Teil beizutragen haben. Besonders drastisch kann die Sinnhaftigkeit einer integrativen Betrachtungsweise am Freizeitsektor verdeutlicht werden: Dem immer schon ganzheitlichen Bedürfnis z. B. nach Wintersport standen bis vor einigen Jahren nur isolierte Angebote z. B. von Ski, Skikursen, Übernachtungen, ... gegenüber. Der Erfolg des ersten Sporthauses, das das ganzheitliche Bedürfnis mit einem integrierten Angebot konfrontierte (Sport-Scheck, München), bestätigt die Notwendigkeit einer integrierten Betrachtung. Das *Denken in Problemlösungen* statt in Produkten stellt einen Aspekt des vierten Kennzeichens der Marketingpolitik dar.

Die Führung des Unternehmens vom Absatzmarkt her, die Bedeutung der Perzeptionen anstelle der objektiven Gegebenheiten, die segmentweise Marktbearbeitung und schließlich eine adäquate Integration aller unternehmenspolitischen Maßnahmen verlangen eine Vielzahl detaillierter, zeitnaher und aufeinander abgestimmter Informationen. Nur wenn Informationen in ausreichender Qualität verfügbar sind, besteht die begründete Hoffnung, den Anforderungen, die eine fundierte Marketingpolitik an das Management stellt, gerecht werden zu können. Die *Fundierung der Unternehmenspolitik durch eine wissenschaftlich betriebene Informationswirtschaft,* die sowohl unternehmensinterne als auch unternehmensexterne Daten zeitnah, detailliert und erschöpfend zu Informationen für das Management aufbereitet, kann daher als *fünftes Kennzeichen* einer modernen Marketingpolitik gelten.

Eine Unternehmenspolitik, die strikt auf einzelwirtschaftliche Zielsetzungen ausgerichtet ist, wird in vielen Fällen auf gesellschaftliche Gegenkräfte stoßen. So kann es aus einzelwirtschaftlicher Perspektive durchaus sinnvoll sein, der Wegwerfgesellschaft Vorschub zu leisten; aus gesamtgesellschaftlichen Gründen (Ressourcenverbrauch, Umweltverschmutzung etc.) wird man diese Tendenzen allerdings kaum mit Wohlwollen betrachten. Auch bestimmte Manipulationstechniken können im Hinblick auf den (kurzfristigen) Unternehmenserfolg sehr günstig sein, aber aus ethischen Beweggründen abzulehnen sein. Zum Teil abgeleitet aus vagen Vorstellungen von einer *Ethik der Marktwirtschaft* («Ehrenkodex») und zum Teil im Bestreben, *gesellschaftlichen Reaktionen vorzubeugen,* die den langfristigen Unternehmenserfolg merklich schmälern können, wird bisweilen die Forderung nach einer ausgewogenen Marketingpolitik erhoben. Unter einem solchen *«balanced marketing»* ist zu verstehen, daß bei der Konzeption und Realisation von Unternehmensstrategien auch gesamtwirtschaftliche, ethische und gesellschaftliche Gesichtspunkte berücksichtigt werden. Diese Forderung, die vor allem von einer Reihe namhafter Marketing-Professoren zu einem Kennzeichen moderner Marketingpolitik erhoben wird, hat bisher nur bruchstückhaft in die Marketingpraxis Eingang gefunden.

Die Vielzahl von Anforderungen, die an eine Marketingpolitik in konkurrenzintensiven Volkswirtschaften zu stellen sind, können nur dann erfüllt werden, wenn eine *systematische Vorgehensweise* gewählt wird. Systematisch beinhaltet dabei eine sinnvolle Kombination von kreativen und analytischen Elementen in dem Prozeß der Erstellung und Überprüfung der Absatzstrategie. In Situationen, die als Verkäufermarkt charakterisiert werden können, genügt es üblicherweise, eine mehr *akzidentelle Vertriebspolitik* zu betreiben, d. h. man versucht durch Absatzförderungsmaßnahmen schon produzierte Produkte zu verkaufen. In Käufermarktsituationen ist einer solchen Politik zumeist kein Erfolg beschieden. Ausgangspunkt haben hier die Bedürfnisse der Nachfrager zu sein, die systematisch zu erforschen sind, um daraus Anhaltspunkte für eine *bedürfnisgerechte Marketingpolitik* abzuleiten. Anders als im Fall der Verkäufermarktsituation ist nicht nur eine langfristige Produktionsplanung, sondern vor allem auch eine langfristige Absatzplanung vorzunehmen. Im Rahmen dieser umfassenden Planung kommt *Modellen* in mehrfacher Weise eine große Bedeutung zu:

- Mittels Modellen versucht man, das *Verhalten der Nachfrager* sinnvoll vereinfacht darzustellen. Ohne Modelle ist es nicht möglich, das für die Marketingpolitik wesentliche Konsumentenverhalten überhaupt für die Planung nutzbar zu machen. da andernfalls der verarbeitbare Komplexitätsgrad überschritten wurde.

- Mittels einer modellhaften Darstellung ist es leichter möglich, die vielfältigen *Planungsprobleme* miteinander zu verknüpfen, damit wird es erst möglich, die regelmäßig äußerst komplexen Entscheidungen im Absatzbereich rational zu fundieren.

- Neben diesen unmittelbaren Vorteilen einer modellgestützten Betrachtungsweise bringt die Arbeit mit Modellen einige sehr wesentliche mittelbare Vorteile: Zum einen werden häufig erst bei einer präzisen Formulierung von Planungsproblemen oder von Marktvorgängen in Form von Modellen Informationslücken evident, und zum anderen werden oft erst anhand von Modellen Prämissen von Entscheidungen deutlich. Beide Aspekte sind langfristig von entscheidender Bedeutung, da sie eine exakte Kontrolle ermöglichen und damit die Voraussetzung für eine *Zunahme des Wissens um die Marktvorgänge und die Planungszusammenhänge* schaffen.

Mathematische Modelle fördern am intensivsten die soeben skizzierten Wirkungen von Modellen; es darf allerdings nicht verkannt werden, daß es in vielen Fällen sachadäquater ist, auf solche Modelle zugunsten weniger anspruchsvoller Modelle (verbale Modelle, Flußmodelle etc.) zu verzichten.

Marketing war in den bisherigen Darlegungen stets als ein *Managementkonzept* skizziert worden, das vor allem auf die Verhältnisse, wie sie üblicherweise auf Käufermärkten in hochentwickelten Volkswirtschaften herrschen, zugeschnitten ist. Die Marketingphilosophie wurde darüberhinaus eindeutig dem absatzpolitischen Aktivitätsbereich von Unternehmen zugeordnet.

Seit einiger Zeit werden allerdings vielfältige Erweiterungen des Marketingkonzepts diskutiert bzw. sind bereits weitgehend akzeptiert:

- *Personal-, Beschaffungs-* und *Finanzmarketing* kommerzieller Unternehmen: Die Philosophie und die Techniken des Marketing werden hier auf andere Engpaßbereiche der Unternehmung angewandt.

- *Non-Business-Marketing:* Die Übertragung des Marketing-Gedankenguts auf nicht-kommerzielle Organisationen unterschiedlichster Art ist der Inhalt des Non-Business-Marketing. Dabei erscheint die Übernahme mancher Techniken des Marketing durch Einrichtungen wie Theater (zur Erzielung einer höheren Besucherfrequenz) oder durch soziale Vereinigungen (zur Steigerung des Spendenaufkommens) naheliegender als etwa durch den Staat (zur Steigerung der Effizienz des Kontakts mit den Bürgern).

Darüberhinaus existieren Bestrebungen, Marketing als eine Art *allgemeines Konzept zur Erklärung und Gestaltung von Interaktions-beziehungen zwischen Individuen* oder Organisationen aufzufassen. In diesem Sinne betreiben auch Verlobte für-, gegen- oder umeinander Marketing. Marketing wird so als eine allgemeine Transaktionslehre bzw. eine Art Universalwissenschaft aufgefaßt, die Techniken zur Erklärung, Prognose und Steuerung von Interaktionen bereitstellt. Es ist kaum zu widerlegen, daß eine solche Ausweitung zunächst nur auf die Techniken des Marketing abhebt und bisher kaum zusätzliche inhaltliche Aussagen erbracht hat. Eine solch exzessive Ausweitung des Konzepts des Marketing führt nicht nur zu einer inhaltlichen Aushöhlung des Konzepts, sondern auch zu einem Universalitätsanspruch, der auf die Besonderheiten der einzelnen Anwendungsbereiche nicht angemessen Rücksicht nehmen läßt.

1.5. Literaturempfehlungen

Hier sind auch Literaturempfehlungen für alle Kapitel des Buches gelistet.

Backhaus, K.: Investitionsgüter-Marketing, 3. Auflage, München 1992

Becker, J.: Marketing-Konzeption, 5. Auflage, München 1993

Dichtl, E.: Der Weg zum Käufer, München 1991

Engelhardt, W. H.; Günter, B.: Investitionsgüter-Marketing, Stuttgart/Berlin/Köln/Mainz 1981

Hansen, U.: Absatz- und Beschaffungsmarketing des Einzelhandels, 2. Auflage, Göttingen 1990

Hettich, G. O.: Das Ausgleichsgesetz der Planung, in: Schanz, G. (Hrsg.): Betriebswirtschaftliche Gesetze, Effekte und Prinzipien, München 1979, S. 54–56

Kotler, Ph.; Bliemel, F.: Marketing-Management, 7. Auflage, Stuttgart 1992

Meffert, H.: Marketing – Grundlagen der Absatzpolitik, 7. Auflage, Wiesbaden 1991

Nieschlag, R.; Dichtl, E.; Hörschgen, H.: Marketing, 16. Auflage, Berlin 1991

Raffée, H.: Perspektiven des nicht-kommerziellen Marketing, in: Zeitschrift für betriebswirtschaftliche Forschung 1976, S. 61–76

Raffée, H.: Marketing und Umwelt, Stuttgart 1979

Tietz, B.: Marketing, 2. Auflage, Düsseldorf 1989

2. Gesetzmäßigkeiten des Käuferverhaltens

2.0. Lernziele des Kapitels

Ziel der Darstellungen in diesem Kapitel ist es, wesentliche Erklärungsansätze und Gesetzmäßigkeiten des Kaufentscheidungsverhaltens von Konsumenten und gewerblichen Einkäufern zu skizzieren. Damit soll ein vertieftes Verständnis der Prozesse erreicht werden, die sowohl das Nachfragevolumen einer Produktgruppe als auch das eines Produktes oder einer Marke bestimmen.

2.1. Fragestellung und methodische Grundlagen der Käuferverhaltensforschung

Eine fundierte Marketingpolitik verlangt ein Mindestmaß an Verständnis, wie es zu bestimmten Kaufentscheidungen von Konsumenten oder gewerblichen Einkäufern kommt, da anderenfalls weder eine *Anpassung* an bestehende Verhaltensmuster noch eine *gezielte Variation* dieser Verhaltensmuster sinnvoll möglich erscheint. Da etwa die Wahl zwischen zwei dem Preise nach vergleichbaren Marken eines Produktes kaum ökonomisch erklärt werden kann, bedarf es zwingend der Berücksichtigung von *Erkenntnissen sozialwissenschaftlicher Nachbardisziplinen* der Wirtschaftswissenschaften. Heute stellt die Käuferverhaltensforschung ein umfangreiches interdisziplinäres (Wirtschaftswissenschaft, Psychologie, Soziologie, Statistik) Forschungsgebiet dar, das bisweilen schon als eigenständige Disziplin eingestuft wird.

Die zentrale Fragestellung der Käuferverhaltensforschung, auf die die einzelnen Theorien des Käuferverhaltens eine Antwort zu geben versuchen, kann etwa wie folgt formuliert werden:

- *Wie verhalten* sich Individuen oder Mehrheiten von Individuen bei der Planung von Käufen, deren Realisierung und dem Gebrauch oder Verbrauch der Produkte?
- *Warum verhalten* sie sich so?

Damit ist die *erklärende* und die *prognostizierende Funktion der Käuferverhaltensforschung* angedeutet. Insbesondere zur Erfüllung der erklärenden Funktion ist es regelmäßig notwendig, Klarheit darüber zu gewinnen, welche Einflußfaktoren in welcher Wirkungsabfolge bei bestimmten Entscheidungen zum

Tragen kommen. Erst wenn das Geflecht der Beziehungen der einzelnen die Entscheidungen eines Käufers determinierenden Größen ausreichend gesichert und auch quantifiziert ist, können Modelle des Käuferverhaltens für Zwecke der Prognose Anwendung finden. Eine Erklärung und Prognose von Verhaltensaspekten kann dabei zum einen für die Zwecke der Marketingpolitik von Interesse sein *(instrumentelle Funktion* der Konsumentenverhaltensforschung), zum anderen aber auch aus rein wissenschaftlichen Interessen angestrebt werden *(explikative Funktion).* Zunehmende Bedeutung gewinnt in jüngster Zeit auch die Verwertung der Ergebnisse der Konsumentenverhaltensforschung für Zwecke der Verbraucherpolitik.

Wenn hier vom Verhalten von Käufern die Rede ist, so sind insbesondere folgende zwei Typen von Käufern angesprochen: Zum einen *private Abnehmer* von Gütern und sonstigen Leistungen und zum anderen *gewerbliche Abnehmer* von Gütern und sonstigen Leistungen, insbesondere *Handelsbetriebe* und *industrielle Abnehmer.* Beide Abnehmergruppen folgen unterschiedlichen Verhaltensgesetzmäßigkeiten, es erscheint daher angebracht, ihr Verhalten jeweils isolierten Betrachtungen zu unterziehen.

Wie der Begriffsbestandteil «Käufer» bedarf auch der Begriffsbestandteil «Verhalten» einer näheren Erläuterung. Das Kaufverhalten eines Individuums wird gemeinhin nicht als ein homogener Vorgang, sondern als eine Folge von Einzeltätigkeiten gesehen. Die einzelnen Tätigkeiten im Rahmen eines *Kaufentscheidungsprozesses* können etwa wie folgt umschrieben werden:

- Prozeßanregungsphase: Bedürfniserkennung.
- Such- und Vorauswahlphase: Suche nach Objekten, die grundsätzlich zur Bedürfnisbefriedigung geeignet sind; die Vorauswahl geschieht auf der Basis von Merkmalen, die im Urteil der Beurteiler in einem Mindest- oder Maximalausmaß vorhanden sein müssen.
- Bewertungs- und Auswahlphase: Bewertung der einzelnen Objekte auf der Basis der relevanten Merkmale; Auswahl des Objekts, das die beste Bedürfnisbefriedigung, d. h. den höchsten im Entscheidungsfall erreichbaren Nutzen verspricht, wobei auch die Nichtwahl als Alternative anzusehen ist.
- Realisierungsphase: Vollzug der Kaufhandlung.
- Nachkaufphase: Gebrauch/Verbrauch des Objektes und Nachkaufanalyse.

Die einzelnen Phasen eines einzigen Kaufentscheidungsprozesses werden häufig – etwa bei privaten Haushalten oder bei gewerblichen Einkaufsentscheidungen – nicht von einer Person isoliert vollzogen, sondern teilweise auf andere Personen übertragen (Kaufvollzug) bzw. von anderen Personen stark beeinflußt (Suchphase, Bewertungsphase). Jede der einzelnen Phasen des bisweilen äußerst komplexen und langwierigen Kaufentscheidungsprozesses kann daher grundsätzlich einer anderen Person als derjenigen, die gewissermaßen für den Prozeß verantwortlich ist, zugeordnet sein; diese Person tritt dann als

- Initiator,
- Informant,
- Beurteiler,
- Entscheider,
- Kaufagent oder
- Verwender

auf. So fallen etwa bei rezeptpflichtigen Präparaten oder bei Produkten für Kleinkinder regelmäßig Verwender, Entscheider und Kaufagent auseinander. Die vielfach vorgetragene Behauptung, daß Hausfrauen 70% des disponiblen Einkommens verausgaben, verliert angesichts dieser *personalen Partialisierung des Kaufverhaltens* viel von ihrer absatzpolitischen Bedeutung, sind doch Hausfrauen in vielen Fällen nur Kaufagenten, die Beschlüsse der gesamten Familie oder anderer Familienmitglieder vollziehen. Mit der Einbeziehung von Nachkaufreaktionen in den Käuferverhaltensprozeß wird der Gegenstand der Käuferverhaltensforschung auch auf Aktivitäten ausgedehnt, die dem eigentlichen Kaufakt nachfolgen. Daß die genannten einzelnen Phasen bzw. Aktivitäten in der Realität nicht immer nach obigem idealtypischen Schema vor sich gehen, sondern häufig in Schleifen bzw. mit Rückkopplungen und Sprüngen verlaufen, braucht nicht weiter ausgeführt zu werden.
Will man das Verhalten eines Käufers in einer konkreten Kaufsituation erklären oder für eine bestimmte Kaufsituation prognostizieren, so bedarf es einer Darstellung der einzelnen Prozesse. Sind die *Beziehungen* zwischen allen Elementen des Prozesses *kausaler* Natur, so kann von einer Erklärung gesprochen werden; enthält die Darstellung dagegen nur Aussagen, die *nicht-kausale Zusammenhänge* beschreiben, so kann sie nur als Basis für eine einfache – nicht-kausale – Prognose dienen. In beiden Fällen bedarf es Aussagen über Meinungen, Einstellungen, Motive oder Bedürfnisstrukturen, mithin Informationen über Phänomene, die nicht beobachtbar sind. Der Tatbestand, daß eine Erklärung

des Käuferverhaltens Aussagen über *nicht beobachtbare Phäno-mene* voraussetzt, ist das Kernproblem jeder Erforschung des Käuferverhaltens. Beobachtbare Elemente der Käuferverhal-tensprozesse sind die prozeßanregenden Faktoren (Reize, *Sti-muli*, Inputfaktoren) und das Prozeßergebnis (Response, *Reaktio-nen*, Outputfaktoren), nicht beobachtbar ist dagegen der intra-personale Entscheidungsprozeß selbst. Nach der Art und Weise, wie dieser Prozeß in der Verhaltensforschung behandelt wird, kann man verschiedene Richtungen der Käuferverhaltensfor-schung unterscheiden.

Das Bestreben, den gesamten Prozeß und damit das Verhalten von Individuen vollständig zu erklären, war die Zielsetzung der Psychologie des 19. Jahrhunderts, die durch den Versuch gekennzeichnet war, letzte Seins- und Verhaltensmotive auf-zudecken. Ein Ausfluß dieser Art verhaltenswissenschaftlicher Forschung ist die tiefenpsychologische bzw. motivpsycholo-gische Forschung. Der vielfach stark spekulativen Ausrichtung dieser Forschungsbemühungen stellte sich insbesondere die *behavioristische Richtung* der Psychologie entgegen, die im Gefolge von John B. Watson (Psychology as the behaviorist views it, 1913) den entgegengesetzten Standpunkt einer natur-wissenschaftlich orientierten Forschung einnahm: Wissen-schaftlicher Analyse können nur diejenigen Verhaltensphäno-mene zugänglich gemacht werden, die durch einen außenste-henden Beobachter feststellbar sind. Als Ausformung dieser psy-chologischen Grundeinstellung können die russische Reflexolo-gie (Pawlow) und amerikanische Forschungen zur Lernpsycho-logie (Hull, Skinner) angesehen werden. In gewissem Sinne eine Synthese beider Grundeinstellungen stellt der *Neobehaviorismus* dar, der die in der Käuferverhaltensforschung heute vorherr-schende Grundeinstellung ist.

Ein Kennzeichen der behavioristischen Forschungsrichtung sind sogenannte *S-R-Verhaltensmodelle* (S = Stimulus, R = Reaktion), die bestrebt sind, eine direkte Verbindung zwischen den Ausprä-gungen der Stimulusgrößen und denen der Reaktionsgrößen her-zustellen. Die zwischen den Stimuli und der Reaktion im soge-nannten Organismus (0) ablaufenden Prozesse wurden dabei nicht weiter betrachtet; der Organismus bleibt als sogenannte black box unerforscht. Die Tatsache, daß kaum allgemein gültige Input-Output-Beziehungen entdeckt werden konnten und daß diese S-R-Modelle als wenig instruktiv angesehen werden, führte zu den sogenannten *S-O-R-Modellen* der neobehavioristi-

schen Forschungsrichtung. Im Rahmen der neobehavioristischen Verhaltensforschung ist man bestrebt, einen Teil der intrapersonalen Vorgänge zu erklären. Will man den Nachteil der
Motivpsychologie (stark spekulative Orientierung) vermeiden,
so ist darauf zu achten, daß diejenigen intrapersonalen Verhaltensdeterminanten, die in einem S-O-R-Modell berücksichtigt
werden sollen, gewissermaßen einer externen «Kontrolle» unterzogen werden können. Diese externe Kontrolle der Ausprägungen der intrapersonalen Verhaltensdeterminanten geschieht
mittels *Indikatoren*. Indikatoren stellen Maßgrößen dar, deren
Ausprägungen beobachtet bzw. sonst *objektiv festgestellt* werden
können und die geeignet sind, Variationen der *intrapersonalen
Verhaltensdeterminanten anzuzeigen*. Die intrapersonalen Determinanten, die das Käuferverhalten steuern, faßt man gemeinhin
unter dem Oberbegriff *intervenierende Variable* (Tolman) zusammen. Ziel der Einbeziehung intervenierender Variablen in die
verhaltenswissenschaftliche Analyse ist es, dadurch die Variation
der Ausprägungen der Reaktionsvariablen besser prognostizieren bzw. erklären zu können als allein auf der Grundlage der Stimulusvariablen. Die alternativen Grundformen verhaltenswissenschaftlicher Modelle sind in Schaubild 2.1. anhand je eines
Beispiels dargestellt.

	Inputvariable (meßbar)	intrapersonale Verhaltensdeterminanten	Outputvariable (meßbar)
S-R-Modell	Einkommen des Haus- halts I		Kaufvolumen des Haus- halts I bei bei Produkt s
S-O-R- Modell	Einkommen des Haus- halts I	Einstellung des Haushalts I gegenüber Produkt s und Substitutionsprodukten (nicht meßbar) ↕ Indikator für Einstellung des Haushalts I gegenüber Produkt s und Substitu- tionsprodukten (meßbar)	Kaufvolumen des Haus- halts I bei Produkt s

Schaubild 2.1.: Beispiel für ein S-R- und ein S-O-R-Verhaltensmodell

Da die intrapersonalen Verhaltensdeterminanten selbst nicht direkt beobachtbar bzw. meßbar sind, bedient man sich Indikatoren, deren Ausprägungen gemessen werden können. Als ein Indikator für die Einstellung (Schaubild 2.1.) mag beispielsweise die Beantwortung einer geeigneten Frage zur Beurteilung der interessierenden Produkte sein. Die Antwort auf diese Frage wird man anstelle der Einstellung heranziehen, um das Kaufvolumen zu prognostizieren bzw. es zu erklären. Das Problem, ob bzw. inwieweit Indikatoren brauchbare Ersatzgrößen für die eigentlich interessierenden Verhaltensdeterminanten sind, wird gemeinhin *Validitätsproblem* genannt; der Vorgang der Ableitung von für intrapersonale Verhaltensdeterminanten tauglichen Meßindikatoren wird *Operationalisierung* genannt. Sowohl auf das Validitätsproblem als auch auf geeignete Methoden der Operationalisierung soll hier nicht weiter eingegangen werden.

Geht man von der neobehavioristischen Grundeinstellung aus, so ergeben sich insbesondere zwei Typen von Problemen:

- Der Entwurf eines geeigneten *Systems von intervenierenden Variablen*, d. h. von intrapersonalen Verhaltensdeterminanten, die den Käuferverhaltensprozeß zwischen den einzelnen Inputgrößen und den jeweiligen Outputgrößen hinreichend genau beschreiben.
- Die *Operationalisierung der intervenierenden Variablen.*

Mit alternativen Entwürfen von Systemen der intervenierenden Variablen beschäftigen wir uns im nachfolgenden Teil dieses Kapitels. Zum einen besteht hier die Möglichkeit, unterschiedliche Typen intervenierender Variablen zu berücksichtigen, zum anderen kann die Menge der intervenierenden Variablen variiert werden. Nach der Menge der intervenierenden Variablen, die in einem Erklärungsansatz berücksichtigt werden, kann zwischen Modellen mit großer, mittlerer und geringer verhaltenswissenschaftlicher Fundierung unterschieden werden, wobei S-R-Modelle den einen Extrempunkt der Abstufung darstellen. Nach Art der einbezogenen intervenierenden Variablen kann zwischen ökonomisch, psychologisch und sozialpsychologisch bzw. soziologisch orientierten Ansätzen zur Analyse des Käuferverhaltens unterschieden werden; alle diese Ansätze können als Ausschnitt eines übergreifenden Totalansatzes zur Analyse und Erklärung des Käuferverhaltens eingestuft werden.

Für die Darstellung alternativer Betrachtungsweisen des Käuferverhaltens erscheint es opportun, eine Gliederung danach vorzunehmen, ob es sich bei den Käufern um Personen handelt, die für den privaten Ge- bzw. Verbrauch einkaufen, oder um Personen, die für gewerbliche Zwecke Käufe durchführen, ferner danach, ob Individuen oder Gremien die Entscheidung treffen. Es ergibt sich daraus die in Schaubild 2.2. wiedergegebene Systematik.

		Institution	
		private Haushalte	öffentliche Institutionen, Gewerbetreibende
Personen-anzahl	eine Person	Konsumentenent-scheidung	Einkäuferentscheidungen
	mehrere Personen	Familienent-scheidung	Organisationsent-scheidung

Schaubild 2.2.: Grundtypen von Kaufentscheidungen

2.2. Das Kaufverhalten von Konsumenten

Modelle des Konsumentenverhaltens versuchen, das *Verhalten* von Personen *vor, bei* und *nach dem Kauf* von Produkten oder Dienstleistungen für den privaten Ge- oder Verbrauch zu erklären bzw. zu prognostizieren.

2.2.1. Versuch einer integrativen Betrachtungsweise

Das Verhalten von Konsumenten kann grundsätzlich als eine Funktion von *Variablen der Person* (bzw. Persönlichkeit) und von *Umweltvariablen* angesehen werden (Lewin). Die in dieser allgemeinen Form kaum kritisierbare Aussage der Feldtheorie ist im folgenden näher zu konkretisieren. Die Variablen der Person im Sinne der Feldtheorie entsprechen weitgehend den bereits skizzierten intervenierenden Variablen des Organismus. Als Umweltvariablen können Indikatoren für Eigenschaften oder Ausprägungen von Aktionsvariablen der Umwelt bezeichnet werden, welche die Person als Stimuli erreichen und von ihr bewußt oder unbewußt verarbeitet werden. Damit ergeben sich folgende *Stimulus*variablen, die alle im Wege eines psychisch determinierten Wahrnehmungsvorgangs in den Organismus gelangen:

• *Physische Stimuli*, z.B. Produkte, äußere Bedingungen (Wetter).
• *Psychische Stimuli*, z.B. Motive.

- *Soziale Stimuli*, z. B. Einstellungen von Bezugspersonen (z. B. Familienmitglieder).

Reaktionen auf bestimmte Stimuli können gleichfalls in drei Gruppen unterteilt werden:

- *Physische Reaktionen*, z. B. Kaufhandlung.
- *Physiologische Reaktionen,* z. B. Erhöhung der Herzfrequenz.
- *Psychische Reaktionen*, z. B. Veränderung von Einstellungen.

Die Beziehungen zwischen den Stimuli und den Reaktionen werden von den intrapersonalen Verhaltensdeterminanten beeinflußt. Das Gesamtsystem ist in Schaubild 2.3. wiedergegeben:

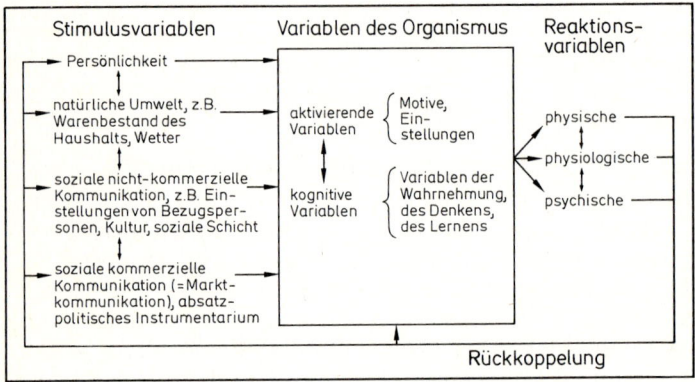

Schaubild 2.3.: Gesamtmodell des Konsumentenverhaltens

Für den Kaufverhaltensprozeß bezüglich eines bestimmten Produktes stellen die Variablen der Persönlichkeit gegebene Größen und nicht prozeßendogen determinierte Größen dar, sie sind daher als Stimulusvariablen zu qualifizieren. Die den intrapersonalen Gesamtprozeß beschreibenden Teilprozesse können in zwei Gruppen unterteilt werden:

- Die *kognitiven Prozesse*, die die Informationsaufnahme, Informationsspeicherung und Informationsverarbeitung steuern. Sie werden gemeinhin in drei Teilprozesse aufgegliedert: Wahrnehmung, Denken und Lernen.
- Die *aktivierenden Prozesse*, die zum einen aus den aufgenommenen Informationen Handlungen initiieren und die zum anderen auch die kognitiven Prozesse selbst steuern. Die

wesentlichen Elemente aktivierender Prozesse sind Motive und Einstellungen.

Im Gesamtzusammenhang kommt den aktivierenden Prozessen eine Reaktions-aktivierende, den kognitiven Prozessen dagegen vor allem eine Reaktions-steuernde Funktion zu. Aktivierende Prozesse sorgen also auch dafür, daß überhaupt eine Reaktion ablaufen kann. Aktivierende Prozesse initiieren beispielsweise einen Kaufprozeß bezüglich eines PKW's und legen die Bedeutung einzelner Merkmale fest, während sich aus kognitiven Prozessen die Qualitätsvermutungen bezüglich der einzelnen Merkmale ableiten lassen. Ein Mindestmaß an Aktivierung stellt dabei eine *notwendige Bedingung* für jedwede Äußerung des Konsumentenverhaltens dar. Sowohl die aktivierenden als auch die kognitiven Prozesse werden vor allem durch die *Persönlichkeitsstruktur* gesteuert, die wiederum einer steten Modifikation inbesondere durch die natürliche Umwelt und die soziale kommerzielle sowie nicht-kommerzielle Kommunikation unterworfen ist. Ebenso wie die intrapersonalen Verhaltensdeterminanten beeinflussen sich auch die Reaktions- und die Stimulusvariablen gegenseitig. Schließlich existieren Rückwirkungen von den Ergebnissen eines Konsumentenverhaltensprozesses auf den Input künftiger Konsumentenverhaltensprozesse.

Eng mit der Unterteilung der Reaktionsvariablen in physische, physiologische und psychische Variablen ist die Unterteilung dieser Variablen in den sogenannten Stufenmodellen der Werbewirkung verknüpft. Nach dem AIDA-Modell können Wirkungen von Werbemaßnahmen in Reaktionen wie

- Aufmerksamkeit (Attention),
- Interesse (Interest),
- Kaufabsicht (Desire) und
- Kaufvollzug (Action)

gegenüber dem beworbenen Produkt gemessen werden. Vernachlässigt man die beim AIDA-Modell unterstellte Stufenabfolge der einzelnen Wirkungsarten, so können die darin formulierten Wirkungsarten unschwer einzelnen Reaktionsvariablen des Gesamtmodells des Konsumentenverhaltens zugerechnet werden.

Vielfach werden zur Beschreibung des Konsumentenverhaltens *soziodemographische Merkmale* der Personen herangezogen. Ihre Einordnung in das obige System ist nicht einheitlich: Zum einen werden sie als Indikatoren für intrapersonale Verhaltensdeterminanten (z. B. Ausprägung der Variablen Alter als Indikator für die

Ausprägung von Motiven), zum anderen als Indikatoren für Stimulusvariablen (z. B. Ausprägung der Variablen Einkommen als Indikator für die Ausprägung der Variablen Warenbestand) angesehen. In jedem Fall aber stellen sie leicht meßbare Hilfsgrößen dar, die anstelle der schwerer meßbaren «wahren» verhaltenssteuernden Prozesse bei empirischen Erhebungen verwendet werden.

2.2.2. Entscheidungsprozesse von Konsumenten in mikroökonomischer Betrachtungsweise

Die ältesten Ansätze zur Erklärung bzw. Prognose des Konsumentenverhaltens wurden in der Mikroökonomie, speziell im Rahmen der *neoklassischen Haushaltstheorie* entwickelt. Bei diesen Ansätzen werden die Ausprägungen des Konsumentenverhaltens (Reaktionsvariablen) allein auf der Basis von *ökonomischen Stimulusvariablen* und ausgewählten intrapersonalen Verhaltensdeterminanten dargestellt; die daraus entwickelten Modelle besitzen in der Regel eine geringe verhaltenswissenschaftliche Substanz, da sie wenige intrapersonale Variablen berücksichtigen.

Ziel der meisten ökonomisch orientierten Modellansätze des Konsumentenverhaltens ist die Ableitung *aggregierter Nachfragefunktionen*; sie streben also regelmäßig die Ableitung der *Nachfrage nach einem Produkt*, nicht der Nachfrage nach einer Marke eines Produktes an. Die Nachfragemenge wird dabei vorwiegend als Funktion des Preises gesehen; die bei einem Preis von Null wirksam werdende Nachfrage stellt dann das *Marktpotential* dar. Aussagen über die Nachfragemenge bezüglich einer Marke eines Produktes und damit auch über das Absatzpotential eines Unternehmens (Nachfragemenge bezüglich einer Marke beim Preis von Null) werden in der Regel nicht gemacht. Die ökonomisch orientierten Modellansätze sind meist in sich geschlossene Theorien, die formal relativ einfach Aussagen über Marktvolumina und Marktpotentiale abzuleiten erlauben. Dabei beschränkt man sich allerdings bewußt darauf, ein bestimmtes Verhaltensmuster zu unterstellen: Die Kaufentscheidung wird als das Ergebnis vollkommen *rationaler, ökonomischer Wahlakte* interpretiert. Das dieser Modellvorstellung zugrundeliegende Menschenbild ist der sog. homo oeconomicus, der sich durch folgende Merkmale auszeichnet:

40

- Der homo oeconomicus besitzt vollständige *Kenntnis seiner eigenen Bedürfnisstruktur.*
- Der homo oeconomicus besitzt vollständige *Kenntnis aller Möglichkeiten der Bedürfnisbefriedigung* (vollständige Markttransparenz).
- Der homo oeconomicus besitzt *keinerlei markenbezogene Präferenzen* (Homogenität des Marktes).
- Alle *Marken* eines Produktes werden in *zeitlicher und räumlicher Hinsicht gleichartig* eingestuft bzw. die Beschaffungszeit und der Beschaffungsaufwand sind für die Markenwahl nicht relevant (keine zeitliche und räumliche Präferenz).
- Der homo oeconomicus strebt nach *Maximierung seines persönlichen Nutzens* und besitzt diesbezüglich keine Sättigungsgrenze (Nutzenmaximierung).
- Der homo oeconomicus besitzt eine *unbegrenzte Kapazität der Informationsverarbeitung,* da er in der Lage ist, erstens alle Marken und Produkte in eine eindeutige Präferenzrangfolge zu bringen, zweitens ein nutzenoptimales Produkt-Marken-Bündel zu ermitteln und drittens dies in einer unendlichen kurzen Zeit und ohne relevante psychische Anstrengungen vorzunehmen (unbeschränkte Informationsverarbeitung).
- Der homo oeconomicus entscheidet *ohne Beeinflussung durch andere Personen* und *ohne* Beeinflussung durch *Erfahrungen* aus früheren Kaufentscheidungen (gedächtnisloser Entscheider in vollständiger sozialer Isolation).

Der homo oeconomicus bestimmt sein Konsumentenverhalten allein auf der Basis folgender Variablen:

- Disponibles Budget.
- Qualitätsmerkmale aller dargebotenen Marken und Produkte.
- Maximal erwerbbare Mengen aller angebotenen Marken und Produkte.
- Preise aller angebotenen Marken und Produkte.

Stimulusvariablen

- Relevante Nutzenwerte aller Ausprägungen der Merkmale aller angebotenen Marken und Produkte.
- Ziel der Nutzenmaximierung.

intrapersonale Verhaltensdeterminanten

Die ökonomisch orientierten Modellansätze des Konsumentenverhaltens erlauben auf der Basis dieser Annahmen die Ermittlung der *nutzenoptimalen Kombination von Mengen einzelner Mar-*

ken aller Produkte, wobei die Budgetsumme als begrenzende Nebenbedingung anzusehen ist. Dieses Gesamtnutzenmaximum ist dann erreicht, wenn der *Grenznutzen* der jeweils *letzten Einheit aller Produkte gleich* ist.

Trotz der *restriktiven Annahmen* über das Wahlverhalten der Konsumenten erlaubt die ökonomisch orientierte Konsumentenverhaltenstheorie die Ableitung einiger auch *unter realen Bedingungen gültiger Regelmäßigkeiten*:

- Bei gegebener Budgetsumme nimmt mit steigendem Preis die Nachfragemenge nach einem Produkt ab und umgekehrt.
- Bei gegebener Budgetsumme nimmt mit steigendem Preis des Produktes i die Nachfragemenge von Produkt j zu, wenn i und j hinsichtlich eines Bedürfnisses *substitutive Produkte* sind; die Nachfragemenge von Produkt j nimmt dagegen ab, wenn i und j *komplementäre Produkte* sind.
- Konsumenten streben bei der Planung ihrer Bedürfnisbefriedigung eine Situation an, bei der alle alternativen Möglichkeiten der Bedürfnisbefriedigung gleich «gut» sind.

Neben diesen empirisch vielfach bestätigten Ergebnissen wurden in der Realität immer wieder *Nachfrageeffekte* beobachtet, die mit dem Modell des homo oeconomicus nicht vereinbar sind. Die wichtigsten Fälle solchen «anormalen» Verhaltens sind:

- *Mitläufer-Effekt*: Die Nachfrage einer Person nach einem Produkt wird durch die Nachfrage anderer Personen nach demselben Produkt positiv beeinflußt. Als Ursache für dieses imitierende Konsumentenverhalten ist der Einfluß von Bezugspersonen und Bezugsgruppen anzusehen.
- *Snob-Effekt*: Die Nachfrage einer Person nach einem Produkt wird durch die Nachfrage anderer Personen nach demselben Produkt negativ beeinflußt. Die Ursachen dieses Exklusivitätsstrebens sind ebenfalls soziale Einflüsse beim Kaufentscheidungsprozeß.
- *Veblen-Effekt*: Die Nachfrage einer Person nach einem Produkt steigt bei einer Erhöhung des Preises für dieses Produkt. Die Ursache dieses Verhaltens ist darin zu sehen, daß hochpreisige Güter aus Prestige-Gründen erworben werden (Zusatznutzen infolge sozialer Anerkennung). Ähnliche Wirkungen ruft gelegentlich die Ausstrahlung des Preises auf die Qualitätswahrnehmung hervor (vgl. Kapitel Entgeltpolitik).

Die wesentlichen Mängel der ökonomisch orientierten Modellansätze des Konsumentenverhaltens sind darin zu sehen, daß sie zum einen die Abweichung der *subjektiven Wahrnehmungen von den objektiven Gegebenheiten* außer acht lassen und zum anderen den *Prozeßcharakter der Kaufentscheidung* mit all seinen Interdependenzen nicht berücksichtigen. Einige neuere Modellansätze gehen nicht mehr von vollkommenen Informationen aus, sondern unterstellen eine begrenzte und/oder eine variable Informationsstruktur und tragen so erheblich zu einer größeren Realitätsnähe der Modelle bei. Nämliches gilt für Versuche, den Beschaffungsaufwand ebenfalls als eine das Kaufverhalten determinierende Größe modellhaft zu berücksichtigen.

2.2.3. Entscheidungsprozesse von Konsumenten in psychologischer Betrachtungsweise

Kennzeichen des homo oeconomicus waren unter anderem soziale Isoliertheit und vollkommene Rationalität des Konsumentenverhaltens, wobei der letzte Punkt insbesondere vollkommene Information und Identität zwischen Objektwahrnehmung und objektiven Gegebenheiten des Objektes einschließt. Der homo psychologicus verhält sich zwar ebenfalls sozial isoliert, aber *nicht vollkommen rational*, sondern nur *beschränkt rational*. Es ist allerdings schon hier darauf hinzuweisen, daß die Ausprägung der beschränkten Rationalität durch langfristige soziale Einflußprozesse geformt wird.

Die Rationalität des homo psychologicus ist gegenüber dem homo oeconomicus durch intrapersonale Verhaltensdeterminanten eingeschränkt. Die wesentlichen intrapersonalen Verhaltensdeterminanten stellen die aktivierenden und die kognitiven (Teil-)Prozesse dar.

2.2.3.1. Aktivierende Prozesse

Kennzeichen der aktivierenden Prozesse des Konsumentenverhaltens ist, daß sie den Organismus in einen *Erregungszustand* versetzen, der erst ein irgendwie geartetes Verhalten anregt (Schaubildung 2.4.). Die wesentlichen verhaltensanregenden Größen sind Motive und Einstellungen.

Motive als Elemente aktivierender Prozesse

Die Begriffe «Motiv» und «Bedürfnis» können als Synonyma betrachtet werden. Ein Motiv ist ein wahrgenommener *Mangelzustand*, der den Organismus dazu veranlaßt, nach Mitteln zu suchen, um den *Mangelzustand zu beseitigen*. Motive verschaffen dem

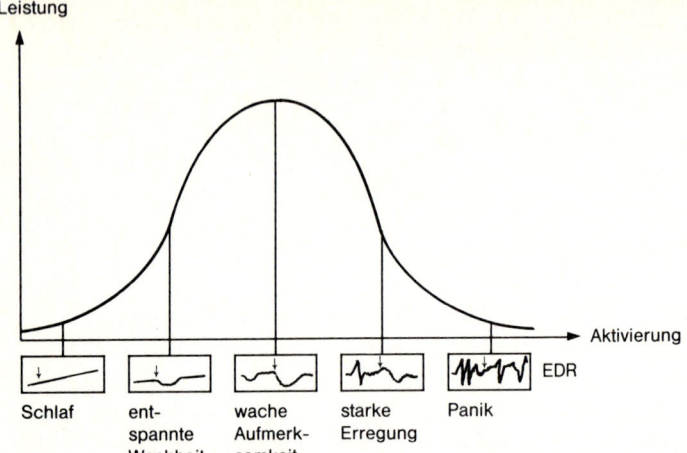

Leistung

Aktivierung

EDR

Schlaf ent- wache starke Panik
spannte Aufmerk- Erregung
Wachheit samkeit

Quelle: Schweiger, G.; Schrattenecker, G.: Werbung, 2. Auflage, Stuttgart/New York 1988, S. 68

Schaubild 2.4.: Aktivierungsniveau und Leistungsfähigkeit (EDR: elektrodermale Reaktion)

Organismus somit Energien, um physische, psychische oder physiologische Prozesse zu initiieren und ablaufen zu lassen. Sollen Motive solche Prozesse in Gang setzen und halten, so muß die entsprechende *psychische Energie* mindestens so stark sein, daß die entsprechenden individuell verschiedenen Reizschwellen zur Aktivierung überschritten werden. *Motiven sind stets bestimmte Mangelzustände zugeordnet*, ein allgemeines Handlungsmotiv besteht somit definitionsgemäß nicht. Zudem beinhalten Motive definitionsgemäß bereits Aussagen über die Richtung der Behebung des Mangelzustandes. Allgemeine Unzufriedenheit mit der beruflichen Situation allein erfüllt zum Beispiel nicht die Begriffsmerkmale eines Motivs; um von einem Motiv sprechen zu können, müßte die allgemeine Unzufriedenheit mit der beruflichen Situation durch das Streben, eine anspruchsvollere Tätigkeit zu erlangen, verknüpft sein.

Motive lassen sich in vielfältiger Weise klassifizieren; zwei davon sollen hier kurz skizziert werden. Die einfachste Klassifikation von Motiven ist die nach primären und sekundären Motiven:

- *Primäre Motive* sind *physiologisch bedingt* und werden in der Regel als *angeboren* eingestuft: Versorgungsmotive (z. B.

44

Essen, Trinken), Vermeidungsmotive (z. B. Vermeiden körperlicher und seelischer Verletzungen), arterhaltende Motive (Geschlechtstrieb).

- *Sekundäre Motive* sind grundsätzlich *gelernt* und weitgehend *sozial bedingt*. Ein Beispiel eines sekundären Motivs in Industriegesellschaften stellt das Motiv zu arbeiten dar.

Motive spielen nicht nur in der Konsumentenverhaltensforschung eine erhebliche Rolle, sondern in gleichem Maße auch etwa in der Arbeitslehre und abgewandelt auch in Staatsrechtslehren. Grundrechte der Menschen, wie sie viele Verfassungen garantieren, sind ein Ausdruck allgemein anerkannter Motive. Motivationstheorien können zum einen formaler und zum anderen inhaltlicher Natur sein. *Formale Motivationstheorien* bringen im Kern lediglich zum Ausdruck, daß Motive existieren und daß sie Energien für Verhaltensprozesse freisetzen, sie machen jedoch keine Aussagen über die Art der Motive. Bei *inhaltlichen Motivationstheorien* werden demgegenüber explizit Aussagen über die Natur der menschlichen Motive gemacht. Die vielleicht bekannteste inhaltliche Motivationstheorie, die eine humanistische Weltsicht wiederspiegelt, ist die *dynamische Motivationstheorie von Maslow*. Das Prädikat dynamisch bringt dabei zum Ausdruck, daß Maslows Theorie nicht nur Aussagen über die Natur der menschlichen Motive enthält, sondern auch Aussagen darüber, wie sich die einzelnen Motive und deren relative Bedeutung im Laufe von psycho-physischen Prozessen des Individuums entwickeln. Maslow unterscheidet *fünf Klassen von Motiven*:

- *Physiologische Motive*: Sie dienen der Lebenserhaltung des Individuums.
- *Sicherheitsmotive*: Sie beinhalten den Wunsch des Individuums, vor unvorhersehbaren Beeinträchtigungen der Befriedigung physiologischer Motive geschützt zu sein.
- *Soziale Motive*: Sie beinhalten den Wunsch des Individuums nach Kommunikation mit anderen Individuen.
- *Wertschätzungsmotive*: Sie beinhalten das Streben des Individuums nach Selbstvertrauen und Anerkennung durch relevante andere Individuen oder soziale Gruppen.
- *Selbstverwirklichungsmotive*: Sie beinhalten das Streben des Individuums nach Selbstfindung und Gestaltung seines Lebensraumes nach eigenen Wertvorstellungen.

Die fünf genannten Motivklassen stehen nach Maslow hinsichtlich ihrer Dringlichkeit in einer hierarchischen Ordnung (Schaubild 2.5.), wobei die physiologischen Motive die niedrigst-rangigen und die Selbstverwirklichungsmotive die höchst-rangigen Motive darstellen.

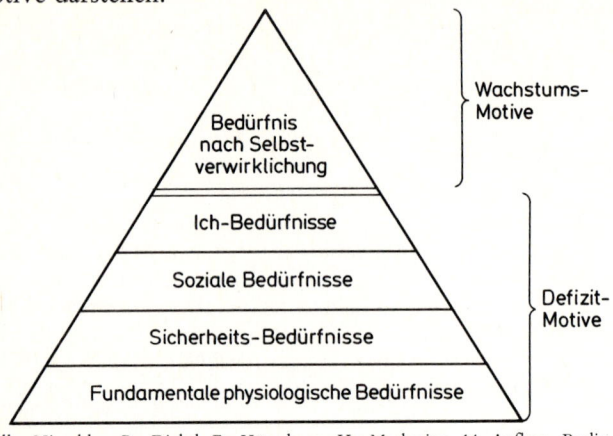

Quelle: Nieschlag, R.; Dichtl, E.; Hörschgen, H.: Marketing, 14. Auflage, Berlin 1985, S. 460.

Schaubild 2.5.: Motivhierarchie nach Maslow

In welcher Form sich Ausprägungen der einzelnen Bedürfniskategorien in konkreten absatzpolitischen Maßnahmen spiegeln, zeigt nachstehendes Schaubild 2.6.

Motive nach A. Maslow	Konkretisierung beim Konsum	Wirkungen beim Verhalten
Bedürfnis nach Selbstverwirklichung	Erlebnisstreben Genußstreben Freude am Können Spaß an der Technik	alternative Lebensweise Do-it-yourself Hobbys (Lesen, Musizieren, Malen, Basteln) Reparaturen in Haus und Hof sowie am Auto Jogging und Leistungssport Sammeln von Kunstwerken (Weiter-)Bildung religiöse Erbauung

Motive nach A. Maslow	Konkretisierung beim Konsum	Wirkungen beim Verhalten
Ichbedürfnisse	Anerkennung Prestige Ruhm	Luxuslokale Nobelautos «edle» Getränke exklusive Kleidung Zweitwohung exotische Reiseziele
soziale Bedürfnisse	Liebe Zuneigung Geselligkeit Nächstenliebe Soziales Engagement	Nachbarschaftsläden Gastronomie Hotellerie Spendenmarkt
Sicherheitsbedürfnisse	Schutz von • Gesundheit • Hab und Gut • Umwelt Absicherung gegen • Versorgungseng- pässe • Kaufrisiken • Unwissenheit • Krankheit • Arbeitslosigkeit • Alter	Biokost naturbelassene Le- bensmittel Krankenversicherun- gen Lebensversicherungen Sanatorien Altenheime Sicherheitsdienste Finanzberatung Markenartikel Katalysatoren bleifreies Benzin
fundamentale physiolo- gische Bedürfnisse	Sicherung der Daseins- grundlagen	Essen Trinken Kleidung Wohnung Möbel Auto

Quelle: Dichtl, E.: Der Weg zum Käufer, München, 1987, S. 66–67

Schaubild 2.6: Konkretisierungen der Motive nach Maslow und absatzpolitische Reaktionen

Dynamisch ist Maslows Theorie insofern, als sie aussagt, daß
höherrangige Motive erst dann *verhaltenssteuernd* werden, wenn
die jeweils *niedriger-rangigen Motive* mindestens bis zu einem
bestimmten Anspruchsniveau *befriedigt* sind. Die Höhe des
Anspruchsniveaus wird dabei als Funktion der sozialen Umwelt und ihrer Wertvorstellungen sowie der Verhaltenser-

fahrungen des Individuums gesehen. Für die Absatzpolitik von Unternehmen in marktwirtschaftlich organisierten Volkswirtschaften läßt sich aus Maslows Theorie unmittelbar folgender Schluß ziehen: Je höher der Entwicklungsstand einer Volkswirtschaft, desto mehr müssen etwa in der Werbung und bei der Produktgestaltung höher-rangige Motive berücksichtigt werden. Die Bedeutung der ästhetischen Gestaltung von Produkten und der Betonung von sozialen Komponenten (Wertschätzung) in der Werbung wird damit unmittelbar einsichtig.

Im Rahmen der Konsumentenverhaltensforschung haben Motive ihre ehemals große Bedeutung eingebüßt, da es bis heute nicht gelungen ist, verläßliche Indikatoren für die nicht direkt meßbaren Motive zu entwickeln. Fragebögen als Mittel zur Feststellung von Motiven müssen nach heutiger Erkenntnis als nicht geeignet eingestuft werden, da Individuen in der Regel nicht in der Lage bzw. nicht willens sind, Aussagen über ihre Handlungsmotive zu machen. Als *«Hintergrundtheorien»*, d. h. als Theorien, die die Ausprägung vordergründiger Verhaltensdeterminanten zu deuten erlauben, haben Motivtheorien bleibende Bedeutung.

Einstellungen als Elemente aktivierender Prozesse

Einstellungen stehen heute im Mittelpunkt der Konsumentenverhaltensforschung und sind der Ausgangspunkt der meisten theoretischen Überlegungen zum Konsumentenverhalten. Gegenüber den Motiven zeichnen sie sich insbesondere dadurch aus, daß sie *relativ verläßlich* gemessen werden können, darüberhinaus eine *engere Beziehung zu den Reaktionsvariablen* aufweisen und damit ceteris paribus als besser geeignet gelten, bestimmte Ausprägungen des Konsumentenverhaltens zu prognostizieren.

Einstellungen sind gelernte, vergleichsweise dauerhafte Bereitschaften eines Individuums, auf Stimuli in einer bestimmten Weise zu reagieren. Die Stimuli werden Einstellungsobjekte genannt, was unter anderem Produkte, Marken, Unternehmen, Personen oder auch Ideen sein können. Einstellungen sind nicht mit dem geäußerten Verhalten (overt behavior) gleichzusetzen, sie stellen vielmehr innere Verhaltensbereitschaften von Individuen dar, die sich bei Vorliegen von «günstigen» Umweltkonstellationen in einem bestimmten beobachtbaren Verhalten manifestieren. Großer Einfluß auf das geäußerte Verhalten kommt Einstellungen beim habituellem Kaufverhalten zu bzw. bei Kaufverhaltensprozessen, die für das Individuum nur mit geringeren Risiken verbunden sind und bei denen daher kein überlegtes Entscheiden notwendig ist. Für die Gestaltung der absatzpolitischen Maßnahmen von Unternehmen zur Beeinflussung des Konsumentenverhaltens sind Einstellungen aber nicht nur deshalb bedeutungsvoll, weil sie als *Vorentscheidungen* (Prädispositionen) *für die Wahl einer bestimmten Marke* anzusehen sind, sondern auch, weil sie die Wahrnehmungsprozesse von Konsumenten steuern.

Einstellungen werden folgende Merkmale zugeschrieben:

• Einstellungen haben einen *Objektbezug*, sie beziehen sich also stets auf ein bestimmtes Einstellungsobjekt, das jedoch – eine sprachliche Ungenauigkeit – keineswegs körperlich zu sein hat, sondern auch lediglich eine Idee sein kann (Einstellung zu bestimmten Nationen/Weltanschauungen).

• Einstellungen werden durch viele *Lernprozesse erworben*, mithin sind sie das Ergebnis von eigenen und fremden Erfahrungen, also sozial determiniert. Einstellungen von Individuen spiegeln daher auch die Wertvorstellungen jener Personen (-mehrheiten) wider, mit denen sich das Individuum identifiziert.

• Einzelne Einstellungen stehen *untereinander in einem auf ein harmonisches Gleichgewicht ausgerichteten Systemzusammenhang* (homöostatisches System). Im Einstellungssystem sind relativ zentrale Einstellungen und relativ periphere Einstellungen miteinander verknüpft. *Zentrale Einstellungen* sind solche, die das Individuum als sehr bedeutsam einstuft und die daher in der Regel auch als relativ stabil anzusehen sind. *Peripheren Einstellungen* wird dagegen eine vergleichsweise geringe Bedeutung zugemessen, sie werden auch leichter situationsbedingt abgewandelt. Die größere Stabilität zentraler Einstellungen rührt daher, daß sie eine größere «Ich-Nähe», d. h. Nähe zur Persönlichkeitsstruktur besitzen, während die peripheren Einstellungen den Variablen des geäußerten Verhaltens näher stehen. Eine noch größere «Ich-Nähe» und damit einhergehend eine noch geringere Objekt-Nähe weisen Wertvorstellungen auf, die als Produktbereich-übergreifende zentrale Einstellungen angesehen werden können. Es ist damit auch klar, daß periphere Einstellungen einerseits wegen ihrer größeren Handlungsnähe besser für Prognosezwecke geeignet sind, andererseits aber eine geringere Konstanz im Zeitablauf aufweisen, was ihre Eignung für längerfristige Prognosen einschränkt. Mit Einstellungen (peripheren und zentralen) auf das engste verknüpft sind entsprechende Präferenzen.

• Eine andere Variable, die häufig mit Einstellungen in Verbindung gebracht wird, ist die Variable *Lebensstil*. Darunter wird von verschiedenen Autoren sehr Unterschiedliches verstanden: Gewissermaßen als Minimalumfang des Lebensstilkonzepts kann das A–I–O–Konzept (activities-interests-opinions) gelten, wonach der Lebensstil anhand der Aktivitäten (z. B. Freizeitaktivitäten), der Interessenlagen (z. B. Informationsinteressen) und der Meinungen (z. B. über bestimmte Wahrnehmungsgegenstände) beschrieben wird. In Schaubild 2.7 ist dagegen eine Art Maximalkonzept des Lebensstils konzipiert; danach wird mit Lebensstil die Gesamtheit des Verhaltens hinsichtlich der Werte, der Aktivitäten bzw. Einstellungen und des Verbrauchs eingestuft. Schließlich ordnen einige Autoren das Konstrukt Lebensstil auch nur einer der in Schaubild 2.7 aufgeführten Variablengruppen zu.

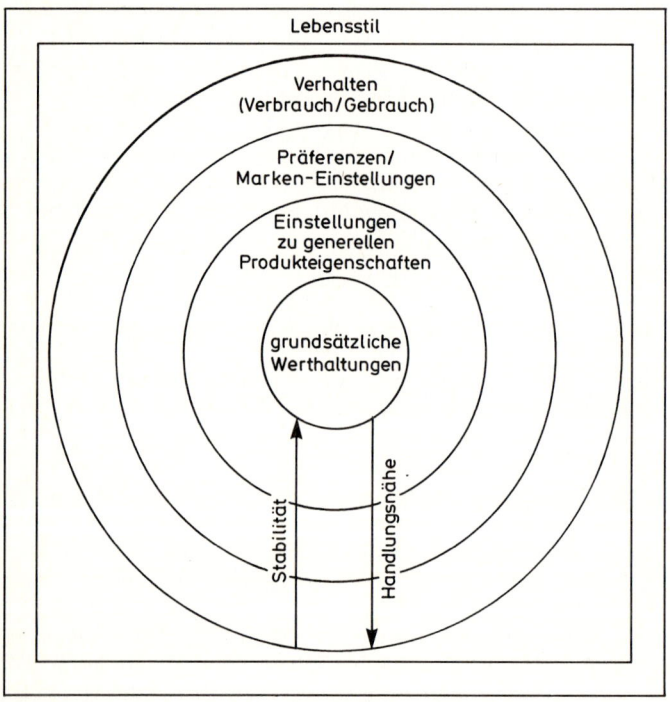

Schaubild 2.7.: System der den Lebensstil charakterisierenden Merkmale

- *Jede Einstellung* für sich ist gleichfalls *systemhaft organisiert.* Man unterscheidet gemeinhin zwischen einer *kognitiven, affektiven* und *konativen Komponente* und zwischen verschiedenen Dimensionen. Einstellungen zu Objekten sind nicht einschichtig, sondern in zweifacher Hinsicht mehrschichtig: Zum einen weisen sie mehrere Komponenten (drei) und zum anderen *mehrere Dimensionen* (variabel) auf. Die Einstellung gegenüber der PKW-Marke X mag etwa auf folgenden Dimensionen beruhen: Sportlichkeit, Komfort, Kofferraumvolumen, Prestigegehalt. Die einzelnen Komponenten können durch Fragen folgenden Typs umrissen werden:
  - • Kognitive Komponente: In welchem Ausmaß bietet PKW X Fahrkomfort?
  - • Affektive Komponente: Wie wichtig ist bei PKW's der Fahrkomfort?
  - • Konative Komponente: Inwieweit beeinflußt der Fahrkomfort eines PKW das geäußerte Kaufverhalten?

Die kognitive Komponente bringt die *vermuteten Ausprägungen* aller Dimensionen hinsichtlich eines bestimmten Einstellungsgegenstandes zum Ausdruck, die affektive Komponente die *gefühlsmäßige Bedeutung* der einzelnen Dimensionen *für die Wertschätzung,* die dem Gegenstand entgegengebracht wird, und die konative Komponente die *Bedeutung* der einzelnen Dimensionen *für das geäußerte Kaufverhalten.*

Angesichts dieser Merkmale sind Einstellungen als mehrdimensionale, kompositionelle Gebilde einzustufen, die sich vom Image dadurch unterscheiden, daß sie anders als das Image nicht nur kognitive, sondern auch affektive und konative Komponenten besitzen. Mit *Image* bezeichnet man demnach das *subjektiv gefärbte Bild eines Einstellungsgegenstandes,* mithin die Perzeption bzw. das innere Abbild des Objektes; es gibt die *subjektive Realität* der Umwelt wieder (Gegensatz: objektive Realität), sie ist der Ausgangspunkt aller menschlichen Entscheidungsprozesse. Das Image eines Objektes ist also nicht mit der Einstellung zu diesem Objekt gleichzusetzen, sondern gewissermaßen dessen kognitiver Teil.

Einstellungen können *gefestigt* oder auch nur sehr *vage* sein; in jedem Fall steuern sie die menschlichen Informationsnachfrage- und Informationsverarbeitungsprozesse. Der Unterschied zwischen ungefestigten und durch Erfahrungen gefestigten Einstellungen besteht im Grunde genommen nur darin, daß die erstgenannten Einstellungen leichter modifizierbar sind.

Da Einstellungen gelernt werden, unterliegen sie naturgemäß einem *laufenden Veränderungsprozeß*; es stellt sich daher die Frage, wie es zu solchen Einstellungsänderungen kommt. Eine geschlossene Theorie der Einstellungsänderung besteht bis heute nicht. Relativ gut geeignet, um Einstellungsänderungen zu erklären, ist allerdings die auf L. Festinger zurückgehende Theorie der kognitiven Dissonanz.

Die *Theorie der kognitiven Dissonanz* gehört zur Klasse der verhaltenswissenschaftlichen Gleichgewichts- bzw. *Konsistenztheorien*, deren grundlegende Aussagen etwa wie folgt formuliert werden können: Individuen streben danach, sowohl im physisch/physiologischen Bereich als auch im psychischen Bereich durch den Abbau von Mangelzuständen zu einem Gleichgewichtszustand zu gelangen. Stehen also einzelne *Einstellungen untereinander* bzw. einzelne *Komponenten einer einzigen Einstellung* (z. B. konative und affektive Komponente) zueinander oder aber einzelne *Handlungen und Einstellungen* in einem disharmonischen Verhältnis (Dissonanz), so ist das Individuum bestrebt, durch Veränderung von Einstellungen bzw. Einstellungskomponenten das System in einen Gleichgewichtszustand zu überführen.

Der für die Entstehung/Nichtentstehung kognitiver Dissonanzen entscheidende Prozeß der Informationsaufnahme und -verarbeitung ist in Schaubild 2.8 verdeutlicht.

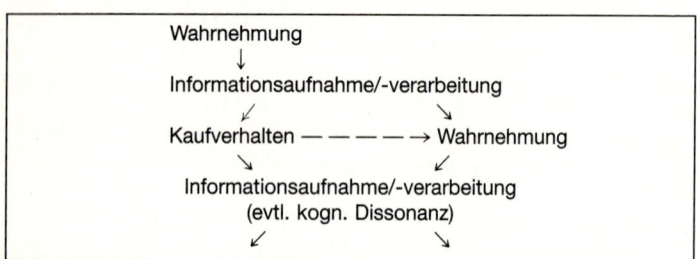

Schaubild 2.8.: Dynamischer Prozeß der Informationsverarbeitung

Festingers Theorie der kognitiven Dissonanz bemüht sich insbesondere um die *Spezifizierung von Situationen*, in denen *Dissonanzen* häufig *entstehen*, und um die *Präzisierung von Strategien der Reduktion* solcher Dissonanzen. Als besonders dissonanzträchtig gelten folgende Situationen:

• Nachkaufsituation, da dann die Vorteile der nicht gekauften

Marken/Produkte und die Nachteile der gekauften Marken/
Produkte häufig besonders deutlich zutage treten (Dissonanz
Verhalten/Einstellung).
- Situation nach Aufnahme von Informationen über bestimmte
  Einstellungsobjekte, die mit den bisherigen Einstellungen dis-
  sonant sind (Dissonanz zwischen Komponenten einer Einstel-
  lung).
- Situation der unerfüllten Erwartungen (Dissonanz Verhalten/
  Einstellung).

Dissonanzen werden besonders dann empfunden, wenn die
Wahlentscheidung von vergleichsweise weittragender Bedeutung ist, wenn sie erst kurz zurückliegt und/oder wenn die Beurteilung der zur Wahl anstehenden Alternativen relativ ausgewo-
gen ist, d. h. keine eindeutige Präferenz für eine der Alternativen
besteht. Kognitive Dissonanzen können nur dann auftreten,
wenn das Individuum an die getroffene Wahlentscheidung
gebunden ist. Die in der Realität anzutreffende relativ groß-
zügige Handhabung des Umtauschrechtes von gekauften Produkten ist als ein Versuch anzusehen, dem Entstehen von kognitiven Dissonanzen und ihren für das Unternehmen oft
negativen Folgen entgegenzuwirken.
Bestehen bereits kognitive Dissonanzen, so versucht der Konsument auf unterschiedliche Weise, diese abzubauen, um so wieder
einen Gleichgewichtszustand zu erreichen; einige Formen der
Dissonanzreduktion sind:
- *Psychische Abwertung* der Bedeutung der Kaufentscheidung.
- *Stärkere Gewichtung* derjenigen *Beurteilungsdimensionen*, bei
  denen alle relevanten Alternativen gleiche Ausprägungen aufweisen.
- Stärkere Gewichtung derjenigen Beurteilungsdimensionen,
  bei denen die gewählte Alternative vorteilhaft abschneidet.
- *Sensibilisierung der Wahrnehmung* für die Aufnahme von Informationen, die geeignet sind, die getroffene Wahlentscheidung zu stützen.

Für alle Strategien der Dissonanzreduktion lassen sich unschwer
empirische Beispiele finden; besonders deutlich ausgeprägt ist
häufig die zuletzt genannte Strategie der Dissonanzreduktion,
die von Unternehmen etwa dadurch gestützt wird, daß
Gebrauchsanweisungen meist mit der Aufzählung aller für die
betreffende Alternative günstigen Aspekte beginnen.

2.2.3.2. Kognitive Prozesse

Kennzeichen der kognitiven Prozesse ist, daß sie die Informationen bereitstellen, auf die im Rahmen der aktivierenden Prozesse zurückgegriffen wird. Kognitive Prozesse steuern somit die Informationsaufnahme, -verarbeitung und -speicherung, ohne unmittelbar handlungssteuernd zu wirken. Die wesentlichen kognitiven Teilprozesse sind diejenigen der Wahrnehmung, des Denkens und des Lernens.

Wahrnehmung als kognitiver Teilprozeß

Unter *Wahrnehmung* versteht man den *psycho-physischen Prozeß* der menschlichen *Informationsaufnahme* und *Informationsinterpretation*, dessen Endprodukt eine subjektiv gefärbte Abbildung der Realität darstellt. Subjektiv gefärbt bedeutet dabei, daß das Abbild der Realität in mehrfacher Hinsicht vom Urbild abweicht. Die wichtigsten Formen der teils bewußten, teils unbewußten Informationsveränderung sind:

- *Selektion von Informationen*: Es werden nicht alle sensorisch wahrgenommenen Informationen weiterverarbeitet. Zum einen werden nur die für das jeweilige Individuum relevanten Informationen und zum anderen oft nur diejenigen Informationen, die der Bedürfniskonstellation entsprechen, aufgenommen. Mit dieser selektiven Informationsaufnahme kann das Individuum eine Informationsüberreizung vermeiden.
- *Abwehr von Informationen*: Aus dem Streben nach einem physisch-psychischen Gleichgewicht heraus werden häufig nur solche Informationen aufgenommen, die mit den schon gespeicherten Informationen in einem konsonanten Verhältnis stehen. Die gespeicherten Informationen und Erfahrungen bewirken gewissermaßen eine programmierte Voreingenommenheit und Erwartungshaltung des Individuums. Die Abwehr dissonanter Informationen (perceptual defense) bewirkt insbesondere auch, daß konsonante Informationen leichter als ebenso bedeutsame dissonante Informationen aufgenommen werden, was tendenziell zu einer Verfestigung von Einstellungsstrukturen beiträgt.
- *Akzentuierung von Informationen*: Während die bisher genannten Effekte der Wahrnehmung vor allem das «Ob» der Wahrnehmung betreffen, stellt der Akzentuierungseffekt auf die Modifikation der eingegangenen Informationen ab. Die

Modifikation von Informationen wird ebenso wie deren Selektion und Abwehr insbesondere durch die affektive Einstellungskomponente bezüglich des jeweiligen Wahrnehmungsobjekts gesteuert.

Alle drei Effekte begründen bestimmte *Wahrnehmungsschwellen*, die je nach der Art der Information (konsonant/dissonant) und dem Informationsgegenstand unterschiedlich wirksam sind. Wahrnehmung erfolgt allerdings nicht nur passiv, sondern in vielen Fällen auch aktiv. Phänomene, die die Intensität und Richtung der aktiven Informationssuche steuern, sind etwa das *Streben nach einem Gleichgewichtszustand*, bestimmte Einstellungen und die Art der im Rahmen eines Kaufprozesses evaluierten Produkte (Risikogehalt, Bedeutung). Aufgrund dieser und weiterer Phänomene kommt es zu der Bildung des Images als Ergebnis des Wahrnehmungsprozesses. Das *Image (subjektive Realität)* und die technischen Gegebenheiten *(objektive Realität)* können – wie bereits bemerkt – zuweilen erheblich voneinander abweichen, dies nicht nur hinsichtlich der Merkmalsmenge und der (vermuteten) Ausprägungen, sondern auch hinsichtlich der berücksichtigten Produkte.

Die Gesamtheit der von einem Individuum berücksichtigten Produkte wird üblicherweise in folgenden Untermengen untergliedert:

- Das *«relevant set»* («evoked set»): Die in dieser Teilmenge zusammengefaßten Alternativen werden vom Beurteiler als grundsätzlich akzeptabel eingestuft; nur über diese Alternativen macht sich der Beurteiler daher eingehende Gedanken und speichert auch entsprechende Informationen ab.

- *«Awareness set»:* In dieser Teilmenge der Gesamtmenge der Alternativen sind diejenigen Objekte zusammengefaßt, die vom Konsumenten überhaupt wahrgenommen werden. Das awareness set umfaßt neben dem evoked set auch das inept set.

- *«Inept set»:* In dieser Teilmenge werden all diejenigen Alternativen zusammengefaßt, die zwar vom Beurteiler wahrgenommen und beurteilt werden, die aber vorab als wenig qualifiziert eingestuft werden. Eine solche Minderqualifikation ist in der Regel darauf zurückzuführen, daß die betreffende Alternative hinsichtlich einzelner Merkmale gewisse Mindeststandards nicht erreicht.

- *«Inert set»:* Hinsichtlich dieser Produktalternativen besitzt der Beurteiler keinerlei oder nur äußerst vage Informationen; diese Objekte gehen gewissermaßen am Beurteiler vorbei.

Als tauglich oder als untauglich können die einzelnen Alternativen der entsprechenden Mengen dabei entweder aufgrund eigener Erfahrung oder aufgrund Hörensagens eingestuft werden. Die verschiedenen Mengen von Alternativen sind in Schaubild 2.9 einander gegenübergestellt.

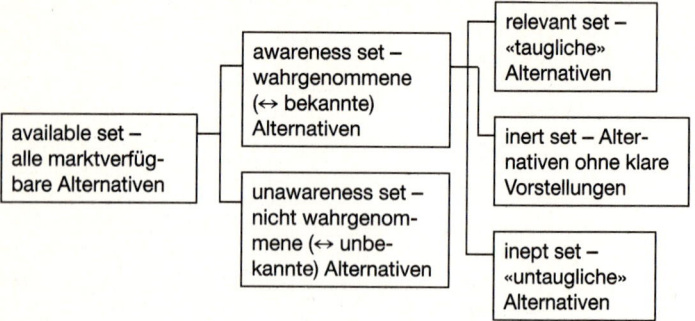

Schaubild 2.9.: Untermengen von Produktalternativen

Den Unterschied zwischen dem Umfang der evoked und awareness sets für zwei Produktbereiche macht das nachstehende Schaubild 2.10. deutlich:
Die Zahl der auf dem Markt befindlichen Produkte ist in allen Fällen weit größer als die Menge, die im evoked set erfaßt ist.

Besondere Bedeutung bei der Produktbeurteilung kommt darüber hinaus dem *vermuteten Risiko* einer Entscheidung zu. Aus verhaltenswissenschaftlicher Sicht sind dabei zwei Arten von Risiken zu berücksichtigen:
- Das *ökonomische Risiko*, das in der Möglichkeit einer Fehldisposition knapper Mittel und damit verbunden einer relativ eingeschränkten Funktionserfüllung besteht.
- Das *soziale Risiko*, das in einer möglichen Minderung des sozialen Ansehens infolge der Verletzung sozialer Normen («falsche» Produktwahl) seinen Ausdruck findet.
Typische Strategien zur Reduktion von Risiken sind die Marken- und/oder Geschäftstreue.

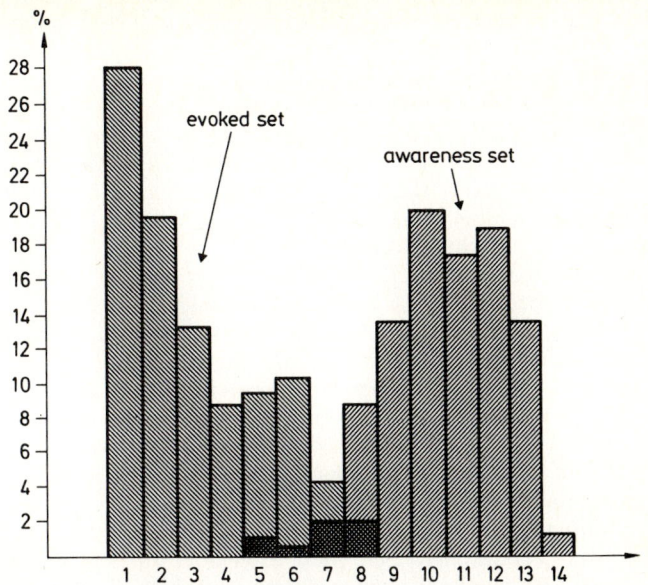

Quelle: Schobert, R.: Die Dynamisierung komplexer Marktmodelle mit Hilfe von Verfahren der Mehrdimensionalen Skalierung, Berlin 1979, S. 56.

Schaubild 2.10.: Relative Häufigkeit für den Umfang des evoked bzw. awarness set für Zahncreme

Denken als kognitiver Teilprozeß

Unter *Denken* versteht man die *psychischen Prozesse*, die bei der *Beurteilung von Objekten*, d.h. der Verarbeitung von Wahrnehmungen zu Präferenzen ablaufen. Denken in diesem Sinne (Problemlösen) umfaßt also die in der entscheidungstheoretischen Diktion mit Evaluierung und Entscheidung gekennzeichneten Phasen des Entscheidungsprozesses, sofern sie intrapersonal ablaufen. Denken in diesem Sinne tritt also nicht auf bei rein reflexartigen Handlungen. Wesen des Denkvorganges ist es, daß Wahrnehmungen und gespeicherte Informationen zueinander in Beziehung gesetzt werden und daraus logisch zwingende («denknotwendige») oder auch nur assoziativ verknüpfte Schlußfolgerungen gezogen werden. Die Tatsache, daß Denken auf Wahrnehmungen und auf Vorwissen basiert, mithin stets auch Lernvorgänge involviert, macht deutlich, daß eine klare

Trennung dieser drei Teilprozesse nur analytisch vorgenommen werden kann.

Nach der Intensität der Denkprozesse unterscheidet man vier Typen von Kaufentscheidungsprozessen:

- *Extensive Kaufentscheidungsprozesse*: Hier werden sämtliche Phasen der Entscheidung bzw. der kognitiven Informationsverarbeitung durchlaufen; sie laufen vor allem dann ab, wenn Individuen über unbekannte und stark risikobelastete Produkte zu entscheiden haben.

- *Begrenzte Kaufentscheidungsprozesse*: Hier wird der Entscheidungsprozeß insofern vereinfacht, als einige Phasen der kognitiven Informationsverarbeitung vereinfacht ablaufen, weil etwa eine Alternativensuche entfällt oder nur eine auf die subjektiv wichtigsten Beurteilungsdimensionen beschränkte Objektevaluierung vorgenommen wird. Begrenzte Kaufentscheidungsprozesse treten häufig dann auf, wenn zwischen mehreren und teilweise unbekannten Marken eines bekannten Produktes entschieden wird.

- *Habitualisierte Kaufentscheidungsprozesse*: Hier werden erprobte Verhaltensweisen wiederholt oder auf vergleichbare Entscheidungssituationen übertragen. Solche Kaufentscheidungsprozesse treten vor allem dann auf, wenn Wahlentscheidungen über bekannte Marken eines bekannten Produktes zu treffen sind.

- *Affektgesteuerte Kaufentscheidungsprozesse*: Hier werden weder aktuelle noch gelernte Denkprozesse bei dem anstehenden Wahlakt berücksichtigt, sondern die Wahlentscheidung wird weitgehend ohne kognitive Steuerung vollzogen. Solche Kaufentscheidungsprozesse sind in der Realität kaum anzutreffen. *Impulskäufe* sind entgegen vielen Literaturäußerungen keineswegs notwendigerweise das Ergebnis affektgesteuerter Kaufentscheidungsprozesse, sondern häufig durchaus rational abgewogene Wahlakte. Der Unterschied zwischen Impulskäufen und geplanten Käufen ist lediglich darin zu sehen, daß bei geplanten Käufen das Bedürfnis gewissermaßen am Anfang des Kaufentscheidungsprozesses steht, während Impulskäufe ihren Ausgangspunkt bei den Möglichkeiten der Bedürfnisbefriedigung haben.

Lernen als kognitiver Teilprozeß

Unter *Lernen* versteht man in den Theorien des Konsumenten-verhaltens die *Veränderung von Variablen des Verhaltens infolge unmittelbarer* (persönlicher) *oder mittelbarer* (symbolischer) *Erfahrung.* Alle intrapersonalen Verhaltensdeterminanten können dabei einem Lernprozeß unterworfen sein.

Geht man von einem Verhaltensmodell des S-R-Typs aus, so kann das Wesen des Lernens relativ einfach wie folgt skizziert werden:

Reaktionenraum: $X = \{x_i; i = 1, \ldots, I\}$
Zustands- bzw. Stimulusraum: $Z = \{z_j; j = 1, \ldots, J\}$

Lernen der Reaktion i liegt vor, wenn: $w_{t+1}(x_i|z_j) > w_t(x_i|z_j)$;
Vergessen der Reaktion i liegt vor, wenn: $w_{t+1}(x_i|z_j) < w_t(x_i|z_j)$.

Eine solche S-R-Betrachtungsweise befriedigt naturgemäß wenig; wesentlich aussagekräftiger ist dagegen die Interpretation des Lernvorgangs auf der Basis eines Verhaltensmodells des S-O-R-Typs: Lernen wird hier als eine Veränderung von Reiz-Reaktionsmustern (intraindividuelle Verhaltensdeterminanten) infolge von Erfahrungen definiert. Es lassen sich drei unterschiedliche Typen des Lernens im Rahmen der Konsumenten-verhaltensforschung unterscheiden: Der bedingte Reflex (klassische Konditionierung), das Lernen am Erfolg (instrumentelle Konditionierung) und das Lernen am Modell (Beobachtungsler-nen bzw. stellvertretendes Lernen).

Kennzeichen des Lernens nach der *klassischen Konditionierung* ist die Verknüpfung (Assoziation) von Reizen, die natürliche Reflexe auslösen, mit ursprünglich neutralen Reizen, so daß beide zu Auslösern für die gleiche Reaktion werden. Entwickelt wurde diese Lerntheorie vor allem auf der Basis von Tierexperi-menten von dem russischen Physiologen Pawlow. Wird ein Sti-mulus, dem a-priori keine bestimmte Reaktion zugeordnet ist *(«neutraler Reiz»)* und der wiederholt zusammen mit einem Stimulus, dem eine bestimmte Reaktion fest zugeordnet ist *(«konditionierter Reiz»),* dargeboten, so ruft der neutrale Sti-mulus schließlich ebenfalls die Reaktion des konditionierten Stimulus hervor; das Individuum hat also «gelernt», auf den ursprünglich neutralen Reiz zu reagieren, dieser Reiz wurde *«konditioniert».* Bekannt ist in diesem Zusammenhang vor allem Pawlows Hundeexperiment. Ebenso wie ein neutraler Reiz konditioniert werden kann, kann ein konditionierter Reiz wieder zu einem neutralen Reiz werden (Extrinktion). Das Prinzip der klassischen Konditionierung erlaubt vor allem zwei Lernphänomene zu erklären, die sogenannte Reiz-Generalisierung und die Reiz-Diskriminierung. *Reiz-Generalisierung* bedeutet dabei, daß Reize, die dem konditionierten Reiz ähnlich sind, ebenfalls zu konditionierten Reizen werden können, obwohl sie nicht während der ursprünglichen Konditionierung verwendet wurden. Das Entgegengesetzte gilt für den Fall der *Reiz-Diskriminierung*. Das Phänomen der Reiz-Generalisierung ist unter anderem die Ursache dafür, daß Individuen von einer bestimmten Marke eines Produktes eher zu äußerlich ähnlichen Marken desselben Produktes als zu unähnlichen Marken «wandern». Dieser Tatbestand wiederum ist die Ursache dafür, daß erfolgreiche Produkte häufig «Me-too»-Produkte nach sich ziehen, die die erfolgreichen Produkte imitieren.

Lernen am Erfolg zeigt sich in der empirisch häufig festgestellten Gesetzmäßigkeit, daß die Wahrscheinlichkeit des Auftretens belohnter Reaktionen steigt und die von bestraften Reaktionen abnimmt. Deshalb wird auch vom Lernen nach dem *Verstärkerprinzip* gesprochen. Während bei der klassischen Konditionierung der Lernvorgang von der Stimuluskomponente seinen Ausgang nimmt, gibt beim Lernen am Erfolg die Reaktionskomponente den Anstoß zum Lernen; die erwartete Reaktion der Umwelt bestimmt hier die Veränderung der Verhaltensdeterminanten. Lernvorgänge können bei der instrumentellen Konditionierung nur dann einsetzen, wenn das lernende Individuum zwei logische Verknüpfungen vornimmt: Zum einen muß das Individuum eine *Assoziation* zwischen der eigenen *Handlung und deren Beurteilung* durch das Individuum selbst oder die Umwelt herstellen und zum anderen den *Zusammenhang* zwischen dem *Stimulus und der Handlung* erkennen. Nur wenn erkannt wird, daß Bier geeignet ist, den Durst auf angenehme Weise zu löschen, kann gelernt werden «Wenn Du Durst hast, trinke Bier!». In der Diktion von Skinner ist zwischen positiven Verstärkern und negativen Verstärkern zu unterscheiden; positive Verstärker fördern Lernen durch ihr Vorhandensein, negative Verstärker durch ihr Fehlen. Versuche, das Lernen nach dem Prinzip der instrumentellen Konditionierung absatzpolitisch nutzbar zu machen, können in Aktionen mit Sammelpunkten, wie sie auf/in

Lebensmittelpackungen enthalten sind (z. B. Gloria-Bilder-punkte), gesehen werden.

Im Gegensatz zum Fall der klassischen Konditionierung und des Lernens am Erfolg kommt es beim *Lernen am Modell* zu keiner unmittelbaren, d. h. eigenen Erfahrung, sondern nur zu einer mittelbaren oder *symbolischen Erfahrung*. Individuen lernen hier auf der Grundlage von Reflexionen über Erfahrungen anderer Personen, daher wird häufig auch der Ausdruck stellvertretendes Lernen hierfür verwandt. Entscheidend für die Schnelligkeit und Nachhaltigkeit der Lernvorgänge sind hier Merkmale des Modells. Modelle mit einer ausgeprägten Fähigkeit, Lernen am Modell zu fördern, sind *Personen mit hohem sozialem Prestige*, die für andere *Leitbild*funktionen ausüben. Andererseits ist Lernen am Modell vor allem dann wenig wahrscheinlich, wenn Personen eine hohe Selbsteinschätzung besitzen und/oder nur in geringem Maße außengesteuert sind. Eine ökonomische Anwendung dieser verhaltenswissenschaftlichen Erkenntnisse ist die Leitbildwerbung, mit deren Hilfe versucht wird, breite Bevölkerungsschichten mit relativ geringem Produktwissen zu einer bestimmten Markenwahl zu bewegen.

2.2.3.3. Kaufverhalten von Konsumenten – Kognitiv oder emotional gesteuert?

Das Verhalten von Konsumenten wird von einigen Forschern als in erster Linie *kognitiv* gesteuert (humanistisches Weltbild), während es von anderen Forschern als in erster Linie *affektiv* bzw. emotional (Konsumenten als «dressierte Äffchen») gesteuert eingestuft wird. Für beide Betrachtungsweisen lassen sich Beispiele und theoretische Begründungsmuster liefern. Einiges spricht allerdings dafür, daß keine der beiden extremen Betrachtungsweisen richtig ist, daß vielmehr beide nur einen Ausschnitt des Gesamtprozesses hervorheben. Den Zusammenhang zwischen der Intensität der kognitiven Prozesse und einer emotionalen Vorabbeurteilung verdeutlicht Schaubild 2.11.

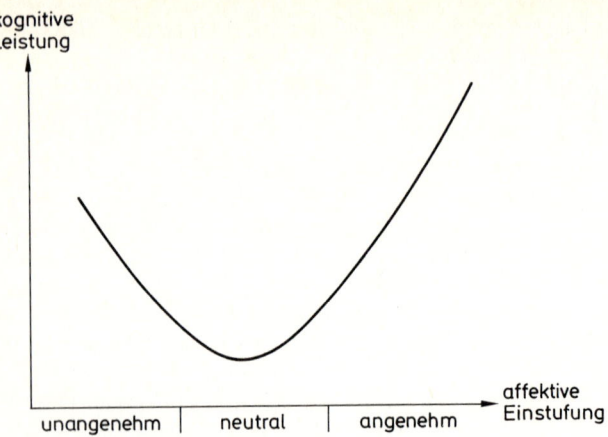

kognitive
Leistung

affektive
Einstufung

unangenehm | neutral | angenehm

Schaubild 2.11.: Gedächtnisleistung als eine kognitive Leistung in Abhängigkeit von der affektiven Einstufung

2.2.4. Entscheidungsprozesse von Konsumenten in soziologischer und sozialpsychologischer Betrachtungsweise

Hinsichtlich des Erklärungsanspruches greifen soziologisch und sozialpsychologisch orientierte Ansätze zur Erklärung von Konsumentenentscheidungen am weitesten; sie erfassen interindividuelle Bestimmungsgrößen des individuellen Kaufverhaltens. Die dabei primär nicht interessierenden ökonomischen und psychologischen Variablen werden häufig nur rudimentär oder überhaupt nicht berücksichtigt, so daß diese hier eingehender diskutierten Ansätze nur als partiale Ansätze der Beschreibung des Konsumentenverhaltens anzusehen sind.

Neben der Soziologie und der Sozialpsychologie beschäftigen sich auch die Anthropologie und die Kommunikationswissenschaft mit der sozialen Determiniertheit des menschlichen Verhaltens, die den Rahmen für die psychologischen und ökonomischen Verhaltensdeterminanten abgibt.

2.2.4.1. Soziale Systeme mit bilateralen Einfluß-
wirkungen – Soziale Gruppen

Jedes Individuum ist eingebunden in eine Vielzahl von *sozialen Gruppen* seiner engeren und weiteren sozialen Umwelt. Unter einer sozialen Gruppe versteht man dabei eine Mehrzahl von Individuen, die in *wiederholten, nicht nur zufälligen, wechselseitigen Beziehungen* zueinander stehen. Von einer Gruppe kann demnach nur dann gesprochen werden, wenn unter ihren Mitgliedern relativ dauerhafte zwischenmenschliche Beziehungen bestehen. Diese dauerhaften zwischenmenschlichen Beziehungen führen in der Regel dazu, daß die Gruppenmitglieder ein ausgeprägtes Zusammengehörigkeitsgefühl *(Wir-Bewußtsein)* entwickeln, dessen Grundlage häufig die Identifizierung mit den Zielen bzw. Strebungen der Gruppe bildet. Innerhalb einer Gruppe besitzt jedes Mitglied eine bestimmte Stellung *(Position)*. Diesem strukturellen Standort einer Person entsprechen nach Einschätzung der Gruppe bestimmte Verhaltensmuster, die in den *Rollenerwartungen* ihren Niederschlag finden. Rollenerwartungen dienen der funktionellen Einordnung einzelner Personen in eine soziale Gruppe, sie können als Muß-, Kann- oder Sollerwartungen ausgeprägt sein. Während die Position die funktionelle Einordnung einer Person in eine Gruppe regelt, bringt der *Status* die soziale Bewertung einer Position zum Ausdruck. Unterschiede zwischen dem Status und der Position sind vor allem in heterogenen Großgruppen anzutreffen; unter heterogen ist dabei zu verstehen, daß zur Beschreibung der Positionen unterschiedliche Merkmale herangezogen werden müssen. In einer homogenen Gruppe wie etwa einer Universität bestimmt weitgehend das Merkmal akademischer Grad (Student, Diplomkaufmann o. ä., . . ., Prof.) Position und Status, anders dagegen in heterogenen sozialen Gruppen wie Stadtgemeinden.
Rollenerwartungen und der Status beeinflussen wesentlich das Konsumentenverhalten. Dieser Tatbestand ist nicht zuletzt ein wesentlicher Grund dafür, daß etwa das soziodemographische Merkmal Beruf häufig als verhaltensbeschreibendes Merkmal sinnvoll verwendet werden kann.
Das Interaktionsgefüge in sozialen Gruppen wird vor allem durch *Normen* geregelt, die ihrerseits wieder die Rollenerwartungen und den Status wesentlich mitbestimmen. Normen sind dabei von den Mitgliedern der Gruppe anerkannte Verhaltensvorschriften, denen ein gewisser *Weisungscharakter* zukommt.

Konformität mit den gruppenspezifischen Normen pflegen Gruppen durch ein System von materiellen und immateriellen (soziale Anerkennung oder Mißbilligung) positiven bzw. negativen Sanktionen herbeizuführen.

Eine für viele Zwecke sinnvolle Unterteilung sozialer Gruppen ist die Unterteilung in *Primär-* oder Kleingruppen einerseits und in *Sekundär-* oder *Großgruppen* andererseits. Die beiden Typen von Gruppen unterscheiden sich zunächst in der Zahl der ihnen üblicherweise angehörenden Mitglieder, in der Folge dann aber auch durch die Art und Intensität der Kontaktaufnahme: Mitglieder von Primärgruppen nehmen gemeinhin personalen Kontakt zueinander auf, Primärgruppen weisen eine vergleichsweise hohe interne Kontakthäufigkeit auf. Mitglieder von Sekundärgruppen treten dagegen häufig mittels formaler Kommunikationsmittel und technischer Medien untereinander in einen zumeist unpersönlichen Kontakt. Bedeutsame Erscheinungsformen von Primärgruppen sind:

- Familie: Sie prägt das Konsumentenverhalten vor allem der heranwachsenden Konsumenten in äußerst nachhaltiger Weise.
- Spielgruppen bei Kindern oder gesellschaftliche «Zirkel» von Erwachsenen: Solche Gruppen von Gleichaltrigen oder sozial Gleichgestellten bezeichnet man auch als «peer groups», denen häufig ebenfalls sehr nachhaltige Verhaltensbeeinflussungen zukommen.
- Nachbarschaft oder Kollegen am Arbeitsplatz.

Bedeutsame Erscheinungsformen von Sekundärgruppen stellen demgegenüber die Mitgliedschaften in

- Betrieben,
- Vereinen oder
- Gebietskörperschaften

dar.

Die Vielzahl der sozialen Gruppierungen, denen Individueen angehören können, läßt sich in einem *System sozialer Einflußkreise* etwa wie folgt erfassen (Schaubild 2.12.):

Das Schaubild bringt die Hierarchie sozialer Gruppierungen zum Ausdruck, die zugleich einen Indikator der Intensität der Beeinflussung des individuellen Konsumentenverhaltens darstellt. Während die Familie einen unmittelbaren, langfristig prägenden Einfluß auf das Kaufverhalten des Individuums ausübt, ist der Einfluß der verschiedenen Sekundärgruppen (z. B. soziale Schicht) insofern ein indirekter, als diese die Lebensum-

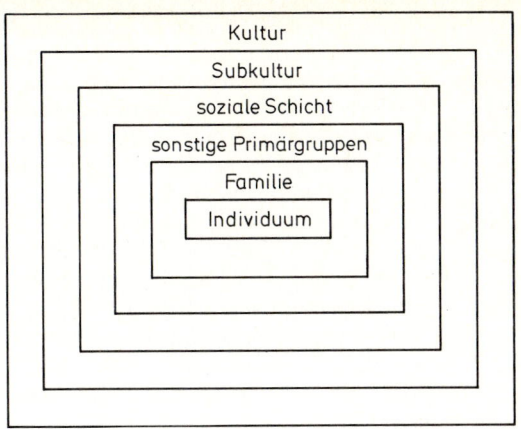

Schaubild 2.12.: Soziale Einflußkreise eines Individuums

stände eines Individuums prägen und damit mittelbar auch dessen Verhalten beeinflußen.

Soziale Schichten sind Bevölkerungsteilmengen einer Subkultur, die durch einen gleichen sozialen Status ihrer Mitglieder gebildet werden. Soziale Schichten werden in unterschiedlichen Gesellschaftssystemen nach unterschiedlichen Kriterien gebildet: In der feudalen Gesellschaft ist das bedeutsamste Schichtungskriterium die *Abstammung*; in einer rein kapitalistischen Gesellschaft stellt das *Vermögen* das dominierende Schichtungskriterium dar; in den modernen Industriegesellschaften ist es vor allem die *berufliche Stellung*, die zumeist eng mit dem Einkommen und dem Ausbildungsgrad korreliert. Die verhaltensprägende Bedeutung sozialer Schichten kann in der bundesrepublikanischen Gesellschaft relativ deutlich an den Wohnverhältnissen und der Kleidung abgelesen werden.

Umfassendere soziale Gruppen als soziale Schichten sind *Subkulturen*, d.h. größere soziale Gruppierungen innerhalb eines Kulturkreises, die sich durch spezifische Konventionen, Normen oder sonstige Verhaltensgegebenheiten auszeichnen. Subkulturen bilden sich häufig auf der Basis *rassischer Gegebenheiten* (Schwarze/Weiße), *religiöser Überzeugungen* (Juden/Sektenmitglieder/. . .) oder *regionaler* bzw. *altersmäßiger Zugehörigkeit* und finden ihren Ausdruck etwa in der Kleidung (Trachten, Jeans), der Musik (Volksmusik) oder in Eßgewohnheiten.

Die *Kultur* als das wichtigste Hintergrundmerkmal menschlichen Verhaltens zeichnet sich durch eine Übereinstimmung hinsichtlich menschlicher Grundeinstellungen aus, die vor allem durch die *einheitliche Sprache* bzw. die einheitliche Sprachgruppe geformt wird. Der verhaltenssteuernde Einfluß der Kultur kann an unzähligen Beispielen verdeutlicht werden: Kulturen prägen etwa die *Bedeutung von Symbolen* (Farbe der Trauer in Europa: schwarz, in Indien: weiß) und insbesondere auch die *Grundmotive* menschlichen Handelns (Selbstverwirklichung durch eigengesteuerte Arbeit in Europa bzw. durch Selbsterkenntnis und Versenkung in Asien). Die Kultur als Hintergrundphänomen wird selten bewußt als verhaltenssteuerndes Merkmal erfahren, vielmehr entwickeln sich im Rahmen von *Sozialisationsprozessen* bei den Individuen als selbstverständlich empfundene Einstellungen und Verhaltensweisen, die Ausfluß der jeweiligen Kultur sind.

Zielgruppen absatzpolitischer Bemühungen können grundsätzlich alle Arten sozialer Gruppen sein. Bei einer sehr detailliert angelegten Absatzpolitik können unter bestimmten Umständen sogar größere Primärgruppen als das Ziel spezifischer absatzpolitischer Anstrengungen gelten, üblicherweise sind es aber Subkulturen. Entscheidend für die Eignung einer sozialen Gruppe als Zielgruppe ist in jedem Fall der Tatbestand, daß die einzelnen Mitglieder der betreffenden sozialen Gruppe hinsichtlich der relevanten Verhaltensgegebenheiten (Einstellungen, Kaufgewohnheiten) homogen sind. Neben den bereits skizzierten Gruppen können auch Individuen als Zielgruppe definiert werden, die hinsichtlich der Kriterien, die in dem Modell der Meinungsführerschaft und der Diffusion herausgearbeitet werden, als homogen einzustufen sind.

2.2.4.2. Soziale Systeme mit unilateralen Einflußwirkungen – Bezugspersonen, Meinungsführer und Innovatoren

Bei den bisher skizzierten sozialen Systemen waren die Beeinflussungen von Individuen im Prinzip stets gegenseitiger Natur und die Mitglieder eines sozialen Systems gehörten einer in bestimmter Weise homogenen Personenmenge an. Bei den nachfolgend zu diskutierenden sozialen Systemen ist die *Beeinflussung* im Prinzip *unilateraler Natur*, d.h. Personen eines sozialen Systems beeinflussen andere Personen desselben sozialen

Systems, ohne von ihnen hinsichtlich des jeweiligen Beeinflussungsgegenstandes beeinflußt zu werden.

Bezugspersonen sind Personen, mit denen sich ein Individuum in der Weise identifiziert, daß die Verhaltensdeterminanten (Normen, Standards) und/oder das Verhalten selbst der entsprechenden Personenmehrheiten für das Konsumentenverhalten des Individuums entscheidungsrelevant sind. Individuum und Bezugspersonen können Mitglieder derselben sozialen Gruppe sein, sind es in der Regel aber nicht. Das Beeinflussungsverhältnis ist bei Bezugspersonen ein strikt einseitiges. Bezugspersonen üben gemeinhin zwei unterschiedliche Wirkungen auf die anderen Personen aus:

- Bezugspersonen kommt eine *normative Funktion* zu, indem sie vor der Wahlentscheidung Beurteilungskriterien vermitteln, Verhaltensrichtlinien geben oder nach der Wahlentscheidung die getroffene Wahl bestätigen.
- Bezugspersonen kommt eine *informative Funktion* zu, indem sie Informationen über Entscheidungsobjekte vermitteln, damit Vergleichsmöglichkeiten schaffen und den Kaufentscheidungsprozeß indirekt steuern.

Es ist einsichtig, daß der Einfluß der Bezugspersonen auf die beeinflußten Individuen um so größer ist, je intensiver der Kontakt zwischen beiden Personengruppen ist, je größer die *Identifikationsmöglichkeit* des Beeinflußten mit den Bezugspersonen ist und je weniger objektive Daten hinsichtlich des Entscheidungsgegenstandes vorliegen. Anwendung in der absatzpolitischen Praxis finden die theoretischen Überlegungen zu den Bezugspersonen vor allem in der *Leitbildwerbung* (Leitbilder: Frau Klementine, Musterfamilie, Stars, erfolgreiche Manager). Leitbilder verkörpern *idealisierte Bezugspersonen*, denen ein *hoher Status* zugesprochen wird. Durch ein dem Leitbild vergleichbares Konsumentenverhalten hofft der Beeinflußte ebenfalls einen höheren Status bzw. mehr soziale Anerkennung zu erreichen. Voraussetzung dafür, daß Leitbilder verhaltenssteuernd wirken können, ist eine angemessene psychische Distanz zwischen dem Leitbild (= Bezugsperson) und den Beeinflußten: groß genug, um anzuspornen, aber nicht zu groß, um nicht zu entmutigen.

Ein mit dem Konzept der Bezugspersonen eng verwandtes Konzept der einseitigen Beeinflussung ist das der *Meinungsführerschaft*, das im Bereich der Kommunikationswissenschaften entwickelt wurde. Ausgangspunkt der Theorie der Meinungsführerschaft ist die Erkenntnis, daß es *innerhalb von Primärgruppen* zumeist einige Gruppenmitglieder gibt, die bezüglich eines bestimmten Produkt- oder Themenbereiches einen starken Einfluß auf andere Gruppenmitglieder ausüben. Solche Gruppenmitglieder bezeichnet man als Meinungsführer (opinion leader); nach herrschender Lehre können sie durch folgende Merkmale charakterisiert werden:

- Meinungsführerschaft kann *nicht* als eine *bestimmte persönliche Eigenschaft* angesehen werden, vielmehr sind Meinungsführer typische Gruppenmitglieder, die nur hinsichtlich eines einzigen oder hinsichtlich einiger weniger Meinungsgegenstände Meinungsführer sind. Als Meinungsführer bezüglich eines einzigen Meinungsgegenstandes sind etwa 20% der Gruppenmitglieder anzusehen.

- Meinungsführerschaft ist nicht als eine *kategoriale*, sondern als eine *graduelle Eigenschaft* anzusehen.

- Kennzeichen der Meinungsführer ist ihr Kommunikationsverhalten: Sie besitzen eine besondere *sachliche Kompetenz* sowie ein überdurchschnittliches *Interesse an Neuerungen* auf dem Gebiet, auf dem sie eine Meinungsführerschaft ausüben und zeichnen sich ferner durch eine überdurchschnittliche *Kontaktfreudigkeit* aus.

Dem Meinungsführerkonzept auf das engste verwandt ist das von Noelle-Neumann entwickelte Konzept der *Persönlichkeitsstärke*, bei dem allerdings davon ausgegangen wird, daß es eine der Person anhaftende Eigenschaft ist. Persönlichkeitsstärke (Ausstrahlung) ist sinnvollerweise nicht mit Meinungsführerschaft gleichzusetzen; sie kann aber als eine allgemeine Voraussetzung (notwendige Bedingung im mathematischen Sinne) für die produktfeldspezifische Meinungsführerschaft gelten. Meinungsführerschaft setzt sich demnach aus Persönlichkeitsstärke und Sachkompetenz zusammen.

Die hervorragende Eigenschaft der Meinungsführer ist ihre sachliche Kompetenz, die unter anderem durch eine Aufgeschlossenheit gegenüber vielfältigen Quellen für relevante Produktinformationen (Werbung, redaktionelle Berichte, Information durch das Produkt selbst) gestützt wird. Meinungsführer nehmen im Kommunikationsprozeß bezüglich «ihres» Meinungsgegenstandes insofern eine Schlüsselstellung ein, als sie einerseits von den übrigen Gruppenmitgliedern als *Informanten* und *Beurteiler* konsultiert werden und andererseits selbst aktiv Informationen von außerhalb sowie von innerhalb der Gruppe sammeln. Meinungsführern kommt gemeinhin bei der Bildung von Einstellungen eine vergleichsweise große Bedeutung zu. Individualkommunikation durch Meinungsführer und Massenkommunikation durch technische Medien werden in Schaubild 2.13 gegenübergestellt.

Merkmale	Individual-kommunikation	Massen-kommunikation
Art der Informations-übertragung	personal, direkt	mittels technischer Hilfsmittel, indirekt
Zahl der Informations-empfänger je Kommunikationsvorgang	sehr klein	groß
Homogenität der Informationsempfänger	groß	gering
Intensität/Flexibilität der Kommunikation	groß	gering
Möglichkeit der Rück-koppelung zum Kommunikator	groß (Zwei-Weg-Kommunikation)	gering (Ein-Weg-Kommunikation)
Glaubwürdigkeit des Kommunikators	groß	gering

Schaubild 2.13.: Vergleich der Ausprägungen einiger relevanter Merkmale bei Individual- und Massenkommunikation

Die Individualkommunikation kann als relativ flexibel und aufwendig eingestuft werden. Die Wirksamkeit der *Individualkommunikation* resultiert vor allem aus der vergleichsweise hohen Glaubwürdigkeit der Informationen von Meinungsführern, da sie gemeinhin als *nicht materiell interessiert* und *kompetent* eingestuft werden. Betrachtet man den Kommunikationsfluß in einem größeren sozialen System, so kann er in modernen Industriegesellschaften wie folgt skizziert werden (Schaubild 2.14.):

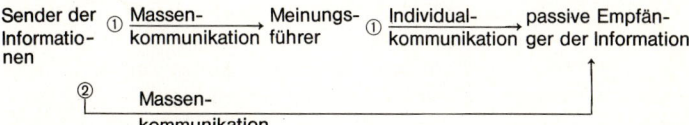

Schaubild 2.14.: Kommunikationsfluß in modernen Industriegesellschaften (vereinfacht)

Das ehedem vertretene sog. einstufige Kommunikationsmodell ging davon aus, daß lediglich der mit ② gekennzeichnete Kommunikationsweg besteht, dessen Informationen gegebenenfalls durch Kommunikation der (passiven) Empfänger untereinander ergänzt werden.

Das Modell der zweistufigen Marktkommunikation (two step flow of communication) dagegen unterzog allein die mit ① gekennzeichneten Kommunikationswege einer näheren Analyse. Die Meinungsführer insgesamt sind nur in sehr seltenen Fällen als eine soziale Gruppe anzusehen, in den meisten Fällen sind sie voneinander relativ isoliert, wenngleich sie gelegentlich auch untereinander kommunizieren. In vielen Fällen besteht allerdings nicht nur ein zweistufiger, sondern sogar ein mehrstufiger Kommunikationsfluß, bei dem dann verschiedene Stufen von Meinungsführern hintereinandergeschaltet sind. Bei einem solchen mehrstufigen Kommunikationsmodell wird der fließende Übergang vom Modell der Meinungsführerschaft zu dem der Diffusion deutlich.

Im Mittelpunkt des Modells der Meinungsführerschaft stehen die Meinungsführer selbst; im Rahmen der diffusionstheoretischen Überlegungen beanspruchen die *Innovatoren* ein erhebliches Maß an Interesse. Beiden Personengruppen kommt für die soziale Kommunikation erhebliche Bedeutung zu; sie sind in der Regel allerdings nicht deckungsgleich, schon allein deshalb, weil Meinungsführer definitionsgemäß dem durchschnittlichen Mitglied des jeweiligen sozialen Systems sehr ähnlich sind, während Innovatoren andere Persönlichkeitsmuster aufweisen. Die Theorie der Meinungsführerschaft versucht eine Erklärung für den Fluß von Informationen in relativ kleinen sozialen Systemen zu liefern, die Diffusionstheorie dagegen eine Erklärung für die *Ausbreitung von (neuen) Produkten und Ideen in größeren sozialen Systemen*. Die Diffusionstheorie ist insofern primär *komparativ-statisch* angelegt, als sie im interpersonalen Bereich nur *Aussagen über den Verbreitungsgrad von Ideen* macht, nicht aber über die Form der Ausbreitung einer Idee. Die Theorie der Meinungsführerschaft ist insofern primär *dynamischer* Natur, als sie Aussagen darüber zu machen erlaubt, *wie es zur Ausbreitung von Ideen kommt*. In diesem Sinne nehmen diffusionstheoretische Überlegungen das Meinungsführerkonzept auf.

Gegenstand der Diffusionstheorie ist die *interpersonale Ausbreitung* von Ideen, Produkten oder Verhaltensweisen. Die Übernahme solcher Neuerungen wird dabei primär als von der Innovationsbereitschaft der betreffenden Personen abhängig angesehen. Die Innovationsbereitschaft wiederum wird – anders als die Meinungsführerschaft – als ein Persönlichkeitsmerkmal klassifiziert. Als besonders innovationsbereit gelten dabei Personen jüngeren bis mittleren Alters, mit gehobener Bildung und höher eingestuften beruflichen Positionen. Stellt man die Übernahme einer Innovation, die das mit einem Zufallsfehler behaftete Ergebnis der Innovationsbereitschaft ist, als Funktion dar, so ergibt sich für ein bestimmtes soziales System nach Rogers die in Schaubild 2.15 dargestellte *Übernahmeverteilung*.

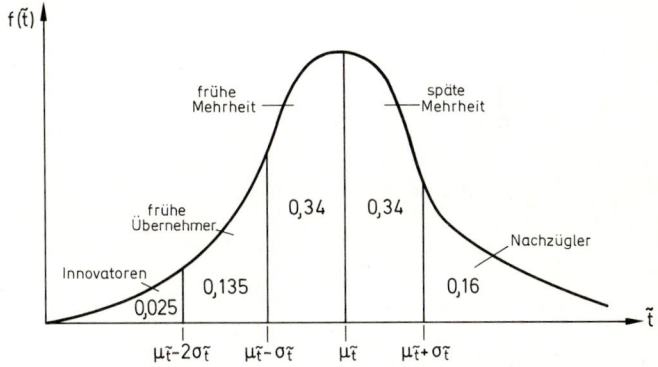

$\tilde{t}$: = Zeitpunkt der Übernahme einer Neuerung (Zufallsvariable)
$\mu_{\tilde{t}}$: = mittlerer Zeitpunkt der Übernahme einer Neuerung
$\sigma_{\tilde{t}}$: = Standardabweichung des Zeitpunkts der Übernahme

Schaubild 2.15.: Verteilung der Übernahme einer Neuerung

Die Abgrenzung der einzelnen Übernehmerkategorien ist willkürlich. Die hier vorgenommene hat sich allerdings als Konvention durchgesetzt. Die Schnelligkeit der Marktdurchdringung kann im wesentlichen als eine Funktion der Art der Marktkommunikation (Individual- versus Massenkommunikation), der wahrgenommenen relativen Vorteilhaftigkeit der Neuerung gegenüber den bisher angebotenen Alternativen, der Verträglichkeit der Neuerung mit etablierten Konsumnormen und Verhaltensweisen sowie der Erklärungsbedürftigkeit der Neuerung angesehen werden. Den Prozeß der *intrapersonalen Annahme* einer Neuerung bezeichnet man dabei als *Adoptions-*

prozeß, der analog dem üblichen Entscheidungsprozeß aus den Phasen Informationsbeschaffung, Bewertung vor der probeweisen Annahme, probeweise Annahme, Bewertung nach der probeweisen Annahme, endgültige Annahme/Nichtannahme besteht.

Die Theorie der Meinungsführerschaft und die Diffusionstheorie besitzen für die absatzpolitische Praxis erhebliche Bedeutung. So ist es naheliegend, *Meinungsführer oder Innovatoren als Zielgruppe* der absatzpolitischen Anstrengungen zu verwenden. Aufgrund der insgesamt konservativeren Einstellung der Meinungsführer im Vergleich zu der der Innovatoren ist es ratsam, zunächst Innovatoren anzusprechen, die allerdings nicht direkt die Massen beeinflussen, wohl aber als Informanten der Meinungsführer fungieren können. Auf diese Weise kommt es zu einer mehrstufigen Marktkommunikation, wobei die Innovatoren die Einstellungen der fortgeschrittenen Meinungsführer beeinflussen und diese wiederum die Einstellungen der übrigen Meinungsführer. Innovatoren entfalten wie Meinungsführer erhebliche Anstrengungen zur Informationsbeschaffung, sind allerdings anders als die Meinungsführer bereit, im «Alleingang» Neuerungen zu übernehmen. Eine häufig anzutreffende Form der Ansprache beider Personenmehrheiten sind Couponanzeigen, in denen Informationsmaterial und/oder Proben angeboten werden. Innovatoren versucht man darüberhinaus häufig auch durch ihnen entsprechende Angebote (nur beschränkte Menge, exklusive Bezugsquellen, zusätzliche Produktinformationen) zum Kauf zu bewegen.

Hinsichtlich des Kaufverhaltensprozesses der übrigen Gruppenmitglieder kommt den Meinungsführern vor allem Bedeutung bei der Bildung von Einstellungen bzw. Produktpräferenzen zu, während die Massenmedien vor allem in der Lage sind, breiten Schichten Markttransparenz und einfache Produktkenntnisse zu übermitteln. Der Massenkommunikation wird häufig – in einer vereinfachten Sicht – die Funktion zugewiesen, einem Produkt einen bestimmten Bekanntheitsgrad zu verschaffen, während mittels Individualkommunikation insbesondere versucht wird, die Einstellung zum Produkt positiv zu formen.

2.3. Das Kaufverhalten gewerblicher Abnehmer und öffentlicher Institutionen

Die bisher entwickelten Überlegungen zum Kaufverhalten waren weitgehend auf den privaten Einkäufer, also auf den Konsumenten, abgestellt. Hinsichtlich der Bedarfsentstehung und hinsichtlich des Ablaufs des Vorkauf-Kauf-Nachkauf-Prozesses können erhebliche Unterschiede zwischen dem Konsumgüter- und dem gewerblichen bzw. öffentlichen Bereich bestehen. Die teilweise aufgestellte Behauptung, daß es sich bei den Kaufentscheidungsprozessen der Konsumenten und denen der gewerblichen bzw. öffentlichen Abnehmer um völlig andersartige Prozesse handele, ist allerdings nicht aufrechtzuerhalten. Zunächst soll daher eine Analyse der Unterschiedlichkeit der Kaufprozesse angestellt werden, anschließend sind einige Spezifika des Verhaltens gewerblicher bzw. öffentlicher Abnehmer zu beleuchten.

2.3.1. Entscheidungsprozesse im konsumtiven und nicht-konsumtiven Bereich – Ein Vergleich

Konsumtive Kaufentscheidungsprozesse betreffen so unterschiedliche Produkte wie Brot, Waschmittel, Kosmetika, Personenkraftwagen, Kleidung und Wohnungsgegenstände; nicht-konsumtive Kaufentscheidungen betreffen die gleichen Produktkategorien, daneben aber auch Fabrikanlagen, Lastwagen, EDV-Systeme, Kugelschreiber und Ersatzteile. Diese kleine Liste macht bereits deutlich, daß von einheitlich verlaufenden Kaufentscheidungsprozessen weder im einen noch im anderen Bereich ausgegangen werden kann. Auch eine Unterteilung des nicht-konsumtiven Bereichs danach, ob es sich um einen industriellen Einkauf oder etwa einen Einkauf eines Handelsunternehmens handelt, bringt – wie leicht einsichtig ist – keine wesentliche Homogenisierung des Untersuchungsobjekts. Eine solche Homogenisierung der Prozesse ist allenfalls bei Heranziehung von Produktgruppen als Gliederungsprinzip möglich.

Häufig anzutreffen ist nachfolgende Typologie der Verhältnisse auf Konsumgütermärkten und auf Märkten des nicht-konsumtiven Bereichs (Schaubild 2.16.).

In Schaubild 2.16. werden naturgemäß nur die wichtigsten Kennzeichen der beiden Markttypen berücksichtigt; implizit stehen bei obiger Typologie Verbrauchsgüter (z. B. Lebensmittelprodukte) für den konsumtiven Bereich und Anlagegüter

Merkmale	Konsumgütermarkt	Produktivgütermarkt
Struktur der Bedarfsträger	große Zahl, geringer durchschnittlicher Bedarf, originärer Bedarf, Bedarfsträger nicht einzeln bekannt	geringe Zahl, großer durchschnittlicher Bedarf, derivativer Bedarf, Bedarfsträger einzeln bekannt
Verhalten der Bedarfsträger	eingeschränktes Informationsbedürfnis, eingeschränkte Beschaffungsanstrengungen, Laien, keine formalisierte Entscheidungsfindung	großes Informationsbedürfnis, umfangreiche Beschaffungsanstrengungen, Fachleute (oft Gremien), formalisierte Entscheidungsfindung
Art der angebotenen Leistungen	Einzelleistungen, massengefertigte Leistungen (⇒ lose Lieferanten-Kunden-Beziehungen)	Systemlösungen, im Auftrag gefertigt (⇒ enge Lieferanten-Kunden-Beziehungen)

Schaubild 2.16.: Typische Kennzeichen von Märkten des konsumtiven und solchen des nicht-konsumtiven Bereichs

(z. B. Großmaschinen) für den nicht-konsumtiven Bereich Pate; für andere Produkte der beiden Bereiche gelten stark davon abweichende Gesetzmäßigkeiten. Das hervorstehende Merkmal nicht-konsumtiver Kaufentscheidungen ist, daß die Nachfrage nach solchen Produkten und Diensten weitgehend derivativ und nicht originär ist. Nicht-konsumtive Nachfrage hängt somit entscheidend von der Nachfrage nach den originären Produkten ab.

In vielen Fällen sind die potentiellen Nachfrager nach nicht-konsumtiv genutzten Produkten oder Dienstleistungen hinsichtlich der Anzahl beschränkt und oft auch adressenmäßig genau bekannt.

Basierend auf den Überlegungen, die zum Konsumentenverhalten entwickelt wurden, läßt sich unschwer ein Kontinuum unterschiedlichen *Ausmaßes rational geprägter Kaufentscheidungsprozesse* entwickeln (Schaubild 2.17.). In vereinfachter Betrachtungsweise wird dabei dasjenige Verhalten als rational bezeichnet, das dem mikroökonomischen Verhaltensmuster weit stärker ähnelt als dem psychologischen Verhaltensmuster. Soziologische Einflüsse sind bei beiden Verhaltensmustern vorzufinden. Für den Bereich der konsumtiven Nachfrage war die Unter-

ganzheitliche Beschreibung des Kaufentscheidungsprozesses	vorwiegend mikroökonomisch geprägtes Verhaltensmuster ← ————→ vorwiegend psychologisch geprägtes Verhaltensmuster	
produktbezogene Determinanten der Prozeßbestimmung	Produkte, die anhand ihrer technischen Merkmale beurteilt werden ←→	Produkte, die nur anhand von Schlüsselmerkmalen beurteilt werden
	Produkte, die in sozialer Isolation konsumiert werden ←→	Produkte, die vor allem als Prestige-/ Schauprodukte verwendet werden
käuferbezogene Determinanten der Prozeßbestimmung	Produkte, die relativ teuer sind bzw. große Änderungen bedingen ←→	Produkte, die relativ billig sind bzw. deren Ver-/Gebrauch unproblematisch ist
	Personen mit großer Produktkenntnis ←→	Personen ohne große Produktkenntnis

Schaubild 2.17.: Typen von Kaufentscheidungsprozessen nach Produkten

scheidung zwischen extensiven, begrenzten und habitualisierten Entscheidungsprozessen vorgenommen worden; in Erweiterung dieser Einteilung kann eine Unterteilung der Produktivgüter-Kaufprozesse nach folgenden drei Kriterien vorgenommen werden:

- Grad der *Neuartigkeit des Kaufentscheidungsproblems* mit den beiden extremen Ausprägungen «reiner Wiederholungskauf» und «erstmaliger Kauf».
- Ausmaß des *organisatorischen Wandels*, den der Ausgang der Kaufentscheidung in der Institution induziert (gering–groß).
- Relativer *Wert des Objektes*, über das entschieden wird.

Die daraus resultierenden diversen Kombinationen sind im Schaubild 2.18. verdeutlicht.

Im Hinblick auf den Grad der Habitualisierung stellen die Typen A und C Extrempunkte dar. Kaufentscheidungsprozesse vom

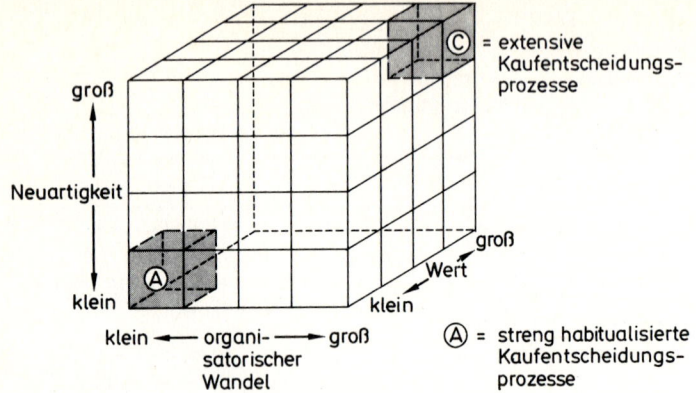

Schaubild 2.18.: Typologie der Kaufentscheidungsprozesse nach Maßgabe der Prozeßhabitualisierung

Typ C sind solche, bei denen ein Erstkauf vorliegt, der erwartete Wandel beachtlich und der relative Wert des in Frage stehenden Objektes groß sind. Für Kaufentscheidungsprozesse vom Typ B sind die übrigen Formen von Kaufentscheidungsprozessen angemessen.

Während im Fall A vergleichsweise *standardisierte Formen* der Entscheidung üblich sind, herrschen im Fall C häufig äußerst komplexe, fast *ungeregelt verlaufende Entscheidungsformen* vor. Während Kaufentscheidungsprozesse vom Typ A meist nur von einer Person vorgenommen werden, oft sogar die Bestellung automatisiert durch EDV-Anlagen erfolgt (Nachbestellungen), herrscht für Entscheidungsprozesse vom Typ C eine starke Partialisierung des Kaufentscheidungsprozesses vor.

Wie auch immer die Kaufentscheidungsprozesse im konsumtiven und im nicht-konsumtiven Bereich zu beschreiben bzw. voneinander zu unterscheiden sind, es spricht alles dafür, nicht von der Dichotomie konsumtiver/nicht-konsumtiver Kaufentscheidungen auszugehen, sondern von Kaufentscheidungsprozessen, die mehr oder weniger mikroökonomisch bzw. psychologisch geprägt sind. Für diesen fließenden Übergang spricht nicht zuletzt auch der Tatbestand, daß dieselbe Person, die zu einem bestimmten Zeitpunkt teils emotional, teils rational die Konsumentscheidung trifft, zu einem anderen Zeitpunkt die nicht-konsumtive Entscheidung trifft. Es erscheint daher angebracht von einem Kontinuum mehr oder weniger rationaler Kaufentscheidungen auszugehen, wie es in Schaubild 2.19. angedeutet ist.

mehr mikroökonomisch geprägte Entscheidungen ⟶			
⟵ mehr psychologisch geprägte Entscheidungen			
Verbrauchs-Produkte mit hohem Symbolwert und geringen objektiven Unterschieden zwischen den einzelnen Marken, z. B. Kosmetika, Kleidung	Alltagsprodukte des konsumtiven Bereichs, die nicht sozial konsumiert werden und relativ gut beurteilt werden können, z. B. Brotwaren	langfristig genutzte Gebrauchsgüter mit unklarem technischen Beurteilungsmuster, z. B. Geschirrspülmaschinen, Dienstwagen	Gebrauchsprodukte ohne Prestigecharakter, die technisch klar unterschiedliche Profile aufweisen und für die eindeutige Anforderungsprofile vorliegen, z. B. Industrieanlagen, Nachfüllprodukte

Schaubild 2.19.: Rationalitäts-Emotionalitäts-Kontinuum der Kaufentscheidungen

Wenn auch das Beurteilungskriterium rational/emotional als dominierendes Merkmal zur Unterscheidung konsumtiver und nicht-konsumtiver Kaufentscheidungen entfällt, so verbleiben dennoch einige Charakteristika nicht-konsumtiver Kaufentscheidungen, die nachstehend beleuchtet werden sollen.
Eine Gesamtsicht der nicht-konsumtiven Kaufentscheidungsprozesse vermittelt Schaubild 2.20.
Im Schaubild 2.20. wird das Wechselspiel zwischen Entscheidungen von Individuen und Entscheidungen von Personenmehrheiten hervorgehoben, wobei davon ausgegangen wird, daß jeweils zuerst eine *individuale* und dann eine *organisationale Entscheidungsphase* erfolgt. Der Prozeß selbst beginnt mit der Menge der Objekte, die dem awareness set zuzurechnen sind; nach einer Analyse der Umweltrestriktionen und der Organisationserfordernisse werden die relevanten Objekte abgegrenzt. Auf dieser Basis bilden sich dann die individualen und dann die organisationsbedingten Präferenzen der Individuen.

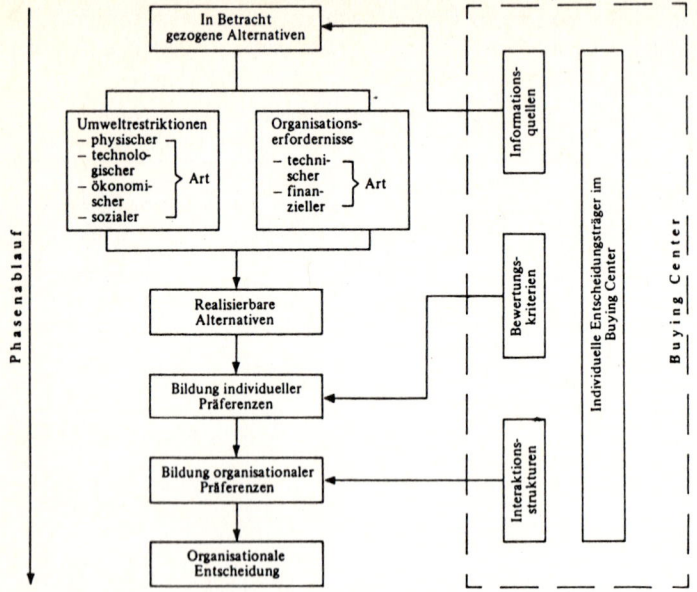

Quelle: Choffray, J.-M.; Lilien, G.: Market planning for new industrial products, New York 1980, deutsch: Backhaus, K.: Investitionsgüter-Marketing, München 1982, S. 57.

Schaubild 2.20.: Gesamtmodell des Beschaffungsverhaltens von Organisationen

2.3.2. Entscheidungsprozesse im nicht-konsumtiven Bereich als Mehrpersonenentscheidungen

Häufig wird die Ansicht vertreten, daß der Kaufentscheidungsprozeß im nicht-konsumtiven Bereich relativ rational abläuft; begründet wird dies zumeist damit, daß an der Entscheidung in der Regel mehrere Personen bzw. Institutionen teilhaben. Diese Schlußfolgerung «Vielzahl von Entscheidungsträgern → höhere Rationalität der Entscheidung» ist allerdings höchst fragwürdig, sind doch viele Entscheidungen von Gremien primär *politischer Natur*, womit angedeutet werden soll, daß Fragen der Machtbalance zwischen den einzelnen Mitgliedern der Entscheidungseinheit den Ausgang der Entscheidung dominieren.

Bei der Analyse industrieller Beschaffungsentscheidungen wurde erkannt, daß für bestimmte Kaufentscheidungstypen sich häufig einzelne Personen zu problembezogen gebildeten Gruppen zusammenfanden. Diese Gruppen werden *Buying Center* genannt. Nach Webster und Wind werden fünf unterschiedliche Rollen im Rahmen institutioneller Kaufentscheidungen differenziert.

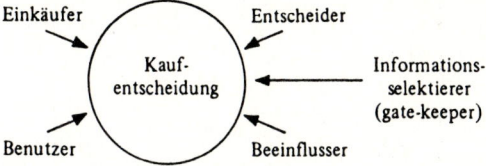

Schaubild 2.21.: Mitglieder eines Buying Centers

Häufig nimmt eine Person im Rahmen eines Buying Centers mehrere Rollen ein, auch können mehrere Personen eine Rolle übernehmen, wobei diese Differenzierung häufig auch noch durch sachliche Unterschiede bedingt ist, wie das Beispiel Lastkraftwagen verdeutlicht. Da der Kauf eines schweren Lastkraftwagens erhebliche finanzielle Mittel bindet, wird er häufig von der Geschäftsleitung vorgenommen. Der Einkäufer ist in diesem Fall – um es in der Sprache des Konsumentenverhaltens auszudrücken – häufig nicht viel mehr als der Kaufagent, die Entscheidung selbst wird vom Vorstand beschlossen, auf dessen Entscheidung etwa der Fuhrparkleiter (Reparaturmöglichkeit der alternativen Fahrzeuge etc.), die Fahrer (Komfort etc.) und Kollegen (Erfahrungen) einwirken. Für einen Verkäufer entsprechender Fahrzeuge ist es in einem solchen Falle wichtig, die einzelnen Mitglieder des Buying Centers und deren Ausgangslage zu identifizieren. Als Einkäufer bezeichnet man dabei denjenigen, der Kaufabschlüsse tätigt und abwickelt; diese Person hat im Lastkraftwagenbeispiel ein besonderes Interesse an einer reibungslosen Vertragsabwicklung und großzügigen Garantieregelung für Ernstfälle. Für die Benutzer (Fahrer) steht naturgemäß der Benutzungskomfort im Mittelpunkt; der Finanzvorstand ist in der Regel vor allem an den zu erwartenden Kosten und Erträgen interessiert; der Fuhrparkleiter ist wahrscheinlich vor allem an der Vermeidung von Stillstandszeiten und den damit unvermeidlichen Komplikationen interessiert. Ein gewandter Verkäufer von Lastkraftwagen wird bei einer solchen Ausgangslage jedem Element des Buying Centers das auf ihn zugeschnittene Argument anbieten, was oft zur Folge hat, daß für den Verkauf eines Produktes unterschiedliche Werbematerialien (Argumentationshilfen) für Personen des gleichen Unternehmens entwickelt werden.

Eine andere Betrachtungsweise industrieller Einkaufsentscheidungen, die ebenfalls oft sehr instruktiv ist, ist diejenige nach dem *Promotorenmodell*. Als Promotoren werden Mitglieder von Buying Centers bezeichnet, die den Kaufentscheidungsprozeß aktiv fördern bzw. auf ihn erheblichen Einfluß haben. Diese Personen werden in Fach- und Machtpromotoren unterteilt. Fachpromotoren sind dann diejenigen Personen, die aufgrund ihrer sachlich bedingten Kompetenz – unabhängig von ihrer hierarchischen Einbindung in das Unternehmen – einen Einfluß auf das Ergebnis der Entscheidung ausüben; Machtpromotoren sind demgegenüber diejenigen Personen, die über die formale Entscheidungsmacht (hierarchische Position) verfügen. Dem Promotorenmodell zufolge sollte für die Erreichung eines bestimmten Entscheidungsausgangs stets ein Promotoren-Gespann (Fach- + Machtpromotor) im Sinne der Entscheidung positiv beeinflußt werden; die Fachpromotoren gewährleisten dabei die fachliche Richtigkeit, die Machtpromotoren die organisatorische Absicherung. Die Einschaltung nur eines Promotorentyps ist demnach wenig erfolgversprechend, weil bei fehlendem Engagement des Machtpromotors die Entscheidung z. B. für einen Lastkraftwagen von anderen organisatorischen Einheiten blockiert wird und weil bei fehlender Einbindung des Fachpromotors dem Machtpromotor die Argumentation für die Entscheidung unnötig erschwert wird.

Das Buying Center-Konzept und das Promotoren-Konzept initiieren Überlegungen zur Abgrenzung der mit der Kaufentscheidung überhaupt befaßten Personen; in manchen Fällen mag es noch angebracht sein, sich über den relativen Einfluß der einzelnen Personen einer Entscheidungseinheit nähere Gedanken zu machen. Für den einfachen Fall der Wahl der Unternehmensstrategie durch den Vorstand des Unternehmens waren in einer Simulationsuntersuchung die in Schaubild 2.22 wiedergegebenen Einflußwerte abgeleitet worden.

Vorstands-mitglied	Rang der Einflußstärke				
	1	2	3	4	Σ
Marketing	0	4	2	4	10
Produktion	5	1	3	1	10
Controlling	0	3	3	4	10
Finanzen	5	2	2	1	10
Summe	10	10	10	10	10

Schaubild 2.22.: Relativer Einfluß einzelner Vorstandsmitglieder auf die Wahl der Unternehmensstrategie als einer gemeinsamen Entscheidung (Simulationsuntersuchung. Basis: 10 Vorstandsgruppen)

2.3.3. Entscheidungsprozesse im nicht-konsumtiven Bereich als interaktive Mehrphasenprozesse

Auch durch die größere Personenanzahl bedingt, lassen sich industrielle Kaufentscheidungen häufig in mehrere Phasen untergliedern. Bei gewerblichen Kaufentscheidungen lassen sich aber oft nicht nur relativ eindeutig *einzelne Kaufphasen* unterscheiden, sie sind oft auch noch dadurch gekennzeichnet, daß es in ihrem Rahmen zu ausgedehnten Interaktionen zwischen Käufern und Verkäufern kommt.

Für Konsumgüter des Massenbedarfs können *Interaktionen* zwischen Produzenten und Konsumenten zumeist schon aufgrund der Vielzahl der Personen nicht etabliert werden. Die Beziehungen zwischen Produktions- und Handelsunternehmen dagegen sind auch im Konsumbereich von relativ vielen Interaktionen gekennzeichnet, insbesondere dann, wenn ein gewisses Machtgleichgewicht besteht (Abschnitt 7.4.3. dieses Buches). Es kommt dann oft zu ausgedehnten Verhandlungen zwischen den Beteiligten, wobei häufig die Entscheidungsphase selbst noch in deutlich voneinander zu unterscheidende Phasen unterteilt werden kann. Für den Ablauf von Investitionsgüterentscheidungen existieren unterschiedliche Ablaufschemata (Schaubild 2.23.). Entsprechend der andersartigen Problemlage werden dabei die drei Fälle Erstkauf, Lieferantenwechsel und Wiederholungskauf beim gleichen Lieferanten unterschieden.

Die Entscheidungs- bzw. Bewertungsphase kann unschwer in die Teilphasen Vorauswahl- bzw. Vorabbeurteilung und Endauswahl bzw. Endbeurteilung unterteilt werden. Die einzelnen Phasen sind in Schaubild 2.24. charakterisiert.

Kaufphasen	Erstkauf	Lieferanten-wechsel	Wiederholungs-kauf
Problemerkennung	Geschäftsführung	Einkäufer	Lagerkontrolle
Festlegung der Produkteigen-schaften (Anforderungen)	technisches Personal	–	–
Beschreibung der Produktions-eigenschaften	technisches Personal	–	–
Lieferantensuche	technisches Personal	Einkäufer	(geprüfte Lieferanten)
Beurteilung der Lieferanten-eigenschaften	technisches Personal	technisches Personal + Einkäufer	(geprüfte Lieferanten)
Einholung von Angeboten	Einkäufer + technisches Personal	Einkäufer	Einkaufsabteilung (evtl. Delegation an untergeordnete Stellen bzw. EDV)
Bewertung von Angeboten	technisches Personal	Einkäufer	Einkaufsabteilung (evtl. Delegation an untergeordnete Stellen bzw. EDV)
Auswahl von Lieferanten	technisches Personal, Geschäftsführung, Einkäufer	Einkäufer	Einkaufsabteilung (evtl. Delegation an untergeordnete Stellen bzw. EDV)
Abwicklungs-technik (Fest-legung, Hand-lungsanweisung)	Einkäufer	Einkäufer	Einkaufsabteilung (evtl. Delegation an untergeordnete Stellen bzw. EDV)
Ausführungs-kontrolle und -beurteilung	technisches Personal + Einkäufer (informal)	Einkäufer (informal), System (formal)	Einkäufer (informal), System (formal)

Quelle: Brand, G. T.: The industrial buying decision, London 1972, nach Engelhardt, W. H.; Günter, B.: Investitionsgüter-Marketing, Stuttgart/Berlin/Köln/Mainz 1981, S. 49.

Schaubild 2.23.: Kaufentscheidungsprozeß entsprechend den jeweils maßgeblich Beteiligten

Präferenz- bildungsphase	zu beurteilende Produkte	Auswahlprozedur	Ergebnis

Vorauswahl der
akzeptablen
Produkte
	alle Produkte,
	über die Infor-
	mationen vor-
	liegen
		Überprüfung jedes
		Produktes, ob es
		bestimmte Mindest-
		standards hinsicht-
		lich der Voraus-
		wahl-Merkmale er-
		füllt
			Einteilung der
			Produkte in
			– relevante,
			– irrelevante,
			– nicht näher
			  bekannte
			  Produkte

Auswahl des bevorzugten Produkts	alle als grund- sätzlich akzep- tabel eingestuf- ten Produkte	Abwägen der merkmalsbezoge- nen relativen Vor- und Nachteile der einzelnen Produkte	Rangordnung der Produkte nach ihrer Vor- ziehenswür- digkeit

Schaubild 2.24.: Vorauswahl- und Endauswahl der Kaufentscheidung

In der *Vorauswahlphase* wird gewissermaßen die Spreu vom Wei-
zen getrennt; in dieser Phase bringen Entscheider vor allem
dadurch ihre Vorstellungen ein, daß sie gewisse Alternativen als
nicht akzeptabel erklären. Ergebnis dieses Beurteilungsverfah-
rens ist die relevante Menge der Alternativen, mithin derjenigen
Produkte, gegen die von keiner Seite ein «Veto» vorgebracht
wird. Ist die Durchschnittsmenge der individuell relevanten
Alternativen nicht leer, d.h. existiert mindestens eine Alternative, gegen die von keiner Seite gewichtige Vorbehalte vorgebracht werden, so kann der Entscheidungsprozeß fortgesetzt
werden; ist dies dagegen nicht der Fall, müssen entweder neue
Alternativen aufgespürt werden oder sind die Urteile einzelner
Individuen zu modifizieren.
Alle Phasen der Kaufentscheidung sind – wie bereits angedeutet –
durch mehr oder weniger ausgeprägte Interaktionen zwischen
den Verkäufern und den Käufern geprägt (Schaubild 2.25.).
Je intensiver die Interaktion für das entsprechende Kaufobjekt
ausgestaltet ist, desto weniger uniform ist üblicherweise die
Unternehmenspolitik gegenüber den unterschiedlichen Kunden
ausgestaltet, d.h. desto mehr wird die Unternehmenspolitik den
Bedürfnissen der einzelnen Nachfrager angepaßt. Die Anpassung kann sich dabei unter anderem auf die Produktgestaltung,
den Preis, die Außendienststrategie und die werbliche Ansprache

Kaufobjekt	Verkäufer/Käufer	Interaktionsintensität
problemlose Produkte des Massenverbrauchs (Lebensmittel)	Hersteller/Konsumenten (über Handel)	fast keine Interaktion
problemhafte Produkte für Konsumenten (komplexe Elektrogeräte)	Handelsunternehmen/ Konsumenten	geringe Interaktion in Form von Kundendienst
problemlose Produkte des Massenverbrauchs (Lebensmittel)	Hersteller/Handelsunternehmen	mittelmäßig intensive Interaktion, z. B. zur Klärung der Produktausgestaltung
Büromaterial	Hersteller/Käufer	geringe Interaktion
Fabrikanlagen	Hersteller/Käufer	sehr hohe Interaktion

Schaubild 2.25.: Beschreibung der Kaufentscheidungsprozesse nach der Interaktionsintensität

erstrecken; sie vollzieht sich zumeist in einer Art gegenseitigem *Anpassungszyklus* (Schaubild 2.26.).
Kaufentscheidungen für nicht-konsumtive Zwecke sind mehrpersonal, mehrphasig und durch eine relativ hohe Interaktivität gekennzeichnet; diese Attribute gelten teilweise auch für Kaufentscheidungen, die konsumtive Zwecke betreffen, allerdings nur vergleichsweise selten.

2.3.4. Formalisierte Kaufentscheidungsprozesse für Großprojekte

Mehrpersonalität des Entscheidungsprozesses, sehr komplexe sowie sehr teuere Objekte und der für nicht-konsumtive Kaufentscheidungen typische Rechtfertigungszwang gegenüber hierarchisch höher angesiedelten Organisationseinheiten lassen häufig sehr stark formalisierte Beschaffungsentscheidungsprozesse entstehen. Dies gilt ganz besonders bei Beschaffungsentscheidungen der Öffentlichen Hand und internationaler Vereinigungen. Typisch für diese Art *formalisierter* – bisweilen auch stark bürokratisierter – *Entscheidungsprozesse* sind Submissionen.

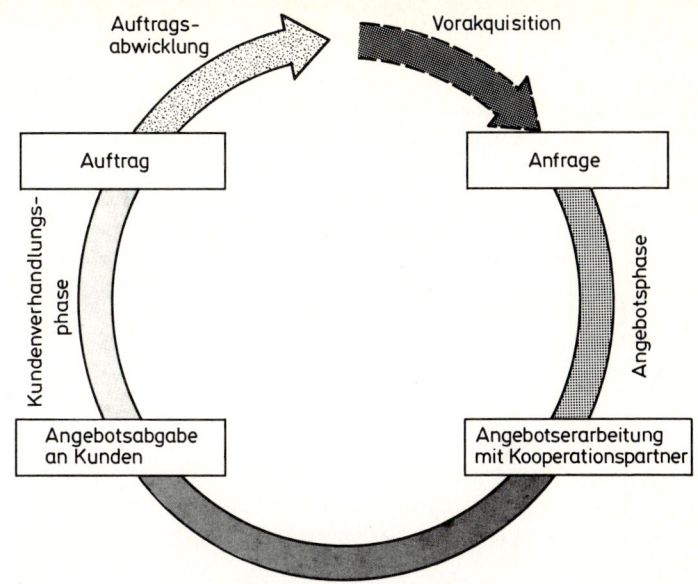

Auftrags-abwicklung

Vorakquisition

Auftrag

Anfrage

Kundenverhandlungsphase

Angebotsphase

Angebotsabgabe an Kunden

Angebotserarbeitung mit Kooperationspartner

Anbieterinterne Verhandlungsphase

Quelle: Backhaus, K.: Investitionsgüter-Marketing, München 1982, S. 70.

Schaubild 2.26.: Interaktionszyklus im Kaufentscheidungsprozeß

Bei einer *Submission* wird zunächst eine detaillierte Leistungsbeschreibung erstellt, die – im Grundsatz – dem möglichen
Auftragnehmer keine Variation der zu erbringenden Leistung
offenläßt. Entweder jedermann oder eine vorab genau abgegrenzte Menge möglicher Anbieter (Abgrenzung nach Regionen
oder nach Leistungsfähigkeit der Anbieter) kann sodann ein ver-
schlossenes Angebot abgeben. Alle eingegangenen Angebote
werden an einem vorab bestimmten Tag geöffnet (meist öffent-
lich), anschließend erhält ein Unternehmen den Zuschlag. Kommen nicht irgendwelche Präferenzen vor allem regionaler oder
lokaler Art zum Tragen, so erhält der Anbieter mit dem günstigsten Preis den Zuschlag.
Submissionen stellen das dominierende Auftragsvergabesystem
bei Bauvorhaben der Öffentlichen Hand in der Bundesrepublik
Deutschland dar (Straßenbau, öffentlicher Hochbau); dasselbe
gilt für Bauvorhaben, die von internationalen Institutionen (Vereinte Nationen, Weltbank) finanziert oder mitfinanziert wer-

den. Jegliche Absprache über Preise oder sonstige Angebots-
details sind streng verboten und werden in den Industriestaaten
der nördlichen Welt mit empfindlichen Strafen geahndet.

Submissionen in der soeben skizzierten Form können in der
Realität allerdings in vielfacher Weise modifiziert werden. So
kommt es häufig vor, daß die Leistungsbeschreibung nicht so
eindeutig ist, daß keinerlei Qualitätsvariationen seitens des
Anbieters mehr möglich sind. Im letztgenannten Fall sind dann
bei dem Auftragszuschlagverfahren Preisunterschiede gegen
Qualitätsunterschiede abzuwägen, um zu einem «optimalen
Preis-Leistungs-Paket» zu kommen. In solchen Fällen ist es häufig für das das Angebot unterbreitende Unternehmen angebracht, Alternativangebote unter Einschluß eines Referenzange-
bots, das dem Standarderfordernis entspricht, zu unterbreiten.

Das Beschaffungsverhalten großer Institutionen und öffentlicher Einrichtungen ist auch nicht immer so strikt formalisiert
wie im Falle der Vergabe von Aufträgen im Wege öffentlicher
Ausschreibungen, aber dennoch von einem gewissen Formalismus und kameralistischen Gebahren geprägt. Unter einem *kameralistischen Gebahren* ist dabei vor allem zu verstehen, daß das
Ausschöpfen bzw. Nicht-Überschreiten von bestimmten *Budget-
werten* im Zweifel gegenüber Wirtschaftlichkeitsüberlegungen
im Vordergrund steht. Eine Folge dieses Budgetdenkens ist es,
wenn Abteilungen von Unternehmen bzw. von öffentlichen
Einrichtungen gegen Jahresende erhebliche Anstrengungen
unternehmen, das Budget (für Werbung, Ersatzbedarf etc.) voll
auszuschöpfen. Damit soll zum einen ein Aktivitätsnachweis
erbracht und zum anderen die Budgethöhe für die Folgeperio-
den nicht dadurch gefährdet werden, daß wegen Nichtausschöp-
fung des Budgets auf einen verringerten Bedarf geschlossen
wird.

Eine Gegenübestellung der Art der Beschaffungsprozesse bei
öffentlichen und privatwirtschaftlichen Auftragnehmern im
Falle des Ankaufs von Investitionsgütern hat Schaubild 2.27.
zum Inhalt.

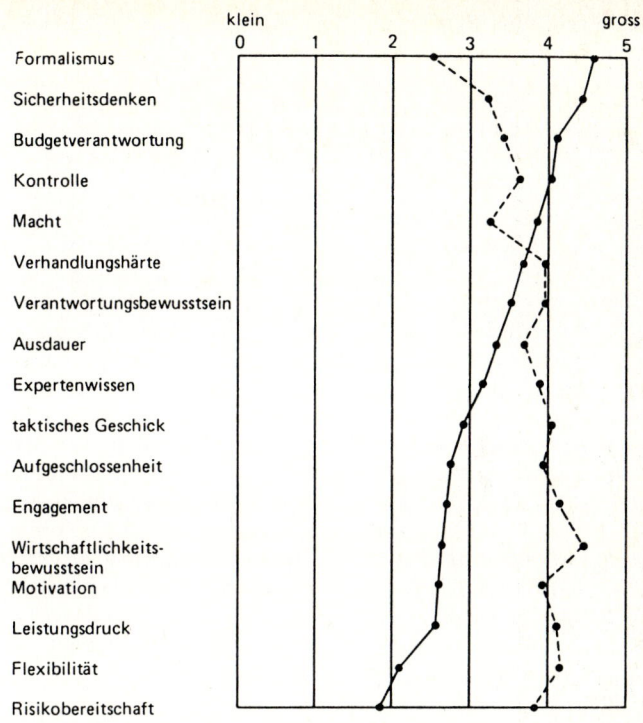

klein   gross

Formalismus
Sicherheitsdenken
Budgetverantwortung
Kontrolle
Macht
Verhandlungshärte
Verantwortungsbewusstsein
Ausdauer
Expertenwissen
taktisches Geschick
Aufgeschlossenheit
Engagement
Wirtschaftlichkeits-
bewusstsein
Motivation
Leistungsdruck
Flexibilität
Risikobereitschaft

Quelle: Dostal, P. W. T.: Beschaffungsverhalten der Öffentlichen Hand, in: Die Unternehmung 1981, S. 205.

Schaubild 2.27.: Vergleich der Prozesse bei der Beschaffung von Investitionsgütern durch öffentliche (—) und private (---) Auftraggeber

2.4. Fallstudie «Wirklichkeit und Schein der Produktwelt»

Die Komplexität menschlicher Entscheidungsfindungsprozesse beruht zum Teil auf der Vielschichtigkeit der Wahrnehmungs- und Einstellungsbildungsprozesse. Einen gewissen Eindruck von einigen häufig auftretenden Divergenzen zwischen der objektiven und der subjektiven Realität vermittelt die nachstehende

Darstellung der Ergebnisse einiger vom Autor in den letzten Jahren verantworteter Marktforschungsstudien.[1]

2.4.1. Die Relevanz der Scheinwelt für die Unternehmenspolitik in hochentwickelten Industriestaaten

«Konsumenten entscheiden auf der Basis von Emotionen und ohne genaue Kenntnis der tatsächlichen Produktverhältnisse!», ist eine seit den Zeiten von Kenneth Galbraith häufig wiederholte These zum Verhalten der Konsumenten in hochindustrialisierten Staaten der westlichen Welt. – «Konsumenten sind Wesen, die in der Lage sind, ihre Bedürfnisse zu artikulieren und entsprechend dieser Bedürfnisse täglich zu handeln!», ist eine Vorstellung, die einerseits manche Mikroökonomen und andererseits viele Verbraucherpolitiker vom realen Menschen des 20. Jahrhunderts hegen. Abgesehen davon, daß extreme Meinungen selten uneingeschränkt berechtigt sind, unterliegt beiden Argumentationsweisen eine falsche Sicht von denjenigen Informationsverarbeitungsprozessen, die täglich bei Konsumenten ablaufen. Konsumenten handeln nicht aus purer Triebhaftigkeit und nicht nur emotionsgesteuert, wegen mangelnder Marktübersicht und unzureichender Denkkapazität sind sie aber auch nicht in der Lage, sich so zu verhalten, wie es dem Rationalitätspostulat entspricht.

Seit dem Zweiten Weltkrieg bemüht sich die Konsumverhaltens- und Marketingforschung intensiv, ein realistisches Bild von den tatsächlichen Entscheidungsprozessen der Konsumenten beim Kauf von Gütern zu erarbeiten. Als besonders hilfreich hat es sich dabei herausgestellt, nicht die Dichotomie zwischen einem triebgesteuerten und einem rationalen Konsumenten aufrechtzuerhalten, sondern von einem Konsumenten auszugehen, der beschränkt rational ist. Dieser Konsument unternimmt einerseits Bemühungen, die Umwelt, wie sie sich ihm täglich darbietet, in einem vereinfachten Modell zu erfassen, und ist andererseits bestrebt, die von ihm gespeicherten Informationen zu gegebener Zeit adäquat zu verarbeiten.

Der erste Teil dieses Informationsverarbeitungsprozesses kann

---

[1] Dieses Kapitel ist ein verkürzter Abdruck des gleichnamigen Beitrags (planung und analyse 1985, S. 505–512). Wir danken dem Verlag für die Genehmigung zum Abdruck.

als ein Wahrnehmungs- und Einprägungsprozeß, der zweite als ein Entscheidungsprozeß gekennzeichnet werden. Am Schnittpunkt beider Prozesse ist das angesiedelt, was wir unter dem Schein bzw. dem Image von Produkten verstehen. Das Image ist – um im mathematischen Sinne zu sprechen – das innere Abbild der äußeren realen Welt. Es stellt also die kognitive im Gegensatz zur physischen Realität dar.

Dieses Image ist einerseits das Ergebnis vielfältiger gezielter sowie ungezielter Informationsaufnahmen der einzelnen Personen und ist andererseits der Ausgangspunkt komplexer Entscheidungsprozesse.

Ohne Zweifel ist für das Geschehen am Markt das Image und nicht die physikalische und chemische Struktur der Produkte von entscheidender Bedeutung; davon unabhängig ist, daß das Image eines Produktes und sein physikalisch-chemisches Gegenstück in manchen Fällen weitgehend übereinstimmen. Dies ist nach allgemeiner Auffassung vor allem dann der Fall, wenn es sich bei den Beurteilern um Fachleute hinsichtlich der betreffenden Produkte handelt und wenn die einzelnen Alternativen deutliche Unterschiede aufweisen. In all den Fällen allerdings, in denen die einzelnen Produktalternativen ein vergleichsweise großes Maß an Ähnlichkeit aufweisen, ist nicht gewährleistet, daß Unterschiede hinsichtlich der physikalisch-chemischen Eigenschaften sich auch in unterschiedlichen Images niederschlagen. Vor allem bei den homogenen Produkten des täglichen Lebens – wie bei vielen Getränken, Nahrungsmitteln, Kosmetika und Reinigungsmitteln – kann somit a-priori angenommen werden, daß Unterschiede im Image der einzelnen Produktalternativen nicht anhand von Unterschieden hinsichtlich der physikalisch-chemischen Eigenschaften erklärt werden können.

Das Image ist eine vieldimensionale Größe, wobei diese Dimensionen nach moderner Auffassung produktbezogen zu definieren sind. So kann etwa das Produkt Personenkraftwagen unschwer anhand von Dimensionen wie Komfort, Motorstärke, Größe, Prestigegehalt etc. näher klassifiziert werden, während etwa für Erfrischungsgetränke Dimensionen wie Süße, Spritzigkeit/ Kohlensäuregehalt, Geschmacksrichtung etc. Relevanz besitzen. Eine knappe und dennoch sehr präzise Darstellung dessen, was die Konsumenten von verschiedenen Produkten halten, stellt der sogenannte Produktraum dar. Ein Beispiel ist in Schaubild 2.28. wiedergegeben.

Dieser Produktraum macht unmittelbar sichtbar, wie die einzel-

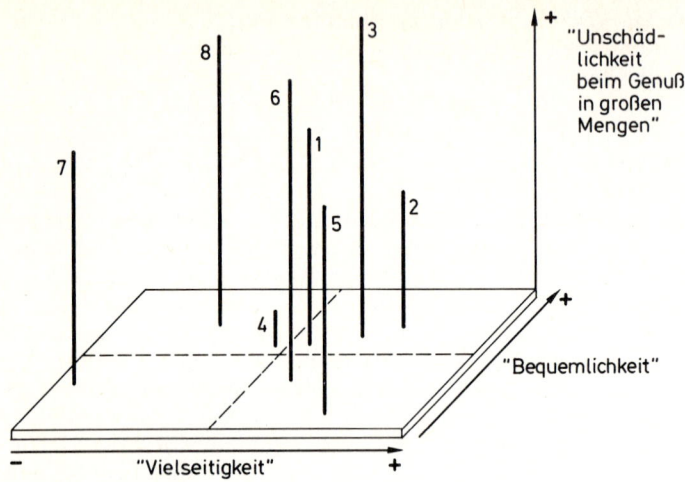

"Unschäd-
lichkeit
beim Genuß
in großen
Mengen"

"Bequemlichkeit"

− "Vielseitigkeit" +

Produktpositionen:
1 = Teebeutel; 2 = Pulverkaffee; 3 = Fruchtsaft; 4 = Erfrischungsgetränke;
5 = Bohnenkaffee; 6 = abgepackter Tee; 7 = Trinkschokolade; 8 = Milch

Schaubild 2.28.: Produktraum für Erfrischungsgetränke

nen in Konkurrenz zueinander stehenden Produkte von den
Konsumenten eingestuft werden und anhand welcher Dimensionen die einzelnen Produkte als ähnlich bzw. unähnlich beurteilt werden. Solche Produkträume stellen also einerseits das
Ergebnis der Informationsverarbeitungsprozesse der Konsumenten dar und sind andererseits die Basis für unternehmenspoli-
tische Argumentationen.

2.4.2. Schein und Wirklichkeit von Produkten –
Einige Beispiele

Produktimage und Produktrealität weichen allerdings nicht
nur bei häufig gekauften Produkten des Konsumgüterbereichs
voneinander ab, sondern weisen auch im Bereich der Dienstleistungen und Investitionsgüter erhebliche Divergenzen auf;
dies belegen für den Investitionsgüterbereich die Beispiele EDV-
Anlagen sowie Kraftfahrzeuge und für den Bereich der Dienstleistungen Urlaubsreisen sowie Geschäftsflugbuchungen. Kaum
strittig ist in diesem Zusammenhang, daß die Divergenz zwischen Produktrealität und Produktimage im Konsumgüterbe-

90

reich besonders drastisch ist. Dies dürfte allerdings weniger ein Kennzeichen der Konsumgüter an sich, sondern eine Folge der vergleichsweise größeren Homogenität dieser Produkte sein. Dementsprechend kann folgende allgemeingültige Behauptung aufgestellt werden: Je weniger die einzelnen Alternativen der angebotenen Produkte objektiv differieren, desto bedeutungsvoller ist die Scheinwelt im Vergleich zur Realwelt der Produkte. Da heute für manche Märkte von einer technisch bedingten Konvergenz der einzelnen Angebote infolge Normungen, Schutzvorschriften etc. gesprochen wird, kann man vorhersagen, daß die Scheinwelt der Produkte mit zunehmender Zeit an Bedeutung gewinnt.

Die nachstehenden Beispiele sind aus den genannten Gründen ohne Ausnahme dem Konsumgüterbereich entnommen.

Beispiel 1: Bier und Flaschenetiketten

Im Rahmen einer groß angelegten Untersuchung wurden im Jahre 1980 Studenten der Universität Regensburg zu einem Biertest eingeladen. Dabei sollten drei in Regensburg gebraute und allen Beteiligten bekannte Pilsbiere nach eingehender Verkostung beurteilt werden; zur Geschmacksneutralisierung wurde Brot gereicht. Die Aufgabe, der sich insgesamt 81 Studenten unterzogen, bestand darin, drei Pilsbiersorten auf der Basis von zwölf Merkmalen zu beurteilen und zusätzlich für jedes Bier ein Gesamturteil abzugeben. Die Auswahl der Merkmalsdimensionen basierte auf Vorstudien und auf der langjährigen Erfahrung der Deutschen Landwirtschaftsgesellschaft; sie betrafen Eigenschaften, die mit dem Auge, und solche, die mit dem Geschmackssinn wahrgenommen werden können.

Der Fragebogen, den alle Studenten auszufüllen hatten, ist in Schaubild 2.29. wiedergegeben.

Das Besondere dieses Biertestes bestand darin, daß es sich bei den drei alternativen Biermarken um chemisch identische Biere handelte, denen lediglich unterschiedliche Etiketten – und zwar solche der drei konkurrierenden Hersteller –, aufgeklebt worden waren. Diese Gleichheit der Produkte war von keinem der Probanden festgestellt worden, im Gegenteil: Die Probanden gaben vergleichsweise einheitlich für die «drei Biere» jeweils andere Images an. Dieses Verhalten galt nicht nur für diejenigen Studenten, die sich als bierunkundig zu erkennen gaben, sondern auch für solche Studenten, die sich als regelmäßige Biertrinker einer ganz bestimmten Marke ausgegeben hatten. Ohne Zweifel ist

Im Rahmen dieser Befragung geht es darum, Bier als Haustrunk bei für Sie üblichen Anlässen zu beurteilen. Bitte beantworten Sie die gestellten Fragen zügig!

(1) Bewerten Sie bitte die vier Biere W mein Wunschbier
                                                T Taxis-Pils
                                                B Bischofshof-Pils
                                                K Kneitinger-Pils

    anhand der vorgegebenen Merkmale:

	Trifft überhaupt nicht zu	Trifft sehr stark zu
Dieses Bier ist sehr würzig!	⊢—+—+—+—+—+—+—⊣	
Dieses Bier hat eine schöne Farbe!	⊢—+—+—+—+—+—+—⊣	
Dieses Bier ist herb!	⊢—+—+—+—+—+—+—⊣	
Dieses Bier hat keinen vollen Geschmack!	⊢—+—+—+—+—+—+—⊣	
Dieses Bier ist besonders bekömmlich!	⊢—+—+—+—+—+—+—⊣	
Dieses Bier ist besonders erfrischend!	⊢—+—+—+—+—+—+—⊣	
Dieses Bier hat einen schönen Schaum!	⊢—+—+—+—+—+—+—⊣	
Dieses Bier hat einen metallischen Geschmack!	⊢—+—+—+—+—+—+—⊣	
Dieses Bier ist sehr süffig!	⊢—+—+—+—+—+—+—⊣	
Dieses Bier ist stark!	⊢—+—+—+—+—+—+—⊣	
Dieses Bier ist von besonderer Qualität!	⊢—+—+—+—+—+—+—⊣	
Dieses Bier schmeckt schal!	⊢—+—+—+—+—+—+—⊣	
Dieses Bier schmeckt süß!	⊢—+—+—+—+—+—+—⊣	

(2) Kreuzen Sie bei (a) und (b) bitte jeweils nur eine einzige Alternative an!

    (a) Ich bin ein regelmäßiger Biertrinker.   ☐
        Ich bin ein gelegentlicher Biertrinker.   ☐
        Ich trinke fast nie Bier.   ☐

    (b) Ich kenne mich bei Biermarken gut aus.   ☐
        Ich kenne mich bei Biermarken kaum aus.   ☐
        Die Biere verschiedener Marken sind eh alle gleich.   ☐

Vielen Dank

Schaubild 2.29.: Fragebogen zum Etikettenschwindel-Experiment der unmittelbare Vergleich einzelner Bierarten der zuverlässigste Vergleichstest, den wir in diesem Bereich kennen, weshalb den Ergebnissen erhebliche Bedeutung zukommt.

Die Resultate dieses Experiments können wie folgt zusammengefaßt werden:

- Die Unterschiede in der gesamtheitlichen Beurteilung der einzelnen Biere sind hoch signifikant. Der Unterschied zwischen dem am besten und dem am zweitbesten eingestuften Bier ist zu ca. 90 Prozent gesichert. Der Unterschied zwischen dem an zweiter Stelle rangierenden Bier und dem an dritter Stelle rangierenden Bier ist mit 99,8prozentiger Sicherheit gegeben. Diese Unterschiede sind nicht nur statistisch signifikant, sondern auch praktisch relevant. Es kann also gefolgert werden, daß bei einer direkten Gegenüberstellung der einzelnen Biere Bier A Bier B deutlich vorgezogen wird und diese beiden wiederum ebenso deutlich Bier C vorgezogen werden.
- Die Unterschiedlichkeit der Beurteilung der einzelnen Biermarken gilt nicht nur hinsichtlich des gesamtheitlichen Urteils, sondern auch hinsichtlich der wesentlich weniger scharf diskriminierenden Einzelmerkmale, wie sie in Schaubild 2.26. wiedergegeben sind. Hier zeigt sich, daß Bier A bei neun von zwölf Kriterien besser eingestuft wird als Bier C, und zwar mit einer Sicherheit von 90 Prozent. Bier B wird hinsichtlich neun Kriterien besser eingestuft als Bier C, wovon vier Kriterien einen Unterschied, der mit 90 Prozent signifikant ist, aufweisen.

Als Fazit dieses kleinen Experiments kann festgehalten werden: Bei homogenen Gütern bestimmt der Name gegebenenfalls wesentlich stärker das Image eines Produktes als die konkrete Probe des Produktes.

Beipiel 2: Kühlschränke

Es erscheint einleuchtend, daß bei homogenen Produkten wie Bier das Image relativ weit von den tatsächlichen Gegebenheiten entfernt ist; üblicherweise wird eine solche Divergenz allerdings nicht bei mehr technisch orientierten Produkten, wie sie etwa Kühlschränke darstellen, vermutet. Daß auch in diesem Fall psychologischen Einflußgrößen eine erhebliche Bedeutung zukommt, soll das nachfolgend kurz dargestellte Beispiel demonstrieren.

Im Rahmen einer Untersuchung über die Vorziehenswürdigkeit

verschiedener Produktvarianten im Kühlschrankbereich wurde auch die Präferenz erfragt.

Die Daten wurden im Rahmen einer groß angelegten standardisierten Befragung von repräsentativ ausgewählten Personen erhoben. Letztlich sollte im Rahmen dieser Untersuchung auch geklärt werden, welcher Gegenwert der Kennzeichnung eines Produktes – in isolierter Betrachtungsweise – zukommt. Dahinter steht die Vorstellung, daß Marken und Preise für die Kaufentscheidung von Konsumenten die entscheidenden Schlüsselmerkmale darstellen.

Im vorliegenden Fall waren sechs Kühlschrankmarken in das Experiment einbezogen, und zwar ausschließlich Kühlschränke der 160-Liter-Klasse, die zum Untersuchungszeitpunkt ca. 500,– DM kosteten. Die sechs Marken Bosch, AEG und Linde als Herstellermarken sowie Quelle, Privileg und Interfunk als Handelsmarken wurden dabei berücksichtigt.

Nach einer Reihe von Auswertungsschritten konnte man den Wert, den der Durchschnitt der Befragten den einzelnen Marken zuweist, wie in Schaubild 2.30. dargestellt quantifizieren.

		ohne	mit
		Überschreiten der 500-DM-Preisschwelle	
Bosch	Hersteller-marken	+ 44,10	+ 28,10
AEG		+ 43,90	+ 27,80
Linde		+ 33,70	+ 21,40
Quelle	Handels-marken	+ 6,30	+ 4,00
Privileg		+ 3,20	+ 2,00
Interfunk		–,––	–,––

Schaubild 2.30.: Gegenwert einzelner Marken mit der Marke Interfunk als Referenzmarke unter Berücksichtigung einer Preisschwelle bei 500,– DM

Es zeigt sich, daß die Konsumenten bei ansonsten gleichen Produkten den Marken unterschiedliche Werte zubilligen. So wird einem Kühlschrank der Marke Bosch als der am besten eingestuften Marke gegenüber einem Interfunk-Kühlschrank immerhin ein Mehrwert von 44,10 DM zugewiesen, d. h. ein «durchschnittlicher Konsument» ist bei ansonsten absoluter Identität für einen Kühlschrank der Marke Bosch bereit, 44,10 DM mehr zu bezahlen als für einen Kühlschrank der Marke Interfunk. Dabei ist klar, daß bei einem Überschreiten der Preisschwelle von 500,– DM die Preisdifferenz als besonders gravierend angesehen wird, weshalb hier geringere Preiszuschläge gewährt werden. Welche Bedeutung diese Preisdifferenzen besitzen, zeigt ein Vergleich dieser von den Konsumenten zugebilligten markenbezogenen Mehrwerte mit den von den Konsumenten zugebilligten Mehrwerten aufgrund von technischen Gegebenheiten und aufgrund des mit einer Einkaufsstelle verbundenen Services (Schaubild 2.31.).

	ohne	mit
	Überschreiten der 500-DM-Preisschwelle	
Fachgeschäft	43,50	27,80
Kaufhaus	16,00	10,20
Verbrauchermarkt	--,--	--,--
1200 W/H	75,70	48,10
1800 W/H	--,--	--,--

Schaubild 2.31.: Von Konsumenten den Ausprägungen einzelner Merkmale zugebilligte Mehrpreise

Das Beispiel Kühlschränke offenbart, daß Konsumenten offensichtlich bereit sind, den imaginären Qualitätsmerkmalen Marke und Einkaufsstätte erhebliche Bedeutung zuzuweisen, und daß dies geschieht, obwohl die Konsumenten davon ausgehen, daß hier jeweils das gleiche technische Gut präsentiert wird. Dieser von den Konsumenten zugebilligte Mehrwert kann nur so erklärt werden, daß Konsumenten offensichtlich willens sind, für die Garantie einer bestimmten Qualität (Marke) bzw. eines gewissen Services (Einkaufsstätte) bei ansonsten gleichen technischen Ausprägungen erhebliche Beträge zur Verfügung zu stellen.

Beispiel 3: Waschmittel
Vor wenigen Jahren haben No Names bzw. Gattungsmarken großer Handelsgruppen für erhebliches Aufsehen in der Handelslandschaft bzw. bei den Konsumenten gesorgt. Marken wie «Die Weißen» von Rewe-Leibbrand und «A & P» von Tengelmann waren für kurze Zeit das Schreckgespenst der einschlägigen Konsumgüterhersteller. Dabei wurde häufig vermutet, daß die Gattungsmarken langfristig sich als ein spezifisches Angebot

am Markt würden halten können und eine eigenständige Position zwischen den Herstellermarken und den Handelsmarken würden einnehmen können.

In diesem Zusammenhang war das von den Konsumenten den einzelnen Marken zugebilligte Image ein wichtiger Untersuchungsgegenstand. Im Rahmen einer Untersuchung des Lehrstuhls für Marketing an der Universität Regensburg wurde ein Querschnitt der Bevölkerung Regensburgs hinsichtlich sechs Marken des Waschmittelmarktes befragt, und zwar wurden jeweils die Urteile im Hinblick auf sechs Qualitätsmerkmale erhoben. Die Ergebnisse dieser Erhebung sind in Schaubild 2.32. wiedergegeben.

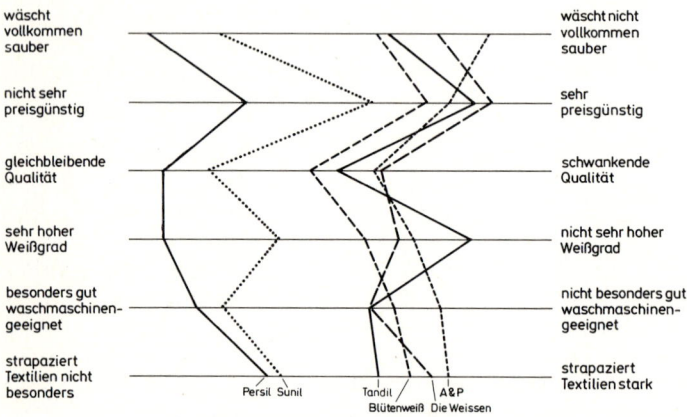

Schaubild 2.32.: Durchschnittliches Imageprofil von sechs untersuchten Marken des Produktbereichs Waschmittel

«Blütenweiß», „Tandil", «A & P» und «Die Weißen» stellen Gattungs- bzw. Handelsmarken dar. Trotz der von den Konsumenten sehr häufig aufgestellten Behauptung, daß bei Waschmittelmarken keine Qualitätsunterschiede bestehen, werden die einzelnen Marken imagemäßig deutlich voneinander unterschieden. Dies gilt auch für die zwei Marken Sunil und Tandil, die zu jener Zeit «identisch» waren. Als Fazit dieser Untersuchung kann festgehalten werden, daß offensichtlich Marken einen erheblichen Einfluß auf die Qualitätswahrnehmung der Konsumenten besitzen, d. h. daß nicht nur die objektiven Gegebenheiten, sondern auch Marken das Produktimage stark prägen.

2.4.3. Das Image als Kauf-determinierende Größe bei homogenen Gütern

Schein und Wirklichkeit einzelner Produkte weichen – wie obige Beispiele deutlich gemacht haben sollten – sehr häufig voneinander ab, wobei dieser Unterschied zum Teil sehr drastisch ausfallen kann. Will man nun ein Urteil darüber fällen, ob der Schein oder die Wirklichkeit der Produktwelt für das wirtschaftliche Geschehen relevanter ist, so bedarf es des Nachweises, daß der Schein stärker das wirtschaftliche Geschehen prägt als die technisch-physikalische Wirklichkeit. Dem Argumentationsmuster der bisherigen Beispiele folgend, soll dies am Beispiel homogener Güter demonstriert werden, dies nicht deshalb, weil bei weniger homogenen Gütern entsprechende Effekte nicht auftreten, sondern insbesondere deshalb, weil bei weniger homogenen Gütern die Effekte nicht die gleiche Wirkungskraft besitzen, nachweisbar sind sie jedoch auch bei diesen Gütern.

Der Nachweis der – zumindest häufig – höheren Relevanz der Scheinwelt als der physikalischen Welt für die ökonomische Realität soll an einem weiteren Beispiel demonstriert werden. Im Rahmen einer größeren Untersuchung wurden vom Lehrstuhl Marketing der Universität Regensburg Fragen der Imagebildung bei Bier einer eingehenden Analyse unterzogen, zugleich wurde die Bedeutung technischer Merkmale für den Markterfolg hinterfragt. Um das «chemische Profil» der einzelnen Biersorten zu erhalten, wurde für die acht in die Untersuchung einbezogenen Biere eine chemische Bieranalyse vorgenommen. Diese chemische Bieranalyse folgte den Prinzipien, die die Deutsche Landwirtschaftsgesellschaft in regelmäßigen Untersuchungen anwendet (siehe Schaubild 2.33.).

Die Eigenschaftsprofile der einzelnen Biere weichen zum Teil stark voneinander ab, zum Teil sind sie allerdings auch fast identisch. Berücksichtigt man die ohne Zweifel nur beschränkt vorhandene Fähigkeit des Menschen, geringe Geschmacksunterschiede festzustellen, so dürfte offensichtlich sein, daß die oben aufgezeigten Unterschiede hinsichtlich der chemisch-physikalischen Eigenschaften nicht die auf dem Markt vorzufindenden deutlich vorhandenen Vorlieben zu erklären vermögen.

Um die Ursachen der Differenzen hinsichtlich der Produkte zu erklären, wurde ein für ein bestimmtes Absatzgebiet repräsenta-

objektive Eigenschaften	Stamm-würze (in %)	Rest-extrakt (in %)	Bitter-gehalt (in EBU-Einheiten)	Farbe (in EBC-Einheiten)	CO_2-Gehalt (in Gew.-%)	Alkohol-gehalt (in Vol.-%)	Vergärungs-grad (in %)
Bier-Marken:							
König-Pilsener	11,8	4,70	33,5	8,0	0,47	3,67	74,2
Pilsner Urquell	11,9	5,37	33,5	9,5	0,48	3,37	67,6
Dona-Bräu Pils	11,9	4,78	29,0	7,5	0,50	3,69	73,8
Top-Bräu Pils	11,6	4,26	27,0	7,5	0,50	3,76	77,9
Augustiner Hell	11,7	3,80	19,0	7,0	0,47	4,08	83,3
Löwenbräu Hell	11,3	4,34	19,5	9,5	0,56	3,58	76,0
Top-Bräu Hell	11,3	4,29	19,0	9,5	0,51	3,61	76,5
Dona-Bräu Hell	11,7	4,08	20,8	7,5	0,52	3,93	80,3

Schaubild 2.33.: Ergebnisse einer chemischen Bieranalyse nach den Prinzipien der Deutschen Landwirtschaftsgesellschaft

tiver Bevölkerungsquerschnitt hinsichtlich mancher Biereigenschaften eingehend befragt. Dabei wurden den Personen zum Teil alternative Biere zur Probe gereicht, zum Teil wurden sie aber auch aufgefordert, die alternativen Biermarken aus dem Gedächtnis heraus zu beurteilen. Drei Untersuchungsanordnungen wurden dabei unterschieden:

- Blindtest (Bt): Bei diesem Test wurden den Personen unetikettierte Flaschen gereicht; die Biere wurden von ihnen gekostet; anschließend hatten sie anhand eines standardisierten Fragebogens ihr Urteil zu den einzelnen Bieren abzugeben.
- Produkttest (Pt): Bei diesem Befragungsteil wurden die Probanden – andere, ebenfalls repräsentativ ausgewählte Personen – gebeten, die relevanten Biere, die aus etikettierten Flaschen ausgeschenkt wurden, nach einer Probe zu beurteilen und das Urteil anhand desselben standardisierten Fragebogens niederzuschreiben.
- Einstellungsbefragung (Eb): Der realen Kaufsituation entsprechend wurden wiederum repräsentativ ausgewählte Probanden gebeten, dieselben acht Biermarken aus dem Gedächtnis heraus zu beurteilen.

Die Ergebnisse bezüglich des Blind- und des Einstellungstestes sind in den Schaubildern 2.34. und 2.35. wiedergegeben.

Die Unterschiede der Werte der einzelnen Befragungssituationen sind evident; sie können im vorliegenden Fall nicht allein durch Unterschiede in den Stichproben erklärt werden, was anhand von Signifikanztests belegt werden kann. Will man die Ergebnisse der einzelnen Tests einander gegenüberstellen, so ist es tunlich, sie wegen der je Meßvorgang unterschiedlichen Wertebereiche in Rangwerte zu überführen, wobei eine «Eins» den unter allen acht Biermarken jeweils höchsten und eine «Acht» den jeweils niedrigsten Wert anzeigt (Schaubild 2.36.). Betrachtet man die unterschiedlichen Testergebnisse, so entsteht unmittelbar die Frage, welche der Ergebnisse für das reale Kaufverhalten die größte Relevanz besitzen. Die Prognosetauglichkeit wurde im vorliegenden Fall anhand eines Kontingenzkoeffizienten (er mißt den statistischen Zusammenhang zwischen zwei mehrwertigen Variablen) quantifiziert, wobei ein Wert von 0 einen Nichtzusammenhang darstellt und ein Wert von 1,0 den maximal möglichen Zusammenhang wiedergibt. Die Prognosetauglichkeit der Tabellen und damit auch die Verhaltensrelevanz der verschiedenen Ergebnisse gibt das Schaubild 2.37. wieder.

perzipierte Eigenschaften	würzig/bierig	voll-mundig	bitter	mild	spritzig	malzig	süffig
			(gemessen mittels Ratingskalen)				
Bier-Marken:							
König-Pilsener	+ 16	+ 5	+ 84	– 102	– 41	– 95	– 36
Pilsner Urquell	+ 75	+ 80	+ 61	– 18	+ 23	– 93	+ 36
Dona-Bräu Pils	+ 58	+ 75	+ 35	– 49	+ 47	– 95	+ 49
Top-Bräu Pils	– 21	– 12	– 9	– 16	– 19	– 78	– 26
Augustiner Hell	+ 11	+ 7	– 66	+ 9	+ 2	– 36	+ 25
Löwenbräu Hell	– 21	– 30	– 100	+ 49	– 30	– 40	+ 28
Top-Bräu Hell	– 26	– 40	– 67	+ 33	– 26	– 79	– 9
Dona-Bräu Hell	– 49	– 49	– 58	+ 7	– 42	– 60	– 30

Schaubild 2.34.: Ergebnisse des Blindtests (unetikettierte Flaschen, Verköstigung; Wertebereich – 200 bis + 200)

perzipierte Eigenschaften	würzig/bierig	voll-mundig	bitter	mild	spritzig	malzig	süffig
			(gemessen mittels Ratingskalen)				
Bier-Marken:							
König-Pilsener	+ 104	+ 138	+ 75	− 40	+ 154	− 150	+ 88
Pilsner Urquell	+ 144	+ 149	+ 38	− 49	+ 102	− 123	+ 95
Dona-Bräu Pils	− 8	− 39	+ 8	− 18	− 18	− 100	− 18
Top-Bräu Pils	+ 7	− 10	+ 38	− 33	− 10	− 90	− 2
Augustiner Hell	+ 63	+ 67	− 92	+ 33	+ 46	− 46	+ 79
Löwenbräu Hell	+ 22	+ 5	− 85	+ 8	+ 2	− 55	+ 50
Top-Bräu Hell	− 114	− 126	− 67	− 7	− 98	− 84	− 75
Dona-Bräu Hell	− 93	− 107	− 90	+ 15	− 63	− 90	− 80

Schaubild 2.35.: Ergebnisse der Einstellungsbefragung (etikettierte Flaschen, keine Verköstigung: Wertebereich − 200 bis + 200)

Eigenschaften	Stammwürze (würzig)				Kohlensäure (spritzig) (gemessen mittels Ratingskalen)				Extrakt (vollmundig)			
	ChA	Bt	Pt	Eb	ChA	Bt	Pt	Eb	ChA	Bt	Pt	Eb
Bier-Marken:												
König-Pilsener	3	3	2	2	7,5	7	2	1	3	4	2	2
Pilsner Urquell	1,5	1	1	1	6	2	1	2	1	1	1	1
Dona-Bräu Hell	1,5	2	5	6	4,5	1	5	6	2	2	6	6
Top-Bräu Pils	6	5,5	4	5	4,5	4	4	5	6	5	5	5
Augustiner Hell	4,5	4	3	3	7,5	3	3	3	8	3	3	3
Löwenbräu Hell	7,5	5,5	6	4	1	6	6	4	4	6	4	4
Top-Bräu Hell	7,5	7	7	8	3	5	7	8	5	7	8	8
Dona-Bräu Hell	4,5	8	8	7	2	8	8	7	7	8	7	7

Schaubild 2.36.: Beurteilungen im Vergleich (Ausschnitt)

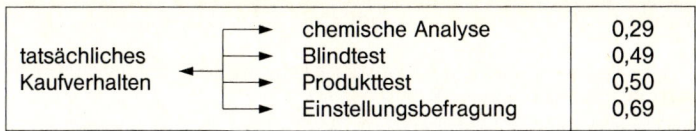

		chemische Analyse	0,29
tatsächliches	→	Blindtest	0,49
Kaufverhalten	←	Produkttest	0,50
		Einstellungsbefragung	0,69

Schaubild 2.37.: Verhaltensrelevanz der Marktforschungsergebnisse und der chemischen Bieranalyse, gemessen mittels Kontingenzkoeffizienten zwischen der – erfragten – tatsächlichen Markenwahl und den Forschungsresultaten

Aus der kurz vorgestellten Studie lassen sich folgende Schlußfolgerungen ziehen:

- Zwischen den chemisch-physikalischen Eigenschaften und den von den Probanden wahrgenommenen Eigenschaften besteht im vorliegenden Fall nur ein relativ loser Zusammenhang.
- Der Einstellungstest ist im vorliegenden Fall mit deutlichem Abstand dasjenige Instrument, das am besten die tatsächlichen Marktverhältnisse wiederzugeben in der Lage ist. Daraus kann unschwer die Schlußfolgerung gezogen werden, daß der Schein der Produktwelt das tatsächliche Marktverhalten der Konsumenten stärker beeinflußt als ihre chemisch-physikalisch beschriebene Wirklichkeit.

2.5. Literaturempfehlungen

Empfehlungen für den gesamten bzw. den überwiegenden Bereich des Stoffes, der in diesem Buch behandelt wird, sind unter den Literaturempfehlungen am Ende des ersten Kapitels dieses Buches zu finden.

Behrens, G.: Konsumentenverhalten, 2. Auflage, Heidelberg 1991
Berndt, R.: Marketing 1, 2. Auflage, Berlin/Heidelberg/New York 1992
Böcker, F.: Die Kaufentscheidung, mehrstufig und mehrpersonal, Hamburg 1986
Böcker, F.: Präferenzforschung als Mittel marktorientierter Unternehmensführung, in: Zeitschrift für betriebswirtschaftliche Forschung, 38. Jg. (1986), S. 543–574
Freter, H.: Marktsegmentierung, Stuttgart/Berlin/Köln/Mainz 1983
Kaas, K. P.: Diffusion und Marketing – Das Konsumentenverhalten bei der Einführung neuer Produkte, Stuttgart 1973
Kroeber-Riel, W.: Konsumentenverhalten, 5. Auflage, München 1992
Müller-Hagedorn, L.: Das Konsumentenverhalten, Wiesbaden 1986

Weinberg, P.: Das Entscheidungsverhalten der Konsumenten, Paderborn 1981

Witte, E.: Organisation für Innovationsentscheidungen – Das Promotorenmodell, Göttingen 1973

3. Marketingforschung

3.0. Lernziele des Kapitels

Für jede abnehmerorientierte Unternehmenspolitik sind Erkenntnisse über das Abnehmerverhalten von grundlegender Bedeutung. Eine rational fundierte Unternehmenspolitik ist naturgemäß nur dann praktisch möglich, wenn darüber hinaus aufgezeigt werden kann, wie diese essentiellen Gesetzmäßigkeiten des Käuferverhaltens aufgedeckt werden können. Der Befriedigung dieser Informationsbedürfnisse dienen die Maßnahmen der Marketingforschung sowie ein Gutteil der Anstrengungen im Zusammenhang mit dem Aufbau und dem Betrieb betrieblicher Informationssysteme.

Die Beschaffung und Verarbeitung von Informationen für Zwecke der Entscheidungsvorbereitung ist im Absatzbereich von grundlegender Bedeutung, in vielen Fällen prägen einzelne Informationen unmittelbar die Entscheidungsfindung. Trotz des nur einführenden Charakters dieses Lehrbuches kann daher nicht auf die Entwicklung eines Mindestmaßes an Verständnis für Fragen der Marketingforschung verzichtet werden.

Ziel der Ausführungen in diesem Kapitel ist es klarzulegen,

- welche Bedeutung der Marketingforschung im Rahmen einer marktorientierten Unternehmensführung zukommt,
- welche Daten sinnvollerweise von welchen Quellen bezogen werden sollen bzw. können und
- wie Daten gesammelt und zu Informationen verarbeitet werden können.

3.1. Marketingforschung und marktorientierte Absatzpolitik

3.1.1. Die Bedeutung der Marketingforschung für die Erreichung der Unternehmensziele

Ein Kennzeichen der traditionellen Betriebswirtschaftslehre ist ohne Zweifel, daß der informationswirtschaftliche Teil der Unternehmenspolitik kaum thematisiert und noch weniger einer Lösung zugeführt wurde. Diese *Mißachtung informationswirtschaftlicher Fragen* ist für eine rational betriebene Unternehmenspolitik äußerst bedauerlich, für eine rational begründete Absatzpolitik aber geradezu entstellend. Den besonderen Stel-

lenwert, der der Informationswirtschaft im Rahmen der Absatzplanung – etwa im Gegensatz zur Produktionsplanung –
zukommt, machen nachstehende Beispiele deutlich.
Ein Textileinzelhändler stehe etwa vor dem Problem, die Preise
für Damenröcke oder Herrenhosen eines bestimmten Fabrikan-
ten festzulegen. Einen erheblichen Anteil seiner Entscheidungsvorbereitung wird er in diesem Falle darauf verwenden herauszufinden, welche Preise die Konkurrenten verlangen und wo für
die betreffenden Produkte die Preisschwelle liegt – oder anders
ausgedrückt: was ein normaler Käufer üblicherweise für das entsprechende Produkt zu zahlen bereit ist. Hat er diese Informationen in hinreichender Qualität vorliegen, so wird es für ihn leicht
sein, den «optimalen» Preis festzusetzen. – Für einen Manager,
der in einem größeren Werk die Produktionssteuerung zu besorgen hat, ist die Situation in der Regel insofern anders, als er über
alle dazu notwendigen Informationen (z. B. Fertigungsdauer für
1 Stück auf verschiedenen Maschinen) verfügt, daraus aber nur
mühsam eine Empfehlung für die Produktionssteuerung abzuleiten in der Lage ist. Während dem Absatzplaner die Beschaffung
der Daten üblicherweise mehr Sorge bereitet als die Ableitung
von Handlungsempfehlungen, stellt sich für den Produktions-
planer die Situation dem entgegengesetzt dar.
Das genannte Beispiel verdeutlicht, daß die Qualität der Entscheidungen im Absatzbereich wesentlich von der Qualität der
betrieblichen Informationswirtschaft abhängt. Dieser im Wege

		Umsatz-/Gewinnentwicklung			
		überdurch-schnittlich	durch-schnittlich	unterdurch-schnittlich	Summe
Anwend-dungs-stand der Marktfor-schung	voll aus-reichend	16	14	3	33
	nicht aus-reichend	7	20	40	67
	Summe	23	34	43	100

Quelle: Böcker, F.: Größenbedingte Vor- und Nachteile mittelständischer Einzelhandelsunternehmen, in: Treis, B. (Hrsg.): Der mittelständische Einzelhandel im Wettbewerb, München 1981, S. 192.

Schaubild 3.1.: Zusammenhang zwischen dem Anwendungsstand der
Marktforschung und der Umsatz- bzw. Gewinnentwicklung von kleineren Unternehmen (%, Stichprobe: 75 Unternehmen)

von Plausibilitätsüberlegungen gewonnene Befund ist auch empirisch gut gestützt.

Schaubild 3.1. belegt den engen Zusammenhang; die anhand eines in der Marketingforschung üblichen statistischen Verfahren ausgewerteten Daten lassen den Schluß zu: «Eine gut entwickelte Marktforschung gewährleistet eine bessere Unternehmensentwicklung als eine schlecht entwickelte Marktforschung!» Diese Aussage ist zu mehr als 99,9 % gesichert.

3.1.2. Marketingforschung und Entscheidungsprozeß

Die vergleichsweise große Bedeutung der Informationswirtschaft im Rahmen der Absatzpolitik wird auch am üblichen Ablauf eines absatzwirtschaftlichen Entscheidungsprozesses deutlich (Schaubild 3.2.).

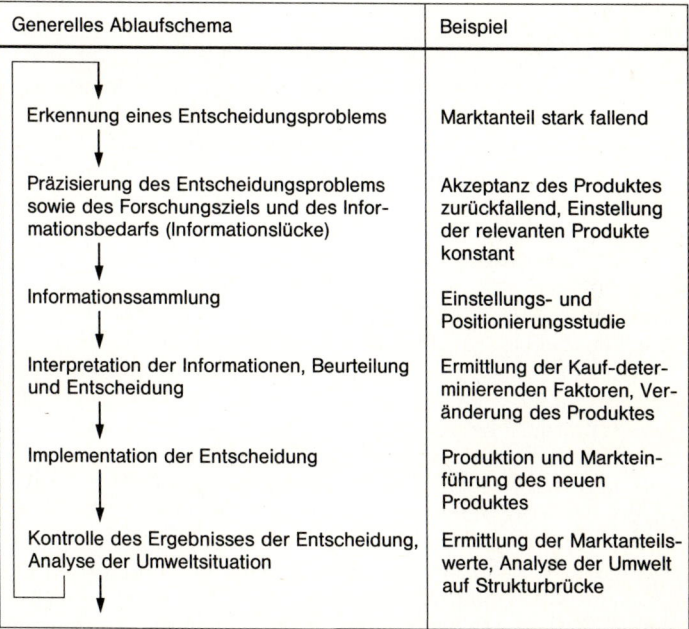

Generelles Ablaufschema	Beispiel
Erkennung eines Entscheidungsproblems	Marktanteil stark fallend
Präzisierung des Entscheidungsproblems sowie des Forschungsziels und des Informationsbedarfs (Informationslücke)	Akzeptanz des Produktes zurückfallend, Einstellung der relevanten Produkte konstant
Informationssammlung	Einstellungs- und Positionierungsstudie
Interpretation der Informationen, Beurteilung und Entscheidung	Ermittlung der Kauf-determinierenden Faktoren, Veränderung des Produktes
Implementation der Entscheidung	Produktion und Markteinführung des neuen Produktes
Kontrolle des Ergebnisses der Entscheidung, Analyse der Umweltsituation	Ermittlung der Marktanteilswerte, Analyse der Umwelt auf Strukturbrücke

Schaubild 3.2.: Entscheidungsprozeß unter besonderer Berücksichtigung der Informationswirtschaft

Nachdem – mehr oder weniger zufällig – ein Entscheidungsproblem entdeckt wurde (z. B. starkes Fallen des Marktanteils),
bedarf es zunächst einer groben *Umfeldanalyse*, um festzustellen,
welche Ursachen für das Entstehen des Entscheidungsproblems
möglicherweise maßgeblich sind. Als Ursachen für einen fallenden Marktanteil kommen etwa mangelhafte Verfügbarkeit des
Produktes im Markt, falsche Preisstellung oder eine mangelhafte
Produktqualität in Betracht. Aufgrund relativ vager Informationen und weitgehend gestützt auf Plausibilitätsüberlegungen
kommt man schließlich zum Urteil, daß die Produktqualität
der Anstoß des fallenden Marktanteils ist und gibt eine Ein-
stellungs- und Positionierungsstudie zur Verbesserung der Ent-
scheidungsunterlagen in Auftrag (Formulierung des Entscheidungsproblems und des Informationsbedarfs). Die konkrete
marktforscherische Aufgabe besteht sodann darin, aufgrund von
Literaturrecherchen die bestehende *Informationslücke* festzustellen, geeignete Verfahren zur Erhebung der fehlenden Informationen auszuwählen, diese Informationen konkret zu beschaffen
und verfügbar zu machen. Im Falle einer Image- und Positionierungsstudie gilt es sodann die für den Kauf entscheidenden
Faktoren herauszuarbeiten und aufzuzeigen, in welchem Ausmaß sich die Beurteilung eines Produktes infolge der Veränderung der Ausprägung eines Merkmals verändert. Diese Phase der
Informationsaufbereitung schließt gewöhnlich mit dem Treffen
der betreffenden Entscheidung ab. Im Anschluß daran sind die
einzelnen Maßnahmen der Umsetzung einzuleiten, um so auch
reale Veränderungen zu bewirken. Beginnend mit den ersten
Maßnahmen der Implementation und parallel zu allen anderen
Umsetzungsaktivitäten bzw. diesen nachgelagert sind Informationen zu erheben, die eine hinreichende *Kontrolle* der Wirkung
der einzelnen absatzpolitischen Maßnahmen erläutern. Darüber
hinaus ist im Rahmen der Marketingforschung die für das betreffende Unternehmen relevante Umwelt gewissermaßen laufend
daraufhin zu überprüfen, ob sich nicht bedeutsame Veränderungen eingestellt haben, auf die es zu reagieren gilt.
Die soeben vorgenommene Skizze des Zusammenhangs zwischen der betrieblichen Planung bzw. Kontrolle und der Marketingforschung sollte deutlich gemacht haben, daß Marketingforschung kontinuierlich betrieben werden muß, um entsprechende Wirkungen zu zeitigen, und sich nicht in Einzelstudien
erschöpfen darf. Eine solche mit der betrieblichen Planung und
Kontrolle auf das engste verknüpfte Informationswirtschaft

umfaßt somit mindestens die nachfolgend aufgeführten drei Bereiche:

- Durchführung konkreter *Einzelstudien*: Solche Marktforschungsaktivitäten gehen auf konkrete im Einzelfall spezifizierte Informationsanforderungen zurück und stellen in sich abgeschlossene Aktivitäten dar.
- Laufende Erfassung von Absatzpolitik-bezogenen Informationen und deren Integration in ein betriebliches Informationssystem: Diese Aufgabe stellt sich jeder Unternehmung kontinuierlich. Es geht dabei zum einen darum, solche Informationen zu speichern, die es ohne Zeitverzug erlauben, das Auftreten von Entscheidungsproblemen zu erkennen (z.B. Anstieg Umsatz in Teilmarkt), und zum anderen darum, Informationen bereitzuhalten, die für die betrieblichen Planungstätigkeiten laufend benötigt werden (z.B. Wirkung einer Werbekampagne). Ziel der Bemühungen in diesem Bereich ist es, das Wissen um den Markt kontinuierlich zu verbessern. Als Wunschtraum kann dabei gelten, eines – sehr fernen – Tages alle Strukturgegebenheiten und *Wirkungsgesetze* einfach abrufbar bereitzuhalten.
- Laufende Erfassung allgemeiner ökonomischer und gesellschaftlicher Daten: Die laufende Sammlung und Umsetzung der soeben skizzierten Informationen garantiert zwar ein adäquates Reagieren auf Umweltveränderungen, gewährleistet aber nicht, daß die unternehmerische Planung gewissermaßen innovativ gesellschaftliche Trends aufnimmt und in konkrete absatzpolitische Maßnahmen umsetzt. Die Veränderung der Altersstruktur der Bevölkerung beispielsweise ist früher in der betrieblichen Planung zu beachten, als es aufgrund von Kontrollinformationen (Rückgang des Absatzes an Personen unter 18 Jahren) erkennbar werden kann (ähnlich: Informationen über Einstellungen der Frauen zur Hausarbeit etc.). Diese Aufgabe hat eine kontinuierliche *Umweltüberwachung* zu übernehmen.

Wie die unternehmerische Praxis zeigt, ist eine solche integrativ angelegte Marketingforschung, bei der auf die Erarbeitung von gewissen Verhaltensgesetzmäßigkeiten hingearbeitet wird, viel erfolgversprechender als eine lediglich auf Einzelstudien abzielende Forschungstätigkeit. Der Unterschied zwischen beiden – extrem ausgebildeten – Konzepten der Marketingforschung ist in Schaubild 3.3. verdeutlicht.

Während die Einzelstudien-orientierte Marketingforschung Ad-

Merkmal	Marketingforschung	
	Einzelstudien-orientiert	ganzheitlich orientiert
Ziel	Befriedigung einzelner, konkret formulierter Informationsbedürfnisse	Entwicklung eines umfassenden Verständnisses der Struktur und Gesetzmäßigkeiten des Marktes
theoretische Fundierung der Einzelstudien	Einzelstudien tragen Ad-hoc-Charakter, kein systematischer Bezug zu früheren Studien und zu allgemeingültigen theoretischen Vorstellungen	Einzelstudien werden auf allgemeingültige Verhaltenstheorien hin ausgerichtet und systematisch miteinander verknüpft
Bereiche	Einzelstudien	Einzelstudien, Informationssystem für absatzrelevante Gesetzes- und Strukturinformationen, Informationssystem für allgemeine Umweltinformationen
Delegation an Unternehmens-externe Einheiten	bei hinreichend genauer Bestimmung des Informationsbedarfs gut möglich	kaum delegierbar

Schaubild 3.3.: Vergleich zweier Typen der unternehmerischen Marketingforschung

hoc-Charakter trägt, ist die ganzheitlich orientierte Marketingforschung eindeutig auf die Erarbeitung von miteinander verwobenen Strukur- und Gesetzesinformationen angelegt. Da die zweitgenannte Form der Marketingforschung eine kontinuierliche Sammlung und Integration verschiedenster, auch Unternehmens-spezifischer Informationen verlangt, kann sie nicht Unternehmens-externen Einheiten übertragen werden. Kennzeichen aller Informationssysteme des Absatzbereiches ist es, daß sie einerseits gewisse Bestandsdaten und Reaktionsdaten (*Datenbank* im engeren Sinne) und andererseits *Methoden zur statistischen Datenanalyse* enthalten.

3.1.3. Marketingforschung und Marktforschung

Bevor Methoden und Zielsetzung der Marketingforschung näher erörtert werden können, bedarf es der Klärung einiger Begriffe.

Daten bzw. Nachrichten unterscheiden sich nach allgemeiner Auffassung dadurch von Informationen, daß es ihnen an einer genauen Zuordnung des Zwecks fehlt. *Informationen* stellen «*zweckorientiertes Wissen*» dar, demgegenüber mangelt es Daten an einer exakten Zweckzuordnung. Der Unterschied ist allerdings fließend, da eine gewisse Zweckzuordnung in nahezu allen Fällen gegeben ist; die Unterscheidung zwischen Daten und Informationen wird daher üblicherweise – so auch in diesem Buch – nicht strikt eingehalten.

Die Marketingforschung umfaßt die Sammlung und Verarbeitung beliebiger Informationen für absatzpolitische Zwecke, demgegenüber wird mit Marktforschung die Sammlung und Verarbeitung dem Markt entnommener Daten für beliebige Zwecke verstanden. Die Extensionen der beiden Begriffe sind nachstehend (Schaubild 3.4.) anhand von Beispielen einander gegenübergestellt.

Marktforschung: beliebige Zwecke, Datenquelle: Markt		
nicht-absatzpolitische Zwecke	absatzpolitische Zwecke	
Personalmarktforschung, Beschaffungsmarktforschung, Finanzmarktforschung, ...	Einstellungs-/Positionierungsstudien, Marktanteilsanalysen und -prognosen, Werbewirkungsuntersuchungen, ...	
		Vertriebserfolgsrechnung, Absatzstatistik, Außendienstberichte, ...
	Datenquelle: Markt	Datenquelle: Nicht-Markt
	Marketingforschung: absatzpolitische Zwecke, Datenquelle: beliebig	

Schaubild 3.4.: Abgrenzung von Markt- und Marketingforschung

3.2. Erkenntnisobjekte der Marketingforschung

Marketingforschung kann alle absatzpolitisch relevanten Personen, Objekte oder Phänomene zum Gegenstand haben, insofern ist ihr Einsatzbereich sehr breit und auch vage; um eine gewisse inhaltliche Vorstellung zu vermitteln, sollen nachstehend einige regelmäßig zu bearbeitende Erkenntnisobjekte der Marketingforschung zusammengestellt werden.

3.2.1. Die makroökonomische Sicht: Weltwirtschaft, Volkswirtschaft, Wirtschaftssektor und Gesellschaft

Einzelne Unternehmen sind eingebettet in ein System von Bezugskreisen, das vereinfacht wie folgt angedeutet werden kann: Branchen – Gesamtwirtschaft und Gesellschaft – Weltwirtschaft. Die Erforschung der für die konkrete Absatzpolitik relevanten Tatbestände ist Gegenstand der Marketingforschung.

Eine grundlegende Frage, die immer wieder zu stellen ist, ist diejenige nach dem *relevanten Markt* eines Unternehmens. Der relevante Markt eines Unternehmens kann – je nach Gegebenheiten – unterschiedlich abgegrenzt werden: nach Produkten, Konkurrenten, Abnehmern etc. Grundlegend für die Marktabgrenzung auf Käufermärkten ist allerdings stets das Produkt als Abgrenzungskriterium. Demnach sind als Teil eines bestimmten relevanten Marktes alle diejenigen Produkte, die gegenseitig substitutiv sind, bzw. die sie produzierenden Hersteller bzw. ihre Abnehmer zu sehen. Nicht die physische Gleichheit, sondern die Gleichheit des Verwendungszweckes muß also als Ausgangspunkt der Überlegung gewählt werden; demnach sind also Stahlrohre für die Abwasserführung dem gleichen Markt wie entsprechende Plastikrohre, nicht aber dem gleichen Markt wie Stahlrohre gleicher Stärke für sonstige Zwecke zuzurechnen. Da man in der Regel nicht von «substitutiv: ja oder nein», sondern nur von «mehr oder weniger substitutiv» ausgehen kann (vgl. Schaubild 1.5), ist häufig der relevante Markt nicht eindeutig abzugrenzen. Vorab keineswegs klar ist etwa, ob der relevante Markt für den Personenkraftwagen Ford Scorpio derjenige aller Personenkraftwagen, derjenige der gehobenen Mittelklassewagen oder derjenige der Personenkraftwagen mit einem Preis von DM 20 000 bis DM 30 000 darstellt. Unklar ist ferner, ob nur die deutschen oder die europäischen oder die europäischen und die japanischen Fahrzeuge eingeschlossen sind. Das Problem der Marktabgrenzung existiert in gleicher Weise bei regionalen, nationalen oder internationalen Märkten.

Ist einmal ein Markt in irgendeiner Weise abgegrenzt, so interessiert zunächst dessen *aktuelles Volumen* und dessen *Marktpoten-*

tial als dessen maximal möglichen Volumens. Wie sehr beide auseinanderklaffen können, verdeutlicht der Umstand, daß es in der Bundesrepublik Deutschland ca. 3 Millionen Hörgeschädigte gibt, denen jedoch nur ein Absatz von einigen hunderttausend Hörgeräten/Jahr gegenübersteht. Auch wenn man sich nicht um eine Aufgliederung des Gesamtabsatzes nach Neu- und Ersatzbedarf bemüht, wird unmittelbar klar, daß der Markt der Hörgeräte nicht annähernd ausgeschöpft ist. In diesem Zusammenhang ist häufig die Unterscheidung zwischen einem kurzfristig realisierbaren Marktpotential und einem langfristig gültigen Marktpotential sehr nutzbringend; besonders leicht zu verdeutlichen ist der Unterschied etwa am Beispiel der Home-Computer, deren Absatzpotential natürlich nicht nur vom kurzfristig veränderbaren Preis (→ kurzfristiges Marktpotential), sondern auch von den nur langfristig veränderbaren grundlegenden Programmierfähigkeiten der möglichen Käufer (→ langfristiges Marktpotential) abhängt. Der Quotient Marktvolumen durch Marktpotential schließlich zeigt die *Marktausschöpfung* an; ein geringer Wert dieser Kenngröße deutet darauf hin, daß ein Produkt mit erheblichem Wachstumspotential (neues Produkt oder inaktive Anbieter) vorliegt.

Nicht nur das Wissen um die Größe eines Marktes (Volumen oder Potential), sondern auch das um die Struktur ist von erheblicher praktische Relevanz. Die Möglichkeiten der Strukturierung sind äußerst vielfältig, alle Merkmale, die bei der Segmentierung eines Marktes herangezogen werden können (Schaubild 1.6.) eignen sich naturgemäß auch zu dessen Strukturierung. Von besonderem Interesse ist häufig eine Strukturierung nach den Anbietern, deren Absatzvolumina zum Marktvolumen in Beziehung gesetzt die Marktanteile der einzelnen Anbieter wiederspiegeln. Den Zusammenhang zwischen den verschiedenen Kenngrößen zeigt Schaubild 3.5.

Alle in Schaubild 3.5. genannten Indikatoren können mengen- und wertmäßig definiert werden. Der Vergleich zwischen dem wertmäßigen und dem mengenmäßigen Marktanteil ist häufig von besonderem Interesse, zeigt er doch klar den relativen Produktpreis der verschiedenen Anbieter an; so liegt der mengenmäßige Marktanteil von Daimler Benz an den bundesdeutschen Personenkraftwagenzulassungen etwa bei 10%, der wertmäßige dürfte demgegenüber bei fast 20% liegen.

Alle bisher genannten Erkenntnisobjekte der Marketingforschung kennzeichnen Strukturen, sie erlauben noch keine Aus-

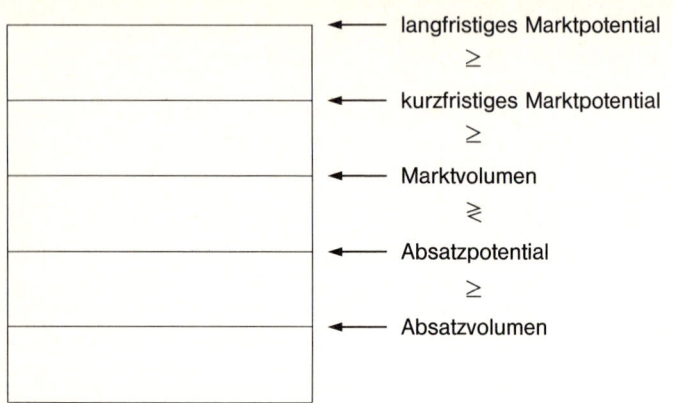

langfristiges Marktpotential

≥

kurzfristiges Marktpotential

≥

Marktvolumen

≷

Absatzpotential

≥

Absatzvolumen

Schaubild 3.5.: Indikatoren zur Beschreibung der Größe eines Marktes

sagen über die Veränderung dieser Märkte – Informationen, an denen begreiflicherweise häufig ein erhebliches Interesse besteht. Solche Veränderungen oder mögliche Veränderungen zeigen *Reaktionsdaten* an, die immer *Wenn-Dann-Aussagen* zum Inhalt haben, während die Strukturdaten demgegenüber nur Zeitpunktfeststellungen beinhalten. Reaktionsdaten können in zweierlei Form auftreten:

- *Zeitreihendaten:* Strukturdaten, die für bestimmte voneinander unterschiedliche Zeitabschnitte erhoben und dargestellt werden, erlauben einfache Prognosen. Diese Prognosen stellen lediglich Fortschreibungen dar.
- *Kausaldaten:* Stellt man bestimmten Strukturdaten andere Strukturdaten, die zu den erstgenannten Strukturdaten eine kausale Beziehung aufweisen, gegenüber, so können daraus häufig für die Planung äußerst wertvolle Kennziffern bzw. Strukturgleichungen entstehen. Wenn etwa die Ersatznachfrage nach Elektrogroßgeräten weitgehend durch die reale Zunahme des Volkseinkommens erklärt werden kann, so ist es naheliegend, diesen Sachverhalt für absatzpolitische Zwecke zu nutzen. Voraussetzung ist allerdings, daß solche sachlogisch bedingten Regelmäßigkeiten zuvor ermittelt und in Form von entsprechenden Kennziffern oder Strukturgleichungen in ein Informationssystem eingebracht worden sind.

Alle genannten makroökonomisch orientierten Variablen sind in der Regel vor allem für die Zielgruppendefinition im Rahmen der Absatzpolitik hilfreich.

3.2.2. Die mikroökonomische Sicht: Abnehmer, Absatzmittler und Konkurrenten

Während bezüglich der makroökonomischen Variablen vor allem Strukturdaten von Relevanz sind, stehen im Mittelpunkt der Forschungsbemühungen im Zusammenhang mit den mikroökonomischen Variablen Reaktionsdaten. Die Reaktion von Abnehmern auf Veränderungen der Verkaufspreise oder die Wirkungsunterschiede verschiedener Werbeangebote stellen typische Forschungsobjekte aus diesem Bereich dar. Es ist unmittelbar einsichtig, daß solche Daten in der Regel nicht «auf dem freien Informationsmarkt» erhältlich sind, sondern spezifisch für das betreffende Unternehmen erarbeitet werden müssen.

Die strukturelle Beschreibung ist meist der Ausgangspunkt der Erforschung eines bestimmten Marktes. Neben den geographischen und soziodemographischen Variablen, die auch bei makroökonomischen Analysen herangezogen werden, besitzen hier vor allem Merkmale des Kaufverhaltens (Menge, Preis, Häufigkeit, gewählte Marke) und des Informationsverhaltens absatzpolitische Relevanz.

Breiten Raum wird dabei üblicherweise der Erforschung der Reaktion auf unterschiedliche absatzpolitische Maßnahmen eines Anbieters eingeräumt. Fragen wie «Was passiert mit dem Absatz, wenn der Preis nun DM X gesenkt wird?», «Welche Wirkung hat eine kombinierte Sonderpreis-Flugblatt-Aktion?» und «Wie wird der Absatz beeinflußt, wenn Hausanlieferung zum Preis von DM 10,– angeboten und in Anspruch genommen wird?» sind hier zu beantworten. Entsprechende Informationen sind dabei nicht nur für die Endabnehmer (= Konsumenten), sondern auch für die Absatzmittler (Handel etc.) zu erarbeiten.

Neben der Struktur und der Reaktion der diversen Abnehmer interessieren aber auch die Strategien der Absatzmittler und Konkurrenten bzw. deren Zusammenhänge. Die Frage nach der Wirkung einer großangelegten Sonderangebotsaktion eines Herstellers von Bauelementen für Home-Computer kann schnell zu Fragen nach der Reaktion der Konkurrenz auf solche Aktionen und zu Fragen nach den begleitenden Maßnahmen des Handels führen. Hat man in diesem Zusammenhang gut fundierte Informationen wie «Solange der Sonderangebotspreis nicht mehr als 20 % unter dem Marktpreis liegt, reagieren die Konkurrenten nicht!» und «Der Büromaschinenhandel wird – bedingt durch seine starre Aufschlagskalkulation – die Abverkaufspreise um den gleichen Preis erniedrigen!» zur Hand, so ist eine rationale Entscheidungsfindung wesentlich erleichtert.

3.2.3. Anwender von Erkenntnissen der Marketingforschung

Ein Großteil der Marketingforschung ist naturgemäß Forschung im Auftrag vor allem der Konsumgüterindustrie, in zunehmendem Maße aber auch von Handelsunternehmen und der Investitionsgüterindustrie, im geringen Maße daneben auch der Einrichtungen der Öffentlichen Hand. Insbesondere Kenntnisse bezüglich der Struktur von Märkten – sei es nun aus makro- oder mikroökonomischer Sicht – und der Regelmäßigkeiten des Konsumverhaltens stellen allerdings für viele Beteiligte wertvolle Informationen dar.

Am Beispiel der Wahrnehmung von Werbeanzeigen läßt sich der *universelle Anwendungsbereich* vieler Erkenntnisse der Marketingforschung verdeutlichen. Zum Zwecke der effizienteren Beeinflussung der Konsumenten wurden in der Vergangenheit vor allem im Auftrag der werbungtreibenden Wirtschaft Gesetzmäßigkeiten der Werbewirkung und darauf aufbauende Leitlinien effizienter Werbung erarbeitet. Ein dabei entwickelter Grundsatz ist etwa der folgende: Gleichgültig, welche Werbebotschaft übermittelt werden soll, Voraussetzung für ihr Wirksamwerden ist, daß der Werbeadressat auf die entsprechenden Werbemaßnahmen aufmerksam wird; dies ist vor allem durch einen Appell an die primären Motive zu erreichen. Diese Maxime widerspricht ohne Zweifel dem Modell eines rein verstandesmäßig gesteuerten menschlichen Wesens; sie stellt aber eine gute Zusammenfassung vielfältiger verhaltenswissenschaftlicher Erkenntnisse dar, die von allgemeinem Nutzen sind. Dem Modell eines sich stets rational verhaltenden Menschen verhaftet haben bundesdeutsche Verbrauchsverbände, die ihre Funktion bisweilen auch darin sehen, gegenüber der Konsumgüterwerbung eine Korrekturfunktion wahrzunehmen, in der Vergangenheit offensichtlich lieber einem idealen Menschenbild angehangen als die auch für sie wichtigen Erkenntnisse der kommerziellen Werbewirkungsforschung übernommen; das Ergebnis dieser Haltung ist eine vielfach ineffiziente «Werbung» dieser Einrichtungen.

3.3. Methoden der Marketingforschung

Der Wert und die Grenzen der Marketingforschung können nur dann grob abgeschätzt werden, wenn gewisse Vorstellungen von den Methoden der Marketingforschung bestehen. Im Mittelpunkt des nachstehenden kurzen Überblicks stehen dabei diejenigen Methoden, die der Markt- und der Marketingforschung gemeinsam sind, also insbesondere nicht Fragen einer entsprechenden Gestaltung von Absatzstatistik und Kostenrechnung.

Dem Prozeß der Erkenntnisgewinnung im Rahmen der Marketingforschung folgend soll zunächst die Frage der Datenquellen angesprochen werden, daran schließen sich Überlegungen zur Datengewinnung, Datenauswertung und zur Qualität der erhobenen Daten an.

3.3.1. Sekundärforschung als Ausgangspunkt jeder Marketingforschungsaktivität

Primär- und Sekundärforschung werden gelegentlich als Gegensätze gesehen, wenn es darum geht, die Frage nach der adäquaten Datenquelle zu beantworten. *Primärforschung* liegt immer dann vor, wenn die für die unternehmerische Planung notwendigen Daten speziell für diesen Verwendungszweck erhoben werden, *Sekundärforschung* dagegen immer dann, wenn die entsprechenden Daten von Informationssammlungsaktivitäten stammen, die aus anderen Anlässen unternommen wurden.

Informationslücken, die typischerweise im Wege der Sekundärforschung geschlossen werden, und die Quelle ihrer Befriedigung sind folgende:

- Marktanteile können meist auf der Basis von Brancheninformationen der Verbände und von unternehmensbezogenen Umsatzzahlen berechnet werden.
- Gesamtwirtschaftliche Strukturgrößen können meist den Veröffentlichungen der Statistischen Ämter (Bund, Länder, sonstige Gebietskörperschaften, Vereinte Nationen) entnommen werden.

Neben den genannten Informationen sind Forschungsinstitute, Bibliotheken, die betriebliche Kostenrechnung, Außendienstberichte und Kundenkarteien wichtige Informationsquellen.

- Auf der Basis von *Haushaltspaneldaten* können für viele Produkte detaillierte Marktanalysen erstellt werden. Unter einem Haushaltspanel versteht man eine repräsentative Auswahl von Haushalten, die über längere Zeit hinweg zu gleichbleibenden

Fragestellungen in standardisierter Form Auskunft geben. So stellen diese soziographisch genau beschriebenen Haushalte etwa Informationen über Menge, Preis, Marke, Einkaufsort und Packungsgröße einer Reihe von Produkten zur Verfügung.

- Auf der Basis von Informationen aus *Handelspanels* können relativ detaillierte und genaue Marktanteilsberechnungen angestellt werden (Handelspanel: gleichbleibender Kreis von Handelsunternehmen, die regelmäßig über die Abverkäufe bei einer Reihe von Produkten berichten).
- Informationen über das Mediawahlverhalten können der jährlich durchgeführten *Mediaanalyse* (Stichprobe: ca. 19 000 Personen), solche über das Einkaufsverhalten und die Einstellungen einer breiten Bevölkerungsschicht der in Zweijahrsabständen durchgeführten *VerbraucherAnalyse* (Stichprobe: ca. 6000 Personen pro Jahr) entnommen werden. Beide Untersuchungen stellen äußerst wertvolle Quellen dar.

Die zuletzt genannten Informationsquellen (Haushaltspanel, Handelspanel, Mediaanalyse, VerbraucherAnalyse) stellen für den Informationsnachfrager Sekundärforschung, für die Institute, die die Daten erheben und aufbereiten, dagegen Maßnahmen der Primärforschung dar.

Sekundärinformationen stellen insbesondere auch alle Verkaufsstatistiken und Kassenaufzeichnungen dar. Eine enorme Verbesserung der Informationslage ist in diesem Zusammenhang durch *Scanner* an den Einzelhandelskassen zu erwarten bzw. bereits eingetreten. Im Gegensatz zu den übrigen Ladenkassen erlauben Scanner eine artikel- und zeitpunktgenaue Verkaufsstatistik, die eine weit bessere Datenanalyse erlaubt als die übliche Verkaufsstatistik. Welcher Erkenntnisgewinn eine zeitgenaue Verkaufsstatistik (tagesgenau statt monatsgenau) erbringt, verdeutlicht Schaubild 3.6.

Es ist unmittelbar einsichtig, daß Sekundärforschung in der Regel schneller und kostengünstiger betrieben werden kann, während Primärforschung – bei richtiger Anlage – genauer auf die entsprechende Fragestellung abzielende und zeitnähere Informationen liefert. Beide Informationsquellen stellen allerdings keine Alternative dar, sondern sind in nahezu allen Fällen als sich ergänzend zu sehen. Jegliche Marktforschungsaktivität sollte als Sekundärforschung beginnen, da nur so die in der Praxis häufig anzutreffenden ungewollten Zweituntersuchungen und Wiederholungen von methodischen Schwächen vermieden

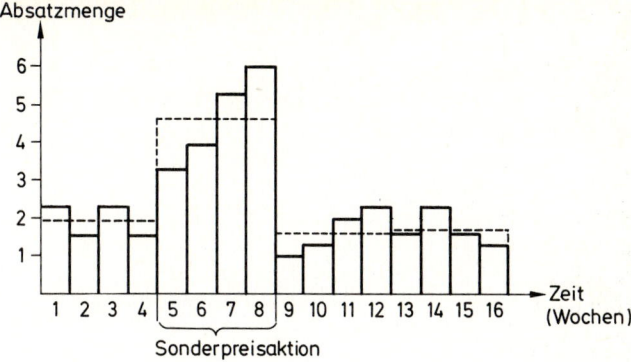

Schaubild 3.6.: Effekt einer zeitlichen Aggregation von Abverkaufs-
daten

werden können. Erst nach hinreichend ausgiebigem Studium
von Sekundärdaten sollten Inhalt und Methoden einer Primär-
studie festgelegt werden.

3.3.2. Datengewinnung im Falle der Primärforschung

Insbesondere dann, wenn Meinungen oder Einstellungen zu
bestimmten Objekten erhoben werden sollen, ist es fast immer
unumgänglich, diese im Wege der Primärforschung zu beschaffen. Nach der Technik der Informationsgewinnung lassen sich
dabei zwei grundsätzlich verschiedene Methoden unterscheiden: die Befragung und die Beobachtung. Je nachdem, ob die
jeweilige Umweltkonstellation systematisch variiert wird oder
nicht, unterscheidet man zwischen der reinen Befragung bzw.
Beobachtung und der experimentellen Befragung bzw. Beobachtung. Als drittes wichtiges Kriterium der Charakterisierung
von Primärerhebungen fungiert der Modus der Auswahl der zu
befragenden bzw. zu beobachtenden Subjekte, der «Probanden»,
nach dem zwischen Vollerhebung, Quoten-, Zufallsauswahl
sowie Auswahl aufs Geratewohl zu unterscheiden ist. Die verschiedenen Ausprägungen der einzelnen Beschreibungskriterien
können grundsätzlich beliebig miteinander kombiniert werden,
was in Schaubild 3.7. veranschaulicht ist. Von den angedeuteten
16 möglichen Untersuchungstypen besitzen die beiden dunkel
getönten Varianten der «reinen Befragung» die größte praktische Bedeutung.

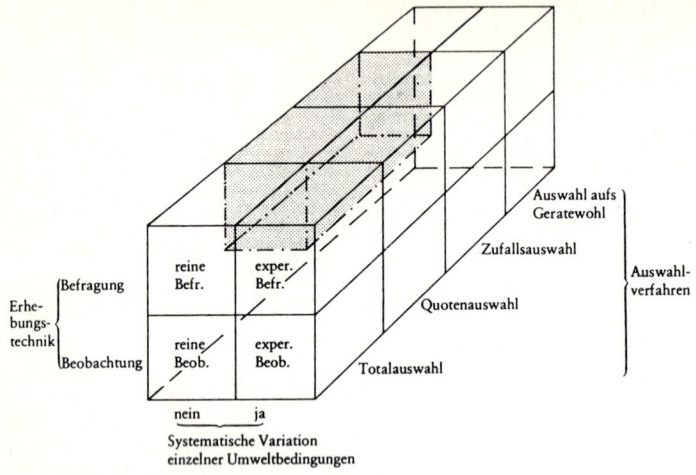

Schaubild 3.7.: Techniken der Primärforschung

3.3.2.1. Die Befragung als Methode der Marketingforschung

Die in der Marketingforschung am häufigsten benutzte Erhebungstechnik ist die Befragung, bei der die Probanden durch genau fixierte Formulierungen *(standardisierte Befragung)* oder mittels eines nur schemenhaft vorgegebenen Fragenkatalogs *(freie Befragung)* zu Äußerungen veranlaßt werden.

Standardisierte Befragungen zeichnen sich gegenüber freien Befragungen vor allem durch folgende Merkmale aus:

- Die Auswertung der gesammelten Informationen ist wesentlich einfacher, da die unmittelbare Vergleichbarkeit der im Wege der standardisierten Befragung erhobenen Informationen gewährleistet ist.

- Die Qualität der Informationen hängt viel weniger von der Qualität der Interviewer ab, da diese nur in genau festgelegter – «standardisierter» – Form tätig werden. Der Interviewer ist gewissermaßen ein «neutrales Medium», das die Fragen vorliest und die Antworten aufzeichnet. Im günstigsten Fall erweckt er weder positive noch negative Assoziationen beim Befragten.

- Da bei einer standardisierten Befragung nicht im gleichen Ausmaß auf die Besonderheiten der einzelnen Befragten eingegangen werden kann wie bei einer freien Befragung, ist die Ausschöpfung des individuellen Informationsangebots des Befragten naturgemäß nicht so groß wie etwa bei einem sogenannten Tiefeninterview.

- Der Fragebogen gibt die Meßlatte der Untersuchung ab. Die Qualität der Untersuchungsergebnisse hängt somit entscheidend von diesem Fragebogen ab; was nicht «vorgedacht» wurde, kann nicht erfahren werden! Standardisierte Untersuchungen verlangen also erhebliche Vorab-Kenntnisse der Untersuchenden über das Untersuchungsobjekt, während freie Befragungen vor allem Einfühlungsvermögen und Lernfähigkeit des Interviewers verlangen.

Bei der Interpretation der Ergebnisse einer Befragungsaktion ist zu berücksichtigen, daß sich Probanden bei Befragungen stets in einer Situation befinden, die durch erhöhte Aufmerksamkeit gekennzeichnet ist. Dieser Tatbestand gewinnt vor allem dann an Bedeutung, wenn nicht Fakten, wie z. B. der Besitz eines Elektrogerätes, sondern Einstellungen oder Meinungen den Gegenstand der Befragung bilden. In diesem Falle ist besonders darauf zu achten, daß Probanden weder bewußt noch unbewußt eine Einstellung erkennen lassen, die nicht der Wahrheit bzw. ihrer Überzeugung entspricht.

Für die Entwicklung eines Fragebogens hat es sich als zweckdienlich erwiesen, zunächst den Untersuchungsgegenstand in einzelne *Programmfragen* aufzugliedern. Falsch wäre es allerdings, eine Frage wie «Welche Einstellung haben Sie zum Meinungsgegenstand A?» zu stellen, weil zum einen «Einstellung» ein viel zu ungenauer Begriff und zum anderen ein Kompositum aus kognitiven, affektiven und handlungsorientierten Elementen darstellt. Die Programmfrage muß daher in mehrere Teile zerlegt werden, die man *Testfragen* nennt. Gleichermaßen unzweckmäßig wäre eine Programmfrage folgenden Typs: «Würden Sie ein Produkt mit den Eigenschaften A und B und dem Preis C kaufen?» Es ist gewissermaßen ein ehernes Gesetz der Marktforschung, niemals Akzeptanzurteile hinsichtlich nicht existierender Erzeugnisse zu erfragen. Ein solches Auskunftsbegehren wäre mittels «zulässiger» Testfragen zu befriedigen.

Trotz intensiver Forschungsbemühungen kann nach wie vor nicht auf das Fingerspitzengefühl eines erfahrenen Marktforschers verzichtet werden, wenn es darum geht, einen Fragebogen zu entwickeln, der nicht schon von vornherein Verzerrungen im Antwortverhalten erwarten läßt.

Ein für schriftliche Befragungen typisches Problem ist die im allgemeinen nur geringe Bereitschaft der Angeschriebenen, Fragebögen auszufüllen und zurückzusenden. Bei schriftlichen Befragungen von Konsumenten werden vielfach Rücklaufquoten von nur 15–20% erreicht; 40–50% gelten bereits als zufriedenstellend, während man Werte von 70–80% als hervorragend betrachtet. Wenn angesichts solch bescheidener *Rücklaufquoten* bisweilen die Forderung erhoben wird, mehr Fragebögen auszusenden, um eine ausreichende Ausbeute zu erlangen, beruht dies oft auf dem Trugschluß, daß die Struktur des antwortenden und des nicht antwortenden Teils der Probanden weitgehend gleichartig ist. In Wirklichkeit verteilen sich die auftretenden Ausfälle jedoch nicht gleichmäßig auf alle Bevölkerungsgruppen, weswegen die Teilmenge der auskunftbereiten Probanden nicht unbedingt als für die Gesamtheit der Zielgruppe repräsentativ angesehen werden kann. Um die Rücklaufquote zu erhöhen, bedient man sich gerne gewisser Tricks: Fragebögen werden per Eilboten ausgesandt, mit einer Rücksendefrist versehen oder besonders Adressaten-freundlich gestaltet, wenn nicht gar materielle Anreize beigegeben oder für den Fall der Rücksendung Belohnungen versprochen werden.

3.3.2.2. Die Beobachtung als Methode der Marketingforschung

Die in eine Befragungsaktion einbezogenen Personen sind sich notwendigerweise der Tatsache bewußt, daß ihre Meinungen, Einstellungen, Verhaltensweisen etc. aufgenommen werden; wer beobachtet wird, bemerkt dagegen davon häufig nichts. Diese Gegebenheit wird oft als ein wesentlicher Vorzug der Beobachtung gegenüber der Befragung angesehen, da so Verzerrungen der Ergebnisse durch untersuchungsbedingte, bewußte oder unbewußte Verhaltensabweichungen vorgebeugt wird.
Neben der *Beobachtung «im Feld»*, d.h. unter realen Lebensumständen, existieren noch einige Beobachtungsformen, die im Labor vorgenommen werden. Beobachtungen «im Feld» werden im Rahmen der Marktforschung relativ selten angewandt, da sie nur äußerlich erkennbare Verhaltensaspekte, nicht aber beispielsweise Einstellungen und Meinungen zu registrieren erlauben. Hinzu konmmt, daß sie relativ kostspielig sind. Größere Bedeutung kommt der Beobachtung außerhalb des Labors vor allem für Verkehrszählungen sowie für die Erfassung von Passan-

tenströmen vor und in Betriebsstätten des Handels zu. Eine vergleichsweise wichtige Rolle für die Marktforschung spielen die vielfältigen *Beobachtungsverfahren im Labor.* Charakteristisch für sie ist, daß der Proband jeweils in eine bestimmte Situation versetzt bzw. genau kontrollierten Einflüssen ausgesetzt wird, wobei seine Verhaltensweisen nach einem vorgegebenen Plan registriert werden. Die Aufzeichnung kann dabei entweder durch einen Beobachter erfolgen, der eine Vielzahl von Verhaltensvariablen verarbeitet, oder durch eine Maschine, die nur einen oder ganz wenige Aspekte erfaßt.

3.3.2.3. Experimentelle Untersuchungsanlagen in der Marketingforschung

Unter einem Experiment versteht man eine Methode zur Gewinnung von Informationen über abhängige Variablen im Wege einer systematischen Variation von unabhängigen Variablen. Als abhängige Variablen kommen im Rahmen der Marktforschung in erster Linie Verhaltensgrößen, wie etwa die Einkaufsmenge eines Produktes oder bestimmte Aufmerksamkeitswirkungen in Betracht, als unabhängige Variablen vor allem Umweltbedingungen, z.B. im Zusammenhang mit der Einkaufssituation im Ladenlokal. Die systematische Variation der unabhängigen Variablen muß dabei nach einem vorab festgelegten Plan erfolgen, dessen Konstruktionsprinzip darin besteht, daß allen Ausprägungen der einzelnen unabhängigen Variablen die gleiche «Einwirkungsmöglichkeit» auf die abhängige Variable eingeräumt wird. Eine wesentliche Voraussetzung für die erfolgreiche Durchführung experimenteller Erhebungen ist die Wahl eines den Umweltbedingungen und den zu prüfenden Alternativen angepaßten *Versuchsplans.*

Experimentelle Erhebungen erfreuen sich in der Marktforschung zunehmender Bedeutung. In der Marktforschung häufig verwendete experimentelle Methoden sind der Produkttest und der Markttest. Der *Produkttest,* der regelmäßig im Labor vorgenommen wird, dient der Ermittlung der Anmutungsqualität alternativer Produkt- oder Werbekonzeptionen. Dabei werden Probanden mit verschiedenen Varianten eines vor der Einführung in den Markt stehenden Produkts bzw. einer Werbung konfrontiert und sodann über ihre Meinung befragt. Beim *Markttest* wird ein marktreifes Produkt in einem möglichst typischen Teil des Gesamtmarktes eingeführt und die Absatzreaktion gemessen. Wenn Testmärkte den Forderungen nach Repräsentanz genügen, können die dort erzielten Ergebnisse als Indikatoren für das Abschneiden des Erzeugnisses auf dem Gesamtmarkt angesehen werden.

3.3.2.4. Das Problem der Auswahl der Probanden in der Marketingforschung

Da bei absatzwirtschaftlichen Studien in der Regel nicht die Gesamtheit der Personen erfaßt werden kann, über deren Merkmale, Meinungen und Verhaltensweisen man ein Urteil zu gewinnen trachtet, steht man regelmäßig vor dem Problem, die Teilmenge so auszuwählen, daß die erzielten Ergebnisse für die Grundgesamtheit relevant sind.

Sieht man von der unwissenschaftlichen Methode der *Auswahl aufs Geratewohl* («Baggertechnik») ab, die keinerlei Rückschlüsse auf die entsprechenden Werte der Grundgesamtheit zuläßt, kommen für die Gewinnung von Stichproben lediglich das Zufalls- oder Random- und das Quotenverfahren in Betracht.

Das *Zufallsverfahren* basiert auf wahrscheinlichkeitstheoretischen Überlegungen, die eine Berechnung des stichprobenbedingten Erhebungsfehlers ermöglicht. Eine echte Zufallsauswahl ist nur dann gegeben, wenn alle Elemente der Grundgesamtheit eine von Null verschiedene, berechenbare Chance besitzen, in die Stichprobe zu gelangen. Die Erfüllung dieser Forderung setzt voraus, daß die Grundgesamtheit genau bekannt und in einer vollständigen (Adressen-)Kartei erfaßt ist.

Beim *Quotenverfahren* werden dem Beobachter bzw. Interviewer bestimmte Quoten hinsichtlich der als relevant erachteten Merkmale vorgegeben, nach denen er die Auswahl der Probanden vorzunehmen hat. Als Quotenmerkmale werden dabei fast immer soziodemographische Charakteristika des interessierenden Personenkreises herangezogen. Innerhalb der Quotenanweisungen ist der Interviewer bzw. Beobachter in der Auswahl der Probanden frei. Der Einsatz dieses Verfahrens ist nur dann zu rechtfertigen, wenn zwischen den zur Strukturierung herangezogenen Kriterien und dem zu erforschenden Sachverhalt ein enger Zusammenhang vermutet wird und wenn die Anteile der in der Quotenanweisung berücksichtigten Merkmalsausprägungen in der Grundgesamtheit bekannt sind. Die Kritik am Quotenverfahren richtet sich vor allem darauf, daß der Interviewer bzw. Beobachter innerhalb der Quoten eine Auswahl aufs Geratewohl vornimmt, die eine Berechnung des statistischen Fehlers beim Rückschluß von der Stichprobe auf die Grundgesamtheit ausschließt.

Die meisten in der Praxis gezogenen Stichproben stellen Mischformen zwischen der reinen Zufallsauswahl und der bewußten Auswahl nach Art des Quotenverfahrens dar. Bei der *geschichteten Zufallsstichprobe* etwa wird die Grundgesamtheit zunächst in einzelne Schichten unterteilt, aus denen dann nach dem Zufallsprinzip in der Regel unterschiedlich große Stichproben gezogen werden. Eine Schichtung der Grundgesamtheit ist vor allem dann von Vorteil, wenn die Grundgesamtheit ein hohes Maß an Heterogenität aufweist, da in diesem Fall trotz insgesamt gleicher Stichprobengröße genauere Resultate (geringere Varianz) erzielt werden können. Eine Sonderform der geschichteten Zufallsstichprobe ist die Stichprobe nach dem Konzentrationsprinzip; bei diesem Typ unterteilt man die Grundgesamtheit etwa nach der Größe der Unternehmen und wählt sodann von den Elementen der Klasse 1 eine relativ große Zahl, wenn nicht gar alle aus, während die nachfolgenden Klassen nur noch mit einem bescheidenen Prozentsatz zum Zuge kommen.

3.3.3. Datenverarbeitung

Sowohl die im Wege der Sekundärforschung als auch die im Wege der Primärforschung gewonnenen Daten bedürfen in der Regel einer Aufbereitung, um als Entscheidungshilfen verwendbar zu sein. Zum einen geht es hier darum, die relativ ungeordnet vorliegenden Daten zu übersichtlichen Tabellen und Kennzahlen zu verarbeiten, zum anderen um eine Kondensierung der Daten mit Hilfe moderner statistischer Methoden. Den Abschluß bildet die Interpretation und gegebenenfalls Präsentation der im Rahmen einer Studie erlangten Befunde.

3.3.3.1. Die Darstellung von Daten in Tabellen, Schaubildern und Kennzahlen

Soweit Daten im Wege der Primärforschung gewonnen wurden, werden sie von der Feldorganisation in Form von ausgefüllten Fragebogen oder Beobachtungsblättern angeliefert. Die Darstellung der Untersuchungsresultate erfolgt üblicherweise zunächst mittels *Mehrwegtabellen* (Kreuztabellen) oder mittels Schaubildern. Von entscheidender Bedeutung für die Brauchbarkeit der

Ergebnisse ist dabei, daß die tabellarischen Übersichten, Graphiken etc. sachlich, räumlich, zeitlich und nach der Quelle der Daten eindeutig definiert sind.

Vielfach ist es empfehlenswert, Daten zu *Marktkennzahlen* zu verarbeiten, da sich auf diese Weise Informationen sachgemäß verdichten lassen. Häufig verwendete Marktkennzahlen sind etwa folgende: Marktanteile eines Unternehmens (mengen- und wertmäßig), Importquote, Exportquote, Umsatz je Kunde, Bekanntheitswerte, Verbrauchskennzahlen, Kaufkraftkennzahlen und regionale Absatzsollwerte. Die beiden letztgenannten Kennzahlen stellen wichtige Hilfsmittel für eine regional differenzierende Marketing-Politik dar, da sie Anhaltspunkte für die unterschiedliche Ergiebigkeit einzelner Teilmärkte liefern. Im Investitionsgütersektor gelingt es daneben auch oftmals, konstante Beziehungen – etwa zwischen den verarbeiteten Mengen an Rohstoffen und den Ausbringungsmengen – herzustellen, die mit gesamtwirtschaftlichen Input-Output-Koeffizienten eng verwandt sind.

3.3.3.2. Die Aufbereitung der Daten mittels einfacher Schätz- und Testmethoden

Sehr oft ist es nicht ausreichend, lediglich Schätzungen für mittlere Werte – und seien es auch mittlere Werte für relativ klar abgegrenzte und kleine Marktsegmente – abzuleiten. Wenn man etwa festgestellt hat, daß in Nordrhein-Westfalen pro Kopf durchschnittlich jeden 25. Tag und in Baden-Württemberg sowie Bayern jeden 43. Tag Apfelkorn getrunken wird, so wird der kundige Absatzplaner sofort folgende drei Fragen aufwerfen:

- Sind die einzelnen Verbrauchswerte und der Unterschied zwischen ihnen mit dem bisher angesammelten Wissen *kompatibel*?
- Ist der Unterschied zwischen den beiden Verbrauchswerten im statistischen Sinne *signifikant*?
- Ist der Unterschied zwischen den beiden Verbrauchswerten für absatzpolitische Zwecke *bedeutungsvoll*?

Üblicherweise wird man zunächst die zuletzt formulierte Frage beantworten, wobei die Antwort naturgemäß nur aus dem Verwendungszusammenhang abgeleitet werden kann. In diesem Fall wird man ohne Zweifel bejahen, daß die Werte absatzpolitisch relevant sind. Dann ist zu prüfen, ob der Unterschied nicht nur ein statistisches Zufallsprodukt ist. Die Antwort auf die damit zusammenhängende Frage geben statistische Tests, als deren Ergebnis im obigen Fall (Apfelkorn) etwa festgehalten werden kann: Der Unterschied zwischen dem Apfelkorn-Konsum in Nordrhein-Westfalen und in Bayern/Baden-Württemberg kann bei der realisierten Untersuchungsmethode als zu 99 % gesichert angesehen werden.

Hat man etwa Angaben über den durchschnittlichen Pro-Kopf-Verbrauch und bedenkt man, daß der entsprechende Durchschnittswert naturgemäß bei kleineren Personengruppen nur näherungsweise erreicht wird, so wird man stets interessiert sein zu erfahren, in welchem Bereich der Wert schwankt. Für Apfelkorn gilt beispielsweise, daß fast genau 30 % der Bewohner Nordrhein-Westfalens das Produkt zwischen einmal jährlich und einmal alle 14 Tage konsumieren, 66 % seltener und 4 % häufiger.

Die Vereinbarkeit des im Rahmen einer konkreten Marktforschungsstudie ermittelten Befundes mit vorherigem Wissen kann entweder formal (statistischer Test) oder nur augenscheinmäßig überprüft werden.

3.3.3.3. Die Aufbereitung der Daten mittels Verfahren der multivariaten Statistik

Erst in den siebziger Jahren hat in der Marktforschung eine Reihe von Verfahren der Datenauswertung Eingang gefunden, die bis dahin allein im Rahmen statistischer, ökonometrischer oder auch psychologischer Untersuchungen herangezogen worden waren. Es handelt sich dabei um die *Multivariatenanalyse*, die im einzelnen so unterschiedliche Methoden wie die Regressions-, die Diskriminanz-, die Faktoren- und die Clusteranalyse, die AID-Technik, die verschiedenen Varianten der Mehrdimensionalen Skalierung und die Conjoint-Analyse umfaßt.

Besonders leicht einleuchtend ist die Aufgabenstellung der *Regressionsanalyse*, bei der man von einem vorab definierten Modell ausgeht und anhand von empirischen Daten das Modell quantifiziert. Die Schätzung von Preisreaktionskurven (vgl. Abschnitt 6.2.3. dieses Buches) im Fall eines Konkurrenzmarktes mit zwei Anbietern ist ein Beispiel hierfür:

Absatz Marke r $= 1020 \cdot ($Preis Marke r$)^{-0,6} \cdot ($Preis Marke r'$)^{0,1}$

In diesem Beispiel zeigt $-0,6$ die Preiselastizität und $0,1$ die Kreuzpreiselastizität der Nachfrage an.

Im Rahmen der Marktsegmentierung geht es etwa darum, Gruppen von Personen zu bilden, die hinsichtlich der für einen bestimmten Teilmarkt relevanten Verhaltensvariablen weitgehend gleich sind. Man ist dabei bestrebt, die Gesamtheit der interessierenden Subjekte so in Gruppen zusammenzufassen, daß diese in sich möglichst gleichartig sind, sich aber voneinander möglichst stark unterscheiden. Um dieses Untersuchungsziel zu erreichen, sind zunächst die zur Unterteilung des Marktes geeigneten Variablen herauszufinden, um sodann mit deren Hilfe die einzelnen Marktsegmente zu beschreiben. Eine wirkungsvolle Hilfe hierbei ist die *Clusteranalyse.*

Ein Ziel verschiedener Analyseverfahren (Faktoren-, Diskriminanzanalyse, Mehrdimensionale Skalierung) ist die Ermittlung eines *Produktraumes,* der eine geometrische Repräsentation der Konkurrenzbeziehungen in einem Markt darstellt. Ein solches Modell (Schaubild 3.8.) spiegelt die psychologische Nähe der einzelnen Produkte (1, ..., 11) zueinander wider. Projiziert man auf ähnliche Weise auch die Standorte einzelner Kundengruppen (A, ..., K) in dieses Modell, gewinnt man ein anschauliches Bild von der Konkurrenzsituation auf einem bestimmten Markt.

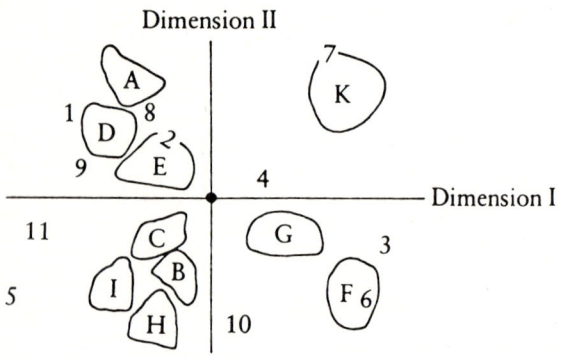

Schaubild 3.8.: Produktraum mit Subjektpositionen

Als besonders wertvoll haben sich in jüngster Zeit Conjoint-Analysen herausgestellt, ein Beispiel hierfür ist im Abschnitt 2.4. dieses Buches (Kühlschrankbeispiel) wiedergegeben. Für Prognosezwecke sehr hilfreich sind häufig Zeitreihenanalysen.

3.3.4. Interpretation der Forschungsergebnisse

Marktforschungsresultate basieren zumeist auf Stichprobenerhebungen; die zu treffenden Aussagen beziehen sich regelmäßig auf Vorgänge und Strukturen der Grundgesamtheit, oft nicht in der Gegenwart, sondern in der Zukunft. Dieser zweifache induktive Schluß impliziert Prämissen, die bei jeder Beurteilung von Resultaten einer Marktforschungsuntersuchung berücksichtigt werden müssen. Soweit sie über die Repräsentanzannahme hinausgehen, sollten sie in jedem Fall bei der Interpretation der Forschungsergebnisse genannt werden. Bei einer gewissenhaften Interpretation der Forschungsergebnisse sind darüber hinaus auch die Reliabilität und Validität der erarbeiteten Resultate abzuschätzen, was im einfachsten Falle etwa durch einen Hinweis auf die Meßgenauigkeit der verwendeten Instrumente geschehen kann.

3.4. Fallstudie «Chocolat Tobler»

Das Ergebnis der marktforscherischen Anstrengungen von Unternehmen und Instituten sollen zeitnahe, genaue und hinreichend detaillierte Informationen zur Fundierung bestimmter absatzpolitischer Entscheidungen sein. Anhand nachstehender Fallstudie werden einige häufig in der betrieblichen Praxis anzutreffende Informationen vorgestellt und sollen Diskussionen über ihre Verwendung zur Fundierung konkreter absatzpolitischer Entscheidungen angeregt werden.[1]

Ausgangssituation
Im Spätherbst 1978 berät das Management der Chocolat Tobler GmbH Stuttgart, Tochtergesellschaft des Schweizer Stammhauses Chocolat Tobler AG Bern, über die Marketingstrategie 1979 für das Produkt Toblerone.

Die Entwicklung der Toblerone seit 1909
Bei der Toblerone handelt es sich um einen der ältesten Markenartikel der Welt. 1909 wurde das Herstellungsverfahren für diese Schokolade in der Schweiz patentrechtlich – das einzige Patent

---

[1] Dieses Kapitel stellt einen verkürzten Abdruck der Fallstudie «Chocolat Tobler GmbH (A)» dar (Böcker, F.: Fallstudien zum Marketing, Berlin 1983, S. 117–129). Wir danken dem Verlag für die Genehmigung zum Abdruck. Autor der Fallstudie ist Lutz Thomas.

dieser Art – geschützt und dadurch für einen Zeitraum von 15 Jahren vor Nachahmungen bewahrt. Im gleichen Jahr wurde der Name «Toblerone» sowie die Produkt- und Packungsform (vgl. Anlage 1) in der Schweiz und international markenrechtlich geschützt. Durch ihre markante dreieckige Riegelform hebt sich die Toblerone deutlich von den üblicherweise in Tafelform angebotenen 100-g-Schokoladen der Branche ab. Schriftzug, Packungsform, grafisches Dekor und Farbgestaltung erfuhren bis heute nur geringfügige Änderungen. Die Toblerone ist 1978 in über 100 Ländern auf allen fünf Kontinenten erhältlich; sie ist zudem der meistverkaufte Artikel der Tobler-Unternehmungen.

Bis 1968 wurde die Toblerone von der deutschen Tochtergesellschaft aus der Schweiz importiert. Seither wird sie in der Bundesrepublik Deutschland nach dem Schweizer Originalrezept hergestellt. Die Produktion in der Bundesrepublik Deutschland vermeidet die Zollbelastung und ermöglicht damit eine wettbewerbsgerechte Preisgestaltung. Letztere war nach übereinstimmender Meinung des Managements eine wesentliche Voraussetzung für den in den Folgejahren einsetzenden permanenten Umsatzanstieg. Neben dem bis 1971 stetig wachsenden Gesamtmarkt trugen zu diesen Umsatzerfolgen aber auch klare Prioritäten in der Marketingstrategie der Chocolat Tobler GmbH für die Marken Toblerone, Tobler-o-rum und Schweizer Kräuterzucker bei. Entsprechend diesen Prioritäten konzentrierte man die Werbeaufwendungen (besonders die für Mediawerbung) in den Jahren 1971 bis 1974 auf die Toblerone. Durch Zweitplazierungen, PoP-Werbung und entsprechende Aktionskonditionen konnte der Abverkauf beim Einzelhandel und das Hineinverkaufen in den Handel erheblich forciert werden. Bei der Markteinführung der Toblerone Grün (1974), die sich durch eine andere Rezeptur und einen grünen Grundton der Packung von der Gelb-Variante unterscheidet, wurde der Handel vor allem mittels Sonderkonditionen zur Aufnahme des neuen Produkts in das Sortiment bewogen. Für das Tobler-Tafelwaren-Sortiment wurde bis 1975 keine Mediawerbung betrieben. Ab 1975 wurde dann der Werbeetat für diesen Programmteil von anfänglich DM 800 000,– auf DM 1,7 Mio. im Jahr 1978 erhöht. Demgegenüber wurde der Werbeetat für Toblerone, der 1975 noch ca. DM 3 Mio. ausmachte, bis 1978 auf DM 1,2 Mio. reduziert. Im Vergleich dazu haben die wichtigsten Wettbewerber ihre Etats für Mediawerbung seit 1975 ständig erhöht, und zwar stärker als die Media-

Preise gestiegen sind. Für 1978 rechnet man damit, daß beispielsweise die Wettbewerber Ritter ca. DM 11 Mio., Suchard ca. DM 8 Mio., Sprengel ca. DM 3 Mio. und Stollwerk an Media-Werbung für ihre Tafelwaren-Sortimente ca. DM 7 Mio. ausgeben werden.

Die Situation der Toblerone im Jahr 1978

Besondere Sorge bereitete dem Management der Chocolat Tobler GmbH bereits seit geraumer Zeit der stetige Rückgang des Marktanteils der Toblerone und die damit verbundene nachlassende Auslastung der entsprechenden Produktionsanlagen. Herr Siebelts, der Leiter der Abteilung Marktforschung, legt hierzu sowohl firmeninterne (vgl. Anlage 2) als auch Nielsen-Daten vor (vgl. Anlage 3). Die Entwicklung der Fabrikabgabemengen und der Preise von Toblerone einerseits sowie die Entwicklung der Durchschnittspreise am Tafelschokoladenmarkt andererseits lassen seines Erachtens den Schluß zu, daß man bei einem Durchschnittspreis von DM 1,38 im ersten Halbjahr 1978 (vgl. Anlage 4) für das ganze Jahr 1978 auf eine Fabrikabgabemenge von ca. 1700 t zurückfallen werde, annähernd dieselbe Menge wie im Jahre 1968 (vgl. Anlage 2). In den vergangenen Jahren habe man kontinuierlich den Preisabstand zwischen der Toblerone und dem übrigen Markt vergrößert und dies müsse sich eben auf die Abverkaufsmengen auswirken (vgl. Anlage 4). Zwar habe man die Abverkaufspreise seit Ende der Preisbindung nicht mehr voll unter Kontrolle, aber die Kalkulationsmethoden des Einzelhandels wären doch vergleichsweise einheitlich, so daß man bei einem mehr oder weniger einheitlichen Fabrikabgabepreis zu einem mehr oder weniger einheitlichen Endverbraucherpreis komme.

Zur Toblerone Grün bemerkte Herr Siebelts schließlich noch, daß der Handel bei diesem Artikel offensichtlich seit 1977 ein sehr zurückhaltendes Bevorratungsverhalten zeige. Trotz der negativen Entwicklung bei der Toblerone habe sich Tobler gegenüber den wichtigsten Wettbewerbern in den vergangenen vier Jahren jedoch insgesamt behaupten können, da das Absatzvolumen beim sonstigen Tafelwaren-Sortiment verbessert werden konnte (vgl. Anlage 3b).

Der Geschäftsführer Dr. Wacker bemerkt zu den vorgelegten Zahlen, daß aus ihnen auch herauszulesen sei, daß der Handel offenbar nur ungern auf die Toblerone Gelb im Sortiment verzichte, während die Toblerone Grün eine problematische Entwicklung bei der Distribution aufweise. Aufgefallen sei ihm auch, daß die Toblerone häufig ausverkauft ist; offensichtlich werden zu geringe Läger gehalten – oder die physische Distribution klappt nicht. Die nach wie vor insgesamt befriedigende Distribution der Toblerone stehe seiner Meinung nach in einem engen Zusammenhang mit ihrem Image als qualitativ hochwertige Spezialität mit hohem Geschenknimbus, das sie bei den Verbrauchern besitze. Dieses Image habe sich trotz der starken «Preisaktionitis» in den letzten Jahren nicht geändert, zumal die Preispolitik für die Toblerone hinsichtlich des normalen Regalgeschäfts bislang darauf abzielte, sie im oberen Preissegment des Markenschokoladenmarktes zu positionieren. Als Hauptursache für die eingetretenen Umsatzrückgänge sieht Dr. Wacker den Abstand des Toblerone-Preises zum durchschnittlichen Preisniveau für normale Marken-Tafelscholokade an. Bei der anstehenden Entscheidung über die Preisstellung für das normale Regalgeschäft gehe es daher vor allem darum, einen für die Konsumenten akzeptablen Abstand des Preises für Toblerone zum Durchschnittsniveau des Gesamtmarktes zu finden. Er halte einen Preisabstand von 20 Pfg. beim normalen Regalgeschäft für eine sinnvolle Lösung.

Gegen eine Senkung des Toblerone-Preises auf das Preisniveau für normale Marken-Tafelschokolade führt Dr. Wacker an, daß einerseits durch eine solche Maßnahme sicherlich erhebliche Umsatzsteigerungen erzielt werden könnten, andererseits aber die Gefahr einer zumindest teilweisen Substitution von Toblerone durch Artikel aus dem sonstigen Tobler-Tafelwarensortiment bestehe. Zudem sei eine solche Maßnahme, durch die erstmals seit der Einführung von Toblerone in der Bundesrepublik Deutschland die Gleichpreisigkeit der Toblerone und der sonstigen Tafelware hergestellt würde, nicht mehr reversibel, da der Tafelschokoladenmarkt für die Konsumenten relativ leicht überschaubar sei. Auch rechtfertige das bessere Image und der Spezialitätencharakter des Produktes einen etwas höheren Preis. Er verweist in diesem Zusammenhang auf die starke Konzentration der Marktanteile auf wenige bekannte Markensortimente, auf die geringe Anzahl der auf dem Markt angebotenen Spezialitäten, auf die traditionell kaum unterschiedlichen Packungsgrößen und -formen und schließlich auf die intensive, vorwiegend preisorientierte Aktionswerbung des Handels.

Ein Festhalten an den derzeitigen Abgabepreisen von Toblerone für den Handel (Listenpreis im Herbst 1978: Toblerone DM 1,12;

Tafelwaren DM 1,025) wäre nach Ansicht von Dr. Wacker nur dann sinnvoll, wenn angenommen werden könnte, daß die Wettbewerber in den nächsten Jahren aufgrund steigender Herstellkosten ihre Abgabepreise derart anheben, daß der Handel auch bei knapper Kalkulation gezwungen wäre, seine Preise für normale Marken-Tafelschokolade auf etwa DM 1,08 zu erhöhen. Ein solches Verhalten sei jedoch zumindest für 1979 mit Sicherheit noch nicht zu erwarten.

Der für Toblerone zuständige Marketing-Manager, Herr Burgwinkel, ergänzte, daß ein Absenken des Toblerone-Preises auf das Preisniveau der Marken-Tafelschokoladen von den Produktionskosten her durchaus möglich sei. Ihm sei aber nicht klar, welche Umsatzveränderungen in diesem Falle langfristig zu erwarten sind. Man habe in Aktionen schon häufig den Toblerone-Preis auf DM 1,18 bzw. sogar DM –,98 heruntergedrückt und dabei Umsatzsteigerungen bis zum Zehnfachen bzw. Dreißigfachen des Normalumsatzes erreicht. Er glaube aber nicht, daß solche Absatzzunahmen auch zu erwarten sind, wenn diese Preise die Normalpreise und keine deutlich herabgesetzten Sonderpreise darstellen.

Nach einer längeren Diskussion über die als kritisch empfundene Preisstellung für Toblerone Gelb und Grün fordert Dr. Wacker den Leiter der Marktforschung auf, aufgrund der ihm vorliegenden Daten eine Analyse der Wirkung des Preises auf die Absatzmenge vorzulegen und Anhaltspunkte darüber zu sammeln, ob sich die Distributionssituation in den vergangenen sechs Jahren nachhaltig verändert hat. Falls er die ihm vorliegenden Daten nicht als für die Beantwortung der Preis-Frage ausreichend halte, solle er einen Vorschlag für eine hausinterne oder eine von einem Institut getragene Studie machen.

Anlage 1: Alternative Packungsformen der Toblerone

Toblerone Gelb 100 g
(bisherige Form)

Toblerone Gelb 100 g
(alternative Form)

Toblerone Grün 100 g
(alternative Form)

Anlage 2: Fabrikabgabemengen (ohne Export) von Toblerone

Jahr	Abgabemengen (in t)		
	gelb	grün	total
1968	1.756	–	1.756
1969	1.602	–	1.602
1970	2.601	–	2.601
1971	2.630	–	2.630
1972	3.256	–	3.256
1973	3.762	–	3.762
1974	3.265	1.022	4.287
1975	2.336	879	3.215
1976	2.225	596	2.821
1977	1.667	390	2.057
1978 (Plan)	1.400	300	1.700

Als relevanter Markt wird der Tafelschokoladenmarkt angesehen; trotz seiner abweichenden Form wird die Toblerone als Tafelschokolade klassifiziert, nicht als solche eingestuft werden aber alle Arten von Schokoladenriegeln. Die anschließend dargestellten Daten entstammen dem «Nielsen-Lebensmitteleinzelhandels-Index» (NLI) für die Bundesrepublik Deutschland und West-Berlin, die entsprechenden Daten werden zweimonatlich erhoben. «Numerische» Distributionsangaben berücksichtigen nicht das unterschiedliche Umsatzvolumen der einzelnen Einzelhandelsgeschäfte; bei den «gewichteten» Distributionsangaben werden die einzelnen Lebensmitteleinzelhandelsgeschäfte anhand ihrer jeweiligen zweimonatlichen Umsatzzahlen in der Warengruppe «Schokolade» gewichtet.

Die in den Marktberichten angegebenen Preise sind inklusive Mehrwertsteuer (alle anderen Preise ebenfalls). Alle Angaben zu den Lagerbeständen, zum Endverbraucher-Absatz und zu den Einkäufen des Einzelhandels stellen Millionen Stück dar.

Anlage 3: Fortsetzung

a) Marktbericht für Toblerone Gelb:

Vorrat (Monate)	1.3	1.4	1.1	1.2	1.2	1.2	1.7	1.6	1.5	1.3	1.8
Lagerbestand	1.698	1.756	1.490	1.734	1.619	1.359	1.382	1.350	1.666	1.174	1.444
Endverbraucher-Absatz	2.679	2.476	2.671	2.953	2.623	2.235	1.612	1.719	2.243	1.757	1.618
Einkäufe des Einzelhandels	2.800	2.510	2.395	3.245	2.509	1.889	1.599	1.701	2.573	1.277	1.909
∅ monatl. Absatz je Geschäft	20	18	20	22	19	18	14	17	21	18	16
Durchschnittl. Preis	·	·	·	·	·	·	·	·	1.12	1.13	1.16
mengenmäßiger Anteil am Gesamtmarkt (in %)	1.8	1.7	1.8	2.1	1.6	1.4	1.1	1.2	1.7	1.5	1.1
Geschäfte (in %)											
ohne Vorrat (numerisch)	9	9	10	9	11	11	9	7	7	9	6
ohne Vorrat (gewichtet)	11	9	18	11	12	15	11	9	10	13	9
führend (numerisch)	46	49	48	49	49	45	42	40	42	38	40
führend (gewichtet)	73	77	76	79	78	75	72	71	73	71	70
Monat/Jahr	74:FM	AM	JJ	AS	ON	D/75:J	FM	AM	JJ	AS	ON

Period										
D/76:J	1.7	1.489	1.806		17	1.14	1.2	6	10	41	68
FM	2.1	1.551	1.570		13	1.15	1.1	7	10	43	72
AM	2.2	1.714	1.727		15	1.15	1.1	7	6	44	73
JJ	1.7	1.711	2.004		18	1.11	1.7	8	11	47	77
AS	1.2	1.072	1.244		18	1.14	1.5	9	11	44	74
ON	1.8	1.274	1.619		15	1.12	.9	8	11	40	71
D/77:J	1.1	1.138	1.975		22	1.13	1.4	7	12	40	72
FM	1.6	.942	.977		13	1.22	.8	8	8	37	69
AM	1.5	1.044	1.416		15	1.24	.9	5	7	40	73
JJ	1.6	1.120	1.483		14	1.27	1.1	8	11	44	75
AS	.8	.900	2.193	1.938	21	1.26	1.7	15	15	48	79
ON	1.4	.859	1.266	1.215	14	1.34	.8	9	13	40	73
D/78:J	1.2	.822	1.346	1.272	15	1.39	.9	8	10	40	72
FM	1.5	.821	1.100	1.072	13	1.39	.7	7	9	38	72
AM	1.4	.831	1.159	1.180	14	1.41	.8	5	7	39	73
JJ	1.3	1.031	1.615	1.799	18	1.35	1.2	9	9	44	77

Anlage 3: Fortsetzung

b) Marktbericht für Tafelschokoladenmarkt:

Basis: Endverbraucherabsatz in 1000 DM (wertmäßiger Marktanteil)

	1972	1973	1974	1975	1976	1977	1.Hj. 1978
Tobler	5,8	6,9	7,9	7,9	7,2	8,0	8,2
Suchard	15,6	16,6	17,2	16,3	16,9	17,7	17,4
Sprengel	11,8	13,8	13,2	11,3	10,1	8,6	7,3
Ritter	11,4	13,2	13,8	13,8	14,6	14,5	15,2
Sarotti	.*)	8,1	9,1	9,7	9,0	10,1	9,0
Trumpf/Stollwerck	.*)	3,9	4,6	.*)	.*)	3,7	5,1
alle anderen	55,4	37,5	34,2	41,0	42,2	37,3	37,7
Gesamtumsatz in Mio. DM:	754,2	744,5	793,2	829,3	832,3	940,3	1 016,1

Basis: Endverbraucherabsatz in Mio. Tafeln (mengenmäßiger Marktanteil)

	1972	1973	1974	1975	1976	1977	1.Hj. 1978
Tobler	5,0	6,2	7,2	7,4	6,8	7,8	8,1
Suchard	14,5	15,6	16,5	15,5	16,2	17,0	17,0
Sprengel	12,0	14,5	13,9	11,9	10,6	9,0	7,5
Ritter	11,0	12,8	13,1	13,1	14,0	14,1	15,1
Sarotti	.*)	8,0	9,3	9,9	9,1	10,3	9,0
Trumpf/Stollwerck	.*)	4,6	5,6	.*)	.*)	4,2	5,6
alle anderen	57,5	38,3	34,4	42,3	43,3	37,6	37,7
Gesamtumsatz in Mio. Stück:	895,7	890,2	903,7	839,6	828,3	872,5	890,3

*) nicht ausgewiesen

Anlage 4: Preisbericht der A.C. Nielsen Company GmbH

Preisbericht für Toblerone Gelb und den Gesamtmarkt (in DM je 100 g):

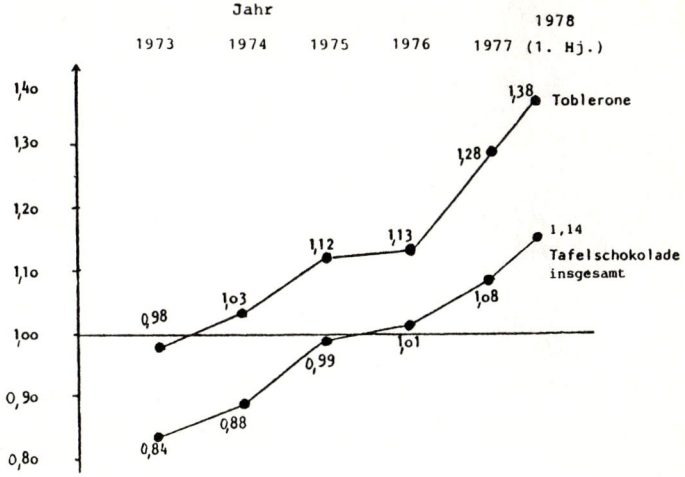

3.5. Literaturempfehlungen

Empfehlungen für den gesamten bzw. den überwiegenden Bereich des Stoffes, der in diesem Buch behandelt wird, sind unter den Literaturempfehlungen am Ende des ersten Kapitels dieses Buches zu finden.

Behrens, H. Ch. (Hrsg.): Handbuch der Marktforschung, Wiesbaden 1974

Berekoven, L.; Eckert, W.; Ellenrieder, P.: Marktforschung, 6. Auflage, Wiesbaden 1993

Böcker, F.: Präferenzforschung als Mittel marktorientierter Unternehmensführung, in: Zeitschrift für betriebswirtschaftliche Forschung, 38. Jg. (1986), S. 543–574

Böhler, H.: Marktforschung, 2. Auflage, Stuttgart 1992

Brockhoff, K.: Prognoseverfahren für die Unternehmensplanung, Wiesbaden 1977

Hammann, P.; Erichson, B.: Marktforschung, 2. Auflage, Stuttgart/New York 1990

Heinzelbecker, K.: Marketing-Informationssysteme, Stuttgart 1985

Hüttner, M.: Grundzüge der Marktforschung, 4. Auflage, Berlin/New York 1989

Meffert, H.: Marktforschung, Wiesbaden 1986

Meffert, H.; Steffenhagen, H.: Marketing-Prognosemodelle, Stuttgart 1977

4. Prinzipien der rationalen Informationsverarbeitung

4.0. Lernziele des Kapitels

In den ersten drei Kapiteln dieses Buches wurde versucht, die *grundlegenden Gesetzlichkeiten einer erfolgreichen Absatzpolitik* auf Märkten in entwickelten Volkswirtschaften herauszuarbeiten, die bei allen speziellen absatzpolitischen Entscheidungen, die nachfolgend skizziert werden, zu beachten sind. Gegenstand der Darstellungen in Kapitel eins war die Beantwortung der Frage: «Welche *strategischen Grundeinstellungen* sind bei einer Absatzpolitik auf stark konkurrierenden Märkten zu beachten?» In Kapitel zwei wurden einige *Gesetzmäßigkeiten*, denen *Käufermärkte* folgen, aufgezeigt. Kapitel drei ist der Erforschung der Informationsbedürfnisse für absatzpolitische Zwecke gewidmet. In Kapitel vier sind nun einige Prinzipien aufzuzeigen, die berücksichtigt werden müssen, um für bestimmte Entscheidungssituationen optimale bzw. *adäquate Entscheidungen* treffen zu können. Diese Prinzipien stellen im wesentlichen Regeln dar, wie *Informationen* über marktliche und betriebliche Gegebenheiten *rational zu verarbeiten* sind.

Ziel der Darstellungen in diesem Kapitel ist es somit, ein Verständnis davon zu vermitteln,

- wie bzw. welche Kosten- und Erlösbeträge einzelnen absatzpolitischen Aktionen zuzurechnen sind,
- wie die im Hinblick auf bestimmte Ziele optimalen Aktionen abzuleiten sind und
- welche Kriterien geeignete absatzpolitische Ziele erfüllen sollen.

4.1. Die Deckungsbeitragsrechnung als Entscheidungsrechnung

Geht man von ökonomisch orientierten Modellen des Konsumentenverhaltens aus, so können Verhaltensgesetzmäßigkeiten von Personenmehrheiten vereinfacht mittels Preis-Mengen-Funktionen wiedergegeben werden. Das Entscheidungsproblem des Anbieters besteht dann darin festzulegen, welche Preis-Mengen-Kombination realisiert werden soll. Damit ist die Frage angesprochen, ob die gewählte Preis-Mengen-

Kombination als sinnvoll im Sinne eines Unternehmenszieles bezeichnet werden kann oder nicht. Als Unternehmensziel wird im folgenden *Gewinnmaximierung* unterstellt.

4.1.1. Kosten und Erlöse in entscheidungslogischer Sicht

An einem Beispiel soll die Entscheidungsproblematik verdeutlicht werden: Ein Betrieb mit einem breiten Sortiment kann von einem bestimmten Produkt eine Menge von 10 000 Stück zu einem Preis von DM 6,– absetzen. Die Produktion und der Absatz dieser Menge nimmt einen Zeitraum von einem Jahr in Anspruch, in dem Gehälter in Höhe von DM 25 000,– anfallen; für die Produktion und den Absatz eines Stückes sind Kosten in Höhe von DM 4,– aufzuwenden. Ein möglicher Ansatz zur Fundierung der anstehenden Entscheidung ist folgender:

Stückkosten der Produktion und des Absatzes:	DM 4,– /Stück
Sonstige Kosten: DM 25 000,– bezogen auf 10 000 Stück ergibt:	DM 2,50/Stück
Gesamtkosten	DM 6,50/Stück

Die daraus abzuleitende Schlußfolgerung lautet: Die Absatzchance sollte nicht wahrgenommen werden.

Diese – wenngleich verbreitete – Vorgehensweise der Ermittlung der Kosten eines Produktes kann für Planungszwecke nicht als rational eingestuft werden. Eine logisch schlüssige Planungs- oder Entscheidungsrechnung darf nur jeweils *diejenigen Kostenbestandteile* in das Entscheidungskalkül einbeziehen, die als *von der Entscheidung abhängig* anzusehen sind. Dieses Prinzip der strikten Trennung der *entscheidungsabhängigen von den entscheidungsunabhängigen Erlösbeiträgen* gilt im übrigen nicht nur für die Kosten, sondern in gleichem Maße für die Erlöse. Hinter der Forderung nach einer Trennung der entscheidungsabhängigen von den entscheidungsunabhängigen Erlösbeiträgen verbirgt sich die Vorstellung, daß für jede Alternative einer Entscheidung ein *entscheidungsabhängiger Nettoerlös* ermittelt werden soll. Dieser entscheidungsabhängige Nettoerlös wird üblicherweise *Deckungsbeitrag* genannt. Der Deckungsbeitrag ist im Rahmen von Entscheidungskalkülen für jede anstehende Alternative wie folgt zu ermitteln[1]:

---

[1] Dabei wird zeitliche und betragsmäßige Gleichheit von Kosten und Aufwendungen bzw. von Erträgen und Erlösen unterstellt.

Entscheidungsabhängige Erlöse der Entscheidungsalternative i
./. Entscheidungsabhängige Kosten der Entscheidungsalternative i

---

Deckungsbeitrag (entscheidungsabhängige Nettoerlöse) der Entscheidungsalternative i

Dieser Deckungsbeitrag bringt somit denjenigen *Erlösbeitrag* zum Ausdruck, der zur *Abdeckung der nicht-entscheidungsabhängigen Kosten* verwendet werden kann bzw. als *Gewinn* anzusehen ist. Das Konzept der entscheidungsabhängigen Erfolgsbeiträge ist zugeschnitten auf den Fall der *Entscheidungsrechnung*, die sowohl für Planungs- als auch für Kontrollzwecke, kaum aber für die handelsrechtlich vorgeschriebenen Dokumentationszwecke angemessen ist. Die Situation der Planung besteht typischerweise darin, sich Klarheit darüber zu verschaffen, welche Verbesserung bzw. Verschlechterung das Gesamtsystem infolge einer bestimmten Entscheidung erfährt. Der *Deckungsbeitrag* einer Entscheidung stellt dabei genau denjenigen *Zusatzgewinn des Gesamtsystems* dar, der infolge dieser Entscheidung bei sonst gleichbleibenden Verhältnissen erzielt wird.

Was unter *entscheidungsabhängigen Erfolgsbeiträgen* zu verstehen ist, hängt vom *Einzelfall* der Entscheidung ab. Entscheidungsabhängigkeit basiert in jedem Fall auf einer *Marginalbetrachtung*. Da Entscheidungsrechnungen definitionsgemäß in die Zukunft und nicht in die Vergangenheit gerichtet sind, sind grundsätzlich *Plankosten und Planerlöse* den Berechnungen zugrundezulegen. Im Einzelfall können die Planerlöse und Plankosten zukünftiger Perioden mit den Isterlösen und Istkosten vorangegangener Perioden übereinstimmen. Betrachtet man den Deckungsbeitrag als ein geeignetes Entscheidungskriterium, so gilt folgendes:

Plandeckungsbeitrag der Entscheidung
= *relevante Planerlöse* (Grenzplanerlöse) der Entscheidung
./. *relevante Plankosten* (Grenzplankosten) der Entscheidung

Für die Zwecke der Ermittlung von relevanten Plankosten ist es bei produktbezogenen Entscheidungen vielfach nützlich, die Gesamtkosten eines Unternehmens nach folgenden zwei Kriterien zu unterteilen:

- *Ausbringungsmengenabhängigkeit.*
- *Zurechenbarkeit zu einem bestimmten Produkt.*

Nach dem Kriterium der Ausbringungsmengenabhängigkeit werden variable und fixe Kosten unterschieden. *Fixe Kosten* sind definitionsgemäß nicht Ausbringungsmengen-abhängig; dies bedeutet allerdings nicht, daß sie unveränderlich sind, sie können vielmehr zeitabhängig oder von bestimmten betrieblichen Dispositionen abhängig sein. *Variable Kosten* sind solche Kosten, die von der Ausbringungsmenge abhängig sind, wobei die Abhängigkeit nicht unbedingt linearer Natur sein muß. Der Einfachheit halber sei im folgenden angenommen, daß als Ausbringungsmenge die verkaufte und nicht die produzierte Menge angenommen werden kann.

Nach dem Kriterium der Zurechenbarkeit werden Einzelkosten und Gemeinkosten unterschieden. *Produkt-Einzelkosten* sind Kosten, die einem bestimmten Produkt, nicht aber notwendigerweise einzelnen Stücken dieses Produktes zugerechnet werden können; *Produkt-Gemeinkosten* sind Kosten, die nicht einem einzelnen Produkt zugerechnet werden können. Da die beiden Kriterien grundsätzlich als unabhängig voneinander variierbar angesehen werden können, kann folgendes Schema entwickelt werden:

| | | Zurechenbarkeit zu einem bestimmten Produkt | |
		ja (Produkt-Einzelkosten)	nein (Produkt-Gemeinkosten)
Aus-bringungs-mengen-abhängigkeit	ja (variable Kosten)	Materialkosten bei Einzelfertigung, Vertreterprovisionen	Materialkosten bei Kuppelproduktion, Boni
	nein (fixe Kosten)	Kosten für Sondermaschinen, Kosten für eine Ein-Produkt-Werbekampagne	Kosten der Unternehmensleitung, Kosten für eine Firmenwerbungs-Maßnahme

Schaubild 4.1.: System der Kosten (mit Beispielen)

Zu bedenken ist in diesem Zusammenhang, daß im Einzelfall die Zuordnung von Kosten zu einer der vier Klassen theoretische und vor allem erhebliche praktische Probleme aufwerfen kann (daher: Unterteilung zwischen echten und unechten Gemeinkosten). Analog den Kosten können auch Erlöse unterteilt werden.

In diesem Sinne stellen «variable Einzelerlöse» den Regelfall dar; Beispiele für andere Erlöse sind:

«fixe Einzelerlöse»: Erlöse aus Wartungsverträgen für einzelne Maschinen (z.B. elektrische Schreibmaschinen); diese Erlöse sind einzelnen Produkten, nicht aber einzelnen Serviceleistungen zurechenbar, da zumeist ein fixer Wartungslohn vereinbart ist.

«variable Gemeinerlöse»: Erlöse aus Geschäftsverbindungen, denen am Jahresende eine Erstattung nach Maßgabe des Gesamtumsatzes gewährt wird (Jahresbonus).

Aus entscheidungslogischer Sicht sind allein Grenzerlöse (= relevante Erlöse) und Grenzkosten (= relevante Kosten), nicht aber etwa Stückpreise und variable Kosten beim Kalkül anzusetzen. Daß der Unterschied zwischen den beiden soeben genannten Begriffspaaren für praktische Fälle vereinzelt irrelevant ist, sollte nicht verschwiegen werden.

Unterstellt man, daß sich die *variablen Kosten proportional* zur Ausbringungsmenge verändern, so sind im Falle der Entscheidung über eine Zusatzproduktion bei konstanter Kapazität die *entscheidungsabhängigen Kosten* (Grenzkosten) die *variablen Einzelkosten*; steigen die variablen Kosten mit Zunahme der Ausbringungsmenge nicht linear an, so weichen variable Einzelkosten und Grenzkosten voneinander ab.

Unterstellt man die lineare Kostenfunktion

$$K = \alpha_0 + \alpha_1 x,$$

so sind die Grenzkosten (Differentialquotient)

$$\frac{\delta K}{\delta x} = \alpha_1,$$

also gleich dem Kostenzuwachs bei einer Erhöhung der Ausbringung um eine Einheit; denn für $x_2 - x_1 = 1$ gilt

$$\Delta K = K(x_2) - K(x_1) = \alpha_0 + \alpha_1 x_2 - \alpha_0 - \alpha_1 x_1$$
$$= \alpha_1 (x_2 - x_1)$$
$$= \alpha_1.$$

Unterstellt man eine nichtlineare Kostenfunktion, wie z.B.

$$K = \alpha_0 + \alpha_1 x + \alpha_2 x^2,$$
mit $\alpha_0, \alpha_2 \in \mathbb{R}^+$ und $\alpha_1 \in \mathbb{R},$

so weichen die Grenzkosten $\left(\dfrac{\delta K}{\delta x}\right)$ und die sich bei einer Differenzenbetrachtung ergebenden zusätzlichen Kosten (ΔK) voneinander ab; denn

$$\frac{\delta K}{\delta x} = \alpha_1 + 2\alpha_2 x$$

und

$$\Delta K = K(x_2) - K(x_1) = \alpha_0 + \alpha_1 x_2 + \alpha_2 x_2^2 - \alpha_0 - \alpha_1 x_1 - \alpha_2 x_1^2$$
$$= \alpha_1(x_2 - x_1) + \alpha_2(x_2^2 - x_1^2).$$

In den folgenden Kapiteln wird von einer Differentialbetrachtung und linearen Kostenfunktionen ausgegangen, so daß bei einer Erhöhung der Ausbringungsmenge um eine Einheit zwischen den Grenzkosten und den Zusatzkosten kein Unterschied besteht.

4.1.2. Mehrstufige Deckungsbeitragsrechnung

Auf lange Frist sind unstrittig alle durch die Produktion und den Absatz entstehenden Kosten zu decken und darüberhinaus Überschußbeträge (Gewinn) zu erwirtschaften, wenn ein Unternehmen dauerhaft erfolgreich wirtschaften will. Eine geeignete Entscheidungsrechnung, die erlaubt, alle Kosten in Kalkülen zu berücksichtigen, die aber zugleich nur die für die einzelnen Entscheidungen jeweils relevanten Kosten erfaßt, stellt die *mehrstufige Deckungsbeitragsrechnung* dar.

Das Grundprinzip der mehrstufigen Deckungsbeitragsrechnung kann darin gesehen werden, daß zwar alle Kosten (Einzel- und Gemein-, fixe und variable Kosten) in die Kostenrechnung eingehen, die Zurechnung aber differenziert vorgenommen wird. Die *Zurechnung* erfolgt dabei nach dem *Prinzip der Entscheidungsabhängigkeit*, wobei klar ist, daß weiterreichenden Entscheidungen mehr Kostenarten zugerechnet werden können als nicht so weitreichenden Entscheidungen. Während im vorangegangenen Abschnitt alle Kosten, die nicht variable Einzelkosten waren, als ein einheitlicher Block betrachtet wurden, wird bei der mehrstufigen Deckungsbeitragsrechnung dieser *Kostenblock aufgelöst*. Die Zurechnung der Kosten erfolgt dabei auf der Basis einer *Bezugsgrößenhierarchie*, die die einzelnen Entscheidungstatbestände nach Maßgabe einer mengentheoretischen Betrachtung ordnet. Geht man von einem Mehrproduktunternehmen aus, so ist ein abgesetztes Stück eines bestimmten Produktes eine Teilmenge aller abgesetzten Stücke dieses Produktes, ein Produkt eine Teilmenge der zugehörigen Produktgruppe, eine Produktgruppe eine Teilmenge der Gesamtheit aller angebotenen Produkte usw. Aufgrund einer solchen Bezugsgrößenhierarchie kann dann ein Schema der mehrstufigen Deckungsbeitragsrechnung abgeleitet werden, wie es in Schaubild 4.2. an einem Beispiel illustriert ist.

Bezugsobjekt	Ergebnisbeiträge	Produkte 1	2	3	4	5	$\sum$
	Grenzerlös (Nettoverkaufspreis)	6	7	9	2	6	–
	./. Grenzkosten (variable Einzelkosten je Stück)	4	5	8	1	3	–
einzelne Stücke eines Produktes	= Stückdeckungsbeitrag	2	2	1	1	3	–
	× abgesetzte Mengen je Produkt	10	5	20	3	16	–
	= Stückdeckungsbeitrag × Menge	20	10	20	3	48	101
	./. Fixkosten der einzelnen Produkte (fixe Einzelkosten)	5	8	3	4	20	40
einzelne Produkte	= Produktdeckungsbeitrag	⌊15	2⌋	⌊17	–1⌋	28	61
		17		16		28	61
	./. Kosten der einzelnen Produktgruppen (fixe Gemeinkosten, variable Gemeinkosten)		10		4	20	34
einzelne Produktgruppen	= Produktgruppendeckungsbeitrag	⌊ 7		12		8⌋	27
				27			27
	./. Kosten des Gesamtunternehmens (Rest)			20			20
Gesamtunternehmen	Gesamtunternehmenserlös			7			7

Schaubild 4.2.: Beispiel einer mehrstufigen Deckungsbeitragsrechnung

Die jeweiligen Deckungsbeiträge können als Nettogrenzerlöse interpretiert werden; sie bringen mithin diejenige Erlösmenge zum Ausdruck, um die sich der Gesamtunternehmensgewinn verringert, wenn die jeweilige Bezugseinheit wegfällt. Die Frage, ob die jeweiligen Kosten auch wirklich *kurzfristig abgebaut* werden können, mag im Einzelfall erhebliche Probleme aufwerfen. Diese Problematik ist unmittelbar einsichtig für den Fall eines Mitarbeiters, der zwar einem bestimmten Produkt zugerechnet werden kann, aber langfristigen Kündigungsschutz besitzt.

Andere Bezugsgrößenhierarchien, denen in der Praxis ebenfalls erhebliche Bedeutung zukommt, sind etwa folgende:

- Stücke einzelner Produkte – Auftrag – Auftragsgrößenklasse – Gesamtunternehmen.
- Stücke einzelner Produkte – Verkaufsbezirk – Verkaufsregion – Gesamtunternehmen.

Dasjenige Bezugsobjekt, das einen negativen Deckungsbeitrag aufweist, ist für das Gesamtunternehmen zunächst als negativ einzustufen. Diese Betrachtungsweise ist allerdings strikt periodenbezogen und berücksichtigt nicht betriebliche Engpässe: So kann es durchaus vorkommen, daß ein Objekt, das in einer Periode negative Nettogrenzerlöse aufweist, in *langfristiger Sicht* positiv zu beurteilen ist. Umgekehrt ist es unmittelbar einsichtig, daß bei begrenzter Kapazität ein Deckungsbeitrag > 0 als nicht ausreichend zu betrachten ist; vielmehr sind in diesem Fall Opportunitätskostenüberlegungen anzustellen.

4.2. Das entscheidungstheoretische Grundmodell bei einer Zielsetzung

Die Theorie der Absatzpolitik nach den Prinzipien des Marketing versteht sich in erster Linie als eine *entscheidungsorientierte Theorie.* Dabei sind zwei Arten von Entscheidungen zu berücksichtigen: Zum einen die *Entscheidungen der potentiellen Abnehmer* und zum anderen die *Entscheidungen der Absatzpolitik treibenden Unternehmung.* Im Rahmen der absatzpolitischen Überlegungen werden die Entscheidungsprozesse der Konsumenten primär als gegeben betrachtet, die Entscheidungsprozesse der Unternehmen werden dagegen als gestaltbar angesehen. Welche Teilprobleme in diesem Zusammenhang zu lösen sind, soll aufbauend auf den Überlegungen des Kapitels 4.1. in den Kapiteln 4.2. und 4.3. diskutiert werden.

4.2.1. Absatzwirtschaftliche Entscheidungsmodelle

Die Komplexität des Realsystems erzwingt bei den meisten absatzpolitischen Entscheidungen dessen *vereinfachte und zweckorientierte Abbildung.* Zweckorientiert bedeutet dabei, daß die Abbildung geeignet sein muß, die bei der Entscheidung anstehenden Probleme sinnvoll anhand der Abbildung zu erörtern und gegebenenfalls zu lösen. Solchermaßen vereinfachte Abbilder der Realität bezeichnet man als *Modelle.*

Das ökonomisch orientierte Modell des Konsumentenverhaltens, wie es in der mikroökonomischen Haushaltstheorie entwickkelt wurde, umfaßt beispielsweise als Elemente die Budgetsumme des Haushalts, die angebotenen Produkte mit ihren Preisen, die Präferenzstruktur und das Ziel der Nutzenmaximierung sowie als Relationen die Beziehungen zwischen den Produktpreisen, alternativen Budgetsummen und den Produktmengen. Da die Abbildung zweckorientiert sein soll, muß von der Abbildung auf die Realität geschlossen werden können. Dies verlangt zwar keine vollständige Wiedergabe der Realität – die auch nicht erreichbar wäre –, wohl aber eine Abbildung, bei der die Beziehungen zwischen den Elementen vollständig wiedergegeben werden *(relationseindeutige Abbildung)*, d. h. aus den Beziehungen zwischen Preisen und Nachfragemengen im Modell muß eindeutig auf die Beziehungen zwischen Preisen und Nachfragemengen in der Realität geschlossen werden können.

Entscheidungsmodelle unterscheiden sich von den nur beschreibenden bzw. *erklärenden Modellen des Konsumentenverhaltens* im wesentlichen dadurch, daß sie eine oder mehrere Variablen enthalten, die eine Aussage darüber erlauben, wie Situationen zu bewerten sind. Für eine solche Bewertung sind *Entscheidungskriterien bzw. Ziele* heranzuziehen. Verknüpft man die Modelle des Konsumentenverhaltens in geeigneter Weise mit solchen Entscheidungskriterien, so entstehen aus den Beschreibungs- bzw. Erklärungsmodellen Entscheidungsmodelle. In ein Entscheidungsmodell gehen also zwei Arten von Informationen ein: Zum einen *Daten über die Umwelt* und zum anderen *Angaben über die Entscheidungskriterien.* Ziel der modernen absatzwirtschaftlichen Theorie ist es, den Absatzpolitik betreibenden Personen mittels Entscheidungsmodellen Hilfe bei der Gestaltung der Absatzpolitik anzubieten.

Absatzwirtschaftliche Entscheidungsmodelle lassen sich in vielfacher Weise unterscheiden. Für die Zwecke der Darstellungen in diesem Buch erscheinen vor allem folgende Kriterien zur Klassifizierung bzw. Typisierung von Entscheidungsmodellen bedeutsam:

- Der *verhaltenswissenschaftliche Gehalt der Entscheidungsmodelle*: Entscheidungsmodelle können eine mehr oder weniger detaillierte Beschreibung von Kaufverhaltensprozessen beinhalten. Als das eine Extrem wäre dabei ein auf einem S-R-Modell fundiertes Entscheidungsmodell anzusehen, als das andere Extrem ein auf einem umfassenden S-O-R-Modell basierendes Entscheidungsmodell.
- Die *Zahl der Ziele*, die in einem Modell berücksichtigt werden: Entscheidungsmodelle mit einem und solche mit mehreren Zielen sind hierbei die Alternativen.
- Der *Informationsstand des Entscheidungsträgers*: Je nachdem, ob der Entscheidungsträger über das Eintreten der Umweltzustände sichere Informationen, Wahrscheinlichkeiten oder keinerlei Anhaltspunkte besitzt, kann zwischen Entscheidungsmodellen bei Sicherheit, Risiko und Ungewißheit unterschieden werden.
- Die *Zahl der Entscheidungsträger*: Partizipieren mehrere Personen gleichberechtigt an einem Entscheidungsprozeß, so spricht man von Mehr-Personen-Entscheidungsmodellen im Gegensatz zu Ein-Personen-Entscheidungsmodellen.

Obwohl unmittelbar einsichtig ist, daß die jeweils komplexesten Entscheidungsmodelle diejenigen sind, die am ehesten der Realität entsprechen, werden im Rahmen dieses Buches nur *Ein-Personen-Entscheidungsmodelle* mit *einer Zielsetzung* behandelt. Das Problem der Entscheidung bei risikobehafteten oder unsicheren Informationen wird im nächsten Abschnitt behandelt; die dort skizzierte Vorgehensweise kann auf alle in den folgenden Kapiteln skizzierten spezifischen Entscheidungsmodelle analog angewandt werden.

4.2.2. Die Ableitung der optimalen Entscheidungsalternative

Eine absatzpolitische Entscheidungssituation, die in gewisser Hinsicht als typisch bezeichnet werden kann, ist folgende: Ein Unternehmen steht vor der Wahl, ob für ein bestimmtes Produkt zusätzlich eine von drei absatzpolitischen Aktionen ergriffen werden soll, wobei keine sicheren Informationen über die gesamtwirtschaftlichen Rahmenbedingungen sowie die Entwicklung der Branchenkonjunktur vorliegen. Das Unternehmen strebt nach einem möglichst hohen Gewinn, die Kostensituation sei hinreichend genau bekannt. Das Entscheidungsproblem besteht nun darin, diejenige absatzpolitische Aktion zu wählen, die den maximalen Zusatzgewinn (Nettogrenzerlös) für das Unternehmen erwarten läßt.

Um die gewünschte Wahl treffen zu können, ist es notwendig, das *reale Entscheidungsproblem* zunächst *in geeigneter Form zu formalisieren*, um es dadurch einer rationalen Lösung zuführen zu können. Die Entscheidungssituation kann durch die möglichen Aktionen, die möglichen Umweltsituationen und das verfolgte Ziel hinreichend genau umschrieben werden. In der Entscheidungstheorie unterstellt man häufig als Ziel den Nutzen, der in einer realen Entscheidungssituation allerdings einer inhaltlichen Ausgestaltung bedarf. Aktionen an sich kommt kein Nutzen zu, lediglich die ihnen zuzurechnenden Konsequenzen erlauben eine Bewertung der Aktionen; der in diesem Zusammenhang ermittelte Nutzen soll mit Ergebnisnutzen bezeichnet werden. Dabei ist klar, daß sich für jede mögliche Aktion und mögliche Umweltsituation eine unterschiedliche Konsequenz ergeben kann. Im Rahmen modellbezogener Überlegungen wird man allerdings nicht alle möglichen Aktionen und Umweltsituationen berücksichtigen, sondern nur diejenigen, die als relevant bzw. realistisch anzusehen sind.

Die Menge derjenigen Personen, Sachen oder Umweltzustände, die die Ergebnisse von Entscheidungen beeinflussen können, bezeichnet man üblicherweise als *Entscheidungsfeld*. Das Entscheidungsfeld ist im Falle einer Ein-Personen-Entscheidung bei einer einzigen Zielsetzung durch drei Merkmale gekennzeichnet:

- *Menge der relevanten Aktionen*: $A = \{a_i; i = 1, \ldots, I\}$. Relevante Aktionen können sowohl Einzelmaßnahmen als auch Maßnahmenbündel sein. Die Menge relevanter Aktionen ist so zu formulieren, daß sich ihre Elemente gegenseitig ausschließen und alle Handlungsmöglichkeiten erfaßt werden. Die letztgenannte Forderung bedeutet, daß häufig auch die Unterlassung einer Aktion und die Fortführung einer Aktion als Handlungsmöglichkeiten in Betracht gezogen werden müssen.
- *Menge der relevanten Umweltzustände*: $Z_t = \{z_{jt}; j = 1, \ldots, J; t = 1, \ldots, T\}$. Typische Elemente der Menge relevanter Umweltzustände sind bei absatzpolitischen Entscheidungen die gesamtwirtschaftliche Situation, die Branchensituation, die Konkur-

renzsituation und die Gesetzmäßigkeiten des Abnehmerverhaltens. Nicht-sicheres Wissen über die Umweltzustände ist zum einen dadurch bedingt, daß Informationen sowohl über aktuelle als auch über künftige Situationen nicht verläßlich sind, und zum anderen dadurch, daß über künftige Situationen grundsätzlich keine sicheren Informationen vorliegen können. Bei sicheren Informationen über die in jeder Periode t des *Planungshorizontes* anzutreffenden Umweltzustände reduziert sich die Menge der Umweltzustände von einer JxT-elementigen Menge zu einer T-elementigen Menge.

- *Menge der Handlungskonsequenzen*: $X_t = \{x_{ijt}; i=1,\ldots, I; j=1,\ldots, J; t=1,\ldots, T\}$. Für jede mögliche Kombination einer Aktion und eines Umweltzustandes trifft eine bestimmte Handlungskonsequenz zu. Die Menge der Handlungskonsequenzen ergibt sich aus dem kartesischen Produkt der Aktionen- und der Zustandsmenge:

$$f : AxZ_t \rightarrow X_t$$

Die Ermittlung der IxJxT Handlungskonsequenzen ist ein typisches Marktforschungsproblem, das entweder durch umfangreiche Feldstudien oder das Studium sekundärer Quellen gelöst werden kann. Vielfach begnügt man sich auch mit subjektiven Schätzungen des Managements.

Liegen für alle *IxJxT möglichen Kombinationen Handlungskonsequenzen* vor, so gilt es, aus JxT Handlungskonsequenzen je Aktion einen einheitlichen Wert abzuleiten, der als Indikator der Vorziehenswürdigkeit der einzelnen Aktionen dienen kann. Für das hier skizzierte Entscheidungsfeld bedarf es einiger logischer Operationen, um anhand der Menge der Handlungskonsequenzen Indikatoren der Vorziehenswürdigkeit der einzelnen Aktionen abzuleiten:

- *Ermittlung der Matrix der Handlungskonsequenzen $\underline{X}_t$:*
  Die Menge der IxJxT Werte der Handlungskonsequenzen ist sinnvollerweise in Matrizen zu ordnen; es ergeben sich dann T Handlungskonsequenzen-Matrizen $\underline{X}_t$ der Form:

152

		Umweltzustände		
		z_{1t} .... z_{jt} .... z_{Jt}		
	a_1	x_{11t} .... x_{1jt} .... x_{1Jt}		
	⋮	⋮ ⋮ ⋮		
Aktionen	a_i	x_{i1t} .... x_{ijt} .... x_{iJt}		
	⋮	⋮ ⋮ ⋮		
	a_I	x_{I1t} .... x_{Ijt} .... x_{IJt}		

Schaubild 4.3.: Matrix der Handlungskonsequenzen für die Periode t, die Aktionenmenge A und die Zustandsmenge Z_t

- *Ermittlung der Ergebnisnutzen-Matrix $\underline{U}_t$:*
  Die Matrix $\underline{X}_t$ enthält die unter bestimmten Annahmen erwarteten Ergebnisse absatzpolitischer Aktionen – allerdings noch nicht gemessen in Einheiten des Entscheidungskriteriums. Der Ergebnisnutzen stellt das Entscheidungskriterium in allgemeiner Form, der *monetäre Gewinn* das Kriterium in den meisten betrieblichen Anwendungsfällen dar. Bezeichnet man mit u_{ijt} den Ergebnisnutzen der Aktion i bei Eintritt des Zustandes j in Periode t und mit φ die Ergebnisnutzenfunktion, so gilt:

  $$\varphi: \underline{X}_t \rightarrow \underline{U}_t \text{ mit } x_{ijt} \rightarrow u_{ijt} \in \mathbb{R}.$$

  Die *Ergebnisnutzenfunktion* bringt die Nützlichkeit des Ergebnisses, gemessen in der *Nutzendimension* bzw. dem jeweils spezifischen Entscheidungskriterium, zum Ausdruck. Dabei gilt:

  $\underline{U}_t \in \mathbb{R}^{I \times J}$: Matrix des Ergebnisnutzens für Periode t
  und $\underline{u}_{it} \in \mathbb{R}^J$: Ergebnisnutzenvektor der Aktion i für die Periode t

  Mit der Ermittlung der Ergebnisnutzen-Matrix $\underline{U}_t$ sind die erwarteten Ergebnisse der absatzpolitischen Aktionen in der relevanten Beurteilungsgröße ermittelt. Um für jede Aktion einen einzigen Nutzenindikator zu erhalten, sind nun die Ergebnisnutzenwerte der Aktionen aller Zeitpunkte und Umweltzustände in einen Nutzenwert abzubilden.

- Die *Ermittlung des Nutzenwertes u_{it}* für alle i:
  Um für jede Aktion und jede Periode einen einzigen Nutzenwert zu ermitteln, sind die J Ergebnisnutzenwerte einer Aktion für jede Periode in einen Nutzenwert je Aktion abzu-

bilden. Diese Abbildung geschieht mittels der Risikonutzenfunktion ψ, für die gilt:

$$\psi: \{\underline{u}_{it}; i\} \rightarrow \{u_{it}; i\} \text{ mit } \psi(\underline{u}_{it}) = u_{it}.$$

Für die *Risikonutzenfunktion* ist entscheidend, welchen Sicherheitsgrad die Informationen über die relevanten Umweltzustände besitzen. Anhand der Verteilung der Eintrittswahrscheinlichkeiten bestimmter Umweltzustände in bestimmten Perioden $(w(z_{jt}))$ sind drei bzw. vier verschiedene Entscheidungssituationen definiert:

Entscheidung bei Sicherheit: $w(z_{jt}) = \{ \begin{array}{l} 1 \text{ für genau ein } j, \\ 0 \text{ sonst.} \end{array}$

Entscheidung bei Risiko: $\quad w(z_{jt}) \in (0,1) \text{ mit } \sum_{j=1}^{J} w(z_{jt}) = 1{,}0.$

Entscheidung bei Unge- $\quad w(z_{jt})$ nicht spezifiziert, Zustands-
wißheit: $\quad$ raum endlich und bekannt.

Entscheidung bei extremer $\quad w(z_{jt})$ nicht spezifiziert, Zustands-
Ungewißheit: $\quad$ raum nicht vollständig
$\quad$ bekannt.

Für die Entscheidungssituation bei Sicherheit entfällt die Risikonutzenfunktion. Für die übrigen Entscheidungssituationen sind unterschiedliche Risikonutzenfunktionen definiert, die häufig als Entscheidungsregeln bezeichnet werden. Eine im Fall der Entscheidung bei Risiko häufig gebrauchte Risikonutzenfunktion ist die sogenannte *Bayes-Regel*, für die gilt:

$$u_{it} = \sum_{j=1}^{J} w(z_{jt}) \, u_{ijt}$$

Der Nutzen einer Aktion in einer Periode ist demnach der Erwartungswert der Ergebnisnutzens in dieser Periode. Diese Abbildung des Nutzens einer Aktion geht davon aus, daß der Entscheidungsträger risikoneutral ist[2].

• Die *Ermittlung des Nutzenwertes* u_i:
 Um den Nutzen einzelner Aktionen in bestimmten Perioden in einen einzigen Wert je Aktion abzubilden, nimmt man

---

[2] Im allgemeineren Fall, der auch den Fall der Risikofreude und der Risikoaversion einschließt, ist vom Bernoulli-Nutzen auszugehen.

üblicherweise eine Abdiskontierung der einzelnen Nutzenwerte vor. Sei t=1 der Entscheidungszeitpunkt, so gilt:

$$u_i = \sum_{t=1}^{T} \frac{1}{(1 + \theta)^{t-1}} \, u_{it},$$

mit θ als Marktzins oder interner Zinsfuß der besten alternativen Investition.

Als Ergebnis aller Abbildungen erhält man damit für jede Aktion einen einzigen Nutzenwert, der die Risikosituation und dem zeitlich unterschiedlichen Anfall der Nutzengrößen Rechnung trägt. Die Bestimmung der optimalen Aktion a* ist dann einfach vorzunehmen. Ist Nutzenmaximierung die unternehmerische Zielsetzung, so gilt:

$$u^* = \max \{u_i; i\}.$$

Die zu u* gehörende Aktion wird optimale Aktion genannt.

Die Ableitung der optimalen Alternative bei einer Entscheidung unter Risiko, bei der die Ergebnisse zweier Perioden zu berücksichtigen sind, soll nun anhand eines *numerischen Beispiels* verdeutlicht werden. Für das eingangs von Abschnitt 4.2.2. genannte Entscheidungsproblem mögen die alternativen Aktionen wie folgt gestaltet sein:

a_1: einmalige Werbekampagne I in t=1 (Kosten: 200 Tsd DM), 3 zusätzliche Reisende in t=1 und t=2 (Kosten: 240 Tsd DM je Periode);

a_2: einmalige Werbekampagne II in t=1 (Kosten 100 Tsd DM), 3 zusätzliche Reisende in t=1 und t=2 (Kosten: 240 Tsd DM je Periode);

a_3: einmalige Werbekampagne II in t=1 (Kosten 100 Tsd DM), 5 zusätzliche Reisende in t=1 und t=2 (Kosten: 400 Tsd DM je Periode).

Nach dem *Gebot der Vollständigkeit der Menge relevanter Aktionen* ist auch das Unterlassen zusätzlicher absatzpolitischer Anstrengungen als Handlungsmöglichkeit zu berücksichtigen, also:

a_4: keine zusätzliche Werbemaßnahmen, keine zusätzlichen Reisenden (Zusatzkosten: 0 DM).

Die Menge der Umweltzustände bestehe aus drei Elementen; die einzelnen Zustände können hinreichend genau durch den erwarteten Zuwachs des Marktvolumens gekennzeichnet werden. Die drei alternativ möglichen Zuwachsraten seien für die Periode t=1 und die Periode t=2 identisch, dabei sei $z_{11}=z_{12}$ durch ein reales Wachstum von 3 %, $z_{21}=z_{22}$ ein solches von 5 % und $z_{31}=z_{32}$ schließlich durch eines von 8 % gekennzeichnet. Die Wahrscheinlichkeiten für das Eintreten der alternativen Umweltzustände seien:

$$w(z_{11}) = 0,3, \; w(z_{21}) = 0,4, \; w(z_{31}) = 0,3,$$
$$w(z_{12}) = 0,4, \; w(z_{22}) = 0,4, \; w(z_{32}) = 0,2.$$

Der Preis des Produktes, über dessen absatzpolitische Strategie zu entscheiden ist, steht nicht zur Diskussion, er betrage 200 DM; die fixen Kosten der Produktion je Periode werden auf 400 Tsd DM und die proportionalen Kosten der Produktion auf 100 DM je Stück geschätzt. Die Rentabilität aller im Unternehmen eingesetzten Finanzmittel betrage 10 %, die deutlich über dem Marktzinsfuß liege. Das Unternehmen strebe nach *Gewinnmaximierung* und suche daher diejenige absatzpolitische Strategie, die für die kommenden zwei Perioden den höchsten Gewinn erwarten läßt.

Sind die Menge der Aktionen und die Menge der Umweltzustände definiert, so sind zunächst die Handlungskonsequenzen zu bestimmen. Als Handlungskonsequenzen, die sich unmittelbar aus dem kartesischen Produkt der Aktionenmenge und der Zustandsmenge ergeben, sind hier die Absatzzahlen anzusehen. Nach Ermittlungen der Marktforschungsabteilung sind für die beiden relevanten Zeiträume folgende *Matrizen der Handlungskonsequenzen* zu erwarten:

(t = 1)	z_{11}	z_{21}	z_{31}
a_1	7	9	10
a_2	5	7	8
a_3	8	10	12
a_4	2,5	3	4

(t = 2)	z_{12}	z_{22}	z_{32}
a_1	6	8	10
a_2	4	6	8
a_3	8	10	12
a_4	2,5	3	4

Schaubild 4.4.: Matrizen $\underline{X}_1$ und $\underline{X}_2$ der Handlungskonsequenzen (Angaben in Tausend Mengeneinheiten)

Aus den Werten für die Handlungskonsequenzen sind nun die Ergebnisnutzenwerte, in diesem Falle also die Gewinnwerte abzuleiten; dabei gilt für die Gewinnwerte u_{ijt} die allgemeine Definitionsgleichung:

$$u_{ijt} = x_{ijt} \, p_{it} - x_{ijt} \, k_t - F_{it}$$

Dabei:

p_{it}: Preis bei Strategie i in der Periode t, wobei $p_{it}=p$ $\forall_{i,t}$;
k_t: proportionale Kosten der Produktion in der Periode t, wobei $k_t=k$ $\forall_t$;
F_{it}: Fixkosten bei Strategie i in der Periode t.

Die Fixkosten einer Periode setzen sich aus den Fixkosten der Produktion und den Kosten für die Werbung sowie die Reisenden zusammen (alle Werte in Tausend DM):

$F_{11} = 400 + 200 + 240 = 840$ $\quad$ $F_{12} = 400 + 240 = 640$
$F_{21} = 400 + 100 + 240 = 740$ $\quad$ $F_{22} = 400 + 240 = 640$
$F_{31} = 400 + 100 + 400 = 900$ $\quad$ $F_{32} = 400 + 400 = 800$
$F_{41} = \qquad\qquad\qquad\quad 400$ $\quad$ $F_{42} = \qquad\qquad\quad 400$

Es ergeben sich folgende Ergebnisnutzen-Matrizen:

$\underline{U}_1$

	z_{11}	z_{21}	z_{31}
a_1	-140	60	160
a_2	-240	-40	60
a_3	-100	100	300
a_4	-150	-100	0

$\underline{U}_2$

	z_{12}	z_{22}	z_{32}
a_1	-40	160	360
a_2	-240	-40	160
a_3	0	200	400
a_4	-150	-100	0

Schaubild 4.5.: Matrizen $\underline{U}_1$ und $\underline{U}_2$ des Ergebnisnutzens (Angaben in Tausend DM)

Auf der Basis dieser IxJxT (hier: 4 x 3 x 2) Ergebnisnutzenwerte sind nun IxT Nutzenwerte zu ermitteln[3], die den jeweiligen Risikosituationen Rechnung tragen. Unterstellt man ein Risikoverhalten, wie es durch die *Bayes-Entscheidungsregel* gekennzeichnet ist, so gilt in diesem Fall:

$$u_{it} = \sum_{j=1}^{3} w(z_{jt})\, u_{ijt}\ \forall i,\, t.$$

Für die Strategie a_1 in der Periode 1 und 2 gilt also:

$u_{11} = 0{,}3 \cdot (-140) + 0{,}4 \cdot 60 + 0{,}3 \cdot 160 = 30;$
$u_{12} = 0{,}4 \cdot (-40) + 0{,}4 \cdot 160 + 0{,}2 \cdot 360 = 120.$

Dieser Wert «30» (Tsd DM) bringt die ganzheitliche Bewertung der Strategie a_1 in der Periode 1 zum Ausdruck. Die periodenbezogenen Nutzenwerte aller Strategien werden analog berechnet, sie sind im Schaubild 4.6. zusammengestellt.

---

[3] Eine Analyse der Aktionen auf Dominanz soll hier unterbleiben.

	t = 1	t = 2
a_1	+ 30	+ 120
a_2	− 70	− 80
a_3	+ 100	+ 160
a_4	− 85	− 100

Schaubild 4.6.: Matrix der periodenbezogenen Nutzenwerte

Der Nutzen u_i wird im Wege der *Abdiskontierung der periodenbezogenen Nutzenwerte* ermittelt. Annahmegemäß ist die Periode t=1 der Entscheidungszeitpunkt, weshalb die Werte u_{it} auch auf t=1 hin abzudiskontieren sind. Da θ=0,1 ist gilt:

$$u_i = \sum_{t=1}^{2} \frac{1}{(1+0,1)^{t-1}}\ u_{it}.$$

Also: $u_1 = \frac{1}{1} \cdot 30 + \frac{1}{1,1} \cdot 120 = 139,09$

$\quad\quad\ u_2 = -142,73$

$\quad\quad\ u_3 = \quad 245,45$

$\quad\quad\ u_4 = -175,91$

Da als Zielsetzung Gewinnmaximierung unterstellt wurde, ist die Aktion a_3 die optimale Strategie. Die am entscheidungstheoretischen Grundmodell dargestellte Vorgehensweise der Ableitung der optimalen Entscheidungsalternative kann als eine zweckrationale Vorgehensweise bezeichnet werden. Über die Rationalität des verfolgten Entscheidungszweckes (Ziel) wird im Rahmen des Modells keine Aussage gemacht. Auch die Festlegung der Entscheidungsregel, die die Abbildung des Nutzenvektors einer Aktion unter unterschiedlichen Umweltzuständen in einen (periodenbezogenen) Nutzenwert zum Inhalt hat (hier: Bayes-Regel), muß als konventionalistisch angesehen werden.

4.3. Reale absatzpolitische Entscheidungen

Das Grundmodell der Entscheidungstheorie besitzt eine erhebliche Bedeutung sowohl als Grundlage für eine rationale Ableitung der optimalen Alternative von Entscheidungen *(normative Entscheidungstheorie)* als auch als Basis für die Beschreibung realer Entscheidungsprozesse *(deskriptive Entscheidungstheorie)*. Nachfolgend sollen die Elemente absatzpolitischer Entscheidungen näher beschrieben werden und Aussagen zur Ausprägung der Ziele im Bereich der Absatzpolitik gemacht werden.

4.3.1. Strukturelemente absatzpolitischer Entscheidungen

Das Entscheidungsfeld im Grundmodell der Entscheidungstheorie wird gebildet von der Menge der relevanten Aktionen, der Menge der Umweltzustände und der Menge der Handlungskonsequenzen, wobei die zuletzt genannte Menge eng mit den Zielsetzungen, die im Rahmen der jeweiligen Entscheidungen verfolgt werden, verknüpft ist. Elemente der Aktionsmenge sind alle jene Aktionen, die *tatsächlich realisierbar* sind und nicht *aufgrund zwingender Gegebenheiten* (Gesetze, Kapazitäten) *auszuscheiden* sind. Die Elimination solcher Aktionen aus der Gesamtheit möglicher Alternativen kann relativ einfach etwa mittels *Prüflisten* geschehen; dabei bedarf es keiner Ermittlung der Handlungskonsequenzen.

Absatzpolitische Aktionen werden häufig in taktische und strategische unterteilt:

- *Taktische Aktionen* sind Aktionen, die nur eine vergleichsweise kurze Tragweite besitzen, die relativ schnell realisiert und zumeist auch relativ einfach korrigiert werden können.
- *Strategische Aktionen* sind Aktionen, die eine vergleichsweise lange Zeit wirken, die häufig nur langsam in die Tat umgesetzt und nur schwer revidiert werden können.

Langfristige Aktionen bzw. deren Konsequenzen formen in der Regel den Bezugsrahmen, den kurzfristigen Aktionen ausfüllen. Geht man von den Unternehmenszielen als denjenigen Größen aus, die langfristig die Entscheidungen in Unternehmen wesentlich prägen, so läßt sich folgende *Hierarchie von Entscheidungen und Zielen* aufstellen (Schaubild 4.7.).

Ziele wirken demnach auf die betriebliche Entscheidungsfindung dadurch ein, daß sie zum einen die *Bewertung der Alternativen* von Entscheidungen einer bestimmten Hierarchieebene ermöglichen (Pfeile ①) und zum anderen die *Zielbildung auf nachgelagerten Hierarchieebenen* wesentlich beeinflussen (Pfeile ②). Entscheidungen einer bestimmten Hierarchiestufe beeinflussen die Entscheidungen auf der nachgelagerten Entscheidungsebene vor allem dadurch, daß sie auf die Ausprägung des Zielsystems der nachgelagerten Hierarchieebene einwirken (Pfeile ③). In Schaubild 4.8. wird dies an einem Beispiel verdeutlicht.

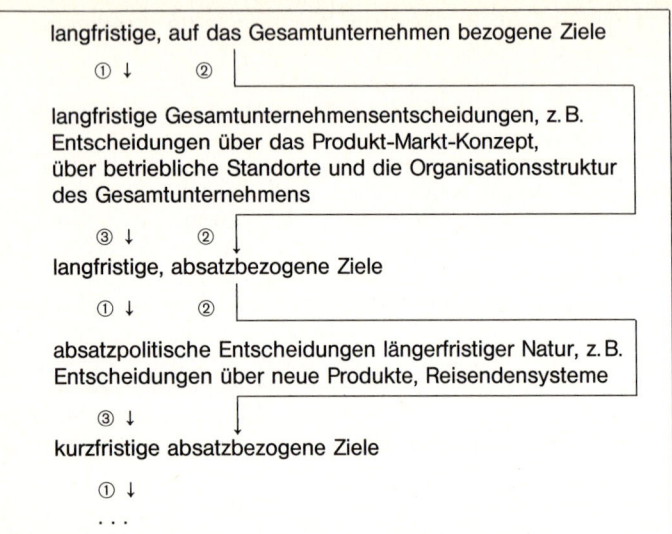

langfristige, auf das Gesamtunternehmen bezogene Ziele

① ↓   ②

langfristige Gesamtunternehmensentscheidungen, z. B.
Entscheidungen über das Produkt-Markt-Konzept,
über betriebliche Standorte und die Organisationsstruktur
des Gesamtunternehmens

③ ↓   ②

langfristige, absatzbezogene Ziele

① ↓   ②

absatzpolitische Entscheidungen längerfristiger Natur, z. B.
Entscheidungen über neue Produkte, Reisendensysteme

③ ↓

kurzfristige absatzbezogene Ziele

① ↓

. . .

Schaubild 4.7.: Hierarchie der Ziele und Entscheidungen

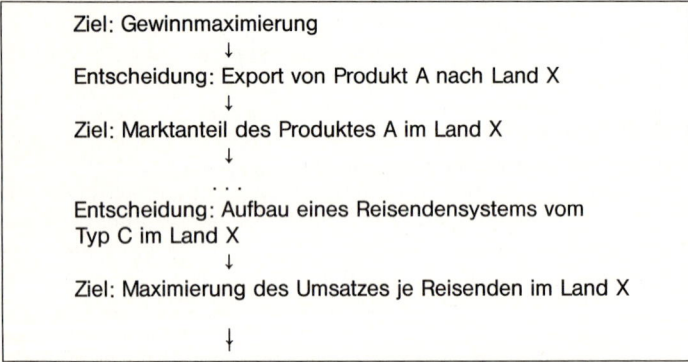

Ziel: Gewinnmaximierung
↓
Entscheidung: Export von Produkt A nach Land X
↓
Ziel: Marktanteil des Produktes A im Land X
↓
. . .
Entscheidung: Aufbau eines Reisendensystems vom
Typ C im Land X
↓
Ziel: Maximierung des Umsatzes je Reisenden im Land X

↓

Schaubild 4.8.: Beispiel einer Ziel- und Entscheidungshierarchie

Dieses Beispiel zeigt deutlich, daß mit abnehmender Hierarchieebene die Aktionen immer Detail-orientierter werden und daß Aktionen und Ziele einer bestimmten Hierarchieebene Zwecke zur Erreichung der Ziele (und Aktionen) der jeweils höheren Hierarchieebene sind.

160

Die Gesamtheit der möglichen absatzpolitischen Aktionen, die auch als *absatzpolitisches Instrumentarium* oder als Marketing-Mix bezeichnet werden, kann sinnvoll in Gruppen von absatzpolitischen Instrumenten («Marketing-Submixe») unterteilt werden. Diese Unterteilung dient lediglich dazu, die Vielzahl möglicher Handlungsalternativen nach geeigneten Kriterien zu ordnen. Mit geringen Abweichungen bei einzelnen Autoren kann folgender Katalog von Gruppen absatzpolitischer Instrumente als allgemein akzeptiert angesehen werden:

- *Produktpolitische Handlungsalternativen:* Diese Handlungsalternativen betreffen diejenigen Maßnahmen, die auf eine Gestaltung des Sach- oder Dienstleistungsangebots (der Produkte) der Unternehmen abzielen. Einzelne Handlungsbereiche sind hier etwa folgende: Gestaltung des Produktes selbst, Gestaltung der Verpackung usw. Letztlich geht es hier darum, Antwort auf die Frage *«Was wird angeboten?»* zu geben.

- *Entgeltpolitische Handlungsalternativen:* Diese Handlungsalternativen betreffen diejenigen Maßnahmen, die die Gestaltung des Entgeltes und der sonstigen Abnahmekonditionen zum Gegenstand haben. Handlungsbereiche sind hier: Preisfixierung, Rabattpolitik, Festlegung der Zahlungsbedingungen (z. B. Absatzfinanzierung durch Ratenzahlung) usw. Letztlich geht es in diesem Handlungsbereich darum, Antwort auf die Frage *«Zu welchen Bedingungen werden bestimmte Leistungen angeboten?»* zu geben.

- *Distributionspolitische Handlungsalternativen:* Diese Handlungsalternativen betreffen die Maßnahmen, die die Gestaltung der Beziehungen zum Handel und den sonstigen Abnehmern zum Inhalt haben. Handlungsbereiche sind hier: Organisation des Vertriebes (Reisende ja/nein, Anzahl), Organisation des Warentransportes usw. Die zu beantwortende Frage lautet hier: *«Wie wird die Erhältlichkeit der Absatzleistung an den Orten der Nachfrage hergestellt und aufrechterhalten?»*

- *Kommunikationspolitische Handlungsalternativen:* Diese Handlungsalternativen betreffen die Art und Weise, wie Informationen über Produkte, deren Abgabekonditionen und die Distribution verbreitet werden. Das wichtigste Instrument in diesem Bereich ist die Werbung; die grundlegende Fragestellung kann wie folgt formuliert werden: *«Welche Informationen werden verbreitet und wie (d. h. wann, wo, an wen, durch wen/was) geschieht dies?»*

Alle vier Handlungsbereiche sind in irgendeiner Form in jeder

Absatzpolitik nachweisbar. Das absatzpolitische Entscheidungsproblem besteht also nicht darin, ob Produktpolitik oder Distributionspolitik betrieben werden soll, sondern nur darin, in welcher Form sie zum Einsatz kommen soll. Betrachtet man die vier
absatzpolitischen Aktionsbereiche, so ist unmittelbar einsichtig,
daß die Produkt- und Distributionspolitik tendenziell längerfristiger Natur, die Preis- und Kommunikationspolitik dagegen
vergleichsweise kürzerfristiger Natur sind.

Die Menge der relevanten Umweltzustände als zweite Komponente
des Entscheidungsfeldes umfaßt die Gesamtheit aller Faktoren,
die in irgendeiner Weise einen Einfluß auf die Wirkung absatzpolitischer Aktionen einer Unternehmung haben können.
Bedenkt man, wovon die Wirkung absatzpolitischer Maßnahmen relativ fühlbar abhängen kann, so ist in der Tat die Zustandsmenge absatzpolitischer Entscheidungen als nahezu «allumfas-
send» zu bezeichnen. Die einzelnen Zustände können durch
Variablen aus nachstehendem Katalog definiert werden; die Ausprägungen der verschiedenen Variablen werden häufig in *Szena-
rien* zusammengefaßt.

- *Weltwirtschaftliche Bedingungen:* «Weltkonjunktur», weltweite
  Rohstoffversorgung, internationale Handelsvereinbarungen
  bzw. Handelsregelungen, Angebots- und Nachfragesituatio-
  nen in einzelnen Länder etc.
- *Nationalwirtschaftliche Bedingungen:* Marktvolumen, Konjunk-
  tur insgesamt und in einzelnen Wirtschaftsbereichen, Situation auf den Arbeits-, Rohstoff- und Finanzmärkten etc.
- *Branchen-bezogene Bedingungen:* Marktvolumen der Branche
  und dessen Entwicklung, Marktpotential der Branche, Interaktionsintensität mit anderen Branchen, Zahl, Struktur, Größe
  und räumliche Verteilung der einzelnen Konkurrenten etc.
- *Regionale oder örtliche Bedingungen:* Standortbedingungen hinsichtlich Nachfrager und Lieferanten, Arbeitskräfte, steuer-
  liche Bedingungen (Strukturbeihilfen, Steuerpräferenzen),
  klimatische Bedingungen (Temperatur, Regenfall) etc.
- *Rechtliche Bedingungen:* Vorschriften des Arbeitsrechts, zur
  Unternehmensverfassung (Mitbestimmung), des Wettbe-
  werbsrechts, des Handelsrechts, des Warenzeichen- und
  Patentrechts etc.
- *Betriebliche Bedingungen:* Kapazität hinsichtlich Personen,
  Maschinen und Finanzmitteln, Know How etc.
- *Eigenschaften der Produkte:* Verderblichkeit/Haltbarkeit, Sper-
  rigkeit etc.

Die ersten vier Bereiche umfassen dabei als große Gruppe von Zustandsvariablen auch jeweils Variablen des Käuferverhaltens. Die meisten Elemente der Zustandsmenge sind dadurch gekennzeichnet, daß sie als *kurzfristig* vom Entscheidungsträger *nicht beeinflußbar*, aber *langfristig* etwa durch absatzpolitische Anstrengungen oder im Wege politischer Prozesse als *beeinflußbar* angesehen werden können. Die Konsequenzen von Änderungen der Elemente der Zustandsmenge können jeweils in Form von Wirkungskurven dargestellt werden; so gilt etwa für das im Abschitt 4.2.2. skizzierte Beispiel bei alternativen Ausprägungen der Zustandsvariablen «Wachstum» folgender Wirkungsverlauf für Strategie 1 im Zeitpunkt 1:

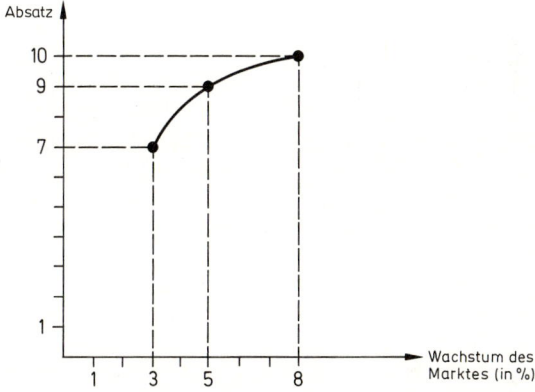

Schaubild 4.9.: Wirkung des Marktwachstums auf den Absatz des planenden Unternehmens (Marktreaktionskurve)

Schaubild 4.9. zeigt ein einfaches Beispiel einer *Marktreaktionskurve*, wobei hier als abhängige Größe – wie zumeist in absatzpolitischen Darstellungen – der mengenmäßige Absatz und als unabhängige Größe das Marktwachstum gewählt wurden.
Die dritte Komponente des Entscheidungsfeldes ist die *Menge der Handlungskonsequenzen*. Als Handlungskonsequenzen wurden dabei die sich ergebenden Resultate der Aktionen unter bestimmten Umweltzuständen definiert. Dies wird bei den meisten absatzpolitischen Entscheidungen der *Absatz* sein, wenngleich auch andere Konsequenzen Bedeutung haben, wie etwa

163

der Präferenzgrad für ein Produkt, die Bekanntheit eines Produkts oder einer Unternehmung und die Zahl der Kunden. Die hier vorgenommene Bestimmung des Inhalts der Menge der Handlungskonsequenzen ist keineswegs eindeutig. Anstelle des Absatzes kann auch etwa der Ergebnisnutzen als Konsequenz definiert werden, wodurch dann die Abbildung der Werte der Handlungskonsequenzenmatrix in Werte, die Elemente der Ergebnisnutzenmatrix darstellen, entfällt.

Geht man von der bei betrieblichen Entscheidungen zumeist anzutreffenden Situation aus, bei der als Handlungskonsequenz der Absatz definiert und der Ergebnisnutzen als monetärer Gewinn ausgedrückt werden, so erscheint die strikte Unterteilung zwischen Handlungskonsequenzen und Ergebnisnutzen schon allein deshalb sinnvoll, weil für die Ermittlung der jeweiligen Werte unterschiedliche Typen von logischen Operationen vorzunehmen sind:

- Die Ermittlung der Werte der Matrix der Handlungskonsequenzen stellt ein typisches Problem der Marktforschung dar; denn die Wirkung bestimmter Aktionen in bestimmten Umweltsituationen wird primär von Verhaltensgesetzmäßigkeiten des Marktes bestimmt.
- Die Ermittlung der Werte der Ergebnisnutzenmatrix dagegen kann bei Vorliegen der Werte der Handlungskonsequenzenmatrix weitgehend auf der Basis von innerbetrieblichen Gesetzmäßigkeiten vorgenommen werden. Von dominierender Bedeutung sind in diesem Zusammenhang Kostenfunktionen, die die kostenmäßigen Auswirkungen alternativer Absatzmengen[4] und sonstiger betrieblicher Dispositionen abbilden. Aus den mit den jeweiligen Preisen bewerteten Absatzmengen (Handlungskonsequenzenmatrix) und den entsprechenden Kostenangaben lassen sich dann die Gewinnwerte ermitteln.

In jedem Fall stehen Handlungskonsequenzenmatrix und Ergebnisnutzenmatrix in einem sehr engen inhaltlichen Zusammenhang. Absatzwirtschaftliche Entscheidungen zeichnen sich gegenüber anderen betrieblichen Entscheidungsbereichen vor allem dadurch aus, daß das *Problem der Bestimmung der Werte der Handlungskonsequenzenmatrix* überragende Bedeutung besitzt.

---

[4] Es wird hier vereinfachend davon ausgegangen, daß je Periode und Produkt Absatzmenge und Produktionsmenge gleich sind.

Wie in anderen betrieblichen Entscheidungsbereichen ist auch im Bereich der Absatzwirtschaft die Formulierung situationsadäquater Aktionen und entscheidungsadäquater Ziele von erheblichem Gewicht. Die Formulierung situationsadäquater Aktionen macht das kreative Element des Marketing aus; es ist kaum einer allgemeinen Analyse zugänglich, da es eine umfassende Kenntnis der Entscheidungssituation voraussetzt. Die Diskussion der mit der Formulierung adäquater Ziele verbundenen Probleme ist Gegenstand des nächsten Abschnitts.

4.3.2. Anforderungen an absatzpolitische Ziele

Ziele sind Bewertungskriterien alternativer absatzpolitischer Aktionen. Ihnen kommt somit die entscheidende Funktion zu, Aussagen über die Vorziehenswürdigkeit alternativer Handlungskonsequenzen und damit indirekt auch über die Vorziehenswürdigkeit der einzelnen Aktionen machen zu können. Die *Ziele* müssen dabei so beschaffen sein, daß *alle Handlungskonsequenzen* und damit auch die Aktionen selbst in eine *eindeutige Rangfolge der Vorziehenswürdigkeit* gebracht werden können. Der Fall, daß unterschiedliche Aktionen numerisch gleiche Werte der Handlungskonsequenzen aufweisen, sei dabei ausgeschlossen.

Ziele stellen sogenannte *generelle Imperative* dar, sie bringen zum Ausdruck, welche Variablen durch bestimmte Aktionen beeinflußt werden sollen bzw. anhand welcher Variablen die einzelnen Aktionen bewertet werden sollen. Ziele schreiben somit unmittelbar keine einzelnen Aktionen vor, bestimmte Handlungen schreiben lediglich die sogenannten singulären oder *speziellen Imperative* vor. In der Umgangssprache und der betrieblichen Praxis werden, was ungenau ist, häufig sowohl generelle als auch spezielle Imperative als Ziele bezeichnet; Beispiele hierfür sind:

- Genereller Imperativ: Erstrebe maximalen Gewinn!
- Spezieller Imperativ: Erhöhe die Zahl der Reisenden um fünf!

Oft finden sich auch Zielformulierungen, die als Zwischenformen zwischen generellen und speziellen Imperativen angesehen werden können, etwa wenn die Forderung aufgestellt wird: «Festigung der Marktsituation durch Einführung des neuen Produktes x in den Markt!» Die Unterscheidung zwischen Zielen, die als generelle, und solchen, die als spezielle Imperative anzusehen sind, bringt auch das Begriffspaar *Formalziel* und *Sachziel* zum Ausdruck. Formalziele sind demnach solche Ziele, die keine bestimmte Handlung vorschreiben und damit ein allgemeines Bewertungskriterium angeben; sie entsprechen den generellen Imperativen. Im Rahmen dieses Buches formulierte Ziele sind stets Formalziele; allein für sie, nicht aber für die Sachziele gelten die nachfolgenden Ausführungen.

Damit Ziele ihre Funktion als Bewertungskriterien erfüllen können, müssen sie drei vergleichsweise komplexen *Anforderungen* gerecht werden:

- Ziele müssen *vollständig* formuliert sein.
- Ziele müssen *stellen-* bzw. *aufgabenadäquat* sein.
- Ziele müssen *koordinationsgerecht* sein.

Die grundlegende Anforderung, die an brauchbare Ziele gestellt werden muß, ist ohne Zweifel die der Vollständigkeit. Diese Anforderung impliziert zunächst die Forderung nach einer genauen Festlegung des Inhalts des Ziels. Die *Festlegung des Zielinhalts* geschieht üblicherweise durch eine *Definitionsgleichung*, mittels der die *Extension des Zielinhalts* und zugleich dessen *Messung* festgelegt werden[5]. In der betrieblichen Praxis wird häufig bereits gegen dieses einfache Prinzip verstoßen, wenn als Ziel der Gewinn formuliert wird, aber unbestimmt bleibt, ob dies ein Gewinn auf der Basis irgendeiner Form der Vollkostenrechnung oder der Deckungsbeitrag ist. Die bisherigen Darlegungen dürften hinreichend klargelegt haben, daß für Zwecke der Entscheidungsrechnung allein der jeweilige Deckungsbeitrag als die Differenz der entscheidungsabhängigen Erlös- und Kostenänderungen ein geeignetes Ziel darstellt.

Ist der Zielinhalt exakt festgelegt, so ist damit noch keine eindeutige Ableitung der optimalen Alternative einer Entscheidung möglich. Wie bereits das oben durchgerechnete Beispiel zur Ableitung der optimalen Entscheidungsalternative gezeigt hat, bedarf es hierzu auch der Formulierung von Risikonutzenfunktionen und einer Festlegung, wie Zielbeiträge unterschiedlicher Perioden miteinander zu verrechnen sind. Die Art der Verrechnung von Zielbeiträgen unterschiedlicher Perioden wird dabei durch die sogenannte *Zeitpräferenzrelation* bestimmt. Die am häufigsten verwandte Ausprägung der Zeitpräferenzrelation ist die Abdiskontierung der Zielbeiträge unterschiedlicher Perioden

---

[5] Die Forderung nach eindeutiger Definition und genauer Meßvorschrift des Zielinhalts schließt die Forderung nach Operationalität des Zieles, die häufig parallel dazu erhoben wird, ein.

mit dem Marktzinsfuß auf den Zeitpunkt der Entscheidung. Diese Präzisierung der Zeitpräferenzrelation ist allerdings nicht unbedingt angemessen, wie nachstehendes Beispiel verdeutlicht: Einem Studenten mit sehr guten Examensaussichten ist ein Betrag von DM 1000,−, den er ein Semester vor dem Examen erhält, sehr viel mehr wert als DM 1100,− ein halbes Jahr nach Examensabschluß (10 % Marktzinsfuß unterstellt).

Die Abbildung von Zielbeiträgen einer Aktion zu einem Zeitpunkt, aber unter unterschiedlichen Umweltzuständen wird mittels der sogenannten *Risikopräferenzrelation* vorgenommen. Ausprägungen der Risikopräferenzrelation sind die verschiedenen *Entscheidungsregeln* wie etwa die Bayes-Regel.

Neben diesen beiden bereits beispielhaft verdeutlichten Präferenzrelationen sind noch zwei weitere Präferenzrelationen zu beachten: die Höhen- und die Artenpräferenzrelation. Eine *Artenpräferenzrelation* ist immer dann zu formulieren, wenn das für eine bestimmte Entscheidung maßgebliche Zielsystem aus mehr als einer Zielgröße besteht. Werden etwa im Rahmen einer Entscheidung die Ziele Deckungsbeitrag und Marktanteil nebeneinander verfolgt, so bietet es sich beispielsweise an, die beiden *Zielgrößen zu gewichten*, womit sich als neue umfassende Zielgröße die Summe der gewichteten Einzelzielgrößen ergibt. Der Aussagegehalt von *Höhenpräferenzrelationen* ist unmittelbar einsichtig; sie bringen zum Ausdruck, *welche Ausprägung die Zielgröße* erreichen soll. Die häufigsten Ausprägungen der Höhenpräferenzrelation können durch die Adjektive maximal, minimal oder ausreichend beschrieben werden. Die Anforderungen der Vollständigkeit des Zielsystems umfaßt also folgende Einzelanforderungen:

- Definition des Zielinhalts.
- Definition der Höhenpräferenzrelation.
- Definition der Artenpräferenzrelation.
- Definition der Risikopräferenzrelation.
- Definition der Zeitpräferenzrelation.

Eine Zielformulierung, die alle Anforderungen im Rahmen des Vollständigkeitskriteriums erfüllt, wäre etwa: «Erstrebe bei Entscheidung X das Maximum der ungewichteten Summe des Deckungsbeitrages und des Marktanteils, wobei die Werte der Zielgrößen im Zeitablauf mit dem Zinssatz θ abzudiskontieren sind und die Risikosituation auf der Grundlage der Bayes-Regel berücksichtigt werden soll!»

Die Anforderung der Stellenadäquanz von Zielen hat ihre

Begründung in dem organisationstheoretischen Postulat, daß Aufgaben, die Bereiche der Handlungskompetenzen und der Verantwortung einander entsprechen sollen. Als Maßstäbe für die Beurteilung von Aktionen kommt Zielen eine erhebliche Bedeutung hinsichtlich der *Motivation* von Mitarbeitern zu. Eine motivierende Wirkung ist allerdings nur dann zu erwarten, wenn die *Beeinflußbarkeit* der Beurteilungsgrößen in hinreichendem Maße gegeben ist. Der Zielinhalt Unternehmensgewinn kann für die Leiter des Unternehmens durchaus eine geeignete Beurteilungsgröße sein, die auch subjektiv als adäquate Maßgröße akzeptiert wird; für einen Werkstattleiter oder den einzelnen Reisenden ist dieser Zielinhalt allerdings keine geeignete Beurteilungsgröße, da die Einwirkungsmöglichkeiten des Werkstattleiters oder des einzelnen Reisenden auf den Unternehmensgewinn vergleichsweise viel zu gering sind. Während die Stellenadäquanz auf einzelne Stellen in einer Organisation abhebt, ist das Kriterium *Aufgabenadäquanz* auf Entscheidungsbereiche zugeschnitten. Wie noch im einzelnen zu diskutieren sein wird, ist etwa der einer Werbemaßnahme «zuzurechnende» *Gewinn* kein geeignetes Ziel für die Entscheidung zwischen alternativen Inseraten, da einzelnen Inseraten meistens kein spezifischer Werbeerfolg zugerechnet werden kann.

Die Anforderung der *Koordinationsgerechtigkeit* ist aus dem Tatbestand heraus zu begründen, daß Entscheidungen in Betrieben nicht isoliert getroffen werden. Einzelne betriebliche Entscheidungen stehen zum einen *in vertikaler Beziehung* zu sachlogisch höher- bzw. niederrangigen Entscheidungen und zum anderen *in horizontaler Beziehung* zu sachlogisch gleichrangigen Entscheidungen. Die Notwendigkeit einer vertikalen Abstimmung ergibt sich aus der Hierarchie der Ziele und Aktionen: Ziele und Aktionen einer mittleren Entscheidungsebene sind Mittel zur Erreichung der Ziele höherer Entscheidungsebenen und Ziele der niedrigeren Entscheidungsebenen. Die Notwendigkeit der Koordination in horizontaler Hinsicht ergibt sich beispielsweise daraus, daß für die einzelnen betrieblichen Funktionalbereiche entsprechend dem Kriterium der Stellen- bzw. Aufgabenadäquanz unterschiedliche Bereichsziele zu bilden sind. Während etwa für den Funktionalbereich Absatz der Marktanteil bisweilen ein geeigneter Zielinhalt ist, können für den Funktionalbereich Produktion derselben Unternehmung der Zielinhalt Stückkosten und für den Funktionalbereich Finanzen der Zielinhalt Liquiditätsreserven aufgestellt werden. Die einzelnen Teilzielinhalte

Marktanteil, Stückkosten und Liquiditätsreserven stehen allerdings untereinander in einem Zielkonflikt und sind daher nur eingeschränkt als Ziele für die einzelnen Funktionalbereiche geeignet. Die daraus abzuleitende Forderung lautet: *Teilziele müssen so formuliert sein, daß sie die Erreichung von Zielen übergeordneter Entscheidungsebenen fördern und die Erreichung von Zielen gleichgeordneter Entscheidungsbereiche zumindest nicht beeinträchtigen.* Die Forderung der Koordinationsgerechtigkeit gilt dabei nicht nur für das Verhältnis von betrieblichen Funktionalbereichen untereinander bzw. zum Gesamtunternehmen, sondern ebenso innerhalb des Absatzbereiches für das Verhältnis der Teilbereiche Produkt-, Entgelt-, Distributions- und Kommunikationspolitik untereinander bzw. zum Absatzbereich als Ganzem.

4.3.3. Konkrete absatzpolitische Zielsetzungen

Die bisher recht allgemein definierte Funktion von Zielen kann nun näher präzisiert werden. Zielen können folgende zum Teil interdependente Funktionen zugewiesen werden:

- Ziele sind *Bewertungskriterien*: Sie erlauben eine rationale Auswahl zwischen mehreren Aktionen im Rahmen der betrieblichen Planung.
- Ziele sind *Voraussetzung für jede betriebliche Kontrolle*: Erst wenn Ziele formuliert sind, können Planungsprobleme erkannt werden, indem die realisierte und die gewünschte Ausprägung der Zielgrößen miteinander verglichen werden.
- Ziele dienen der *Koordination der einzelnen betrieblichen Aktionen*: Vorwiegend mittels Zielvorgaben werden einzelne betriebliche Tätigkeitsbereiche in vertikaler und in horizontaler Richtung aufeinander abgestimmt.

Zielinhalte, die mit absatzpolitischen Aktionen häufig verfolgt werden und die so ausgestaltet werden können, daß sie allen genannten Anforderungen gerecht werden, sind im Schaubild 4.10 zusammengestellt. Manche anderen häufig zitierten Zielsetzungen sind vor allem deshalb abzulehnen, weil sie entweder nicht aufgabenadäquat sind (z. B. Gewinn bei Entscheidung über Inseratalternativen) oder weil sie nicht hinreichend exakt definiert werden können bzw. weil für sie keine ausreichend exakte Meßvorschrift (z.B. Goodwill) angegeben werden kann.

Zielinhalt	Definition	Anwendungsbereich (Auszug)
Deckungsbeitrag	relevante Erlöse – relevante Kosten	allgemein
Auftragsdeckungsbeitrag	"	Annahme eines Zusatzauftrags
Produktdeckungsbeitrag	"	Elimination eines Produktes
Bezirksdeckungsbeitrag	"	Analyse der Erfolgsträchtigkeit eines Bezirks
Absatz/Umsatz	mengenmäßiges/wertmäßiges Verkaufsvolumen einer Unternehmung	Gesamtabsatzpolitik
Marktanteil (mengenmäßig/wertmäßig)	Absatz/Umsatz einer Unternehmung	Gesamtabsatzpolitik
	Absatz/Umsatz aller Unternehmen der relevanten Branche	
Distributionsquote für Marke A des Produktes X	Anzahl der Handelsbetriebe, die Marke A von Produkt X führen	Distributionspolitik, Außendienstpolitik
	Anzahl der Handelsbetriebe, die Produkt X führen	
Kundenanzahl	Anzahl der Abnehmer, die innerhalb einer Periode mindestens einmal gekauft haben	Gesamtabsatzpolitik, Außendienstpolitik
Feldanteil	Anzahl der Abnehmer, die mindestens einmal gekauft haben	Gesamtabsatzpolitik, Außendienstpolitik
	Anzahl der insgesamt möglichen Abnehmer	
Wiederkaufrate (mengenmäßig/wertmäßig)	Anteil des auf Wiederholungskäufer entfallenden Absatz/Umsatz je Zeiteinheit am Absatz/Umsatz, das auf Erstkäufer entfällt	Produktpolitik (Bewertung der Produkte durch Abnehmer)
Bekanntheitsgrad	Anzahl der potentiellen Abnehmer, die von Marke A des Produktes X Kenntnis haben	Kommunikationspolitik
	Gesamtanzahl der potentiellen Abnehmer	

Schaubild 4.10.: Einige absatzpolitische Ziele und ihre Anwendungsbereiche

170

Die Größen Marktanteil, Feldanteil und Wiederkaufrate sind die Basis sehr instruktiver Analysen, die mit dem Ziel unternommen werden zu ermitteln, ob Käufe von *Einmal-* oder von *Stammkunden* herrühren.

Der *Feldanteil* – auch Marktdurchdringungsrate oder *Penetrationsrate* genannt – zeigt die Durchdringung eines Produktmarktes durch die Marke des betreffenden Unternehmens an. Hat also ein Unternehmen für ein bestimmtes Produkt einen Feldanteil von 60 % inne, so besagt dies, daß 60 % der Käufer irgendeiner Marke eines bestimmten Produktes schon mindestens einmal die Marke des betreffenden Unternehmens erworben haben. Der Feldanteil ist somit ein Indikator dafür, ob es einem Unternehmen gelungen ist, den Markt für sein Produkt aufzuschließen.

Die *Wiederkaufrate*, die nicht wie der Feldanteil personenbezogen, sondern wert- bzw. mengenmäßig definiert ist, spiegelt die Käufertreue in einfacher Form wieder. Eine Wiederkaufrate von 0,4 für die Marke r eines Produktes s sagt beispielsweise aus, daß die Käufer, die in der Vorperiode Marke r gekauft haben, in der laufenden Periode 40 % ihres Produkt-s-Kaufvolumens auf Marke r konzentriert haben.

Feldanteil und Wiederkaufrate erklären weitgehend, aber nicht vollständig den Marktanteil eines bestimmten Produktes. Um diesen vollständig zu erklären, ist ferner zu bedenken, daß die Käufer von Marke r des Produktes s mehr, weniger oder gleichviel wie der Durchschnitt der Käufer aller Marken des Produktes s gekauft haben können. Ein Wert des *Kaufmengenindices* bezüglich Marke r des Produktes von 1,2 besagt somit, daß die Käufer von Marke r durchschnittlich 20 % mehr von Produkt s kaufen als der Durchschnitt aller Käufer von Produkt s.

Schaubild 4.11. spiegelt den komplexen Sachverhalt vereinfacht wieder, wobei zugleich die Einflußmöglichkeiten durch das Unternehmen angedeutet sind.

Es ist unmittelbar einsichtig, daß es im Interesse des langfristigen Erfolgs für ein Unternehmen insbesondere erstrebenswert ist, eine hohe Wiederkaufrate zu besitzen; andernfalls ist mit einer schnellen Erschöpfung der Marktmöglichkeiten zu rechnen. Auch der Kaufmengenindex sollte möglichst dem Durchschnitt von 1,0 nahe sein, da im gegenteiligen Fall das Unternehmen vorwiegend Wenigverbraucher/-verwender als Käufer hat, was häufig mit relativ großen absatzpolitischen Anstrengungen einhergeht. Beispiel 3 in Schaubild 4.11. kennzeichnet eine äußerst unbefriedigende Situation: Alle potentiellen Käufer haben schon

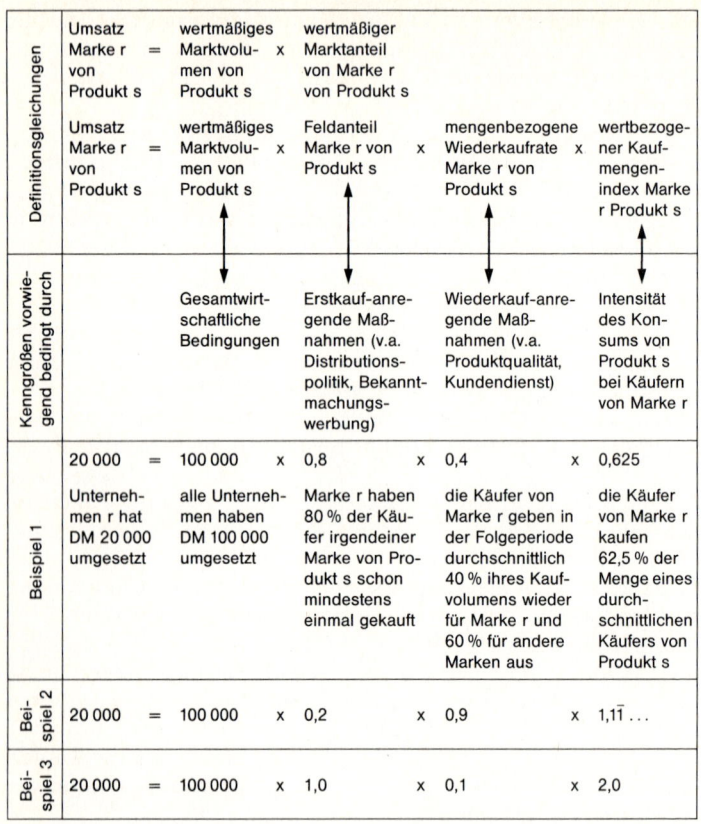

	Umsatz Marke r von Produkt s =	wertmäßiges Marktvolumen von Produkt s x	wertmäßiger Marktanteil von Marke r von Produkt s		
Definitionsgleichungen	Umsatz Marke r von Produkt s =	wertmäßiges Marktvolumen von Produkt s x	Feldanteil Marke r von Produkt s x	mengenbezogene Wiederkaufrate x Marke r von Produkt s	wertbezogener Kaufmengenindex Marke r Produkt s
Kenngrößen vorwiegend bedingt durch		Gesamtwirtschaftliche Bedingungen	Erstkauf-anregende Maßnahmen (v.a. Distributionspolitik, Bekanntmachungswerbung)	Wiederkauf-anregende Maßnahmen (v.a. Produktqualität, Kundendienst)	Intensität des Konsums von Produkt s bei Käufern von Marke r
Beispiel 1	20 000 =	100 000 x	0,8 x	0,4 x	0,625
	Unternehmen r hat DM 20 000 umgesetzt	alle Unternehmen haben DM 100 000 umgesetzt	Marke r haben 80 % der Käufer irgendeiner Marke von Produkt s schon mindestens einmal gekauft	die Käufer von Marke r geben in der Folgeperiode durchschnittlich 40 % ihres Kaufvolumens wieder für Marke r und 60 % für andere Marken aus	die Käufer von Marke r kaufen 62,5 % der Menge eines durchschnittlichen Käufers von Produkt s
Beispiel 2	20 000 =	100 000 x	0,2 x	0,9 x	1,1$\bar{1}$ ...
Beispiel 3	20 000 =	100 000 x	1,0 x	0,1 x	2,0

Schaubild 4.11.: Analyse des Marktanteils anhand Feldanteil, Wiederkaufrate und Kaufmengenindex (Annahme: gleiche Kaufhäufigkeit aller potentiellen Käufer)

mindestens einmal die betreffende Marke erstanden, und zwar in vergleichsweise großer Menge; nur 10 % der Kaufmenge ist allerdings Wiederkauf-bedingt. Beispiel 2 dagegen kennzeichnet eine vergleichsweise günstige Situation: Der Markt ist bisher noch nicht voll erschlossen, diejenigen, die Marke r einmal gekauft haben, blieben ihr weitgehend treu. Beispiel 1 kennzeichnet einen Mittelweg.

Besonders wichtig ist eine solche Analyse bei der Beurteilung der

Erfolgsaussichten neuer Produkte, die kaum anhand kurzfristiger Marktanteilswerte sinnvoll abgeschätzt werden können. In Fortführung der bisherigen Analyse machen dies folgende Überlegungen klar: Bestimmte Umsatzvolumina von betriebsneuen Produkten können im Extremfall auf zwei völlig unterschiedliche Weisen zustande kommen: Zum einen dadurch, daß viele Käufer jeweils nur einmal das betreffende Produkt erwerben, zum anderen dadurch, daß wenige Käufer das nämliche Produkt mehrmals kaufen. Während es sich im ersten Fall offensichtlich nur um *Einmalkäufer* handelt, sind es im zweiten Fall *Stammkäufer*. Die Weiterentwicklung des Absatzes in beiden Fällen ist leicht einsichtig. Im ersten Fall wird der Umsatz bzw. der Marktanteil mangels neuer Käufer bald «zusammenbrechen», während im zweiten Fall ein anhaltender Umsatzerfolg zu erwarten ist. Aus dem Vergleich von Markt- und Feldanteil lassen sich folgende wichtige Schlußfolgerungen ziehen:

Marktanteil vergleichsweise	Feldanteil	vorwiegende Kundenschicht	Beurteilung der langfristigen Entwicklung
klein	groß	Laufkunden	schlecht
klein	noch kleiner	Stammkunden	gut
groß	noch größer	Laufkunden	schlecht
groß	klein	Stammkunden	gut

Schaubild 4.12.: Beurteilung der langfristigen Entwicklung eines Produktes mit Hilfe von Feldanteil und Marktanteil

4.4. Fallstudie «Tenniscenter Fraas»

Eine rationale Informationsverarbeitung ist eine häufig unverzichtbare Voraussetzung für erfolgreiches wirtschaftliches Handeln. Eine Möglichkeit der Anwendung einiger der präsentierten Prinzipien an einem authentischen Fall bietet nachstehende Darstellung.[6]

Ausgangssituation
Im Mai 1979 ist Werner Fraas (26 Jahre) noch Student der Betriebswirtschaftslehre und hofft, im Herbst seine Prüfung als

---

[6] Dieses Kapitel stellt eine stark gekürzte Fassung einer umfangreichen Fallstudie dar, die vom Autor bezogen werden kann.

Diplomkaufmann mit Erfolg ablegen zu können. Selbst leidenschaftlicher Tennisspieler, macht er sich zur Zeit Gedanken darüber, ob er nach dem Examen ein Tenniscenter mit Tennisplätzen in der Halle und im Freien sowie Rahmeneinrichtungen schaffen soll. Er möchte die «ganze Angelegenheit» selbst machen und sich nicht mit einem «mächtigen» Eigenkapitalgeber zusammentun.

Das Tenniscenter Fraas und seine Lage

Fünf Kilometer vom Stadtzentrum Hof entfernt liegt in südöstlicher Richtung der Ort Tauperlitz, der zur Gemeinde Döhlau gehört. Zur Hebung der Lebensqualität der seit Jahren in dieses Neubaugebiet Zuziehenden ist von der Gemeinde ein Stausee mit ca. 300 Metern Länge und ca. 70 Metern Breite angelegt worden. Der See bietet Bademöglichkeiten, gleichzeitig ist er das Revier eines Sportfischerverein. Für Badende bestehen an der Südostseite des Sees Umkleidemöglichkeiten und sanitäre Einrichtungen in einem kleinen Haus, das auch einen Raum für die Wasserwacht enthält. Zwei Fußballplätze für den ortsansässigen Fußballclub BSC wurden gleichfalls von der Gemeinde errichtet. Im Bau sind derzeit insgesamt vier Tennisfreiplätze (Sand) und eine Sommereisstockbahn; die Bauarbeiten hierzu sollen noch im Herbst 1979 abgeschlossen sein. Restaurantbetriebe bestehen in unmittelbarer Seenähe keine; im Sommer versorgt ein kleiner Kiosk die Badegäste mit dem Nötigsten. Noch ausgebaut werden sollen die Parkmöglichkeiten des Naherholungsgebiets, bisher wird noch auf einem eingegrenzten ebenen Stück Wiese geparkt. In ferner Zukunft soll gegebenenfalls ein Campingplatz in der Nähe des Sees entstehen.

Alternative Ausgestaltungen des Tenniscenters sind nach Ansicht von Werner Fraas:

• Alternative 1: Tennishalle mit zwei Feldern und gewissen sozialen Einrichtungen (Duschen, WC etc.).
• Alternative 2: Tennishalle mit zwei Feldern und gewissen sozialen Einrichtungen sowie einer Gaststätte.
• Alternative 3: Tennishalle mit drei Feldern und gewissen sozialen Einrichtungen sowie einem Clubraum.
• Alternative 4: Tennishalle mit drei Feldern und gewissen sozialen Einrichtungen sowie einer Gaststätte.

Ergänzt durch die vier bereits im Bau befindlichen Tennisplätze im Freien, die Sommereisstockbahn, Fußballplätze und die sonstigen Freizeitmöglichkeiten ergäbe sich so nach Ansicht von Werner Fraas ein echtes Freizeitzentrum, dessen Kern während eines Großteils des Jahres die Tennishalle sein würde.

Der Standort der möglicherweise zu errichtenden Tennishalle liegt am östlichen Ende des Ortes Tauperlitz, der eine steigende Zahl von «Nur-Wohnbevölkerung» umfaßt. Dabei handelt es sich großteils um ehemals in Hof (ca. 55 000 Einwohner) lebende Familien des gehobenen Mittelstandes, die im Rahmen der Flucht ins Grüne nach Tauperlitz bzw. in die Jördensanlage (halbe Strecke zwischen Tauperlitz und Ortszentrum Hof) verzogen sind. Die Freizeitmöglichkeiten in Tauperlitz selbst sind bisher noch sehr dürftig.

Zwei Kilometer südlich von Tauperlitz und von Tauperlitz nur über eine einfache Landstraße erreichbar liegt der Ort Döhlau, der auch der Gemeinde den Namen gegeben hat. 1974 wies die gesamte Gemeinde Döhlau ca. 1000 Einwohner auf, nach Schätzungen von Herrn Fraas sind es mittlerweile bereits 2000 Einwohner. Der Ort Döhlau weist eine ähnliche Bevölkerungsstruktur wie der Ort Tauperlitz auf, allerdings ist in Döhlau der Teil der Bevölkerung, der in der Landwirtschaft arbeitet, etwas größer als in Tauperlitz.

Folgt man der von Hof kommenden Straße, so gelangt man neun Kilometer nach dem Stausee am Ortsausgang von Tauperlitz nach Rehau, einer Industriestadt mit ca. 10 000 Einwohnern. In Rehau existieren zur Zeit sechs Tennisplätze, aber kein einziger Tennishallenplatz. Vor wenigen Tagen allerdings wurde vom örtlichen Tennisclub die Genehmigung zur Errichtung einer Zwei-Felder-Halle erteilt. Dieser Tennisclub hat nach Einschätzung von Herrn Fraas ca. 170 aktive Mitglieder; nach Aussagen eines Fachmannes belegt ein Verein mit etwa 100 aktiven Spielern eine Zwei-Felder-Halle vollständig.

Drei Kilometer südlich vom Hauptort Döhlau liegt der Markt Oberkotzau (ca. 6000 Einwohner), der einen Tennisclub aufweist, dem zwei Freiplätze gehören. Fünf Kilometer südlich von Oberkotzau liegt die Stadt Schwarzenbach an der Saale (ca. 7000 Einwohner), wo insgesamt vier Freiplätze und ab Ende 1979 auch zwei Hallenplätze zur Verfügung stehen.

Die im Norden von Tauperlitz gelegene Gemeinde Gattendorf glaubt Herr Fraas nicht in seine Überlegungen einbeziehen zu sollen, da die Verkehrsanbindung an den Stausee schlecht ist und dort wohl auch nicht die «richtige» Bevölkerung wohnt.

Die einzige derzeit existierende Tennisanlage von Hof liegt

nördlich des Ortszentrums inmitten der prächtigen Parkanlagen am Theresienstein. Diese Tennisanlage gehört dem TC Hof und besteht aus zehn Frei- und zwei Hallenplätzen, wobei die letzteren im Winter sehr stark belegt sind. Im Süden der Stadt ist derzeit das Erholungsgelände Untreusee in der Planung. Dieses Erholungsgelände soll ebenfalls einen See (wesentlich größer als der bei Tauperlitz) mit Wassersportmöglichkeiten und Sporteinrichtungen umfassen. Nach Informationen, die Herr Fraas von Bekannten erhalten hat, wird der See 1981 vollgelaufen und das Erholungsgelände mit allen Sporteinrichtungen 1982 fertiggestellt sein. Die Sporteinrichtungen werden in einem «Tennispark Untreusee» zusammengefaßt sein, der sehr großzügig ausgestaltet ist; nach den derzeitigen Planungen sollen einmal zehn Tennisplätze, vier Tennishallenplätze, fünf Squash-Plätze sowie Sauna-, Massage-, Trimm-Dich- und andere Fitness-Einrichtungen sowie ein Bowling-Center und ein Restaurant am Untreusee vereinigt sein. Herr Fraas hält das Projekt «Tennispark Untreusee» insgesamt für Hofer Verhältnisse «eine Nummer zu groß»; die Pläne wurden in der Vergangenheit immer wieder geändert und werden – trotz starker Lobby – nach Ansicht von Herrn Fraas in der derzeitigen Ausformung kaum die Zustimmung der Stadt Hof finden.

Die Tennishalle

Nachdem sich Herr Fraas einen Überblick über die Marktlage beschafft hatte, wandte er sich zunächst dem Investitionsobjekt selbst zu. Als besonders informativ für die Beantwortung aller mit der Errichtung eines Tenniscenters zusammenhängenden Fragen stufte er dabei eine Broschüre der Firma Grebau – Sport- und Freizeitbauten, Karlsruhe, ein. Dieser Werbebroschüre entnahm er unter anderem folgende Informationen:

- Derzeit spielen 1,5 Millionen Bundesbürger Tennis, nach einer Untersuchung des Allensbacher Instituts würden aber gerne 6 Millionen Bundesbürger diesen Sport ausüben.
- Die Witterung läßt in der Bundesrepublik in der Regel höchstens fünf Monate Tennisspielen im Freien zu; es existieren derzeit in der Bundesrepublik 20 000 Frei- und 2000 Hallenplätze. Es besteht eine Nachfrage nach Hallenplätzen, die das Angebot weit überschreitet. Heute kommt im Durchschnitt auf 30 000 Bundesbürger ein Tennisplatz, mittelfristig ist wohl ein Hallenplatz je 5000 Bundesbürger notwendig.
- Mit zunehmender Anzahl von Tennisplätzen je Anlage sinken

176

die Kosten für den Bau und den Betrieb je Platz, andererseits nehmen die Auslastungsprobleme zu.

- Tennisspieler sind vorwiegend Individualisten, die in kleinen Anlagen den Sport ausüben möchten.
- Die am häufigsten gebauten Anlagen sind Anlagen mit drei bis vier Feldern, die noch durch Squashplätze, Saunen und Gaststätten ergänzt werden. Ein- und Zwei-Felder-Hallen sind kaum gewinnbringend zu führen.
- Die meisten Tennisclubs wehren sich mit Aufnahmesperren gegen neue Mitglieder, die in der Folge gezwungen sind, auf kommerziell betriebene Anlagen auszuweichen. Hallenplätze werden überwiegend kommerziell betrieben, da Clubs sich meist nicht in der Lage sehen, Hallen zu finanzieren.
- Die Rentabilität einer Tennishalle hängt stark von ihrem Standort ab.
- Eine Vier-Felder-Halle mit Nebeneinrichtungen hat einen Grundstücksbedarf von ca. 3500 qm.
- Wenn Tennisspieler die Wahl haben, ziehen sie bei gleichen oder nur etwas unterschiedlichen Stundensätzen stets die außergewöhnlichen Hallen vor. Als «außergewöhnlich» werden dabei gemeinhin diejenigen Hallen bezeichnet, die schön ausgestaltet sind, ein «angenehmes Klima» besitzen und über ausreichende Serviceeinrichtungen verfügen.
- Das Nebenprogramm sollte mindestens Toiletten, Duschen, Umkleideräume und Räume für den Trainer enthalten, denkbar sind aber auch Tennisboutique, Sauna, Solarium, Fitnessraum und Restaurant. Restaurants können in der Regel allerdings nicht von den Spielern einer Halle «leben». Tennisboutiquen in Verbindung mit Vier-Felder-Hallen erzielen oft Jahresumsätze von DM 50 000,– bis DM 80 000,–, wovon $1/3$ als Rohgewinn (Verkaufserlös – Einkaufskosten) angesetzt werden kann.
- Die übliche Wintersaison im Tennis, d. h. die Zeit, in der Freiplätze nicht benutzbar sind, läuft jeweils vom 1. Oktober bis zum 30. April. Die beliebtesten Hallenspielzeiten sind werktags 17.00 bis 21.00 Uhr und an Wochenenden und Feiertagen zwischen 8.00 und 21.00 Uhr. Eine normale Preisliste für die Platzmiete einer Stunde ist etwa folgende:

Uhrzeit	an Werktagen		an Wochenenden und Feiertagen	
	Winter	Sommer	Winter	Sommer
6.00– 8.00 Uhr	16,–	10,–	16,–	10,–
8.00–14.00 Uhr	15,–	9,–		
14.00–17.00 Uhr	18,–	11,–	22,–	14,–
17.00–21.00 Uhr	22,–	14,–		
21.00–24.00 Uhr	17,–	12,–	17,–	12,–

Schaubild 4.13.: Platzmietenvorschlag der Fa. Grebau

Diese Preise sind als Abonnementpreise anzusehen, für Einzelmieten können meist um DM 1,– bis 3,– höhere Preise je Stunde angesetzt werden.

- Die durchschnittliche Auslastung von Vier-Felder-Hallen bezogen auf die Zeit zwischen 7.00 und 22.00 Uhr beträgt im Winter ca. 85 %, im Sommer 50 %. Diese Zahlen werden häufig schon im zweiten Jahr erreicht. Wichtig für die Auslastung ist häufig ein «halleneigener», aktiver Trainer, dessen Leistungsangebot oft insbesondere für Neuspieler entscheidend ist.

- Insbesondere am Anfang, aber auch später ist eine laufende Werbung bzw. Berichterstattung für bzw. über die Tennishalle sehr wichtig.

- Gute Trainer und Wirte sind entscheidend, aber auch Mangelware. Dabei ist zu bedenken, daß für beide die Tennishalle der Arbeitsplatz ist, an dem sie meistens den ganzen Tag verweilen.

- Die Investitionen für eine Vier-Felder-Tennishalle bei Vorhandensein eines erschlossenen Grundstücks mit gutem Boden sind etwa die folgenden:

Erstellung einer schlüsselfertigen
Hallenanlage   ca. DM 1 000 000,–

Anlage von Parkplätzen und
Außenanlage   ca. DM   15 000,–

Erstellung eines Servicetraktes
in Mindestausführung
(Boutique, Toiletten, Duschen,
Umkleidekabinen, ca. 120 qm)   ca. DM   120 000,–

Weitere Räumlichkeiten (Restaurant, Büro, …)	ca. DM	1 000,–/qm
Anschaffung einer Ballwurf- maschine für Trainingskurse (3 Stück)	ca. DM	9 000,–
Besondere Einführungswerbung und Anlaufkosten	ca. DM	11 000,–

- Die jährlichen Einnahmen bei einer Vollauslastung der Anlage im Winter betragen bei obiger Preisstruktur etwa DM 67 000,– je Platz und Wintersaison und DM 23 000,– je Platz und Sommersaison.
- Die laufenden Kosten bei eigenem Grund und einer 3 % Abschreibung der Hallenanlage belaufen sich auf ca. DM 130 000,– für eine Vier-Felder-Halle pro Jahr.
- Stellt man die jährlichen Einnahmenüberschüsse den Investitionen gegenüber, so ergeben sich bei Vollauslastung Renditen von ca. 19 %, aus denen leicht Finanzierungs- und Grunderwerbsaufwendungen amortisiert werden können. Bei einer über das ganze Jahr gerechneten Auslastung von 50 %, die jederzeit überschritten werden kann, ergibt sich immer noch eine Rendite von 4,3 %.

Weitere Informationen bezog Herr Fraas von der Fa. Berger Steel Systemhallen in Nürnberg, ein bedeutender Anbieter von Tennishallen. Nach deren Angaben hat eine Zwei-Felder-Halle etwa die Außenmaße 40 m × 40 m und eine Drei-Felder-Halle etwa die Außenmaße 40 m × 56 m. Bevor er deren Angebote zur Errichtung einer Tennishalle im einzelnen durcharbeitete, warf er einen Blick auf die vorgetragenen Wirtschaftlichkeitsberechnungen. Ihnen konnte er folgende Informationen entnehmen:

- Erstellung einer einfachen Zwei-Felder- Halle (inkl. Fundamentarbeiten)   DM 520 000,–
- Erstellung einer großen Drei-Felder-Halle (inkl. Fundamentarbeiten)   DM 735 000,–
- Spielerträge je Jahr und Platz   DM 65 000,–
- Nebenkosten für Heizung, Strom, Helfer und kleinere Instandsetzungen je Platz   DM 15 000,–

Aus dem Richtpreisangebot für Tennishallen derselben Unternehmung (vgl. Anlage 1) entnahm Herr Fraas insbesondere, daß für die von ihm ins Auge gefaßten Zwei- oder Drei-Felder-Hallen mit Gaststätte ca. DM 600 000,– bzw. ca. DM 730 000,– aufzubringen wären. Diese Unternehmung würde als Generalauftragnehmer für die gesamte Halle fungieren. Aufgrund besonderer Vertrautheit mit den örtlichen Gegebenheiten glaubt Herr Fraas allerdings, bei den Erd- und Fundamentarbeiten, der Beleuchtung und den Kosten für den Sozialanbau gewisse Einsparungsmöglichkeiten realisieren zu können. Andererseits ist ihm bekannt, daß im Landkreis Hof die Bauvorschriften eine Auslegung solcher Gebäulichkeiten auf eine maximale Schneelast von 125 kp/qm verlangen. Daraus würden ihm nach ersten Informationen beim Rohbau Mehrkosten in Höhe von ca. 10 % erwachsen.

Weniger aufwendig als eine Stahl- wäre eine Holzkonstruktion; von einem einschlägigen Unternehmen hat Herr Fraas folgendes Angebot für eine «Holz-Leimbinder-Halle» eingeholt:

- Erstellung einer Zwei-Felder-Halle
  «Turnier 70» (ohne Fundamentarbeiten
  und Sozialanbau)   DM 380 000,–

- Erstellung einer Drei-Felder-Halle
  «Turnier 70» (ohne Fundamentarbeiten
  und Sozialanbau)   DM 542 000,–

- Erstellung eines Sozialanbaus «Typ 100»
  (Serviceräume und Clubraum, insgesamt
  100 qm)   DM 132 000,–

- Erstellung eines Sozialanbaus «Typ 200»
  (Serviceräume und Gaststätte, insgesamt
  200 qm)   DM 259 000,–

- Preise sind Festpreise bis 31.12.1979; sie schließen alle Leistungen ab Fundament bis zur schlüsselfertigen Übergabe der Halle ein; die Halle ist auf eine maximale Schneebelastung von 125 kp/qm ausgelegt.

Dieses Angebot würde ihm insofern entgegenkommen, als bei dessen Annahme das Kostenrisiko stark eingeschränkt ist. Jedoch haben Holzbauten nach allgemeiner Ansicht eine wesentlich kürzere Lebensdauer als Stahlbauten: Holzbauten müssen mindestens alle zehn Jahre teilrenoviert werden (Holzimprägnierung, Anstrich), während Stahlbauten bis zu 60 Jahre ohne größere Restaurierungsarbeiten überstehen.

Die Absatzmarktsituation

Die grundsätzlich positive Einschätzung der Entwicklung des Tennissportes bestätigt eine jüngst durchgeführte Studie des Instituts für Freizeitwirtschaft und Freizeitinfrastruktur, auf die Herr Fraas durch einen Artikel im Handelsblatt aufmerksam geworden ist. Nach dieser Untersuchung ist Tennis in der Bundesrepublik auf dem besten Weg zum Massensport zu werden: Zwar sind nur 2,5 % der Bundesbürger Tennisspieler (Tennisspieler: mindestens einmal pro Woche spielen), was gegenüber den Zahlen in den USA (14 % der Bevölkerung), Großbritannien (4 %) und Schweden (4 %) vergleichsweise wenig ist, aber die Zahl der Spieler wächst in der Bundesrepublik mit jährlichen Wachstumsraten von 15 %. Die Zahl der Freiplätze wird gemäß dieser Studie zwischen 1978 und 1985 von 25 000 auf 60 000 und die Zahl der Hallenplätze von 3000 auf 6000 zunehmen. Der Tennismarkt wird als ausgesprochener Wachstumsmarkt eingestuft! Tennisspieler werden für Dienstleistungen (Clubbeiträge, Platzmieten, Trainerstunden) statt 450 Millionen DM im Jahre 1978 rund 900 Millionen DM im Jahr 1985 aufwenden. Die Struktur der Mitglieder von Tennisclubs gleicht derzeit weit mehr dem Klischee vom «Sammelpunkt der Großkopfeten und Cliquen» als die Struktur der Tennisspieler überhaupt. Auffallend an der Struktur der Mitgliedschaft von Tennisclubs ist zum Beispiel, daß 30 % der Mitglieder Akademiker sind und 53 % der Tennisclubmitglieder ein Haushaltseinkommen von über DM 3 000,–/Monat zur Verfügung haben. Weit überdurchschnittlich viele Selbständige und Beamte spielen in Clubs. Die derzeit 1200 Tennislehrer und 17 000 Übungsleiter sind nach dieser Studie überlastet.

Wenngleich ein Ergebnis der Tennisstudie des Instituts für Freizeitwirtschaft und Freizeitinfrastruktur darin bestand, «daß die Preise im Tennis überhaupt keine Rolle spielen, höchstens zeitliche Gründe», hält Herr Fraas es dennoch für geraten, mehr darüber zu erfahren, welcher Zusammenhang zwischen der Belegung von Tennisplätzen und der Höhe der Platzmieten besteht.

Aus den Erfahrungen von Tennishallen-Betrieben in und um Regensburg zieht er den Schluß, daß insbesondere Hallenplätze, aber auch Freiplätze bei ausreichend günstigem Preis wohl stets einer fast vollständigen Auslastung zugeführt werden können. In Regensburg existieren sehr viele nur mäßig ausgelastete Tennisplätze, deren Platzmieten zwischen DM 10,– und 12,– je Stunde liegen. Eine acht Kilometer außerhalb von Regensburg liegende Tennisfreianlage mit drei Plätzen ist dagegen stets voll ausgebucht; sie zeichnet sich weder durch besonderen Komfort noch durch eine günstige Lage, sondern allein dadurch aus, daß dort Platzmieten zwischen DM 5,– und 7,50 verlangt werden. Die große Entfernung wird von den meisten Tennisspielern nicht als hinderlich angesehen.

Die Platzmiete in der Halle des Tennisclubs Hof am Theresienstein beträgt derzeit für die Wintersaison DM 12,– für die Zeit werktags zwischen 6.00 und 8.00 Uhr, dazu kommen noch DM 2,– für Licht. Die Staffelung der Platzmieten für die übrigen Zeiten entspricht in etwa derjenigen, die im Prospekt der Firma Grebau dargestellt ist; es werden also beispielsweise an Sonntagen untertags DM 20,– je Stunde und an Werktagen zwischen 17.00 und 21.00 Uhr ebenfalls DM 20,– verlangt. Nach unbestätigten Informationen sollen die Platzmieten am Theresienstein Anfang 1980 erhöht werden. Trotz dieser vergleichsweise hohen Gebühren ist die Anlage für Nichtmitglieder des Tennisclubs kaum zugänglich, da die Nachfrage das Angebot auch bei diesem Preis deutlich übersteigt. Eine Ursache hierfür ist nach Ansicht von Herrn Fraas insbesondere die derzeit schlechte Ausstattung mit Tennisplätzen; Hof und Umgebung sind noch weit von der Zielprojektion vieler Städteplaner «1 Tennisplatz pro 1000 Einwohner» entfernt.

Vor einiger Zeit bestand seitens eines Hofer Tennislehrers Interesse, eine eigene Halle zu errichten. Dieser Tennislehrer wollte die Halle selbst betreiben und auch als Tennislehrer aktiv werden. Mangels Finanzierungsmöglichkeiten haben sich diese Pläne zerschlagen; Herr Fraas glaubt allerdings, daß dieser Tennislehrer interessiert bzw. bereit sein könnte, als Tennislehrer auf seiner Anlage zu arbeiten.

Die Einnahmen aus der Vermietung der Tennisplätze
Nach reiflichen Überlegungen kommt Herr Fraas zu der Überzeugung, daß angesichts der Lage und Konkurrenzsituation für die von ihm geplanten Hallenplätze die in Schaubild 4.14. wiedergegebenen Preise adäquat sein dürften:

Für seine Berechnungen geht Herr Fraas davon aus, daß die Sommerperiode 20 Wochen und die Winterperiode 32 Wochen umfaßt. In die Sommerperiode fallen nach überschlägigen Berechnungen durchschnittlich sechs und in die Winterperiode ebenfalls sechs Feiertage. Schließlich ist sich Herr Fraas auch

Uhrzeit	an Werktagen		an Wochenenden und Feiertagen	
	Winter	Sommer	Winter	Sommer
7.00–14.00 Uhr	16,–	10,–		
14.00–16.00 Uhr	18,–	} 12,–	} 20,–	} 12,–
16.00–22.00 Uhr	20,–			

Schaubild 4.14.: Geplante Platzmieten der Hallenplätze im Tenniscenter Fraas

darüber im klaren, daß er nicht 52 Wochen im Jahr Spielbetrieb unterhalten kann, sondern wegen Renovierungen, Reparaturen usw. einen gewissen Ausfall haben wird. Er glaubt, daß er mit 50 % Wahrscheinlichkeit 52 Wochen lang, mit 40 % Wahrscheinlichkeit 51 Wochen und mit 10 % Wahrscheinlichkeit 50 Wochen lang einen Spielbetrieb gewährleisten kann. Er ist zuversichtlich, daß die Ausfallzeiten in die Sommermonate gelegt werden können.

Am meisten Kopfzerbrechen verursacht Herrn Fraas die Frage, wie stark er das Platzangebot während der betriebsbereiten Wochen wird auslasten können. Bereits mehrfach ist ihm von Fachleuten gesagt worden, daß er während der Winterperiode im Durchschnitt eine 85 %ige Auslastung wird erreichen können. Läßt man einmal mögliche Ausfälle wegen Reparatur etc. außer acht, so ergäben diese Auslastungszahlen nach Berechnungen von Herrn Fraas voraussichtlich Einnahmen aus Platzmieten in folgender Höhe:

Zeit	Zahl der Werktage	Zahl der Wochenendtage, Feiertage	Einnahmen pro Tag bei 100 % Belegung		Belegung	Gesamteinnahmen/ Platz
			Werktage	Wochenende, Feiertage		
Winterperiode	32 × 5 – 6 = 154	32 × 2 + 6 = 70	268,–	300,–	85 %	52 931,–
Sommerperiode	20 × 5 – 6 = 94	20 × 2 + 6 = 46	166,–	180,–	50 %	11 942,–

Schaubild 4.15.: Durchschnittliche Einnahmen aus Platzmieten je Hallenplatz bei 85 % Auslastung im Winter und 50 % Auslastung im Sommer

Bei einer Tennishalle mit zwei Feldern ergäben sich nach dieser groben Rechnung im Jahr insgesamt DM 129 746,– an Einnahmen aus Platzmieten, bei einer Tennishalle mit drei Feldern solche in Höhe von DM 194 619,–.

Angesichts der bekannten Knappheit an Frei- und Hallenplätzen im Raum Hof glaubt Herr Fraas in seinem Fall wohl eine höhere Auslastung als die durchschnittliche erreichen zu können; exakte Schätzungen hierfür kann er nicht abgeben, er glaubt aber, folgende Angaben für die Zwei- oder auch Drei-Felder-Halle gut begründen zu können:

Auslastung der betriebsbereiten Halle in der Winterperiode:

- werktags zwischen 16.00 und 22.00 Uhr,

- an Wochenenden und feiertags zwischen 10.00 und 20.00 Uhr,
    90 %

- werktags zwischen 7.00 und 16.00 Uhr,
    90 % oder mehr mit 20 % Wahrscheinlichkeit

- an Wochenenden und feiertags zwischen 7.00 und 10.00 Uhr,
    75 % bis 90 % mit 70 % Wahrscheinlichkeit

- an Wochenenden und feiertags zwischen 20.00 und 22.00 Uhr,
    65 % bis 75 % mit 10 % Wahrscheinlichkeit

Auslastung der betriebsbereiten Halle in der Sommerperiode:

- werktags zwischen 16.00 und 22.00 Uhr,
    60 % bis 75 % mit 40 % Wahrscheinlichkeit

- an Wochenenden und feiertags zwischen 7.00 und 10.00 Uhr,
    40 % bis 60 % mit 40 % Wahrscheinlichkeit

- an Wochenenden und feiertags zwischen 18.00 und 22.00 Uhr,
    20 % bis 40 % mit 20 % Wahrscheinlichkeit

- werktags zwischen 7.00 und 16.00 Uhr,
    40 % bis 60 % mit 50 % Wahrscheinlichkeit

- an Wochenenden und feiertags zwischen 10.00 und 18.00 Uhr,
    20 % bis 40 % mit 30 % Wahrscheinlichkeit

    10 % bis 20 % mit 20 % Wahrscheinlichkeit

Schaubild 4.16.: Schätzungen von Herrn Fraas über alternative Auslastungsgrade der Plätze seiner Halle

Eine gewisse zusätzliche Auslastung der Halle wäre schließlich noch dadurch zu erreichen, daß der Spielbetrieb bis 23.00 ausgedehnt wird. Eine solche Ausdehnung scheint allerdings augenblicklich wenig realistisch.

Die laufenden Kosten und die Finanzierung

Vergleichsweise genau vorhersehbar sind die laufenden Kosten, im einzelnen sind dies bei einer Zwei-Felder-Halle folgende Kosten (inkl. MWSt):

Erbpachtzins pro Jahr	DM 1 000,–
Energie	DM 30 000,–
Wasser (ermäßigter Mehrwertsteuersatz)	DM 10 000,–
Versicherungen	DM 4 000,–
Werbung, Verwaltung, kleinere Reparaturen	DM 8 000,–
Summe	DM 53 000,–

Schaubild 4.17.: Aufstellung der laufenden Kosten einer Zwei-Felder-Halle (Kosten einer Drei-Felder-Halle ca. 50 % mehr)

Der Tennistrainer würde auf eigene Rechnung im Tenniscenter arbeiten; weder stünde ihm ein Entgelt von Herrn Fraas zu noch hätte er ein besonderes Entgelt an Herrn Fraas abzuführen.

Bereits heute abzusehen ist, daß im Falle der Errichtung der Tennishalle die Gemeinde Herrn Fraas die Verwaltung der beiden Tennisfreiplätze übertragen wird. Im Falle der Übernahme der Betreuung dieser beiden Plätze würde wohl ein festes jährliches Honorar in Höhe von DM 5000,– (inkl. MWSt) vereinbart werden. Falls auch eine Gaststätte errichtet wird, müßte diese zu Beginn auf jeden Fall von Herrn und Frau Fraas selbst betrieben werden. Nach seinen Nachforschungen glaubt er aus der Gaststätte pro Jahr im Durchschnitt bei einer Zwei-Felder-Halle DM 14 000,– (inkl. MWSt) und bei einer Drei-Felder-Halle DM 17 000,– Einnahmeüberschuß erzielen zu können. Wenn er die Gaststätte verpachten würde, könnte er in den ersten fünf Jahren keine Nettoeinnahmen erwarten.

Für die Erstellung einer Zwei-Felder-Halle hatte Herr Fraas bereits vor zwei Monaten einen Finanzierungsplan aufgestellt, der allerdings zwischenzeitlich leicht überholt ist, da das Angebot der Firma Berger (Anlage 1) genauere Berechnungen zuläßt:

Investitions-aufwand	620 000,– DM	Eigenkapital	60 000,– DM
		stille Gesellschafter	40 000,– DM
		Eigenkapitalhilfe des Bundes	110 000,– DM
		Bankkredit	410 000,– DM
	620 000,– DM		620 000,– DM

Schaubild 4.18.: Finanzierungsplan des Tenniscenter Fraas

Er selbst und seine Frau (Heirat für Juli 1979 geplant) verfügen über Eigenkapital in Höhe von DM 60 000,–, das voll zur Finanzierung des Projektes herangezogen werden soll. Mit zwei Personen wurden darüber hinaus bereits Gespräche mit der Zielsetzung geführt, sie als stille Gesellschafter einer Firma in der Rechtsform des Einzelkaufmanns zu gewinnen; beide Personen wären dazu bereit.

Errichtung einer Halle
Angesichts dieser Zahlen des Schuldendienstes, die schon bei einer Zwei-Felder-Halle auf ihn zukommen würden und die als fix anzusehen sind, und der letztlich ungewissen Einnahmen wurde Herrn Fraas die Entscheidung für den Bau der Tennishalle bzw. für die Wahl der Tennishalle wieder wesentlich schwerer. Seine Frau, mit der er aus naheliegenden Gründen bei der Eheschließung im Juli die Gütertrennung vereinbaren wird, sollte gegebenenfalls beim Tenniscenter mitarbeiten. Dadurch würde allerdings das Problem einer Sicherung der gemeinsamen Existenz wieder erschwert. In dem Gesellschaftsvertrag, der im Zusammenhang mit der Errichtung der Tennishalle mit den stillen Gesellschaftern geschlossen werden soll, ist vorab eine Tätigkeitsvergütung von Herrn und Frau Fraas in Höhe von zunächst DM 24 000,– vorgesehen, danach sind die stillen Einlagen mit 10 % zu verzinsen, der verbleibende Gewinn soll nach Kapitalanteilen aufgeteilt werden. Die stillen Gesellschafter sollen nur insofern am geschäftlichen Risiko teilnehmen, als ihnen eine geringere oder gar keine Verzinsung zukommt, nicht aber soll ihr Kapital reduziert werden.
Angesichts all dieser Perspektiven fragt sich Herr Fraas, ob er das Projekt unternehmen soll. Dabei ist ihm ziemlich klar, daß er hier gewissermaßen «Alles auf eine Karte» setzt.

Systemhallen

Voraussetzungen: • ebener Boden der Klassen drei oder vier vorhanden
• maximale Schneelast 90 kp/qm

		Ein-Felder-Halle	Zwei-Felder-Halle	Drei-Felder-Halle	Vier-Felder-Halle
Grund-aus-stattung	Komplette Halle ab Ober-kante Fundament (incl. Dach- und Wanddämmung)	125 080,–*	192 164,–*	241 404,–*	312 164,–*
	Erd- und Fundament-arbeiten	30 000,–	40 000,–	55 000,–	70 000,–
	Einrichtung der Spiel-plätze	55 000,–	100 000,–	140 000,–	190 000,–
	Beleuchtung und Heizung	30 000,–	60 000,–	85 000,–	100 000,–
sehr zu emp-fehlen	Belüftung (1 Frischlüfter/ Platz)	406,–*	812,–*	1 218,–*	1 624,–*
	Dachlichter (10 je Platz)	3 740,–*	7 480,–*	11 220,–*	14 960,–*
	Türen, gedämmt	1 m × 2 m : DM 480,–*			
fakul-tativ	Sozialanbau 1 (ohne Clubraum)	120 000,–			
	Sozialanbau 2 (mit Clubraum)	150 000,–			
	Sozialanbau 3 (mit großer Gaststätte)	200 000,–			
Gesamtkosten: Sozialanbau 1		364 706,–	520 936,–	654 322,–	809 228,–
Gesamtkosten: Sozialanbau 2		394 706,–	550 936,–	684 322,–	839 228,–
Gesamtkosten: Sozialanbau 3		444 706,–	600 936,–	734 322,–	889 228,–

Lediglich die mit * versehenen Preisangaben stellen Festpreise dar, alle anderen Preise hängen insbesondere vom Baugrund und der genauen Ausgestaltung des Bauvorhabens ab. Alle Preise verstehen sich in DM ohne die jeweils gesetzliche Mehrwertsteuer.
Die im Hallenpreis berücksichtigte Dämmung wurde am Dach mit K 0,5 und an der Wand mit K 0,85 berücksichtigt. Bei höheren maximalen Schneelasten müssen schwerere Konstruktionen gewählt werden, für die wir Mehrpreise verrechnen müssen. Die Halle ist am Dach und an der Wand mit bezinkten, beschichteten Trapezblechen verkleidet; die Farbe der Bleche ist ohne Mehrpreis in gewissem Rahmen frei wählbar.
Eine genaue Offerte mit Materialbeschreibung erhalten Sie, sobald wir mit Ihnen alle Einzelheiten abgesprochen haben.
Bei Erscheinen einer neuen Richtpreisinformation verliert diese Information ihre Gültigkeit.

Nürnberg, im Mai 1979

4.5. Literaturempfehlungen

Empfehlungen für den gesamten bzw. den überwiegenden Bereich des Stoffes, der in diesem Buch behandelt wird, sind unter den Literaturempfehlungen am Ende des ersten Kapitels dieses Buches zu finden.

Bamberg, G.; Coenenberg, A. G.: Betriebswirtschaftliche Entscheidungstheorie, 6. Auflage, München 1991

Bitz, M.: Entscheidungstheorie, München 1981

Höfner, K.; Kopp, M.: Artikelerfolgsrechnung, in: Verlag moderne Industrie (Hrsg.): Marketing-Enzyklopädie, Band 1, München 1974, S. 85–102

Kahle, E.: Betriebliche Entscheidungen, 2. Auflage, München/Wien 1990

Kilger, W.: Flexible Plankostenrechnung, 9. Auflage, Wiesbaden 1988

Köhler, R.: Absatzsegmentrechnung, in: Kosiol, E.; Chmielewicz, K.; Schweitzer, M. (Hrsg.): Handwörterbuch des Rechnungswesens, 3. Auflage, Stuttgart 1993, Sp. 7–15

Lilien, G.; Kotler, Ph.: Marketing decision making, Cambridge/Philadelphia/San Francisco 1983

Riebel, P.: Einzelkosten- und Deckungsbeitragsrechnung, 6. Auflage, Wiesbaden 1990

5. Produktpolitik

5.0. Lernziele des Kapitels

Gegenstand der Kapitel 1 bis 4 dieses Buches ist die Skizze der theoretischen Grundlagen praktischer Absatzpolitik. Die betriebliche Absatzpolitik findet ihren Niederschlag in der Ausgestaltung des absatzpolitischen Instrumentariums; es ist daher naheliegend, die einzelnen absatzpolitischen Aktionsbereiche einer näheren Analyse zu unterziehen. Dies geschieht in den Kapiteln 5 bis 8. Die Reihenfolge der Behandlung der einzelnen Aktionsbereiche entspricht dabei der Konvention der Lehrbücher in aller Welt, ist aber sachlich insofern gerechtfertigt, als man in der Produktpolitik berechtigterweise den Kern aller absatzpolitischen Anstrengungen sieht und die Preispolitik auf das engste mit dem Leistungsangebot verknüpft ist. Da der Kommunikationspolitik die Aufgabe zukommt, über die Leistungen aller betrieblichen Aktionsbereiche zu informieren, ist es naheliegend, sie erst zum Abschluß darzustellen.

Ziel der Darstellungen in diesem Kapitel ist es, ein Verständnis davon zu vermitteln,

- welche Aktionen im Bereich der Produktpolitik ergriffen werden können,
- wie Produkte durch die Abnehmer, die vor allem über den Erfolg eines Produktes entscheiden, beurteilt werden und damit auch, wie Produkte gestaltet werden sollen,
- welche Entwicklungsstufen ein Produkt von der ersten Idee bis zur Marktentnahme durchläuft und
- wie die Erfolgsträchtigkeit von Produkten in den verschiedenen Entwicklungsstufen sinnvoll beurteilt werden kann.

5.1. Inhalt der Produktpolitik

Unter betrieblicher *Produktpolitik* ist die Gesamtheit der betrieblichen Aktionen zu verstehen, die die *Gestaltung einzelner Sach- bzw. Dienstleistungen* oder *von Produktmehrheiten* bzw. des gesamten Vertriebsprogramms zum Inhalt haben. Produktpolitik kann darin bestehen zu versuchen, Strömungen des Absatzmarktes bewußt zu beeinflussen *(aktive Produktpolitik)*, oder darin, sich den Strömungen des Absatzmarktes anzupassen *(passive Produktpolitik)*.

5.1.1. Definition von Produkt in absatzwirtschaft-
licher Sicht

Produktpolitik richtet sich primär auf Produkte. Man ist geneigt, ein Produkt mittels seiner physikalischen und chemischen Eigenschaften und der äußeren Form zu beschreiben; das Produkt wird in diesem Falle als *technische Leistung* betrachtet. Für die Zwecke der Absatzpolitik in Käufermärkten ist es in den meisten Fällen sinnvoller, bei der Definition des Produktes von einem umfassenderen Ansatz auszugehen. Das Produkt wird nicht als technische Leistung, sondern als eine *absatzwirtschaftliche Leistung* gesehen, deren Beurteilung anhand von *Nutzenerwartungen* vorgenommen wird. Die absatzwirtschaftlich orientierte Definition des Produktes umschließt insofern die technisch orientierte Definition, als die technischen Eigenschaften – sofern sie wahrgenommen werden – ebenfalls Nutzenerwartungen induzieren. Die Bedeutung des Unterschiedes zwischen beiden Definitionen wird insbesondere bei Genußmitteln evident; so können Zigarettenmarken nur schwerlich allein anhand von Kondensat- und Nikotingehalt hinreichend genau beschrieben werden. Besonders deutlich wird dieser Unterschied auch bei Kosmetika, bei denen die übliche Käuferin in keiner Weise die chemische Konsistenz interessiert, sondern allein deren Potential, «Schönheit» zu verleihen. Die Definition des Produktes als die Summe wahrgenommener, mit Nutzenerwartungen verknüpfter Leistungsmerkmale entspricht der im Kapitel 1 skizzierten subjektiven Betrachtungsweise der Absatzpolitik nach den Grundzügen des Marketing. Entscheidend für den Erfolg der Produktpolitik sind damit im Prinzip nicht die objektiven Gegebenheiten eines Produktes, sondern die *subjektiv gefärbten Wahrnehmungen* des Produktes. Daß die objektiven Gegebenheiten eines Produktes den ihm zugerechneten Nutzen stark beeinflussen, wird dabei nicht bestritten. Im übrigen formen auch Werbemaßnahmen für Produkte oder soziale Einflüsse (Äußerungen von Meinungsführern) die Nutzenerwartungen gegenüber einem Produkt und haben damit Einfluß auf den Erfolg der Produktpolitik.

5.1.2. Dimensionen der Produktgestaltung

Definiert man ein Produkt als Bündel von Merkmalen, die mit Nutzenerwartungen verknüpft sind, so ist unmittelbar klar, daß als Gegenstand der Produktpolitik grundsätzlich alle diejenigen

Faktoren in Betracht kommen, die auf die Ausformung der Nutzenerwartungen einen Einfluß haben können. Einige wesentliche Faktoren sind im folgenden Schaubild zusammengestellt:

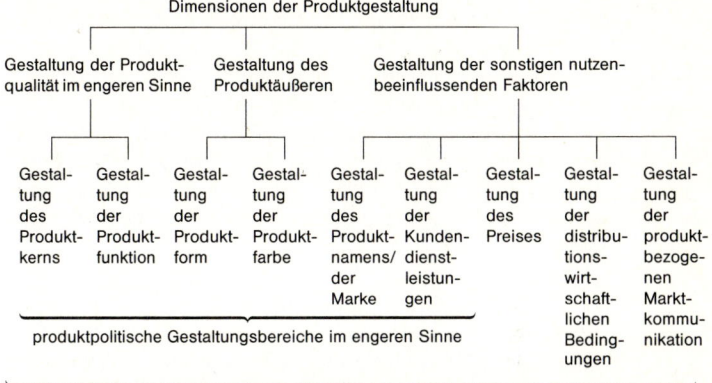

Schaubild 5.1.: Dimensionen der Produktgestaltung (= Determinanten der Produktqualität im weiteren Sinne)

Alle in Schaubild 5.1. genannten Gestaltungsbereiche können grundsätzlich einen Einfluß auf die subjektive Nutzenerwartung gegenüber einem Produkt haben. Sie sind daher prinzipiell als produktpolitische Gestaltungsbereiche anzusehen, mithin als Möglichkeiten, Produkte zu differenzieren bzw. das eigene Angebot zu positionieren. Die Gestaltungsbereiche Preis, distributionswirtschaftliche Bedingungen und Marktkommunikation werden allerdings nicht nur bzw. nicht primär aus produktpolitischer Sicht geprägt, so daß es berechtigt erscheint, sie nicht als produktpolitische Gestaltungsbereiche im engeren Sinne zu bezeichnen. Diese drei Gestaltungsbereiche werden nur sekundär unter dem Gesichtspunkt der Beeinflussung produktspezifischer Nutzenerwartungen variiert, sie können daher auch als sekundäre produktpolitische Gestaltungsbereiche bezeichnet werden.

Die wichtigsten Dimensionen produktpolitischer Gestaltung können dabei etwa wie folgt skizziert werden:

- *Produktqualität* im engern Sinne: Sie stellt die Summe der objektiv meßbaren bzw. feststellbaren Eigenschaften eines

Produktes dar und steht in engem Zusammenhang mit dem *Grundnutzen* des Produktes (vgl. Abschnitt 5.3.1).

- • *Produktkern:* Er umfaßt physikalische und chemische Eigenschaften wie etwa Größe, Länge, Gewicht, chemische Zusammensetzung, technische Leistung, technische Lebensdauer etc.
- • *Produktfunktion:* Sie ist auf das engste mit dem Produktkern verbunden, stellt allerdings in stärkerem Maße auf die Verwendung und damit auch auf die Verwender ab. Aspekte der Produktfunktion sind Anwendungsbreite, wirtschaftliche Haltbarkeit, Zuverlässigkeit, Lebensdauer, Gebrauchstüchtigkeit, Leichtigkeit der Handhabung etc. Die Produktfunktion versuchen Unternehmen häufig nicht nur durch die Gestaltung des Produktes selbst, sondern auch durch die Gewährung von Garantien zu beeinflussen. Vor allem bei technisch neuartigen Gütern ist die Gewährung eines adäquaten *Gewährleistungsversprechens* durch einen kompetenten Partner (meist der Produktionsbetrieb oder von ihm beauftragte Handels- bzw. Handwerksbetriebe) für den Erstabsatz der betreffenden Produkte oft von entscheidender Bedeutung. Die bisher – mehr oder weniger – freiwillig vereinbarten bzw. angebotenen Garantieleistungen werden in vielen Industrieländern allerdings zum Teil durch generell verbindliche Regelungen der *Produzentenhaftung* ersetzt bzw. ergänzt, soweit es um Folgeschäden nicht perfekter Produkte geht.
- • *Produktäußeres:* Produktäußeres und die sonstigen nutzenbeeinflussenden Faktoren zielen in erster Linie auf den *Zusatznutzen* eines Produktes ab (vgl. Abschnitt 5.3.1.).
  - • *Produktform:* Die Produktform kann zum einen auf das *Produkt selbst* (z. B. Seife), zum anderen aber auch auf die *Packung* (z. B. Folienbeutel, Faltschachtel) bezogen werden. Packung ist dabei die Verkaufszwecken dienende Umhüllung des Produktes, während Verpackung die für Transportzwecke vorgenommene Umhüllung des Produktes ist. Insbesondere bei Produkten, die nicht formfest sind und die daher in Tuben, Dosen, Gläsern etc. verkauft werden, besitzt man bei der Gestaltung der Produktform einen relativ großen Freiheitsspielraum. Eine relativ verbreitete Form der Beeinflussung des Zusatznutzens eines Produkts stellt dabei die Schaffung von Packungen dar, die

für Zweitverwendungen geeignet sind (z. B. Senf in kleinen Bierkrügen).

- •• *Produktfarbe:* Die Produktfarbe kann wie die Produktform sowohl auf das Produkt selbst als auch auf die Packung bezogen werden.
- • *Sonstige nutzenbeeinflussende Faktoren:* Neben der Produktqualität im engeren Sinne und dem Produktäußeren beeinflussen eine Reihe anderer Faktoren die an ein Produkt geknüpften Nutzenerwartungen; von besonderer Bedeutung sind:
  - •• *Produktname:* Der Name des Produktes bzw. der Name des Unternehmens hat in vielen Fällen wichtige Symbolfunktionen. Mit «Mercedes» verbindet die Mehrzahl der Bundesbürger etwas in qualitativer Sicht Hochwertiges und Prestigeträchtiges; eine Zigarette mit dem Namen Mercedes wird die gleiche Personenmehrheit daher tendenziell als hochwertige Zigarette einstufen. Dasselbe gilt für prestigeträchtige Namen, die vor allem die Freizeitkleidung (Head, Lacoste etc.) «schmücken»; diese Namen haben nicht nur eine Informationsfunktion für den Käufer, sondern bieten auch Identifikationsmöglichkeiten für den Träger. Statt Namen, d. h. Wortzeichen, können auch Zahlenzeichen, Bildzeichen, typische Farbkombinationen oder auch Produktformen zur Kennzeichnung der Herkunft von Produkten dienen (z. B. 4711, Mercedes-Stern, Maggi-Farbkombination, Coca-Cola-Flasche). Solche Zeichen werden *Marken* genannt, sie können dabei auf dem Produkt selbst oder auf der Packung aufgebracht sein. Entsprechend dem Eigentümer der Marke unterscheidet man zwischen *Herstellermarken, Handelsmarken* und neuerdings auch Gattungsmarken. Der Unterschied zwischen den beiden zuletzt genannten Marken besteht nicht im Eigentümer der Marke (in beiden Fällen Handelsunternehmen), sondern eigentlich nur darin, daß Handelsunternehmen bei Handelsmarken ein ähnlich prestigehaltiges Image anstreben wie Produktionsunternehmen bei Herstellermarken, während sie bei *Gattungsmarken* («no names») mittels bewußt einfacher Ausstattung die Vorstellung zu verbreiten versuchen, nur das «Produkt an sich» werde angeboten.
  - •• Von besonderer Bedeutung ist in vielen Fällen die produktpolitische Dimension *Kundendienstleistung.* Der Kundendienst kann dabei *technischer Natur* (Aufstellen von

Elektrogeräten, Möbeln) oder *kaufmännischer Art* (Anwendungsberatung) und damit primär auf das Produkt oder primär auf den Nachfrager hin orientiert sein. Während der kaufmännische Kundendienst vorwiegend vor dem Kaufabschluß von der betreffenden Verkaufseinheit (Einzelhandel, Vertreter, Reisender) gewährt wird, ist der technische Kundendienst sehr häufig eine Aufgabe dafür spezialisierter Einrichtungen (Kundendienstbüros, Niederlassungen). Ganz besonders deutlich wird dieser Unterschied bei Versicherungsunternehmen, bei denen die Verteter oft nichts mit der Abwicklung von Schadensfällen zu tun haben, aber alle Tarifberatungen vor Vertragsabschluß zu bewerkstelligen haben.

- • *Preis:* Mit dem Produktpreis werden unter bestimmten Bedingungen Qualitätsvorstellungen verknüpft (vgl. Kapitel 6); der Preis ist insofern ein Faktor, der die Nutzenerwartungen beeinflußt (vgl. die Fallstudie Jado GmbH in Kapitel 1).
- • *Distributionswirtschaftliche Bedingungen:* In manchen Fällen wird von Individuen auch vom Ort des Verkaufs (Einzelhandelsgeschäftstyp) auf den zu erwartenden Produktnutzen geschlossen (vgl. die Fallstudie Jado GmbH in Kapitel 1).
- • *Produktbezogene Marktkommunikation:* Insbesondere bei Produkten, deren Marken sich kaum hinsichtlich der Produktqualität im engeren Sinne und des Produktäußeren unterscheiden, wird die Nutzenerwartung von Individuen häufig stark von den werblichen Anstrengungen geprägt (HB-Zigaretten-Werbung: Zigarette als Mittel der Entspannung).

Im Einzelfall ist eine exakte Zurechnung produktpolitischer Gestaltungsmaßnahmen zu einer der oben skizzierten Dimensionen der Produktgestaltung häufig kaum möglich bzw. eine Maßnahme kann mehrere Dimensionen tangieren (Gestaltung der Coca-Cola-Flasche).

Eine Kennzeichnung von Produkten, die vor allem für die Distributions- und Kommunikationspolitik relevant ist, wird durch das Begriffspaar *problemlos* bzw. *problemhaft* angezeigt. Problemlose Produkte sind solche, die (fast) keiner Beratungsleistungen bei der Vermarktung bedürfen, sondern gewissermaßen im Selbstbedienungsbetrieb verkauft werden können. Die Problemlosigkeit eines Produktes ist einerseits durch die technische Entwicklung bedingt und andererseits eine Funktion der Gestaltung des Produktäußeren (z.B. Gebrauchsanweisung).

5.1.3. Zur Zielsetzung der Produktpolitik

Geht man davon aus, daß Produkte nicht technische Gebilde, sondern Bündel von wahrgenommenen bzw. erwarteten Nutzengrößen sind, so ergeben sich daraus gewichtige Folgen für die Zielsetzung der Produktpolitik. Als Maßstab der Güte der Produktpolitik können demnach sicherlich nicht ausschließlich Meßwerte über die technische Leistung herangezogen werden. Die im Rahmen der entscheidungstheoretischen Überlegungen skizzierte Anforderung der Stellen- bzw. *Aufgabenadäquanz* von Zielen läßt es andererseits wenig sinnvoll erscheinen, als spezifisch produktpolitisches Ziel etwa den Absatz oder Deckungsbeitrag eines Produktes zu definieren. Absatz und Deckungsbeitrag eines Produktes werden nicht nur von der Produktpolitik determiniert, sondern mindestens im gleichen Maße z.B. auch vom geforderten Preis. Ein Entscheidungskriterium, das dem Wesen des Produktes als Nutzenbündel angemessen ist, stellt die *Präferenz für das Produkt* dar. Der Präferenzwert eines Produktes gibt dabei das Ausmaß des erwarteten Nutzens eines Produktes wieder.

Auf den Präferenzwert eines Produktes kann nicht unmittelbar aus Marktdaten geschlossen werden, sondern er ist stets gesondert zu erheben. Die Erhebungssituation kann dabei vereinfacht wie folgt skizziert werden: Mehreren Personen werden die zu bewertenden Produkte in der üblichen Verpackung (ohne Preisangabe) dargeboten und sie werden gebeten, diese Produkte in eine Rangfolge der *Vorziehenswürdigkeit* zu bringen. Die so ermittelten Präferenzrangwerte stellen einen Indikator der Produktqualität im weiteren Sinne dar. Das solchermaßen definierte Entscheidungskriterium für produktpolitische Aktionen weist einen gravierenden Mangel auf: es berücksichtigt nicht die für das Produkt aufgewandten Kosten. In vielen Fällen wird man daher das Ziel der produktpolitischen Aktionen wie folgt formulieren: Maximiere den Präferenzwert eines Produktes bei vorgegebenen Kosten für das Produkt!

5.2. Die Menge der produktpolitischen Aktionen

5.2.1. Produktinnovation, Produktvariation und Produktelimination

Im Rahmen der betrieblichen Produktpolitik sind grundsätzlich folgende Klassen von Aktionen möglich:

- Schaffung neuer Produkte *(Produktinnovation).*
- Veränderung bestehender Produkte *(Produktvariation).*
- Entfernung bestehender Produkte aus dem Markt *(Produktelimination).*

Sowohl die Innovation als auch die Variation von Produkten kann sich dabei jeweils auf einen oder auf mehrere produktpolitische Gestaltungsbereiche im engeren Sinne beziehen.

Folgt man der subjektiv orientierten Definition von Produkten, so sind veränderte Produkte solche Produkte, die sich gegenüber ihren Vorgängern durch eine Veränderung des Nutzenbündels auszeichnen, und neue Produkte solche, die hinsichtlich der *Nutzenerwartungen anders als bisherige Produkte* eingestuft werden. Bezieht sich das Attribut «anders» auf die bisherigen Produkte desselben Unternehmens, nicht aber auf die bisher am Markt angebotenen Produkte, so wird von einem *unternehmensneuen* Produkt gesprochen. Bezieht sich das Attribut «anders» dagegen auf die bisherigen Produkte aller relevanten Unternehmen, so bezeichnet man das betreffende neue Produkt als ein *marktneues* Produkt. In der Realität werden häufig bei Erfolgen marktneuer Produkte von Konkurrenzunternehmen ähnliche Produkte auf den Markt gebracht, um so am Erfolg des neuen Produktes teilhaben zu können *(«Me-too-Produkte»).*

Die Definition von neuen Produkten macht bereits klar, daß zwischen neuen Produkten und veränderten Produkten kaum ein klarer Trennungsstrich gezogen werden kann. Ohne Zweifel wurde der erste «Motorwagen» (Benz 1886) als neues Produkt wahrgenommen; ob der Übergang von dem Personenwagentyp VW Golf II der Jahre bis 1991 zu dem Personenwagentyp VW Golf III der Jahre ab 1991 als Produktinnovation oder als Produktvariation wahrgenommen wurde, ist nicht ohne weiteres und nicht interindividuell gleich zu beantworten. Betrachtet man den Personenwagentyp VW Golf III als neues Produkt, so ist mit der Schaffung des neuen Produktes in diesem Fall zugleich eine Produktelimination verbunden.

Neue Produkte sind solche Produkte, die sich mindestens hinsichtlich einer Nutzenerwartung von den bisherigen Produkten wesentlich unterscheiden. Gleichgültig, ob parallel zur Produktinnovation eine Produktelimination vorgenommen wird oder nicht, sind Produktinnovationen immer auch als *programmpolitische Maßnahmen* anzusehen. Die Schaffung neuer Produkte soll daher später unter programmpolitischen Gesichtspunkten näher diskutiert werden.

Definiert man Produktelimination in einem weiteren Sinne, wie es häufig getan wird, so tritt als zweite Form der Produktelimination die bewußte Unterlassung von Produktvariationen, die als notwendig oder als wünschenswert erachtet werden. In diesem Fall überläßt man das Produkt gewissermaßen selbst seinem Schicksal. Die unterlassene Produktanpassung mag etwa darin bestehen, daß ein Produkt gewandelten ästhetischen Anforderungen nicht angepaßt oder daß auf technische Verbesserungen verzichtet wird, die realisierbar sind. Ein typisches Beispiel für den zuerst genannten Fall stellt die Mode dar; ein «Beleg» für den zweitgenannten Fall sind Berichte, wonach ewig brennende Glühbirnen und laufmaschenfeste Damenstrümpfe produziert werden könnten. Gegen beide Formen der *Unterlassung von Produktvariationen* wird regelmäßig Kritik geübt und der Vorwurf erhoben, daß hier geplante Veralterung *(planned obsolescence)* betrieben und damit letztlich zum Schaden der Abnehmer gehandelt werde. Dabei darf nicht verkannt werden, daß die geplante Veralterung in beiden Fällen auf genau entgegengesetzte Handlungen zurückzuführen ist. Während im Falle der Minderung des rein subjektiven Nutzens (Mode) die geplante Veralterung durch Maßnahmen der Unternehmen herbeigeführt wird, geschieht dies im Falle der Minderung des relativen (bezüglich des möglichen) objektiven Nutzens (Glühbirne) durch Unterlassen von Maßnahmen. Eine nähere Diskussion der mit beiden Fällen zusammenhängenden Problemen betrieblicher, gesamtwirtschaftlicher und ethischer Art muß hier unterbleiben.

Als eine besondere Form der Produktpolitik wird häufig die Schaffung von *Markenartikeln* eingestuft. Als Markenartikel werden dabei Produkte bezeichnet, die durch eine *allseits bekannte Marke* gekennzeichnet sind, ein hohes und *gleichbleibendes Qualitätsniveau* aufweisen und *allgemein erhältlich* sind (Ubiquität). Das Besondere des Markenartikels ist nur aus historischer Sicht verständlich. So kaufte man noch Anfang dieses Jahrhunderts Nahrungsmittel wie Erbsen, Reis, Nudeln etc. oder Reinigungsmittel als Stapelware. Der Konsument hatte keine genaueren Informationen über die Art der Produkte, deren Herkunft, deren Wirkungsweise oder deren Qualitätsniveau, es sei denn, der Händler vermittelte sie ihm. Angesichts des zu jener Zeit aus anonymen Produkten bestehenden Angebots stellte die Schaffung von Markenartikeln durch deren Produzenten durchaus einen revolutionären Akt dar. Frühe Marken, die heute noch Bedeutung haben, waren Persil und Odol; beide wurden Ende des vergangenen Jahrhunderts geschaffen. Kennzeichen von Markenartikeln der Industrie *(Herstellermarken)* sind neben den bereits genannten die intensive werbliche Ansprache der Letztabnehmer und das Streben um eine planvolle Gestaltung der Distribution. Was ehedem eine revolutionäre Neuerung war, ist heute bereits soweit Allgemeingut, daß es schwerfällt, eine größere Zahl anonymer Produkte zu benennen. Markenartikelhersteller haben als erste Produktionsunternehmen bewußt Elemente einer modernen Absatzpolitik realisiert. Es ist daher nicht abwegig, die Markenartikelindustrie (nicht nur Deutschlands) als Schöpfer der modernen Absatzpolitik nach den Prinzipien des Marketing zu bezeichnen. Mit der Zunahme der Bedeutung des Handels in den letzten 15 Jahren (vgl. Kapitel 7) gingen auch Handelsunternehmen dazu über, eigene Marken zu schaffen (*Handelsmarken*, z.B. Mars/Privileg von Quelle, Tandil von Aldi). Die ebenfalls von Handelsunternehmen kreierten Gattungsmarken richten sich vor allem an relativ rational handelnde Konsumenten und sind preislich in der Regel besonders günstig. In Deutschland sind diese Produkte vor allem als Konkurrenz gegen die Handelsmarken der ALDI-Gruppe entstanden (Schaubild 5.2.).

Betrachtet man die Entwicklung im Bereich der Produktpolitik, so scheint es gerechtfertigt, folgende langfristige Trends festzustellen:

- Trend zu *fertigen Produkten*: In immer stärkerem Maße werden halbzubereitete Nahrungsmittel (Konserven, Fertiggerichte) anstelle unzubereiteter Nahrungsmittel angeboten.
- Trend *zu unkomplizierten Produkten*: Die Inspektionsfristen bei Personenkraftwagen werden immer länger und Elektrogeräte immer weniger wartungsbedürftig.
- Trend zu «*bequemeren*» *Produkten*: Die geforderten Kenntnisse hinsichtlich der Produktverwendung und die mit der Benutzung verbundenen Aufwendungen werden immer geringer.
- Trend zu *modischen Produkten:* Nicht nur Kleider unterliegen

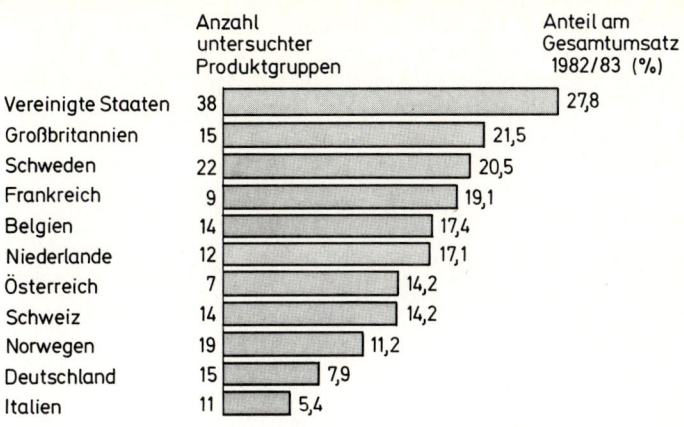

	Anzahl untersuchter Produktgruppen	Anteil am Gesamtumsatz 1982/83 (%)
Vereinigte Staaten	38	27,8
Großbritannien	15	21,5
Schweden	22	20,5
Frankreich	9	19,1
Belgien	14	17,4
Niederlande	12	17,1
Österreich	7	14,2
Schweiz	14	14,2
Norwegen	19	11,2
Deutschland	15	7,9
Italien	11	5,4

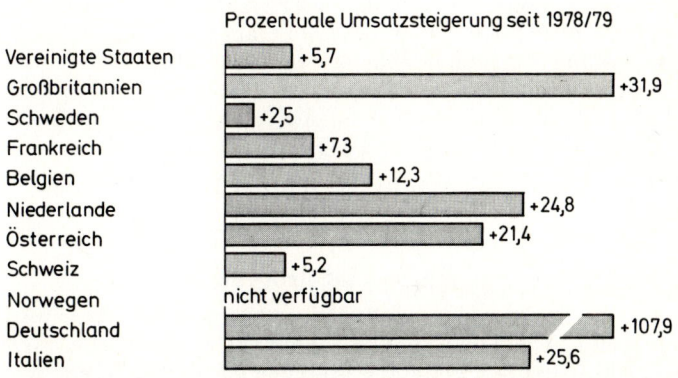

	Prozentuale Umsatzsteigerung seit 1978/79
Vereinigte Staaten	+5,7
Großbritannien	+31,9
Schweden	+2,5
Frankreich	+7,3
Belgien	+12,3
Niederlande	+24,8
Österreich	+21,4
Schweiz	+5,2
Norwegen	nicht verfügbar
Deutschland	+107,9
Italien	+25,6

Quelle: Nielsen GmbH (Hrsg.): Marketing Trends 1/1985, Frankfurt 1985, S. 5.

Schaubild 5.2.: Bedeutung und Wachstum von Handelsmarken (einschl. Gattungsmarken) bei ausgewählten Produktgruppen

modischen Änderungen, sondern auch Möbel; dabei werden die Modephasen teilweise immer kürzer.
• Trend zu *Do-it-yourself-Produkten:* Angesichts der in den vergangenen Jahren relativ stark angestiegenen Aufwendungen für Handwerkerleistungen und der zunehmenden Freizeit ist ein Bedürfnis nach Produkten entstanden, mit deren Hilfe geschickte Laien Handwerkerleistungen erbringen können.

199

Auf diese Weise wird ein Potential zur Ausgabenreduktion und werden Möglichkeiten der Selbstverwirklichung geboten; Voraussetzung für den Erfolg solcher Produkte ist allerdings, daß sie relativ problemlos gestaltet und zusammen mit Beratungsleistungen angeboten werden.

• Trend zur *Homogenisierung der Produkte:* Technische und zum Teil auch gesellschaftliche Entwicklungen fördern eine Homogenisierung vor allem bei technischen Geräten; eine besondere Rolle kommt in diesem Zusammenhang Normvorschriften bzw. der Wunsch nach Kompatibilität zu. Besonders augenfällig sind diese Homogenisierungstendenzen etwa bei Videogeräten (Vereinheitlichung der Systeme) und Computern (zunehmende Kompatibilität). Die Homogenisierung reduziert erzwungene Markentreue und fördert so den Wettbewerb. Eine Folge der Homogenisierung der Produktqualität im engeren Sinne ist die zunehmende Bedeutung, die Nebenleistungen (Garantien, technischer Kundendienst, kaufmännischer Kundendienst) und sonstige Dimensionen der Produktgestaltung (v.a. auch werbliche Positionierung) zukommt. Bei anderen Produkten, vor allem solchen, bei denen die Markenwahl fast allein auf geschmacklichen oder ästhetischen Gründen basiert (Nahrungsmittel, Geschirr, Hauseinrichtungen), ist allerdings auch der gegenläufige Trend zu einer zunehmenden Heterogenisierung festzustellen.

5.2.2. Produktinnovation und Programmpolitik

Durch die Schaffung neuer Produkte wird stets das Angebotsprogramm einer Unternehmung modifiziert. Die Gesamtheit der von einem Produktionsunternehmen angebotenen Produkte nennt man das Vertriebs- oder *Absatzprogramm*; für Handelsbetriebe hat sich dafür der Begriff *Sortiment* eingeprägt. Das Absatzprogramm eines Unternehmens ist in vielen Fällen nicht identisch mit dem Produktionsprogramm desselben Unternehmens; häufig werden zur «Abrundung des Angebots» Produkte zugekauft und zusammen mit den eigenen Produkten entweder unter eigenen oder fremden Namen verkauft. Das Entscheidungsproblem, ob ein Produkt selbst erstellt oder zugekauft werden soll, wird häufig auch das «Make-or-Buy-Problem» genannt. Der Zielsetzung des Lehrbuches entsprechend wird hier nur die Frage der Gestaltung des Absatzprogramms, nicht die nachgeordnete Frage der Gestaltung des Produktionsprogramms erörtert. Die mit einer *Produktinnovation* vorgenommenen *Veränderungen des Vertriebsprogramms* können wie in Schaubild 5.3. skizziert systematisiert werden.

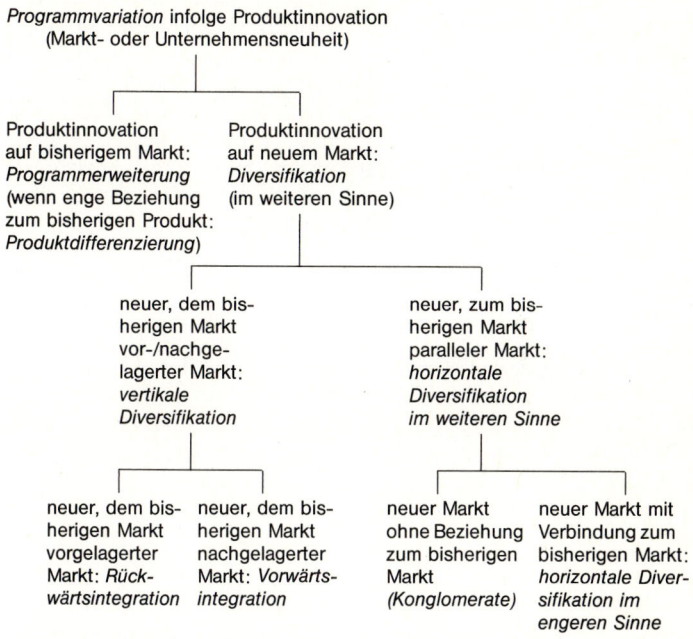

Schaubild 5.3.: Programmvariationen infolge Schaffung eines neuen Produktes

Programmerweiterung bedeutet, daß ein neues Produkt auf einem schon vom betreffenden Unternehmen bearbeiteten Markt eingeführt wird. Betrachtet man im Personenwagensektor beispielsweise den Markt der Mittelklassewagen als relevanten Markt, so wäre in der Einfühung des Audi 80 durch die Auto Union AG ein Fall der Programmerweiterung zu sehen (Audi 100 war schon am Markt). Daß die Abgrenzung des *relevanten Marktes* in diesem Zusammenhang problematisch ist, braucht nicht weiter ausgeführt zu werden. Geht man etwa davon aus, daß Bier und Limonade unterschiedlichen Märkten zuzurechnen sind, so wäre die Aufnahme von Limonaden in das Vertriebsprogramm einer Brauerei als Fall der *horizontalen Diversifikation* im weiteren Sinne zu qualifizieren. Unternehmen, die gemeinhin als «conglomerates» bezeichnet werden, führen im Angebotsprogramm Produkte, deren Märkte ohne Beziehung zueinander stehen. Als Beispiel der *vertikalen Diversifikation* in der Form der Vorwärtsintegration kann Texas Instruments angeführt werden, die zunächst unter anderem Schaltkreise und elektronische Bauelemente anboten und später auch Taschenrechner, die diese Vorprodukte beinhalten. Eine besondere Form der Diversifikation stellt das Engagement eines Unternehmens auf dem Markt der Gebrauchtprodukte der von ihm hergestellten Produkte dar. Wird etwa ein PKW-Hersteller auf dem Gebrauchtwagenmarkt aktiv und entwickelt ihn, so fördert er damit zugleich den Absatz seiner Neuwagen, da angesichts eines funktionierenden Gebrauchtwagenmarktes mancher Käufer sich zum Kauf eines Neuwagens entschließt, da das ökonomische Risiko eines Neuwagenkaufes bei einem gut funktionierenden Gebrauchtwagenmarkt geringer ist als ohne diesen.

Die Gesamtheit der produktpolitischen Aktionen kann nach dem *Produkt-Markt-Konzept* wie folgt systematisiert werden (Schaubild 5.4.):

| | | Marktstrategien | |
		bisheriger Markt des Unternehmens	neuer Markt des Unternehmens
Programm-strategien	gleichartiger Nutzen	Produktvariation	distributions-wirtschaftliche Expansion
	anderer Nutzen	Programm-erweiterung	Diversifikation
		Produktinnovation	

Schaubild 5.4.: Produktpolitische Aktionen

Bisweilen wird unterstellt, daß die «normale» Abfolge produktpolitischer Aktionen einem Z folgt (Schaubild 5.4.); der Produktvariation folgt demnach als unternehmensstrategische Maßnahme die distributionswirtschaftliche Expansion, dann die Programmerweiterung und gewissermaßen als Krönung die Diversifikation. Eine solche Abfolge wird heute allgemein nicht mehr als adäquat eingestuft.

5.3. Produktbeurteilung aus der Sicht der Abnehmer – Das Nutzenkonzept

Zum Gegenstand der produktpolitischen Überlegungen waren bisher Nutzenerwartungen gemacht worden; was darunter zu verstehen ist, soll nachfolgend präzisiert werden.

5.3.1. Grundnutzen und Zusatznutzen

Produkte werden hinsichtlich des von ihnen gestifteten Nutzens wegen unterschiedlicher Persönlichkeitsstrukturen und Wahrnehmungen der Abnehmer häufig unterschiedlich beurteilt. Die einzelnen dabei zu berücksichtigenden Nutzenkategorien faßt Schaubild 5.5. zusammen.

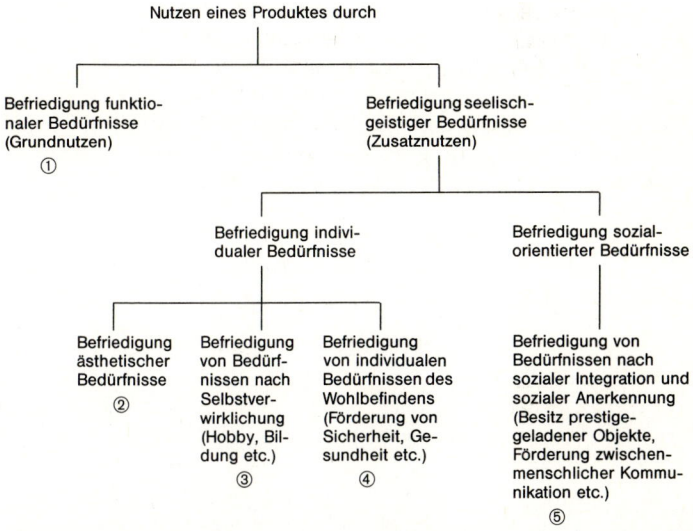

Schaubild 5.5.: Nutzenstiftung eines Produktes

Die einzelnen Nutzenkategorien des obigen Schemas können unschwer zu den im Rahmen der Motivpsychologie entwickelten Motivkatalogen in Beziehung gesetzt werden. Geht man vom Motivkatalog Maslows aus, so kann der *Grundnutzen* den *physiologischen Bedürfnissen* zugeordnet werden, die unter ④ genannten Bedürfnissen wären den Sicherheitsbedürfnissen, die unter ⑤ aufgeführten Bedürfnisse den sozialen Bedürfnissen und die unter ② und ③ den Bedürfnissen nach Selbstverwirklichung im Sinne Maslows zuzurechnen. Ein Abendkleid mag etwa Kategorie ① entgegenkommen, weil es Wärme verspricht, den Bedürfnissen der Kategorie ②, weil es einen modischen Schnitt hat, und den Bedürfnissen der Kategorie ⑤, weil es soziales Ansehen fördert. Angesichts der zunehmenden Perfektion der am Markt dargebotenen Produkte kommt den Kategorien des Zusatznutzens eine immer größere Bedeutung zu.

5.3.2. Die Darstellung des wahrgenommenen Nutzens von Produkten

Ein geeignetes Bewertungskriterium zur Beurteilung alternativer produktpolitischer Aktionen ist der Präferenzwert eines Produktes, der ein Ausdruck des vermuteten Nutzens eines Produktes ist. Sind alle für einen bestimmten Produktbereich *relevanten Nutzendimensionen* bekannt, so kann im Wege der Befragung von mehreren Personen unschwer ein Nutzenprofil ermittelt werden. Schaubild 5.6. gibt das *Nutzenprofil* von fünf miteinander konkurrierenden Marken wieder.

...ist eine Marke, die...	kaum ausgeprägt → stark ausgeprägt
neuartig ist	⑤④　　　③　　　　②①
allgemein bekannt ist	①　②　　　③　　④⑤
von anderen sehr geschätzt wird	①②　　　　③　　④⑤
von einem bekannten Hersteller stammt	①②　③④　⑤
qualitativ hochwertig ist	①②③④⑤
preiswert ist	①　②　　③④⑤
gesund ist	①②③　　④⑤
sättigend ist	①②　　　③　④　⑤
kalorienarm ist	⑤④　③　　②　①
appetitanregend aussieht	⑤④　③　　②①
wenig Zeit u. Mühe beim Kochen erfordert	⑤④　③　　②①

Schaubild 5.6.: Nutzenbeurteilung von fünf alternativen Fertiggerichten

Eine solche Darstellung ist geeignet, die Beurteilung von Produkten im Vergleich sichtbar zu machen, insbesondere dann, wenn zusätzlich berücksichtigt wird, welche Ausprägung jeder Nutzendimension als optimal einzustufen ist.

Sind die einzelnen Nutzendimensionen *voneinander unabhängig*, so kann die Produktbeurteilung anhand der jeweils *relevanten Nutzendimensionen* im sogenannten Objektraum übersichtlich visualisiert werden. *Der Objektraum* ist die Darstellung der *wahrgenommenen Eigenschaften* der einzelnen Produkte in einem Raum, wobei die Dimensionen des Raumes die *produktbereichsspezifischen Nutzenkategorien* sind. Ein Beispiel eines zweidimensionalen Objektraumes gibt Schaubild 5.7. wieder. Die Distanzen zwischen den geometrischen Orten der Objekte im Objektraum zeigen dabei die *wahrgenommenen Ähnlichkeiten* der einzelnen Objekte zueinander an.

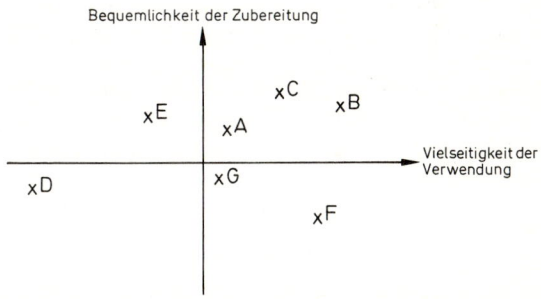

Schaubild 5.7.: Zweidimensionaler Objektraum (alkoholfreie Getränke; A: Tee, zubereitet mittels Teebeutel, B: Pulverkaffee, C: Orangensaft, D: Trinkschokolade, E: Milch, F: Bohnenkaffee, G: Tee, zubereitet aus Teeblättern)

Dem Objektraum, der die (subjektiv gefärbten) Wahrnehmungen bezüglich der untersuchten Objekte zum Inhalt hat, kann der *Leistungsraum* als die Beschreibung der Objekte anhand ihrer chemisch-physikalischen Eigenschaften gegenübergestellt werden. Ein Beispiel eines Leistungsraumes – und zwar derjenige, der dem Objektraum des Schaubilds 5.7. entspricht – ist in Schaubild 5.8. abgedruckt. Aus dem Vergleich der Positionen der einzelnen Objekte im Objektraum und im Leistungsraum kann bei einander entsprechenden Raumdimensionen das Ausmaß der *Wahrnehmungsverzerrung* abgelesen werden. Im vorliegenden Fall bestehen erhebliche Zweifel hinsichtlich der Entsprechung

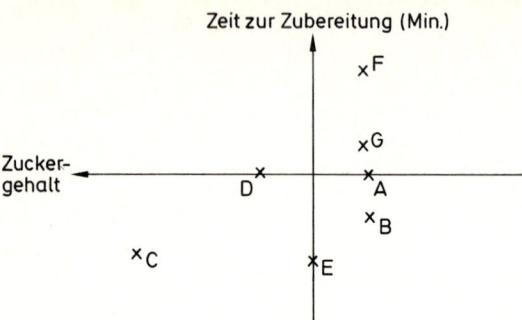

Schaubild 5.8.: Zweidimensionaler Leistungsraum (A bis G: Objekte, siehe Schaubild 5.7.)

der objektiven mit den subjektiven Merkmalen vor allem was das Merkmalspaar «hoher Zuckergehalt»/«geringe Vielseitigkeit der Verwendung» angeht. Man wird daher allenfalls einen Vergleich hinsichtlich des zweiten Merkmals vornehmen.

Die Aussagekraft des Objektraumes kann wesentlich erhöht werden, wenn in den Objektraum die Idealvorstellungen der Individuen bzw. Personenmehrheiten als Punkte oder Vektoren hineinprojiziert werden. Hierfür sind Personen auf geeignete Weise danach zu befragen, welche Ausprägungen ein ideales Produkt des entsprechenden Produktbereichs haben sollte. Der Raum, in dem Objekte und Subjekte dargestellt sind, wird *Gemeinsamer Merkmalsraum* genannt (Schaubild 5.9.).

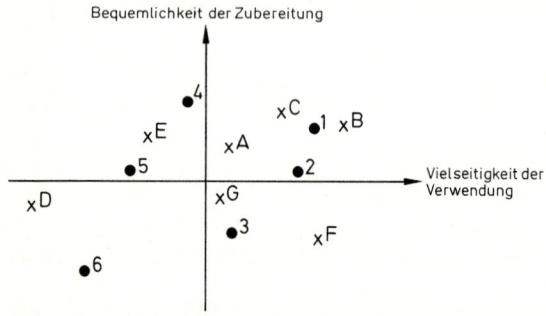

Schaubild 5.9.: Zweidimensionaler Gemeinsamer Merkmalsraum (A bis G: Objekte, siehe Schaubild 5.7.; 1 bis 6: Subjekte)

Die Distanzen zwischen den geometrischen Orten der verschiedenen Objekte und eines Subjektes geben den Grad der Präferenz, den dieses Subjekt für die verschiedenen Objekte besitzt, wieder. Diese Distanzen sind damit ein unmittelbar verwendbarer Indikator für die Güte der produktpolitischen Anstrengungen hinsichtlich einer bestimmten Person. Es ist naheliegend, davon auszugehen, daß bei sonst gleichen Bedingungen der einzelnen Produkte dasjenige Produkt von einer bestimmten Person am wahrscheinlichsten gekauft wird, das die geringste Objekt-Subjekt-Distanz aufweist.

All diejenigen produkt- und kommunikationspolitischen Maßnahmen (vgl. Schaubild 5.1.), die dazu dienen, das Angebot eines Unternehmens im Urteil der relevanten Nachfrager an einen bestimmten Punkt im Objektraum bzw. im Gemeinsamen Merkmalsraum zu plazieren, erfaßt man mit dem Begriff *Positionierung*. In Märkten relativ homogener Produkte geschieht die Positionierung vor allem durch die Form-, Farb-und Namensgebung einerseits sowie durch gezielte kommunikationspolitische Maßnahmen andererseits.

5.4. Der Lebenslauf eines Produktes

Die *Entwicklung neuer Produkte* steht im Mittelpunkt der produktpolitischen Anstrengungen von Unternehmungen, wobei insbesondere marktneue Produkte angestrebt werden. Marktneue Produkte zeichnen sich oft durch ein großes *Umsatz- und Gewinnpotential* aus, da dem Unternehmen zumindest anfangs eine monopolistische Marktstellung zukommt; die Entwicklung marktneuer Produkte ist aber auch mit *erheblichen Risiken* verbunden.

Das «Leben» eines Produktes beginnt mit der Ideenphase; im günstigen Fall wird diese Idee in ein marktfähiges Produkt umgesetzt, das schließlich in den Markt eingeführt und später eliminiert wird. Dieser Prozeß soll im folgenden idealtypisch nachgezeichnet werden.

5.4.1. Die Entwicklung eines Produktes bis zur Markteinführung – Der Produktentwicklungsprozeß

Vor Einführung in den Markt existiert ein Produkt bereits lange Zeit nur als Produktidee, erst in der Endphase der Entwicklung (nach Phase vier in Schaubild 5.10.) erhält es eine körperliche Ge-

| Entwicklungsphase | Ausführende Tätigkeiten | | Entscheidungs-techniken |
	Absatzbereich	technischer Bereich	
1. Ideenfindung und Verträglichkeits-analyse	Analyse von Markt-berichten und Bedürfnissen, Ziel-gruppenbestimmung, Verträglichkeits-analyse	Analyse von Rekla-mationen, Verträg-lichkeitsanalyse	–
2. Screening	–	–	z. B. Prüflisten
3. Produktstudien	Erarbeitung des absatzpolitischen Grundkonzeptes	Bestimmung der Produktionsverfahren und der Beschaf-fungsquellen	–
4. Selektion der Produktideen	–	–	z. B. Punktbewer-tungsverfahren
5. Produkt-entwicklung	Erarbeitung eines spezifischen Nutzen-profils und der Marketingkonzeption, Schätzung des Ab-satzpotentials	Herstellung von Prototypen, Schät-zung der Kosten	–
6. GO-NO-ON-Ent-scheidung auf der Basis von Wirt-schaftlichkeits-analysen	–	–	z. B. Break-Even-Analysen, finanz-mathematische Analysen
7. Tests	Produkttests, Store-tests, Markttests	Versuchsproduktion, Zulassungstests	–
8. Entscheidung über Markteinführung	–	–	z. B. finanzmathe-matische Analysen, Entscheidungs-modelle hinsichtlich Markteinführung, Netzplantechnik
9. Einführung	regionale oder nationale Markt-einführung	Serienproduktion	–

Schaubild 5.10.: Grundschema eines Produktentwicklungsprozesses

stalt. Grundsätzlich sind an einem Produktentwicklungsprozeß in einem modernen Unternehmen sowohl Organisationseinheiten aus dem technischen als auch solche aus dem Absatzbereich beteiligt. Diese Stellen werden entweder *ausführende Tätigkeiten* vornehmen oder *Entscheidungen* treffen, wobei die ausführenden Tätigkeiten regelmäßig von hierarchisch niedriger gestellten und die Entscheidungen von vergleichsweise hierarchisch hoch angesiedelten Stellen vollzogen werden. Der Produktentwicklungsprozeß kann demnach als eine Folge ineinandergreifender Entscheidungs- und Ausführungsphasen gekennzeichnet werden, wobei Ausführungstätigkeiten sowohl im Absatzbereich als auch im technischen Bereich zu vollziehen sind. Die im Rahmen der Produktentwicklung anfallenden Entscheidungen werden je nach Bedeutung des neu zu entwickelnden Produktes entweder vom Top- oder vom Middle-Management gefällt. Angesichts der Bedeutung, die die marktliche Beurteilung in Käufermärkten besitzt, kommt die Entscheidung, wenn sie nicht sowieso im Top-Management fällt, häufig dem Marketing-Management zu. Eine erhebliche Bedeutung in den Phasen 1 und 2 kommt der Analyse der *Verträglichkeit von Produktideen* mit den marktlichen und den verschiedenen betrieblichen Gegebenheiten zu. Bei der Analyse der Verträglichkeit mit den betrieblichen Gegebenheiten geht es etwa um Fragen der Produktions- und der finanziellen Kapazität oder um Möglichkeiten der Beschaffung der jeweils notwendigen Vorprodukte. Die Entscheidung der Phase 2 besteht im wesentlichen aus einer Entscheidung zwischen «möglich/nicht möglich». Erst wenn in Phase 2 eine positive Entscheidung gefallen ist, werden aufwendigere Analysen durchgeführt, deren Resultate dann Gegenstand der Entwicklungsphase 4 sind. Während häufig bis Phase 4 alle als möglich eingestuften Produktideen nebeneinander verfolgt werden, ist angesichts der in der Folge stark zunehmenden Kosten der Entwicklung in Phase 4 häufig eine *Auswahl der erfolgversprechendsten Ideen* notwendig. Diese Auswahlentscheidung bedarf eines genaueren Entscheidungsverfahrens; häufig werden in dieser Phase *Punktbewertungsverfahren* eingesetzt. Bei jeweils positivem Bescheid werden in der Folge immer genauere Pläne erarbeitet bzw. detailliertere Analysen erstellt. Deckungsbeitragsanalysen können in der Regel frühestens ab Phase 6 durchgeführt werden, da erst zu diesem späten Zeitpunkt das Produkt hinreichend genau definiert ist und die Kosten- und Erlösschätzungen einigermaßen verläßlich sind. Reale Produktentwicklungsprozesse unterscheiden sich von dem idealtypischen Entwicklungsprozeß zum einen dadurch, daß häufig Rückverweise mit der Anweisung der Erarbeitung modifizierter Pläne auftreten, und zum anderen dadurch, daß der Prozeß teils verkürzt (Sprünge), teils durch den Einschub (Feedback-Schleifen) zusätzlicher Phasen verlängert wird.

Nach Untersuchungen der Unternehmensberatungsfirma Booz, Allen & Hamilton in den USA fallen in den einzelnen Phasen der Produktentwicklung im Durchschnitt die in Schaubild 5.11 verdeutlichten Ausgabenanteile an. Dasselbe Schaubild enthält auch die sog. Sterblichkeitskurve von Produktideen.

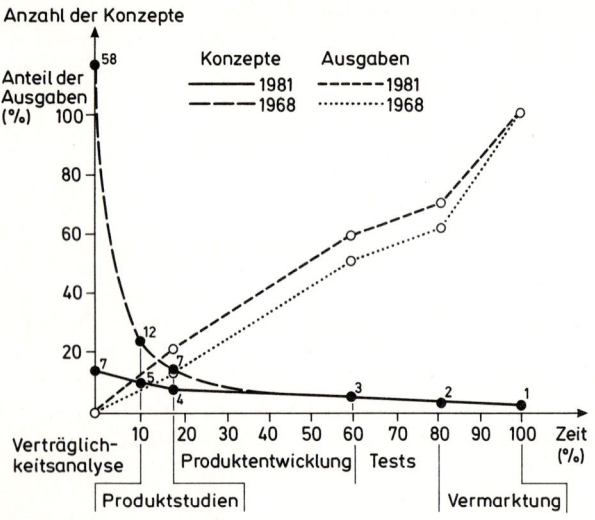

Quelle: Booz, Allen & Hamilton: New product management for the 1980's, New York 1982

Schaubild 5.11.: Sterblichkeitsrate und Kostenentwicklung bei neuen Produktideen

Schaubild 5.11. verdeutlicht den Zuwachs an Professionalität bei der Produktentwicklung, der sich in einer gezielteren Entwicklung neuer Produkte und in einer Vorverlagerung der Ausgaben niederschlägt.

5.4.2. Die Entwicklung eines Produktes nach der Markteinführung – Die Produktlebenskurve

Mit Marktperiode eines Produktes bezeichnet man jenen Zeitraum, während dem das betreffende Produkt am Markt angeboten wird. Die Marktperiode beginnt mit der *Markteinführung* des Produktes und endet definitionsgemäß mit der *Produktelimination*.

Idealtypisch nehmen wichtige Kennzahlen der Marktentwicklung eines Produktes den in Schaubild 5.12. skizzierten Verlauf:

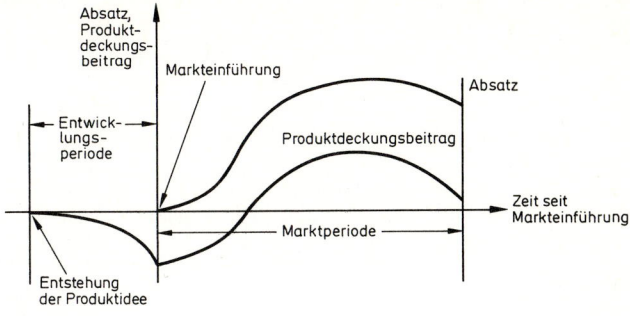

Schaubild 5.12.: Zeit-Umsatz- und Zeit-Deckungsbeitrags-Kurve eines Produktes

Schaubild 5.12. enthält eine Darstellung des Absatzes und des Deckungsbeitrages eines idealisierten Produktes im Zeitablauf. In obiger Graphik ist auch die Entwicklung des Deckungsbeitrages vor der Markteinführung aufgezeigt. Die Kurve der Absatzentwicklung – bisweilen auch der Umsatz- oder Deckungsbeitragsentwicklung – wird zumeist als *Produktlebenskurve* oder Produktlebenszyklus bezeichnet. Die Produktlebenskurve zeigt die in den einzelnen Perioden *idealtypischerweise* zutreffenden *Absatzwerte* an. Diese Absatzwerte nehmen zuerst schwach, dann stärker, danach wieder schwächer zu, bis die Absatzzahlen den Maximalpunkt erreicht haben. Nach einiger Zeit nehmen die Absatzwerte dann absolut ab. Aus den Absatzzahlen lassen sich zum einen die Umsatzzahlen und zum anderen, unter Einbeziehung der Kosten, Deckungsbeitragswerte ableiten.

Wenn dabei von Deckungsbeiträgen die Rede ist, sind periodenbezogene *Produktdeckungsbeiträge* gemeint, nicht jedoch Stückdeckungsbeiträge. Mangels Erlösen sind die Deckungsbeiträge vor der Markteinführung negativ, die Deckungsbeiträge weisen dabei entsprechend den Darlegungen im Abschnitt 5.4.1. vor allem gegen Ende der Entwicklungsperiode einen progressiv fallenden Verlauf auf. Auch in der ersten Zeit nach der Markteinführung werden die Deckungsbeiträge zumeist negativ sein, da in dieser Zeit zwar regelmäßig positive Stückdeckungsbeiträge, wegen des erheblichen, mit der Markteinführung verbundenen Aufwandes aber keine positiven Produktdeckungsbeiträge

211

erzielt werden. Die Produktelimination erfolgt zumeist zu einer Zeit, in der der Produktdeckungsbeitrag noch positiv, aber nicht mehr hoch genug ist, um einen angemessenen Unternehmungsgewinn zu gewährleisten.

Nach Konvention unterteilt man die Marktperiode eines Produktes in vier Phasen, die in Schaubild 5.13 skizziert sind (y_s: Absatz Produkt s, D_s: Produktdeckungsbeitrag Produkt s).

Die Produktlebenskurve bildet die Absatzentwicklung sowohl

Phase der Marktperiode	Einführungsphase	Wachstumsphase	Reifephase	Degenerationsphase
① Absatzentwicklung (y_s')	$y_s' > 0$	$y_s' > 0$	$y_s' \approx 0$	$y_s' < 0$
② Veränderung der Absatzentwicklung (y_s'')	$y_s'' > 0$	$y_s'' < 0$	$y_s'' < 0$	$y_s'' < 0$
③ Produktdeckungsbeitrag (D_s)	$D_s < 0$	$D_s > 0$	$D_s > 0$	$D_s > 0$
④ Erstkäufer aus diffusionstheoretischer Sicht	Innovatoren (tendenziell geringe Preiselastizität)	frühe Mehrheit	Mehrheit und Nachzügler	Nachzügler
⑤ Wichtige absatzpolitische Maßnahmen	Einführungswerbung; Aufbau eines Vertriebssystems für das Produkt	Massenwerbung, um Produkt Durchbruch zu verschaffen und um Präferenzen gegenüber ersten Konkurrenten zu erhalten	Produktvariation, um von Konkurrenzprodukten abzuheben; aktive Preispolitik	wenig absatzpolitische Anstrengungen (wenn nicht «Wiederbelebung»)

Schaubild 5.13.: Kennzeichnung der einzelnen Phasen der Produktlebenskurve (Zeilen ① bis ③ haben definitorischen, ④ und ⑤ beschreibenden Charakter)

der Erstkäufer als auch der Wiederholungskäufer im Zeitablauf ab. Eine geeignete *formale Abbildung* des für die Produktlebenskurve typischen Verlaufs gibt die nachstehende Funktion (Albach, Brockhoff; vereinfacht):

$$y_{st} = \text{ß}_0 t^{\text{ß}_1} e^{-\text{ß}_2 t}$$

Dabei ist:

y_{st}: = Absatz Produkt s in Periode t
t: = Perioden seit Markteinführung
$\text{ß}_0, \text{ß}_1, \text{ß}_2$: = Koeffizienten ($\in R^+, \text{ß}_1 > 2$)

Es gilt dann:

$$t = 0 \Rightarrow y_{st} = 0$$

$$y_{st}^{\text{I}} = \frac{\delta y_{st}}{\delta t} = \text{ß}_0\, t^{\text{ß}_1-1}\, e^{-\text{ß}_2 t}(\text{ß}_1 - \text{ß}_2 t)$$

$$y_{st}^{\text{I}} = 0 \Rightarrow t = \frac{\text{ß}_1}{\text{ß}_2} \text{ (Periode maximalen Absatzes)}$$

$$y_{st}^{\text{II}} = \frac{\delta^2 y_{st}}{(\delta t)^2} = \text{ß}_0\, t^{\text{ß}_1-2}\, e^{-\text{ß}_2 t}\, \left(\text{ß}_1(\text{ß}_1-1) + \text{ß}_2 t(\text{ß}_2 t - 2\text{ß}_1)\right)$$

$$y_{st}^{\text{II}} = 0 \Rightarrow t = \frac{\text{ß}_1 \pm \sqrt{\text{ß}_1}}{\text{ß}_2}$$

Die in Schaubild 5.11. wiedergegebene Kurve und die dazugehörige Funktion stellen den idealtypischen Verlauf der Produktlebenskurve dar. Dieser Verlauf gilt nur für erfolgreiche neue Produkte; viele neue Produkte überleben aber nicht die ersten Jahre der Marktperiode. Als wesentliche Gründe für die *hohe Mißerfolgsrate* nach Markteinführung *(«Flops»)* werden vor allem mangelhafte Produktqualität, Probleme mit dem Handel, falscher Einführungszeitpunkt und die Unfähigkeit, das Spezifische des Produktes den Letztabnehmern nahezubringen, genannt. Nach einer Untersuchung der Lebensmittelzeitung vom Jahre 1985 betrug der Anteil der 1984 nicht mehr regelmäßig georderten Produkte an allen 1980 neu in den Markt eingeführten Produkte im Durchschnitt etwa 85% (Schaubild 5.14.).
Als wesentliche Ursache des Mißerfolgs wurde dabei die mangelhafte Neuartigkeit des Produkts diagnostiziert.

In der Empirie treten zumeist Modifikationen der Grundform der Produktlebenskurve auf, wobei die Zweihöckerkurve die am

Warengruppe	Neue Produkte 1980	davon 1984 nicht mehr im Ordersatz	Flop-rate (in %)
	Anzahl		
Hygiene-/Kinderpflege-Artikel	7	6	86
Obst- und Gemüse-Konserven	32	31	97
Fleisch- und Wurst-Konserven	44	43	98
Nährmittel	66	55	83
Pflanzen-, Gartenpflege	4	3	75
Sekt und Champagner	9	8	89
Speisefette, Mayonaisen	5	4	80
Suppen in Dosen	48	42	88
Tiernahrung/Tierbedarf	11	7	64
Gesamt	226	199	88

Quelle: Lebensmittelzeitung (Hrsg.): Tod im Regal, Frankfurt 1985.

Schaubild 5.14: Mißerfolgsrate verschiedener Lebensmittelneuheiten

häufigsten auftretende Sonderform ist. Die Zweihöckerkurve kann dadurch entstehen, daß in der Phase der Degeneration eine Variation des Produktes erfolgt. Bei einem solchen *«Relaunch»* nimmt die Lebenskurve des variierten Produktes ihren Ausgang beim Absatzvolumen des ursprünglichen Produkts zum Zeitpunkt des Relaunchs.

Die Produktlebenskurve basiert auf *diffusionstheoretischen Vorstellungen*; vereinfacht könnte man diese etwa wie folgt skizzieren: Nach der Einführung eines Produkts in den Markt ergibt sich gewissermaßen naturgesetzlich eine bestimmte Entwicklung der Absatzwerte. Diese Vorstellung vom *naturgesetzlichen Verlauf* der Produktdiffusion drückt sich auch darin aus, daß häufig in diesem Zusammenhang von einem autonomen Wachstum gesprochen wird. Die Richtigkeit der Annahme eines autonomen Wachstums ist allerdings in zweierlei Hinsicht anzuzweifeln:

- Die Entwicklung der Absatzwerte im Zeitablauf ist nicht «automatisch» gegeben, sondern vielmehr ein *Produkt der für die einzelnen Phasen typischen absatzpolitischen Anstrengungen*. Da in der Empirie die einzelnen Phasen mit bestimmten Absatzpolitiken verbunden werden, ist es kaum möglich, die Wirkung beider Aspekte voneinander zu trennen.

- Es ist von entscheidender Bedeutung, was zum *Gegenstand der* Betrachtungen nach Art der *Produktlebenskurve* gemacht wird: Produktbereiche (z. B. Brot, Fernsehgeräte), einzelne Produkte (z. B. Toastbrot, Fernsehtischgeräte mit Röhren) oder gar einzelne Marken (z. B. Jaus-Toastbrot, Grundig Modell X). Einzelne Marken und meist auch einzelne Produkte unterliegen fast stets einem der Lebenskurve ähnlichen Absatzverlauf, kaum aber ganze Produktbereiche, dies vor allem dann nicht, wenn sie Grundbedürfnisse des Menschen befriedigen.

Wenngleich nach dem Gesagten die Tauglichkeit des Produktlebenskurve-Konzepts zur Prognose von Absatzwerten nur sehr eingeschränkt gegeben ist, so können doch mit einiger Sicherheit zumindest folgende Aussagen gemacht werden:

- Je modischer Produkte/Marken gestaltet werden, desto kürzer ist ihre Marktperiode.
- Je neuartiger ein Produkt ist, desto länger dauert die Einführungsphase.
- Insgesamt kann eine Verkürzung der Lebenszyklen festgestellt werden. Diese Meinung vertraten in einer Untersuchung des Lehrstuhls für Marketing an der Universität Regensburg fast alle befragten Unternehmen aus den Bereichen Kosmetik- und Reinigungsmittel.

durchschnittl. Lebenszyklus	Feinkosmetik (in %)	Körperpflegemittel (in %)	Waschmittel (in %)	Haushaltsreiniger (in %)
1–2 Jahre	0	10	40	37
3–4 Jahre	30	45	40	37
5–6 Jahre	60	35	20	26
7–10 Jahre	10	0	0	0
über 10 Jahre	0	10	0	0
PLZ werden kürzer	100	91	100	100
PLZ ändern sich nicht	0	9	0	0
PLZ werden länger	0	0	0	0

Quelle: Studie am Lehrstuhl für Marketing an der Universität Regensburg 1989 in der Kosmetik- und Reinigungsmittelindustrie

Schaubild 5.15: Produktlebenszyklen bei verschiedenen Produkten der Kosmetik- und Reinigungsmittelindustrie

5.5. Die Bewertung von Produkten

Die in den einzelnen Entscheidungsphasen der Entwicklungsperiode angewandten Entscheidungstechniken zeichnen sich
dadurch aus, daß mit *Fortschreiten der Zeit* die *Techniken immer
exakter* werden und immer *mehr Dateninput* verlangen. Einige
typische Erscheinungstechniken, deren zeitliche Einordnung
Schaubild 5.10. zu entnehmen ist, werden nachfolgend behandelt. Ferner werden Bewertungsverfahren für die Marktperiode
skizziert.

5.5.1. Die Bewertung von Produkten in der Frühphase der Entwicklung mittels Prüflisten

Prüf- oder *Checklisten* stellen die einfachsten Entscheidungstechniken im Rahmen der Produktbewertung dar (Schaubild 5.16).
Mit ihrer Hilfe kann sinnvollerweise nur eine Entscheidung für
oder gegen die Annahme bzw. Weiterverfolgung bestimmter
Produkte getroffen, nicht aber eine differenzierte Abstufung
einzelner Alternativen vorgenommen werden. In den meisten
Fällen wird dabei die Entscheidungsproblematik insofern noch
vereinfacht, als man in dieser frühen Phase der Produktentwicklung nur zu ermitteln wünscht, ob ein Produkt mit den *Unternehmenszielen* und den als *unveränderlich zu betrachtenden Unternehmensgegebenheiten* kompatibel ist oder nicht.

Faktoren zur Beurteilung der Marktfähigkeit	Faktoren zur Beurteilung der Produktionsfähigkeit
• Innovationsgrad	• Produktionsmöglichkeiten hinsichtlich Personal
• Zahl der möglichen Abnehmergruppen	• Möglichkeiten der Rohstoff-/ Vorproduktbeschaffung
• Möglichkeit der «Vermarktung» (Kooperationsbereitschaft des Handels)	• Produktionsmöglichkeiten hinsichtlich maschineller Ausstattung
• Stabilität des Absatzes (Modeabhängigkeit, Reaktions- möglichkeiten der Konkurrenz)	

Schaubild 5.16.: Einfache Prüfliste zur Beurteilung eines Konsumgutes

216

Mittels Prüflisten versucht man, die prinzipielle Erfolgstauglichkeit von Produkten zu ermitteln. Zu diesem Zweck wird eine Liste aller für den Erfolg eines Produktes relevanten Faktoren zusammengestellt, sodann werden die zur Beurteilung anstehenden Produkte hinsichtlich der einzelnen Faktoren einer getrennten Bewertung unterzogen.

Da die Faktoren, die für den Erfolg eines Produktes erhebliche Relevanz besitzen, vom jeweiligen Produkt und vom herstellenden Unternehmen abhängig sind, müssen Prüflisten stets an die jeweiligen Produkt- und Unternehmensbesonderheiten angepaßt werden. Die einzelnen Faktoren sind dabei so zu wählen, daß sie *unmittelbar einer Bewertung zugänglich* sind, was beispielsweise bei einem Faktor Marktpotential nicht gegeben wäre. Da bei Prüflisten keine Verrechnung von Bewertungsergebnissen einzelner Faktoren möglich ist, ist ein Gesamturteil im Grunde genommen bereits dann nicht mehr eindeutig möglich, wenn auch nur hinsichtlich eines einzigen Faktors ein Bewertungsergebnis vorliegt, das wesentlich von den Ergebnissen der Bewertung hinsichtlich der anderen Faktoren abweicht. Um diese Entscheidungsproblematik partiell aufzulösen, unterteilt man häufig die einzelnen Faktoren in drei Gruppen: Muß-, Soll- und Wunschfaktoren. Mußfaktoren sind dabei solche Faktoren, hinsichtlich deren ein Beurteilungsobjekt eine bestimmte Mindestausprägung erreichen muß, damit es als mit den Unternehmenszielen und unveränderlichen Unternehmensgegebenheiten vereinbar eingestuft werden kann. Entsprechende Definitionen gelten für die Soll- und Wunschfaktoren. Die Auswahlvorschrift kann dann beispielsweise wie folgt formuliert werden: Als grundsätzlich geeignet werden solche Produkte angesehen, die den Anforderungen aller Muß- und aller bis auf drei Sollfaktoren in ausreichendem Umfange entsprechen.

5.5.2. Die Bewertung von Produkten in den mittleren Phasen der Entwicklung mittels Punktbewertungsverfahren

Eine strukturelle Unzulänglichkeit der Prüflisten ist darin zu sehen, daß bei diesem Bewertungsverfahren die Ergebnisse der Einzelbeurteilungen *nicht* zu einer *gesamtheitlichen Beurteilung* zusammengeführt werden können. Es liegt nahe, die Gesamtbeurteilung als Linearkombination der Einzelbeurteilungen anzusehen, mithin das Gesamturteil als Summe der gewichteten

Teilurteile aufzufassen. Dies ist der Grundgedanke aller *Punktbe-wertungsverfahren*. Sie stellen äußerst flexible und in vielen Bereichen anwendbare Bewertungsmethoden dar; weite Verbreitung haben sie neben der Produktbewertung auch in der Arbeitsbewertung gefunden. Im Absatzbereich können Punktbewertungsverfahren eingesetzt werden, um Produkte in mittleren Entwicklungspha-sen oder auch alternative Distributionssysteme sowie Werbe-medien zu bewerten. In allen genannten Entscheidungssituatio-nen erscheint es wenig sinnvoll, Gewinn- oder Deckungsbei-tragskalküle anzuwenden, da keine hinreichend genauen bzw. verläßlichen Gewinnschätzungen möglich sind.

Kennzeichen von Punktbewertungsverfahren sind etwa fol-gende:

- Die Beurteilung der einzelnen Objekte geschieht anhand von Faktoren, deren Ausprägungen für die einzelnen Objekte hin-reichend verläßlich festgestellt werden können *(beurteilungs-nahe Faktoren)*.
- Die Faktoren, die der Einzelbeurteilung zugrundegelegt wer-den, erfassen die Gesamtheit der auf den Erfolg des Objekts einwirkenden relevanten Einflußgrößen *(Vollständigkeit der Faktoren)*.
- Alle Produkte werden für alle Faktoren mittels einer *einheitli-chen Skala* beurteilt. Üblicherweise weist die Skala fünf bis sie-ben Ausprägungsstufen auf, wobei die extremen Ausprägun-gen verbal durch die Attribute sehr gut bzw. sehr schlecht gekennzeichnet werden.
- Die Beurteilung der Objekte auf den einzelnen Beurteilungs-skalen wird mittels *Wahrscheinlichkeitsangaben* vorgenommen. Es sind also vom Beurteiler Urteile folgender Art abzugeben: Bezüglich Faktor X weist Objekt Y die Ausprägung «gut» mit einer Wahrscheinlichkeit von 0,5 auf.

All diese Kennzeichen betreffen die Beurteilung hinsichtlich einzelner Faktoren. Die Urteile hinsichtlich aller Einzelfaktoren sind in geeigneter Weise zu aggregieren. Für eine adäquate Ableitung eines Gesamturteils aus den verschiedenen Einzelur-teilen müssen folgende Bedingungen erfüllt sein:

- Für *alle Faktoren* sind *Gewichte* festzulegen. Diese Gewichte bringen zum Ausdruck, welchen Anteil der einzelne Faktor zur Erfolgsträchtigkeit beiträgt. Diese Gewichte sind naturge-mäß von Produktbereich zu Produktbereich verschieden. Es ist sinnvoll, die Gewichte so zu bestimmen, daß die Summe der Gewichte über alle Faktoren 1,0 beträgt.

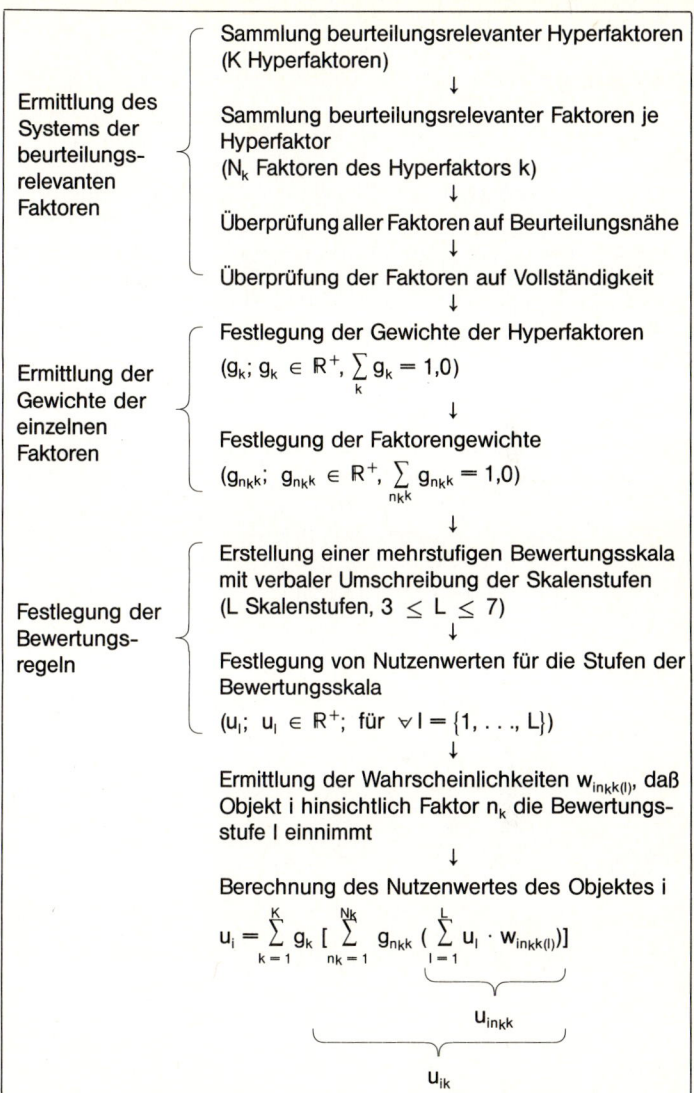

Schaubild 5.17.: Ablaufschema für eine Punktbewertung

Ermittlung des Systems der beurteilungsrelevanten Faktoren

Sammlung beurteilungsrelevanter Hyperfaktoren
(K Hyperfaktoren)
↓
Sammlung beurteilungsrelevanter Faktoren je Hyperfaktor
(N_k Faktoren des Hyperfaktors k)
↓
Überprüfung aller Faktoren auf Beurteilungsnähe
↓
Überprüfung der Faktoren auf Vollständigkeit
↓

Ermittlung der Gewichte der einzelnen Faktoren

Festlegung der Gewichte der Hyperfaktoren
$(g_k;\ g_k \in R^+,\ \sum_k g_k = 1{,}0)$
↓
Festlegung der Faktorengewichte
$(g_{n_k k};\ g_{n_k k} \in R^+,\ \sum_{n_k k} g_{n_k k} = 1{,}0)$
↓

Festlegung der Bewertungsregeln

Erstellung einer mehrstufigen Bewertungsskala mit verbaler Umschreibung der Skalenstufen
(L Skalenstufen, $3 \leq L \leq 7$)
↓
Festlegung von Nutzenwerten für die Stufen der Bewertungsskala
$(u_l;\ u_l \in R^+;\ \text{für}\ \forall l = \{1, \ldots, L\})$
↓
Ermittlung der Wahrscheinlichkeiten $w_{i n_k k(l)}$, daß Objekt i hinsichtlich Faktor n_k die Bewertungsstufe l einnimmt
↓
Berechnung des Nutzenwertes des Objektes i

$$u_i = \sum_{k=1}^{K} g_k \left[\underbrace{\sum_{n_k=1}^{N_k} g_{n_k k} \underbrace{\left(\sum_{l=1}^{L} u_l \cdot w_{i n_k k(l)} \right)}_{u_{i n_k k}}}_{u_{ik}} \right]$$

219

Die Gewichte der einzelnen Faktoren werden häufig schritt-
weise fixiert. Zuerst werden die Gewichte der Hyperfaktoren
festgelegt (Summe der Gewichte aller Hyperfaktoren meist
gleich 1,0), sodann die Gewichte der Faktoren je Hyperfaktor
(Summe der Gewichte meist gleich 1,0), schließlich die
Gewichte der Faktoren im Hinblick auf das Gesamturteil
durch Multiplikation der Gewichte der entsprechenden Faktoren und der Hyperfaktoren errechnet.

- Den *Skalenausprägungen* sind numerische *Werte zuzuweisen*,
  wobei die numerischen Werte als Nutzenindikatoren zu in-
  terpretieren sind.
- Die Summe der Produkte der Skalenwerte eines Faktors mit
  den faktorspezifischen Wahrscheinlichkeitsangaben über alle
  Skalenausprägungen ergibt die Beurteilung eines Produktes
  hinsichtlich dieses Faktors.
- Die Summe der gewichteten Urteilswerte über alle Faktoren
  ergibt den Gesamturteilswert.

Die Vorgehensweise sei anhand des Ablaufdiagramms in Schaubild 5.17. nochmals skizziert. Für eine Bewertung auf der Basis
des Bewertungsschemas von Schaubild 5.18. seien von einem
Bewertungsteam für ein Produkt folgende Werte ermittelt worden:

- Nutzenwerte für die einzelnen Stufen der Bewertungsskala:

  $u_3 = 5; u_2 = 3; u_1 = 1$

- Hyperfaktoren- und Faktorengewichte:

  $g_1 = 0,3; g_{11} = 0,2; g_{21} = 0,5; g_{31} = 0,3$
  $g_2 = 0,7; g_{12} = 0,4; g_{22} = 0,6$

- Wahrscheinlichkeiten, daß Objekt i die einzelnen Bewer-
  tungsstufen der einzelnen Faktoren einnimmt:

$$\underline{W}_i = \begin{bmatrix} 0,6 & 0,2 & 0,2 \\ 0,2 & 0,7 & 0,1 \\ 0,1 & 0,9 & 0,0 \\ 0,1 & 0,6 & 0,3 \\ 0,0 & 0,1 & 0,9 \end{bmatrix}$$

Es ergeben sich daraus folgende Nutzenwerte:

$u_{i11} = 3,8;\ u_{i21} = 3,2;\ u_{i31} = 3,2;\ u_{i12} = 2,6;\ u_{i22} = 1,2$

$u_{i1} = 3,32;\ \ u_{i2} = 1,76$

$u_i = 2,228.$

Angesichts der Tatsache, daß ein als durchschnittlich beurteiltes Produkt den Wert 3,0 aufweisen würde, ist Produkt i als unterdurchschnittlich zu bezeichnen. Insbesondere durch eine adäquate Zuweisung von Nutzenwerten zu den L Stufen der Skala ist es möglich, auch der Risikobereitschaft des Managements

	gut (u_3)	mittel (u_2)	schlecht (u_1)	Gewicht
I. Marktfähigkeit				δ_1
1. Preis-Qualitätsverhältnis	Preis liegt unter dem ähnlicher Produkte	Preis entspricht dem ähnlicher Produkte	Preis liegt meist über dem ähnlicher Produkte	δ_{11}
2. Konkurrenzfähigkeit	Produkteigenschaften werblich vertretbar und Konkurrenzprodukten überlegen	werblich bedeutsame Produkteigenschaften entsprechen den Konkurrenzprodukten	keine überlegenen Produkteigenschaften	δ_{21}
3. Exklusivität	Patentschutz	Nachahmung schwierig	Nachahmung einfach	δ_{31}
II. Produktionsmöglichkeiten				δ_2
1. Benötigte Produktionsmittel	Produktion mit stilliegenden Anlagen	vorhandene Anlagen können verwendet werden	völlig neue Anlagen erforderlich	δ_{12}
2. Benötigtes Personal und technisches Wissen	vorhanden	teilweise erst zu beschaffen	gänzlich neu zu beschaffen	δ_{22}

Schaubild 5.18.: Punktbewertungsschema (in Anlehnung an das Punktbewertungsschema von O'Meara; $K = 2$, $N_1 = 3$, $N_2 = 2$, $L = 3$)

Rechnung zu tragen. Ist ein Entscheidungsträger beispielsweise als risikoscheu einzustufen, so kann dem Tatbestand dadurch Rechnung getragen werden, daß die Differenz der Nutzenwerte zweier benachbarter Stufen der Skala im Bereich unterdurchschnittlicher Beurteilungen größer gewählt wird als im Bereich überdurchschnittlicher Beurteilungen. In dem durch Schaubild 5.16. gekennzeichneten Fall muß im Fall der Risikoscheu also gelten: $|u_1 - u_2| > |u_2 - u_3|$.

5.5.3. Die Bewertung von Produkten in der Spätphase der Entwicklung mittels Break-Even-Analysen und finanzmathematischer Verfahren

Bewertungen mittels Punktbewertungsverfahren werden in der Regel angewandt, um *vergleichende Beurteilungen* mehrerer Objekte vorzunehmen. Wie bereits die verbalen Bezeichnungen der Werte u_l zum Ausdruck bringen (z. B. «durchschnittlich»), können die Ergebnisse von Punktbewertungsverfahren nicht unmittelbar bestimmten Ausprägungen der Bewertungsgröße Gewinn gleichgesetzt werden. Geht man von Gewinnmaximierung als Gesamtunternehmensziel aus, so ist es erstrebenswert, auch einzelne Produkte in Maßgrößen zu beurteilen, die dieser Zielgröße entsprechen. Ein vergleichsweise *einfaches Bewertungsverfahren*, das den Gewinnbeitrag der Beurteilungsobjekte zum Gegenstand hat, ist die *Break-Even-Analyse.*

Die Break-Even-Analyse baut auf folgender bereits bekannter Formel zur Berechnung des Produktdeckungsbeitrages D_s auf (Bezeichnungen: Notationsverzeichnis):

$$D_s = p_s\,y_s - k_s\,y_s - F_s$$

Wie aus der Formel unmittelbar einsichtig ist, wird unterstellt, daß die *variablen Kosten* streng *mengenproportional* sind. Der Deckungsbeitrag als Maßgröße zur Beurteilung der Erfolgsträchtigkeit eines neuen Produktes ist im Laufe des Produktentwicklungsprozesses natürlich erst dann angebracht, wenn die einzelnen Größen der Definitionsgleichung hinreichend genau abgeschätzt werden können. Bezüglich der fixen Kosten bedeutet dies, daß sowohl die Kosten der Produktentwicklung als auch die der Einrichtung der Produktion und der Markteinführung bereits bekannt sind oder hinreichend verläßlich geschätzt werden können; dieselbe Forderung ist hinsichtlich der variablen

Kosten aufzustellen. Im Regelfall können diese Forderungen allerdings erst gegen Ende des Produktentwicklungsprozesses erfüllt werden.

Ziel der Break-Even-Analyse ist es, diejenigen Ausprägungen der interessierenden Größe zu ermitteln, bei der der *Produktdeckungsbeitrag gleich Null* ist, wo also die Gewinnschwelle erreicht wird (Übergang von der Verlustzone in die Gewinnzone). Aus der Formel

$$D_s = p_s\, y_s - k_s\, y_s - F_s = 0$$

können durch einfache Umformung Break-Even-Punkte ermittelt werden. Zumeist interessiert im Rahmen der Break-Even-Analyse die Ermittlung der Break-Even-Absatzmenge, d.h. derjenigen Absatzmenge, bei der *kein Produktdeckungsbeitrag* erzielt wird. Für die *Break-Even-Absatzmenge* des Produktes s ($y_{s_{BE}}$) gilt

$$y_{s_{BE}} = \frac{F_s}{p_s - k_s} = \frac{F_s}{d_s};$$

d_s ist dabei der Stückdeckungsbeitrag. In vielen Fällen wird der Break-Even-Punkt auch in Zeiteinheiten gemessen, dies ist immer dann möglich, wenn eine feste Beziehung zwischen y_s und t besteht bzw. vermutet wird. Ein der Break-Even-Zeit verwandtes Konzept kennzeichnet die Pay-Off-Rechnung. Analog zur Berechnung der Break-Even-Menge werden der *Break-Even-Preis* und die *Break-Even-Fixkosten* ermittelt:

$$p_{s_{BE}} = \frac{F_s}{y_s} + k_s,$$

$$F_{s_{BE}} = y_s\, d_s.$$

Sind die Break-Even-Werte ermittelt, so gilt für die Beurteilung des Produktes folgendes:

$$\left.\begin{array}{l} y_s > y_{s_{BE}} \\ p_s > p_{s_{BE}} \\ F_s < F_{s_{BE}} \end{array}\right\} \Rightarrow \text{Produkt s ist positiv zu beurteilen.}$$

Die Break-Even-Analyse ist ein einfach zu handhabendes Bewertungsverfahren, das allerdings einige Probleme aufweist, wenn es zur Beurteilung der Erfolgsträchtigkeit von Produkten vor deren Markteinführung verwandt wird:

• Sowohl die variablen als auch die fixen Kosten sind immer

dann hinsichtlich ihres Wertes als fragwürdig zu betrachten, wenn *Gemeinkosten* vorliegen, da jede Zurechnung von Gemeinkosten zu einzelnen Produkten willkürlich ist.

- Wenn nur ein Vergleich der Form $y_s \gtreqless y_{s_{BE}}$ vorgenommen wird, wird keine Aussage über den einem Produkt zuzurechnenden *Gesamtgewinn* gemacht. Beim Vergleich der Erfolgsträchtigkeit von Produkten aufgrund deren Break-Even-Zeiten werden beispielsweise Produkte mit längerer Einführungszeit, aber insgesamt höheren Gewinnen fälschlicherweise schlechter eingestuft als die anderen Produkte.

- Nicht berücksichtigt wird die *unterschiedliche zeitliche Verteilung* der Kosten und Erlöse; realistischerweise fallen jedoch in der Zeit der Markteinführung die Kosten vor den Erlösen an.

- Gravierend können insbesondere die Auswirkungen der folgenden logischen Inkonsequenz sein: Die *fixen Kosten* sind zwar nicht ausbringungsmengenabhängig, aber dennoch *nicht fest*; zumeist sind sie als zeitvariabel zu betrachten. Geht man von einem konstanten bzw. vorgegebenen Absatzvolumen je Zeiteinheit aus, so sind die Fixkosten eines Produktes ohne Zweifel von der Break-Even-Menge dieses Produktes abhängig.

Trotz der genannten Probleme ist die Break-Even-Analyse als ein Verfahren für eine erste Abschätzung der Erfolgträchtigkeit einzelner Produkte geeignet. Will man die drei zuletzt genannten Kritikpunkte umgehen, so sind die genaueren, aber auch datenintensiveren finanzmathematischen Methoden zur Bewertung heranzuziehen. Diese Verfahren wurden in der Investitionsrechnung entwickelt und sind ohne wesentliche Modifikation auch bei der Bewertung von Produkten einsetzbar. Die Grundformel der Ermittlung des Barwertes einer Investition oder eines neuen Produktes lautet (vgl. Abschnitt 4.2.2.):

$$D_s = \sum_{t=1}^{T} \frac{D_{st}}{(1 + \theta)^{t-1}}$$

D_s stellt dabei den Barwert des neuen Produktes dar, was nichts anderes als der auf den Entscheidungszeitpunkt (t=0) bezogene gesamte Produktdeckungsbeitrag ist. D_{st} ist der Produktdeckungsbeitrag der Periode t, der für kleine t-Werte häufig negativ ausfällt. θ ist der relevante Zinsfuß. Bei dieser Beurteilungsform sind Produkte dann als positiv einzustufen, wenn gilt:

$$D_s > 0.$$

Dabei ist allerdings darauf zu achten, daß in jedem Beurteilungsverfahren nur die jeweils relevanten Kosten und Erlöse der Berechnung zugrunde gelegt werden. Da bis zur Markteinführung des Produktes praktisch keine Erlöse, wohl aber Kosten anfallen, ergibt sich die scheinbar widersinnige Erkenntnis: Auch bei konstanten Umweltverhältnissen sind Produkte in der Entwicklungsphase mit fortschreitender Zeit im Sinne der Dekkungsbeitragsrechnung immer positiver zu beurteilen. Seine Ursache hat diese Paradoxie darin, daß mit fortschreitender Zeit ein immer kleinerer Teil der Gesamtkosten als relevant einzustufen ist.

5.5.4. Die Bewertung von Produkten in der Marktperiode

In der Zeit nach der Einführung eines Produktes in den Markt sind dieselben Investitionskalküle angebracht, die auch kurz vor Einführung in den Markt häufig angestellt werden. Konsequenterweise dürfen auch hier nur diejenigen Kosten und Erträge berücksichtigt werden, die als relevant einzustufen sind. Dies hat zur Folge, daß gegen Ende der Marktperiode regelmäßig auch solche Produkte noch als ökonomisch sinnvoll zu betrachten sind, die nur mehr einen vergleichsweise minimalen Stückdekkungsbeitrag erbringen. Diese minimalen Stückdeckungsbeiträge reichen allerdings in der Regel aus, um die sehr geringen fixen Kosten (für Werbung etc.) abzudecken und dennoch einen positiven Produktdeckungsbeitrag auszuweisen. Das Produkt wird auf diese Weise «ausgeschlachtet», solange die ehedem vorgenommenen Marktinvestitionen noch «als Gerippe» einen Aktionsrahmen abgeben.

Neben die aufwendigen investitionsrechnerischen Kalküle treten in der Marktperiode einfachere Beurteilungsverfahren, insbesondere die sehr einfach handzuhabende ABC-Analyse und einperiodig ausgerichtete Deckungsbeitragsanalysen.

Die Grundidee der *ABC-Analyse* besteht darin, die Gesamtheit der von einem Unternehmen vertriebenen Produkte nach ihrem Umsatzanteil zu ordnen und graphisch zu verdeutlichen. A-Produkte sind dabei solche Produkte, die einen relativ hohen Anteil am Gesamtumsatz ausmachen, B-Produkte solche, die einen mittleren, und C-Produkte solche, die einen niedrigen Umsatzanteil aufweisen. Es ist empfehlenswert, diejenigen beispielsweise 20% der Produkte, die den höchsten Umsatz erzielen, als

A-Produkte zu kennzeichnen, und als Grenze zwischen den B- und C-Produkten des 50%-Quantil festzulegen. Daraus resultiert dann die Abbildung von Schaubild 5.19.

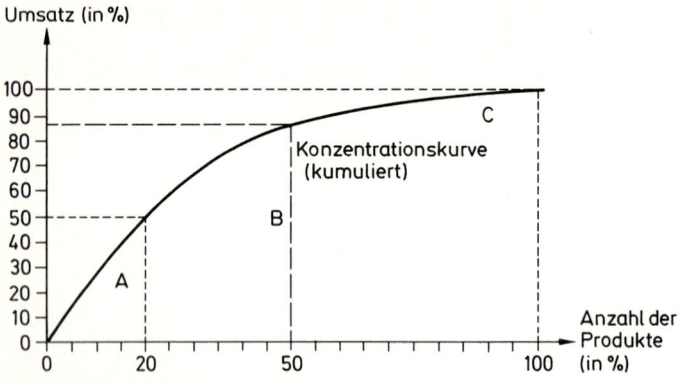

Schaubild 5.19.: Graphische ABC-Analyse

Der Graphik von Schaubild 5.19. ist zu entnehmen, daß im vorliegenden Fall mit 20% der Produkte 50% des Umsatzes und mit 50% der Produkte ca. 85% des Umsatzes erzielt werden. Die Graphik verdeutlicht den *Konzentrationsgrad* des Umsatzes, wobei stärkere Krümmungen stärkere Konzentrationsgrade anzeigen. ABC-Analysen sind natürlich nur dann entscheidungsrelevant – was meist vergessen wird –, wenn gewisse Vergleichsanalysen vorliegen. Für den Handelsbereich wird dabei häufig die 80:20-Regel als Norm angegeben, d. h. mit 20% der Produkte werden 80% der Umsätze getätigt. Ähnliche «allgemein akzeptierte» Regeln existieren für den Industriebereich nicht. Die unmittelbar naheliegende Konsequenz, die C-Produkte aus dem Vertriebsprogramm zu nehmen, ist allerdings nur bedingt richtig, da diese Produkte häufig zur *Sortimentsabrundung* unerläßlich sind. Man unterstellt nämlich, daß bei Elimination der C-Produkte aus dem Sortiment nicht nur die Umsätze dieser Produkte entfallen, sondern auch Teile der Umsätze der A- und B-Produkte.
Eine wichtige Bewertungsform für eingeführte Produkte stellt die *Deckungsbeitragsrechnung* dar, in deren Rahmen – wie in Kapitel 4 dieses Buches skizziert – zunächst die Stückdeckungsbeiträge bzw. die kumulierten Stückdeckungsbeiträge und sodann

die Produktdeckungsbeiträge ermittelt werden. Am Ende einer solchen Deckungsbeitragsanalyse taucht dann allerdings regelmäßig die Frage auf, ob die so errechneten Produktdeckungsbeiträge angemessen oder ausreichend sind, d. h. es gilt, die einzelnen Produktdeckungsbeiträge im Hinblick auf den nicht zugerechneten Fixkostenblock zu bewerten. Um die Frage nach der Angemessenheit eines spezifischen Produktdeckungsbeitrags zu beantworten, stehen dabei zwei Möglichkeiten offen.

- Es werden produktbezogene Deckungsbedarfsbeträge ermittelt. Diese dürfen natürlich nicht im Wege einer Proportionalisierung der Fixkosten gewonnen werden, da so durch die Hintertüre alle Probleme der Vollkostenrechnung wiederbelebt würden; als Leitlinien der Deckungsbedarfszumessung können nur das *Tragfähigkeitsprinzip* oder das *Fixkostenentstehungsprinzip* herangezogen werden.

- Es werden je Produkt *spezifische Deckungsbeitragswerte* ermittelt. Spezifische Deckungsbeiträge sind Quotienten mit dem Produktdeckungsbeitrag im Zähler und wichtigen Inputgrößen im Nenner. Eine Rechnung mit spezifischen Deckungsbeiträgen ist vor allem für Handelsbetriebe sehr nutzbringend. Als wichtige Faktoren zur Erzielung der Handelsleistung und damit auch als «Kausalfaktoren» für die Produktdeckungsbeiträge kommen etwa die Raumfläche, der Personaleinsatz oder der Lagerbestand infrage. Dementsprechend ergeben sich folgende spezifischen Kennwerte je Produkt bzw. Produktgruppe: «Produktdeckungsbeitrag/Raumbedarf (in m^2)», «Produktdeckungsbeitrag/Personalbedarf (in %)» und «Produktdeckungsbeitrag/Lagerbestand (in DM)». Die solchermaßen ermittelten spezifischen Deckungsbeiträge sind meist informativer als die absoluten Produktdeckungsbeiträge.

Die Deckungsbeitragsanalyse mit all ihren Varianten ist ohne Zweifel ein wichtiges Hilfsmittel, um einzelne Produkte bzw. Programmteile zu bewerten. Es darf allerdings nicht übersehen werden, daß eine solche Analyse *kurzfristig* und partiell orientiert ist. Es wird also nicht auf die Entwicklungsphase im Produktlebenszyklus Rücksicht genommen und auch nicht bedacht, ob das betreffende Produkt *Ausstrahlungseffekte* besitzt. Ein Produkt besitzt dann positive Ausstrahlungseffekte, wenn behauptet werden kann, daß die Präsenz dieses Produktes im Sortiment oder dessen tatsächlicher Verkauf ursächlich für Umsätze mit anderen Produkten ist.

5.6. Fallstudie «August Zimmer»

Bei bestehenden Unternehmen sollte die laufende Überwachung der Erfolgsträchtigkeit einzelner Produkte bzw. Programmteile zur Routine gehören. In ganz besonderem Maße gilt dies für Handelsunternehmen, bei denen die Programmanalyse allerdings auch vergleichsweise einfach ist. Nachstehende Fallstudie bietet die Möglichkeit umfangreicher Analysen auf der Basis von Umsatz-, Deckungsbeitrags- und daraus abgeleiteten Kenngrößen.[1]

Ausgangssituation

Herr Gerhard Zimmer ist Inhaber des Modehauses August Zimmer oHG, eines Einzelhandelsbetriebes mit Textilvollsortiment. Das Modehaus hat zur Zeit (Februar 1980) 23 Angestellte, von denen 14 im Verkauf, die anderen in der Schneiderei, in der Buchhaltung, in der Verwaltung, im Lager und in der Dekoration tätig sind. Seine Ehefrau arbeitet als Prokuristin voll im Geschäft mit; ihre Aufmerksamkeit gilt vor allem der Damenoberbekleidung.

Das Modehaus liegt in Starnberg, einer Kreisstadt mit ca. 15 000 Einwohnern, ca. 20 km südlich von München am Nordende des Starnberger Sees. Die Lage des zweigeschössigen Geschäftshauses kann als sehr gut bezeichnet werden; das Gebäude befindet sich nur einige Häuser vom zentral gelegenen Rathaus entfernt an der Hauptstraße des Ortes. Parkplätze sind in der Nähe in ausreichender Menge vorhanden.

Das Sortiment des Modehauses

Das Sortiment des Modehauses August Zimmer umfaßt die gesamte Damen-, Herren- und Kinderbekleidung mit allen dazugehörenden Accessoires; dazu kommen noch Abteilungen für Berufskleidung sowie für Dekorationsstoffe und Raumtextilien. Die Aufgliederung des Sortiments nach Warengruppen und deren Bestandteile werden in Schaubild 5.20. wiedergegeben. Schuhe für Damen, Herren und Kinder werden von einem

---

[1] Dieses Kapitel stellt einen verkürzten Abdruck der Fallstudie «August Zimmer oHG» dar (Böcker, F.: Fallstudien zum Marketing, Berlin 1983, S. 268–277). Wir danken dem Verlag für die Genehmigung des Abdrucks.

0	Kurzwaren und Wolle
1	Kleinzeug für Damen und Kinder (inkl. Handschuhe, Schals, Kopftücher, Schirme, Mützen, Gürtel, Badesachen, Turnhosen)
2	Damenkonfektion (inkl. Blusen, Röcke, Hosen, Bademäntel, Regenbekleidung)
3	Herrenoberbekleidung
4	Dekorationsstoffe und Heimtextilien (inkl. Gardinen, Decken, Tisch- und Bettwäsche, Handtücher, Frottierwaren)
5	Kinderoberbekleidung (inkl. Schürzen, Hosen, Bademäntel, Knabenoberhemden)
6	Leibwäsche für Damen, Herren und Kinder (inkl. Schlafanzüge, Nachthemden, Babywäsche, Windeln)
7	Stricksachen für Damen, Herren und Kinder
8	Schürzen und Berufskleidung
9	Miederwaren
10	Strümpfe für Damen, Herren und Kindern (inkl. Strumpfhosen)
11	Herrenausstattung (inkl. Oberhemden, Schals, Badehosen, Taschentücher, Trainingsanzüge, Hosenträger, Krawatten, Handschuhe, Sockenhalter, Manschettenknöpfe, Bademäntel)
12	Boutique

Schaubild 5.20.: Warengruppen des Modehauses Zimmer

Schuhhändler angeboten, der 50 m² Verkaufsfläche langfristig gemietet hat.

Die Raumverhältnisse

Aufgrund der guten Absatzchancen erweiterte Herr Zimmer 1976 durch Umbau seine Verkaufsfläche von 300 auf ca. 900 m² (inkl. Schaufenster). Neben dieser Fläche, die sich auf zwei Stockwerke verteilt, stehen 500 m² Nebenräume unterschiedlicher Qualität als Lager-, Büro- und Besprechungsräume zur Verfügung. Im letzten Jahr wurde insofern nochmals eine gewisse Änderung der Räumlichkeiten vorgenommen, als der Raum für die Warengruppen 0 bis 11 eingeschränkt und auf dem dadurch gewonnenen Raum eine Boutique mit bisher nicht geführten Waren eingerichtet wurde (Warengruppe 12). Zwischen den beiden etwa gleich großen Stockwerken ist ein deutlicher Niveauunterschied festzustellen: Während das Erdgeschoß

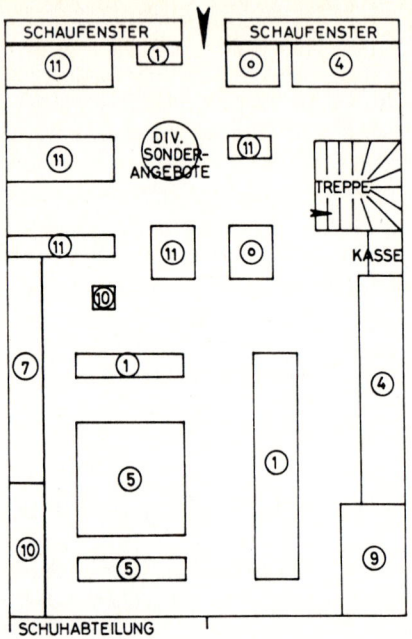

Schaubild 5.21.: Raumaufteilung des Erdgeschosses (470 m²)

(«Basement») im Stil mehr an das gegenüberliegende Kaufhaus erinnert, ist das Obergeschoß anspruchsvoller ausgestattet. Hier wie auch in den Schaufenstern wird die Arbeit von zwei guten Dekorateuren sehr deutlich sichtbar, was ihm auch gelegentlich von Kunden bestätigt wird.

Eigentümerin des Hauses ist die Ehefrau von Herrn Zimmer, die Firma tritt als Mieterin des Geschäftslokals auf. Regelmäßige Mietzahlungen erfolgen nicht; für vergleichbare Räumlichkeiten am Ort glaubt Herr Zimmer im Erdgeschoß ca. DM 9,–/qm zahlen zu müssen, für Flächen im Obergeschoß etwa die Hälfte. Die gesamten Umbaukosten hat die Firma übernommen. Die Raumverhältnisse in den zwei Etagen verdeutlichen die Schaubilder 5.21. und 5.22. (⊢⊣: 2,0 m). Die Zahlen in den Kreisen geben die Warengruppen (vgl. Schaubild 5.20.) an, die auf den entsprechenden Flächen angeboten werden.

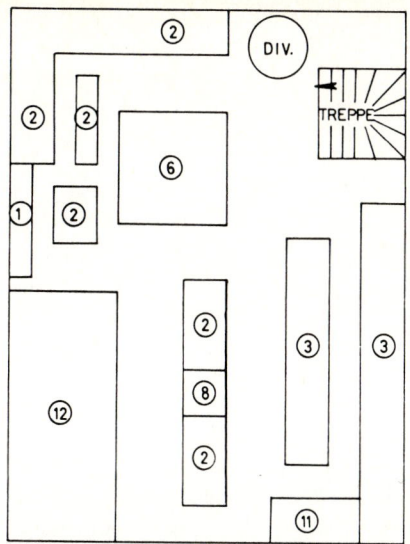

Schaubild 5.22.: Raumaufteilung des Obergeschosses (420 m^2)

Betriebsergebnisse

Herr Zimmer läßt regelmäßig von einem Wirtschaftsprüfer den Jahresabschluß erstellen. Im Geschäftsjahr 1978, dem letzten Geschäftsjahr, für das die Jahresabschlußzahlen vorliegen, hat Herr Zimmer nach seiner Ansicht vergleichsweise erfolgreich gewirtschaftet; er hat gemäß Steuerbilanz einen Gewinn von 3,6 % des Umsatzes erzielt (keine Berücksichtigung der Raummiete und sonstiger kalkulatorischer Kosten); die Umsatzentwicklung stuft er als befriedigend ein.

Die Umsatzerlöse verteilen sich nach Herrn Zimmer auf die einzelnen Warengruppen wie in Schaubild 5.23. dargestellt. Schaubild 5.23. enthält zugleich die durchschnittlichen Aufschläge, mit denen Herr Zimmer die Waren der einzelnen Warengruppen vorkalkuliert. Als Kalkulationsaufschlag bezeichnet er dabei folgenden Quotienten:

$$\frac{\text{Bruttoverkaufspreis (inkl. 12 \% MWSt)} - \text{Einkaufskosten (ohne MWSt)}}{\text{Einkaufskosten (ohne MWSt)}} \cdot 100 = \begin{matrix}\text{Kalku-}\\\text{lations-}\\\text{aufschlag}\\\text{(in \%)}\end{matrix}$$

Die Kalkulationsaufschläge, die Herr Zimmer anwendet, sind die – wie er glaubt – branchenüblichen für Häuser seiner Art.

Warengruppe	Umsatz (in Tsd DM)	Durchschnittlicher Kalkulationsaufschlag (in %)
0	40	80
1	100	77
2	1400	75
3	800	78
4	30	70
5	160	70
6	280	73
7	400	72
8	10	70
9	100	73
10	155	70
11	135	77
12	60	80
Σ	3670	–

Schaubild 5.23.: Umsätze und durchschnittliche Kalkulationsaufschläge in den einzelnen Warengruppen im Jahr 1978

Diese Kalkulationsaufschläge kann Herr Zimmer regelmäßig nicht «durchhalten»; vor allem in der Warengruppe 4 sowie in Teilen der Warengruppen 3 und 6 sieht er sich immer wieder gezwungen, unfreiwillig stark herabzuzeichnen, um das Warenlager zu räumen.

Aus dem Betriebsvergleich des Kölner Instituts für Handelsforschung ergibt sich, daß die Personalleistung (Umsatz je beschäftigte Person) überdurchschnittlich hoch ist. Herr Zimmer hält diesen Zustand für unbefriedigend, da den Verkäufern zu viel zugemutet werden muß. Wie viele andere Unternehmen leidet auch die Firma Zimmer an Personalmangel. Das Betriebsklima ist nach Aussagen von Herrn Zimmer gut. Auf Anraten eines Erfa-Experten hat Herr Zimmer vor zwei Jahren in einer durchschnittlich belebten Geschäftsperiode Zahlen über den Personaleinsatz für die einzelnen Warengruppen erhoben. Die gesamte Arbeitszeit des Personals (ohne seine Frau und ihn) verteilt sich danach wie in Schaubild 5.24. dargestellt auf die einzelnen Warengruppen. – Die Boutique bestand noch nicht. – Herr Zimmer glaubt, daß diese Verteilung der Personalzeit auch heute noch zutreffend ist. Infolge der Einrichtung der Boutique ergab sich seiner Meinung nach lediglich eine Umverteilung der Arbeitszeit des Personals derart, daß nun nicht mehr die ganze Arbeitszeit für die Warengruppen 0 bis 11 zur Verfügung steht.

Die Raumleistung des Textilhauses ist unterdurchschnittlich, obwohl sich die Geschäftsräume durch eine gewisse Warenfülle auszeichnen. Der Lagerumschlag ist teilweise sehr niedrig. Aus den ungenauen Unterlagen errechnen sich für die einzelnen Warengruppen die in Schaubild 5.24. dargestellten durchschnittlichen Lagerbestands- und Lagerumschlagszahlen.

Waren-gruppe	durchschnittlicher Anteil am Personaleinsatz (in %, 1978)	durchschnittlicher Lagerbestand (in Tsd DM, 1978)	$LU = \dfrac{\text{Umsatz (in Tsd DM, 1978)}}{\text{durchschnittlicher Lager-bestand (in Tsd DM, 1978)}}$
0	3,5	36,2	1,1
1	4,8	25,6	3,9
2	39,1	350,0	4,0
3	9,8	446,0	1,8
4	1,5	50,0	0,6
5	4,4	122,6	1,3
6	10,6	116,4	2,4
7	15,3	100,0	4,0
8	0,2	9,0	1,1
9	1,4	77,0	1,3
10	6,3	69,6	2,2
11	3,1	24,0	5,6
12	–	–	–
$\sum$	100	1426,4	–

Schaubild 5.24.: Personaleinsatz, Lagerbestand und Lagerumschlagshäufigkeit (LU) für die einzelnen Warengruppen

Die Konkurrenzsituation

Das Modehaus liegt im Einkaufsschwerpunkt der Gemeinde. Ihm schräg gegenüber befindet sich ein Kaufhaus mit Hartwaren und Textilien. Die Kunden des Modehauses setzen sich weitgehend aus Bewohnern des Ortes und der näheren Umgebung zusammen und sind zum größten Teil Stammkunden. 5% seiner Kunden kommen aus München zu ihm; die Abwanderung dorthin fürchtet Herr Zimmer kaum. Er hält sich für vergleichsweise leistungsstark und konnte in den letzten Jahren beobachten, daß die zunehmende Verkehrsmisere in der Großstadt «für ihn gearbeitet» hat. Mit seiner Boutique «Junge Mode» versucht er, zunehmend auch junge Leute an sein Geschäft zu binden, was bislang nicht ausreichend der Fall war.

Herr Zimmer beziffert seinen örtlichen Marktanteil auf 30%; den Rest teilen sich das Kaufhaus und fünf kleinere Fachgeschäfte. Die Schwelle von ca. 4,0 bis 4,5 Mio. DM Umsatz glaubt er bei dem derzeitigen Preisniveau indessen trotz insgesamt günstiger Aussichten in nächster Zeit nicht überschreiten zu können, da damit das Umsatzpotential von Starnberg ausgeschöpft sei. Herr Zimmer ist mit seiner Absatzsituation recht zufrieden, jedoch hält er seinen Reingewinn unter Berücksichtigung der Tatsache, daß zwei Personen voll beschäftigt sind, nicht für ausreichend. Er beauftragt daher einen Betriebsberater, sein Modehaus zu analysieren und Wege zu einer Gewinnverbesserung aufzuzeigen.

Die Untersuchungen des Betriebsberaters

Gegenüber dem Berater formuliert Herr Zimmer sein Unbehagen wie folgt:

«Ich habe keinen exakten, ja nicht einmal einen ausreichenden Überblick über mein Sortiment. Ich weiß zwar in etwa, wie sich die Umsätze auf die einzelnen Lagergruppen verteilen; die Kosten und damit die Gewinne der einzelnen Abteilungen kann ich jedoch nicht beziffern. Andererseits brauche ich aber derartige Daten für die Disposition, die Preispolitik, die Abverkaufsmaßnahmen, die Plazierung der Waren, die Sortimentspolitik, die Entlohnung und andere Gebiete.»

Daraufhin untersucht der Berater die derzeitigen Dispositionsmethoden und stellt dabei folgendes fest: Um einen Überblick hinsichtlich der Umsätze einzelner Warengruppen zu gewinnen, werden jeden Tag nach Geschäftsschluß die an der Kasse abgelieferten Warenetiketten – für jede Lagergruppe gesondert – addiert. Das Alter der Waren wird durch unterschiedliche Etikettenfarben dokumentiert, aber nicht buchhalterisch erfaßt; die Farben dienen lediglich als Unterlage für eine visuelle Ermittlung von Ladenhütern. Die Warendisposition basiert auf Fingerspitzengefühl, Lager- und Regalbesichtigung und auf Intuition; genaue Wareneingangsstatistiken werden nicht erstellt. Bisweilen klagen die Kunden über Angebotslücken, was sich Herr und Frau Zimmer bei dem großen Warenlager allerdings nicht erklären können.

Entsprechend dem Grundanliegen von Herrn Zimmer glaubt der Betriebsberater zunächst einen Vorschlag darüber machen zu sollen, wie Herr Zimmer sinnvoll seine Informationswirtschaft regeln soll. Darauf aufbauend möchte er auf der Grundlage der 78er Zahlen einmal exemplarisch darlegen, wie seiner Meinung nach die Sortimentspolitik betrieben werden sollte. Er trägt diese

Gedanken Herrn Zimmer vor, der ihm daraufhin allerdings bedeutet, daß ihm eine sinnvolle Kalkulationsmethode noch dringender notwendig erscheint. Es könne ja nicht alles in Ordnung sein, wenn er laufend nachträglich herabzeichnen müsse. Zudem wisse er häufig gar nicht genau, bis zu welchem Punkt es sinnvoll sei, die Preise herabzusetzen! Schließlich möchte er auch noch wissen, wie er sich langfristig in Starnberg seinen Marktanteil sichern könne. Besonders ist er in diesem Zusammenhang daran interessiert zu erfahren, welche «Qualitäten» seines Geschäftes er besonders herausstellen soll und wo es noch etwas zu verbessern gilt.

Nach weiteren Diskussionen zwischen Herrn Zimmer und dem Berater kommt man überein, zunächst den Komplex der Sortimentspolitik, Kalkulation und am Rande das Informationsproblem näher zu untersuchen und Vorschläge hierfür zu erarbeiten.

5.7. Literaturempfehlungen

Empfehlungen für den gesamten bzw. den überwiegenden Bereich des Stoffes, der in diesem Buch behandelt wird, sind unter den Literaturempfehlungen am Ende des ersten Kapitels dieses Buches zu finden.

Booz, Allen & Hamilton: Management of new products, 6. Auflage, New York 1968

Brockhoff, K.: Produktpolitik, 2. Auflage, Stuttgart/New York 1988

Chmielewicz, K.: Gewinnschwellenanalyse (Break-Even-Analyse), in: WiSt – Wirtschaftswissenschaftliches Studium, 3. Jg. (1974), S. 49–54

Dichtl, E.: Grundidee, Entwicklungstendenzen und heutige wirtschaftliche Bedeutung des Markenartikels, in: Gabler-Verlag (Hrsg.): Markenartikel heute, Wiesbaden 1978, S. 17–32

Hansen, U.; Leitherer, E.: Produktpolitik, 2. Auflage, Stuttgart 1984

Meffert, H.; Bruhn, M.: Markenstrategie im Wettbewerb, Wiesbaden 1984

Wild, H.: Marktgerechte Produkte, Zürich 1986, S. 9–85.

6. Entgeltpolitik

6.0. Lernziele des Kapitels

Als zweiter Bereich spezifischer absatzpolitischer Aktivitäten ist die Entgeltpolitik zu behandeln, bei der Fragen der Bestimmung der Gegenleistung, die für das zu veräußernde Produkt gefordert wird, im Mittelpunkt des Interesses stehen. Die Entgeltpolitik gehört einerseits zu den mehr kurzfristig variierbaren absatzpolitischen Aktionsbereichen, andererseits ist sie sehr eng mit der Produktpolitik verbunden. Dies hat zwei Gründe: Zum einen verursacht die Produktion einer bestimmten Produktqualität in der Regel Kosten in entsprechender Höhe, die in den Preisen ihr Äquivalent finden (sollen), zum anderen ist die Beurteilung der Qualität von Produkten häufig nicht vom Preis des jeweiligen Produktes unabhängig. Ziel der Darstellungen in diesem Kapitel ist es,

- die Fähigkeit zu verschaffen, die Annahmen der mikroökonomischen Preistheorie für vollkommene und unvollkommene Märkte kritisch zu beurteilen,
- die Kenntnis alternativer preisbezogener Marktwirkungsfunktionen, deren Abbildung in Form von Elastizitätskoeffizienten und der diesen zugrunde liegenden verhaltenswissenschaftlichen Annahmen zu vermitteln,
- die Kenntnis alternativer Methoden der Ermittlung von zu fordernden Preisen zu vermitteln und
- ein Verständnis des Zusammenhangs zwischen Preispolitik, Produktpolitik und Produktwahrnehmung aus verhaltenswissenschaftlicher Sicht zu vermitteln.

6.1. Inhalt der Entgeltpolitik

Unter Entgeltpolitik versteht man meist diejenigen absatzpolitischen Maßnahmen, die die *Gegenleistungen* für die vom Unternehmen angebotenen Sach- und Dienstleistungen betreffen. Geht man von der heute üblichen Marktsituation aus, so bieten Unternehmen bestimmte Leistungen an bestimmten Orten zu von ihnen festgesetzten Konditionen an. Den potentiellen Abnehmern steht es dann offen, dieses Angebot zu akzeptieren oder nicht darauf einzugehen. Ist die Anzahl derjenigen, die das Angebot nicht akzeptieren, vergleichsweise groß, so reagieren Unternehmen insbesondere dadurch, daß sie kurzfristig die Konditionen des Angebots verändern, langfristig aber auch das Angebot selbst (Produkt, Verkaufssystem) modifizieren. Die Entgeltpolitik ist jener Aktionsbereich, in dem Unternehmen vergleichsweise *am schnellsten* ihre Aktionen *verändern* können.

Alternative Begriffe für Entgeltpolitik sind *Konditionen-* oder *Kontrahierungspolitik*; alle drei Begriffe enthalten die Gesamtheit der unternehmerischen Maßnahmen, die die Ausgestaltung der Gegenleistung für die eigene Leistung zum Gegenstand haben. Die Gegenleistung für eine bestimmte unternehmerische Leistung kann grundsätzlich entweder *in Geld* oder *in anderen Produkten* erbracht werden. Wird die Gegenleistung in anderen Produkten erbracht, so spricht man üblicherweise von Kompensationsgeschäften, die im Prinzip in mehrere Geldleistungsgeschäfte aufgelöst werden können, weshalb sie hier nicht weiter behandelt werden sollen; ähnliches gilt für Tauschgeschäfte. Hinsichtlich der Geldleistung bestehen vielfältige Gestaltungsmöglichkeiten, einige davon seien nachfolgend skizziert:

- Die einfachste Form der Geldleistung besteht darin, daß ein *Listenpreis* gefordert wird und dieser Listenpreis Zug um Zug mit der Übergabe der Sach- bzw. Dienstleistungen an das liefernde Unternehmen entrichtet wird.
- In vielen Fällen wird allerdings nicht der Listenpreis selbst als Entgelt für eine Sach- oder Dienstleistung gefordert und festgelegt, sondern ein um einen bestimmten *Rabatt* ermäßigter Listenpreis. Diese Art der Preisanpassung ist insbesondere dann relevant, wenn von verschiedenen Abnehmern unterschiedliche Entgelte gefordert werden. Bietet ein Unternehmen eine Vielzahl von Produkten an, so bedarf es bei Rabattgewährung nicht einer abnehmerspezifischen Preisfixierung aller Produkte, sondern lediglich einer abnehmerspezifischen Fixierung des Rabattsatzes bei ansonsten konstanten Listenpreisen.
- Die Entgeltleistung kann – wie bisher unterstellt – Zug um Zug mit der Sach- oder Dienstleistung oder aber zu einem davon abweichenden Zeitpunkt erfolgen. Erfolgt die Entgeltleistung vor der Sach- oder Dienstleistung, so liegt eine *Finanzierung des Lieferanten* durch den Abnehmer vor. Erfolgt die Entgeltleistung nach der Sach- oder Dienstleistung, so liegt eine Finanzierung des Abnehmers durch den Lieferanten vor, was üblicherweise mit *Absatzfinanzierung* bezeichnet wird. Zahlungszeitpunkte werden in der Praxis zumeist durch Va-

lutaklauseln („zahlbar am/valuta 1.1.81") festgelegt. Eine Form der Absatzfinanzierung, die in letzter Zeit vor allem im Investitionsgüterbereich an Bedeutung gewonnen hat, stellt das *Leasing* dar, bei dem formalrechtlich für eine bestimmte Zeit eine Gebrauchsüberlassung (Miete) und zugleich eine Option auf Eigentumsübergang zu einem festgesetzten Zeitpunkt (Ablauf der Mietdauer) und zu einem festgesetzten Preis vereinbart wird.

- In enger Beziehung zur Absatzfinanzierung steht der *Skonto*; unter einem Skonto (genauer: Barzahlungsskonto) versteht man einen Preisnachlaß, der gefordert bzw. gewährt wird, weil der Abnehmer eine Rechnung vor dem Zeitpunkt, zu dem er zur Zahlung verpflichtet ist, bezahlt.

- Statt der Verschaffung des Eigentums durch einen Kauf-, Tausch- oder Leasingvertrag kann auch die Nutzung des Produktes in Form einer *Miete* bzw. Leihe für eine festgelegte oder unbestimmte Zeit der Gegenstand der Entgeltpolitik sein.

- Das Nettoentgelt für eine Sach- oder Dienstleistung kann darüberhinaus auch durch *Kundendienstleistungen* beeinflußt werden. Je nachdem, ob die Kundendienstleistung eher als Teil des Gesamtangebotes oder als durch die Höhe der Entgeltleistung bedingt angesehen wird, ist die Gestaltung dieses Aktionsbereiches eher unter produktpolitischen (Positionierung) oder eher unter entgeltpolitischen Gesichtspunkten (Ersparnis von Zusatzkosten) zu sehen.

Sieht man einmal von der Kundendienstpolitik als Teil der betrieblichen Entgeltpolitik ab, so vermag man unschwer preisliche Äquivalente für die anderen Gestaltungselemente zu ermitteln. Ist l die Anzahl der Perioden, für die Zahlungsaufschub gewährt wird, so gilt für das Preisäquivalent $p_t^{(\ddot{a})}$ zum Sachleistungszeitpunkt t bei einem Preis p_{t+l} zum Zeitpunkt $t+l$ unmittelbar (θ: Zinsfuß):

$$p_t^{(\ddot{a})} = \frac{p_{t+l}}{(1 + \theta)^l} .$$

Nachfolgend soll daher allein der Preis als die Geldsumme, für die ein Käufer ein Produkt erwirbt, zum Gegenstand der Betrachtungen gemacht werden.

6.2. Die Theorie der Preisbildung auf vollkommenen Märkten

Die mikroökonomische Preistheorie hatte ihren ersten Höhepunkt bereits vor 140 Jahren (1838: Cournot, A. A.: Recherches sur les principes mathèmatiques de la théorie des richesses), lange bevor auch nur Ansatzpunkte einer absatzpolitischen Theoriebildung und erste systematische Überlegungen in anderen Bereichen der Konsumentenverhaltensforschung bestanden. Mit einigem Recht kann die mikroökonomische Preistheorie insbesondere auch als *Vorläufer der analytischen Betrachtungsweise der Absatzpolitik* angesehen werden. Wie bereits im zweiten Kapitel dargelegt wurde, kommt der mikroökonomischen Preistheorie allerdings nicht nur historische Bedeutung, sondern mit Einschränkungen auch heute noch empirische Relevanz zu.

Diese praktische Relevanz ist allerdings nur für die Fälle gegeben, in denen dem Anbieter eine Mehrzahl von Nachfragern gegenübersteht. In all denjenigen Fällen, wo gewissermaßen keine Mehrheiten auf der Nachfragerseite vorhanden sind, können die Erkenntnisse der mikroökonomischen Preistheorie nur im übertragenen Sinne nutzbar gemacht werden. Diese eingeschränkte Gültigkeit trifft beispielsweise für manche Investitionsgüterbranchen zu, wo Preise weniger das Ergebnis von fast automatisch ablaufenden Prozessen am Markt, denn von Verhandlungsprozessen sind.

6.2.1. Ein allgemeines Modell der Wirkung von Preisvariationen auf die Nachfrage

Die Preistheorie bei vollkommenen Märkten hat insbesondere zu Ende des vorigen und im ersten Drittel dieses Jahrhunderts entscheidende Prägungen erhalten. Ziel der preistheoretischen Analysen ist die Erklärung der *relativen Höhe der Preise* einzelner Produkte, während für die absolute Höhe vorwiegend geldtheoretische Überlegungen maßgebend sind. Die relative Höhe der Preise einzelner Produkte ist dabei eine *Funktion der Nutzenerwartungen* der Gesamtheit der aktuellen und potentiellen Nachfrager. Nachdem im 19. Jahrhundert objektivistische Nutzentheorien vorherrschten, setzten sich um die Jahrhundertwende die seither dominierenden subjektivistischen Nutzentheorien durch. Der Preis eines Produktes hängt demnach von der *subjektiv gefärbten Wertschätzung dieses Produktes* durch alle Nachfrager ab; der Preis eines Produktes ist also – um es mit den Begriffen der modernen Absatztheorie auszudrücken – abhängig von dem perzipierten Grund- und Zusatznutzen.

Der Zusammenhang zwischen dem perzipierten Nutzen eines Produktes und dem Preis, den die Nachfrager für dieses Produkt zu zahlen bereit sind, konnte erst in der jüngeren Vergangenheit näher präzisiert werden; er wird heute häufig mittels sogenannter Preisbereitschaftsfunktionen genauer wiedergegeben (vgl. Abschnitt 6.3.2.1.). *Preisbereitschaftsfunktionen* stellen den Preis als eine Funktion des perzipierten Nutzens dar. Es ist unmittelbar einsichtig, daß der Preis, den eine Person zu zahlen bereit ist, auch von den finanziellen Möglichkeiten dieser Person abhängt. Bezieht man Personen mit unterschiedlichen finanziellen Möglichkeiten in die Analyse ein, so werden auch die Preise, die die einzelnen Personen zu entrichten bereit sind, unterschiedlich sein. Geht man zusätzlich davon aus, daß Personen ein Produkt, für das sie x Geldeinheiten zu zahlen bereit sind, erst recht für weniger als x Geldeinheiten erstehen, so ergibt sich daraus unmittelbar folgender stark vereinfachter Zusammenhang:

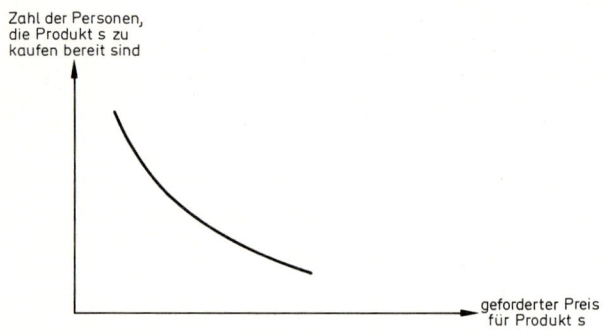

Schaubild 6.1.: Allgemeine Preisreaktionskurve

Die *negative Steigung der Preisreaktionskurve* kommt dabei allein dadurch zustande, daß mit sinkendem Preis zusätzliche Nachfrager für Produkt s auf den Markt treten. Die zusätzliche Nachfrage bei sinkendem Preis ist darauf zurückzuführen, daß zum einen nun auch Personen mit geringeren finanziellen Möglichkeiten den Kauf planen und zum anderen auch Personen den Kauf planen, die dem Produkt einen geringeren Nutzen zumes-

240

sen. Diese mit abnehmendem Preis zunehmende Nachfrage beruht also auf sehr allgemeinen Verhaltensgesetzmäßigkeiten, die Kurve ist daher auch als allgemeingültig anzusehen. Über den Verlauf der Kurve im einzelnen (Gestalt, Schnittpunkte mit Achsen) ist damit noch keine Aussage gemacht. Die bisher plausibel gemachte Gesetzmäßigkeit der Nachfrage gilt zunächst nur für die Nachfrage nach einem Produkt, nicht aber für die Nachfrage nach einer Marke eines Produktes.

6.2.2. Das Marktformenschema der mikroökonomischen Preistheorie

Das allgemeine Modell der Wirkung von Preisvariationen auf die Nachfrage kann nicht unmittelbar als Modell zur Beschreibung der Preis-Absatz-Zusammenhänge in unterschiedlichen *Marktsituationen* verwendet werden. Hierzu werden die Produktmärkte im Rahmen der mikroökonomischen Theorie nach einem der drei Kriterien unterteilt:

- *Anzahl der Anbieter und Nachfrager* der betreffenden Produkte.
- *Verhaltensweise der Anbieter* gegenüber den Konkurrenten und den Nachfragern.
- Ausmaß der *Fühlbarkeit der Konkurrenz*.

Die drei Gliederungskriterien führen zu letztlich sehr ähnlichen Marktformen; das umfassendste Gliederungssystem ist das auf der Basis der Anzahl der Anbieter und Nachfrager:

Nachfrager / Anbieter	einer	wenige	viele
einer (Monopolist)	bilaterales Monopol	beschränktes Monopol	Monopol
wenige (Oligopolist)	beschränktes Monopson	bilaterales Oligopol	Oligopol
viele (Polypolist)	Monopson	Oligopson	(bilaterales) Polypol

Schaubild 6.2.: Marktformen nach Maßgabe der Anzahl der Anbieter und Nachfrager

Mit den oben definierten Marktformen gehen in der Regel spezifische Verhaltensweisen der Anbieter einher: Der *Monopolist* etwa berücksichtigt bei seiner Preispolitik (bzw. gesamten Absatzpolitik) lediglich die Reaktionen der Nachfrager. Der *Polypolist* dagegen ist hinsichtlich seiner Gestaltungsmöglichkeiten durch seine vergleichsweise minimale Bedeutung bzw. geringen Einflußmöglichkeiten zu einer relativ passiven Hinnahme der Marktgegebenheiten gezwungen. Für ihn ist es nicht sinnvoll, den Preis seines Produktes aktiv zu variieren, da er im Falle eines Anhebens seines Preises über den der Konkurrenzanbieter ohne jegliche Nachfrage verbliebe und bei einer Senkung seines Preises unter den der Konkurrenzanbieter sofort die gesamte Nachfrage auf sich zöge, die er nicht befriedigen könnte. Der *Oligopolist* ist demgegenüber in der Lage, aufgrund seiner relativen Größe den Markt selbst zu gestalten (wie der Monopolist), dabei hat er aber die Reaktionen seiner Mitbewerber zu berücksichtigen.

Die soeben unterstellten Marktgesetzmäßigkeiten gelten nur für einen bestimmten idealtypischen Markt, der üblicherweise als *vollkommener Markt* beschrieben wird. Kennzeichen des vollkommenen Marktes sind:

- Sowohl die Anbieter als auch die Nachfrager sind hinsichtlich der Marktpartner der Gegenseite (Nachfrager/Anbieter) völlig indifferent: Eine vom Durchschnitt abweichende Behandlung einzelner Marktpartner aufgrund bestimmter, sie auszeichnender Merkmale ist ausgeschlossen *(Homogenität in personeller Hinsicht)*.

- Hinsichtlich der am Markt gehandelten Objekte bestehen keinerlei Differenzierungen. Dies bedeutet zum einen, daß alle Marken eines Produktes als völlig gleichartig unterstellt werden, somit auch keine individuell unterschiedliche Wahrnehmung angenommen werden muß, und zum anderen, daß die einzelnen Produkte eines Marktes völlig isoliert nebeneinander stehen, die Disposition der Budgetmittel für die einzelnen Produkte also unabhängig von der für andere Produkte vorgenommen wird *(Homogenität in sachlicher Hinsicht)*.

- Angebot und Nachfrage treffen sich an einem einzigen Ort und zu einem bestimmten Zeitpunkt (Punktmarkt). Dies bedeutet insbesondere, daß alle Marken eines Produktes überall erhältlich sind *(Homogenität in zeitlicher und örtlicher Hinsicht)*.

- Jeder Nachfrager und Anbieter hat einen vollständigen Marktüberblick *(vollkommene Markttransparenz)*.

- Alle Marktvorgänge vollziehen sich in Sekundenbruchteilen;

es wird insbesondere unterstellt, daß alle Vorgänge der Informationsverarbeitung (Denken) ohne zeitliche Dauer sind *(unendliche Marktreaktionsgeschwindigkeit)*.

- Anbieter und Nachfrager handeln in jeder Situation nutzenmaximierend; soweit sie Unternehmen sind, streben die Marktpartner nach Gewinnmaximierung, Konsumenten nach der Maximierung ihres subjektiven Nutzens *(Nutzenmaximierungsprinzip)*.

Ein weiterer Tatbestand, der sich aus obigen Annahmen unmittelbar ergibt, ist die Bedeutung des Preises als einziger Indikator für die Beurteilung der relativen Vorziehenswürdigkeit einzelner Marken eines Produktes.

Viele preistheoretische Überlegungen basieren auf den oben skizzierten, sehr restriktiven Annahmen; neuere preistheoretische Modelle basieren auf in vielerlei Hinsicht realistischeren Annahmen über den Markt.

Als Ziel der theoretischen Überlegungen im Rahmen der Preispolitik wird häufig die Erklärung der Höhe des Preises, der sich an einem bestimmten Markt gebildet hat *(deskriptive Preistheorie)*, oder die Ermittlung derjenigen Preishöhe, die für den Unternehmer gewinnmaximal ist *(normative Preistheorie)*, bezeichnet. Beide Erkenntnisziele basieren auf einer adäquaten Beschreibung der Gesetzmäßigkeiten, wie sie für alternative Preise und Absatzmengen auf einem bestimmten Markt gelten. Diese Gesetzmäßigkeiten können durch *Preisabsatzfunktionen* oder durch *Elastizitätskoeffizienten* erfaßt werden. Auf solchermaßen formalisierten Gesetzmäßigkeiten des Marktes bauen dann die unterschiedlichen Optimierungskalküle auf. Die Darstellung der beiden Komponenten preistheoretischer Modelle (Darstellung der Marktgesetzmäßigkeiten bzw. Optimierungskalküle) soll hier abweichend von der üblichen Darstellungsweise getrennt erfolgen. Für diese Vorgehensweise sprechen zwei Gründe: Zum einen soll deutlich zwischen reinen Analysetechniken (Rechenroutinen) und der Deskription von Marktgesetzmäßigkeiten unterschieden werden; zum anderen ermöglicht eine getrennte Behandlung dieser beiden Modellkomponenten, daß jede für sich einer differenzierten Kritik unterzogen werden kann und somit keine pauschale Beurteilung der Sinnhaftigkeit mikroökonomischer Modelle der Preistheorie erfolgen muß.

6.2.3. Die Darstellung von Marktgesetzmäßigkeiten mittels Reaktionsfunktionen

Marktreaktionsfunktionen im weitesten Sinne sind *Funktionen*, die den Zusammenhang zwischen *Inputgrößen des Marktes* und *Outputgrößen des Marktes* wiedergeben. Inputgrößen bzw. «Stellgrößen», die im Rahmen der absatzpolitischen Entscheidungsfindung von besonderem Interesse sind, sind die Variablen, die zur Ausgestaltung der Absatzpolitik zur Verfügung stehen, also etwa der für ein Produkt geforderte Preis, die für ein Produkt disponierten Werbeausgaben oder ähnliche Größen. Outputgrößen des Marktes oder «Erwartungsgrößen», die im Rahmen der absatzpolitischen Entscheidungsfindung von besonderem Interesse sind, sind etwa der Absatz oder Umsatz eines Produktes. Eine Klasse von Marktreaktionsfunktionen sind die Preisabsatzfunktionen, die den Zusammenhang zwischen der vom Unternehmen beeinflußbaren marktgestaltenden Variablen «Preis des Produktes s» und der Erwartungsgröße «Absatz des Produktes s» in einer einfachen mathematischen Form wiedergeben. Andere Marktwirkungsfunktionen, die erst seit jüngerer Zeit Gegenstand absatzpolitischer Entscheidungsmodelle sind, stellen Werbeausgaben–Absatz-Funktionen oder vergleichbare Marktreaktionsfunktionen dar.

Preisabsatzfunktionen für monopolitische Marktsituationen sind formale Modelle, die den Zusammenhang zwischen dem von einem Alleinanbieter eines Produktes geforderten Preis und dem zu erwartenden Produktabsatz zum Ausdruck bringen. Da der Alleinanbieter begriffslogisch für ein bestimmtes Produkt das gesamte Angebot offeriert, gilt für ihn eine Preisabsatzfunktion, die den Gesetzmäßigkeiten des allgemeinen Preismodells (Abschnitt 6.2.1.) entspricht. Die Preisabsatzfunktion eines Monopolisten weist somit eine negative Steigung auf. Übliche mathematische Formulierungen die den formulierten Anforderungen gerecht werden, sind die nachfolgend präzisierten Funktionen (6.1., 6.2.). Andere Funktionen (sinh-Funktionen) sind mathematisch wesentlich komplexer, ohne mehr Realitätsnähe wiederzuspiegeln.

$$y_s^{(1)} = f^{(1)}(p_s) = \alpha_0 + \alpha_1 p_s \quad \text{«lineare Preisabsatzfunktion»} \quad (6.1.)$$

$$y_s^{(2)} = f^{(2)}(p_s) = \beta_0 p_s^{\beta_1} \quad \text{«multiplikative Preisabsatzfunktion»} \quad (6.2.)$$

Dabei sind:

y_s: = Absatz Produkt s
p_s: = geforderter Preis für Produkt s

$\left.\begin{array}{l} \alpha_0, \alpha_1 \\ \beta_0, \beta_1 \end{array}\right\}$: Koeffizienten; $\alpha_0, \beta_0 \in \mathbb{R}^+$; $\alpha_1, \beta_1 \in \mathbb{R}^-$

Obigen Marktwirkungsfunktionen entsprechen die in Schaubild 6.3. dargestellten Marktreaktionskurven. Für die Marktreaktionsfunktionen gelten die in Schaubild 6.4. angegebenen Kennwerte.

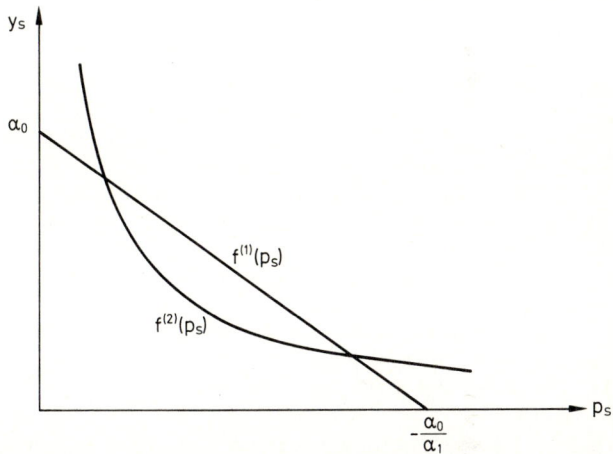

Schaubild 6.3.: Marktreaktionskurven im Falle einer monopolistischen Marktsituation

Welche der beiden Klassen von Preisabsatzfunktionen praktische Relevanz besitzt, ist im Einzelfall zu entscheiden. Dabei sind folgende Gesichtspunkte von Bedeutung:

- Bei der Preisabsatzfunktion vom Typ $y_s^{(1)} = \alpha_0 + \alpha_1 p_s$ wird unterstellt, daß die absatzmäßige Wirkung einer bestimmten Preisänderung unabhängig vom Preisniveau stets die gleiche ist (nämlich $\alpha_1 \cdot \Delta p_s$), d. h. es wird beispielsweise erwartet, daß der absolute Mehrabsatz bei einer Preissenkung von DM 5,– auf DM 4,– der gleiche ist wie derjenige bei einer Preissen-

	$y_s^{(1)} = \alpha_0 + \alpha_1 p_s$	$y_s^{(2)} = \beta_0 p_1^{\beta_1}$
«Sättigungsabsatz» $f(0)$	$y_s^{(1)} = \alpha_0$	$y_s^{(2)} \to \infty$
«Grenzpreis» $f(p_s) = 0$	$p_s = -\dfrac{\alpha_0}{\alpha_1}$	$p_s \to \infty$
Grenzabsatz $\dfrac{\delta f(p_s)}{\delta p_s}$	α_1	$\beta_0 \beta_1 p_s^{\beta_1 - 1}$
«relativer Grenzabsatz» $\dfrac{\delta f(p_s)}{f(p_s)} : \dfrac{\delta p_s}{p_s}$	$\dfrac{\alpha_1 p_s}{\alpha_0 + \alpha_1 p_s}$	β_1
Steigung des Grenzabsatzes $\dfrac{\delta^2 f(p_s)}{(\delta p_s)^2}$	0	$\beta_0 \beta_1 (\beta_1 - 1) p_s^{\beta_1 - 2}$

Schaubild 6.4.: Kennwerte alternativer Marktreaktionsfunktionen im Falle monopolistischer Marktsituationen

kung von DM 1,– auf DM 0,–. Das Marktgesetz lautet vereinfacht: *Absolute Preisänderungen* einer bestimmten Höhe führen unabhängig von der Preishöhe zu *konstanten absoluten Mengenänderungen.*

- Bei der Preisabsatzfunktion vom Typ $y_s^{(2)} = \beta_0 p_s^{\beta_1}$ wird unterstellt, daß die absatzmäßige Wirkung einer bestimmten Preisänderung vom jeweiligen Ausgangspreisniveau abhängt. Die Preisänderung ist dabei so geartet, daß bei höherem absoluten Preis der absolute Betrag der Mengenänderung infolge einer *konstanten Preisänderung* geringer ist als bei einem niedrigeren absoluten Preis; die absolute Mengenänderung infolge Preisänderung ist also umso größer, je größer die Menge ist. Dagegen führen *gleichgroße relative Preisänderungen* zu *konstanten relativen Mengenänderungen.* So ist z. B. die relative Mengenänderung bei einer Preissenkung von DM 5,– auf DM 4,– die gleiche, wie bei einer Preissenkung von DM 1,– auf DM –,80.
- In vielen Fällen ist es realistischer anzunehmen, daß bei einer *Preisforderung von Null* die nachgefragte Menge sehr groß wird

und nicht nur einem vergleichsweise niedrigen Sättigungsniveau zustrebt.

Die Überlegungen legen es nahe, davon auszugehen, daß die
multiplikative Preisabsatzfunktion der *Realität eher entspricht* als
die lineare Preisabsatzfunktion. Nicht zu übersehen ist dabei,
daß beide Kurven im mittleren Kurvenbereich einen ähnlichen
Verlauf aufweisen.

Die Lage der Marktreaktionskurven im Preis-Mengen-Dia-
gramm ist nicht nur von den dem Markt innewohnenden Gesetzmäßigkeiten abhängig, sondern auch von anderen absatzpolitischen Aktivitäten der Unternehmen bzw. des Unternehmens
eines bestimmten Marktes. Wird etwa die Qualität eines Produktes verbessert, so liegt es nahe, daß bei gleichem Preis eine höhere
Menge nachgefragt wird bzw. die Nachfrager bereit sind, für die
Mengeneinheit des Produktes einen höheren Preis zu entrichten.
Graphisch und algebraisch ist dieser Sachverhalt in Schaubild 6.5.
dargestellt; es wurde eine lineare Preisabsatzfunktion zugrundegelegt, da bei dieser Funktion die Wirkungen alternativer Qualitäten besser verdeutlicht werden können.

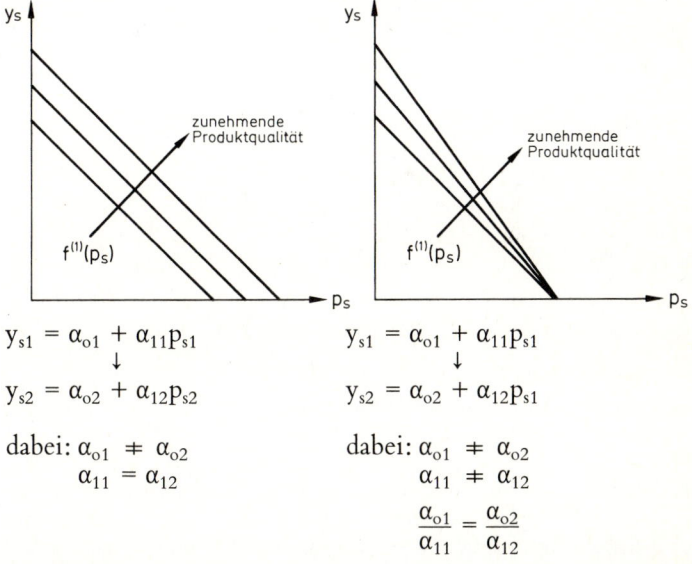

$$y_{s1} = \alpha_{o1} + \alpha_{11}p_{s1} \qquad\qquad y_{s1} = \alpha_{o1} + \alpha_{11}p_{s1}$$
$$\downarrow \qquad\qquad\qquad\qquad\qquad \downarrow$$
$$y_{s2} = \alpha_{o2} + \alpha_{12}p_{s2} \qquad\qquad y_{s2} = \alpha_{o2} + \alpha_{12}p_{s1}$$

dabei: $\alpha_{o1} \neq \alpha_{o2}$ $\qquad\qquad$ dabei: $\alpha_{o1} \neq \alpha_{o2}$

$\qquad\quad \alpha_{11} = \alpha_{12}$ $\qquad\qquad\qquad\quad \alpha_{11} \neq \alpha_{12}$

$$\qquad\qquad\qquad\qquad\qquad\qquad \frac{\alpha_{o1}}{\alpha_{11}} = \frac{\alpha_{o2}}{\alpha_{12}}$$

Schaubild 6.5.: Preisabsatzkurven bei alternativen Qualitätsniveaus eines
Produktes

Welche der dargestellten Veränderungstypen von Preisabsatz-funktionen bei Qualitätsvariationen eintreten, ist im Einzelfall empirisch festzustellen.

Polypolistische Marktsituationen waren dadurch charakterisiert worden, daß dem einzelnen Anbieter, der seinen Preis des Pro-duktes über den der Konkurrenten erhöht, keine Nachfrage zufließt bzw. ihm bei einer Senkung des Preises unter den der Konkurrenten die gesamte Nachfrage zufällt. Dieses Nachfrage-volumen kann der einzelne Anbieter aufgrund von Kapazitätsbe-schränkungen meist nicht vollständig befriedigen (Schaubild 6.6.).

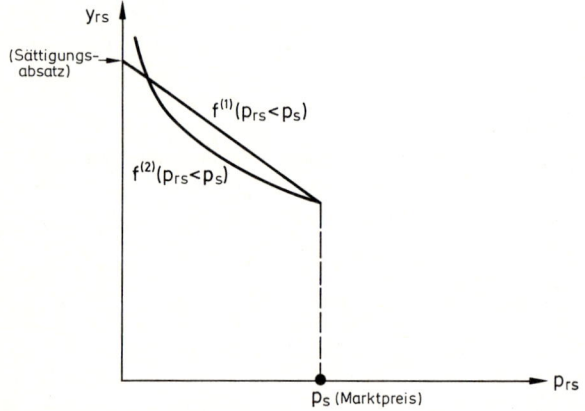

Schaubild 6.6.: Marktreaktionskurven im Falle einer polypolistischen Marktsituation

Die der Kurve in Schaubild 6.6. entsprechende Marktreaktions-funktion kann wie folgt formuliert werden:

$$y_{rs}^{(3)} \begin{cases} = 0 & \text{für } p_{rs} > p_s \\ \leq y_s \text{ (unbestimmt)} & \text{für } p_{rs} = p_s \\ = y_s = f(p_{rs}) & \text{für } p_{rs} < p_{r's} \ \forall r', \ r \neq r' \end{cases} \quad (6.3.)$$

Dabei ist p_s der für das Produkt s gültige Marktpreis und p_{rs} der von Unternehmen r geforderte Preis. Der *Preis* ist hier unter praktischen Gesichtspunkten offensichtlich *nicht geeignet*, die auf ein Unternehmen *entfallende Nachfrage* nach einem Produkt *zu erklären*; die Absatzmenge ergibt sich im Fall der polypolistischen

248

Marktsituationen beispielsweise aufgrund von Kapazitätsbedingungen des Unternehmens r. Die Preisabsatzfunktion der Form (6.3.) ist nur dann relevant, wenn ein einziger Polypolist den Preis variiert, während alle anderen Polypolisten den Preis konstant halten. Für den Fall, daß *alle Polypolisten* (r = 1,…, R) ihre Preisforderungen *im Gleichklang* verändern, gilt die allgemeine, negativ geneigte Preisabsatzfunktion, also:

$$\sum_{r=1}^{R} y_{rs} = y_s = \begin{cases} \alpha_o + \alpha_1 p_s \\ \beta_o p_s^{\beta_1} \end{cases}$$

Dabei wird unterstellt, daß: $p_{rs} = p_s$. Die Gesamtheit aller Polypolisten ist somit als Monopol, genauer als *Gruppenmonopol*, aufzufassen. Für jeden einzelnen Polypolisten gilt dann (M_{rs}: = Marktanteil Unternehmen/Marke r am Markt des Produktes s):

$$y_{rs} = M_{rs} \, y_s.$$

Oligopolistische Marktsituationen waren dadurch gekennzeichnet worden, daß der einzelne Anbieter bei seinen absatzpolitischen bzw. preispolitischen Entscheidungen nicht nur die Reaktionen der Nachfrager, sondern auch die möglichen Aktionen/Reaktionen seiner Konkurrenzanbieter zu berücksichtigen hat. In Erweiterung der Preisabsatzfunktionen im Fall monopolistischer Marktsituationen werden für den Fall oligopolistischer Marktsituationen üblicherweise folgende zwei Klassen von Preisabsatzfunktionen formuliert:

$$y_{rs}^{(4)} = f^{(4)}(p_{rs}, p_{r's}) = \alpha_o + \alpha_1 p_{rs} + \alpha_2 p_{r's} \tag{6.4.}$$

$$y_{rs}^{(5)} = f^{(5)}(p_{rs}, p_{r's}) = \beta_o p_{rs}^{\beta_1} p_{r's}^{\beta_2} \tag{6.5.}$$

Dabei gilt für die zusätzlichen Symbole:

r′: in unmittelbarer Konkurrenz zu r stehendes Unternehmen (gleiches Produkt, andere Marke)

$\left.\begin{array}{l}\alpha_2 \\ \beta_2\end{array}\right\}$: Koeffizienten; $\alpha_2, \beta_2 \in \mathbb{R}$ [+1)]

---

[1] Betrachtet man nicht nur die Konkurrenz zwischen Marken desselben Produkts, sondern auch jene zwischen gleichen Marken verschiedener Produkte (im Fall des homogenen Marktes ausgeschlossen) und unterstellt eine lineare Preisabsatzfunktion der Form $y_{rs} = \alpha_o + \alpha_1 p_{rs} + \alpha_2 p_{rs'}$,

so gilt: $\begin{cases} \alpha_2 \in \mathbb{R}^+ \Leftrightarrow \text{s und s′ sind } \textit{Substitutionsgüter,} \\ \alpha_2 \in \mathbb{R}^- \Leftrightarrow \text{s und s′ sind } \textit{Komplementärgüter,} \\ \alpha_2 = 0 \Leftrightarrow \text{s und s′ sind miteinander } \textit{unverbundene Güter.} \end{cases}$

Marktwirkungsfunktionen vom Typ (6.5.) können beispielsweise wie folgt graphisch veranschaulicht werden:

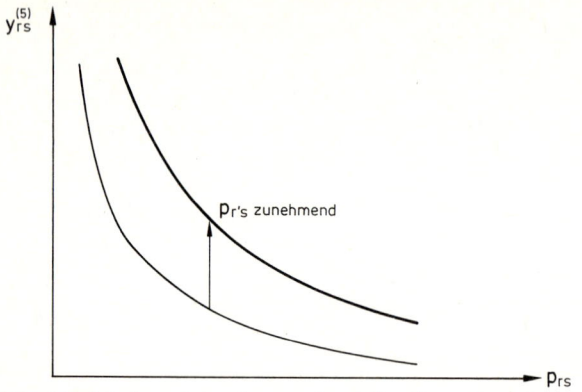

Schaubild 6.7.: Marktreaktionskurven im Falle oligopolistischer Marktsituationen

Für die Marktreaktionsfunktionen (6.4.) und (6.5.) ergeben sich folgende Kennwerte:

	$y_{rs}^{(4)} = \alpha_0 + \alpha_1 p_{rs} + \alpha_2 p_{r's}$	$y_{rs}^{(5)} = \beta_0 \, p_{rs}^{\beta_1} \, p_{r's}^{\beta_2}$
«Sättigungsabsatz» $f(0, p_{r's})$	$y_{rs}^{(4)} = \alpha_0 + \alpha_2 p_{r's}$	$y_{rs}^{(5)} \to \infty$
«Grenzpreis» $f(p_{rs}, p_{r's}) = 0$	$p_{rs} = -\dfrac{\alpha_0 + \alpha_2 p_{r's}}{\alpha_1}$	$p_{rs} \to \infty$
Grenzabsatz $\dfrac{\delta f(p_{rs}}{\delta p_{rs}}$	α_1	$\beta_0 \beta_1 \, p_{rs}^{\beta_1 - 1} \, p_{r's}^{\beta_2}$

Schaubild 6.8.: Kennwerte alternativer Marktreaktionsfunktionen im Falle oligopolistischer Marktsituationen

Hinsichtlich der praktischen Relevanz beider Klassen von Marktwirkungsfunktionen gelten analoge Aussagen wie für den Fall monopolistischer Marktsituationen.

6.2.4. Die Darstellung von Marktgesetzmäßigkeiten mittels Elastizitätskoeffizienten

Marktreaktionsfunktionen geben die Marktgesetzmäßigkeiten in Form relativ umfassender Abbildungen der Inputgrößen in den Raum der Outputgrößen wieder. Eine einfachere Darstellung, die in manchen Fällen völlig ausreicht, stellen Elastizitätskoeffizienten dar. *Elastizitätskoeffizienten* sind dabei *als Differentialquotienten* aus der relativen Änderung der Wirkungsgröße (Erwartungsgröße) und der relativen Änderung der Einflußgröße (Stellgröße) definiert. Geht man vom Preis als der Einflußgröße und dem Absatz als der Wirkungsgröße aus, so gilt für die *Preiselastizität der Nachfrage* ε_{p_s/y_s}:

$$\varepsilon_{p_s/y_s} := \lim_{\Delta p_s \to 0} \frac{\frac{\Delta y_s}{y_s}}{\frac{\Delta p_s}{p_s}} = \lim_{\Delta p_s \to 0} \frac{\frac{f(p_s + \Delta p_s) - f(p_s)}{f(p_s)}}{\frac{\Delta p_s}{p_s}} . \quad (6.6.)$$

Die Preiselastizität der Nachfrage drückt also die relative Veränderung der Nachfrage durch die relative Veränderung des Preises aus, wobei unterstellt wird, daß die Preisänderung nur eine infinitesimale ist. Die Preiselastizität der Nachfrage ist von der Preiselastizität des Absatzes zu unterscheiden; während die eine Elastizität auf das Nachfragevolumen abhebt, zielt die andere Elastizität auf das Absatzvolumen (= realisierte Nachfrage) ab. Beide Größen weichen immer dann voneinander ab, wenn nicht die gesamte Nachfrage zu Absatz wird (Lager ausverkauft).
Der Preiselastizitätskoeffizient, wie er in (6.6.) definiert ist, nimmt üblicherweise negative Werte an. Gemäß einer allgemein akzeptierten Vereinbarung gilt:

$\varepsilon_{p_s/y_s} = 0$: = *völlig preisstarre Nachfrage.*
$\varepsilon_{p_s/y_s} \to -\infty$: = *völlig preiselastische Nachfrage.*

Während sich bei der völlig preisstarren Nachfrage infolge von Preisänderungen keinerlei Nachfrageänderungen ergeben, führen bei völlig preiselastischer Nachfrage minimale Preisänderungen zu extrem hohen Nachfrageänderungen. Völlig preiselastisch ist die Nachfrage eines einzelnen Polypolisten (vgl. Schaubild 6.6.); extrem preisstarr ist dagegen dasjenige Nachfrageverhalten, das durch eine Parallele zur p_s-Achse dargestellt wird. Es gilt:

$$\varepsilon_{p_s/y_s} = \lim_{\Delta p_s \to 0} \frac{\dfrac{f(p_s + \Delta p_s) - f(p_s)}{f(p_s)}}{\dfrac{\Delta p_s}{p_s}} =$$

$$\frac{p_s}{f(p_s)} \cdot \lim_{\Delta p_s \to 0} \frac{f(p_s + \Delta p_s) - f(p_s)}{\Delta p_s} = \frac{p_s}{f(p_s)} f'(p_s).$$

1980 ermittelte Werte für die Preiselastizität der Nachfrage in der Bundesrepublik Deutschland sind in Schaubild 6.9. zusammengefaßt.

Ausgabenart	Preiselastizität der Nachfrage ε_{p_s/y_s}
Möbel, Heimtextilien	−3,9
Schuhe	−2,3
Dienstleistungen für Haushaltsführung	−1,3
Bücher, Zeitungen, Zeitschriften	−1,1
Kraftstoffe und Schmiermittel	−0,8
Waren und Dienstleistungen für die Körperpflege	−0,7
Tapeten, Farben, Baustoffe, Wohnungsreparaturen	−0,5
Heizöl	−0,5
Kunst, Sport, Vergnügungen	−0,4
Metall- und Glaswaren, sonstige dauerhafte Waren	−0,2
Rundfunk-, Fernseh- und Phonogeräte	−0,2
Nahrungs- und Genußmittel	−0,1
Mieten	−0,1
Kleidung	0,0

Quelle: Fotiadis, F.; Hutzel, J. W.; Wied-Nebbeling, S.: Konsum- und Investitionsverhalten in der Bundesrepublik Deutschland seit den fünfziger Jahren, Band 1, Berlin 1980, S. 325–326.

Schaubild 6.9.: Preiselastizität der Nachfrage für einige Sach- und Dienstleistungen des Konsumgüterbereichs

Die in obigem Schaubild wiedergegebenen *Preiselastizitäten der Nachfrage* beziehen sich auf einzelne *Produktgruppen,* nicht jedoch auf einzelne Produkte oder sogar *Marken.* Die Preiselastizität für Schokolade (als Produkt) wird demgegenüber auf etwa −0,7/−0,8 geschätzt, diejenige für einzelne Marken auf Werte zwischen −1,2 und −1,8 (je nach Marke), diejenige für kurzfristige Preisaktionen (etwa 1 Woche) einzelner Markenschokoladen schließlich auf ca. −10,0 bis ca. −12,0!

$$\varepsilon_{p_{r's}/y_{rs}} := \lim_{\Delta p_{r's} \to 0} \frac{\dfrac{f(p_{r's} + \Delta p_{r's}) - f(p_{r's})}{f(p_{r's})}}{\dfrac{\Delta p_{r's}}{p_{r's}}} = \frac{p_{r's}}{f(p_{r's})} f'(p_{r's});$$

$$\varepsilon_{I/y_s} := \lim_{\Delta I \to 0} \frac{\dfrac{f(I + \Delta I) - f(I)}{f(I)}}{\dfrac{\Delta I}{I}} = \frac{I}{f(I)} f'(I).$$

Im Gegensatz zur Preiselastizität der Nachfrage bringt die Kreuzpreiselastizität der Nachfrage den Effekt der Änderung des Preises eines Produktes auf die Nachfrage nach einem anderen Produkt zum Ausdruck; sie ist somit ein Indikator für das Ausmaß an Substitutionalität/Komplementarität zweier Produkte. Die Einkommenselastizität spiegelt die Wirkung einer Änderung des Volkseinkommens auf die Nachfrage nach einem bestimmten Produkt wider.

Für die Marktgesetzmäßigkeiten, wie sie durch die Marktreaktionsfunktionen (6.1.) bis (6.5.) abgebildet wurden, gilt dann:

Marktreaktions-funktion	Preiselastizität der Nachfrage	Kreuzpreiselastizität der Nachfrage
$y_s^{(1)} = \alpha_0 + \alpha_1 p_s$	$\varepsilon_{p_s/y_s} = \dfrac{\alpha_1 p_s}{\alpha_0 + \alpha_1 p_s}$	nicht zutreffend
$y_s^{(2)} = \beta_0 p_s^{\beta_1}$	$\varepsilon_{p_s/y_s} = \beta_1$	nicht zutreffend
$y_{rs}^{(3)} \begin{cases} = 0 \text{ für } p_{rs} > p_s \\ < y_s \text{ (unbestimmt)} \\ \quad \text{für } p_{rs} = p_s \\ = y_s = f(p_{rs}) \text{ für} \\ \quad p_{rs} < p_{r's} \end{cases}$	$\varepsilon_{p_{rs}/y_{rs}} \begin{cases} = -\infty \text{ falls } p_{rs} = p_s \\ = \dfrac{\alpha_1 p_s}{\alpha_0 + \alpha_1 p_s} \text{ falls } y_s^{(1)} \\ = \beta_1 \text{ falls } y_s^{(2)} \end{cases}$	$\varepsilon_{p_{r's}/y_{rs}} \begin{cases} = 0 \text{ für } p_{rs} = p_s \\ \text{nicht zutreffend} \\ \quad \text{für } p_{rs} < p_{r's} \end{cases}$
$y_{rs}^{(4)} = \alpha_0 + \alpha_1 p_{rs} + \alpha_2 p_{r's}$	$\varepsilon_{p_{rs}/y_{rs}} = \dfrac{\alpha_1 p_{rs}}{\alpha_0 + \alpha_1 p_{rs} + \alpha_2 p_{r's}}$	$\varepsilon_{p_{r's}/y_{rs}} = \dfrac{\alpha_2 p_{r's}}{\alpha_0 + \alpha_1 p_{rs} + \alpha_2 p_{r's}}$
$y_{rs}^{(5)} = \beta_0 p_{rs}^{\beta_1} p_{r's}^{\beta_2}$	$\varepsilon_{p_{rs}/y_{rs}} = \beta_1$	$\varepsilon_{p_{r's}/y_{rs}} = \beta_2$

Schaubild 6.10.: Elastizitätskoeffizienten bei alternativen Marktsituationen

6.2.5. Die Ableitung optimaler Preise

Als Erkenntnisziel der Preistheorie kann die Bestimmung des in einer bestimmten Marktsituation optimalen Preises angesehen werden. Die Marktsituation wird dabei durch die Art der Marktreaktionsfunktion hinreichend genau beschrieben, da die Marktwirkungsfunktion stets auch Aussagen über die Marktform impliziert. Die Marktreaktionsfunktion in der Ausprägung der *Preisabsatzfunktion* ist *notwendig*, aber *nicht hinreichend*, um den *optimalen Preis* zu ermitteln, vielmehr ist ergänzend zu operationalisieren, was unter optimal zu verstehen ist. Bei der Ausgestaltung der Zielfunktion sind Überlegungen anzustellen, wie sie bereits im Rahmen der entscheidungstheoretischen Ausführungen präzisiert wurden. Gemeinhin werden in diesem Zusammenhang die Ziele «Maximiere den Absatz!» oder «Maximiere den Umsatz!» oder «Maximiere den Gewinn!» unterstellt. Für das Ziel *«Maximiere den Absatz!»*, das nur für Einproduktunternehmen sinnvoll ist, bedarf es keiner besonderen Überlegungen, da der maximale Absatz bei fallender Preisabsatzfunktion stets mit minimalen Preisen erreicht wird. *Umsatz-* und *Gewinnmaximierung* können sowohl bei Ein- als auch bei Mehrproduktunternehmen sinnvolle Ziele sein. Dabei ist für die Bestimmung der optimalen Preise letztlich nicht entscheidend, ob es sich um den Fall eines Ein- oder eines Mehrproduktunternehmens handelt, sondern darum, ob bei der Bestimmung des optimalen Preises für ein bestimmtes Produkt die Preise und Absatzmengen anderer Produkte zu berücksichtigen sind. Bei *Einproduktunternehmen* sind logischerweise die Preise eines Produktes isoliert zu bestimmen; bei *Mehrproduktunternehmen* ist allerdings sowohl der Fall denkbar, daß die Preise der Produkte jeweils isoliert voneinander, als auch der Fall denkbar, daß die Preise der einzelnen Produkte nur im Zusammenhang fixiert werden können. Eine simultane Bestimmung der Preise ist insbesondere dann notwendig, wenn irgendwelche Kapazitätsbegrenzungen vorliegen, die für mehrere Produkte gemeinsam relevant sind. Die nachfolgenden Darstellungen sind daher nach Maßgabe dieser Unterscheidung gegliedert, wobei bezüglich des Oligopolfalles keine Analysen durchgeführt werden, da die üblichen Oligopolmodelle kaum als hinreichend praktikabel einzustufen sind.

6.2.5.1. Die Ableitung optimaler Preise bei unbegrenzten Kapazitäten

Preise können stets nur im Hinblick auf bestimmte Ziele optimal sein; den nachfolgenden Analysen werden die Umsatz- und Gewinnmaximierung als Ziele zugrunde gelegt. Zunächst soll der Fall der *umsatzmaximalen Preisgestaltung* untersucht werden. Da allein die Fälle monopolistischer und polypolistischer Situationen vollkommener Märkte analysiert werden, ist die optimale Situation allein vom Preis des anbietenden Unternehmens abhängig. Im Monopolfall stimmt logischerweise der Preis des anbietenden Unternehmens mit dem Marktpreis überein.

Nach allgemeinen mathematischen Regeln erreicht eine Funktion dort ihr Maximum, wo ihre erste Ableitung den Wert Null und ihre zweite Ableitung einen Wert kleiner als Null annimmt. Gilt es, den umsatzmaximalen Preis zu bestimmen, so ist die *Preisumsatzfunktion* die für die Berechnungen relevante Funktion. Da der Umsatz das Produkt aus Absatz und Preis ist, gelten für den umsatzmaximalen Preis folgende allgemeine Bestimmungsgleichungen:

Preisumsatzfunktion: $\qquad\qquad\qquad U_{rs} = y_{rs}\, p_{rs}$

1. Ableitung der Preisumsatzfunktion (preisbezogener Grenzumsatz) gleich Null: $\dfrac{\delta U_{rs}}{\delta p_{rs}} = 0,$

2. Ableitung der Preisumsatzfunktion (preisbezogener Grenzumsatzzuwachs) kleiner Null: $\dfrac{\delta^2 U_{rs}}{(\delta p_{rs})^2} < 0.$

Um den im Einzelfall zutreffenden umsatzmaximalen Preis zu ermitteln, ist den Berechnungen eine bestimmte Preisabsatzfunktion zugrundezulegen. Für die alternativen Marktwirkungsfunktionen bei monopolistischer und polypolistischer Marktsituation gilt dann ($y^{(Kap)}$: kapazitätsbedingter Höchstabsatz).

Bei *monopolistischen Marktsituationen* ist der Anbieter in der Lage, *Preispolitik* zu betreiben, er kann also durch die Preisfixierung seine Absatzmenge beeinflussen. Bei *polypolistischen Marktsituationen* am vollkommenen Markt ist die Wirkung einer Abweichung des Preises vom Marktpreis so gravierend, daß der Anbieter realistischerweise keine Preis-, sondern nur eine *Mengenpolitik* betreiben kann; die anzubietende Menge wird dabei durch die betrieblichen Kapazitäten wesentlich beeinflußt. Im Falle einer linearen Preisabsatzfunktion bei monopolistischen Marktsituationen beträgt der umsatzmaximale Preis die Hälfte desjenigen

	monopolistische Marktsituation $y_{rs} = y_s$, $p_{rs} = p_s$		polypolistische Marktsituation
Absatz als Funktion des Preises	$y_s = \alpha_0 + \alpha_1 p_s$	$y_s = \beta_0 p_s^{\beta_1}$	$y_{rs} \begin{cases} = 0 \text{ für } p_{rs} > p_s \\ = y_{rs}^{(Kap)} \leq y_s \\ \quad \text{für } p_{rs} = p_s \\ = y_{rs}^{(Kap)} = f(p_{rs}) \leq y_s \\ \quad \text{für } p_{rs} < p_{r's} \end{cases}$
Umsatz als Funktion des Preises	$U_s = \alpha_0 p_s + \alpha_1 p_s^2$	$U_s = \beta_0 p_s^{\beta_1+1}$	$U_{rs} \begin{cases} = 0 \text{ für } p_{rs} > p_s \\ = y_{rs}^{(Kap)} \cdot p_s \leq y_s p_s \\ \quad \text{für } p_{rs} = p_s \\ = f(p_{rs}) \cdot p_{rs} \leq y_s \cdot p_{rs} \\ \quad \text{für } p_{rs} < p_{r's} \end{cases}$
1. Ableitung der Umsatzfunktion	$\dfrac{\delta U_s}{\delta p_s} = \alpha_0 + 2\,\alpha_1 p_s$	$\dfrac{\delta U_s}{\delta p_s} = \beta_0(\beta_1+1)p_s^{\beta_1}$	für $p_{rs} = p_s$: $\dfrac{\delta U_{rs}}{\delta y_{rs}} = p_{rs}^{*}$) für $p_{rs} < p_{r's}$: vgl. Monopolfall
2. Ableitung der Umsatzfunktion	$\dfrac{\delta^2 U_s}{(\delta p_s)^2} = 2\,\alpha_1$	$\dfrac{\delta^2 U_s}{(\delta p_s)^2} = \beta_0\beta_1(\beta_1+1)p_s^{\beta_1-1}$	für $p_{rs} = p_s$: $\dfrac{\delta^2 U_{rs}}{(\delta y_{rs})^2} = 0^{*}$) für $p_{rs} < p_{r's}$: vgl. Monopolfall
umsatz- maximaler Preis	$p_s^{*} = -\dfrac{\alpha_0}{2\,\alpha_1}$	$p_s^{*} \begin{cases} \rightarrow \infty \\ \quad \text{für } \beta_1 > -1,0 \\ = \text{beliebig} \\ \quad \text{für } \beta_1 = -1,0 \\ \rightarrow 0 \\ \quad \text{für } \beta_1 < -1,0 \end{cases}$	nicht zutreffend, da Preis fest (Annahme: $y_{rs}^{(Kap)}$ der einzelnen Anbieter sind vergleichsweise klein)

*) Da der Preis beim polypolistischen vollkommenen Markt nicht als real einsetzbare absatzpolitische Stellgröße in Frage kommt ($y^{(Kap)}$!), wird hier die Absatzmenge als umsatzbeeinflussende Größe unterstellt.

Schaubild 6.11.: Ermittlung umsatzmaximaler Preise bei alternativen Marktsituationen und alternativen Preisabsatzfunktionen

Preises, bei dem der Absatz gerade Null wird («*Grenzpreis*»). Die graphische Darstellung dieser Zusammenhänge erfolgt gemeinsam mit jenen bei gewinnmaximaler Preisgestaltung.

Die Gesetzmäßigkeiten eines bestimmten Marktes können bekanntlich zum einen mittels Marktreaktionsfunktionen, zum anderen mittels Elastizitätskoeffizienten operationalisiert werden. Für den Zusammenhang zwischen dem umsatzmaximalen Preis und dem Wert des Elastizitätskoeffizienten gilt: Derjenige Preis ist *umsatzmaximal*, bei dem die *relative Änderung des Absatzes dem Betrag* nach genauso groß ist wie die *relative Änderung des Preises*; Preis- und Mengenwirkung einer Preisvariation heben sich hier also gerade auf. Dieser Tatbestand ist dann erfüllt, wenn $\varepsilon_{p_{rs}/y_{rs}} = -1{,}0$. Bei einer Preiselastizität der Nachfrage von $-1{,}0$ hat eine infinitesimale Preisvariation keine Wirkung mehr auf den Umsatz ($\frac{\delta U_{rs}}{\delta p_{rs}} = 0$). Im Falle einer linearen Preisabsatzfunktion bei monopolistischem Markt ergibt sich für einen Preis $p_s^* = -\frac{\alpha_0}{2\alpha_1}$ somit folgender Elastizitätskoeffizient:

$$\varepsilon_{p_s/y_s} = \frac{\alpha_1 p_s}{\alpha_0 + \alpha_1 p_s} = \alpha_1 \frac{(-\alpha_0)}{2\alpha_1} : \left(\alpha_0 + \alpha_1 \frac{(-\alpha_0)}{2\alpha_1} \right) = -1.$$

Zur Ermittlung der *gewinnmaximalen Preisstellung* sind ähnliche Überlegungen anzustellen, wobei von der Gewinn- bzw. Produktdeckungsbeitragsfunktion auszugehen ist. Für die folgenden Überlegungen soll einfachheitshalber eine *lineare Kostenfunktion* der Form $K_{rs} = F_{rs} + k_{rs}\, y_{rs}$ *unterstellt* werden. K_{rs} sind dabei die gesamten Kosten, die Produkt s der Unternehmung r zugerechnet werden können. F_{rs} sind die fixen Einzelkosten und k_{rs} die variablen Einzelkosten. Es gelten für den deckungsbeitragsmaximalen Preis folgende allgemeine Bestimmungsgleichungen:
Deckungsbeitragsfunktion: $D_{rs} = U_{rs} - K_{rs} = y_{rs}\, p_{rs} - F_{rs} - k_{rs}\, y_{rs}$
1. Ableitung der Deckungsbeitragsfunktion (preisbezogener Grenzdeckungsbeitrag) gleich Null:

$$\frac{\delta D_{rs}}{\delta p_{rs}} = 0 \Leftrightarrow \frac{\delta U_{rs}}{\delta p_{rs}} = \frac{\delta K_{rs}}{\delta p_{rs}}.$$

2. Ableitung der Deckungsbeitragsfunktion (preisbezogener Grenzdeckungsbeitragszuwachs) kleiner Null:

$$\frac{\delta^2 D_{rs}}{(\delta p_{rs})^2} < 0 \Leftrightarrow \frac{\delta^2 U_{rs}}{(\delta p_{rs})^2} < \frac{\delta^2 K_{rs}}{(\delta p_{rs})^2}.$$

Die *Robinson-Amoroso-Relation* zeigt unmittelbar, daß bei höherer Preiselastizität der optimale Preis geringer ist (für eine unendlich elastische Nachfrage gilt: $p_s^* = k_s$).
Da α_1 und β_1 jeweils kleiner Null sind, sind die preisbezogenen Grenzkosten kleiner Null, was unmittelbar verständlich ist, wenn man bedenkt, daß eine Erhöhung des Preises bei den hier unterstellten Marktreaktions- und Kostenfunktionen zu einer Abnahme der Absatzmenge führt, die ihrerseits eine Kostenreduktion induziert.

Preisabsatz-funktion	$y_s = \alpha_0 + \alpha_1 p_s$	$y_s = \beta_0 p_s^{\beta_1}$
Kosten als Funktion des Absatzes	$K_s = F_s + k_s y_s$	
Kosten als Funktion des Preises	$K_s = F_s + k_s (\alpha_0 + \alpha_1 p_s)$	$K_s = F_s + k_s \beta_0 p_s^{\beta_1}$
1. Ableitung der Kostenfunktion	$\dfrac{\delta K_s}{\delta p_s} = \alpha_1 k_s$	$\dfrac{\delta K_s}{\delta p_s} = k_s \beta_0 \beta_1 p_s^{\beta_1 - 1}$
2. Ableitung der Kostenfunktion	$\dfrac{\delta^2 K_s}{(\delta p_s)^2} = 0$	$\dfrac{\delta^2 K_s}{(\delta p_s)^2} = k_s \beta_0 \beta_1 (\beta_1 - 1) p_s^{\beta_1 - 2}$
1. Ableitung der Umsatzfunktion	$\dfrac{\delta U_s}{\delta p_s} = \alpha_0 + 2\alpha_1 p_s$	$\dfrac{\delta U_s}{\delta p_s} = \beta_0 (\beta_1 + 1) p_s^{\beta_1}$
2. Ableitung der Umsatzfunktion	$\dfrac{\delta^2 U_s}{(\delta p_s)^2} = 2\alpha_1$	$\dfrac{\delta^2 U_s}{(\delta p_s)^2} = \beta_0 \beta_1 (\beta_1 + 1) p_s^{\beta_1 - 1}$
deckungsbeitrags-maximaler Preis	$p_s^* = -\dfrac{\alpha_0}{2\alpha_1} + \dfrac{k_s}{2}$	$p_s^* = \dfrac{\beta_1}{\beta_1 + 1} k_s$ für $\beta_1 < -1{,}0$
	$p_s^* = \dfrac{\varepsilon_{p_s/y_s}}{\varepsilon_{p_s/y_s} + 1} \cdot k_s$ für $\varepsilon_{p_s/y_s} < -1{,}0$ (Robinson-Amoroso-Relation)	

Schaubild 6.12.: Ermittlung deckungsbeitragsmaximaler Preise bei monopolistischen Marktsituationen und alternativen Preisabsatzfunktionen

Ein Vergleich des umsatzmaximalen mit dem deckungsbeitragsmaximalen Preis zeigt für den Fall linearer Preisabsatzfunktionen, daß der *optimale Preis lediglich von den variablen Kosten, nicht aber von der Höhe der fixen Kosten abhängt*. Der deckungsbeitragsmaximale Preis ist unter den gegebenen Bedingungen dabei derjenige, der um den halben Betrag der Stückkosten höher ist als der umsatzmaximale Preis. Bei Marktgesetzmäßigkeiten, die durch eine multiplikative Preisabsatzfunktion wiedergegeben werden können, läßt sich analytisch der optimale Preis lediglich für eine preiselastische Nachfrage ableiten. Aufgrund einfacher Überlegungen gilt, daß bei einer Preiselastizität $\beta_1 \gtrless -1{,}0$ eine sehr geringe Absatzmenge bzw. ein sehr hoher Preis optimal ist.

Wie bereits an anderer Stelle dargelegt wurde, kann die multiplikative Preisabsatzfunktion in vielen Fällen als gute Annäherung an die Gesetzmäßigkeiten realer Märkte gelten. Die Analyse der Auswirkungen von Preisvariationen auf den Deckungsbeitrag hat bei der multiplikativen Marktwirkungsfunktion zu folgendem «realistischen» Ergebnis geführt: *Bei starrer Nachfrage* sind *hohe Preise* gewinnmaximal, bei *elastischer Nachfrage* dagegen bestimmte vergleichsweise *niedrige Preise*; je elastischer die Nachfrage ist, desto geringer ist der optimale Preis.

Hinsichtlich der *polypolistischen Marktsituation* gelten unter der Annahme, daß $y_{rs}^{(Kap)} \ll y_s$ $\forall r$, folgende Gleichungen:

Preisabsatzfunktion	$y_{rs} \begin{cases} = 0 & \text{für } p_{rs} > p_s \\ \ll y_s & \text{für } p_{rs} = p_s \end{cases}$
Umsatz als Funktion des Absatzes	$U_{rs} = p_{rs}\, y_{rs}$
Kosten als Funktion des Absatzes	$K_{rs} = F_{rs} + k_{rs}\, y_{rs}$
Deckungsbeitragsfunktion (d_{rs}: = Stückdeckungsbeitrag)	$D_{rs} = y_{rs}\, d_{rs} - F_{rs}$
1. Ableitung der Deckungsbeitragsfunktion	$\dfrac{\delta D_{rs}}{\delta y_{rs}} = d_{rs}$
deckungsbeitragsmaximale Absatzmenge	$y_{rs}^{*} = y_{rs}^{(Kap)}$ für $d_{rs} > 0$

Schaubild 6.13.: Ermittlung der deckungsbeitragsmaximalen Absatzmenge bei polypolistischen Marktsituationen

Um deckungsbeitragsoptimale Preise auf der Basis von Elastizitätskoeffizienten zu ermitteln, bedürfte es einer Analyse der Kostenelastizitätskoeffizienten, was leicht möglich, aber kaum praktikabel ist.

Die Analyse der Wirkung des Preises auf den Deckungsbeitrag bei monopolistischen Marktsituationen mit linearer Preisabsatzfunktion und kostenloser Produktion war Gegenstand der modellhaften Überlegungen Cournots. Dieses Modell wird daher auch als *Cournot-Modell* bezeichnet. Die Marktzusammenhänge beim Cournot-Modell und bei einem analogen Modell, bei dem eine kostenverursachende Produktion unterstellt wird, können wie folgt dargestellt werden $\left(U_s' := \dfrac{\delta U_s}{\delta p_s} \; ; \; K_s' := \dfrac{\delta K_s}{\delta p_s} \right)$:

259

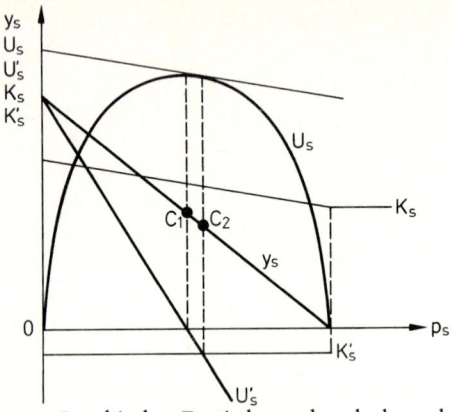

Schaubild 6.14.: Graphische Ermittlung des deckungsbeitrags- und umsatzmaximalen Preises im Falle monopolistischer Marktsituationen bei linearer Preisabsatzfunktion und linearer Kostenfunktion.

Der Punkt C_1 auf der Preisabsatzfunktion wird *Cournotscher Punkt* genannt. Er kennzeichnet die optimale Preis-Mengen-Kombination für den Fall der Umsatzmaximierung bzw. Gewinnmaximierung bei kostenloser Produktion (Mineralquelle); der Punkt C_2 kennzeichnet die optimale Preis-Mengen-Kombination für den Fall der Gewinnmaximierung bei kostenverursachender Produktion. Im Falle polypolistischer Marktsituation ergibt sich folgende Darstellung der relevanten Kurvenverläufe:

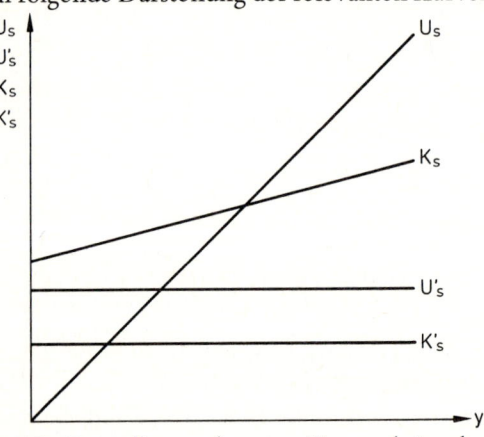

Schaubild 6.15.: Darstellung relevanter Kurven bei polypolistischer Marktsituation und linearer Kostenfunktion

6.2.5.2. Die Ableitung optimaler Preise bei begrenzten Kapazitäten

Die bisher dargestellten Optimierungskalküle berücksichtigen lediglich alternative Marktsituationen und Marktwirkungsfunktionen, gingen allerdings stets davon aus, daß es entweder nur einen Produktpreis oder aber verschiedene Produktpreise zu fixieren galt, wobei diese voneinander unabhängig gestaltet werden können. Dies ist vor allem dann nicht der Fall, wenn hinsichtlich bestimmter maschineller oder personeller Kapazitäten, die von allen relevanten Produkten in Anspruch genommen werden, Engpässe bestehen. Unter *Engpaß* ist dabei der Fall zu verstehen, daß die jeweils isoliert ermittelten optimalen Preis-Mengen-Kombinationen nicht realisiert werden können. In solchen Fällen wird man die zu fixierenden Preise so festlegen, daß unter Berücksichtigung des Kapazitätsengpasses der bestmögliche Wert der Zielfunktion erreicht wird. Eine vergleichbare Entscheidungssituation ist diejenige, bei der aufgrund exogener Gegebenheiten festgelegt wird, daß bestimmte *Mindestniveaus* beachtet werden müssen. Ein Beispiel hierfür wäre der Fall, daß in einem bestimmten regionalen Teilmarkt unabhängig von der Gewinnlage ein Mindestumsatz getätigt werden soll, um die Marktstellung nicht völlig zu verlieren.

Ein geeignetes Kalkül, um in solchen Entscheidungssituationen optimale Preise bestimmen zu können, sind die *Lagrangeschen Multiplikatoren*. Bei der Anwendung der Lagrangeschen Multiplikatoren ist zunächst die restringierende Bedingung zu operationalisieren, was üblicherweise mittels Kapazitätskoeffizienten (hier: γ) geschieht. Werden zwei Produkte auf einer einzigen Maschine gefertigt, die eine Kapazität von 100 Stunden je Periode hat, und ist für die Fertigung einer Einheit des Produktes s diese Maschine 3 Stunden und für die Fertigung einer Einheit des Produktes s′ diese Maschine 2 Stunden belegt, so gilt die Nebenbedingung: $3 y_s + 2 y_{s'} \leq 100 \ (= 80)$. Allgemein gilt:

$$\sum_{s=1}^{S} \gamma_s \, y_s \leq \gamma_0.$$

Ein im Absatzbereich häufig auftretender Engpaß ist die Arbeitszeit der Reisenden, wobei in diesem Fall die Nebenbedingung für jeden einzelnen Reisenden formuliert werden muß. Soll andererseits in einem bestimmten Absatzgebiet aufgrund langfristiger absatzpolitischer Überlegungen ein bestimmter Mindestumsatz erreicht werden, so wäre hier die Nebenbedingung

$$\sum_{s=1}^{S} p_s\, y_s \geq U_0$$

zu formulieren.

Mittels Lagrangescher Multiplikatoren können solche Nebenbedingungen in die Zielfunktion eingefügt werden, wodurch eine *modifizierte Zielfunktion* entsteht, deren Maximierung dann die Einhaltung der Nebenbedingung garantiert. Die Nebenbedingung wird zu diesem Zwecke so umgeformt, daß eine Gleichung entsteht, die auf einer Seite eine Null aufweist. Die andere Seite bildet zusammen mit dem Lagrangeschen Multiplikator λ ein Produkt, das additiv an die originäre Zielfunktion angebunden wird. Das *Vorzeichen* richtet sich dabei nach der Art der Nebenbedingung und der Art der Zielfunktion; es gilt:

		Zielfunktion	
		Maximumfunktion	Minimumfunktion
Neben-bedingung	Maximumbedingung	−	+
	Minimumbedingung	+	−

Schaubild 6.16.: Vorzeichen des Lagrangeschen Multiplikators

Der erweiterten Zielfunktion wird, um sie von der originären Zielfunktion zu unterscheiden, üblicherweise ein anderes Symbol zugewiesen (meist: L). Die erweiterte Zielfunktion wird sodann mathematisch wie jede andere Zielfunktion behandelt, es werden also partielle Ableitungen nach allen Stellgrößen und nach λ gebildet und dann die optimalen numerischen Werte der Stellgrößen und der numerischen Werte von λ errechnet. Dieser numerische Wert von λ muß bei richtiger Berechnung einen Wert größer Null aufweisen; er stellt das Äquivalent für die Minderung des Zielfunktionswertes infolge der Änderung des Wertes der begrenzenden Variablen dar (λ: Gewinnentgang). Die Rechentechnik mit Lagrangeschen Multiplikatoren sei an einem einfachen Beispiel verdeutlicht: Für zwei Produkte s und s′, die von einem Unternehmen r vertrieben werden, sollen die umsatzmaximalen Preise ermittelt werden. Die Preisabsatzfunktionen seien linear[2]. Eine die Absatzmöglichkeiten begrenzende

---

[2] Wie Schaubild 6.11. ausweist, ist diese Preisabsatzfunktion rechentechnisch am einfachsten zu handhaben.

Größe sei die Kapazität der Reisenden, die γ_0 Zeiteinheiten betrage. Für den Absatz einer Einheit von Produkt s bedürfe es üblicherweise γ_s Zeiteinheiten, für den Absatz einer Einheit von Produkt s′ im Durchschnitt $\gamma_{s'}$ Zeiteinheiten. Es gilt dann:

Preisumsatzfunktion Produkt s: $U_{rs} = y_{rs}\, p_{rs} = \alpha_0 p_{rs} + \alpha_1 p_{rs}^2$.

Preisumsatzfunktion Produkt s′: $U_{rs'} = y_{rs'}\, p_{rs'} = \alpha_2 p_{rs'} + \alpha_3 p_{rs'}^2$.

Kapazitätsrestriktion: $\qquad\qquad \gamma_s\, y_{rs} + \gamma_{s'}\, y_{rs'} \leq \gamma_0$.

Bei Mißachtung der Kapazitätsrestriktion können isolierte Optimierungskalküle gerechnet werden; in diesem Falle gilt:

$$p_{rs}^{(*)} = -\frac{\alpha_0}{2\alpha_1}, \; y_{rs}^{(*)} = \frac{\alpha_0}{2}, \; U_{rs}^{(*)} = -\frac{\alpha_0^2}{4\alpha_1};$$

$$p_{rs'}^{(*)} = -\frac{\alpha_2}{2\alpha_3}, \; y_{rs'}^{(*)} = \frac{\alpha_2}{2}, \; U_{rs'}^{(*)} = -\frac{\alpha_2^2}{4\alpha_3};$$

$$U_r^{(*)} = \sum_{i=s,\,s'} U_{ri}^{(*)} = -\frac{\alpha_0^2}{4\alpha_1} - \frac{\alpha_2^2}{4\alpha_3}.$$

Bei Berücksichtigung der Kapazitätsrestriktion ergibt sich folgende erweiterte Zielfunktion:

$$L = y_{rs}\, p_{rs} + y_{rs'}\, p_{rs'} - \lambda\,(\gamma_s\, y_{rs} + \gamma_{s'}\, y_{rs'} - \gamma_0) \to \text{Max}$$

Es gilt dann:

$$\frac{\delta L}{\delta p_{rs}} = \alpha_0 + 2\alpha_1 p_{rs} - \lambda\gamma_s\,\alpha_1;$$

$$\frac{\delta L}{\delta p_{rs'}} = \alpha_2 + 2\alpha_3 p_{rs'} - \lambda\gamma_{s'}\,\alpha_3;$$

$$\frac{\delta L}{\delta \lambda} = -(\gamma_s\,(\alpha_0 + \alpha_1 p_{rs}) + \gamma_{s'}\,(\alpha_2 + \alpha_3 p_{rs'}) - \gamma_0).$$

Werden die ersten Ableitungen gleich Null gesetzt, erhält man folgende Lösungen, wobei unterstellt wird, daß die Bedingungen zweiter Ordnung erfüllt sind:

$$\lambda = \frac{2\gamma_0 - \alpha_0\gamma_s - \alpha_2\gamma_{s'}}{\alpha_1\gamma_s{}^2 + \alpha_3\gamma_{s'}{}^2} > 0 \; ;$$

$$p_{rs}{}^* = \lambda \, \frac{\gamma_s}{2} - \frac{\alpha_0}{2\alpha_1} \; > 0, \; y_{rs}{}^* = \frac{\alpha_0}{2} + \lambda\alpha_1 \, \frac{\gamma_s}{2} \; ;$$

$$p_{rs'}{}^* = \lambda \, \frac{\gamma_{s'}}{2} - \frac{\alpha_2}{2\alpha_3} \; > 0, \; y_{rs'}{}^* = \frac{\alpha_2}{2} + \lambda\alpha_3 \, \frac{\gamma_{s'}}{2} \; ;$$

$$U_r{}^* = - \frac{\alpha_0^2}{4\alpha_1} + \lambda^2\alpha_1 \, \frac{\gamma_s^2}{4} - \frac{\alpha_2^2}{4\alpha_3} + \lambda^2\alpha_3 \, \frac{\gamma_{s'}^2}{4} \; .$$

Da α_1 und α_3 negativ sind, ist unmittelbar zu ersehen, daß $U_r{}^* <$ $U_r{}^{(*)}$ ist; ferner gilt $y_{rs}^*\gamma_s + y_{rs'}^*\gamma_{s'} = \gamma_0$. Stimmt die Kapazitätsgrenze γ_o genau mit den Kapazitätsbedürfnissen überein, die sich aus der Optimierung ohne Nebenbedingungen ergeben, gilt also

$$y_{rs}^{(*)}\gamma_s + y_{rs'}{}^{(*)} \, \gamma_{s'} = \gamma_0,$$

dann sind $\lambda = 0$ und $U_r{}^{(*)} = U_r{}^*$.

Lagrangesche Multiplikatoren erlauben auf relativ einfache Weise die Ableitung optimaler Werte von Variablen einer Funktion mit nicht nur einer, sondern auch mehreren Nebenbedingungen. Es ist jedoch zu beachten, daß bei Anwendung der Lagrangeschen Multiplikatoren stets Werte der interessierenden Variablen (hier: Preis) ermittelt werden, die die *Nebenbedingung voll ausschöpfen*. Es ist daher stets zu überprüfen, ob die optimalen Werte der interessierenden Variablen unter Mißachtung der Kapazitätsrestriktion auch wirklich zu einer Verletzung der Restriktion führen. Aus der Tatsache, daß bei der Anwendung Lagrangescher Multiplikatoren stets Werte der interessierenden Variablen ermittelt werden, die die Restriktion voll ausschöpfen, folgt auch, daß die *Zahl der Nebenbedingungen nicht größer* sein darf als die *Zahl der zu optimierenden Variablen*.

6.3. Die Theorie der Preisbildung auf unvollkommenen Märkten

6.3.1. Mikroökonomische Ansätze der Preistheorie

6.3.1.1. Das Marktformenschema bei unvollkommenen Märkten und die doppelt geknickte Preisabsatzfunktion

Die bisherigen mikroökonomischen Preiskalküle basieren auf den bereits definierten Annahmen des vollkommenen Marktes. Es wird also unter anderem angenommen, daß die wahrgenommenen Preise mit den realen Preisen identisch sind; als besonders realitätsfern muß daneben das Konzept der *Homogenität der Produkte* eingestuft werden. Dieses Konzept geht davon aus, daß es eine Vielzahl von Produktmärkten gibt, die *in sich* völlig *homogen* sind, *untereinander* aber so *heterogen* sind, daß keinerlei Beziehungen zwischen den einzelnen Produkten bestehen. Dieser Vorstellung widersprechende Annahmen bzw. Aussagen waren bereits mehrfach gemacht worden; so wurde bereits in den Kapiteln 1 und 2 dieses Buches darauf hingewiesen, daß die Bedürfnisse der aktuellen und potentiellen Käufer zum einen differenziert sind und zum anderen gewissen Beeinflussungen unterliegen. Der *Gemeinsame Merkmalsraum,* der in Kapitel 5 diskutiert wurde, stellt eine Augenblicksaufnahme eines Marktes dar, der sich durch eine sehr differenziert abgestufte Beurteilung der Marken eines Produktes auszeichnet, wobei die einzelnen Personen noch unterschiedliche Präferenzvorstellungen besitzen. Die Darstellung eines Produktmarktes in der Form des Gemeinsamen Merkmalsraumes wirft unmittelbar die Frage nach der Abgrenzung der jeweiligen Produktmärkte auf. Dahinter verbirgt sich etwa die Frage, ob hinsichtlich eines VW Passat der *relevante Markt* durch die Mittelklassewagen deutscher Fabrikation, die Mittelklassewagen deutscher und ausländischer Produktion oder durch alle Personenkraftwagenmodelle zu beschreiben ist. Die klassische Preistheorie versuchte dieses Problem im Wege der Definition zu lösen, was allerdings als gescheitert angesehen werden muß.

Die Theorie der unvollkommenen Märkte ist vergleichsweise dürftig entwickelt. Ausgangspunkt der meisten mikroökonomischen Theorieansätze in diesem Zusammenhang ist ein Marktformenschema, bei dem sehr häufig von einer polypolistischen oder atomaren Nachfragerstruktur und alternativen Anbieterstrukturen ausgegangen wird. Eine Gegenüberstellung der

Marktformen bei vollkommenem und unvollkommenem Markt zeigt Schaubild 6.17.

| Anbieterstruktur | Marktformen bei polypolistischer Nachfragerstruktur | |
	vollkommener Markt	unvollkommener Markt
monopolistisch	Monopol (reines Monopol)	monopolistische Konkurrenz (generische Konkurrenz, Konkurrenz um totale Kaufkapazität)
oligopolistisch	Oligopol (homogenes Oligopol)	monopolistische Konkurrenz (unter Berücksichtigung der Reaktion einzelner Konkurrenten)
polypolistisch	Polypol (vollkommene Konkurrenz)	monopolistische Konkurrenz (ohne Berücksichtigung der Reaktion einzelner Konkurrenten)

Schaubild 6.17.: Marktformen bei polypolistischer Nachfragerstruktur und alternativen Anbieterstrukturen auf vollkommenem und unvollkommenem Markt

Es ist dabei zu bedenken, daß die *Unvollkommenheit des Marktes nicht nur* auf *sachliche Heterogenität,* sondern auch auf die Verletzung anderer Annahmen bezüglich des homogenen Marktes zurückgeführt werden kann. Die gleichartige Bezeichnung der Marktform bei unterschiedlichen Anbieterstrukturen soll zum Ausdruck bringen, daß unabhängig von der Anbieterstruktur bestimmte einheitliche Marktgesetzmäßigkeiten auf allen Formen unvollkommener Märkte herrschen. Die Unterscheidung alternativer Anbieterstrukturen verliert wesentlich an Bedeutung. Sowohl bei monopolistischer als auch bei oligopolistischer und polypolistischer Anbieterstruktur besitzt jeder Anbieter einen gewissen preispolitischen Spielraum, d.h. einen Preisbereich, innerhalb dessen er die Preise variieren kann, ohne daß die Nachfrage wie beim Polypolisten am vollkommenen Markt völlig ausbleibt bzw. über alle Maßen ansteigt. Dieser preispolitische *Spielraum* ist bei *monopolistischer Anbieterstruktur* vergleichsweise groß, da nur die sogenannte *generische Konkurrenz* wirksam wird, d.h. die Konkurrenz aller Produkte um die begrenzte Kaufkraft der Käufer. Bei polypolistischen Anbieterstrukturen ist der preispolitische Spielraum dagegen vergleichsweise gering, da *Substitutionskonkurrenz* gegeben ist. In der Realität ist der preispolitische Spielraum bei polypolistischer Anbieterstruktur vor allem durch die *räumliche Verteilung* der Anbieter und durch persönliche Präferenzen bedingt. Bei oligopolistischer Anbieterstruktur besteht ebenfalls Substitutionskonkurrenz, wobei in diesem Falle jeder Konkurrent einzeln in das Kalkül einbezogen wird. Die Grenzen zwischen den einzelnen alternativen Anbieterstrukturen sind im übrigen in der Realität zumeist nicht klar zu ziehen, da die Abgrenzung der einzelnen Märkte kaum zweifelsfrei möglich ist. Die Problematik der Marktabgrenzung sei an einem Beispiel verdeutlicht: Bis vor wenigen Jahren kontrollierte das südafrikanische Unternehmen DeBeers Consolidated Mines Ltd. ca. 80% des Diamantenwelthandels. Man ist deshalb wohl berechtigt, den Markt für Diamanten als einen monopolistisch strukturierten Markt zu betrachten. Bedenkt man allerdings, daß Diamanten sowohl für Schmuck- als auch für Industriezwecke in einem gewissen Konkurrenzverhältnis etwa zu Saphiren, Rubinen und anderen Edelsteinen bzw. harten Halbedelsteinen stehen, so wird man geneigt sein, als relevanten Markt den größeren zu bezeichnen und das Unternehmen DeBeers nur mehr als – wenn auch starken – Oligopolisten einzustufen.

Eine andere, sehr instruktive Einteilung der Marktformen ist diejenige, die in Schaubild 6.18. wiedergegeben ist.

| | | Preise der angebotenen Produkte | |
		gleich	ungleich
Positionierung der angebotenen Produkte	gleich	homogener Wettbewerb (vollkommene Konkurrenz)	Preiswettbewerb (unvollkommene Konkurrenz)
	ungleich	Leistungswettbewerb (unvollkommene Konkurrenz)	monopolistischer Wettbewerb = Preis- und Leistungswettbewerb) (unvollkommene Konkurrenz)

In Anlehnung an: Busse von Colbe, W.; Hammann, P.; Laßmann, G.: Betriebswirtschaftstheorie, Band 2, 2. Auflage, Berlin/Heidelberg/New York 1985, S. 9.

Schaubild 6.18.: Wettbewerbsformen

Geht man bei den preispolitischen Überlegungen davon aus, daß die lineare Preisabsatzfunktion eine brauchbare Repräsentation der Marktgegebenheiten darstellt, so können die Nachfragerverhältnisse bei monopolistischer Konkurrenz durch die *doppelt geknickte Preisabsatzfunktion* nach Gutenberg adäquat abgebildet werden. Es ergibt sich der in Schaubild 6.19. dargestellte Kurvenverlauf.

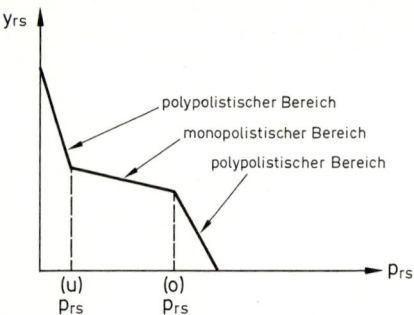

polypolistischer Bereich

monopolistischer Bereich $y_{rs} =$

polypolistischer Bereich

$$\begin{cases} \alpha_0 + \alpha_1 p_{rs} \text{ für } 0 \leq p_{rs} \leq p_{rs}^{(u)} \\ \alpha_2 + \alpha_3 p_{rs} \text{ für } p_{rs}^{(u)} \leq p_{rs} \leq p_{rs}^{(0)} \\ \alpha_4 + \alpha_5 p_{rs} \text{ für } p_{rs}^{(0)} \leq p_{rs} \leq -\dfrac{\alpha_4}{\alpha_5} \end{cases}$$

Schaubild 6.19.: Doppelt geknickte Preisabsatzfunktion nach Gutenberg

Da die Preiswirkung im polypolistischen Bereich stärker als im monopolistischen Bereich ist, gilt $\alpha_1, \alpha_5 < \alpha_3$ und $\alpha_0, \alpha_4 > \alpha_2$. Bei monopolistischer Anbieterstruktur sind die Differenzen $\alpha_3 - \alpha_1$ und $\alpha_3 - \alpha_5$ gering und der preispolitische Spielraum $p_{rs}^{(0)} - p_{rs}^{(u)}$ ist im Vergleich zur Situation bei polypolistischer Anbieterstruktur groß.

Die multiplikative Preisabsatzfunktion $y_{rs} = \beta_0 p_{rs}^{\beta_1}$ weist zumindest für den unteren und mittleren Preisbereich bereits einen der doppelt geknickten Preisabsatzfunktion nach Gutenberg ähnlichen Verlauf auf. Im Bereich hoher Preise wird bei der multiplikativen Preisabsatzfunktion allerdings keine zunehmende Preiselastizität unterstellt. Da der Bereich dieser vergleichsweise hohen Preise allerdings für empirische Zwecke relativ wenig bedeutsam ist, kann die multiplikative Preisabsatzfunktion als vergleichsweise allgemeingültig eingestuft werden.

6.3.1.2. Das Konzept der Preisdifferenzierung

Geht man davon aus, daß die Nachfrager auf einem Markt hinsichtlich ihrer Reaktion auf alternative Ausprägungen eines absatzpolitischen Instruments (z. B. Preis) unterschiedlich reagieren, so liegt es nahe, für die einzelnen Nachfragergruppen alternative Ausprägungen des absatzpolitischen Instruments festzusetzen. Werden für ansonsten gleiche Produkte unterschiedliche Preise verlangt, so nennt man diesen Vorgang *Preisdifferenzierung*, was nichts anderes als eine *preisbezogene Marktsegmentierung* darstellt. Preisdifferenzierung ist ein in der Realität sehr häufig anzutreffendes Phänomen; einige Formen der Preisdifferenzierung für homogene Produkte seien nachstehend aufgeführt:

- *Räumliche Preisdifferenzierung:* Je nach dem Ort des Angebots oder der Nachfrage werden unterschiedliche Preise gefordert; die Unterschiedlichkeit der Preise kann dabei zum Teil oder auch vollständig durch Transportkostendifferenzen begründet sein.
- *Zeitliche Preisdifferenzierung:* Je nach dem Zeitraum/Zeitpunkt des Angebots oder der Nachfrage werden unterschiedliche Preise gefordert; der Zeitraum kann dabei nach Stunden (Tag/Nacht) oder nach Jahreszeiten (Saisonverkauf, Subskriptionen) bemessen sein.
- *Personelle Preisdifferenzierung:* Je nach der Person des Nachfragers werden unterschiedliche Preise gefordert; besondere Bedeutung haben in diesem Zusammenhang die Zugehörigkeit zu bestimmten sozialen Gruppen sowie alters- oder berufsgruppenbezogene Unterscheidungen.
- *Verwendungsbezogene Preisdifferenzierung:* Je nach der Art der Verwendung (Salz als Viehsalz oder Speisesalz) werden unterschiedliche Preise gefordert.
- *Mengenbezogene Preisdifferenzierung:* Je nach Umfang der Nachfragemenge werden unterschiedliche Preise gefordert (Mengenrabatt; üblicherweise wird der Mengenrabatt allerdings nicht als eine Form der Preisdifferenzierung eingestuft).
- *Nebenleistungsbezogene Preisdifferenzierung:* Je nach der Art der Nebenleistungen, die ein Anbieter seinen Nachfragern bietet, werden unterschiedliche Preise gefordert (Funktionsrabatt; üblicherweise wird der Funktionsrabatt nicht als eine Form der Preisdifferenzierung eingestuft).
- *Gestaltungsbezogene Preisdifferenzierung:* Je nach der Gestal-

tung des Produktes selbst oder der Nebenleistungen werden unterschiedliche Preise gefordert (Erst-/Zweitmarke); die Grenze zur Produktdifferenzierung ist hier schwerlich scharf zu ziehen.

Die Ziele, die mit allen Formen der Preisdifferenzierung verfolgt werden, sind entweder soziale Ziele oder das ökonomische Ziel, die «Käuferrente» abzuschöpfen. Unter Käuferrente versteht man dabei denjenigen Betrag, den ein Nachfrager für eine bestimmte Marke eines Produktes weniger zu zahlen hat, als er aufgrund seiner Präferenzen zu zahlen bereit ist. Hinter dem Konzept der Käuferrente steht die Vorstellung, daß es so etwas wie individuelle Preisabsatzfunktionen gibt. Da der gewinnmaximale Preis eines Unternehmens von der entsprechenden Preisabsatzfunktion abhängt, ist es unmittelbar einsichtig, daß die Preisdifferenzierung dann gewinnmaximal vorgenommen ist, wenn jedem Nachfrager bzw. jeder Nachfragergruppe ein individueller Preis gesetzt wird. Voraussetzung für eine solche Strategie ist, daß die einzelnen *Nachfragergruppen* deutlich voneinander *getrennt* werden können; darüberhinaus ist zu bedenken, daß eine individuelle Preisfixierung höhere Kosten als eine generelle Preisfixierung verursacht. Die Forderung, daß die einzelnen Teilmärkte voneinander isolierbar sein müssen, schränkt in der Realität die Möglichkeiten einer aktiven Preisdifferenzierung erheblich ein. Dies gilt insbesondere für die räumliche, zeitliche und verwendungsbezogene, in nur geringem Maße dagegen für die personelle und die mengenbezogene Preisdifferenzierung.

Daß im Wege einer differenzierten Preisstellung ein höherer Gewinn erzielbar ist, sei anhand eines allgemeinen Beispiels verdeutlicht. Allein aus rechentechnischen Gründen werden dabei wieder lineare Preisabsatzfunktionen und eine lineare Kostenfunktion unterstellt (Schaubild 6.20.).

Wie sich aus dem Vergleich von $D_{s1}^{*} + D_{s2}^{*}$ mit D_{s}^{*} ergibt, ist der *Unternehmensgewinn* bei differenzierter Preisstellung *immer größer*; lediglich dann, wenn ein Teilmarkt *keinen Gewinn* abwirft oder beide Teilmärkte den *gleichen Grenzpreis* aufweisen (hier: $\frac{\alpha_0}{\alpha_1} = \frac{\alpha_2}{\alpha_3}$), trifft dies nicht zu. Ob allerdings der höhere Unternehmensgewinn den durch die differenzierte Preisstellung bedingten Mehraufwand «lohnt», ist damit noch nicht geklärt.

		differenzierte Preisstellung		undifferenzierte Preisstellung Gesamtmarkt $\left(-\dfrac{\alpha_2}{\alpha_3} < -\dfrac{\alpha_0}{\alpha_1}\right)$
		Teilmarkt 1	Teilmarkt 2	Bereich I (BI): $0 \leq p_s \leq -\dfrac{\alpha_2}{\alpha_3}$ Bereich II (BII): $-\dfrac{\alpha_2}{\alpha_3} \leq p_s \leq -\dfrac{\alpha_0}{\alpha_1}$
Absatz als Funktion des Preises	y_s	$\alpha_0 + \alpha_1 p_{s1}$	$\alpha_2 + \alpha_3 p_{s2}$	$\alpha_0 + \alpha_2 + (\alpha_1 + \alpha_3)\,p_s$ (BI) $\alpha_0 + \alpha_1 p_s$ (BII)
Umsatz als Funktion des Preises	U_s	$\alpha_0 p_{s1} + \alpha_1 p_{s1}^2$	$\alpha_2 p_{s2} + \alpha_3 p_{s2}^2$	$(\alpha_0 + \alpha_2 + (\alpha_1 + \alpha_3)\,p_s)\,p_s$ (BI) $\alpha_0 p_s + \alpha_1 p_s^2$ (BII)
Kosten als Funktion des Absatzes	K_s	$F_{s1} + k_s y_{s1}$	$F_{s2} + k_s y_{s2}$	$F_s + k_s y_s$, wobei $F_s = F_{s1} + F_{s2}$
1. Ableitung der Umsatzfunktion	$\dfrac{\delta U_s}{\delta p_s}$	$\alpha_0 + 2\,\alpha_1 p_{s1}$	$\alpha_2 + 2\,\alpha_3 p_{s2}$	$\alpha_0 + \alpha_2 + 2\,(\alpha_1 + \alpha_3)\,p_s$ (BI) $\alpha_0 + 2\,\alpha_1 p_s$ (BII)
1. Ableitung der Kostenfunktion	$\dfrac{\delta K_s}{\delta p_s}$	$\alpha_1 k_s$	$\alpha_3 k_s$	$(\alpha_1 + \alpha_3)\,k_s$ (BI) $\alpha_1 k_s$ (BII)
deckungsbeitragsmaximaler Preis	p_s^*	$-\dfrac{\alpha_0}{2\,\alpha_1} + \dfrac{k_s}{2}$	$-\dfrac{\alpha_2}{2\,\alpha_3} + \dfrac{k_s}{2}$	$-\dfrac{\alpha_0 + \alpha_2}{2\,(\alpha_1 + \alpha_3)} + \dfrac{k_s}{2}$ (BI) $-\dfrac{\alpha_0}{2\,\alpha_1} + \dfrac{k_s}{2}$ (BII)
Deckungsbeitrag	D_s^*	$\dfrac{1}{4}\left(\dfrac{\alpha_0}{\alpha_1} + k_s\right) \cdot (-\alpha_1 k_s - \alpha_0) - F_{s1}$	$\dfrac{1}{4}\left(\dfrac{\alpha_2}{\alpha_3} + k_s\right) \cdot (-\alpha_3 k_s - \alpha_2) - F_{s2}$	$\mathrm{Max}\begin{cases} \dfrac{1}{4}\left(\dfrac{\alpha_0 + \alpha_2}{\alpha_1 + \alpha_3} + k_s\right) \\ (-k_s(\alpha_1 + \alpha_3) - (\alpha_0 + \alpha_2)) - F_s \quad \text{(BI)} \\[2mm] \dfrac{1}{4}\left(\dfrac{\alpha_0}{\alpha_1} + k_s\right) \\ (-\alpha_1 k_s - \alpha_0) - F_s \quad \text{(BII)} \end{cases}$

Schaubild 6.20.: Ermittlung maximaler Produktdeckungsbeiträge bei undifferenzierter und differenzierter Preisstellung

6.3.2. Verhaltenswissenschaftliche Ansätze der Preistheorie

Die mikroökonomische Theorie der Preisbildung auf unvollkommenen Märkten weist jenseits der bereits angedeuteten weitere Unzulänglichkeiten auf; so sind die mit der doppelt geknickten Preisabsatzfunktion nach Gutenberg verbundenen *Datenbeschaffungsprobleme* nicht einmal ansatzweise befriedigend gelöst, und die Erklärung des Verlaufes der Preisabsatzfunktion auf der Basis der Haushaltstheorie ist kaum praktikabel. Trotz dieser Mängel darf nicht verkannt werden, daß die mikroökonomische Preistheorie entscheidend zur *Axiomatisierung* und *Operationalisierung der Absatztheorie* beigetragen hat. Preisabsatzfunktionen und Preiselastizitäten sind längst verallgemeinert worden und haben als Marktreaktionsfunktionen und Elastizitäten generelle und auch praktische Relevanz erlangt. Die Methoden der preistheoretischen Analyse haben auch ehedem als nicht der quantitativen Analyse zugängliche Bereiche, wie etwa die Produktpolitik, für quantitative Analysen erschlossen. Den im folgenden dargestellten verhaltenswissenschaftlichen Ansätzen kommt insbesondere die Funktion zu, die bisher überwiegend formal begründeten Gesetzmäßigkeiten zu erklären.

6.3.2.1. Preise und Nutzenerwartungen als Kaufdeterminierende Faktoren

Zur Beschreibung der Struktur eines Marktes war im Kapitel 5 dieses Buches das Modell des Gemeinsamen Merkmalsraumes entwickelt worden. Der Gemeinsame Merkmalsraum stellt eine anschauliche Wiedergabe der Konkurrenzverhältnisse in einem bestimmten Markt dar. Liegen H für die Beurteilung der Marken eines Produktes *relevante Merkmale* vor, so hat der Gemeinsame Merkmalsraum H Dimensionen. Diese H Dimensionen sind objektbezogene Dimensionen, anhand deren die Nutzenerwartungen der Personen und die Objekte hinreichend genau beschrieben werden können. Um auch das *Ausmaß des Nutzens*, den eine bestimmte Marke eines Produktes dem Beurteiler verspricht, abbilden zu können, bedarf es einer zusätzlichen Dimension. Die sich daraus ergebende (H+1)-dimensionale Darstellung kann Präferenzraum genannt werden.

Im *Präferenz-* oder *Nutzenraum* werden die wahrgenommenen *Merkmalsausprägungen* (H Merkmale) der Beurteilungsobjekte und zugleich die *personenspezifischen Nutzenwerte* für jede mög-

liche *Kombination der Merkmalsausprägungen* dargestellt (R^{H+1}).
Diese Nutzenwerte sind sowohl ökonomisch als auch psychologisch und soziologisch bedingt. Für einen Produktmarkt, der mittels zweier objektbezogener Merkmale hinreichend genau beschrieben werden kann, ergibt sich etwa folgender Präferenzraum (R^3):

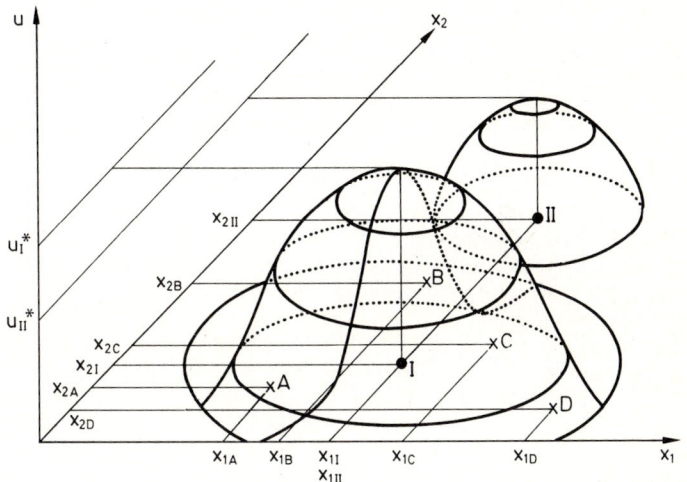

Schaubild 6.21.: Darstellung eines dreidimensionalen Präferenzraumes (A, ..., D: Objekte; I, II: Subjekte)

Dem im Schaubild 6.21. dargestellten Präferenzraum ist hinsichtlich des Aussagegehalts ein Präferenzraum äquivalent, dessen Nutzendimension lediglich mittels normierter Höhenlinien dargestellt ist (Schaubild 6.22.).
Sind die einzelnen zur Beurteilung anstehenden Objekte hinsichtlich ihrer Merkmalsausprägungen und die Nutzengebirge der einzelnen Beurteiler bekannt, so ist aus dem Präferenzraum unmittelbar die Nutzeneinstufung dieser Objekte durch den jeweiligen Beurteiler ablesbar. Mittels der Nutzenwerte (Präferenzwerte) der einzelnen Objekte ist eine unmittelbare *Vergleichbarkeit* der *subjektiven Vorziehenswürdigkeit* der einzelnen Objekte gegeben.

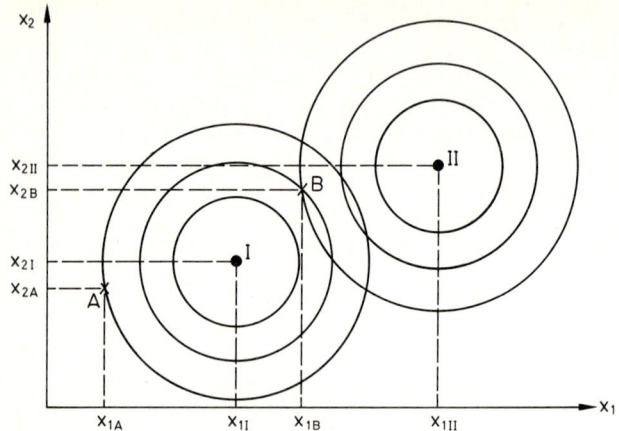

Schaubild 6.22.: Darstellung eines dreidimensionalen Präferenzraumes als zweidimensionaler Gemeinsamer Merkmalsraum mit Isonutzenkurven (A, B: Objekte; I, II: Subjekte)

Produkten mit bestimmten Nutzenwerten können häufig ziemlich genau bekannte Höchstpreise zugewiesen werden, die allerdings personenabhängig sind. Den Geldbetrag, den eine Person höchstens für ein bestimmtes Produkt bzw. einen bestimmten Nutzenwert auszugeben bereit ist, nennt man *Preisbereitschaft*. Der Zusammenhang zwischen dem einem Produkt zugemessenen *Nutzen* (Ergebnisnutzen) und der personenspezifischen Preisbereitschaft kann mittels der *Preisbereitschaftsfunktion* zum Ausdruck gebracht werden. Es ist einsichtig, daß die Preisbereitschaftsfunktion monoton steigt und bedingt durch die Finanzmittel der jeweiligen Person ein *Sättigungsniveau* besitzt; sie stellt im übrigen eine Sonderform der viel allgemeineren Reizempfindungsfunktion Fechners dar. Die Preisbereitschaftsfunktion einer beliebigen Person ist in Schaubild 6.23 wiedergegeben.

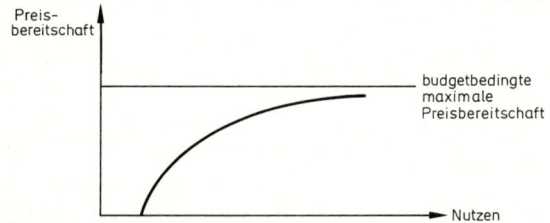

Schaubild 6.23.: Preisbereitschaftsfunktion einer beliebigen Person

274

Der Schnittpunkt der Kurve mit der Nutzen-Koordinate ist durch die *Trägheit* und/oder das *Anspruchsniveau* der Person bedingt; der dazugehörende Nutzenwert kennzeichnet gewissermaßen den Schwellenwert des Nutzens, der überschritten werden muß, bevor überhaupt Geldmittel verausgabt werden bzw. bevor Beschaffungsanstrengungen unternommen werden. Die Preisbereitschaftsfunktionen verschiedener Personen unterscheiden sich sowohl hinsichtlich des Schwellenwertes als auch hinsichtlich der Steigung und des Sättigungsniveaus der Kurve.

Die Nutzenfunktion und Preisbereitschaftsfunktion können miteinander verknüpft werden; für den einfachen Fall, daß für die Beurteilung eines Objektes nur ein Merkmal relevant ist, ist der Zusammenhang im folgenden 4-Felder-Modell dargestellt.

Das in Schaubild 6.24. dargestellte Preisbereitschaftsmodell stellt den Zusammenhang zwischen alternativen Merkmalsausprägungen und dem maximal zu zahlenden Preis dar. Geht man davon aus, daß die Merkmalsausprägung für ein bestimmtes Kaufobjekt gegeben ist, so hängen die maximal gezahlten Preise allein von den personenindividuellen Preisbereitschaftsfunktionen ab. Da Personen in der Regel auch bereit sind, Produkte zu kaufen, wenn sie einen Preis aufweisen, der unter ihrer Preisbereitschaft liegt, kann aus diesen Zusammenhängen eine monoton

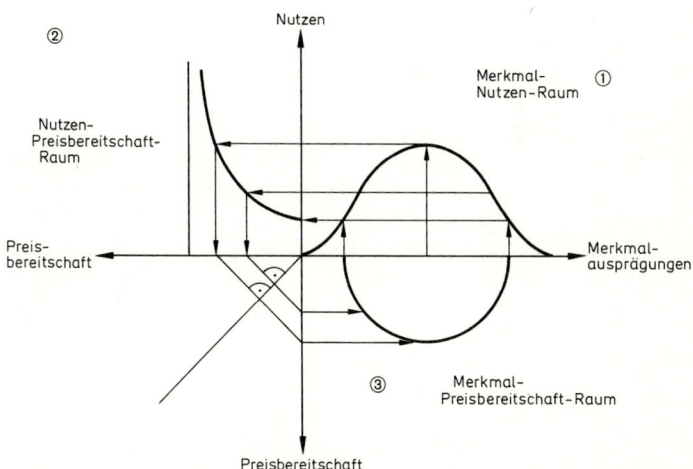

Schaubild 6.24.: Gesamtmodell der individuellen Preisbereitschaft

fallende Kurve der Zahl potentieller Käufer in Abhängigkeit von alternativen Preisen entwickelt werden. Damit ist die Entstehung der fallenden Preisabsatzfunktion aus nutzentheoretischen Überlegungen abgeleitet.

Eine andere Darstellung des Zusammenhangs zwischen dem einem Produkt zugeschriebenen Nutzen, der objektiven Produktqualität und dem objektiven bzw. dem wahrgenommenen Preis enthält Schaubild 6.25.

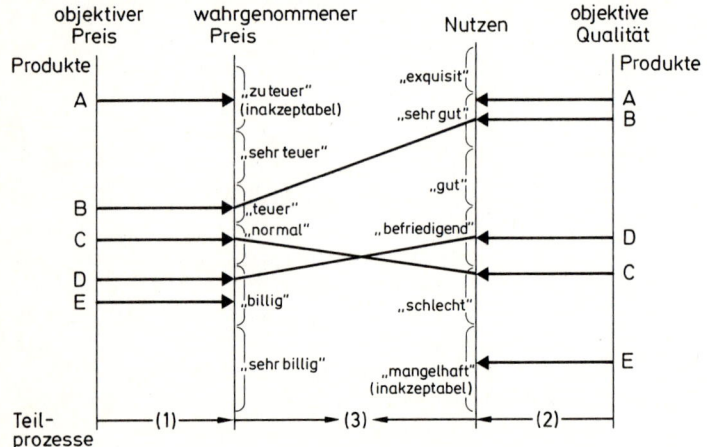

Quelle: Diller, H.: Preispolitik, Stuttgart/Berlin/Köln/Mainz 1985, S. 117.

Schaubild 6.25.: Preisurteil von Konsumenten

Dem obigen Schaubild zufolge werden zuerst die Preis- und Nutzenwahrnehmungsprozesse durchlaufen (Teilprozesse 1 und 2), dann erst wird das *Preiswürdigkeitsurteil* gefällt; über die Reihenfolge des Preis- und des Nutzenwahrnehmungsprozesses wird dabei allerdings keine Aussage getroffen. Das Ergebnis des preisbezogenen Wahrnehmungsprozesses ist das Preisgünstigkeitsurteil; das Preiswürdigkeitsurteil ergibt sich aus dem Abgleich dieses Urteils mit dem Nutzenurteil. Im vorliegenden Fall werden somit zuerst die Produkte A und E ausgeschieden, sodann die anderen Produkte miteinander verglichen. Aus der Differenz zwischen dem Nutzen und dem wahrgenommenen Preis eines Produktes ergibt sich die Präferenzrangfolge B vor D vor C, die in der Steigerung der Preis-Nutzen-Geraden graphisch ihren Ausdruck findet.

276

Unter Bezugnahme auf die im Kapitel 2 (Schaubild 2.4.) entwickkelte Unterteilung der Alternativen in einzelne Untermengen können folgende Zuordnungen vorgenommen werden:

Produkt mit inakzeptablem wahrgenommenem Preis
→ inept set
Produkt mit inakzeptabler wahrgenommener Qualität
→ inept set
Produkt mit wahrgenommenem Preis > Nutzen
→ inept set
Produkt mit wahrgenommenem Preis < Nutzen
→ relevant set

6.3.2.2. Der Einfluß des Preises auf die Qualitätswahrnehmung

Eine wesentliche Annahme bei der Ableitung der Funktion der Zahl potentieller Käufer in Abhängigkeit von alternativen Preisen war, daß Individuen den *Nutzen eines Produktes unabhängig vom Preis* beurteilen. Es wurde folglich auch angenommen, daß Individuen bereit sind, Objekte zu kaufen, deren Preis weit unter ihrer Preisbereitschaft liegt. In der Realität sind jedoch viele Fälle anzutreffen, in denen der einem Objekt zugemessene Nutzenwert nicht allein durch die Merkmalsausprägungen des Objektes, sondern auch durch dessen Preis bedingt ist.

Ein solches Beurteilungsverhalten ist vor allem dann anzutreffen, wenn Individuen Objekte zu beurteilen haben, die für sie technisch *relativ kompliziert* und unüberschaubar sind. Steht ein durchschnittlicher Konsument etwa vor der Wahl zwischen alternativen Typen von Farbfernsehgeräten, so liegt es für ihn nahe, Preisunterschiede auf entsprechende Qualitätsunterschiede zurückzuführen. Eine *preisbezogene Qualitätsvermutung* wird insbesondere dann wirksam, wenn verschiedene Typen derselben Herstellerunternehmung im gleichen Einzelhandelsgeschäft dargeboten werden. Die Unterstellung, daß höhere Preise mit einer entsprechend höheren Produktqualität verbunden sind, wird bei vielen Konsumenten zusätzlich durch die Annahme gestützt, daß in der Regel in einem Unternehmen *einheitliche Kalkulationsrichtlinien* gelten. Die Ausstrahlung des Preises auf die Qualitätswahrnehmung wird häufig auch als *Preis-Qualitäts-Irradiation* bezeichnet.

Unterstellt man den Fall einer allein durch die Preiswahrnehmung gesteuerten Qualitätswahrnehmung, so ergibt sich der in Schaubild 6.26. beispielhaft dargestellte Zusammenhang.

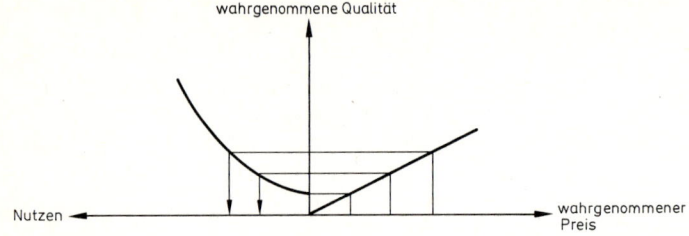

Schaubild 6.26.: Nutzenbildung bei vollkommener Preis-Qualitäts-Irradiation

Beim Vorliegen einer vollständigen Preis-Qualitäts-Irradiation wird vom Preis eines Produktes, der eine eindimensionale Beschreibung des Produktes darstellt, direkt auf die Qualität des Produktes geschlossen. Während im bisher diskutierten Fall die *Qualität eines Produktes* anhand einer Vielzahl von Merkmalen gemessen wurde, wird die Qualität hier als eine *eindimensionale Größe* angesehen. Der Zusammenhang zwischen der Preis- und der Qualitätswahrnehmung ist dabei proportionaler Natur; der Zusammenhang zwischen der Qualitätswahrnehmung und dem Nutzen kann dagegen beliebiger Natur sein (in der Regel: monoton steigend).

Eine vollständige Preis-Qualitäts-Irradiation dürfte in der Empirie nicht anzutreffen sein, in abgeschwächter Form tritt sie allerdings sehr häufig auf. Die Preis-Qualitäts-Irradiation ist auch ein Grund dafür, daß häufig statt eines bestimmten Nettopreises ein wesentlich höherer Bruttopreis gefordert und darauf ein großzügiger *Rabatt* gewährt wird. Dahinter steht die Annahme, daß die Qualitätsvermutung durch den Bruttopreis und nicht durch den Nettopreis beeinflußt wird. Darüberhinaus erwecken Rabatte bei vielen Konsumenten den Eindruck, einen besonders günstigen Kauf getätigt zu haben bzw. tätigen zu können.

6.4. Sonderpreispolitik und ihre Beurteilung

Bei den bisherigen Überlegungen wurde davon ausgegangen, daß der ermittelte Preis auch das Entgelt im Einzelfall darstellt; diese Annahme ist jedoch so nicht voll zutreffend; im Alltag werden häufig Sonderpreise, die anders geplant werden, in offener oder verdeckter Form geboten und realisiert. Einige Formen von Sonderpreisen seien nachstehend getrennt nach den Märkten, auf denen sie praktiziert werden, analysiert.

6.4.1. Sonderangebote für Konsumenten

Ein seit einigen Jahren vor allem im Einzelhandel regelmäßig eingesetztes preispolitisches Instrument sind Sonderpreise. In der Regel werden sie als herabgezeichnete Preise auch optisch herausgestellt und stark werblich unterstützt. Für die Wirksamkeit von *Sonderangeboten* entscheidend ist, daß Konsumenten bei kurzfristigen Sonderangeboten zumeist den Normalpreis als *Qualitätsindikator* und den Sonderpreis als *Ausgabenindikator* heranziehen. Damit ist – wie im Falle der Rabattgewährung – gewissermaßen ein doppelter Kaufanreiz gegeben, wird doch vermutet, man könne relativ hochwertige Ware zu besonders günstigen Preisen erwerben. Die Wirksamkeit solcher kurzfristiger (im Lebensmittelbereich: bis zwei Wochen) Sonderpreise zeigt sich auch in den Preiselastizitätswerten. Expertenschätzungen und einfache Markttests lassen beispielsweise für Tafelschokolade folgende Elastizitätskoeffizienten als realistisch erscheinen.

- Preiselastizität der Nachfrage nach dem Produkt Tafelschokolade: ca. $-1{,}0$.
- Preiselastizität der Nachfrage nach einer Marke des Produkts Tafelschokolade bei konstanten Preisen der anderen Marken: ca. $-3{,}0$.
- Preiselastizität der Nachfrage nach einer Marke des Produkts Tafelschokolade im Rahmen einer kurzfristigen Sonderpreisaktion bei konstanten Preisen der anderen Marken: ca. $-10{,}0$.

Die erhöhte Wirksamkeit von Sonderpreisen gilt nur dann, wenn diese Preise auch als Sonderpreise wahrgenommen werden. Wird etwa durch laufende «Sonderpreisaktionen» die Vorstellung vom normalen Preis eines Produktes insofern verändert, als nun der «Sonderpreis» als Normalpreis empfunden wird, so leidet darunter die Qualitätsvermutung dieses Produktes, soweit sie preisgestützt ist (was zu einem bestimmten Teil immer der Fall ist). Diese durch Aktionen des Einzelhandels bedingte Veränderung der Positionierung eines Produktes stellt den Kern der Auseinandersetzung zwischen Einzelhandels- und Produktionsunternehmen bezüglich der Preispolitik der Einzelhandelsunternehmen dar.

Auch aus wettbewerbsrechtlicher Sicht werden bisweilen Bedenken gegen extreme Sonderpreise vor allem marktstarker Einzelhandelsgruppen vorgebracht. Dies gilt vor allem für den Fall *gezielter Sonderpreisaktionen*, in ganz besonderer Weise dann, wenn sie Untereinstandspreise darstellen und auf einen bestimmten Wettbewerber abzielen. Berühmt geworden ist in diesem Zusammenhang der Gerichtsstreit zwischen dem Reiseveranstalter Terramar, der auf Mexiko-Reisen spezialisiert war und in diesem Angebotssektor auch einen vergleichsweise hohen Marktanteil aufwies, und der mächtigen TUI-Reisegruppe. Die TUI-Gruppe bot ihre Mexiko-Reisen jahrelang besonders preisgünstig an, woraus Terramar den Vorwurf an die TUI-Adresse ableitete, daß sie für dieses Zielgebiet einen ruinösen Preiswettbewerb führe, der einerseits nur möglich sei, weil der TUI-Gruppe Überschüsse aus anderen Zielgebieten zur Verfügung stünden, und der andererseits für Terramar existenzbedrohend sei. Der Terramar-Argumentation wurde letztlich recht gegeben.

6.4.2. Sonderpreise für Handelsunternehmen

Sonderangebote werden besonders intensiv von den Großbetriebsformen des Einzelhandels realisiert; als Begründung für das höhere Aktivitätsniveau dieser Unternehmen hinsichtlich Sonderangebote können folgende Gesichtspunkte gelten:

- Großbetriebsformen des Einzelhandels können in der Regel mehr Nutzen aus durch Sonderangebote bedingte Anschlußkäufe normal kalkulierter Produkte ziehen als kleinere Betriebe.
- Großbetriebsformen des Einzelhandels kaufen in der Regel günstiger ein, so daß ihre Preisuntergrenzen deutlich unter denen der kleinbetrieblichen Einzelhandelsunternehmen liegen.

Um den Preisspielraum noch zu erweitern und sich dadurch bessere Wettbewerbsvoraussetzungen zu schaffen, versuchen vor allem marktstarke Einzelhandelsunternehmen *indirekte Preisreduktionen* zu erzielen. Manche dieser Reduktionen stellen keine Prozentwerte vom getätigten Umsatz, sondern Fixbeträge vor der Aufnahme des Produktes in das Einzelhandelsregal dar. Einige wettbewerbsfremde Sonderleistungen an den Handel sind in Schaubild 6.27. zusammengestellt.

1. Eintrittsgelder für Erstaufträge	15. Preisfallklausel
2. Regalmieten	16. Jederzeitige Kontrolle des Abnehmers im Betrieb des Herstellers
3. Werbekostenzuschüsse	
4. Sonderleistungen bei Neueröffnungen	
5. Verlagerung der Regalpflege	17. Rabattkumulierung
6. Verlagerung der Preisauszeichnung	18. Nachträgliche Erhöhung der vereinbarten Rückvergütungssätze für die Umsatzprämie
7. Inventurhilfe	
8. Listungsgebühren	19. Besonders lange Zahlungsziele
9. Deckungsbeiträge für Umsatzausfälle	20. Abwälzung von Kosten organisatorischer Betriebsumstellungen auf Lieferanten
10. Darlehen zu nicht marktgerechten Bedingungen	
11. Investitionszuschüsse	21. Lieferverpflichtungen in ungewisser Höhe
12. Beteiligung an Geschäftseinrichtungen	22. Ausschluß der Kreditsicherung durch Forderungsabtretung
13. Buß- und Strafgelder	23. Gespaltener Anzeigenpreis
14. Fordern eines Bündels von Sonderleistungen mittels Fragebögen	24. Gespaltener Abonnementpreis
	25. Kostenlose Werbeexemplare über einen längeren Zeitraum

Quelle: Nieschlag, R.; Dichtl, E.; Hörschgen, H.: Marketing, 14. Auflage, Berlin 1985, S. 251.

Schaubild 6.27.: Einige wettbewerbsfremde Zahlungen der Konsumgüterindustrie an marktstarke Einzelhandelsunternehmen.

Nach verbreiteter Ansicht ist ein großer Teil der genannten Praktiken mit einem geordneten Leistungswettbewerb nicht vereinbar.

6.5. Kostenrechnung und betriebliche Preisbildung

Die bisher angestellten Überlegungen zur Preispolitik basierten primär auf Marktreaktionsfunktionen; es wurde also gewissermaßen *vom Markt her* der *optimale Preis* ermittelt. Wenn Kosten dabei berücksichtigt wurden, dann lediglich dazu, für die Grenzumsätze eine untere Grenze aufzuzeigen. Dementsprechend wurden auch nicht alle Kosten in den bisher dargestellten Kalkülen berücksichtigt, sondern grundsätzlich *nur die variablen Kosten*. Die so ermittelten optimalen Preise gewährleisten nicht, daß *alle Kosten voll gedeckt* werden.

Die (scheinbare) Sicherheit, Preise so festsetzen zu können, daß alle Kosten voll gedeckt werden, bietet die *progressive Kalkulation*, bei der die betrieblichen Gegebenheiten den Ausgangspunkt bilden. Das Grundschema der progressiven Kalkulation zeigt Schaubild 6.28.

Variable Einzelkosten der Fertigung
+ Zuschlag für Fixkosten und Gemeinkosten der Fertigung
= Gesamte Fertigungskosten
+ Zuschlag für Verwaltungskosten
= Herstellungskosten
+ Zuschlag für Vertriebskosten
= Gesamtkosten («Selbstkosten»)
+ Zuschlag für «angemessenen» Gewinn
= Verkaufspreis
+ MWSt
= Rechnungspreis

Schaubild 6.28.: Grundschema der progressiven Kalkulation

Daß die Sicherheit, auf diese Weise den «richtigen» Preis zu ermitteln, nur eine scheinbare ist, wurde bereits in Kapitel 4 dieses Buches dargestellt. Jegliche Preisfindung auf der Basis der progressiven Kalkulation ist nur dann richtig, wenn die *vorab geschätzte Absatzmenge nicht preisabhängig* ist, die Nachfrage also als völlig preisstarr angenommen werden kann. Daß die progressive Kalkulation trotz dieser gravierenden Einschränkung auch bei für den anonymen Markt produzierten Produkten noch immer häufig angewandt wird, ist vor allem darauf zurückzuführen, daß dieses Preisfindungsverfahren einfach standardisierbar und damit auch deligierbar ist. Darüber hinaus ist zu bedenken, daß in vielen Fällen die Kosten – vor allem diejenigen der Roh-, Hilfs- und Betriebsstoffe – den preispolitischen Entscheidungsrahmen (keine bewußten Verlustverkäufe) sehr stark einengen, wie durch die Daten des nachfolgenden Schaubildes 6.29. angedeutet wird.

Schaubild 6.29. macht deutlich, daß der realistische Spielraum für die Preispolitik oft nicht allzu groß ist und in der betrachteten Periode noch leicht abgenommen hat. Der grundlegende Strukturmangel der progressiven Kalkulation kann auch durch mehr Variabilität bei der Festlegung des Gewinnzuschlags – etwa nach dem Tragfähigkeitsprinzip – nicht behoben werden. Das *Tragfähigkeitsprinzip* besagt, daß der Gewinnzuschlag nach Maßgabe der marktlichen Möglichkeiten festgelegt wird, d.h. bei einem im Verhältnis zu den eigenen Kosten hohen Marktpreis wird

Branche	Aufwendungen für Roh-, Hilfs- und Betriebsstoffe (in %)		
	gesamte Aufwendungen der Unternehmen		
	1972	1976	1980
Chemische Industrie	42	47	51
Mineralölverarbeitung	48	67	71
Eisen- und Stahlerzeugung	54	58	54
Nichteisen-Metallerzeugung und -gießerei	73	75	70
Maschinenbau	46	51	48
Straßen- und Luftfahrzeugbau	54	56	55
Elektrotechnik	44	42	43
Textil- und Bekleidungsgewerbe	52	52	52
Nahrungs- und Genußmittelgewerbe	41	45	47
Baugewerbe	45	50	55

Quelle: Hammann, P.; Lohrberg, W.: Beschaffungsmarketing, Stuttgart 1986, S. 10–11.

Schaubild 6.29.: Anteil der Aufwendungen für Roh-, Hilfs- und Betriebsstoffe an allen Aufwendungen der Unternehmen

demnach ein hoher Gewinnzuschlag «kalkuliert», während bei einem vergleichsweise niedrigen Marktpreis ein geringer Gewinnzuschlag verrechnet wird. Jede (progressive) Kalkulation nach dem Tragfähigkeitsprinzip offenbart drastisch, welcher Stellenwert den Kosten im Rahmen einer Kalkulation zukommt.

Sollen optimale/richtige Preise auf der Basis *retrograder Kalkulationsverfahren* ermittelt werden, so bedarf es stets einer marktbezogenen Preisbildung, wie sie der Gegenstand dieses Kapitels war. Schließlich ist noch darauf hinzuweisen, daß alle hier behandelten Methoden der Preisfindung vor allem folgenden zwei empirischen Phänomenen nicht gerecht werden:

• *Empirische Marktreaktionsfunktionen* sind oft *nicht stetig,* sondern weisen Sprünge auf; dies trifft insbesondere für sogenannte *Preisschwellen* zu. Die Wirkung einer Preissenkung auf das Absatzvolumen kann beispielsweise bei einer Senkung von DM 1,00 auf DM –,99 wesentlich größer sein als bei einer ebenso großen Preissenkung von DM 1,01 auf DM 1,00 oder von DM –,99 auf DM –,98. Existieren solche Preisschwellen, dann tendieren Unternehmen dazu, die Preise ihrer Produkte knapp unterhalb der Preisschwelle festzusetzen, was in der Praxis an den sogenannten gebrochenen Preisen wie DM –,99, DM 49,– oder DM 990,– deutlich wird.

- Nachfragerreaktionen auf Preisvariationen stellen sich häufig nicht unmittelbar ein, sondern mit mehr oder weniger großen *Verzögerungen*. Diese Verzögerungen können insbesondere darauf zurückzuführen sein, daß es häufig einer gewissen Zeit bedarf, bis potentielle Käufer von bestimmten Preisänderungen erfahren.

Sieht man von gewissen Ansätzen einer dynamischen Preistheorie im Zusammenhang mit dem Konzept der Produktlebenskurve ab, so fehlt es bis heute noch hinsichtlich beider Phänomene an hinreichend befriedigenden Erklärungsansätzen bzw. Planungskalkülen.

6.6. Fallstudie «Siegerländer Golfclub»

Praktische Preispolitik zeichnet sich durch das Spannungsfeld «Analyse der Kosten zur Bestimmung der Preisuntergrenze» und «Analyse der Preissensitivität der Abnehmer zur Erkundung der Preisobergrenze» aus. Beide Aspekte können zum Gegenstand der nachstehenden Fallstudie aus dem Bereich des Marketing nicht-erwerbswirtschaftlicher Institutionen gemacht werden.[3]

Ausgangssituation

Im September 1969 bereitete der Schatzmeister des Siegerländer Golfclubs eine Sitzung des erweiterten Clubvorstandes vor, in der über die Gebührenordnung ab 1. 1. 1970 beraten und, wenn möglich, auch ein Entschluß gefaßt werden soll.

Der Siegerländer Golfclub

Der Siegerländer Golfclub ist einer der ältesten Golfclubs in Nordrhein-Westfalen. Seit dem Umzug in neue Räumlichkeiten und der Errichtung einer neuen Golfsportanlage Anfang der sechziger Jahre hat der Club einen starken Aufschwung genommen. Die neue Golfanlage besitzt 18 Bahnen und ist vom Deutschen Golfverband für nationale und internationale Meisterschaften zugelassen. Im Zusammenhang mit der Übersiedlung in die neuen Einrichtungen hatte man die Satzung geändert; als

---

[3] Dieses Kapitel stellt einen Abdruck der gleichnamigen Fallstudie dar (Böcker, F.: Fallstudien zum Marketing, Berlin 1983, S. 404–410). Wir danken dem Verlag für die Genehmigung des Abdrucks.

maximale Mitgliederzahl gilt nun 600. Auf diese Weise erhofft man Exklusivität und ein Minimum an persönlichen Kontakten zwischen den einzelnen Mitgliedern erhalten zu können. Die Verbundenheit der Clubmitglieder wird vom Clubvorstand als befriedigend angesehen, was auch darin zum Ausdruck kommt, daß in den letzten Jahren jeweils lediglich ca. 20 Mitglieder ausgeschieden sind, und dies stets aufgrund äußerer Umstände. Die finanzielle Situation des Siegerländer Golfclubs ist aus den Anlagen 1 bis 3 zu entnehmen.

Die Gebührenordnung von 1967

Um die Finanzierung der neuen Anlagen zu ermöglichen, waren in den vergangenen zehn Jahren die Aufnahmegebühren und die monatlichen Beiträge stark angehoben worden. 1959 betrug die Aufnahmegebühr 1000,– DM und der Monatsbeitrag 30,– DM. Zwei Jahre später waren die Aufnahmegebühr auf 2000,– DM und der Monatsbeitrag auf 40,– DM erhöht worden. Im Verlaufe der nächsten drei Jahre waren die Aufnahmegebühr auf 3000,– DM und der Monatsbeitrag auf 50,– DM angewachsen. Im Frühjahr 1967 schließlich waren die Aufnahmegebühr auf 4000,– DM und der Monatsbeitrag auf 70,– DM festgesetzt worden. Trotz der drastischen Gebührenerhöhungen hatte sich in der Zwischenzeit die Anzahl der Clubmitglieder von 300 auf 600 (Ende 1968) Personen erhöht. 1967 waren 55 und 1968 62 neue Clubmitglieder aufgenommen worden. Hinsichtlich ihrer Beitragsverpflichtungen unterscheiden sich die Clubmitglieder in «aktive» und «passive» Mitglieder. Die passiven Mitglieder haben dieselben Rechte wie die aktiven Mitglieder mit Ausnahme der Berechtigung zur Benutzung der Golfanlagen. Ihnen steht es allerdings frei, gegen Entrichtung einer geringen Gebühr im Einzelfall Golf zu spielen. Passive Mitglieder zahlen monatlich um 10,– DM geringere Beiträge.

Die ab 1.1.1970 geplante Gebührenordnung

Seit dem Einzug des Clubs in die neuen Räumlichkeiten, deren Erstellung insgesamt 2 Millionen DM gekostet hatte, war es wiederholt zu finanziellen Engpässen gekommen, die allerdings stets gemeistert werden konnten. Als Folge der – wie der Clubvorstand meinte – angespannten Finanzlage waren im Jahre 1969 nur die am stärksten frequentierten Wege gepflastert worden. Für die Fertigstellung der Wege und sonstige kleinere Anschaffungen würden nach Ansicht des Vorstandes in den kommenden

Jahren jährlich Ausgaben in der Höhe von ca. 70 000,– DM/Jahr anfallen. Diese Ausgaben sollten, so die übereinstimmende Meinung aller Vorstandsmitglieder, aus den laufenden Mitteln genommen werden.

Um den seit 1967 veränderten Gegebenheiten und dem vorhersehbaren Finanzbedarf Rechnung zu tragen, schlug der Schatzmeister im Benehmen mit dem ersten Vorstand folgende neue Gebührenordnung vor:

Mitglieder	Aufnahme-gebühr	Monatsbeitrag	
		aktive Mitglieder	passive Mitglieder
ortsansässige Privatmitglieder			
– 21–25 Jahre	750 DM	42 DM	32 DM
– 26–30 Jahre	1500 DM	52 DM	42 DM
– 31–35 Jahre	2750 DM	62 DM	52 DM
– 36–65 Jahre	5000 DM	80 DM	65 DM
– über 65 Jahre	0 DM	35 DM	20 DM
Firmenmitglieder	5000 DM	80 DM	65 DM
Auswärtige Mitglieder	1250 DM	–	43 DM

Schaubild 6.30.: Beitragsordnung des Siegerländer Golfclubs ab 1.1.1970 (Vorschlag)

Einwendungen gegen die erstmals vorgesehene Differenzierung der Beiträge bzw. Gebühren nach Mitgliedschaftstypen entgegnete der Schatzmeister, daß schon bisher in Einzelfällen gewisse Nachlässe gewährt worden seien. Im übrigen seien etwa 65% der Mitglieder zwischen 36 und 65 Jahre, ca. 25% zwischen 21 und 35 Jahre alt und ca. 10% der Mitglieder Senioren; nur $1/3$ der Mitglieder bei allen Mitgliedschaftstypen seien passive Mitglieder.

Aus finanzieller Sicht am meisten bewegte den Clubvorstand der Tatbestand, daß die Clubmitglieder nur relativ selten das Restaurant des Clubs (60% ausgelastet) aufsuchten. Die Mitglieder benutzten die nach Meinung des zuständigen zweiten Vorstands ausgezeichneten Einrichtungen des Clubs wesentlich weniger, als es im Hinblick auf die Ertragssituation wünschenswert sei. Schließlich sei das Restaurant ja täglich ab 19.00 und am Wochenende ab 12.00 Uhr geöffnet, zu den anderen Zeiten stehe die gut ausgestattete Cafeteria zur Verfügung. Aus Befragungen der Mitglieder schließe er, daß einer der wesentlichen Gründe für die relativ geringe Frequenz des Restaurants die vergleichsweise ungünstige Lage des Clubs war (etwa 10 km außerhalb des Stadtzentrums); das Essen werde allerdings von der Mehrzahl der Mitglieder als gut und das Preisniveau als angemessen eingestuft. Angesichts dieser Situation war insbesondere der zweite Vorstand der Ansicht, daß monatlich eine Pauschale erhoben werden solle, die im Restaurant oder in der Cafeteria verkonsumiert werden könne; damit werde seiner Ansicht nach mit Sicherheit die Restaurantfrequenz zu steigern sein.

Einige Mitglieder des Clubvorstandes neigten der Meinung zu, daß zur Ergänzung der vorgesehenen Monatsbeiträge gegebenenfalls statt der Verzehrpauschale lieber eine zusätzliche monatliche Umlage erhoben werden sollte. Von den Verfechtern der Verzehrpauschale wurde demgegenüber angeführt, daß allein die Verzehrpauschale die Mitglieder anregen würde, das Restaurant und die Cafeteria mehr zu benützen. Einige Mitglieder des Clubvorstandes waren grundsätzlich gegen die Einführung einer Verzehrpauschale, da Monatsbeiträge schließlich ja die einzig ordentliche Finanzierungsmethode seien. Darüberhinaus sei zu bedenken, daß die Verzehrpauschale ja wohl 100,– DM/Monat betragen müsse, was zusammen mit der Monatsgebühr von 70,– DM wohl zu viel sei. Eine solche monatliche Belastung würde sehr viele Mitglieder stark befremden. Es sei wohl gerechter, die alten Beitragssätze linear auf 80,– DM anzuheben.

Nachdem die Beitragssituation solchermaßen in einer ersten Sitzung andiskutiert worden war, beauftragte der erste Vorstand den Schatzmeister, erneut eine Vorlage der Gebührenordnung zu erarbeiten. Gegenstand dieser Vorlage solle es unter anderem sein, die finanzielle Lücke des Clubs – so überhaupt eine solche zu befürchten sei – für das kommende Jahr zu quantifizieren und Auskunft über künftige Aufnahmegebühren, Monatsbeiträge, Verzehrspauschale und ähnliche Finanzierungsmittel zu geben.

Anlage 1: Bilanz des Siegerländer Golfclubs zum 31.12.1967 und 31.12.1968

Aktiva	1968 (in DM)	1967 (in DM)
Anlagevermögen (teils verpfändet)		
Grund und Boden	971 976,–	971 976,–
Gebäude und maschinelle Einrichtungen	1 916 066,–	2 005 252,–
Guthaben beim Golfverband	328 126,–	339 264,–
Umlaufvermögen		
Vorräte	21 318,–	18 202,–
Geleistete Anzahlungen	15 964,–	13 152,–
Schecks, Wechsel	11 138,–	10 490,–
Kasse, Bankguthaben	18 092,–	2 748,–
Wertpapiere	58 000,–	–
Forderungen	95 298,–	90 642,–
Summe	3 435 978,–	3 451 726,–

	1968 (in DM)	1967 (in DM)
Langfristige Verbindlichkeiten		
Hypothekenverbind. 991 956,– davon kurzfristig 63 738,–	928 218,–	991 840,–
Leasing-Verbind. 236 372,– davon kurzfristig 44 334,–	192 038,–	178 854,–
Kurzfristige Verbindlichkeiten		
Kurzfr. Anteil langfr. Verbind.	108 072,–	101 946,–
Bankverbindlichkeiten	–	5 452,–
Verbindlichkeiten aus Lieferungen	34 184,–	39 822,–
Lohnverbindlichkeiten	8 860,–	7 216,–
Verbindlichkeiten aus Steuern und Sozialversicherung	52 480,–	49 126,–
Verbindlichkeiten gegenüber Clubmitgliedern	36 322,–	35 832,–
Kapital		
Kapital, Jahresanfang	2 041 638,–	2 011 510,–
Jahresüberschuß	34 166,–	30 128,–
Summe	3 435 978,–	3 451 726,–

Anlage 2: Gewinn- und Verlust-Rechnung des Siegerländer Golfclubs für die Jahre 1967 und 1968

	Beträge		Anteile	
	1968 (in DM)	1967 (in DM)	1968 (in %)	1967 (in %)
Erträge				
Monatsgebühren	343 378,–	331 472,–	62,9	64,0
Aufnahmegebühren	142 458,–	124 492,–	26,1	24,0
Einnahmeüberschuß der Abteilungen	31 366,–	18 648,–	5,7	3,6
Zinserträge	21 080,–	21 260,–	3,9	4,1
Spenden	1 020,–	14 950,–	0,2	2,9
Verschiedenes	6 846,–	7 212,–	1,2	1,4
Summe	546 148,–	518 034,–	100,0	100,0
Aufwendungen				
Löhne und Gehälter	96 296,–	89 490,–	18,8	18,3
Verbrauchssteuern	13 414,–	5 048,–	2,6	1,0
Wasser, Strom, Gas	51 350,–	52 578,–	10,0	10,8
Reparaturen	18 154,–	18 838,–	3,6	3,9
Clubleitung	11 088,–	11 140,–	2,2	2,3
Zinsen	74 644,–	79 882,–	14,6	16,4
Grundsteuern	46 954,–	45 486,–	9,2	9,3
Abschreibungen	122 376,–	121 984,–	23,9	25,0
Versicherungen	24 188,–	23 574,–	4,7	4,8
Investitionen	13 500,–	9 272,–	2,6	1,9
Clubleben	18 868,–	15 838,–	3,7	3,2
Werbung	16 850,–	14 380,–	3,3	3,0
Barschulden (nicht eintreibbar)	4 164,–	–	0,8	–
Verschiedenes	136,–	396,–	–	0,1
Summe	511 982,–	487 906,–	100,0	100,0
Jahresüberschuß	34 166,–	30 128,–		

Anlage 3: Abteilungsrechnung des Siegerländer Golfclubs für die Jahre 1967 und 1968

	Beträge		Anteile	
	1968 (in DM)	1967 (in DM)	1968 (in %)	1967 (in %)
Bar				
Einnahmen	206 160,–	182 918,–	100,0	100,0
Ausgaben				
Waren	79 180,–	69 600,–	38,4	38,1
Verbrauchssteuern	3 194,–	–	1,6	–
Reparaturen, Reinigung	1 108,–	1 026,–	0,5	0,5
Löhne, Gehälter	51 266,–	54 184,–	24,9	29,6
Investitionen	4 782,–	5 280,–	2,3	2,9
Nettoeinnahmen	+66 630,–	+52 828,–	+32,3	+28,9
Restaurant				
Einnahmen	346 704,–	312 010,–	100,0	100,0
Ausgaben				
Waren	182 404,–	159 700,–	52,6	51,2
Reparaturen, Reinigung	17 490,–	17 012,–	5,0	5,4
Löhne, Gehälter	135 826,–	132 928,–	39,2	42,6
Investitionen	11 936,–	12 644,–	3,5	4,1
Nettoeinnahmen	−952,–	−10 274,–	−0,3	−3,3
Cafeteria				
Einnahmen	12 670,–	10 908,–	100,0	100,0
Ausgaben				
Waren	6 298,–	5 742,–	49,7	52,7
Reparaturen, Reinigung	–	234,–	–	2,2
Löhne, Gehälter	5 952,–	4 720,–	47,0	43,1
Investitionen	480,–	542,–	3,8	5,0
Nettoeinnahmen	−60,–	−330,–	−0,5	−3,0

Anlage 3: Fortsetzung

	Beträge		Anteile	
	1968 (in DM)	1967 (in DM)	1968 (in %)	1967 (in %)
Golf				
Einnahmen	145 844,–	133 756,–	100,0	100,0
Spielgebühren passiver Mitglieder, Clubfremder, Spenden	99 860,–	93 694,–	68,5	70,1
Vermietung Golfwagen, Schließfächer	45 984,–	40 062,–	31,5	29,9
Ausgaben				
Wasser, Strom, Gas	12 372,–	9 378,–	8,5	7,0
Reparaturen, Reinigung	17 284,–	11 836,–	11,8	8,9
Löhne, Gehälter	97 934,–	89 288,–	67,1	66,8
Werbung	2 550,–	−462,–	1,8	−0,4
Investitionen	24 590,–	25 466,–	16,9	19,0
Nettoeinnahmen	−8 886,–	−1 750,–	−6,1	−1,3
Schwimmbad				
Einnahmen (Gebühren Clubfremder)	7 118,–	7 224,–	100,0	100,0
Ausgaben				
Reparaturen	4 178,–	5 472,–	58,7	75,7
Löhne, Gehälter	23 286,–	20 336,–	327,2	281,5
Werbung	274,–	200,–	3,8	2,8
Investitionen	4 746,–	3 042,–	66,7	42,1
Nettoeinnahmen	−25 366,–	−21 826,–	−356,4	−302,1
Alle Abteilungen				
Einnahmen	718 496,–	646 816,–	–	–
Ausgaben	687 130,–	628 168,–	–	–
Nettoeinnahmen	+31 366,–	+18 648,–	–	–

6.7. Literaturempfehlungen

Empfehlungen für den gesamten bzw. den überwiegenden Bereich des Stoffes, der in diesem Buch behandelt wird, sind unter den Literaturempfehlungen am Ende des ersten Kapitels dieses Buches zu finden.

Ahlert, D.: Probleme und wechselseitige Abhängigkeiten einer betriebswirtschaftlichen, rechtlichen und volkswirtschaftlichen Beurteilung vertraglicher Vertriebssysteme, in: Ahlert, D. (Hrsg.): Vertragliche Vertriebssysteme zwischen Industrie und Handel, Wiesbaden 1981

Böcker, F. (Hrsg.): Preistheorie und Preisverhalten, München 1982

Diller, H.: Preispolitik, 2. Auflage, Stuttgart 1991

Hilke, W.: Dynamische Preispolitik, Wiesbaden 1978

Simon, H.: Preismanagement, 2. Auflage, Wiesbaden 1992

7. Distributionspolitik

7.0. Lernziele des Kapitels

Im Rahmen der Produkt- und Entgeltpolitik erfahren die abzusetzenden Leistungen eines Unternehmens ihre Ausprägung; Gegenstand und geforderte Gegenleistung können damit als determiniert angesehen werden. Um den solchermaßen definierten betrieblichen Leistungen zum absatzpolitischen Erfolg zu verhelfen, bedarf es insbesondere noch einiger betrieblicher Anstrengungen im Rahmen der Distributions- und Kommunikationspolitik. Die distributionspolitischen Bemühungen zielen dabei primär darauf ab, die *räumliche* und *zeitliche Distanz* zwischen der Produktion und den Nachfragern zu überwinden. Im Rahmen der Kommunikationspolitik wird unter anderem der Versuch unternommen, das Informationsdefizit der Nachfrager hinsichtlich der betrieblichen Leistungen zu verringern.

Angesichts dieser Rahmenbedingungen der Distributionspolitik werden in diesem Kapitel folgende Ziele verfolgt:

- Verständnis von der einzel- und gesamtwirtschaftlichen Bedeutung der Distribution,
- Fakten hinsichtlich relevanter Distributionsorgane und der betrieblichen Handlungsmöglichkeiten,
- Entscheidungsprinzipien bei der Gestaltung der einzelnen Elemente der betrieblichen Distributionspolitik und
- Kenntnisse über einige Modelle zur Analyse der Vorteilhaftigkeit alternativer Handlungsmöglichkeiten

sollen vermittelt werden.

7.1. Funktionen der Distribution

7.1.1. Das System der Handelsfunktionen

Der Begriff «*Distribution*» wird äußerst verschieden verwendet: einmal als gesamtwirtschaftliches, ein anderes Mal als einzelwirtschaftliches Phänomen, teils in funktionaler, teils in institutionaler Sicht.

Als *gesamtwirtschaftliches* Phänomen stellt die Distribution denjenigen *Sektor einer Volkswirtschaft* dar, dem die Aufgabe zukommt, zwischen den beiden Sektoren Produktion und Konsum zu vermitteln. Da die Produktion in vielen Fällen an anderen Orten und zu anderen Zeitpunkten erfolgt als der Konsum, bedarf es ausgleichender Maßnahmen. Ausgleichende Maßnahmen sind dabei unter anderem *Transportleistungen* zur Überwindung von Differenzen zwischen dem Ort der Produktion und dem Ort des Konsums, *Lagerleistungen* zur Überwindung von Differenzen zwischen dem Zeitpunkt der Produktion und dem Zeitpunkt des Konsums, *Finanzierungsleistungen* zur Überwindung von Differenzen bezüglich finanzieller Mittel und *Informationsübermittlungsleistungen* hin zum Entscheider. Die entsprechenden Institutionen erarbeiten ca. 55 % der in der Bundesrepublik Deutschland geschaffenen Wertschöpfung.

Als *einzelwirtschaftliches* Phänomen umfaßt die Distribution alle diejenigen Institutionen, die den Absatz von Sach- und Dienstleistungen besorgen, somit diejenigen Einheiten, die im Abschnitt 1.2. mit dem Begriff Absatzwirtschaft belegt worden waren.

Die erhebliche gesamtwirtschaftliche Bedeutung des Distributionsbereiches wurde lange Zeit nicht erkannt, ebenso wie zu Beginn der Neuzeit die Berechtigung des Zinses angezweifelt wurde. Noch in diesem Jahrhundert wurde ernsthaft die Frage diskutiert, ob der *Handel* nicht ein *unproduktives Element der Volkswirtschaft* sei. Insbesondere in der Zeit zwischen beiden Weltkriegen wurde aus zum Teil vordergründigen politischen Motiven diese Frage immer wieder aufgeworfen. Die wissenschaftliche Antwort darauf waren verschiedene Schemata der *Handelsfunktionen.* Diese stellen den Versuch dar, die Funktionen, die Einzel- und Großhandlungen für die Gesamtwirtschaft erbringen, zu systematisieren. Solche Funktionskataloge wurden unter anderem von Oberparleiter, Seyffert und Schäfer entwickelt. Nachfolgend soll das Schema von *Oberparleiter* im einzelnen skizziert werden. Nach Oberparleiter erfüllt der Handel folgende gesamtwirtschaftliche Funktionen:

- *Raumüberbrückungsfunktion:* Durch die Tätigkeit der Handelsbetriebe werden sowohl an beliebiger Stelle gewonnene Rohstoffe oder erstellte Vorprodukte den Produktionsunternehmen an ihren Standorten zur Verfügung gestellt als auch die von den Produktionsunternehmen erstellten Produkte überall den Nachfragern angeboten.
- *Zeitüberbrückungsfunktion:* Urproduktionseinheiten, alle Produktionsbetriebe und die Endnachfrager können jeweils zu den ihnen genehmen Zeitpunkten über die nachgefragten Produkte verfügen, ohne auf irgendwelche Produktionszyklen der Vorstufen Rücksicht nehmen zu müssen.
- *Quantitätsfunktion:* Produktionsvorgänge sind in der Regel

insbesondere dann günstig, wenn in größeren Mengen produziert werden kann, dagegen sind der Konsum regelmäßig und die Nachfrage industrieller Abnehmer häufig auf kleine Mengen orientiert. Es ist daher eine mengenmäßige Aufteilung von Großmengen auf Kleinmengen notwendig (daher: verteilender Handel). Umgekehrt ist die Produktionsmenge einer Urproduktionseinheit (z. B. Landwirtschaft) häufig relativ gering im Verhältnis zur Menge einer Weiterverarbeitungseinheit; in diesem Fall ist eine Zusammenführung von vielen Kleinmengen in wenige Großmengen erforderlich (daher: kollektionierender Handel). Ohne solche mengenmäßigen Umschichtungsprozesse wären vielfach nicht so günstige Produktionsverfahren möglich.

- *Qualitätsfunktion:* Die Qualitätsfunktion kann in zwei unterschiedliche Teilfunktionen untergliedert werden. Dem Handel wesensimmanent ist die *Sortimentsbildungsfunktion,* die darin besteht, daß die Handelsbetriebe verschiedene Produkte dadurch qualitativ verändern, daß sie sie in Sortimente einbinden. Denkt man etwa an Sortimente, die Sportgeräte, Sportkleidung und Sportdienstleistungen (Trainerstunden) umfassen, so wird unmittelbar klar, daß die Zusammenfassung von Einzelleistungen zu Leistungsbündeln, die Bedarfsbündeln entsprechen, einen erheblichen Nutzenzuwachs für den Nachfrager darstellen. Mehr traditionsbedingt ist dagegen die zweite Teilfunktion der Qualitätsfunktion: Handelsunternehmen erledigen zum Teil auch solche *Produktionsvorgänge,* die kaum einen *aktiven Einsatz von Produktionsverfahren* verlangen. Von Bedeutung sind in diesem Zusammenhang vor allem bestimmte Lagerungsvorgänge (z. B. Wein), aber auch Zubereitungsvorgänge (z. B. Kaffeerösten). Diese Teilfunktion der Qualitätsfunktion ist den Handelsunternehmen früher insbesondere deshalb zugewachsen, da allein sie – und nicht die Produzenten und die Konsumenten – das notwendige Kapital zur Lagerhaltung besaßen (z. B. Wein).

- *Werbefunktion:* Die Information der Nachfrager über Art, Preise und Erhältlichkeit der entsprechenden Produkte bzw. die Information der Produzenten über die Bedürfnisse der Nachfrager oblag ehedem vorwiegend den Handelsunternehmen; sie ging erst mit der Einführung von Markenartikeln weitgehend auf die Markenartikel-Produktionsbetriebe über. Unterstellt man die Verhältnisse eines Verkäufermarktes, so beruht die Werbung in der Tat vorwiegend auf der Übermittlung bestimmter Informationen, einer Motivation darüberhinaus bedarf es kaum mehr. Diese in der Werbefunktion dargestellte Aufgabe des Handels macht auch der Ausdruck *Makleramtsfunktion* (Seyffert) deutlich. Dabei wird nicht verkannt, daß die Makleramtsfunktion im Sinne Seyfferts weitergreift als die Werbefunktion im Sinne Oberparleiters.

• *Kreditfunktion:* Da früher die Handelsunternehmen kapitalkräftiger waren als die Konsumenten und die Produzenten, oblag ihnen häufig die Aufgabe der Kreditierung. Ein Beispiel der Kreditvergabe des Handels an den Verbraucher ist das ehedem übliche «Anschreiben»; Beispiele für die Kreditvergabe des Handels an den Produzenten finden sich zum Teil heute noch im Landhandel (Aufkaufhandelsunternehmen finanziert Ernte vor).

Die einstmals auf den Einzel- und Großhandel (= Distribution im institutionalen Sinne) gemünzten Funktionskataloge sind auch voll auf die Absatzwirtschaft (= Distribution im funktionalen Sinne) anwendbar. Es braucht zudem nicht weiter vertieft zu werden, daß die genannten Handelsfunktionen zwar in jedem Fall erfüllt werden müssen, nicht aber notwendigerweise von Handelsunternehmen. Die relativ große Bedeutung des Distributionssektors scheint geradezu ein Kennzeichen moderner arbeitsteiliger Volkswirtschaften zu sein, da erst ein ausgebauter Distributionssektor die heutige Fülle der Produkte zu annehmbaren Preisen ermöglicht. In den letzten Jahren sind allerdings gewisse Prozesse erkennbar geworden, die die relative Bedeutung des Distributionssektors einer Volkswirtschaft schmälern. So hat die zunehmende Ausdünnung des Netzes von Handelsbetrieben, wie sie in den letzten dreißig Jahren zu beobachten war (vgl. Abschnitt 7.2.1.), die Raumüberbrückungsleistungen der Absatzwirtschaft vergleichsweise gesenkt und den Beschaffungsaufwand der Haushalte vergleichsweise erhöht. Die zunehmende Lagerhaltung durch Haushalte stellt ebenfalls eine *Verlagerung von Handelsfunktionen auf den gesamtwirtschaftlichen Sektor Konsum* dar. Die durch solche Reduktionen der Handelsleistung der Absatzwirtschaft verringerten Warenpreise stellen gegebenenfalls sogar eine volkswirtschaftliche Verschwendung dar, da nicht auszuschließen ist, daß Unternehmen diese Leistungen insgesamt kostengünstiger als die Haushalte erbringen können.

Die Handelsfunktionen sind nicht nur als gesamtwirtschaftliche Beurteilungsgrößen von absatzwirtschaftlichen Organen (vgl.

Kapitel 7.2.) geeignet, sondern auch zur Beschreibung alternativer Formen einzelner Organe der Absatzwirtschaft. So kann beispielsweise ein Streckenhandelsunternehmen unschwer dadurch charakterisiert werden, daß es die Raumüberbrückungsfunktion nur hinsichtlich des Marktkanals, nicht aber hinsichtlich der Physischen Distribution wahrnimmt.

7.1.2. Die Entscheidungsbereiche der einzelwirtschaftlichen Distribution

Die Distribution als einzelwirtschaftliches Phänomen umfaßt alle diejenigen Institutionen, die den Absatz von Sach- und Dienstleistungen besorgen. Im Zentrum der betrieblichen Distributionsanstrengungen steht somit die Gestaltung der Beziehungen des planenden Unternehmens zu allen ihm nachgelagerten Wirtschaftseinheiten bis zum Endabnehmer. Die Institutionen können dabei entweder Teileinheiten der planenden Unternehmung selbst oder unternehmensexterne Institutionen sein. Da das Wesen der betrieblichen Distributionspolitik darin besteht, die vom Unternehmen angebotenen Sach- und Dienstleistungen den Nachfragern zu angemessenen Kosten am Ort und zum Zeitpunkt der Nachfrage bereitzustellen, kann als Ziel der Distributionspolitik eines Unternehmens eine *angemessene Verfügbarkeit der eigenen Produkte im Markt* angesehen werden. Eine maximale Verfügbarkeit eines Produktes in räumlicher Hinsicht bedeutet dabei, daß das entsprechende Produkt an all denjenigen Stellen verfügbar ist, an denen es nachgefragt wird bzw. werden könnte. Daß dies unter Gewinngesichtspunkten oft nicht sinnvoll ist, braucht nicht weiter dargestellt zu werden; es gilt daher, Umsatz- und Kosteneffekte einer Veränderung einzelner Elemente des Distributionssystems zu analysieren.

Geht man davon aus, daß eine adäquate Verfügbarkeit in räumlicher Hinsicht ein wesentlicher Zweck der betrieblichen Distributionspolitik ist, so kommt der Festlegung der Anzahl, Lage und auch Art der Standorte, an denen die angebotenen Produkte ihren Letztabnehmer finden sollen, erhebliche Bedeutung zu. Bedenkt man, daß lediglich diejenigen Produktmengen, die den Endabnehmern vermittelt wurden, als «endgültig» verkauft gelten können (vgl. Abschnitt 7.4.3.), so erscheint es geradezu zwingend, bei einer Analyse des Distributionssystems gedanklich an diesem Endpunkt anzusetzen. Hinsichtlich des Systems der Letztverkaufsstandorte sind folgende Aspekte zu bestimmen:

- *Anzahl der Letztverkaufsstellen.*
- *Lage der Letztverkaufsstellen* nach Regionen, Orten und innerhalb der einzelnen Orte.
- *Betriebsform der Letztverkaufsstellen.*
- Standort des *Angebots innerhalb der Letztverkaufsstellen.*

Am Beispiel der im ersten Kapitel vorgestellten Jado GmbH können die einzelnen Aspekte des Systems der Letztverkaufsstellen verdeutlicht werden: Eine in der Regel am Anfang aller Überlegungen im Rahmen der Distributionspolitik zu lösende Frage ist diejenige nach der anzustrebenden Angebotsdichte: Soll etwa das Parfüm Flair nur in wenigen Geschäften größerer Städte angeboten werden oder auch in kleineren Geschäften auf dem sogenannten flachen Land? Sollen die einzelnen Letztverkaufsstellen im Stadtzentrum liegen? Soll das Parfüm nur in hochpreisigen Geschäften oder soll/kann es etwa auch in Discountläden angeboten werden? Die Frage nach der Betriebsform der Letztverkaufsstelle schließt auch die Frage ein, ob die Letztverkaufsstelle vom Produktions- oder einem unabhängigen Handelsunternehmen betrieben werden soll und welche sortimentsmäßige Einbettung gewünscht ist. In vielen Fällen wird man sich auch noch Gedanken darüber machen müssen, wo in den betreffenden Letztverkaufsstellen die Produkte dargeboten werden sollen. Das Bestreben, eine möglichst günstige Plazierung der eigenen Produkte in den Letztverkaufsstellen zu erreichen, ist für viele Produktionsunternehmen ein mitentscheidender Grund, Außendienstsysteme zu schaffen. Eine wichtige Tätigkeit der Außendienstmitarbeiter ist dann die «Regalpflege» (Merchandising).
Die hier vorgenommene Darstellung der einzelnen Teilentscheidungsbereiche im Rahmen der verkaufsbezogenen Standortpolitik darf nicht darüber hinwegtäuschen, daß Produktionsunternehmen häufig die einzelnen Entscheidungsbereiche *nicht aktiv gestalten* können, sondern diejenigen Standorte zu übernehmen gezwungen sind, die sich dazu anbieten.
Die Festlegung der Standorte der Letztverkaufsstellen prägt die beiden anderen Entscheidungsbereiche, nämlich die Gestaltung des Marktkanalsystems und des Physischen Distributionssystems. Betrachtet man reale Distributionssysteme, so ist häufig festzustellen, daß die *Aufträge* von den Letztverkaufsstellen zu den Produktionsunternehmen *andere Wege* einschlagen *als die Produkte selbst.* Besonders etwa bei voluminösen und schwergewichtigen Gütern wie Baustoffen oder Mineralien (Kohle)

sind häufig Streckenhandelsunternehmen tätig, d. h. Handelsunternehmen, die keine eigenen Läger besitzen (Gegensatz: Lagerhandelsunternehmen). In diesem Fall bemüht sich etwa ein Großhandelsunternehmen für Brennstoffe in Stuttgart um einen Auftrag eines Brennstoffeinzelhändlers oder eines individuellen Abnehmers in Heilbronn. Wird dem Brennstoffgroßhandelsunternehmen der Auftrag erteilt, so wird dieses in der Regel von ihm an seinen Lieferanten (Ruhrkohle AG) weitergereicht mit der Bitte, die Ware durch fremde Spediteure/Frachtführer an den Kunden in Heilbronn ausliefern zu lassen. In ähnlicher Weise gespaltene Distributionssysteme treten in sehr vielen Wirtschaftszweigen auf; sie können für den Fall des Vertriebs von Konsumgütern des Massenbedarfs wie folgt verdeutlicht werden:

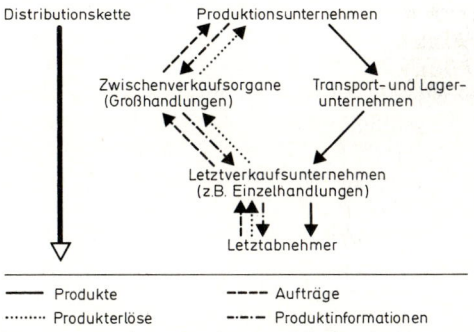

Schaubild 7.1.: System der Distribution (idealtypisch) von Konsumgütern des Massenbedarfs

Das aus Produktionsunternehmen, Zwischenverkaufsorganen und Letztverkaufsunternehmen bestehende System bewerkstelligt den Fluß von Informationen und Finanzmitteln zwischen den Produktionsunternehmen und den Letztverkaufsunternehmen. Unter Informationen sind dabei allerdings nicht diejenigen Informationen zu verstehen, die mittels spezifischer Informationsmittel von Produktionsunternehmen zum Abnehmer transportiert werden (→ Kommunikationsmittel), sondern personenbezogene Informationen, wie sie typischerweise von Handelsunternehmungen und Außendienstmitarbeitern weitergegeben werden. Das soeben skizzierte System wird üblicherweise als *Marktkanal* oder *Akquisitorische Distribution* bezeichnet. Durch dieses System wird den Letztverkaufsstellen und damit auch den

Letztabnehmern die *rechtliche Verfügbarkeit über die Produkte* verschafft, was regelmäßig mittels Kauf- oder Mietverträgen geschieht. Die Handelsunternehmen bzw. sonstigen Organe des Marktkanals disponieren somit diejenigen Leistungen, die im Rahmen der Raum- und Zeitüberbrückungsfunktion sowie der Qualitäts- und Quantitätsfunktion anfallen, und erfüllen selbst die im Rahmen der Kredit- und Werbefunktion zu verrichtenden Leistungen.

Das aus Produktionsunternehmen, Transport- und Lagerunternehmen sowie Letztverkaufsunternehmen bestehende System bewerkstelligt demgegenüber den physischen Vollzug der Raum- und Zeitüberbrückungsfunktion, in selteneren Fällen auch den Vollzug von Quantitäts- und Qualitätsfunktionen. Die Gesamtheit der diesem System zuzuordnenden Unternehmen bzw. Unternehmensteile wird zumeist *Physische Distribution* genannt.

Wie aus obigem Schaubild ersichtlich wird, sind die Anfangs- und Endglieder der beiden Distributionssysteme notwendigerweise identisch. In vielen Fällen weisen die beiden Systeme die gleichen Unternehmen auf; dies liegt immer dann vor, wenn die einzelnen Glieder des Marktkanals auch selbst die Transport- und Lagerfunktion übernehmen. Eine teilweise Ausgliederung der logistischen Aufgaben liegt beispielsweise dann vor, wenn das Produktionsunternehmen eigene Läger und einen eigenen Fuhrpark unterhält, mit dessen Hilfe es die Produkte an die nachgelagerten Organe der Zwischenverkaufsstufe ausliefert.

Betriebliche Distributionspolitik kann sinnvoll nur langfristig betrieben werden, eine kurzfristige Änderung der Distributionspolitik ist in vielen Fällen überhaupt nicht möglich. Der *strategische* Charakter der wichtigsten Entscheidungen im Bereich der Distributionspolitik zeigt sich nicht zuletzt darin, daß andere wichtige absatzpolitische Entscheidungsbereiche durch Entscheidungen im distributionspolitischen Bereich geprägt werden. So bedingt etwa die Wahl von Letztverkaufsstellen, die gemeinhin als exklusiv und hochpreisig eingestuft werden, zwangsläufig auch eine bestimmte Produktgestaltung sowie eine diesem Distributionssystem adäquate Preis- und Kommunikationspolitik. Die *Distributionspolitik* und die *Produktpolitik* stellen somit die primären Entscheidungsbereiche dar, durch deren Ausprägung auch das *Produkt-Markt-Konzept* einer Unternehmung determiniert wird. Während Produkt- und Distributionspolitik aufeinander einwirken, ist die Art der Beeinflussung der

Preis- und Kommunikationspolitik durch die Produkt- und Distributionspolitik primär einseitig.

7.2. Organe der Absatzwirtschaft

Das Distributionssystem weist unterschiedlichste Elemente auf. Sie sollen nachfolgend näher analysiert werden. Unterstellt man, daß die Unternehmen in den entwickelten Industrieländern vorwiegend absatzaktiv (Käufermarkt) und nur in vergleichsweise geringem Maße beschaffungsaktiv sind, so muß das Schwergewicht der Betrachtung auf die Organe der Absatzwirtschaft gelegt werden. Die Beschaffungswirtschaft ist in vielen Fällen ähnlich wie die Absatzwirtschaft organisiert; für den Absatz von Dienstleistungen gelten allerdings teilweise andere Organisationsstrukturen als für den Absatz von Sachleistungen.

7.2.1. Absatzmittler

Die bezüglich der gesamtwirtschaftlichen Bedeutung zuerst zu behandelnden Organe der Absatzwirtschaft sind die *Absatzmittler*. Mit dem Ausdruck Absatzmittler belegt man gemeinhin diejenigen Organe der Absatzwirtschaft, die im *eigenen Namen* und auf *eigene Rechnung* die juristische Verfügbarkeit über Sachleistungen vermitteln. Dies sind ausschließlich *Groß- und Einzelhandelsunternehmen*. Als Einzelhandelsunternehmen werden dabei diejenigen Handelsunternehmen eingestuft, die *Sachleistungen an Konsumenten* und damit zum Verbrauch bzw. zur Verwendung im Konsumsektor vermitteln. Als Großhandelsunternehmen sind alle anderen Handelsunternehmen einzustufen, also sowohl solche, die an Einzelhandelsunternehmen, als auch solche, die an industrielle oder gewerbliche Abnehmer verkaufen.

7.2.1.1. Betriebsformen der Absatzmittler

Es hat sich in vielen Fällen als nützlich erwiesen, die Gesamtheit der Einzel- oder Großhandelsbetriebe nach bestimmten Merkmalen zu *beschreiben* und einzuteilen. *Merkmale*, die dazu herangezogen werden, sind vorwiegend die folgenden:

- *Stationarität* des Geschäftsbetriebs: Werden die Handelsgeschäfte in einem räumlich festgelegten Geschäftslokal erledigt, so bezeichnet man diesen Betrieb als einen stationären Handelsbetrieb. Kennzeichen des *stationären Handelsbetriebs* ist es demnach, daß Nachfrager den Anbieter aufsuchen. Beim sogenannten *ambulanten Handel* dagegen werden die Geschäftsabschlüsse in den Räumlichkeiten der Nachfrager getätigt.

- *Kontaktform:* Die Produktdarbietung und das konkrete Angebot können in unterschiedlicher Form erfolgen. Sie können in *Bedienungsform* (Darbietung konkreter Produkte, Produktentnahme durch das Bedienungspersonal), in der üblichen *Selbstbedienungsform* (Darbietung konkreter Produkte, Produktentnahme durch den Kunden), in *automatisierter Form* (Verkaufsautomaten; Darbietung konkreter Produkte, Produktentnahme durch den Kunden, mechanisierte Bezahlung) und schließlich auch mittels eines *Kataloges* (Darbietung von Produktbeschreibungen und -abbildungen) erfolgen.

- *Betriebsgröße:* Beim stationären Einzelhandel ist auch die Verkaufsfläche ein geeignetes Beschreibungsmerkmal. Im Lebensmittelhandel haben sich etwa folgende Betriebsgrößenklassen und Bezeichnungen dafür eingebürgert: bis 200 qm (kleiner *Einzelhandelsbetrieb*, „Tante-Emma-Laden"), 200 qm bis 400 qm *(SB-Markt)*, 400 qm bis 800 qm *(Supermarkt)*, 800 qm bis 1500 qm und über 1500 qm (Verbrauchermarkt). Die Grenzen können nur als grobe Anhaltspunkte gewertet werden.

- *Sortimentsstruktur:* Nach der Struktur des Sortiments wird häufig zwischen *Einbranchen-* und *Mehrbranchengeschäften* unterschieden, daneben kann eine Unterteilung der Handelsbetriebe nach der Tiefe und Breite des jeweiligen Sortiments vorgenommen werden. Die *Sortimentsbreite* ist durch die Vielfalt der angebotenen Produkte (Warengruppen) einer oder mehrerer Branchen, die *Sortimentstiefe* durch die Vielfalt der Marken, Qualitäts- und Größenabstufungen, Typen, Designalternativen u.ä. der angebotenen Produkte gekennzeichnet. Eine besondere Sortimentsstruktur weisen etwa *Billigpreisgeschäfte* oder Discounter auf, deren Sortiment sich vor allem dadurch auszeichnet, daß es nur die jeweils billigen Marken bzw. die teueren Marken zu stark ermäßigten Preisen enthält und in der Regel nicht vollständig ist.

- *Organisationsstruktur:* Dieses Merkmal hebt nicht auf die einzelne Betriebsstätte ab, sondern auf die Art der Zusammenarbeit mehrerer Betriebsstätten derselben Stufe oder unterschiedlicher Stufen des Distributionssystems. Ausprägungen dieses Merkmals sind beispielsweise Betriebe als Teile von *Filialsystemen* und völlig *selbständige Betriebe*. Bei einem Filialunternehmen unterstehen mehrere Betriebsstätten der Einzelhandelsstufe und mindestens eine Betriebsstätte der Großhandelsstufe (Großhandel funktional!) einer einheitlichen Leitung; im Falle selbständiger Betriebe sind die einzelnen Einzelhandelsbetriebe voneinander und von den jeweiligen Großhandelsbetrieben rechtlich unabhängig und unterliegen keinen besonderen Einschränkungen ihrer Dispositionsfreiheit. Eine Zwischenform stellen *gebundene Organisationsformen* wie *Freiwillige Ketten/Gruppen, Einkaufsgenossenschaften* und *Franchise-Systeme* (vgl. Abschnitt 7.4.3.) dar, bei denen die einzelnen Betriebsstätten vor allem der Einzelhandelsstufe faktisch eine stark eingeschränkte Dispositionsfreiheit besitzen. Die Einschränkung besteht dabei etwa darin, daß Sortimentsentscheidungen und preispolitische Entscheidungen nur innerhalb bestimmter Grenzen frei gewählt werden können. Einkaufsgenossenschaften (z.B. Edeka, Rewe) stellten in ihrer Gründungszeit *Vereinigungen von Einzelhändlern* dar, die sich zum Zwecke der Erledigung der Großhandelsfunktionen eine gemeinsame Tochtergesellschaft geschaffen hatten. Daß die rechtlich von den Einzelhandlungen abhängigen Genossenschaftszentralen faktisch die angeschlossenen Einzelhandlungen zum Teil beherrschen, ist nicht zuletzt auf die Zersplitterung der Mitglieder der Genossenschaften zurückzuführen. Man kann daher ohne Zweifel von einer gewissen Filialisierung des genossenschaftlichen Einzelhandels sprechen. Ausdruck dessen ist auch, daß die beiden bedeutendsten Genossenschaften des Lebensmittelhandels (Edeka, Rewe) in der jüngeren Vergangenheit *Regiebetriebe* eröffnet haben. Regiebetriebe sind rechtlich und wirtschaftlich unselbständige Betriebe, die von den jeweiligen Genossenschaftszentralen wie Filialen geführt werden. Damit treten die Genossenschaftszentralen in gewisser Weise in Konkurrenz zu ihren eigenen Mitgliedern bzw. sorgen für eine flächendeckende Präsenz der entsprechenden Gruppe. Freiwillige Ketten (z.B. Kathra) sind *Zusammenschlüsse eines Großhandelsunternehmens mit einer Vielzahl von Einzelhandlungsunternehmen* derart, daß ein sogenannter Leitgrossist in gewisser Hinsicht die Führung der Gesamtgruppe übernimmt, auf die die Einzelhändler wiederum nur einen beschränkten Einfluß besitzen. Freiwillige Gruppen (z.B. Spar, Vivo, Végé) sind Zusammenschlüsse mehrerer Großhandels- mit einer Vielzahl von Einzelhandelsunternehmen.

Anhand der soeben skizzierten fünf Merkmale lassen sich sowohl Handelsbetriebe der Großhandels- als auch solche der Einzelhandelsstufe nach Betriebsformen typisieren. Betriebsformen sind demnach durch Kombinationen der Ausprägungen wichtiger Beschreibungsmerkmale charakterisiert. Dabei ist zu bedenken, daß die einzelnen Merkmale nicht voneinander unabhängig sind (z. B. keine Unabhängigkeit der Merkmale Stationarität und Betriebsgröße nach Verkaufsfläche) und daß die Abgrenzung der Ausprägungen der einzelnen Merkmale nicht immer trennscharf ist (z. B. nicht zwischen den Ausprägungen des Merkmals Sortimentsstruktur).

Betriebstypen stellen *Typisierungen*, jedoch keine Klassifizierungen im eigentlichen Sinne dar (Klassen sind begriffsnotwendig disjunkt). Für die Absatzpolitik ist die Betriebsformenlehre trotz ihrer Unschärfe im Detail dennoch von einer gewissen Bedeutung, da gewisse Regelmäßigkeiten hinsichtlich der Standorte und Kundschaft der einzelnen Betriebstypen sowohl des Groß- als auch des Einzelhandels gelten. Bezogen auf die Einzelhandelsstufe bedeutet dies beispielsweise, daß ein Produktionsunternehmen durch die Bevorzugung einer bestimmten Betriebsform zugleich die Standorte seiner Letztverkaufsstellen und die Kundenschicht bestimmt. So weisen etwa Fachgeschäfte des gehobenen Niveaus ein relativ tiefes Sortiment auf; sie liegen zumeist im Stadtzentrum und wenden sich vorwiegend an Kunden, die durch einen besonderen Bedarf (d. h. nicht Massenbedarf) und/oder höhere qualitative Ansprüche gekennzeichnet sind.

7.2.1.2. Zur Struktur der Großhandelsunternehmen in der Bundesrepublik Deutschland

Großhandelsunternehmen sind solche Unternehmen, die überwiegend Produkte ohne wesentliche Be- oder Verarbeitung an *Nicht-Konsumenten weiterverkaufen*. Diese Begriffsdefinition hebt auf den institutionalen Distributionsbegriff bzw. den institutionalen Handelsbegriff ab. Dem Großhandelsbereich im institutionalen Sinne sind demnach die selbständigen Großhandelsunternehmen, die Leitgrossisten der Freiwilligen Ketten/Gruppen und die rechtlich selbständigen Zentralen der Einkaufsgenossenschaften zuzurechnen, nicht aber die rechtlich unselbständigen Einkaufsbüros der Warenhauskonzerne und Filialunternehmen. Der solchermaßen abgegrenzte Großhandelsbereich umfaßte 1982 etwa 110 000 Unternehmen, die ca. 1,1 Millionen Personen beschäftigten und ca. 750 Mrd. DM umsetzen[1]. Dabei ist zu beachten, daß die Umsatzzahlen Mehrfachzählungen beinhalten. Im Laufe der Zeit hat sich im Großhandelsbereich ein *Prozeß der Unternehmenskonzentration* vollzogen (Schaubild 7.2.).

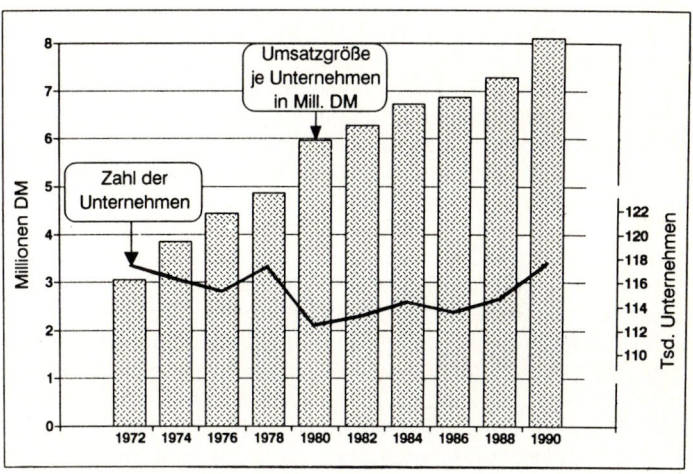

Quelle: Ifo-Institut (Hrsg.): Spiegel der Wirtschaft 1992/1993.

Schaubild 7.2.: Konzentrationsprozeß im bundesdeutschen Großhandel zwischen 1972 und 1990

Die Vielfalt der Betriebsformen ist im Großhandelsbereich nicht in dem Maße ausgeprägt wie im Einzelhandelsbereich. Nach dem Merkmal „Kontaktform" können folgende Arten von Großhandelsbetrieben unterschieden werden:

• *Lager-* und *Streckengroßhandelsbetriebe:* Lagergroßhandelsbetriebe sind solche Großhandelsbetriebe, die die Produkte in eigenen Räumen lagern oder von Lagerbetrieben lagern lassen und damit das Lagerrisiko voll übernehmen (Wertschwankungen, Verlust). Streckengroßhandelsbetriebe dagegen übernehmen keine Lagerrisiken, sie disponieren über Produktmengen, die später direkt vom Lieferanten zum Kunden transportiert werden.

---

[1] Zahlen nach: Institut der deutschen Wirtschaft (Hrsg.): Zahlen zur wirtschaftlichen Entwicklung der Bundesrepublik Deutschland, Köln 1985.

- *Zustell-, Abhol-* und *Regalgroßhandelsbetriebe:* Bei Zustellgroß-
handelsbetrieben werden die bestellten/gekauften Produkte
vom Großhandelsbetrieb selbst oder einem von ihm betrauten
Transportunternehmen an die Abnehmer ausgeliefert. In den
vergangenen Jahren haben sich daneben zwei weitere
Betriebsformen des Großhandels herausgebildet, die sich
durch eine Verringerung bzw. Erweiterung der Betriebsfunk-
tionen im Vergleich zum Zustellgroßhandelsbetrieb auszeichnen. Im Falle des Abholgroßhandels (Selbstbedienungsgroß-
handel, Cash & Carry-Großhandel) wurden die Funktionen
des betreffenden Betriebs insofern verringert, als solche
Betriebe keinerlei Auslieferung übernehmen und – damit verbunden – zumeist auch Barzahlung verlangen (keine Kreditfunktion). Cash & Carry-Betriebe stehen bisweilen auch dem
Letztverbraucher als Einkaufsstätte offen (Metro). Dies führt
regelmäßig zu rechtlichen Komplikationen, da Großhandelsunternehmen keinen gesetzlichen Ladenschlußregelungen
und keiner Verpflichtung zur Auszeichnung mit Inklusivprei-
sen unterliegen. Wegen des zu erwartenden Verlustes dieser
beiden – unberechtigten – Wettbewerbsvorteile gegenüber
dem echten Einzelhandel wird in naher Zukunft mit einem
Schrumpfen des Umsatzes der Cash & Carry-Betriebe gerechnet. Eine erhebliche Ausdehnung der Aktivitäten zeichnet
dagegen den Regalgroßhandelsbetrieb (Rack Jobber) aus. In
diesen Fällen übernimmt der betreffende Großhandelsbetrieb
zusätzlich zu den herkömmlichen Funktionen eines Zustell-
großhandels auch die Funktion der Regalauffüllung und der
Regalpflege bei der ihm nachgeordneten Handelsstufe (v. a.
Einzelhändler). Zu diesem Zweck mietet der Regalgroßhänd-
ler ein bestimmtes Regal beim nachgelagerten Handelsunternehmen an, besorgt alle notwendigen Produktmanipulationen
und verkauft dort auf eigene Rechnung. Dem Betrieb, der das
Regal zur Verfügung stellt, verbleibt das Inkasso und die
Bereitstellung des Verkaufsraumes, er trägt keinerlei Lagerrisiken (mit Ausnahme des Diebstahlrisikos) und erhält dafür
eine bestimmte Vergütung. Regalgroßhandelsbetriebe sind
insbesondere in Randsortimenten tätig; so werden häufig
Tabak-, Papier- und Kurzwaren in Lebensmitteleinzelhan-
delsgeschäften von solchen Regalgroßhandelsbetrieben angeboten.

Hinsichtlich der Organisationsstruktur gelten die im vorigen
Abschnitt gemachten Ausführungen; es existieren also unabhän-

gige Großhandelsbetriebe, ferner solche, die als Teile von Filialunternehmen unselbständig sind, und schließlich durch vertragliche Regelungen gebundene Großhandelsunternehmen (z. B. in
Freiwilligen Ketten/Gruppen und Einkaufsvereinigungen).

7.2.1.3. Zur Struktur der Einzelhandelsunternehmen in der Bundesrepublik Deutschland

Einzelhandelsunternehmen sind solche Unternehmen, die überwiegend Produkte ohne wesentliche Be- oder Verarbeitung *an
Konsumenten weiterverkaufen.* Der Einzelhandelsbereich umfaßte
1986 insgesamt etwa 375 000 Unternehmen, die etwa 2 Millionen Personen beschäftigen und ca. 450 Mrd. DM umsetzten.
Sowohl die Anzahl der Betriebe als auch der beschäftigten Personen ist nicht genau feststellbar, da im Einzelhandelsbereich
viele Betriebe nur formalrechtlich existieren und die Zahl der
Beschäftigten wegen der ungewissen Zahl der mitarbeitenden
Familienangehörigen oft nur grob geschätzt werden kann.
Stärker als in jedem anderen Zweig der bundesdeutschen Wirtschaft hat sich im Lebensmittel-Einzelhandel in den letzten
dreißig Jahren ein deutlicher *Prozeß der Unternehmenskonzentration* vollzogen (Schaubild 7.3.). Der Anteil der Einzelhandels-

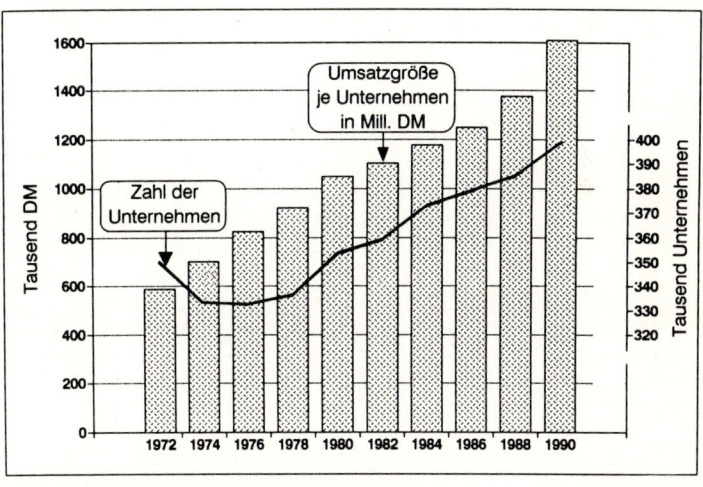

Quelle: Ifo-Institut (Hrsg.): Spiegel der Wirtschaft 1992/1993.

Schaubild 7.3.: Konzentrationsprozeß im bundesdeutschen Einzelhandel zwischen 1972 und 1990

filialunternehmen (Unternehmen mit fünf und mehr Verkaufsstellen) an allen Einzelhandelsunternehmen hat sich in den vergangenen Jahren ständig erhöht. Bei einem internationalen Vergleich der Umsatzkonzentration im Bereich des Lebensmitteleinzelhandels (Schaubild 7.4) zeigt sich allerdings, daß die Umsatzkonzentration in der Bundesrepublik Deutschland vergleichsweise gering ist.

Um die wesentlichen Veränderungen des bundesdeutschen Einzelhandels aufdecken zu können, bedarf es zunächst einiger Bemerkungen über die Struktur der Einzelhandelsbetriebe.

Einige der wichtigsten, nicht überschneidungsfrei abgegrenzten Betriebsformen[2] sind:

- *Warenhaus:* Ein Warenhaus ist ein Einzelhandelsgroßbetrieb, der in verkehrsgünstiger Lage Produkte vor allem in den Bereichen Bekleidung, Textilien, Hausrat, Wohnbedarf, Nahrungs- und Genußmittel anbietet. Die meisten Warenhäuser sind Teil von Warenhaus-Filialunternehmen.

- *Verbrauchermarkt:* Ein Verbrauchermarkt ist ein zumeist preispolitisch aggressiver Einzelhandelsbetrieb mit mindestens 1000 qm Verkaufsfläche, der vor allem Nahrungs- und Genußmittel (inkl. Frischwaren) anbietet und ergänzend Produkte anderer Branchen führt, die für die Selbstbedienung geeignet sind. Verbrauchermärkte befinden sich häufig in Stadtrandlagen und verfügen in der Regel über weiträumige Kundenparkplätze, verzichten jedoch auf kostspielige Kundendienstleistungen.

- *Supermarkt:* Ein Supermarkt ist ein Einzelhandelsbetrieb, der auf einer Verkaufsfläche von mindestens 400 qm Nahrungs- und Genußmittel (inkl. Frischwaren) sowie ergänzende Produkte anderer Branchen vorwiegend in Selbstbedienungsform anbietet. Das Sortiment eines durchschnittlichen Supermarktes umfaßt heute nach Erhebungen des Deutschen Handelsinstituts etwa 1000 Artikel des Frischwarenbereichs, etwa 3000 sonstige Nahrungs- und Genußmittel sowie etwa 1500 Artikel des Nonfoodbereichs; die Anzahl der Artikel ist schwach im Steigen begriffen.

---

[2] Für die Definitionen der Betriebsformen vgl. Arbeitsausschuß für Begriffsdefinitionen der Kommission zur Förderung der handels- und absatzwirtschaftlichen Forschung: Katalog E – Begriffsdefinitionen aus der Handels- u. Absatzwirtschaft, 2. Ausg., Köln, Okt. 1975 (Zitate teils wörtlich bzw. mit nur geringfügigen sprachlichen Anpassungen).

Staat	Unternehmen[1])	Umsatz (in Mio ECU)	Marktanteil (in %)
Dänemark	FDB	3827,4	28,6
	Dansk Supermarked	1704,3	12,7
	Aldi	268,1	2,0
Deutschland	Rewe Zentral AG	15049,0	18,0
	Aldi	11274,5	13,5
	Tengelmann	6916,2	8,3
Finnland	Kesko	3682,2	40,5
	Tuko	2307,7	23,8
	Sok	2090,5	15,9
Frankreich	Leclerc	13338,1	15,0
	Carrefour	12417,8	14,0
	Itm Enterprises	8820,1	9,9
Großbritannien	J. Sainsbury	7605,6	16,3
	Tesco	6922,5	15,7
	Argyll	5521,1	11,2
Italien	Coop Italia	3935,1	4,2
	Despar	2331,5	1,9
	Vege	2307,9	1,9
Österreich	Zev	2087,7	21,7
	Konsum Österreich	1799,4	18,7
	Billa	1704,9	17,7
Schweden	Ica	6873,6	35,7
	Kf Konsum	4615,1	23,9
	D-Gruppe	1478,4	7,7
Spanien	Pryca	2469,5	4,7
	Promodes	2185,8	4,1
	Alcampo	1403,5	2,7

[1]) Rangfolge der größten 3 Unternehmen je Staat

Quelle: DHI (Hrsg.): Handel aktuell '92.

Schaubild 7.4.: Konzentration im europäischen Lebensmitteleinzelhandel 1990

- *Fachgeschäft:* Ein Fachgeschäft ist ein Einzelhandelsbetrieb, der Produkte einer Branche mit ergänzenden Dienstleistungen offeriert, wobei in vielen Branchen das Bedienungsprinzip (noch) überwiegt. Ist das Sortiment noch schmäler, aber zugleich die Sortenvielfalt größer, spricht man von einem Spezialgeschäft.

- *Filialunternehmen* sind Unternehmen mit mindestens fünf standörtlich getrennten, aber unter einheitlicher Leitung stehenden Verkaufsstellen.

- *Versandhandel:* Versandhandel ist eine Form des Einzelhandels, bei der Waren mittels Katalog, Prospekt, Anzeige usw. oder durch Vertreter angeboten werden und dem Käufer die Waren nach Bestellung auf dem Versandwege durch die Post oder auf andere Weise zugestellt werden. Versandhandelsunternehmen unterhalten zum Teil offene Verkaufsstellen; die offenen Verkaufsstellen ähneln dann den Verkaufsstellen der Filialunternehmen.

- *Gemischtwarengeschäft:* Ein Gemischtwarengeschäft, das vor allem in ländlichen Gebieten anzutreffen ist, ist ein zumeist kleiner Einzelhandelsbetrieb, der ein breites, überwiegend flaches Sortiment führt.

- *Gemeinschaftswarenhaus:* Ein Gemeinschaftswarenhaus ist ein räumlicher und organisatorischer Verbund von selbständigen Fachgeschäften und Dienstleistungsbetrieben verschiedener Art und Größe. Das Ziel ist ein warenhausähnliches Angebot, das einer von allen Beteiligten akzeptierten Konzeption folgt.

- *Einkaufszentrum* (Shopping Center): Ein Einkaufszentrum ist eine räumliche Konzentration einer größeren Anzahl von Einzelhandels- und Dienstleistungsbetrieben verschiedener Art und Größe. In Einkaufszentren bewahren die einzelnen Geschäfte ihren eigenen Charakter, stehen allerdings unter einer einheitlichen Leitung, die unter anderem auch die gemeinschaftliche Werbung betreibt und andere Dienste (Bewachung, Reinigung) besorgt.

Die Entwicklung der Umsatzanteile der einzelnen Betriebsformen seit 1980 sind im Schaubild 7.5. zusammengestellt. Die Darstellung bezieht sich auf die Entwicklung der Struktur der Unternehmen (rechtliche Einheiten), die von derjenigen der Betriebsstätten (= Verkaufspunkte) und derjenigen der Entscheidungseinheiten (vor allem derjenigen über den Einkauf) zu trennen ist. Im Zusammenhang mit der Beurteilung der Diskussion um die Versorgung der Bevölkerung ist allein die Anzahl

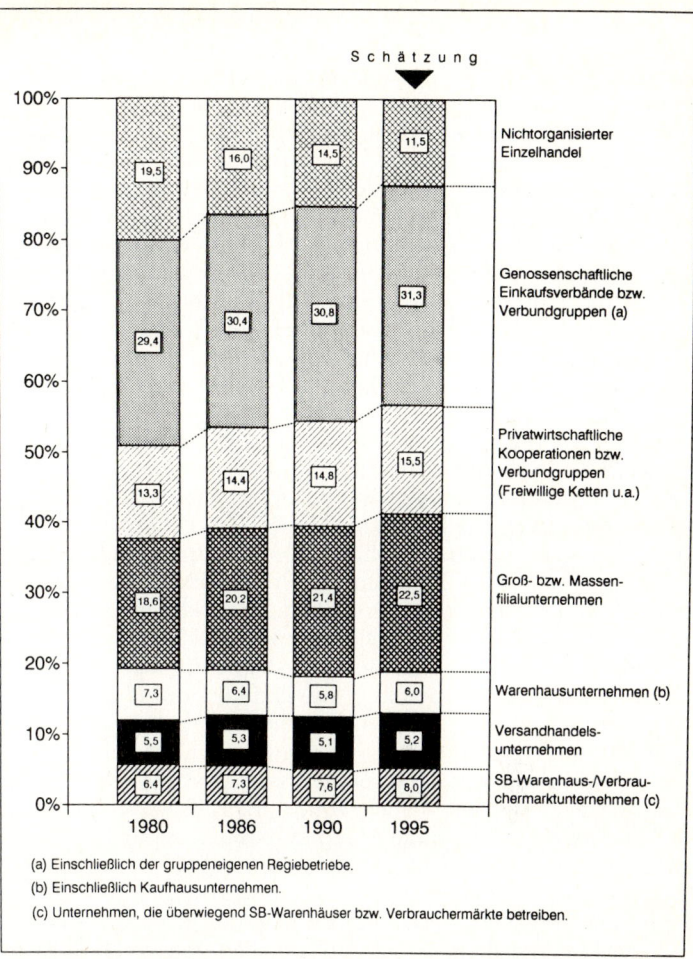

S c h ä t z u n g

Nichtorganisierter Einzelhandel

Genossenschaftliche Einkaufsverbände bzw. Verbundgruppen (a)

Privatwirtschaftliche Kooperationen bzw. Verbundgruppen (Freiwillige Ketten u.a.)

Groß- bzw. Massenfilialunternehmen

Warenhausunternehmen (b)

Versandhandelsunterrnehmen

SB-Warenhaus-/Verbrauchermarktunternehmen (c)

(a) Einschließlich der gruppeneigenen Regiebetriebe.

(b) Einschließlich Kaufhausunternehmen.

(c) Unternehmen, die überwiegend SB-Warenhäuser bzw. Verbrauchermärkte betreiben.

Quelle: Ifo-Institut (Hrsg.): Spiegel der Wirtschaft 1992/1993.

Schaubild 7.5.: Entwicklung der Marktanteile wichtiger Betriebsformen des bundesdeutschen Einzelhandels zwischen 1980 und 1995 der Betriebsstätten relevant und für die Beurteilung der wirtschaftlichen Macht des Handelns (Nachfragemacht des Handelns, vgl. Abschnitt 7.4.3.) dagegen ist fast ausschließlich die Anzahl der Entscheidungseinheiten relevant.

Besonders bemerkenswert ist der steile Anstieg der Bedeutung der Verbrauchermärkte und der sonstigen Filialunternehmen. Die Zunahme der Umsatzanteile dieser beiden Betriebsformen ging fast vollständig zu Lasten des Umsatzanteils des ungebundenen Einzelhandels, insbesondere zu Lasten der Umsatzanteile ländlicher Gemischtwarengeschäfte und kleinerer Einzelhandelsgeschäfte in städtischen Gebieten. Unmittelbare Folgen dieser Umstrukturierung sind zum einen preisdämpfende Effekte und zum anderen die Tatsache, daß viele ländliche Gemeinden oder Stadtgebiete heute kaum noch Geschäfte für den alltäglichen Bedarf besitzen.

Schaubild 7.6. zeigt verschiedene Kennzahlen für die großen Lebensmittelfilialunternehmen auf.

Die in Schaubild 7.6. aufgezeigten Unternehmen bzw. Unternehmensgruppen stellen *vertikal integrierte Gesamtheiten* dar, die den ungebundenen Großhandelsunternehmen traditioneller Prägung kaum mehr Entfaltungsspielraum lassen. Auch für die nahe Zukunft wird eine relative Rückentwicklung des kleinbetrieblichen Handels (inkl. EDEKA) und der Warenhaus-Unternehmen erwartet; diesem Rückgang steht Zugewinn vor allem bei den Filialbetrieben und Verbrauchermärkten gegenüber. Filialbetriebe erwirtschaften auch heute noch – trotz allgemein schlechter Ertragslage – zum Teil ansehnliche Renditen (z.B. Tengelmann-Gruppe: 2,5 % vom Umsatz). Als besonders wachstumsträchtig werden dabei zum einen Billigpreisanbieter (ALDI, sonstige Discounter) und zum anderen hoch spezialisierte Facheinzelhandelsgeschäfte, die viel Beratung bieten, angesehen. Diese *Polarisierung der Marktstruktur* beruht nicht auf einer entsprechenden Differenzierung der Konsumenten als Gruppe, sondern allein darauf, daß dieselben Konsumenten mehr und mehr entweder besonders preiswert (Standardartikel) oder besonders beratungsintensiv und exklusiv einzukaufen wünschen.

Einige *Ursachen der Konzentration* und Umstrukturierung sind nachfolgend kurz angeführt, wobei nur am Rande darauf eingegangen wird, ob es sich um eine Konzentration der Betriebsstätten, Unternehmen oder Entscheidungseinheiten handelt:

- Die zunehmende *Bevölkerungskonzentration* in Stadtgebieten

Merkmal	Merkmal	Tengelmann	Aldi	Rewe	Spar	Lidl&Schwarz
Verkaufsstellen	Anzahl (in Tsd.)	4,6	2,4	3,7	1,3	1,0
	Zunahme seit 1985 (in %)	55	30	67	395	200
Verkaufsfläche	Mio. qm	3,0	1,3	2,7	1,0	0,7
	Zunahme seit 1985 (in %)	131	57	100	196	154
Umsatz	Mrd. DM	22,5	25,0	21,6	6,6	7,2
	Zunahme seit 1985 (in %)	83	43	96	247	279
Marktanteil	(in %)	3,8	4,2	3,6	1,1	1,2
Umsatzstruktur	SB-Warenhäuser/ Verbrauchermärkte	11	0	10	39	47
	Supermärkte/ Nachbarschaftsmärkte	28	0	52	36	0
	Lebensmittel-Discountmärkte	39	100	30	17	52
	Nonfood-Discountmärkte	1	0	0	2	0
	Drogeriemärkte	4	0	2	0	0
	Baumärkte	10	0	2	4	1
	sonstiges	7	0	4	2	0
Anteil der Betriebsform am Umsatzwachstum	SB-Warenhäuser/ Verbrauchermärkte	16	0	5	27	46
	Supermärkte/ Nachbarschaftsmärkte	18	0	45	45	0
	Lebensmittel-Discount-märkte	36	100	35	21	53
	Nonfood-Discountmärkte	2	0	0	2	0
	Drogeriemärkte	5	0	3	0	0
	Baumärkte	13	0	3	4	1
	sonstiges	10	0	9	1	0

Quelle: DHI (Hrsg.): Dynamik im Handel 5/93, S. 34–42.

Schaubild 7.6.: Verschiedene Kennzahlen zu großen bundesdeutschen Lebensmittelfilialunternehmen 1991 oder stadtnahen Gebieten fördert die Konzentration der Einzelhandelsumsätze in regionaler Hinsicht, wobei zunächst – wie auch bei den beiden nächstgenannten Ursachen – nur eine Konzentration der Umsätze auf weniger Betriebsstätten die Folge ist.

- Die zunehmene *Mobilität der Konsumenten* läßt weiträumigeres Einkaufen zu, wobei die Mobilität zum einen durch die Motorisierung ermöglicht und zum anderen durch einen Einstellungswandel realisiert wurde.

- Das Bestreben der Konsumenten, aus Gründen eines größeren Einkaufskomforts *«alles unter einem Dach»* einzukaufen (one-stop-shopping), fördert die Großbetriebsformen des Einzelhandels. Der Wunsch, «alles» in wenigen Betriebsstätten zu erwerben, ist zum Teil auch durch die zeitliche Ballung der Einkaufsaktivitäten am Spätnachmittag (Ladenschlußregelungen) bedingt. Allerdings ist in den vergangenen Jahren eine gewisse *Polarisierung* derart festzustellen, daß Konsumenten nur mehr die *problemlosen Produkte* des täglichen Lebens unter einem Dach zu kaufen wünschen, während sie für die *beratungsintensiven* und *prestigeträchtigen Produkte* vergleichsweise gerne viele unterschiedliche Einzelhandelsbetriebe aufsuchen.

- Der traditionelle Einzelhandel wurde bis vor wenigen Jahren noch als höchst *unattraktive Arbeitsstätte* sowohl für die Eigentümer als auch die Beschäftigten eingestuft. Personalmangel und geringes Ansehen der Einzelhandelstätigkeit führten daher in vielen Fällen zur Geschäftsaufgabe *(Nachwuchsproblem),* woraus eine Konzentration der rechtlichen Einheiten (Unternehmen) folgte.

- Die oft *geringe Eigenkapitalrentabilität* im traditionell geführten Einzelhandel führte unter anderem dazu, daß die entsprechenden Betriebe nicht in der Lage waren, die infolge der zunehmenden Kapitalintensität des Einzelhandels (Selbstbedienung statt Fremdbedienung, höhere Ansprüche an die Qualität der Ausstattung) notwendigen zusätzlichen Finanzmittel über Gewinne zu beschaffen. Die mangelhaften Refinanzierungsmöglichkeiten führten häufig zu unterlassenen Investitionen, die wiederum die Marktposition dieser Unternehmen stark beeinträchtigten.

- Nicht zuletzt begünstigen auch die Verkaufskonditionen der Industrie (z. B. Mengenrabatt) eine Zusammenfassung der Nachfrage verschiedener Handelseinheiten, was zumindest zu einer Konzentration der Entscheidungseinheiten führt.

- Die Kostendegression vor allem im Hinblick auf das betriebliche Informationswesen läßt größere Handelseinheiten zunächst als rentabler erscheinen.

In den letzten Jahren sind allerdings gegen eine weitere Konzentration wirkende Tendenzen sichtbar geworden. Seit 1974 hat sich die Anzahl der Einzelhandelsbetriebe um ca. 60 000 d. h. 18% erhöht; diese Globalaussage verbirgt jedoch zwei gegenläufige Trends: Die Zahl der Handelsunternehmen im Lebensmittelbereich – sie machen derzeit etwa 16% aller Einzelhandelsunternehmen aus – ist weiterhin rückläufig. Die Zahl der sonstigen Handelsunternehmen ist allerdings im Steigen begriffen (Elektro-, Elektronikbereich etc.). Als Konsequenz dieser Konzentration im Lebensmittelhandel verfügen heute die drei umsatzstärksten Unternehmen bereits über einen Anteil von ca. 40% des Umsatzes des gesamten Lebensmitteleinzelhandels. Ursachen für das Nachlassen sind zum einen in rechtlichen bzw. administrativen Maßnahmen gegen die Errichtung neuer Großbetriebsstätten, vor allem solcher auf der grünen Wiese (Bauplanungsrecht), und zum anderen im Wunsch mancher Käuferkreise nach weniger anonymen Einkäufen zu sehen.

Den Hintergrund all dieser Entwicklungen beleuchtet das «Gesetz» von der *Dynamik der Betriebsformen* (Nieschlag), das folgendes besagt: Neue Betriebsformen (früher Warenhäuser, heute z. B. Verbrauchermärkte) treten zunächst am Markt mit einem vom übrigen Einzelhandel abweichenden Konzept auf. Im Laufe der Zeit passen sich die neuen Betriebsformen und die bisherigen Betriebsformen aneinander an, so daß nach einiger Zeit die ehedem starken Unterschiede stark reduziert sind. Verbrauchermärkte beispielsweise waren zu Beginn meist durch eine preisaggressive Absatzpolitik verbunden mit einfacher Geschäftsausstattung und lückenhaften Sortimenten gekennzeichnet. Der traditionelle Einzelhandel reagierte darauf mit einer Intensivierung seiner preispolitischen Aktivitäten. Um zusätzliche Kunden zu gewinnen, gaben die meisten Verbrauchermärkte bald die rein preispolitisch orientierte Strategie auf, boten bessere Ausstattung und ein abgerundetes Sortiment («Trading Up»). Die Unterschiede zwischen Verbrauchermärkten und innerstädtischen großen Selbstbedienungsgeschäften sind folglich heute nur mehr gering.

7.2.2. Unternehmensinterne Organe der Absatz-
wirtschaft

Die wichtigsten Organe der Absatzwirtschaft sind in der Regel neben den Absatzmittlern die unternehmensinternen Organe der Absatzwirtschaft. Als unternehmensintern sollen dabei zum einen alle diejenigen Organe eingestuft werden, die der Absatz treibenden *Unternehmung unmittelbar angehören*, die somit rechtlich unselbständig sind, zum anderen aber auch alle jene Organe, die zwar *rechtlich selbständig* sind, aber *aufgrund entsprechender Beteiligungsverhältnisse* als *wirtschaftlich abhängig* eingestuft werden müssen. Beide Arten von Organen der Absatzwirtschaft unterliegen der Weisung des planenden Unternehmens. Distributionsorgane solcher Art sind etwa:

- *Geschäfts-/Marketingleitung:* In wichtigen Einzelfällen werden sowohl Geschäftsanbahnungen als auch die endgültige Verhandlung von der Unternehmens- oder Marketingleitung selbst vorgenommen. Dies trifft insbesondere im Industrieanlagenbau und bei der Vorbereitung, Festlegung und Pflege langfristiger Geschäftsverbindungen zu.
- *Vertriebsabteilung:* Die Vertriebsabteilung ist eine in der Regel am Standort des Betriebs befindliche Abteilung des Unternehmens, die die Aufgabe hat, den Kontakt mit den Abnehmern anzubahnen und zu unterhalten, Geschäftsvorfälle anzubahnen und die Abwicklung der Geschäftsvorfälle zu bewerkstelligen.
- *Vertriebsniederlassung/*Fabrikfiliale: Diese unternehmensinternen Organe der Absatzwirtschaft sind rechtlich unselbständige Teile des Unternehmens, die allerdings in der Regel räumlich vom Hauptbetrieb getrennt absatzpolitische Funktionen wahrnehmen. Das Spektrum der Ausgestaltung der Aufgaben solcher Vertriebsniederlassungen ist äußerst vielfältig: Im einfachsten Fall obliegt es diesen Organen lediglich, Aufgaben der Physischen Distribution (Lagerung, Auslieferung) wahrzunehmen. Im weitestgehenden Fall stellen die Vertriebsniederlassungen eigene absatzpolitische Entscheidungs- und Handlungszentren (z. B. Auslandsniederlassungen) dar, die im Rahmen der zentralen Unternehmenspläne regional differenziert absatzpolitisch tätig werden.
- *Reisender:* Reisende sind festangestellte Mitarbeiter eines Unternehmens, die gegen einen weitgehend fixen Lohn Geschäftsverbindungen zu aktuellen Abnehmern unterhalten

und zu potentiellen Abnehmern herstellen. Je nach dem Umfang der Tätigkeit können Reisende näher charakterisiert werden: Reisende können beauftragt und bevollmächtigt sein, Geschäfte anzubahnen und abzuschließen *(Abschlußvollmacht)*, oder auch nur berechtigt sein, Geschäfte anzubahnen, die dann erst durch Genehmigung einer zentralen Stelle rechtskräftig werden *(Vermittlungsvollmacht)*. Darüberhinaus kann Reisenden gegebenenfalls auch Inkassovollmacht eingeräumt werden. Reisende können entweder der Vertriebsabteilung direkt oder auch einzelnen Vertriebsniederlassungen zugeordnet werden. Ihre Aufgaben können in manchen Fällen (vor allem bei Massengütern mit kleinem Volumen und geringwertigen, transportintensiven Konsumgütern) auch Aufgaben der Warenauslieferung umfassen (Verkaufsfahrer).

- *Vertriebsgesellschaft:* Vertriebsgesellschaften sind rechtlich selbständige, aber wirtschaftlich unselbständige Organe der Absatzwirtschaft, die gleiche Aufgaben wie Vertriebsniederlassungen wahrnehmen können. Die Wahl zwischen Vertriebsniederlassung (rechtlich unselbständig) und Vertriebsgesellschaft (rechtlich selbständig) wird zumeist nicht durch absatzpolitische Gesichtspunkte bestimmt, sondern durch handels- und steuerrechtliche Beweggründe.

Aufgaben und Funktionen der unternehmensinternen Organe der Absatzwirtschaft insgesamt hängen in erster Linie davon ab, welchen Anteil der distributionspolitischen Aufgaben ein Unternehmen den nachgelagerten Stufen des Distributionssystems überträgt.

7.2.3. Akquisitorisch tätige Absatzhelfer

Absatzmittler werden alle diejenigen unternehmensexternen Organe der Absatzwirtschaft genannt, die Eigentum an den zu verkaufenden Produkten erlangen; diejenigen unternehmensexternen Organe, die *nicht Eigentümer der zu verkaufenden Produkte* werden, bezeichnet man als *Absatzhelfer.* Wie der Name bereits besagt, unterstützen diese Organe die Absatzmittler bzw. absatztreibenden Produktionsunternehmen beim Absatzprozeß, was darin bestehen kann, daß Transportaufgaben übernommen werden (Spediteure, Frachtführer), oder auch darin, daß Abschlüsse vorgenommen werden. Nur die zuletzt angeführten Absatzhelfer sollen als *akquisitorisch tätige Absatzhelfer* bezeichnet werden. Die bedeutsamsten Absatzhelfer dieser Art sind Vertreter, Kommissionäre und Makler; sie alle sind rechtlich selbständige Gewerbetreibende und übernehmen es, gegen Einzelfall-bezogene Bezahlung Geschäftsbeziehungen anzubahnen oder Abschlüsse vorzunehmen. Nach dem Namen, in dem sie tätig werden, und nach dem Kriterium, auf wessen Rechnung bzw. Risiko sie tätig werden, können folgende Formen akquisitorisch tätiger Absatzhelfer unterschieden werden:

- Tätig im *fremden Namen* und auf *fremde Rechnung, Vermittlung* von Geschäften: Diese Ausprägung der genannten Kriterien treffen für den *Vermittlungsvertreter* (§ 84 ff HGB) zu, der für längere Zeit im Namen des Auftraggebers tätig wird. Vermittlungsvertreter sind die meisten der für Unternehmen tätigen Vertreter, insbesondere auch die Vertreter von Versicherungsgesellschaften und anderen Geldinstituten. Im Auftrag beider Seiten und jeweils für einzelne Geschäfte wird dagegen der *Handelsmakler* (§ 93 ff HGB) tätig. Handelsmakler sind insbesondere an Börsen und sonstigen Marktveranstaltungen tätig, wo sie es übernehmen, Angebot und Nachfrage aufeinander abzustimmen. Eine dem Vertreter ähnliche Stellung haben häufig beratende Ingenieurfirmen (Consulting Engineers), die für große Industrieanlagen- oder Infrastrukturprojekte unter anderem auch Abschlüsse vorbereiten.
- Tätig im *fremden Namen* und auf *fremde Rechnung, Abschluß* von Geschäften: In dieser Form betätigen sich *Abschlußvertreter* (§ 84 ff HGB), denen gegebenenfalls auch Inkassovollmacht erteilt ist.
- Tätig im *eigenen Namen* und auf *fremde Rechnung, Abschluß* von Geschäften: Kommissionäre (§ 383 ff HGB) weisen diese Merkmale auf. Es ist im Geschäftsverkehr allerdings nur selten üblich, Kommissionäre als solche kenntlich zu machen. Kommissionäre sind beispielsweise die sogenannten Pächter von Tankstellen (teilweise); auch in Vertragsvertriebssystemen (Franchisesysteme), zum Beispiel im Gastronomiebereich, finden sich teilweise Personen bzw. Unternehmen, die umgangssprachlich als Händler bzw. Pächter eingestuft werden, in Wirklichkeit aber Kommissionäre sind.

Gemäß diesem Schema wäre noch die Ausprägung «tätig im eigenen Namen und auf eigene Rechnung» aufzuführen; diese Merkmalsausprägung kennzeichnet die Handelsunternehmen (vgl. Abschnitt 7.2.1.)

Die Reihung der einzelnen akquisitorisch tätigen Absatzhelfer im obigen Schema darf keinesfalls als Indiz für ihre relative tatsächliche Machtstellung interpretiert werden. Genauso wie Fälle existieren, in denen Kommissionäre (rechtlich gesehen größere Machtbefugnisse als Vertreter) eine vergleichsweise größere *tatsächliche Machtstellung* besitzen als Vermittlungsvertreter, lassen sich auch Fälle finden, in denen das Gegenteil zutrifft. Entscheidend für die Machtstellung im Distributionssystem sind weniger die rechtlichen Bestimmungen, sondern in weit größerem Maße das Ausmaß der wirtschaftlichen Abhängigkeit. Letztere hängt entscheidend davon ab, ob der entsprechende Absatzhelfer nur für eine Firma oder für mehrere Firmen tätig ist. Ein-Firmen-Absatzhelfer werden wirtschaftlich häufig ebenso behandelt wie unternehmensinterne Organe der Absatzwirtschaft, während Mehr-Firmen-Absatzhelfer neben ihrer rechtlichen Selbständigkeit meist auch eine entsprechende ökonomische Selbständigkeit besitzen. Ähnliche Erscheinungen sind für Absatzmittler festzustellen, wo etwa derjenige Absatzmittler, der fast nur Produkte eines einzigen Lieferanten vertreibt (z.B. Getränkehandlungen), häufig nicht als ökonomisch selbständig einzustufen ist.

7.2.4. Sonstige Absatzhelfer

Sonstige Absatzhelfer sind alle diejenigen unternehmensexternen Organe, die zwar die Absatzprozesse unterstützen, nicht aber selbst Geschäfte anbahnen, vermitteln oder abschließen. In erster Linie umfaßt die Gruppe der sonstigen Absatzhelfer diejenigen Personen und Institutionen, die unternehmensextern *Funktionen im Bereich der Physischen Distribution* übernehmen, also Spediteure, Lagerhalter, Frachtführer und Reeder. Darüberhinaus unterstützen aber auch Bank-, Versicherungsinstitute und Kommunikationseinrichtungen (z.B. Post) durch ihre spezifischen Leistungen die betriebliche Absatzwirtschaft im nationalen und internationalen Bereich. Letztlich können alle Wirtschaftsbereiche, die dem gesamtwirtschaftlichen Sektor Distribution in funktionaler Sicht zuzurechnen sind und die bisher noch nicht erfaßt wurden, als sonstige Absatzhelfer eingruppiert werden.

7.2.5. Marktveranstaltungen

Die bisher genannten Organe der Absatzwirtschaft sind untereinander zumeist durch eine nur im geringen Maße formal organisierte Kommunikation verbunden. Findet die *Kommunikation* zwischen ihnen dagegen in einem *fest organisierten Rahmen* statt, so spricht man von einer *Marktveranstaltung*. Marktveranstaltungen sind also nach bestimmten Regeln ablaufende, räumlich und zeitlich genau fixierte Treffen der bereits genannten Organe der Absatzwirtschaft sowie von Organen der Beschaffungswirtschaft. Die wichtigsten Marktveranstaltungen sind:

- *Auktion:* Auf Auktionen werden die zum Verkauf anstehenden *Produkte* im Prinzip *körperlich dargeboten* und anschließend verkauft. Die Produkte können anders als bei Mustermessen durchaus einmaliger Natur sein, weshalb auch ihre körperliche Darbietung wünschenswert ist. Auktionen stehen je nach Regelung im Einzelfall entweder jedermann oder auch nur einem sehr beschränkten Kreis offen. Auktionen sind etwa die gerichtsamtlichen Versteigerungen, Kunstversteigerungen und die vielfältigen Versteigerungen von landwirtschaftlichen oder mineralischen Rohstoffen (Cuxhavener Fischversteigerung, Versteigerungen in Großmärkten, Woll-, Tabak-, Viehauktionen, Amsterdamer Diamantenbörse). Die Grenze zwischen Auktion und Börse ist häufig schwer zu ziehen, da beispielsweise viele landwirtschaftliche Produkte standardisierbar sind.

- *Mustermesse*/Messe: Auf Messen werden *Muster* von Produkten gewerblichen Verwendern oder Wiederverkäufern dargeboten, und es werden aufgrund dieser Muster *Geschäftsabschlüsse* getätigt. Gegenstand von Mustermessen sind grundsätzlich nur vermehrbare industrielle und handwerkliche Fertigwaren für den Produktions- und Konsumgüterbereich. Mustermessen finden zumeist regelmäßig an bestimmten Orten statt (Hannover-Messe, Frankfurter Buchmesse etc.).

- *Börse:* Auf ihnen werden die zum Verkauf anstehenden Produkte *ohne Muster* und *ohne körperliche Darbietung* verkauft. Dies setzt eine weitgehende *Standardisierung* der gehandelten Produkte voraus. Solche Standardisierungen sind unmittelbar für *Wertpapiere* gegeben, für *Waren* bedürfen solche Standardisierungen allerdings genauer Festlegungen. Börsen haben regelmäßig sehr *restriktive Zugangsregelungen*, dies schon deshalb, weil aufgrund der Art des Börsengeschäfts zum einen die finanzielle Bonität der an der Börse agierenden Personen zweifelsfrei feststehen muß und zum anderen diese Personen mit den spezifischen Börsenusancen genau vertraut sein müssen. Auf Warenbörsen werden beispielsweise Getreide, Kaffee, Zucker, NE-Metalle und Kautschuk gehandelt.

- *Musterung:* Während bei einer Messe das Angebot grundsätzlich einer anonymen Menge von Unternehmen/Personen unterbreitet wird, wird bei einer Musterung das *Angebot* grundsätzlich *einem beschränkten Kreis von Nachfragern*, die meist Wiederverkäufer sind, gemacht. Besonders verbreitet sind Musterungen im Textilbereich, wo etwa ein Bekleidungsunternehmen bestimmten Handelsunternehmen lange vor Beginn der Saison seine Kollektion vorführt. Aufgrund dieser Musterung können Optionen bzw. Vorbestellungen (teilweise auch feste Bestellungen) abgegeben werden, die dem Anbieter dann auch eine genauere Produktionsplanung ermöglichen.

- *Ausstellung:* Ausstellungen erfolgen grundsätzlich nicht, um konkrete Geschäftsabschlüsse zu tätigen, sondern, um über Produkte zum Zweck der Absatzförderung aufzuklären und zu *informieren.* Ausstellungen sind ihrem Charakter entsprechend grundsätzlich für *jedermann* offen (Internationale Automobil-Ausstellung).

Faßt man die Gesamtheit der Organe der Absatzwirtschaft in einem Schaubild zusammen, so ergibt sich eine Folge von Organen, die am Fluß der Produkte beteiligt sind *(Distributionskette)*:

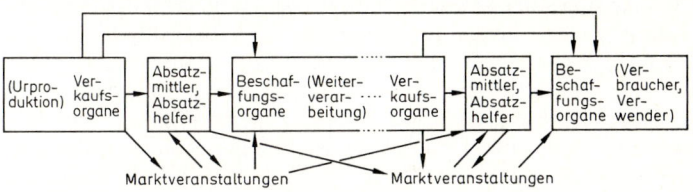

Schaubild 7.7.: Fluß von Produkten in einer Distributionskette

7.3. Entscheidungen über Art und Standort von Letztverkaufsstellen

7.3.1. Absatzbezogene Standortpolitik und Distributionspolitik

Als grundlegendes Ziel der Distributionspolitik war die Herstellung einer *ausreichenden Verfügbarkeit der angebotenen Leistungen* des Unternehmens *im Markt* bezeichnet worden. Die Verfügbarkeit kann nur dann erreicht werden, wenn zum einen entsprechende Letztverkaufsstellen das Produkt führen und wenn zum anderen diese Letztverkaufsstellen mit dem die Leistungen bereitstellenden Unternehmen durch Kommunikations- und Transportwege verbunden sind. Obwohl beide Entscheidungsbereiche auf das engste miteinander verknüpft sind, sollen sie nachfolgend getrennt behandelt werden.

Die *absatzbezogene Standortpolitik* hat die Wahl der Art und der Standorte der Letztverkaufsstellen zum Gegenstand. Als *Letztverkaufsstellen* sind bezüglich der üblichen Produkte des Massenkonsums die Einzelhandelsbetriebe oder vergleichbare Betriebsstätten anzusehen. Als vergleichbare Betriebsstätten sind insbesondere Verkaufsstellen zu bezeichnen, die institutional zwar nicht dem Einzelhandel zuzurechnen sind, die aber ähnliche Funktionen wahrnehmen. Solche Einzelhandelsbetriebe in funktionaler Betrachtung sind etwa Verkaufsniederlassungen von Produktionsunternehmen (z. B. WMF). Als Letztverkaufsstellen im Sinne der Distributionspolitik sind häufig auch Handwerks- oder Montagebetriebe einzustufen; aus der Sicht der Produktionsunternehmen erfüllen Kraftfahrzeugwerkstätten bezüglich des Neuwagengeschäfts Einzelhandelsfunktionen. Letztverkaufsstellen im Sinne der Distributionspolitik sind aber auch Restaurants bzw. Hotels von Restaurant- und Hotelketten, da sie die Leistung einer Unternehmensgruppe an Letztabnehmer vermitteln. Daß in diesem Beispiel an den Letztverkaufsstellen Leistungen angeboten werden, die überwiegend am entsprechenden Standort produzierte Dienstleistungen sind, ändert nicht die grundsätzliche Zielsetzung der entsprechenden Unternehmensgruppe. Ob die einzelnen Betriebe *selbständige Unternehmen* oder *rechtlich unselbständige Betriebsstätten* (bei einigen Hotelgruppen) darstellen, ist dabei nur von nachrangiger Bedeutung. Als Letztverkaufsstellen in diesem Sinne können schließlich noch einzelne Verkäufer mit regional bzw. lokal begrenztem Arbeitsbereich bezeichnet werden, die sogenannte Direktvertriebssysteme (z. B. Avon) ausmachen.

Während man gemeinhin im Konsumgüterbereich die Einzelhandelsstufe als Letztverkaufsstufe betrachten wird, sind dies im Investitionsgüterbereich die dem Abnehmer gegenübertretenden Großhandelsbetriebe oder ähnliche Vertriebseinrichtungen. Letztverkaufsstellen im Investitionsgüterbereich sind demnach etwa Großhandelsbetriebe, die Maschinen verkaufen, oder entsprechende Niederlassungen der Produktionsunternehmen. Mittels all dieser Systeme von Letztverkaufsstellen versuchen Produktionsunternehmen bzw. die analogen Unternehmen des Dienstleistungsbereiches, eine physische Präsenz ihrer Leistungen im Markt zu erreichen, um so die Basis für Umsatztätigkeiten zu schaffen. Das Ziel ist dabei eine angemessene *«Abdeckung des Marktgebietes»*.

Die Abdeckung des Marktes kann auf verschiedene Weise operationalisiert werden. Zwei vor allem für den Bereich des stationären Einzelhandels relevante Ausformungen des vagen Zieles «Marktabdeckung» sind:

$$\frac{\text{Distributionsquote}}{\text{(Distributionsgrad)}} = \frac{\text{Anzahl der Letztverkaufsstellen, die eine } \textit{bestimmte} \text{ Marke des Produktes führen}}{\text{Anzahl der Letztverkaufsstellen, die } \textit{irgendeine} \text{ Marke des Produktes führen}}$$

$$\frac{\text{Distributionsdichte, markenbezogen}}{} = \frac{\text{Anzahl der Letztverkaufsstellen, die in einem Absatzgebiet eine bestimmte Marke des Produktes führen}}{\text{Fläche des Absatzgebietes}}$$

$$\frac{\text{Distributionsdichte, produktbezogen}}{} = \frac{\text{Anzahl der Letztverkaufsstellen, die in einem Absatzgebiet ein bestimmtes Produkt führen}}{\text{Fläche des Absatzgebietes}}$$

Die Distributionsquote bringt dabei den Anteil der Geschäfte, die eine bestimmte Marke führen, an der Gesamtheit der Geschäfte, die diese Marke führen könnten, zum Ausdruck. Ermittelt wird die Distributionsquote im Zusammenhang mit dem Handelspanel. Die Bestimmung der Anzahl derjenigen Geschäfte, die eine bestimmte Marke tatsächlich führen, ist dabei im Vergleich zur Bestimmung der Anzahl der Geschäfte, die diese Marke führen könnten, einfach. Üblicherweise wird als Maximalzahl die Gesamtanzahl der Geschäfte einer bestimmten Branche genommen; eine Distributionsquote von 60% in der Lebensmittelbranche besagt somit, daß 60% aller Lebensmitteleinzelhandelsbetriebe die entsprechende Marke führen. Daß die Abgrenzung der Branche häufig strittig ist, braucht nicht weiter ausgeführt werden.

Die Distributionsquote bringt zum Ausdruck, wie hoch die Wahrscheinlichkeit ist, daß man in den Verkaufsregalen der Einzelhandelsgeschäfte der betreffenden Branche die entsprechende Marke antrifft. Diese Betrachtungsweise macht unmittelbar die Bedeutung der Distributionsquote für die Absatzpolitik deutlich. Geht man davon aus (Extremfall), daß für ein bestimmtes Produkt keinerlei Markenverbundenheit der Abnehmer gegeben ist, so werden die Absatzvolumina der einzelnen Marken dieses Produktes weitgehend durch deren Distributionsquoten bestimmt.

Bisher war insofern eine vereinfachte Betrachtungsweise vorgenommen worden, als alle Letztverkaufsstellen einer bestimmten Branche als mehr oder weniger gleichwertig betrachtet wurden. Daß dies eine grobe Vereinfachung darstellt, ist unmittelbar einsichtig, wenn man etwa folgende Beschreibungsmerkmale der einzelnen Letztverkaufsstellen bedenkt:

- *Betriebsform* der Letztverkaufsstelle (Verbrauchermarkt, Warenhaus, kleines Bedienungsgeschäft, . . .).
- *Lage der Letztverkaufsstelle* nach Region und in Bezug auf ein bestimmtes Siedlungsgebiet (Citylage, Stadtrandlage, . . .).
- *Sortimentsschwerpunkt* der betreffenden Letztverkaufsstelle.

Es ist daher einsichtig, daß für den Absatz hochwertiger Parfüms fast ausschließlich solche innerstädtischen Einzelhandelsgeschäfte, die als Parfümerie- oder Drogeriefachgeschäfte bezeichnet werden können, in Frage kommen. In einer solchen Situation ist nicht mehr die allgemeine Distributionsquote

$$\frac{\text{Anzahl der Letztverkaufsstellen, die die betreffende Marke führen}}{\text{Anzahl der Parfümerie- und Drogerie-Letztverkaufsstellen}},$$

sondern allein die folgende *spezielle Distributionsquote* von absatzpolitischer Relevanz:

$$\frac{\text{Anzahl der innerstädtischen Parfümerie- und Drogeriefachgeschäfte, die die betreffende Marke führen}}{\text{Anzahl aller innerstädtischen Parfümerie- und Drogeriefachgeschäfte}}.$$

Wie die Menge der relevanten Letztverkaufsstellen abzugrenzen ist, ergibt sich – wie obiges Beispiel verdeutlichen sollte – aus Überlegungen zur Abgrenzung des relevanten Marktes des betreffenden Produktes bzw. der jeweiligen Marke des Produktes.

Bei der Entscheidung über die adäquate Höhe der speziellen Distributionsquote ist die Markenverbundenheit bei dem betreffenden Produkt von überragender Bedeutung. Wenn die Markenverbundenheit für eine bestimmte Marke eines Produktes sehr hoch ist, haben «Lücken in der Distribution» nicht dieselben nachteiligen Folgen wie im Falle geringer Markenverbunden-heit. Für die produktbezogene Distributionsdichte ist vor allem die *Bedarfsdichte* (Bedarfsmenge je Zeiteinheit: Fläche) eines Produktes von Bedeutung, wobei die Bedarfsdichte sowohl die Bedarfshäufigkeit als auch die Bedarfsmenge erfaßt. Die mar-kenbezogene Distributionsdichte ist das Produkt aus produkt-bezogener Distributionsdichte und Distributionsquote.

Ein letzter wichtiger Gesichtspunkt im Rahmen der Standortpo-litik bezüglich der Letztverkaufsstellen ist der *innerbetriebliche Standort.* Unter dem innerbetrieblichen Standort versteht man dabei den Angebotsplatz eines bestimmten Produktes bzw. einer bestimmten Marke eines Produktes innerhalb eines Geschäftslo-kals; alternative Standorte sind dabei etwa: «an der Kasse», «am Eingang», «in einem Verkaufsregal» oder «in einer Zweitplazie-rung». Die Wahl des innerbetrieblichen Standortes ist für die Ab-satzpolitik des Produktionsunternehmens insofern bedeutsam, als die Wahrscheinlichkeit, daß eine entsprechende Marke ge-kauft wird, auch von dem innerbetrieblichen Standort abhängt. Standorte, die eine sehr große Aufmerksamkeit auf sich ziehen (Schütten, Kassennähe, Regalfläche in Augenhöhe), bieten naturgemäß höhere Verkaufschancen. Die Folge dieser Standort-unterschiede ist der *«Kampf um den Regalplatz»,* d. h. der Wettbe-werb von Produktionsunternehmen um die besten Standorte in den Einzelhandelsgeschäften. Dieser Kampf um den Regalplatz wird mittels Vergünstigungen vielerlei Art geführt, die die Pro-duktions- den Handelsunternehmen anbieten (z. B. Rabatte, Regalpflege, Sonderaktionen, Werbekostenzuschüsse). Gegen-stand des «Kampfes um den Regalplatz» ist neben dem Standort des Angebots auch die zur Verfügung gestellte Fläche (z. B. 1-, 2-, 3-Packungsbreiten).

Die bisherigen Ausführungen zur Standortpolitik der Produk-tionsunternehmen sollen nicht den Eindruck erwecken, als ob die Produktionsunternehmen hinsichtlich der Standortpolitik gewissermaßen über Handelsunternehmen «verfügen» können. Die Realität besteht zumeist darin, daß Produktionsunterneh-men hinsichtlich ihrer absatzbezogenen Standortpolitik Zielvor-stellungen auf der Basis oben dargestellter Grundsätze erarbeiten und diese Grundsätze dann in Abstimmung mit den Unterneh-men der Einzelhandelsstufe zu realisieren versuchen. Aufgrund der starken Stellung der Handelsunternehmen in Märkten mit überwiegendem Käufermarkt-Charakter ist es allerdings häufig so, daß Produktionsunternehmen ihre Zielvorstellungen nur teilweise zu realisieren vermögen bzw. diese sogar den *Zielvorstellungen der Handelsunternehmen* unterordnen müssen.

7.3.2. Das Grundschema der Standortbewertung

Vor allem dann, wenn neue Standorte für Letztverkaufsstellen gesucht werden und mehrere Alternativen zur Wahl stehen, entsteht regelmäßig das Problem einer Standortbeurteilung hinsichtlich der damit verbundenen Umsatz- und Gewinnmöglichkeiten. Eine ähnliche Situation ist dann gegeben, wenn es gilt zu überprüfen, ob das *Umsatz- bzw. Absatzvolumen* an einem *bestimmten Standort* vergleichsweise hoch bzw. niedrig ist. Solche Standortbewertungen werden sowohl von Unternehmen vorgenommen, die an einem der betreffenden Standorte eine eigene Betriebsstätte zu eröffnen gedenken (Filialunternehmen des Handels und der Industrie), als auch von Unternehmen, die sich vor die Frage gestellt sehen, an welchem von bereits bestehenden Standorten ihre Marke angeboten werden soll, sofern sie nicht das Angebot an allen möglichen Standorten vorziehen. Eine solche Standortentscheidung steht bei Produktionsunternehmen etwa dann an, wenn sie einem von mehreren Handelsbetriebsstätten exklusive Vertriebsrechte einräumen wollen.

Da sich der dem Standort zurechenbare Gewinn bzw. Deckungsbeitrag als Differenz zwischen den Umsatzerlösen und den Kosten ergibt, ist die in diesem Zusammenhang sinnvollerweise zunächst zu behandelnde Frage die, ob die *Umsatzerlöse standortabhängig* sind. Sind die Umsatzerlöse standortunabhängig, was in der Regel beispielsweise für Großhandelsbetriebe gilt, so kann statt des Gewinnkalküls das einfachere Kostenkalkül der Standortbewertung zugrundegelegt werden. Bei Kostenkalkülen sind beispielsweise folgende *Kostenbestandteile* zu berücksichtigen: Standortbezogene Investitionskosten, Unterhaltskosten und steuerbedingte Einnahmedifferenzen (z. B. Schwerpunktgebietsförderungen im Rahmen der Gemeinschaftsaufgaben von Bund und Ländern). Neben Kostengesichtspunkten sind häufig auch *technische Nebenbedingungen* für die Bewertung von Standorten entscheidend; einige Beispiele hierfür sind: Verkehrsmäßige Anbindung, Parkmöglichkeiten, Umweltschutzbestimmungen, baurechtliche Vorschriften.

Standortbezogene Umsatzerlöse hängen von vielerlei Faktoren ab. Legt man den folgenden Überlegungen etwa ein Lebensmitteleinzelhandelsgeschäft zugrunde, so ist einsichtig, daß die Umsatzerlöse von folgenden Größen abhängig sind:

- *Anzahl der Haushalte* im Einzugsbereich des Standortes.
- *Art der Haushalte* im Einzugsbereich des Standortes (soziode-mographische Merkmale, v.a. Haushaltsgröße und Kinder-zahl).
- *Kaufvolumen* der verschiedenen Haushalte im Hinblick auf die relevanten Produkte.
- *Wahrscheinlichkeit,* daß die Haushalte *an dem bestimmten Standort* die relevanten Produkte erwerben.

Üblicherweise geht man davon aus, daß die Wahrscheinlichkeit des Kaufs der relevanten Produkte an einem bestimmten Standort vor allem von der Entfernung zwischen den Haushalten und dem Standort abhängig ist. Man unterteilt daher das gesamte Einzugsgebiet eines Standorts in verschiedene Zonen und unterstellt dabei oft, daß es in jeder Zone nur einen einheitlichen Haushaltstyp gibt (gleiches Konsumverhalten). Die standortbezogene Kaufwahrscheinlichkeit hängt meist nicht primär von der Entfernung in Metern bzw. Kilometern, sondern von der *Entfernung in Zeiteinheiten* ab. Man bildet also für jeden alternativen Standort Entfernungszonen etwa folgender Art:

Entfernungszone l für Standort i	Reichweite der Entfernungszone l für Standort i	Wahrscheinlichkeit w_{il}, daß ein Haushalt der Entfernungszone l am Standort i die relevanten Produkte erwirbt
A	bis 5 Minuten	$w_{iA} = 0{,}60$
B	5 bis 10 Minuten	$w_{iB} = 0{,}15$
C	10 bis 30 Minuten	$w_{iC} = 0{,}05$
D	über 30 Minuten	$w_{iD} = 0{,}00$

Schaubild 7.8.: Bildung von Entfernungszonen eines bestimmten Standorts

Für die Ermittlung der Entfernung nach Zeiteinheiten wird dabei dasjenige Transportmittel zugrunde gelegt, das üblicherweise verwandt wird. Die Entfernungszonen werden zwar primär nach Zeiteinheiten abgegrenzt, doch dürfen dabei gewisse sonstige örtliche Gegebenheiten nicht außer acht gelassen werden. So werden Verkehrs- und Passantenströme insbesondere durch große Straßen und Bahnkörper oft stark umgelenkt, was zur Folge haben kann, daß Standorte in geringer zeitlicher Entfernung nicht aufgesucht werden. Eine Folge solcher örtlicher

Gegebenheiten ist, daß die realen Entfernungszonen nicht mittels konzentrischer Kreise um den Standort, sondern zumeist nur mittels sehr unregelmäßiger Gebilde beschrieben werden können. Sind die Einzugsgebiete exakt abgegrenzt und auch auf einer Karte sichtbar gemacht, sind die Zahl der Haushalte je Entfernungszone (n_l) und das zu erwartende Kaufvolumen im Hinblick auf die relevanten Produkte (y_l^*) abzuschätzen. Das Kaufvolumen stellt dabei nicht das an dem bestimmten Standort voraussichtlich realisierbare Einkaufsvolumen, sondern das an allen Standorten (bei allen Geschäften) realisierbare Einkaufsvolumen dar. Es ergibt sich dann eine Aufstellung folgender Art:

Entfernungszone l für Standort i	Anzahl der Haushalte der Entfernungszone (n_l)	Kaufvolumen eines Haushalts der Entfernungszone l hinsichtlich der relevanten Produkte (in Geldeinheiten; y_l^*)
A	$n_A = 3700$	$y_A^* = 30$
B	$n_B = 4600$	$y_B^* = 26$
C	$n_C = 9000$	$y_C^* = 15$
D	$n_D = 72000$	$y_D^* = 22$

Schaubild 7.9.: Daten für die Berechnung des standortbezogenen Kaufvolumens

Für das Kaufvolumen aller Haushalte einer Entfernungszone gilt dann:

$$y_l = n_l \, y_l^* .$$

Das standortbezogene Kaufvolumen aller Haushalte einer Entfernungszone resultiert dann aus

$$E(y_{il}) = n_l \left(y_l^* \, w_{il} + 0 \cdot (1 - w_{il}) \right) = n_l \, y_l^* \, w_{il} .$$

Für das standortbezogene Kaufvolumen aller Haushalte im Einzugsbereich des Standorts i, der alle Entfernungszonen umfaßt, ergibt sich somit:

$$E(Y_i) = \sum_l n_l \, y_l^* \, w_{il} .$$

Für obiges Zahlenbeispiel gilt: $E(Y_i) = 91290$ GE.

Die obige Vorgehensweise einer Schätzung des standortbezogenen Kaufvolumens stellt nur die Grundform der Standortbewertung dar, die in vielfacher Weise erweitert oder modifiziert werden kann. So ist es beispielsweise häufig nicht sinnvoll, davon auszugehen, daß es in jeder Entfernungszone nur Haushalte eines Typs gibt, da unterschiedliche Haushaltsformen mit verschiedenen Kaufvolumina und Wahrscheinlichkeiten beobachtet werden können. Bezeichnet man etwa mit n_{jl} die Anzahl der Haushalte vom Typ j der Entfernungszone l, mit w_{jil} deren Kaufwahrscheinlichkeit und mit y_{jl}^* deren Kaufvolumen, so ergibt sich folgende erweiterte Schätzformel:

$$E(Y_i) = \sum_l \sum_j n_{jl}\, y_{jl}^*\, w_{jil}\,.$$

Weitere Modifikationen sind im Einzelfall möglich. Häufig wird beispielsweise statt der Anzahl der Haushalte die Anzahl der *Passanten eines Standorts* als Basis der Schätzung herangezogen.

7.4. Entscheidungen über den Marktkanal

Unter Marktkanal ist derjenige Teil des betrieblichen Distributionssystems zu verstehen, dessen Aufgabe darin besteht, den Fluß der personenbezogenen Informationen und Finanzmitteln zwischen dem Produktionsunternehmen und den Letztverkaufsstellen zu bewerkstelligen. Der Marktkanal soll sicherstellen, daß die Letztverkaufsstellen die rechtliche Verfügungsmacht über die abzusetzenden Leistungen erlangen. Dies geschieht, sofern der Produktionsbetrieb und die Letztverkaufsstellen unterschiedlichen Unternehmen angehören, mittels Kauf- und Mietverträgen, im anderen Fall mittels einfacher innerbetrieblicher Aufträge und Anweisungen. Der Marktkanal kann hinsichtlich seiner Aufbau- und Ablaufsstruktur anhand folgender drei Merkmale charakterisiert werden:

- *Anzahl und Art der Stufen* der Zwischenverkaufsorgane.
- *Anzahl der Zwischenverkaufsorgane* auf jeder Stufe.
- *Art der Zusammenarbeit* zwischen den einzelnen Elementen des Marktkanals.

Die hinsichtlich aller drei Merkmale zu treffenden Entscheidungen werden anschließend erörtert. Diese Entscheidungen im Bereich der Marktkanalpolitik sind nicht isoliert von Entscheidungen der absatzbezogenen Standortpolitik zu sehen, vielmehr kommt ihnen primär eine unterstützende Funktion für die Erfüllung der Ziele der Standortpolitik zu. Spezifische Marktkanalziele sollen daher hier nicht formuliert werden.

7.4.1. Entscheidungen über die Länge und Art des Marktkanals

Entscheidungen über die Länge des Marktkanals waren lange Zeit die einzigen Entscheidungstatbestände im Bereich der betrieblichen Distributionspolitik, die einer detaillierteren Analyse unterzogen wurden. Die in diesem Zusammenhang formulierten Entscheidungsalternativen werden oft wie folgt gesehen:

- Hersteller-Konsument.
- Hersteller-Einzelhandel-Konsument.
- Hersteller-Großhandel-Einzelhandel-Konsument.

Diese Art der Beschreibung der Länge und der Art des Marktkanals[3] hebt allein auf diejenige Wirtschaftseinheiten ab, die das *juristische Eigentum* (§ 903 BGB) an den gehandelten Produkten erlangen. Eine solche Betrachtungsweise erscheint angesichts der Tatsache, daß die Übertragung des Eigentums für die Erfüllung der Handelsfunktion kaum bedeutsam ist, wenig geeignet. Stattdessen soll der Marktkanal als die Gesamtheit der außerhalb des Produktionsbetriebes tätigen selbständigen und unselbständigen Organisationseinheiten bezeichnet werden, die die akquisitorische Distribution betreiben. Im einzelnen können dies sein: Handelsunternehmen, Kommissionäre, Handelsvertreter, Reisende, Fabrikfilialen, Niederlassungen oder Betriebe eines Franchisesystems (vgl. Abschnitt 7.4.3.), mithin die Summe der eine Marke führenden Absatzmittler und der betriebsexternen, aber unternehmensinternen Organe der Absatzwirtschaft und der akquisitorisch tätigen Absatzhelfer. Wie differenziert das Marktkanalsystem eines Produkts ausgeprägt sein kann, soll am Beispiel des Marktkanals für Wein verdeutlicht werden, wobei hier ein Unterschied zwischen weinausbauenden Betrieben und nicht-weinausbauenden Betrieben gemacht wird (häufig sind Betriebe nur teilausbauende Betriebe; Schaubild 7.10.). Bedenkt man die Fülle der Entscheidungsalternativen im Bereich des Marktkanals, so ist unmittelbar klar, daß eine fast unübersehbare Anzahl von Entscheidungssituationen identifiziert werden kann, die noch dazu wenig klar strukturiert sind. Beispielhaft sollen daher nachfolgend allein Entscheidungen über die Länge des Marktkanals in vereinfachter Form und

---

[3] Ehedem verwandte man zumeist den Begriff «Absatzweg», bei dem allerdings nicht zwischen Marktkanal und Physischer Distribution unterschieden wird.

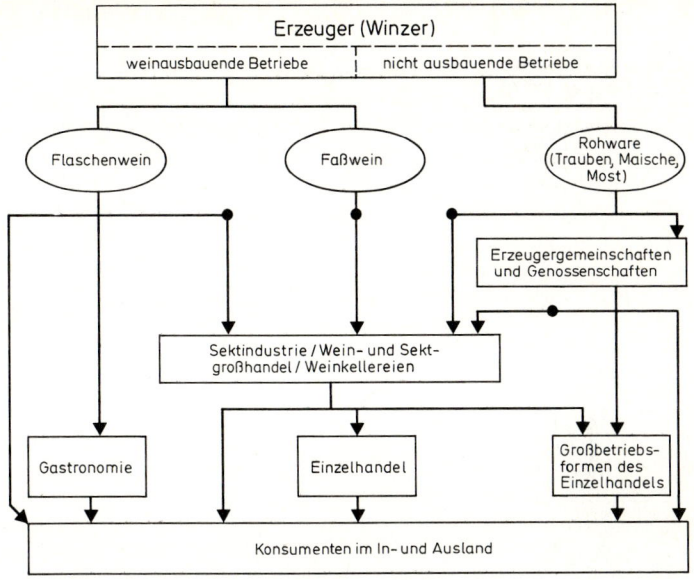

Erzeuger (Winzer)

weinausbauende Betriebe | nicht ausbauende Betriebe

Flaschenwein　　Faßwein　　Rohware (Trauben, Maische, Most)

Erzeugergemeinschaften und Genossenschaften

Sektindustrie / Wein- und Sekt-großhandel / Weinkellereien

Gastronomie　　Einzelhandel　　Großbetriebs-formen des Einzelhandels

Konsumenten im In- und Ausland

● = häufig unter Einschaltung von Kommissionären

Quelle: Müller-Hagedorn, L.: Orientierungsfeld Absatz und Handel, Arbeitsunterlagen der Fernuniversität Hagen, Hagen 1977, S. 32.

Schaubild 7.10: Marktkanalsystem für Wein (Beispiel)

bezüglich zweier alternativer Marktkanalarten (Reisender/Vertreter) diskutiert werden.

Häufig wird im Zusammenhang mit Marktkanalsystemen von *«direktem»* und *«indirektem»* Absatz gesprochen. Dieses Begriffspaar hebt darauf ab, ob gewisse Handelsstufen Elemente des Marktkanalsystems sind oder nicht. Indirekter Absatz heißt dabei, daß Handelsunternehmen in den Marktkanal eingeschaltet sind, direkter dagegen, daß bestimmte Handelsstufen nicht im Marktkanal eingeschaltet sind. Was dabei unter bestimmten Handelsstufen zu verstehen ist, ist *branchenspezifisch* zu bestimmen. So wird unter Direktabsatz zum Teil verstanden, daß unter Umgehung jeglichen Handels vom Produktionsunternehmen an den Konsumenten verkauft wird (z. B. Textilien, Avon), zum Teil aber auch, daß nur unter Umgehung des Großhandels über den Einzelhandel abgesetzt wird (z. B. über Großbetriebe des Einzelhandels). Im Kern geht es bei der Wahl zwischen direktem und indirektem Absatz um die Frage, ob *ein kurzer Marktkanal oder ein langer Marktkanal* als vorteilhaft anzusehen ist.

Mit einem *kurzen Marktkanal* sind zumeist folgende *Vorteile* für ein Produktionsunternehmen verknüpft:

- Es besitzt einen *intensiveren Kontakt mit* den *Letztverbrauchern*, der für alle Informationen für und über den Markt genutzt werden kann.
- Es ist aufgrund der wenigen Handelsstufen *in geringerem Maße von den Handelsbetrieben insgesamt abhängig* (Argument äußerst fragwürdig!).

Mit relativ langen Marktkanälen werden dagegen zumeist folgende Vorteile verknüpft:

- Es sind *höhere Distributionsquoten* bzw. Distributionsdichten erreichbar.
- Die *Kapitalbindung* ist *geringer.*
- Es bedarf keines eigenen Angebots eines bedarfsorientierten Sortiments, da der mehrstufige Handelsbereich die *Sortimentsbildungsfunktion* übernimmt.
- Die *Informationsleistung* des Marktkanals für das Produktionsunternehmen umfaßt mehrere Bereiche (da mehr Betriebe beteiligt).

Das vielfach geäußerte Argument, daß der direkte Absatz auf jeden Fall billiger sei, hält auch einer oberflächlichen Analyse nicht stand, da zwar der Handel institutional beim direkten Absatz (teilweise) entfällt, nicht aber dessen Funktionen. Trotzdem wird dieses Argument von Befürwortern eines Direktabsatzsystems immer wieder herausgestellt.

Einige Gesichtspunkte, die eine Entscheidung über die Lage des Marktkanals beeinflussen, sind:

- *Produktspezifische Faktoren*[4]:
  - • Technisch komplizierte und beratungsbedürftige Produkte erfordern meist einen kurzen Marktkanal, da anderenfalls ein Großteil der dem Letztkäufer zu übermittelnden Information verlorengeht bzw. verzerrt wird.
  - • Schnell verderbliche Produkte erfordern «schnelle»

---

[4] Es werden in diesem Zusammenhang häufig Argumente bezüglich des Marktkanals und solche bezüglich der Physischen Distribution vermengt. Volumen und Gewicht der Produkte beeinflussen kaum die Länge des Marktkanals, wohl aber die des Physischen Distributionssystems, da es bei ihnen meist relativ teuer ist, Zwischenläger einzurichten und Umladevorgänge vorzunehmen.

Marktkanäle, was oft nur durch kurze Marktkanäle gewährleistet werden kann.

- • Vergleichsweise wertvolle Produkte erlauben es eher, einen relativ kurzen Marktkanal zu unterhalten, als relativ wertlose Produkte, da im Falle billiger Produkte die Kostenbelastung je Stück bei direkten Marktkanälen höher ist als bei indirekten Marktkanälen.

- *Nachfragespezifische Faktoren:*
  - • Kurze Marktkanäle sind nur dann sinnvoll, wenn eine relativ hohe Bedarfsintensität im Absatzgebiet herrscht, da andernfalls der Unterhalt des Marktkanalsystems zu teuer ist.
  - • Kurze Marktkanäle setzen eine bestimmte Bekanntheit des Produzenten voraus, da anderenfalls dessen Abnehmer (Konsumenten und gegebenenfalls Einzelhandelsunternehmen) nicht bereit sind, mit dem Produzenten in Verbindung zu treten.

- *Produktionsunternehmensspezifische Faktoren:*
  - • Kurze Marktkanäle erfordern einen größeren Vertriebsapparat im Betrieb selbst und im Markt sowie – damit verbunden – eine höhere Finanzkraft des Produktionsunternehmens.
  - • Kurze Marktkanäle setzen zumeist ein breites Sortiment des Produktionsunternehmens voraus, da der kurze Marktkanal nur eingeschränkt die Sortimentsbildungsfunktion des Handels erfüllt.

Entscheidend für die Wahl des Marktkanalsystems ist aber vor allem die Beantwortung der Frage, welche Bedeutung das Produktionsunternehmen der größeren Marktpräsenz im Falle eines direkten Absatzsystems zumißt. Die skizzierten Faktoren veranschaulichen deutlich, warum vor allem in den Fällen, in denen eine geringe *Bedarfsdichte* besteht, das Produkt *relativ billig* ist und *kapitalstarke Produktionsunternehmen* fehlen, lange Marktkanäle vorherrschen. Der im Konsumgüterbereich ohne Zweifel weniger häufige andere Extremfall fördert entsprechend stark das Entstehen von relativ kurzen Marktkanälen.

Ein vielfach diskutierter Fall einer Entscheidung zwischen *alternativen Arten von Marktkanalsystemen* ist die Entscheidung zwischen einem Marktkanalsystem mit Handelsvertretern und einem mit Reisenden. Reisende sind weisungsgebunden, vertreiben nur Produkte einer Unternehmung, und das Entgelt für ihre Leistung besteht zum größten Teil aus einem Festgehalt (hinzu kommen ab einer bestimmten Absatz-/Umsatzhöhe in der Regel Prämien). Vertreter sind demgegenüber selbständige Gewerbetreibende, damit nur bedingt steuerbar; sie vertreiben zumeist Produkte mehrerer Unternehmen und werden prinzipiell mittels Provision entlohnt. Bedenkt man allein die Kosten eines Absatzes über Vertreter und über Reisende, so kann das Entscheidungsproblem wie in Schaubild 7.11. dargestellt skizziert werden.

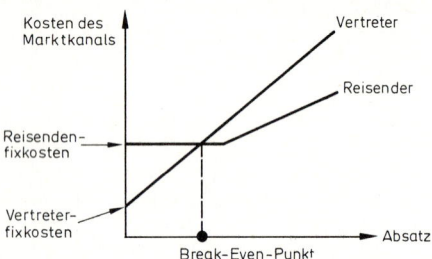

Schaubild 7.11.: Kosten beim Einsatz von Reisenden und Vertretern

Wie das Schaubild unmittelbar deutlich macht, existiert in den meisten Fällen eine Absatzmenge, bei der die Kosten eines Systems aus Reisenden denen eines Systems aus Vertretern genau entsprechen. Steigt der Absatz über diesen *Break-Even-Punkt* an, so ist das Reisendensystem im Vergleich mit dem Vertretersystem günstiger. Das Schaubild verdeutlicht zudem, daß bei einem Reisendensystem die Kosten des Marktkanals vor allem aus Fixkosten bestehen, bei einem Vertretersystem dagegen vor allem aus variablen Kosten (Abwälzung eines Teils des Risikos auf Vertreter). Ein solches Kostenkalkül ist nur dann als Entscheidungshilfe sinnvoll, wenn insbesondere folgende Annahmen zutreffen:

• Reisende und Vertreter sind hinsichtlich der Erlösträchtigkeit gleich zu beurteilen.
• Die Möglichkeit der Marktbeeinflussung in langfristiger Sicht ist von der Entscheidung zwischen Vertreter und Reisenden unabhängig.
• Reisende und Vertreter sind in gleichem Maße geeignet, Informationen über den Markt einzuholen.

Meist sind diese Annahmen nicht erfüllt, haben doch beide Formen des Marktkanals jeweils spezifische Vor- und Nachteile.

In der Regel werden jeweils einige Vor- und Nachteile im konkreten Fall so gravierend sein, daß sich bereits aufgrund dieser qualitativen Kriterien eine eindeutige Präferenz für eine der beiden Alternativen ergibt (Schaubild 7.12.).

Reisende		Handelsvertreter	
Vorteile	Nachteile	Vorteile	Nachteile
Identifikation mit den Produkten und dem Unternehmen	begrenzte Besuchshäufigkeit	große Besuchshäufigkeit bei breitem Sortiment	Betreuung mehrerer Firmen
direkter Repräsentant des Unternehmens	hohe fixe Kosten	fehlende fixe Kosten	
gute Rückinformation möglich	Kontaktschwierigkeiten bei zentraler Organisation	flexible Sortimentspolitik gute Möglichkeit zur Einführung neuer Produkte	kein direkter Kontakt des vertretenen Unternehmens mit dem Kunden
enge Bindung von Kunden bei dezentralem Standort z. B. bei Stadtbüros		rasche Lieferbereitschaft bei Auslieferungslager oder Mitführen der Ware	Risiko des Kundenverlustes bei Ausscheiden
strikte Weisungsgebundenheit		günstige Erledigung von Reklamationen wegen der Neutralität	mögliche Vernachlässigung des vertretenen Unternehmens
gute Kontrollierbarkeit			Recht auf Abfindung

Quelle: Tietz, B.: Marketing, Tübingen/Düsseldorf 1978, S. 297.

Schaubild 7.12.: Ausgewählte Vor- und Nachteile von Marktkanalsystemen mit Reisenden bzw. Vertretern

7.4.2. Entscheidungen über die Anzahl der Elemente jeder Stufe des Marktkanals

Ist die Anzahl der Stufen des Marktkanals festgelegt, bedarf es häufig gesonderter Überlegungen über die Anzahl der Elemente, die auf jeder Stufe des Marktkanals sinnvoll sind. In vielen Fällen ergibt sich die Lösung dieses Entscheidungsproblems gewissermaßen von selbst, da mit der Entscheidung über die Anzahl und Art der Letztverkaufsstellen und die Länge des Marktkanals das

Ergebnis der Entscheidung über die Anzahl der Elemente auf allen Zwischenverkaufsstufen vorbestimmt ist.

Über die Anzahl der Elemente auf einer Stufe des Marktkanals ist aber insbesondere immer dann explizit eine Entscheidung zu treffen, wenn etwa die entsprechende Stufe aus Reisenden oder Vertretern besteht. In diesem Fall sind Überlegungen darüber anzustellen, *wieviele Reisende bzw. Vertreter in das Marktkanalsystem* einzubauen sind. Einen relativ globalen Zusammenhang zwischen der Anzahl der Reisenden bzw. den Kosten der Reisenden für ein Produkt (C_s) und den infolge des Reisendeneinsatzes zu erwartenden Absatzmengen (y_s) gibt Schaubild 7.13. wieder.

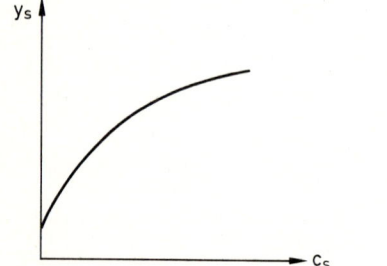

$$y_s = \beta_0 + \beta_1 \, C_s^{\beta_2}$$
$$\beta_0, \beta_1, \beta_2 \in R^+$$
$$\beta_2 < 1{,}0$$

Schaubild 7.13.: Wirkungsfunktion für den Reisendeneinsatz

Bei der in Schaubild 7.13. skizzierten Reaktionsfunktion unterstellt man, daß auch ohne Reisendeneinsatz ein bestimmter Absatz (β_0) erzielt wird und daß mit zunehmendem Reisendeneinsatz die Absatzwirkung des Reisendeneinsatzes nachläßt. Für die Grenzwirkung und die Elastizität des Reisendeneinsatzes gilt:

$$\frac{\delta y_s}{\delta C_s} = \beta_1 \, \beta_2 C_s^{\beta_2 - 1}$$

$$\frac{\delta^2 y_s}{(\delta C_s)^2} = \beta_1 \beta_2 \, (\beta_2 - 1) \, C_s^{\beta_2 - 2}$$

$$\varepsilon_{C_s/y_s} := \lim_{\Delta C_s \to 0} \frac{\dfrac{\Delta y_s}{y_s}}{\dfrac{\Delta C_s}{C_s}} = \frac{y_s'}{y_s} \, C_s = \frac{\beta_1 \beta_2 C_s^{\beta_2}}{\beta_0 + \beta_1 C_s^{\beta_2}}$$

Da $0 < \beta_2 < 1{,}0$, ist die Grenzwirkung abnehmend und die Elastizität kleiner als 1,0. Auf der Basis dieser Wirkungsfunktion des

Reisendeneinsatzes können unschwer Optimierungskalküle aufgebaut werden; so gilt für die Kostenfunktion $K_s = F_s + k_s y_s + C_s$ und obige Absatzfunktion:

$$D_s = y_s\, p_s - K_s$$
$$D_s = (p_s - k_s)(\beta_0 + \beta_1 C_s^{\beta_2}) - C_s - F_s$$
$$\frac{\delta D_s}{\delta C_s} = (p_s - k_s)\, \beta_1\, \beta_2 C_s^{\beta_2 - 1} - 1$$

Setzt man diese Gleichung gleich Null, so folgt daraus für das deckungsbeitragsmaximale Budget für Reisende:

$$C_s^* = \sqrt[\beta_2 - 1]{\frac{1}{(p_s - k_s)\, \beta_1 \beta_2}}$$

7.4.3. Entscheidungen über die Art der Zusammenarbeit im Marktkanal

Die in den beiden vorangegangenen Abschnitten erörterten Entscheidungen betrafen Gesichtspunkte der Aufbaustruktur des Marktkanalsystems, in diesem Abschnitt sind Entscheidungen über die *Struktur der Abläufe im Marktkanalsystem* näher zu beleuchten. Zugleich ist dabei nochmals genauer die Frage zu diskutieren, inwieweit Produktionsunternehmen überhaupt in der Lage sind, ein Marktkanalsystem mit vielen rechtlich unabhängigen Organisationseinheiten zu steuern.

Zwischen den einzelnen Stufen eines Marktkanalsystems, insbesondere zwischen den Produktionsunternehmen und den Einzelhandelsunternehmen können grundsätzlich folgende drei *Formen einer Machtbeziehung* bestehen:

- Die *dominierende Stufe* des Marktkanals ist die *Produktionsstufe*. Diese Situation tritt besonders häufig in Verkäufermarktsituationen auf und insbesondere dann, wenn die Handelsstufe in viele relativ kleine Betriebe bzw. Unternehmen aufgesplittert ist. Im Lebensmittelbereich war diese Situation bis Anfang der 60er Jahre zutreffend; es wurde das Wort vom *Handel als dem «Erfüllungsgehilfen der Produktionsunternehmen»* geprägt. Die Produktionsunternehmen konnten zu dieser Zeit ohne Absprache mit dem Handel neue Produkte in den Handel einführen, Preise binden etc.
- Die *dominierende Stufe* des Marktkanals ist die *Handelsstufe*. Diese Situation ist in Käufermarktsituationen häufig dann

gegeben, wenn die Handelsstufe in großen Filialsystemen bzw. starken kooperativen Gruppen zusammengeschlossen ist. Der «Besitz des Marktes» und die Beherrschung des knappen Gutes «Regalplatz» geben den Handelsunternehmen eine vergleichsweise starke Stellung. Das für diese Situation geprägte Schlagwort ist das von der *«Nachfragemacht des Handels»*, die nach Meinung vieler derzeit im Lebensmittelbereich gegeben ist.

- *Keine* der beiden Stufen, weder Produktions- noch Handelsunternehmen, besitzt einen *eindeutigen Machtvorsprung;* es herrscht gewissermaßen ein Machtgleichgewicht im Marktkanal. Grundsätzlich sind in diesem Falle zwei Strategien möglich, zum einen die *Konfrontationsstrategie* und zum anderen die *kooperative Strategie* des Vertikalen Marketing.

Vertikales Marketing bedeutet dabei, daß beide Stufen eine jeweils eigenständige Absatzpolitik betreiben, wobei die Absatzpolitik des Produktionsunternehmens vor allem auf einzelne Produkte und die Absatzpolitik der Handelsunternehmen primär auf das Sortiment insgesamt und die parallel angebotenen Dienstleistungen ausgerichtet ist. Die Eigenständigkeit der absatzpolitischen Strategien verhindert allerdings nicht, daß in mancherlei Form eine *Zusammenarbeit zum gegenseitigen Vorteil* geschieht. Die Abstimmung der beiden Absatzpolitiken kann dabei im Bereich der Kommunikationspolitik durch gemeinschaftliche Werbeaktionen oder auch durch zeitlich abgestimmte Werbepläne erfolgen. Vertikales Marketing ist zum Beispiel bei der Packungsgestaltung möglich, etwa dadurch, daß Packungen derart gestaltet werden, daß sie auch Bedürfnissen der Handelsunternehmen hinsichtlich Lagerung und Transport entsprechen.

Im Rahmen des vertikalen Marketing hat man angesichts der starken Stellung einzelner Handelsunternehmen häufig drei Zielgruppen der Absatzpolitik zu unterscheiden:

- Verbraucher: Er entscheidet letztlich über den Erfolg des Produktes; um sein Vertrauen zu gewinnen, sind Produktqualität, Markenwerbung und andere präferenzbildende Maßnahmen auf den Verbraucher auszurichten («Konsumenten-Marketing»).
- Handelsunternehmen: Der Handelsbereich entscheidet zumindest kurzfristig über den Zugang der Produktionsunternehmen zum Markt; um diese Unternehmen positiv zu stimmen, sind auf sie abgestimmte Kommunikations-

und Aktionsstrategien zu entwickeln («Handels-Marketing»).

- Top-Handelsunternehmen: Angesichts der Konzentration im Handel entscheiden wenige Unternehmen über einen großen Teil des Marktes; diese Unternehmen verlangen eine besondere Behandlung, die ihnen in der Regel auch unter dem Schlagwort «Großkunden-Management» gewährt wird, im wesentlichen stehen dabei aufeinander abgestimmte Aktionen im Mittelpunkt («Kunden-Marketing»).

Das Zusammenwirken der diversen Marketingstrategien wird in Schaubild 7.14. verdeutlicht.

Während beim Vertikalen Marketing eine Abstimmung der Absatzpolitiken vorwiegend fallweise geschieht, bestehen bei den sogenannten *vertikalen Abnehmerbindungen vertragliche Normen*, die allen Beteiligten bestimmte Rechte und Pflichten vorgeben. Solche vertikalen Abnehmerbindungen wurden in der jüngeren Vergangenheit vor allem von Produktionsunternehmen initiiert, die bestrebt waren, mittels dieses Instruments die Vorteile eines unternehmenseigenen, relativ einfachen Marktkanalsystems (gute Kontrolle der Marktaktivitäten) mit denen eines unternehmensfremden, relativ komplexen Marktkanalsystems (geringerer Kapitalbedarf, aufgrund der Selbständigkeit im Zweifel höhere Motivation der Manager-Eigentümer) zu verbinden.

Die vielfältigen Abnehmerbindungen lassen sich grob danach unterscheiden, ob sie nur einzelne Funktionen der gebundenen Unternehmen betreffen oder ob sie die Unternehmen insgesamt erfassen. Häufig getroffene Vereinbarungen bezüglich *einzelner Funktionen* sind etwa folgende:

- Vereinbarungen über *Gebietsschutz*: In diesem Zusammenhang wird häufig vereinbart, daß Handelsbetriebe in einem bestimmten Gebiet alleine die Marken des jeweiligen Herstellers vertreiben dürfen; dafür ist es ihnen nicht erlaubt, konkurrierende Marken zu führen. In manchen Fällen wird bei solchen *Exklusivverträgen* auch eine Mindestabsatzmenge vereinbart. Beispiele hierfür sind viele Salamander-Schuhgeschäfte (nicht: Salamander-Fabrikfilialen!).

- Vereinbarungen über die *Sortimentsgestaltung*: Bisweilen wird etwa von Brauereien mit Gastwirtschaften vereinbart, daß nur bestimmte alkoholfreie Getränke oder andere Biere zum Ausschank kommen dürfen. Diese Vereinbarungen sind wichtige Bestandteile der Bierlieferverträge.

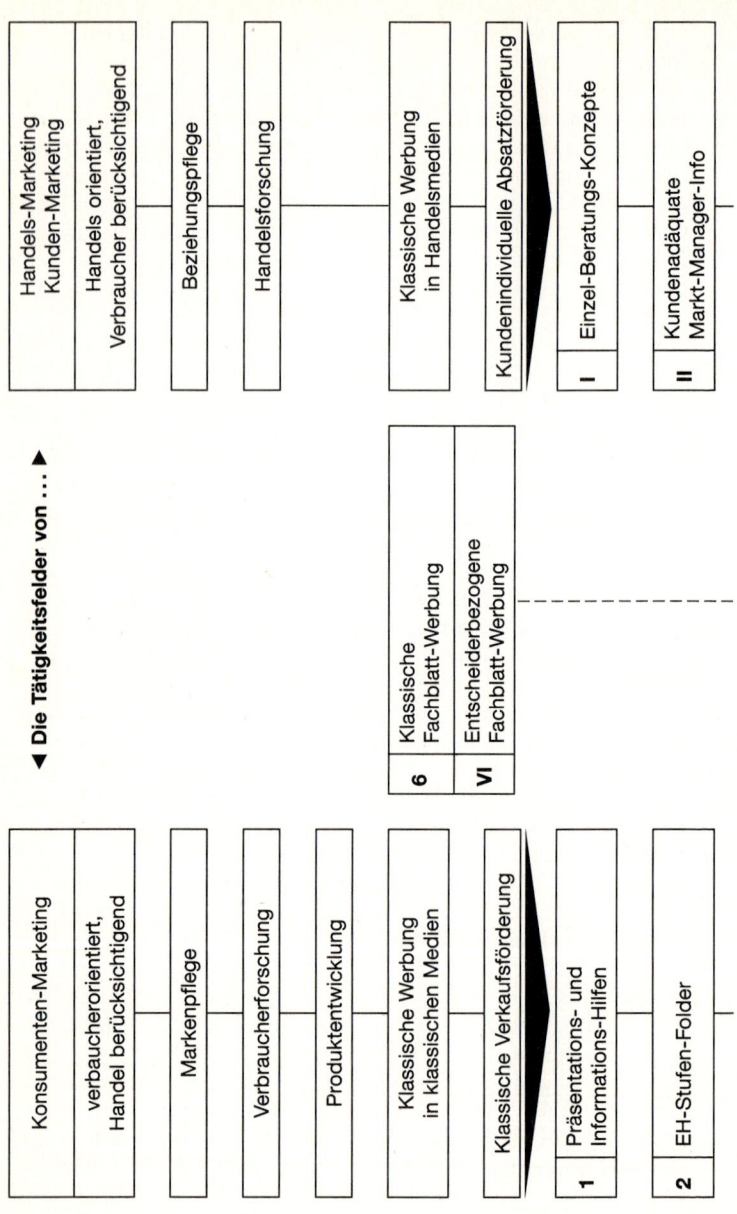

▶ Die Tätigkeitsfelder von ... ▲

Konsumenten-Marketing / verbraucherorientiert, Handel berücksichtigend

Markenpflege

Verbraucherforschung

Produktentwicklung

Klassische Werbung in klassischen Medien

Klassische Verkaufsförderung

1 Präsentations- und Informations-Hilfen

2 EH-Stufen-Folder

6 Klassische Fachblatt-Werbung

VI Entscheiderbezogene Fachblatt-Werbung

Handels-Marketing / Kunden-Marketing / Handels orientiert, Verbraucher berücksichtigend

Beziehungspflege

Handelsforschung

Klassische Werbung in Handelsmedien

Kundenindividuelle Absatzförderung

I Einzel-Beratungs-Konzepte

II Kundenadäquate Markt-Manager-Info

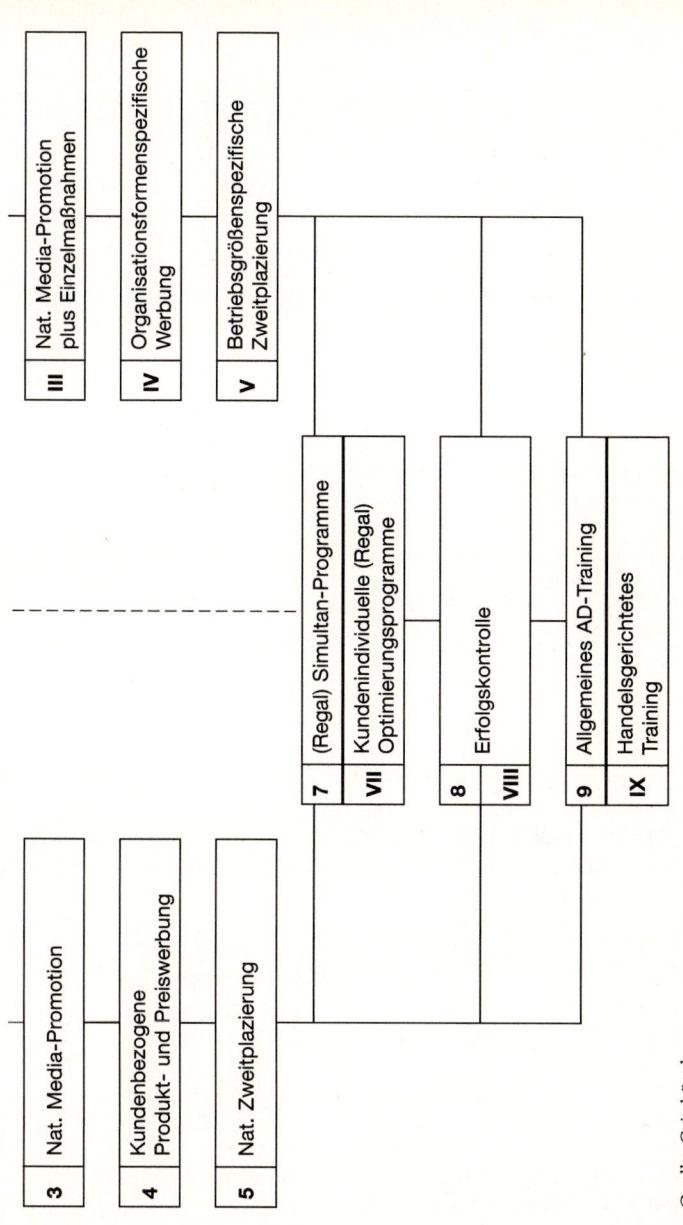

Quelle: Geisthövel.

Schaubild 7.14.: Konsumenten-, Handels- und Kunden-Marketing im Zusammenspiel

341

- Vereinbarungen über eine *Mindestlagerhaltung*: Insbesondere in Marktkanalsystemen technischer Güter (Kraftfahrzeuge, Elektrogeräte) werden Handelsunternehmen häufig verpflichtet, genau definierte Sicherheitsbestände zu halten, um so bestimmte Reparaturen schnell ausführen zu können. An der Schnelligkeit der Reparaturausführung ist dem Produktionsunternehmen dabei im Interesse der Pflege des eigenen Image gelegen.
- Vereinbarungen über *Vertriebsbindungen*: Häufig verpflichten Hersteller Handelsunternehmen dazu, nur an bestimmte Abnehmer zu verkaufen. Dies geschieht vor allem zur Pflege des guten Kontaktes zu diesen Abnehmern, denen zumeist spezielle Berechtigungs- oder Mitgliedsausweise ausgestellt werden.
- Vereinbarungen über die *Preisbindung*: Hersteller oder andere Handelsunternehmen verpflichten die ihnen im Marktkanal nachgelagerten Stufen dazu, Produkte zu bestimmten Preisen zu veräußern. Häufig wird dabei nicht nur die nächstfolgende Handelsstufe, sondern auch oder nur die dieser Handelsstufe folgende Handelsstufe hinsichtlich des Verkaufspreises gebunden («Preisbindung der zweiten Hand»). Nach derzeitiger Rechtslage ist diese Preisbindung nur bei Verlagserzeugnissen und Saatgut zulässig[5].

Mehrere Funktionalbereiche eines Unternehmens betreffen Abnehmerbindungen in der Form von Vertragshändlersystemen oder von Franchisesystemen. Solche Vereinbarungen können dabei so weit gehen, daß die miteinander verbundenen Unternehmen nach außen hin ein einheitliches Erscheinungsbild aufweisen. Dies trifft insbesondere auf Franchisesysteme zu, bei denen die zusammengeschlossenen Unternehmen bisweilen eine geschlossene Einheit bilden (z.B. Hotel- oder Schnellrestaurantketten), die äußerlich nicht von einem Filialsystem zu unterscheiden ist.

- *Vertragshändlersysteme* basieren auf Vereinbarungen etwa über die Mindestlagerhaltung, die Sortimentsgestaltung, das Angebot von Serviceleistungen und den Vertrieb. Der Übergang zu den einfachen Abnehmerbindungen und zu den Franchisesystemen ist fließend.
- *Franchisesysteme* basieren auf Vereinbarungen über mehrere

---

[5] Die Preise bei Arzneimitteln sind aufgrund besonderer gesetzlicher Regelungen fixiert.

betriebliche Funktionalbereiche *und die Nutzung von Marken,* *Rezepten oder Warenzeichen.* Wie der Ausdruck «Unternehmensfranchise» andeutet, wird in diesem Fall ein großer Teil des Know-How, das im System angesammelt wurde, den einzelnen angeschlossenen Unternehmen zur Verfügung gestellt. Dieses Verfügungsrecht ist meist mit einschneidenden Bestimmungen über die Art der Geschäftspolitik verknüpft und wird durch Franchise-Gebühren abgegolten. Bekannte Franchisesysteme sind Wienerwald und Coca-Cola.

Formen und Entwicklungstendenzen des Vertikalen Marketing werden stark durch juristische Gegebenheiten (Vertragsrecht, Steuerrecht, Wettbewerbsrecht) bestimmt.

7.5. Entscheidungen über das Physische Distributionssystem

Unter Physischer Distribution ist derjenige Teil des betrieblichen Distributionssystems zu verstehen, dessen Aufgabe darin besteht, den Fluß der Produkte vom Produktionsunternehmen zu den Letztverkaufsstellen zu bewerkstelligen. Die Zwischenglieder des Systems der Physischen Distribution sind *Lager- und* *Transportunternehmen*, wenn das Marktkanalsystem vom Physischen Distributionssystem getrennt ist, oder die *Elemente des* *Marktkanalsystems* selbst, wenn letzteres auch die Funktion erfüllt, die physische Verfügbarkeit der Produkte an den Letztverkaufsstellen zu gewährleisten. Geht man davon aus, daß die Entscheidungen hinsichtlich der Standorte, der Art der Letztverkaufsstellen und des Marktkanals bereits getroffen sind, so kommt der Politik im Rahmen der Physischen Distribution allein die Aufgabe zu, die an bestimmten Standorten nachgefragten Produkte nach Art, Menge und Zeitpunkt bereitzustellen. Diese Entscheidungen bezüglich des Physischen Distributionssystems werden häufig allein unter Kostengesichtspunkten gefällt, in manchen Fällen ist allerdings eine Berücksichtigung der erlösmäßigen Konsequenzen zwingend geboten.

7.5.1. Die Elemente eines Physischen Distributionssystems

Gemäß den Aufgaben, die Systeme der Physischen Distribution zu erfüllen haben, bestehen solche Systeme im wesentlichen aus Lägern und Transportmitteln sowie aus Einheiten, die deren Einsatz steuern. Bezüglich der Läger ist dabei insbesondere über die Anzahl der Lagerstufen und die Anzahl der Läger je Lagerstufe zu entscheiden.

Zwischenläger werden insbesondere aus zwei Gründen angelegt:

- Werden Produkte zwischengelagert, so besteht die Möglichkeit, die Ladungen der Transporte bezüglich des Inhalts differenziert zusammenzustellen. Produktionsunternehmen verlassen sehr häufig Transporte, die produkt- und markenhomogen sind; die Letztverkaufsstellen erreichen aber regelmäßig Transporte, die verschiedenste Produkte und Marken beinhalten. Diese Umgestaltung der Transportinhalte geschieht regelmäßig in Lägern; sie stellen die physische Komponente der *Sortimentsbildungsfunktion* dar.

- In Lägern besteht zudem die Möglichkeit, die Transportvolumina zu variieren. Sehr häufig verlassen Produktionsunternehmen Großtransporte, während für die Letztverkaufsstellen allein Kleintransporte in Frage kommen. Diese Umschichtung von Groß- auf Kleintransporte wird in Lägern vorgenommen und ist ein Teil der *Quantitätsfunktion*. In vielen Fällen sind sogar mehrfache Umgruppierungen ökonomisch positiv zu bewerten.

Die Entscheidung, *wieviele Zwischenlagerstufen* und *wieviele Läger je Zwischenlagerstufe* eingerichtet werden, hängt neben dem Faktor Zeit auch von den Kosten ab; hierbei ist zu bedenken, daß in der Regel pro Produkteinheit Großtransporte weniger kostenaufwendig sind als Kleintransporte. Daß Läger neben den Quantitäts- und Qualitätsfunktionen auch *Zeitüberbrückungsfunktionen* wahrnehmen, bedarf keiner weiteren Erläuterung.

Bezüglich der vom Physischen Distributionssystem zu erbringenden Transportleistungen (Raumüberbrückungsfunktion) bestehen nach den obigen Ausführungen insbesondere folgende Möglichkeiten einer Differenzierung des Gesamtsystems:

- Das Transportsystem ist hinsichtlich der *Art der Transportmittel* zu bestimmen (LKW, Bahn, Schiff, Flugzeug,…), wobei in der Regel eine Vielzahl von Transportmitteln zu kombinieren ist.

- Das Transportsystem ist hinsichtlich der *Lieferschnelligkeit* zu bestimmen. Diese Entscheidung ist mit der vorgenannten Entscheidung verknüpft, enthält aber insofern eigenständige Gestaltungsmöglichkeiten, als nicht nur durch die Wahl der Transportmittel, sondern auch durch die Organisation des gesamten Transportwesens die Lieferschnelligkeit maßgeblich beeinflußt werden kann. Unter *Lieferzeit* versteht man dabei üblicherweise die Zeit, die zwischen dem Ausgang der Bestellung beim Kunden und dem Eingang der Lieferung beim Kunden verstreicht.

- Das Transportsystem wird schließlich auch dadurch bestimmt, *wer die entsprechenden Transportleistungen erbringt.* Als extreme Alternativen kommen dabei in Frage: nur Transportunternehmen oder nur Unternehmen des Marktkanalsystems.

In diesem Zusammenhang wurden die in Schaubild 7.15. wiedergegebenen Kennzahlen für verschiedene Sortimentsbereiche ermittelt.

Merkmal	Trocken-sortiment	Obst& Gemüse	Fleisch& Wurstwaren	Tiefkühl-kost	Molkerei-produkte
Lieferhäufigkeit je Supermarkt (im Durchschn. pro Woche)	2,1	5,2	4,8	2,4	4,9
Anlieferungen pro Tour	2,4	5,4	7,0	8,1	6,3
Zeitbedarf pro Tour (in Min.)	325,0	300,0	390,0	410,0	335,0
täglich bewegte Ladungsträger (durchschn. Anzahl)	1247,0	670,0	601,0	237,0	743,0
davon: Paletten	350	140	0	0	68
Rollcontainer	897	530	417	132	566
sonstiges	0	0	184	105	109

Quelle: DHI (Hrsg.): Dynamik im Handel 2/92, S. 2–8.

Schaubild 7.15.: Touren-Kennzahlen in verschiedenen Sortimentsbereichen im bundesdeutschen Lebensmittelhandel

Entgegen einer bisweilen vertretenen Meinung sind hinsichtlich der Lager- und Transportaufgaben durchaus unterschiedliche Dispositionen möglich; es ist keineswegs so, daß nur die Wahl besteht, entweder das gesamte Physische Distributionssystem durch spezielle Lager- und Transportunternehmen bewerkstelligen zu lassen oder das gesamte System selbst (d.h. durch Unternehmen des Marktkanals) durchzuführen. Derzeit werden die Transportleistungen im höheren Ausmaß von speziellen Unternehmen erbracht als die Lagerleistungen.

Betrachtet man konkrete Physische Distributionssysteme, so sind sie anhand der Kriterien Gesamtkosten und Lieferzeit beurteilbar.

7.5.2. Entscheidungen über Lageranzahl und Lieferzeit als Determinanten des Physischen Distributionssystems

Die Physische Distribution ist neben der Entgeltpolitik derjenige absatzpolitische Instrumentalbereich, der am ehesten quantitativen Entscheidungskalkülen zugänglich ist. Eine ausführliche Diskussion solcher Kalküle soll hier allerdings unterbleiben; stattdessen sollen nur einige gesamtheitliche Überlegungen angestellt werden.

Betrachtet man in einer *globalen Betrachtungsweise* die Anzahl der Läger als die wichtigste Kosteneinflußgröße, so können die Kostenverläufe beispielhaft wie folgt dargestellt werden:

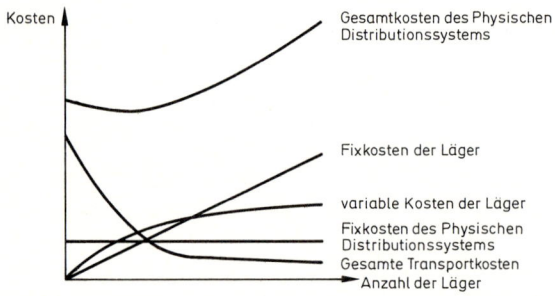

Schaubild 7.16.: Kostenverläufe eines Physischen Distributionssystems

Obiges Schaubild verdeutlicht die Abhängigkeit der einzelnen *Kostenbestandteile* des Physischen Distributionssystems eines Produktionsunternehmens, wobei die Lage der einzelnen Kurven zueinander nicht bestimmt ist. Da jedes Lager bestimmte Fixkosten verursacht, nehmen die Fixkosten aller Läger mehr oder weniger proportional zu (genau: Stufenkurve). Die variablen Kosten der Läger bestehen vorwiegend aus den vom durchschnittlichen Lagerbestand abhängigen Lagerkosten. Wie im Rahmen der Lagerhaltungstheorie nachgewiesen werden kann, steigen die Mengen bei optimaler Lagerhaltung unterproportional zur Anzahl der Läger. Die Transportkosten nehmen schließ-

346

lich mit zunehmender Lageranzahl ab, da ein größerer Teil der Transporte mittels vergleichsweise billiger Großtransporte vorgenommen wird. Als Summe der einzelnen Kosten ergeben sich die Gesamtkosten des Physischen Distributionssystems, die bei einer bestimmten Lageranzahl minimal sind.

Die Anzahl der Läger bestimmt allerdings nicht nur die Kosten des Physischen Distributionssystems, sondern auch die *durchschnittliche Lieferzeit*. Dabei kann üblicherweise davon ausgegangen werden, daß mit zunehmender Anzahl der Läger die Lieferzeit des Unternehmens abnimmt. Bedenkt man nun den Zusammenhang zwischen der Lieferzeit und dem Umsatz, so ist zu beachten, daß bei einer Lieferzeit von Null die gesamte Nachfrage auch in Absatz umgewandelt werden kann, bei längeren Lieferzeiten aber nur Teile davon. Dies kann wie folgt veranschaulicht werden:

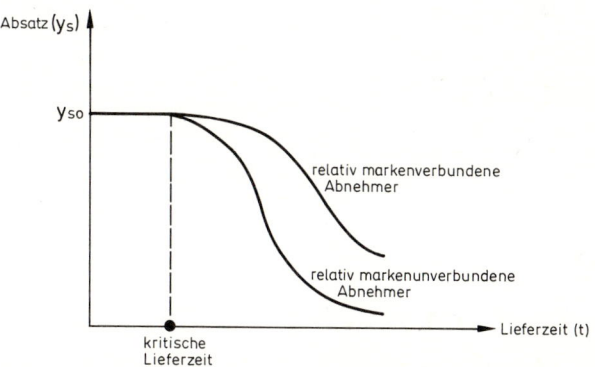

y_{so}: Nachfrage (= Absatz bei Lieferzeit t=0)

$$y_s = y_{so} \frac{\alpha_0}{\alpha_0 + t^{\alpha_1}}; \quad \alpha_0, \alpha_1 \in \mathbb{R}^+ \quad t \to \infty \Rightarrow y_s = 0$$

Schaubild 7.17.: Zusammenhang zwischen Lieferzeit und Absatz

Der Unterschied zwischen Absatz und Nachfrage ist darauf zurückzuführen, daß Nachfrager – sowohl Konsumenten als auch Handelsunternehmen – immer dann, wenn sie die gewünschte Marke nicht in einer bestimmten Zeit erhalten, gegebenenfalls auf andere Marken ausweichen.

Die Nachfrager werden dabei umso eher andere Marken erwerben, je geringer ihre *Verbundenheit mit der entsprechenden Marke* ist. Es ist unmittelbar einsichtig, daß geringe Lieferzeiten fast ohne Folgen hinsichtlich des Absatzes bleiben, ab einer bestimmten Lieferzeit (kritische Lieferzeit) die Konsequenzen aber beträchtlich sind. Die unterschiedlich hohe Markenverbundenheit der Nachfrager verschiedener PKW-Marken ist auch der Grund dafür, warum sich ein Teil der Hersteller nur wenige Monate Lieferfristen, andere dagegen jahrelange Lieferfristen «erlauben» können. Das Ausmaß der Markenverbundenheit ist dabei als eine Wirkung der absatzpolitischen Anstrengungen der entsprechenden Unternehmen zu sehen.

Zusammengefaßt ergeben sich die in Schaubild 7.18. dargestellten Kurvenverläufe:

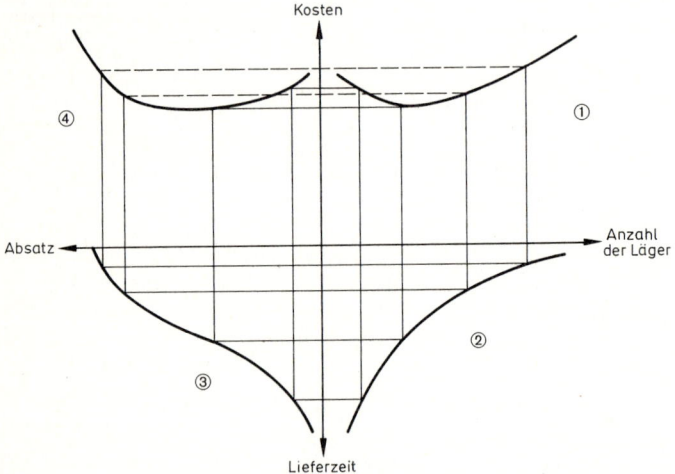

Schaubild 7.18.: Kosten- und Absatzreaktionen alternativer Ausprägungen eines Physischen Distributionssystems

Das obige *Vier-Quadranten-Modell* verdeutlicht auf einfache Weise die Kosten- und Absatzwirkungen einer Variation des Physischen Distributionssystems, das hier einfachheitshalber mittels der Anzahl der Läger bestimmt wurde. Damit ist auch die Möglichkeit einer gewinnorientierten Planung des Physischen Distributionssystems aufgezeigt.

7.6. Fallstudie «Letraset»

Praktische Distributionspolitik beinhaltet zu einem guten Teil eine zielgerichtete und die Interessen aller berücksichtigende Zusammenarbeit der verschiedenen Marktkanalglieder. Welche Folgen eine unüberlegte und egoistisch angelegte Distributionspolitik haben kann, verdeutlicht nachstehende Fallstudie.[6]

Ausgangssituation

«Solch ein Desaster!», war der Ausdruck, mit dem John Chudley, das geschäftsführende Vorstandsmitglied der Letraset Ltd, die Situation beschrieb, in der sich Letraset Ltd Anfang 1970 in einem wichtigen Markt befand. In den USA, wohl dem größten und gewinnträchtigsten Markt für Letraset-Produkte, waren die Umsatzzahlen katastrophal zurückgegangen und die US-Tochtergesellschaft hatte einen enormen Verlust erwirtschaftet. Die Zukunft wurde allseits als äußerst düster, wenn nicht gar als hoffnungslos eingestuft, und trotz der Bedeutung des Marktes diskutierte der Vorstand seit einiger Zeit ernsthaft den vollständigen Rückzug vom US-Markt.

Abgesehen von den enormen Problemen mit dem US-Markt waren die bisherigen 13 Jahre Letraset-Geschichte durch kontinuierliche Erfolge gekennzeichnet: Erfolge, die auf einem genialen System zur trockenen Übertragung von Schriftzeichen gründeten, das zur technischen Perfektion gebracht worden war, ein gekonntes Finanzmanagement und ein kreatives Marketing.

Die Anfangsjahre

Die ursprüngliche Produktidee, auf der heute noch die Unternehmung basiert, bestand in der Realisierung einer einfach handzuhabenden Übertragung von Buchstaben und Zeichnungen auf Vorlagen. Damit sollte endlich das mühsame und teure Reinzeichnen, das in ähnlichen Fällen bisher stets notwendig war, überflüssig werden.

Als im Jahre 1956 in Großbritannien der Produktionsbetrieb aufgenommen wurde, basierte die Übertragung der Zeichen noch auf der Verwendung von Wasser. Schon damals aber war die Ent-

---

[6] Dieses Kapitel stellt einen Abdruck der Fallstudie «Letraset Ltd» dar (Böcker, F.: Fallstudien zum Marketing, Berlin 1983, S. 278–285). Wir danken dem Verlag für die Genehmigung des Abdrucks. Autor der Fallstudie ist Leslie S. Walsh.

wicklung einer trockenen Übertragung das Ziel der Forschungs-
anstrengungen; der technische Durchbruch wurde nach viel
Mühen und Experimentieren schließlich im Jahre 1960 erreicht.
Die Einfachheit der Produktanwendung ist aus der kurzen, aber
völlig ausreichenden Beschreibung von Schaubild 7.19. zu entnehmen.

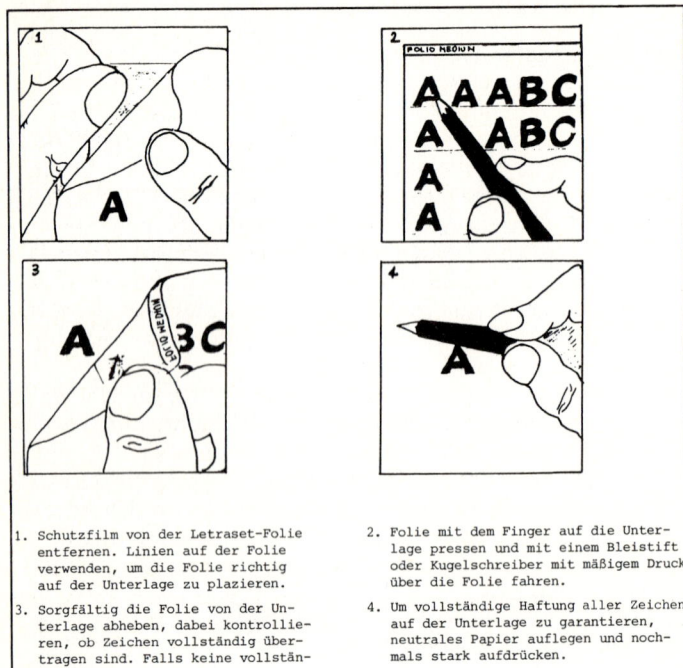

1. Schutzfilm von der Letraset-Folie
   entfernen. Linien auf der Folie
   verwenden, um die Folie richtig
   auf der Unterlage zu plazieren.
3. Sorgfältig die Folie von der Unterlage abheben, dabei kontrollieren, ob Zeichen vollständig übertragen sind. Falls keine vollständige Übertragung Punkt 2 wie-
   derholen.
2. Folie mit dem Finger auf die Unterlage pressen und mit einem Bleistift
   oder Kugelschreiber mit mäßigem Druck
   über die Folie fahren.
4. Um vollständige Haftung aller Zeichen
   auf der Unterlage zu garantieren,
   neutrales Papier auflegen und nochmals stark aufdrücken.

Schaubild 7.19.: Arbeitsweise mit Letraset-Folien

Die Unternehmung war sich von Anfang an bewußt, daß ein
solch wahrhaft revolutionäres Produkt mit erheblichen Kosten-
und Zeiteinsparungsmöglichkeiten einen weltweiten Markt
haben müsse. Schon sehr früh entschloß sich das Unternehmen
daher, das Produkt grundsätzlich weltweit zu vertreiben, wobei
allerdings diejenigen nationalen Märkte, die das größte Potential
versprachen, eine intensivere Bearbeitung erhalten sollten. Insbesondere der US-Markt wurde von der Unternehmensführung

als sehr wichtig eingestuft; bald wurde er auch der Hauptmarkt der Unternehmung.

Wichtige Abnehmer waren von Anfang an vor allem Werbeagenturen, Zeichenbüros, Architekten, Fernsehstationen, Zeitungsredaktionen, Drucker und Verleger sowie große Unternehmungen mit eigenen Zeichen- und Designstudios. Genau betrachtet zeigten sich in fast allen Organisationen Anwendungsmöglichkeiten für Letraset-Produkte, sogar in privaten Haushalten.

Das US-Kataloggeschäft

Bereits zwei Jahre nach Gründung der Letraset Ltd wurde 1961 ein 25-Jahres-Vertrag mit einem Handelshaus unterzeichnet, das auf den Bereich Zeichen- und Malbedarf spezialisiert war und mit Katalogen arbeitete. Das Handelshaus verteilte allerdings nicht selbst Kataloge, sondern stellte gegen Bezahlung den von ihm gestalteten Katalogteil Handelsunternehmen zur Verfügung, die ihn dann in ihren Gesamtkatalog einbrachten. Die vom Handelshaus verteilten Teilkataloge gingen letztlich in alle US-Staaten, vor allem aber in die Staaten an der Ostküste bzw. des Mittleren Nordens. Die Aktion wurde ein voller Erfolg; sie brachte der kükenhaften Letraset Ltd insbesondere auch erhebliche, dringend benötigte Finanzmittel.

Als nachteilig wurde allerdings empfunden, daß die Letraset-Produkte in den stets sehr umfangreichen Katalogen nur eine Produktreihe von Hunderten waren. Bereits damals kamen dem Vorstand daher Zweifel, ob die getroffene Vereinbarung die langfristigen Interessen des Unternehmens in optimaler Weise erfüllen würde.

Der US-Lizenznehmer

Die Situation in den USA war auch insofern einmalig auf der ganzen Welt, als das Unternehmen dort ernsthafte Konkurrenz durch lokale Hersteller hatte. Die Prestype Comp. hatte unabhängig von Letraset, aber nahezu gleichzeitig ein dem Letraset-Produkt ähnliches Produkt entwickelt, das allerdings mit Papier anstelle einer Plastikfolie als Zeichenträger arbeitete. Eine andere Gesellschaft, die Chartpak Corp., die bereits über ein gut ausgebautes Distributionsnetz im Bereich Mal- und Zeichenbedarf verfügte, nahm 1962 die Produktion eines auf einer Plastikfolie basierenden Produkts auf, was Letraset Ltd zu patentrechtlichen Schritten veranlaßte. Andere Unternehmen hatten Pläne für ähnliche Produkte in der Schublade.

Nachdem offensichtlich war, daß die Patentstreitigkeiten nicht zügig beigelegt werden konnten, entschied sich Letraset Ltd 1963, die Sache an die Öffentlichkeit zu tragen. Naturgemäß war es wenig erstrebenswert, in Unternehmensverlautbarungen berichten zu müssen, daß Streitigkeiten bezüglich der gewerblichen Schutzrechte bestehen, und zwar solche, die für den künftigen Erfolg der Gesamtunternehmung wesentlich sein würden. Dennoch erschien es besser, selbst die Öffentlichkeit zu informieren, als dies dem Konkurrenten oder unbekannten Journalisten zu überlassen. Es bestand im Vorstand Einigkeit darüber, daß man als einen Ausweg aus den Patentstreitigkeiten auch die Lizenzvergabe an Chartpack zu prüfen hatte. Es wurden daher entsprechende Verhandlungen mit Chartpack eingeleitet, die allerdings nicht energisch vorangetrieben wurden, da man davon ausging, daß sich die Patentstreitigkeiten bald zugunsten von Letraset Ltd würden abschließen lassen. Als sich die Hoffnungen nicht erfüllten, schloß Letraset Ltd mit dem Konkurrenten ein Lizenzabkommen. Bereits zu jener Zeit erschien die ausgehandelte Summe als unangemessen, aus heutiger Sicht geradezu als lächerlich.

Das Großhandelssystem

Parallel zum Absatz der Lizenzprodukte ging der Vertrieb über das Handelshaus weiter, dabei wurde bald klar, daß die Umsätze zwar weiter anwachsen, der Marktanteil aber stark abnehmen würde. Den nachlassenden Marktanteil führte man weitgehend auf die ungeordnete und lückenhafte Distribution zurück, die, wie man meinte, zwingend mit der Art der Katalogdistribution verknüpft war. Letraset beschloß daher, eine beschränkte Zahl von ausgesuchten Großhandlungen mit dem Vertrieb zu betrauen.

Diese Entscheidung war dominiert von dem Bestreben, eine bessere Kontrolle über das Distributionssystem zu erhalten. Die Umsätze verbesserten sich schon bald danach merklich, aber blieben weit hinter dem zurück, was man im Vergleich zu anderen, weniger wichtigen Märkten erwartete.

Letraset U.S.A. Inc.

Im Jahre 1967 wurde Letraset U.S.A. Inc. mit Hauptsitz in Kalifornien als Vertriebsgesellschaft gegründet. Gleichzeitig wurde beschlossen, eine großangelegte Vertriebskampagne zu starten, in deren Rahmen den Letraset-Großhändlern unter anderem auch klargemacht werden sollte, daß es dringend geboten ist, stets ausreichend Letraset-Produkte im Großhandel vorrätig zu haben. Den Abverkauf an Einzelhandel und Endabnehmer überließ man dabei den Groß- und Einzelhändlern, zumal die Vertriebsgesellschaft in keiner Weise vorbereitet war, Groß- und Einzelhändlern beim Abverkauf der Produkte wirkungsvolle Unterstützung zu gewähren. Das Letraset-Management war der Überzeugung, daß die Einzigartigkeit des Produkts den Weg durch den Handel automatisch gewährleisten würde. Um den neuen Start nicht durch rechtliche Streitigkeiten zu belasten, wurde gleichzeitig der Vertrag mit dem Katalogunternehmen aus dem Jahre 1961 gelöst, was Letraset Ltd 1 Mio. US-$ kostete.

Die Umtauschaktion

Nun war Letraset endlich in der Lage, den Markt fester in den Griff zu bekommen. Abgesehen von einem Katalog, der an die namentlich bekannten Haupt-Endabnehmer versandt wurde, fehlte es aber an einem wirksamen Instrumentarium zur Unterstützung des Abverkaufs des Handels. Um den Absatz zu fördern, wurde daher entschieden, die Einführung eines verbesserten Designs und Formats der Letraset-Produkte zum Anlaß zu nehmen, um die Großhändler mit größeren Lagerbeständen zu versehen.

Die neue Produktgestaltung bestand unter anderem darin, daß als relevantes Unternehmen nun Letraset U.S.A. aufgeführt wurde; parallel zur Veränderung des Produkts wurden auch die Abgabepreise je Bogen durch die Letraset U.S.A. Inc. leicht erhöht. Allen Großhändlern wurde angeboten, das Vorratslager auf der Basis eines Austausches alter Bögen gegen neue Bögen auf den neuesten Stand zu bringen. Voraussetzung für den Umtausch war allerdings, daß die Händler zusätzlich die gleiche Zahl neuer Bögen zum neuen Preis erwerben würden. Um Verwechslungen zwischen alter und neuer Ware zu vermeiden, wurde für die neuen Produkte ein neues Numerierungssystem eingeführt, das von dem bisher international verwandten Letraset-internen System abwich. Schließlich wurde auch noch ein neuer US-Katalog aufgelegt, der nur diese neuen US-spezifischen Produktnummern enthielt. Diese, wie man meinte, geradezu geniale Strategie zwang die Händler recht deutlich dazu, die Bögen auszutauschen, da die alten Bögen weitgehend unverkäuflich geworden waren.

Unter diesen Umständen war es nicht überraschend, daß die meisten Groß- und Einzelhändler die Umtauschaktion mitmachten. Die US-Verkäufe sprangen drastisch nach oben und weitgehend infolge dieser Aktion schrieb die Muttergesellschaft Letraset Ltd im Wirtschaftsjahr 1967/68 einen Rekordgewinn. Die Abverkäufe an die Endabnehmer differierten in jenem Jahr in den USA allerdings erheblich von den Verkäufen an die Groß- und Einzelhändler, was allerdings erst viele Monate später erkannt wurde.

Probleme der Produktionssteuerung und Lagerhaltung

Das neue Produktklassifizierungssystem war sehr wirksam gewesen, wenn es darum ging, den Handel zu einem Umtausch der Ware zu bewegen, hatte andererseits aber ziemlich schnell auch erhebliche Produktionsprobleme zur Folge. Es war nämlich eine Produktreihe entstanden, die sich von den anderen Produkten durch die Numerierung abhieb und die auch andere Produktionsabläufe (geringere Losgrößen) erforderte. All dies führte zu Lieferproblemen des britischen Produktionsbetriebs, der erst jüngst eingerichtet worden war und daher noch immer mit Geburtswehen zu kämpfen hatte. Darüber hinaus wurde infolge der Umstellung in den USA die Lagerumschlagsgeschwindigkeit verringert und es ergaben sich immer wieder Schwierigkeiten mit der Kontrolle der Lagerhaltung. All dies geschah zu einer Zeit, zu der in den USA die Standard-Produktreihe, die weltweit außer in den USA verkauft wurde, noch gut hätte verkauft werden können.

Technische Probleme der Produktion

Bedingt durch zeitliche Überbeanspruchungen und Aufregungen in der Letraset-Organisation, die durch die schnell abzuwikkelnde Aktion in den USA verursacht worden waren, wurde eine Produktvariation eines Letraset-Lieferanten nicht weiter verfolgt. Der Hersteller eines Bestandteils des Klebstoffes, der verwendet wurde, um die Zeichen bis zur Anwendung auf der Folie zu fixieren, hatte die chemische Zusammensetzung leicht verändert. Aus dieser Produktvariation resultierte eine verminderte Lebensdauer der Letraset-Folien, die bisher nahezu unbegrenzt war; dies erschien insbesondere deshalb von Bedeutung, da die den Händlern im Rahmen der Umtauschaktion zugeflossenen

Mengen unweigerlich zu einer längeren Lagerdauer der Letraset-Produkte führen mußten.

Schnell bestand im Vorstand Einigkeit darüber, daß der Austausch der mittlerweile nicht mehr einwandfreien Ware der Groß- und Einzelhändler Vorrang vor allen Kostenüberlegungen haben müsse. Man leitete daher eine weitere Umtauschaktion (Bogen alt gegen Bogen neu) ein, in deren Rahmen etwa 1 Million schadhafter Folien ausgetauscht wurden. Zwar bereitete es keine Probleme, alle Großhändler, die möglicherweise defekte Stücke erhalten hatten, zu identifizieren, aber hinsichtlich der Einzelhändler gelang dies nur beschränkt, da viele Großhändler als C&C-Betriebe organisiert waren.

Zukünftige Strategie

Angesichts dieser Situation wurde vom Vorstand der vollständige Rückzug vom US-Markt ernsthaft diskutiert. Lediglich die recht erfreuliche Entwicklung in Kanada verhinderte einen unmittelbaren Beschluß, den Markt aufzugeben. In Kanada hatte man einige Jahre später als in den USA begonnen; dort hatte John Soper, ein Neffe von John Chudley, ein Distributionssystem aufgebaut, das nachhaltig Erfolge brachte. Es wurde daher beschlossen, John Soper zusätzlich zur Leitung der kanadischen Anstrengungen die Verantwortung für die US-amerikanischen Aktivitäten zu übertragen. Man erwartete, daß er den US-Absatzmarkt zu einem ertragsstarken und wachsenden Absatzgebiet entwickeln würde.

John Soper machte zunächst eine Bestandsaufnahme, bei der er eine Reihe gewichtiger Probleme aufdeckte. So kam er zu der Überzeugung, daß sofortige Verfügbarkeit der Letraset-Produkte für viele der bedeutenderen Kunden wie etwa Zeitungsverlage, TV-Stationen und Werbeagenturen essentiell war. Dies verlangte die Unterhaltung von Lägern in jeder Stadt ab einer bestimmten Größe. Diese enorme Lagerhaltung konnte aber niemals von Letraset finanziert werden; irgendwelche lokale Absatzmittler schienen daher – anders als in Kanada – zwingend notwendig. Auf der anderen Seite hatte das derzeitige lange und wenig klare Distributionssystem dazu geführt, daß die Kontrolle über die Aktivitäten vor Ort vollständig verloren gegangen war, was bei der Umtauschaktion zu verheerenden Folgen geführt hatte.

Die Lagerhaltung selbst warf gravierende Probleme auf; dies war unmittelbar einsichtig, betrachtete man die ungeheure Vielfalt von Schrift- sowie sonstigen Zeichen, Größen und Farben, die von Letraset angeboten wurden – ganz zu schweigen von den Spezialsortimenten für einzelne Kundengruppen wie Architekten und Ingenieure. Die zu lagernden Sortimente würde man vielfach anzupassen haben, und zwar nicht nur als Folge von Veränderungen der Gesamtnachfrage, sondern auch um die Bedürfnisse der regional unterschiedlich zusammengesetzten Käuferschichten befriedigen zu können. Die einzelnen Letraset-Produkte verloren sich bisher in Katalogen, die Hunderte, ja Tausende von Einzelartikeln umfaßten. Irgendwie, schien es Soper, müsse Letraset gewährleisten, daß die einzelnen Produkte für die Absatzmittler unter Ertragsgesichtspunkten auch relevant seien. Darüber hinaus war ihm noch nicht ganz klar, welche Rolle der Katalog künftig überhaupt spielen sollte. Sich auf das Hineinverkaufen in das Distributionssystem allein zu verlassen, schien nicht ausreichend zu sein; irgendwelche Mittel zur Unterstützung des Herausverkaufs würden schließlich auch noch zu entwickeln sein.

John Soper überlegte auch, alle Verträge mit den Großhandelsunternehmen zu kündigen und künftig nur noch mit wenigen autorisierten Einzelhandelsunternehmen zusammenzuarbeiten. Dies würde allerdings einigen Ärger verursachen und gegebenenfalls das Lagervolumen in die Höhe treiben. Andererseits würde die Beschränkung auf wenige Händler für Letraset die Chance einer klaren Profilierung bieten. Fraglich war dabei allerdings, ob man verlangen könne bzw. wolle, daß diese Einzelhandelsunternehmen Letraset exklusiv führen. Zu klären wäre in diesem Fall darüber hinaus die Form der Lagerhaltung auf dem Großhandelsniveau. Schließlich stand bei Auflassung der Großhandlungen die Errichtung eines Systems von Vertretern oder Außendienstmitarbeitern an, wobei deren Aufgaben gegebenenfalls nicht nur im Verkauf der Letraset-Produkte, sondern auch im Training der Einzelhandelsmitarbeiter, in der Durchführung von Merchandising-Tätigkeiten und im Kontakt mit Großkunden bestehen könnte.

Über all diese Vorschläge sollte in Bälde ein Beschluß herbeigeführt werden.

7.7. Literaturempfehlungen

Empfehlungen für den gesamten bzw. den überwiegenden Bereich des Stoffes, der in diesem Buch behandelt wird, sind unter den Literaturempfehlungen am Ende des ersten Kapitels dieses Buches zu finden.

Ahlert, D.: Distributionspolitik, 2. Auflage, Stuttgart 1991

Barth, K.; Möhlenbruch, D.: Ursachen der Konzentration im Einzelhandel, in: Betriebswirtschaftliche Forschung und Praxis, 40. Jg. (1988), S. 220–234

Böcker, F.: Handelskonzentration: Ein partielles Phänomen?, in: Zeitschrift für Betriebswirtschaft, 56. Jg. (1986), S. 654–660

Dichtl, E.: Grundzüge der Binnenhandelspolitik, Stuttgart/New York 1979

Falk, B.; Wolf, J.: Handelsbetriebslehre, 9. Auflage, Landsberg/Lech 1991

Goehrmann, K. E.: Verkaufsmanagement, Stuttgart/Berlin/Köln/Mainz 1984

Müller-Hagedorn, L.: Handelsmarketing, Stuttgart/Berlin/Köln/Mainz 1984

Nieschlag, R.; Kuhn, G.: Binnenhandel und Binnenhandelspolitik, 3. Auflage, Berlin 1980

8. Kommunikationspolitik

8.0 Lernziele des Kapitels

Im Rahmen der Produkt-, Entgelt- und Distributionspolitik werden Angebotsinhalte und Angebotsbedingungen im weitesten Sinne (inkl. räumlicher Art) festgelegt, der Kommunikationspolitik kommt dann die wichtige Funktion zu, die relevante Öffentlichkeit über die Angebotsinhalte und die Angebotsbedingungen zu informieren. Angesichts der Angebotsfülle in entwickelten Volkswirtschaften kann nicht davon ausgegangen werden, daß die Besonderheit des Produkts, das dafür geforderte Entgelt und die Distributionsleistungen gewissermaßen automatisch den Abnehmern bekannt werden, vielmehr bedarf es gezielter Anstrengungen, diese Elemente am Markt bekanntzumachen. Angesichts dieser Einordnung der Kommunikationspolitik in die betriebliche Absatzpolitik erscheint es angemessen, mit diesem Kapitel folgende Ziele anzustreben:

- Es soll ein Verständnis von der Bedeutung der Kommunikationspolitik für die Erreichung absatzpolitischer Ziele einzelner Unternehmen vermittelt werden.
- Die wesentlichen Prozesse bei der Entstehung von Werbewirkungen sollen erkannt werden und auf spezielle Fälle angewandt werden können.
- Es sollen Fakten hinsichtlich der wesentlichen Möglichkeiten der Marktkommunikation vermittelt werden.
- Entscheidungen, die im Rahmen der Kommunikationspolitik häufig zu treffen sind, sollen modellmäßig adäquat erfaßt und einer Lösung zugeführt werden können.

8.1. Die Marktkommunikation im Rahmen der Absatzpolitik eines Unternehmens

Kommunikationspolitische Maßnahmen sind alle diejenigen marktorientierten Maßnahmen eines Unternehmens, die *primär dazu dienen, Informationen* vom Unternehmen an die *aktuellen* bzw. *potentiellen Abnehmer* und die *Öffentlichkeit* zu übermitteln. Die Informationen können zum einen einzelne Qualitätsmerkmale von Produkten oder einzelne Produkte oder ganze Vertriebsprogramme und zum anderen auch deren Preise und Verkaufsstellen betreffen. Als *«Sprachrohr des Marketing»* kommt der

Kommunikationspolitik die Aufgabe zu, alle diejenigen Informationen bereitzustellen und zu verbreiten, die den generellen Zielen des betreffenden Unternehmens nützlich sind. Die Kommunikationspolitik ist insofern immer auf die allgemeine Absatzpolitik ausgerichtet und baut auf ihr auf.

Von äußerst wenigen Ausnahmen abgesehen ist davon auszugehen, daß die Kommunikationspolitik ein unverzichtbarer Teil der Absatzpolitik ist. Es genügt grundsätzlich nicht, objektiv gute Sach- oder Dienstleistungen dem Markt zur Verfügung zu stellen, vielmehr müssen die potentiellen Abnehmer in der Regel auch durch gezielte Maßnahmen darüber informiert werden, daß diese Leistungen gut sind bzw. welche Sach- oder Dienstleistungen im einzelnen erhältlich sind bzw. zu welchen Bedingungen und an welchen Orten sie erstanden werden können. Die Kommunikationspolitik zielt somit darauf ab, bei den aktuellen und potentiellen Abnehmern ein den Unternehmenszielen förderliches *Bild vom Angebot* des Unternehmens oder vom Unternehmen selbst zu schaffen und bestimmte Aktionen des Unternehmens bekannt zu machen. Die in diesem Zusammenhang bisweilen diskutierte Frage, ob man im Wege der Kommunikationspolitik nur zu informieren oder auch Zielpersonen zu beeinflussen beabsichtige, ist eine rein akademische Frage, der kaum praktische Bedeutung zukommt. In der Regel enthalten Kommunikationsmaßnahmen sowohl sachdienliche Informationen *(«informative Kommunikation»)* als auch der Beeinflussung dienende Informationen *(«beeinflussende Kommunikation»)*. Da bereits die Auswahl der übermittelten Informationen im Hinblick auf die übergeordneten Unternehmensziele geschieht, unterliegt der Marktkommunikation stets das Bestreben, das Abbild von der Leistung des Unternehmens oder eines Produktes positiv zu beeinflussen. Beeinflussende Kommunikation ist als eine unverzichtbare Form der Unternehmenstätigkeit anzusehen; es kann im Rahmen der gesellschaftspolitischen Diskussion um die Werbung nur darum gehen, Auswüchse bei den Kommunikationsmaßnahmen zu unterbinden.

Die Beeinflussung der Zielpersonen kann nach den grundlegenden Ausführungen in den beiden ersten Kapiteln dieses Buches in der Sicht präferenztheoretischer Überlegungen in zweierlei Hinsicht erfolgen:

- Zum einen kann mittels kommunikationspolitischer Maßnahmen versucht werden, die *Wahrnehmung* von Merkmalsausprägungen bestimmter Objekte zu modifizieren. Bei Personenkraftwagen wird beispielsweise für einige Marken versucht, das Urteil über deren Sicherheit zu beeinflussen.

- Zum anderen wird mittels kommunikationspolitischer Maßnahmen eine stärkere *Gewichtung bestimmter Merkmale* im Urteilsverhalten der aktuellen oder potentiellen Abnehmer angestrebt. Bei Personenkraftwagen wird etwa durch die Präsentation eines schlafenden Kindes die Bedeutung der Sicherheit eines Kraftwagens und damit die Bedeutung der Tatsache, wieder gesund nach Hause zu kommen, zu steigern versucht (Mercedes).

Die Beeinflussung durch kommunikationspolitische Maßnahmen zielt also einerseits auf die Wahrnehmung (Perzeption) der Objekte, andererseits darauf, Präferenzen für die jeweiligen Werbeobjekte zu schaffen. Letzteres geschieht dadurch, daß die Wahrnehmung positiv beeinflußt und/oder die Merkmalsgewichtung im Sinne der Anbieter abgewandelt wird.

Die bisher diskutierten, vergleichsweise generell gehaltenen Zwecksetzungen der Kommunikationspolitik von Unternehmen bedürfen für die konkrete unternehmerische Planung noch der Konkretisierung in Form bestimmter *kommunikationspolitischer Ziele*, wie sie insbesondere im Abschnitt 8.3.3. näher diskutiert werden. Eine exakte Zieldefinition ist insbesondere dann von überragender Bedeutung, wenn die konkreten Planungs- und Gestaltungsarbeiten nicht vom Unternehmen selbst, sondern von spezialisierten Dienstleistungsunternehmen verrichtet werden. Mehr als jeder andere Entscheidungsbereich des Marketing-Management (inkl. Marketingforschung) wird der Bereich Kommunikationspolitik in der Praxis von unternehmensexternen Organisationen (insbesondere Werbeagenturen) mitgestaltet. Aber selbst dann, wenn eine Werbeagentur die Gesamtheit der kommunikationspolitischen Maßnahmen für ein Unternehmen plant und – nach Abstimmung mit dem Unternehmen – auch realisiert, verbleibt dem auftraggebenden Unternehmen immer noch die Aufgabe, die Kommunikationsmaßnahmen in die Marketingpolitik zu integrieren. Eine wichtige Rolle kommt dabei dem *Briefing* zu, das eine Zusammenstellung aller für die Festlegung der Aufgaben der Dienstleistungsorganisation wichtigen Fakten ist, also insbesondere der übergeordneten Ziele und der Rahmenbedingungen der Kommunikationspolitik. Das Briefing dient somit der Verzahnung der beiden in verschiedenen Organisationen entwickelten Politiken – Marketingpolitik und Kommunikationspolitik – und stellt die Arbeitsgrundlage für die

Tätigkeiten der Werbeagentur dar. Bisweilen werden in großen Organisationen solche Briefings auch zur Kooperation zwischen der Vertriebs- und der Werbeabteilung entwickelt.

8.2. Formen der Marktkommunikation von Unternehmen

Ebenso wie in der Produkt- und Distributionspolitik sind auch in der Kommunikationspolitik die Möglichkeiten der Ausgestaltung äußerst vielfältig. Es soll zunächst der Versuch unternommen werden, die vielfältigen Alternativen systematisch zu erfassen, um so einen Überblick über die Gestaltungsmöglichkeiten zu erlangen. Die folgenden Ausführungen werden sich dann auf einige wenige Formen der Marktkommunikation – vor allem auf die Mediawerbung – konzentrieren.

8.2.1. Das System der kommunikationspolitischen Maßnahmen

Geht man von der allgemeinen Definition der Kommunikationspolitik aus, wie sie hier geprägt wurde, so stehen insbesondere folgende Kriterien zur Verfügung, um die gebräuchlichsten kommunikationspolitischen Maßnahmen zu untergliedern:

- Kommunikationspolitische Maßnahmen können danach unterschieden werden, ob *Personen* oder *Sachen als Informationsträger* benutzt werden.
- Kommunikationspolitische Maßnahmen können – vor allem für den Bereich kommunikationspolitischer Maßnahmen mittels Sachen – danach untergliedert werden, ob die Kommunikationsmittel spezifischer oder allgemeiner Natur sind. Unter *spezifischen Kommunikationsmitteln* sollen dabei solche Gegenstände verstanden werden, die primär als Werbemittel geschaffen wurden. Daß allerdings diese primäre Zwecksetzung im Einzelfall nicht immer eindeutig ist, zeigt sich insbesondere bei Gratisproben.

Wendet man diese Gliederungskriterien an, so ergibt sich eine Übersicht, wie sie in Schaubild 8.1. wiedergegeben ist. Als ergänzendes Kriterium zur Beschreibung alternativer kommunikationspolitischer Maßnahmen wird hier die Unterscheidung in kommunikationspolitische Maßnahmen ohne und mit Einschaltung unternehmensexterner Organe herangezogen.

	Marktkommunikation mittels *Personen*	Marktkommunikation mittels *Sachen*	
Marktkommunikation *ohne Einschaltung* unternehmensexterner *Organe*	• unternehmens-interne Organe der Absatzwirtschaft • personale Handels-promotions (z. B. Merchandising) • personale Verbrau-cherpromotions (z. B. Autoren-stunden) • personale Öffent-lichkeitsarbeit (z. B. Betriebsbesichti-gungen)	• *Direktwerbung* • *direkte Öffentlich-keitsarbeit* (z. B. Empfänge) • *direkte Handels-promotions* (z. B. Displays) • *PoP-Werbung* (z. B. Aufkleber am Point of Purchase)	*spezielle Kommunikations-mittel*
		• *Produktinformation* (z. B. Aufkleber, Packungsgestal-tung) • *direkte Öffentlich-keitsarbeit* (z. B. Geschäftsberichte) • *direkte Verbrau-cherpromotions* (z. B. Proben)	keine speziellen Kommunikations-mittel
Marktkommunikation *unter Einschaltung* unternehmensexterner *Organe*	• Absatzmittler • akquisitorisch tätige Absatzhelfer • Meinungsführer	• *Mediawerbung* • *Mediale Öffentlich-keitsarbeit* (z. B. Anzeigen) • redaktionelle Mitteilungen in Publikationen • indirekte Handels-promotions (z. B. Displays) • *PoP-Werbung* (z. B. Aufkleber am Point of Purchase)	*spezielle Kommunikations-mittel*
		• *indirekte Öffent-lichkeitsarbeit* (z. B. Geschäfts-berichte) • *indirekte Verbrau-cherpromotions* (z. B. Proben)	keine speziellen Kommunikations-mittel

Schaubild 8.1.: Einige kommunikationspolitische Maßnahmen

Eine Unterteilung der kommunikationspolitischen Maßnahmen, die insbesondere für Handelsbetriebe Relevanz besitzt, ist die folgende:

- *Out-of-store-communication* (z. B. Mediawerbung).
- *In-store-communication* (z. B. PoP-Werbung).

Wie schon die Begriffe zum Ausdruck bringen, entfalten Maßnahmen der out-of-store-communication ihre Wirkung außerhalb des Geschäftslokals, während die anderen innerhalb des Geschäftslokals wirken. Aus den unterschiedlichen Wirkungsbereichen ergeben sich auch unterschiedliche Zielsetzungen.

Kommunikationspolitik kann schließlich aus höchst unterschiedlichen Gründen betrieben werden; stark vereinfachend kann diesbezüglich zwischen den beiden Formen *Imagewerbung* und *Aktionswerbung* (Werbung ist in diesem Zusammenhang nicht als Mediawerbung, sondern als Marktkommunikation zu verstehen) differenziert werden. Im Falle der Imagewerbung ist der Werbetreibende meist nicht an einer unmittelbaren Wirkung, sondern eher am langfristigen Aufbau einer bestimmten Marktposition (vgl. Abschnitt 5.3.2. dieses Werkes) interessiert. Demgegenüber werden Aktionswerbemaßnahmen vor allem um des kurzfristigen Erfolges willen durchgeführt, wobei die Aktionswerbemaßnahmen meist noch mit anderen – vor allem preispolitischen – Maßnahmen kombiniert werden. Eine Gegenüberstellung der beiden Typen kommunikationspolitischer Maßnahmen enthält Schaubild 8.2.

	Imagewerbung	Aktionswerbung
Zielsetzung	Schaffung/Verstärkung einer bestimmten Produktwahrnehmung	Aktivierung der potentiellen Käufer zum Kaufvollzug
Wirkungsweise	langfristig im Aufbau und im Abbau (Depotwirkung)	kurzfristig entstehend, meist keine Nachwirkungen
Zurechenbarkeit des Absatzes	wegen zeitlicher und sachlicher Ausstrahlungseffekte meist nicht möglich	wegen punktueller Wirkung oft sehr gut möglich
dominierende Form	Mediawerbung, Öffentlichkeitsarbeit	Promotions, Direktwerbung

Schaubild 8.2.: Image- und Aktionswerbung als unterschiedliche Klassen kommunikationspolitischer Maßnahmen

Das Produkt selbst bzw. die übrigen produktpolitischen Elemente wie Name und Verpackung besitzen als kommunikationspolitisches Mittel erhebliche Bedeutung; dies gilt besonders dann, wenn Produkte im Wege der Selbstbedienung verkauft werden.

Jede Marktkommunikation enthält einige typische Elemente, die insbesondere für den Bereich der Mediawerbung unmittelbar verständlich sind, aber auch auf andere Formen der Marktkommunikation übertragen werden können. Im einzelnen sind dies:

- *Werbeobjekt:* Werbeobjekt ist die Sach- oder Dienstleistung, über die eine Aussage gemacht wird.
- *Werbesubjekt:* Werbesubjekte sind die Elemente der *Zielgruppe* einer Werbemaßnahme oder – seltener – die tatsächlich durch eine Werbemaßnahme erreichten Personen.
- *Werbungtreibender:* Unter einem Werbungtreibenden versteht man diejenige Person, in deren Auftrag die betreffende Werbemaßnahme durchgeführt wird. Der Werbungtreibende ist im Falle der *Absatzwerbung* (= Werbung für absatzpolitische Zwecke) in der Regel mit demjenigen identisch, der das Werbeobjekt vertreibt.
- *Werbebotschaft:* Unter der Werbebotschaft versteht man die Aussage, die den Marktteilnehmern mitgeteilt werden soll (z.B. bestimmte Produkteigenschaft).
- *Werbemittel:* Das Werbemittel stellt die *objektivierte Form der Werbebotschaft* dar, also die Ausformung der Werbebotschaft in einer ganz bestimmten Weise. Werbemittel sind etwa Anzeigen oder Funkdurchsagen.
- *Werbeträger:* Unter dem Werbeträger oder dem Werbemedium versteht man diejenige Person, Sache oder dasjenige Programm (Kino, Radio, Fernsehen), die bzw. das die Übermittlung des Werbemittels zum Werbesubjekt bewerkstelligt (z.B. Zeitungen, Zeitschriften, Radio-, Fernseh-, Kinoprogramm, Plakatwand).

8.2.2. Die Mediawerbung als Form der Marktkommunikation

Die bezüglich der aufgewandten finanziellen Mittel bedeutsamste Form der Marktkommunikation ist die *Mediawerbung* oder – wie sie bisweilen auch genannt wird – die klassische Werbung. Unter Mediawerbung ist dabei der bewußte Versuch zu verstehen, Menschen mit Hilfe *spezifischer Kommunikationsmittel* (Werbemedia) zu einem bestimmten, *unternehmenspolitischen*

Zwecken dienenden Verhalten zu bewegen (Nieschlag/Dichtl/ Hörschgen). Mediawerbung ist gemäß dieser heute verbreitetsten Definition an den Gebrauch spezifischer Kommunikationsmittel geknüpft, wobei diese nicht individuell gestreut werden. Die Definition betont daneben, daß allein der Versuch der Beeinflussung für die Klassifizierung einer Maßnahme ausreicht und der Erfolg nicht begriffsnotwendig ist. Ein gesellschaftspolitisch wichtiges Element der obigen Definition der Mediawerbung ist schließlich der Tatbestand, daß nicht nur bei bewußter und freiwilliger Aufnahme bestimmter Informationen von Mediawerbung die Rede ist, sondern *auch bei unbewußter Aufnahme* (sogenannte unterschwellige Werbung) von Informationen und bei der Aufnahme von Informationen unter psychischem «Zwang».

Die im Bereich der klassischen Werbung (Image- und Aktionswerbung) hauptsächlich benutzten Mediagruppen werden üblicherweise wie folgt unterteilt:

• Zeitungen.
• Zeitschriften.
• Adreß- und Telefonbücher.
• Sonstige Nachschlagewerke.
• Plakatanschlagstellen.
• Kinos.
• Hörfunkprogramme.
• Fernsehprogramme.

Begrifflich klar von Media zu trennen sind die dazugehörenden Werbemittel, was für obige Aufzählung Anzeigen (Zeitungen, Zeitschriften, Adreß- und Telefonbücher, sonstige Nachschlagewerke), Plakate (Plakatanschlagstellen), Funkdurchsagen (Hörfunkprogramme) oder Fernsehspots (Fernsehprogramme) sind. Wichtige Kriterien zur Beurteilung der einzelnen Media sind *Reichweitenwerte*, die zum Ausdruck bringen, wie viele *Personen* mit einer *einzigen Anzeige* eines Druckwerks oder einer einzigen Durchsage bzw. einem *einzigen Spot* eines elektronischen Mediums erreicht werden. Für die überregionalen Tageszeitungen wie die Süddeutsche Zeitung, die Frankfurter Allgemeine Zeitung und Die Welt betragen diese Werte etwa zwischen 0,6 und 1,1 Mio Personen über 14 Jahre. Eine einzige Person über ein solches Medium einmal zu erreichen, kostet folglich etwa DM –,04 (gilt für Produktwerbung, nicht für Stellenanzeigen).

Nach den einzelnen Elementen kommunikationspolitischer

Maßnahmen können verschiedene Ausprägungen der Mediawerbung unterschieden werden:

- Die *Produkt-, Sortiments-* und *Firmenwerbung* unterscheiden sich nach dem Werbeobjekt.
- *Allein-, Kollektiv-* und *Gemeinschaftswerbung* differieren hinsichtlich der Werbungtreibenden. Während man unter Alleinwerbung die Werbung für einen einzelnen, namentlich genannten Werbungtreibenden versteht, wird mit Kollektivwerbung diejenige Werbung bezeichnet, bei der mehrere Werbungtreibende unter *Nennung ihrer Namen* gemeinsam eine Werbemaßnahme durchführen (z. B. Werbemaßnahme eines Handels- zusammen mit einem Produktionsunternehmen). Gemeinschaftswerbung ist ebenfalls eine Werbung für mehrere Werbungtreibende, wobei in diesem Falle aber die einzelnen Beteiligten – meist sind es sehr viele – nicht in Erscheinung treten (z. B. Werbemaßnahme für Milch oder sonstige Agrarprodukte).
- *Einzel-, Mengenumwerbung* und *Sprungwerbung* sind Ausprägungen der Mediawerbung, die bezüglich der Werbesubjekte Besonderheiten aufweisen. Bei der Mengenumwerbung wird eine große Zahl von Personen ohne genaue Kenntnis der einzelnen Namen angesprochen, während bei der Einzelumwerbung man auf namentlich bekannte Individuen abzielt. Einzelumwerbung ist mit den Gegebenheiten der Mediawerbung in nahezu allen Fällen nicht vereinbar, Einzelumwerbung findet jedoch in gewissem Sinne in Form der Direktwerbung statt. Der Ausdruck Sprungwerbung schließlich hebt den Tatbestand hervor, daß die Werbesubjekte nicht mit den direkten Abnehmern identisch sind. Sprungwerbung ist immer dann gegeben, wenn ein Unternehmen am Letztkäufermarkt werblich hervortritt, aber selbst nicht an Letztkäufer, sondern nur an Handelsunternehmen die Produkte verkauft. Das Ziel der Sprungwerbung, die vor allem im Konsumgüterbereich zu beachten ist, besteht darin, die Letztkäufer positiv für eine bestimmte Marktleistung zu stimmen, um so den Absatz gewissermaßen «vorzuverkaufen» und in gewissem Sinne einen Druck auf die Handelsunternehmen ausüben zu können, das Produkt in ihrem Sortiment zu führen (*Pull-Strategie:* Produkt durch den Marktkanal «ziehen»; Gegensatz: *Push-Strategie*).
- *Unterschwellige* und *überschwellige Werbung* unterscheiden sich danach, ob die Informationsaufnahme bewußt oder nur unbe-

wußt vor sich geht bzw. ob die Beeinflussungsabsicht erkennbar ist oder nicht. Unterschwellige Werbung soll vor allem dann gegeben sein, wenn die Darbietungszeit für Werbeaussagen so kurz ist, daß die Informationsaufnahme nicht mehr bewußt, sondern nur mehr im Unterbewußtsein erfolgt. Neuere Forschungsergebnisse legen allerdings den Schluß nahe, daß unterschwellige Werbung überhaupt nicht existiert, sondern deren Existenz auf Meßfehler (i. w. S.) zurückzuführen ist.

- *Offene* und *Schleichwerbung* unterscheidet man danach, ob der Werbezweck (z. B. Beeinflussung zum Kauf) erkennbar oder nicht bzw. nur beschränkt erkennbar ist. Von Schleichwerbung wird zum Beispiel dann gesprochen, wenn in Presseorganen der Anzeigenteil und der redaktionelle Teil vermischt werden oder wenn in Spielfilmen bestimmte Produktmarken deutlich zur Schau gestellt werden. Neuerdings spricht man statt von Schleichwerbung auch von *Product Placement,* was häufig etwa dadurch geschieht, daß ein berühmter Schauspieler in einem Film deutlich sichtbar eine bestimmte Zigarettenmarke raucht. Bei der Schleichwerbung/beim Product Placement wird also gewissermaßen die Nutzung von Unterhaltungsmedia als Werbeträger erschlichen.

Bei der Planung von Maßnahmen der Mediawerbung sind in der Regel folgende Planungstatbestände zu berücksichtigen:

- Werbesubjekte.
- Werbebotschaft.
- Werbemittelgestaltung.
- Werbeträgerauswahl.
- Werbezeitpunkt und Werbedauer.
- Werbebudget.

Die Bestimmung des Werbeobjektes bedarf demgegenüber kaum besonderer Planungsanstrengungen. In der Marketingpraxis besonders häufig sträflich vernachläßigt wird eine explizite Planung der Werbebotschaft, deren Planung allerdings unersetzbar ist, um eine Werbekontrolle durchführen zu können.

8.2.3. Die Verkaufsförderung als Form der Markt- kommunikation

Die bezüglich der aufgewendeten finanziellen Mittel nach der Mediawerbung bedeutsamste Form der Marktkommunikation ist die *Verkaufsförderung* (Sales Promotions). Verkaufsförderung ist ein *Sammelbegriff für eine Vielzahl von kommunikativen Maß- nahmen,* die *kurzfristig den Absatz* eines Produktes bzw. einer Unternehmung *beeinflussen* sollen. Über die Abgrenzung dessen, was als Verkaufsförderung zu bezeichnen ist, bestehen keine exakten Vorstellungen; es hat sich eingebürgert, die der Ver- kaufsförderung zuzurechnenden Maßnahmen weitgehend ka- suistisch festzulegen. So faßt man unter Verkaufsförderung vor allem folgende Maßnahmengruppen zusammen:

- Maßnahmen der *Schulung von Organen der Absatzwirtschaft,* die mit dem Ziel verfolgt werden, die Verkaufschancen der Absatzobjekte zu verbessern.

- Maßnahmen der *Übermittlung von Informationen über Produkte und Märkte,* die den Verkaufsprozeß direkt unterstützen sol- len.

- Maßnahmen im Zusammenhang mit der Erstellung bzw. *Zur- Verfügung-Stellung von Ausstattungsteilen,* die Verkaufshilfen darstellen.

- Maßnahmen, die die *Verkaufsanstrengungen* der in der Distri- butionskette nachgeordneten Glieder *erhöhen* sollen (v.a. finanzielle Anreize).

- Maßnahmen der *Unterstützung der Verkaufsmaßnahmen* der in der Distributionskette nachgeordneten Glieder zum Beispiel durch Übernahme von Arbeiten der «Regalpflege».

All diese Maßnahmen sollen dazu dienen, die konkreten *Ver- kaufsvorgänge effizienter* zu machen und durch Mediawerbung geschaffene günstige Einstellungen zu den Absatzobjekten in konkrete Kaufakte umzuwandeln, was im übrigen auch mit Mit- teln der Aktions-Mediawerbung möglich ist.

Hinsichtlich der Zielgruppen der Verkaufsförderung sind deut- lich folgende Fälle zu unterscheiden:

- *Handelspromotions:* Verkaufsförderungsmaßnahmen, die sich an die Handelsunternehmen insgesamt bzw. an einzelne Mitglieder dieser Unternehmen richten.

- *Außendienstpromotions:* Verkaufsförderungsmaßnahmen, die Mitglieder der Außendienstorganisation als Zielgruppe haben.

- *Verbraucherpromotions:* Verkaufsförderungsmaßnahmen, die

sich an Letztverbraucher wenden. Dabei sind zwei Fälle zu unterscheiden: PoP-Werbung als Verbraucherpromotions, die nur in Zusammenarbeit mit Handelsunternehmen realisiert werden, und sonstige Verbraucherpromotions, die direkt an die Letztverbraucher herangebracht werden.

Die spezifischen Zielsetzungen, die üblicherweise mit Maßnahmen der *Handels- und Außendienstpromotions* verfolgt werden, ähneln sich im hohen Maße, weshalb diese beiden Maßnahmengruppen zusammen behandelt werden sollen. Die Grundidee dieser Maßnahmen ist es, die Handelsunternehmen (v. a. Einzelhandelsunternehmen) besser zu befähigen, ihre Verkaufsaufgaben zu erfüllen. Dabei bezieht sich diese *bessere Funktionserfüllung* entweder nur auf einzelne Produkte (= Produkte, die das Produktionsunternehmen, das die Maßnahmen der Handelspromotions durchführt, abzusetzen wünscht) oder aber auch auf das gesamte Sortiment. Maßnahmen der Handelspromotions sind insbesondere vor *Einführung neuer Produkte* besonders wichtig: Es ist in diesem Fall unter anderem dafür zu sorgen, daß die Beschäftigten der Handelsunternehmen mit den Gegebenheiten des neuen Produktes vertraut sind (→ Schulung im Hinblick auf das Produkt), daß die neuen Produkte verkaufsgünstig plaziert werden (→ ausreichend großer und gut gelegener Regalplatz) bzw. auch eine geeignete Zweitplazierung erfahren (→ Bereitstellung von Ausstattungsteilen und Displaymaterial, finanzielle Anreize, Übernahme der Regalpflege). Bei der Einführung neuer Produkte werden häufig auch Verkaufswettbewerbe veranstaltet, bei denen demjenigen Handelsunternehmen, das die höchsten Verkaufszahlen erzielt, Prämien gewährt werden. Dem «*Kampf um den Regalplatz*», dessen Ausgang häufig mitentscheidend ist für den Erfolg eines Produktes, widmen sich insbesondere die sogenannten *Merchandiser*. Sie sind in der Regel Angestellte eines Produktionsunternehmens und haben die Aufgabe, durch gezielte eigene Maßnahmen (Regalauffüllung etc.) oder durch Anregung von Maßnahmen des betreffenden Handelsunternehmen sicherzustellen, daß das eigene Produkt vergleichsweise günstig (Regalfläche, Regalstandort) plaziert ist.

Einige Maßnahmen der *Verbraucherpromotions* haben eine gewisse Ähnlichkeit mit der Mediawerbung, so zum Beispiel die *PoP-Werbung*. PoP-Werbung ist Werbung am Verkaufsort (*Point of Purchase*/Point of Sale), die entweder vom Produktions- oder vom Handelsunternehmen getragen wird. PoP-Werbemaßnahmen bestehen zumeist aus Aufklebern, Aufstellern oder Regalstoppern, besitzen insofern also medialen Charakter; ihre Funktionen (Steigerung der Verkaufschancen) ähneln aber denen der Handelspromotions. PoP-Werbemaßnahmen wird häufig die Aufgabe zugeschrieben, den potentiellen Käufer am Verkaufsort *an die Mediawerbung zu erinnern,* um die mittels der Mediawerbung angestrebten Einstellungen zu aktualisieren. Die verbreitetsten Formen sonstiger Verbraucherpromotions sind *Preisausschreiben,* Autogrammstunden, die Verlage mit ihren Autoren für die Verbraucher arrangieren, und Probenverteilungen.

Promotions	Beschreibung	Wirksamkeit	Rechtslage
Produkt-proben	kurzzeitige Proben-verteilung des ge-förderten Produkts an der Haustüre, in Geschäften oder auf Anforderung des Verbrauchers	wirkungsvoll bei bis-herigen Nichtkäufern und bei der Einfüh-rung neuer Produkte	Größe der Probepak-kung muß zur Erpro-bung tatsächlich notwendig sein, an-dernfalls unlauterer Wettbewerb
Zugaben	Vergabe von Waren, Gutscheinen usw. beim Kauf des ge-förderten Produktes	durchschnittliche Umsatzerfolge ohne langfristige Wirkung	Wert der Zugabe unterliegt gesetzli-chen Beschränkun-gen
Gewinn-spiele	der Produktkauf schließt die Teil-nahme an einem Wettbewerb und die Chance eines Ge-winns ein	schnelle Umsatzan-stiege, aber kurz-fristig (Erfahrungs-wert: bis zu 30 % Umsatzanstieg in der ersten Woche)	Produktkauf als Vor-aussetzung zur Teil-nahme am Wettbe-werb ist gesetzes-widrig
Demon-strations-verkauf	Demonstration und Verkauf des Produk-tes durch Propagan-disten, Passanten-werber sowie auf pri-vaten oder öffentli-chen Verkaufsparties	gute Umsatzerfolge, aber nur kurzfristig	Passantenwerbung verstößt gegen die guten Sitten und ist daher unzulässig
Merchandi-sing	besondere Plazie-rung und Hervorhe-bung des geförder-ten Produktes am Verkaufsort (PoP = Point of Purchase) durch Displays, Dia-Einsatz u.a.m.	Umsatzsteigerungen von durchschnitt-lich 40 bis 50 %	keine Probleme

Schaubild 8.3.: Einige Maßnahmen von Verbraucherpromotions und ihre rechtliche Beurteilung

Einen Überblick über einige Maßnahmen der Verbraucherpromotions gibt Schaubild 8.3. Sehr häufig stellen Verbraucherpromotions Zugaben dar; in diesem Fall ist ihre rechtliche Zulässigkeit zu überprüfen, wobei vor allem das Wettbewerbsrecht und die Zugabenverordnung Relevanz besitzen.

8.2.4. Die Öffentlichkeitsarbeit als Form der Marktkommunikation

Mit Maßnahmen der Mediawerbung und der Verkaufsförderung wird eine direkte Beeinflussung der Absatzchancen der Werbeobjekte dadurch angestrebt, daß das Image positiv beeinflußt wird und/oder konkrete Kaufanreize geboten werden. Bei Maßnahmen der Öffentlichkeitsarbeit (Public Relations) zielt man demgegenüber nicht unmittelbar auf einen Absatzerfolg, sondern versucht, durch die *Schaffung* einer *günstigen Ausgangslage* die Grundlage für erfolgreiche Einzelmaßnahmen zu legen. Maßnahmen der Öffentlichkeitsarbeit haben als Werbesubjekte also nicht die Zielgruppe der Absatzpolitik, sondern im Grundsatz die Gesamtheit aller *Personen,* die in irgendeiner Weise *für den Erfolg des Unternehmens Bedeutung* haben. Die Relevanz kann dabei daher rühren, daß die Personen aktuelle bzw. potentielle Abnehmer, Arbeitnehmer, Geldgeber oder Lieferanten sind oder aber einen Einfluß auf die Gestaltung der Rahmenbedingungen der unternehmerischen Tätigkeit (z. B. Gesetzgebung) oder auf die Beurteilung der Unternehmung in der Allgemeinheit besitzen. Wichtige Zielgruppen der Öffentlichkeitsarbeit eines Unternehmens sind demnach insbesondere Personen, die hohe gesellschaftliche Positionen innehaben oder Meinungsführer sind. Demgemäß sind die Presse, Vorstände von größeren sozialen Gruppen (z. B. Parteien, Unternehmen, Gewerkschaften, Clubs, Vereine) und in der Ausbildung tätige Personen die wichtigsten Zielpersonen für die Öffentlichkeitsarbeit.

Ziel der Maßnahmen der Öffentlichkeitsarbeit ist es regelmäßig, bei der Öffentlichkeit bzw. relevanten Personengruppen die Einstellung zu erzeugen, daß der Werbungtreibende bzw. dessen Produkte allgemein anerkannte *gesellschaftliche Ziele* fördern. Es wird also etwa nachzuweisen versucht, daß die Arbeitsstätte besonders wenig unfallgefährdet ist, daß die Produkte besonders umweltfreundlich sind, daß die Unternehmung den wissenschaftlichen und technischen Fortschritt fördert, daß die Unternehmung einen wichtigen Beitrag zur Energiesicherung leistet oder einfach daß die Unternehmung sympathisch ist. Erweisen sich entsprechende Maßnahmen der Öffentlichkeitsarbeit als zielführen, d. h. wird eine entsprechende positive Einstellung begründet oder verstärkt, so wird der betreffende Werbungtreibende seine spezifischen unternehmenspolitischen Maßnahmen im Zweifel besser realisieren können. Insbesondere dann, wenn das Bild eines Unternehmens in der Öffentlichkeit aufgrund irgendwelcher Vorkommnisse negativ belastet ist, sind alle anderen unternehmenspolitischen Maßnahmen deutlich erschwert.

Eine Form der Öffentlichkeitsarbeit, die vor allem in jüngster Zeit an Bedeutung gewinnt, ist das *Sponsoring*. Dabei bedient sich der Werbetreibende der positiven Einstellung der Öffentlichkeit zu einer Sportart, einem Kulturereignis, einer sozialen Einrichtung oder deren Repräsentanten, um Bekanntheit und Sympathie für sich zu gewinnen.

Öffentlichkeitsarbeit soll ein einheitliches, positives Bild eines Unternehmens in der Öffentlichkeit mitgestalten; eine solche Zielsetzung kann nur dann systematisch erreicht werden, wenn auch im Unternehmen ein solches einheitliches, positiv geladenes Bild vom Unternehmen *(corporate identity)* besteht. Die corporate identity soll somit der gesamten Unternehmenspolitik, dem Führungsstil und dem Öffentlichkeitsbild als Leitfigur vorausschweben; sie soll Unternehmensangehörigen und Externen eine eindeutige positive Identifikation mit dem Unternehmen als Arbeitsstätte, als Produzent etc. erlauben und ein gewisses «Wir-Gefühl» entstehen lassen. Das Wirkungssystem einer positiven und klaren corporate identity gibt Schaubild 8.4. wider.

8.2.5. Die Direktwerbung als Form der Marktkommunikation

Mediawerbung, Verkaufsförderung und die meisten Formen der Öffentlichkeitsarbeit richten sich an einen anonymen Markt; zwar sind gegebenfalls die einzelnen Segmente des Marktes nach Art, Volumen und Präferenzstruktur hinreichend genau umschrieben, die Personen der einzelnen Segmente sind aber nicht individuell bekannt. Beim *Direktmarketing* dagegen werden die betreffenden Personen namentlich und einzeln umworben (Einzelumwerbung). Beim Direktmarketing bedient man sich entweder der Post als Informationsmedium (mediales Direktmarketing) oder des *persönlichen Verkaufs* (z. B. Sammel-

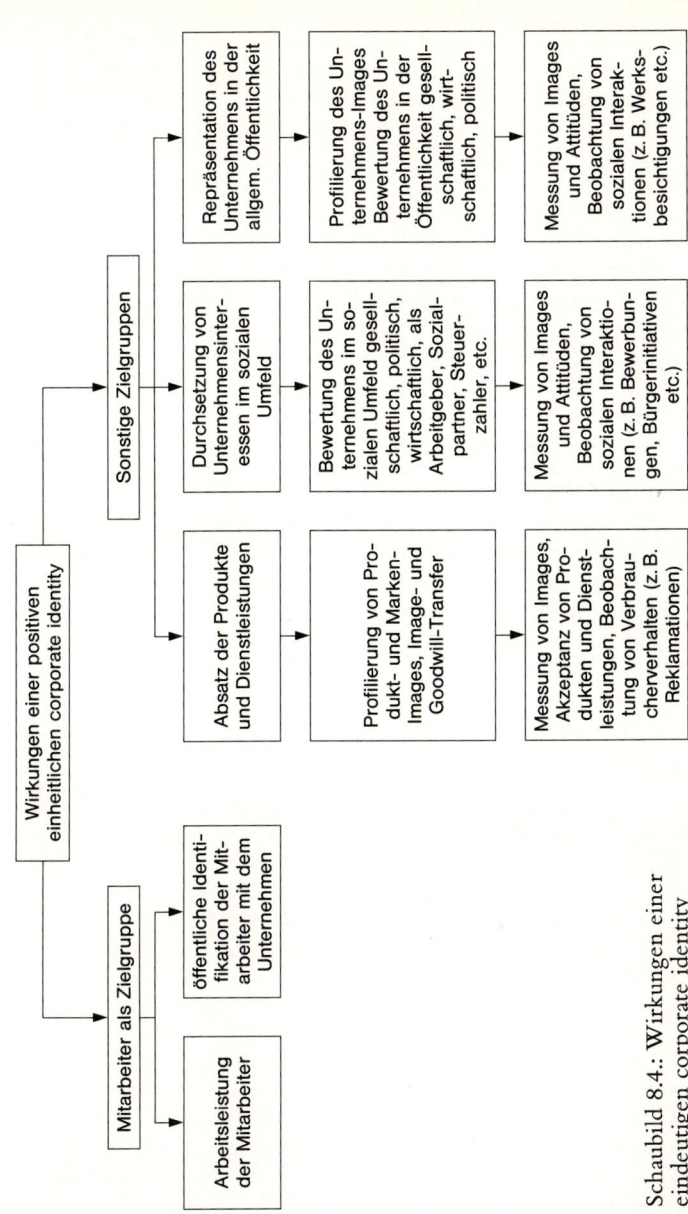

Schaubild 8.4.: Wirkungen einer eindeutigen corporate identity

besteller-System). Werbebriefe, Werbeprospekte und in jüngster Zeit auch audiovisuelle Media wie Tonband-Cassetten oder Video-Cassetten machen den Kern der Kontaktmittel bei der medialen Direktwerbung («Direct Mail») aus. Insbesondere die audiovisuellen Media bieten dabei noch weit mehr Möglichkeiten als derzeit genutzt werden; so können etwa Gebrauchsdemonstrationen, Gebrauchsanweisungen und ähnliche Informationen mit gezielten Werbemaßnahmen verbunden werden. Die jeweiligen Adressen werden dabei unternehmensinternen Dateien entnommen und/oder von speziellen Adressenunternehmen bezogen. Unternehmen, die vorwiegend im Wege des Direktmarketing Absatzpolitik betreiben und demgemäß intensiv mit Direktwerbung arbeiten, sind die Versandhäuser. Akzidentelle Direktwerbung wird dagegen in sehr vielen Wirtschaftsbereichen betrieben, insbesondere in Verbindung mit bestimmten absatzpolitischen Aktionen.

Die zunehmende Verbesserung der Qualität des von Adressenunternehmen erwerbbaren Adressenmaterials, die steigenden Kosten der Mediawerbung und Verkaufsförderung und das Bestreben vieler Unternehmen, eine möglichst gezielte Absatzpolitik zu betreiben, haben die Bedeutung des Direktmarketing und damit auch der Direktwerbung in den vergangenen Jahren stetig wachsen lassen.

8.2.6. Die Integration der einzelnen kommunikationspolitischen Maßnahmen

Kommunikationspolitische Maßnahmen sollen
- einerseits gewisse Vorstellungen über die Leistungen eines Unternehmens bzw. über das Unternehmen selbst bei den aktuellen sowie potentiellen Kunden erzeugen und
- andererseits den Abverkauf der Produkte fördern.

Zum Aufbau bzw. zur Verstärkung einer bestimmten Vorstellungswelt eignen sich insbesondere Maßnahmen der Öffentlichkeitsarbeit, der Mediafirmen- und der Mediaproduktwerbung (ausgenommen: Mediawerbung in der Tageszeitung). Als Träger von Maßnahmen der Aktionswerbung sind vor allem Tageszeitungen sehr gut geeignet, daneben aber auch alle Maßnahmen der PoP- und Direktwerbung sowie einige Formen der Verbraucherpromotions. Schaubild 8.5. macht diese Zusammenhänge sowie die inhaltliche Verknüpfung der verschiedenen Maßnahmenbündel deutlich.

Die in Schaubild 8.5. zum Ausdruck gebrachte Struktur hebt auf den Regelfall ab, es sind jedoch auch Verbraucherpromotions denkbar, die primär der Imagewerbung dienen, und Handelspromotions im Einsatz, die primär Aktionswerbung darstellen.

8.3. Der Prozeß der Marktkommunikation

Um alternative Maßnahmen der Marktkommunikation hinsichtlich ihrer Vorteilhaftigkeit analysieren und adäquat beurteilen zu können, bedarf es zunächst einer Darstellung des Prozesses, der bei einer Marktkommunikation abläuft. Diese Darstellung berücksichtigt insbesondere den Fall der Marktkommunikation mittels Maßnahmen der Mediawerbung; die Ergebnisse können aber unschwer auf andere Formen der Marktkommunikation übertragen werden. Zunächst wird der *Planungszyklus der Marktkommunikation* einer näheren Betrachtung unterzogen, anschließend sollen kommunikationswissenschaftliche Erkenntnisse vorgestellt und das Problem der Formulierung geeigneter Zielsetzungen für kommunikationspolitische Maßnahmen diskutiert werden.

8.3.1. Der kommunikationspolitische Planungszyklus

Kommunikationspolitische Maßnahmen setzen in der Regel vielschichtige Planungsüberlegungen voraus: Während die Festlegung der Werbeobjekte zumeist keine zu großen Probleme aufwirft, verlangen die Planungen der Werbesubjekte, der Werbebotschaft, der Werbemittel, der Werbebudgets und der Werbezeitpunkte die Berücksichtigung einer Anzahl von Gesichtspunkten. Bei der Werbeplanung für ein einzelnes Objekt sind neben unternehmensinternen Gegebenheiten (z.B. langfristige Marketingstrategie, Produktionskapazität, Produktbesonderheiten, Finanzkraft des Unternehmens) und Gesetzmäßigkeiten des Marktes (z.B. Reaktionsweisen der aktuellen und potentiellen Abnehmer sowie der Konkurrenten) auch Beschränkungen bei den Werbemedien und solche infolge gesetzlicher Regelungen (z.B. Verbot der «Vergleichenden Werbung») von erheblicher Bedeutung.

Bereits das Bestreben, die verschiedenen kommunikationspolitischen Maßnahmen für ein einzelnes Produkt zu integrieren, wie es stark vereinfacht in Schaubild 8.5. dargestellt wurde, stellt ein vielschichtiges Planungsproblem dar; in noch weit größerem

Schaubild 8.5.: Zusammenwirken einzelner kommunikationspolitischer Maßnahmen bei der Bearbeitung eines anonymen Marktes

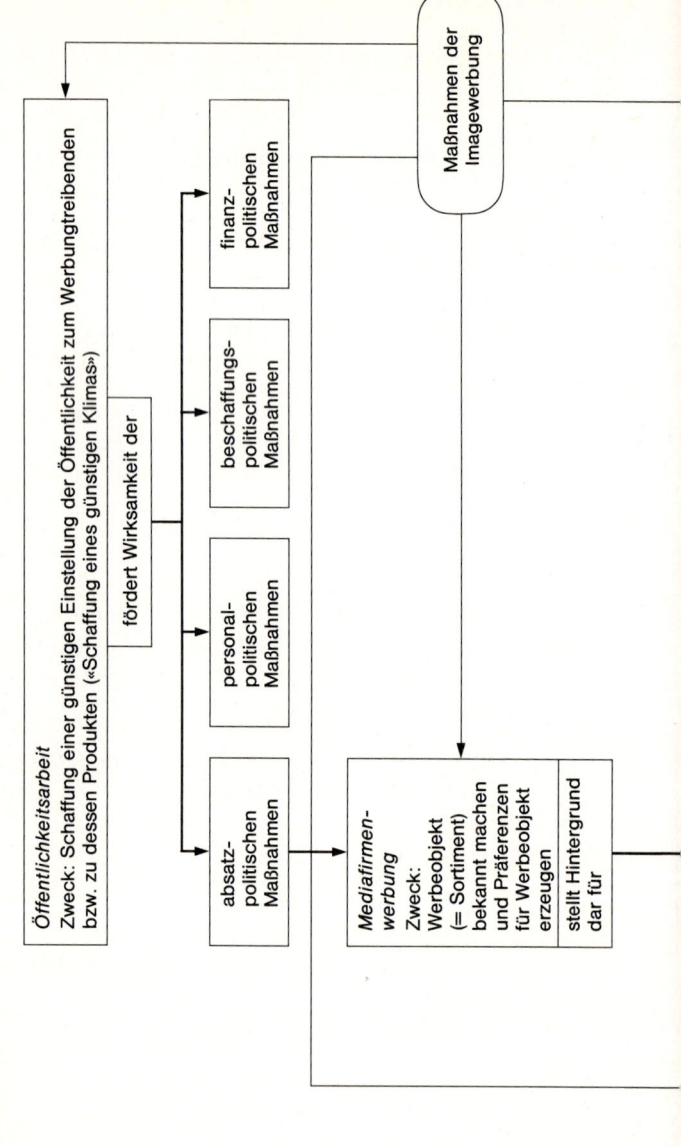

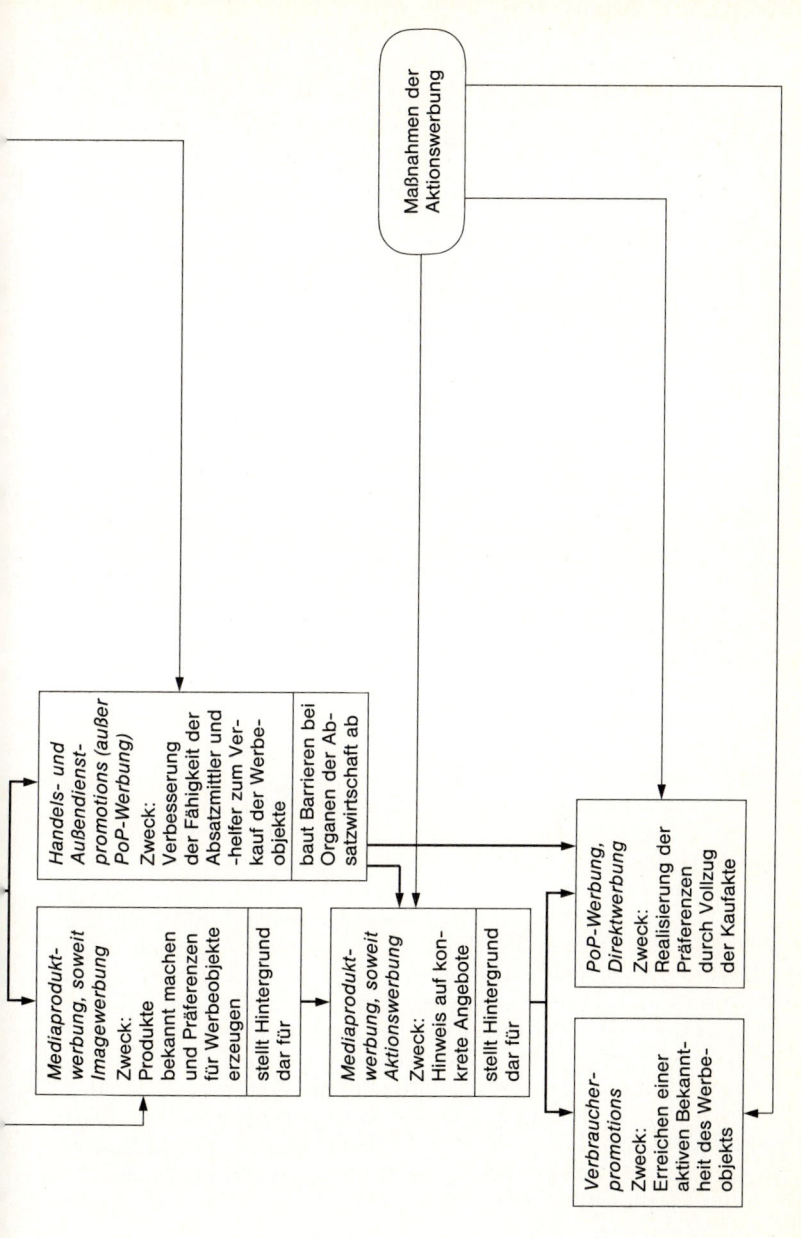

Maßnahmen der Aktionswerbung

Handels- und Außendienst-promotions (außer PoP-Werbung)
Zweck:
Verbesserung der Fähigkeit der Absatzmittler und -helfer zum Verkauf der Werbeobjekte

baut Barrieren bei Organen der Absatzwirtschaft ab

Mediaprodukt-werbung, soweit Imagewerbung
Zweck:
Produkte bekannt machen und Präferenzen für Werbeobjekte erzeugen

stellt Hintergrund dar für

Mediaprodukt-werbung, soweit Aktionswerbung
Zweck:
Hinweis auf konkrete Angebote

stellt Hintergrund dar für

PoP-Werbung, Direktwerbung
Zweck:
Realisierung der Präferenzen durch Vollzug der Kaufakte

Verbraucher-promotions
Zweck:
Erreichen einer aktiven Bekanntheit des Werbeobjekts

377

Maße gilt dies für die Planung der kommunikationspolitischen Maßnahmen für eine ganze Produktpalette. Das Gebot einer integrierten Marketingstrategie kommt im Mehrproduktfall dabei unter anderem darin zum Ausdruck, daß man ein *einheitliches kommunikationspolitisches Konzept* für alle Werbeobjekte entwickelt. Dementsprechend sollen nicht nur die Aussagen aller Maßnahmen der Öffentlichkeitsarbeit, der Mediawerbung, der Verkaufsförderung und der Direktwerbung für alle Werbeobjekte eines Werbungtreibenden sich nicht widersprechen, sondern gemeinsame Charakteristika aufweisen. Gemeinsame Charakteristika können zum Beispiel darin bestehen, daß bestimmte *Werbekonstanten* verwendet werden, oder darin, daß alle kommunikationspolitischen Maßnahmen *einheitliche Aussagen* enthalten. Die Einheitlichkeit der Aussage kann beispielsweise darin bestehen, daß bei allen kommunikationspolitischen Aktivitäten ein bestimmtes Merkmal des Produkts oder der Unternehmung hervorgehoben wird (z.B. aktive und passive Sicherheit bei Daimler-Benz-PKW; Ubiquität des Service bei Daimler-Benz-LKW). Die Funktion von Werbekonstanten können sowohl deutlich herausgestellte Markenzeichen, sonstige Symbole oder Signets als auch einheitliche Gestaltungsprinzipien aller Maßnahmen (konstante Farben, konstante Personen, ...) erfüllen. Die Vorzüge einer einheitlichen konzipierten Kommunikationsstrategie werden allerdings mit dem Nachteil eines höheren Risikos erkauft, da gewissermaßen «alles auf eine Karte» gesetzt wird.

In Schaubild 8.6. ist die Gesamtheit der Planungsmaßnahmen und der Wirkungen einer einzelnen Marktkommunikation schematisch zusammengestellt.

Im Mittelpunkt der Werbebotschaft sollte stets die Präsentation der Besonderheit des Werbeobjektes stehen (*«einzigartiger Produktnutzen»* = «unique selling proposition», USP). Diese Besonderheit kann in der Regel allerdings nicht unmittelbar den Werbesubjekten übermittelt werden, sie muß vielmehr zunächst in verständlicher und attraktiver Form in ein Werbemittel übertragen werden. Wird das Werbemittel wahrgenommen, so ist die subjektiv gefärbte, tatsächlich vermittelte Werbebotschaft keineswegs immer mit der intendierten Werbebotschaft identisch, die am Anfang des Werbeplanungsprozesses steht. Diese subjektiv gefärbte, realisierte Werbebotschaft bildet die Grundlage für die (psychische) Informationsverarbeitungsprozesse bei den Werbe-Erreichten.

Phase der Marktkommunikation	agierende bzw. reagierende Einheit	Tätigkeiten im einzelnen
Rahmenplanung der Mediawerbung	Werbungtreibender	Analysen und Entscheidungen bezüglich *Werbeobjekte, Werbesubjekte* (Menge der geplanten Empfänger), *Werbebudget* (Festlegung des Aktivitätsniveaus der Werbung) und des *Formalziels*
Gestaltung der Werbebotschaft und des Werbemittels	Werbungtreibender (eventuell zusammen mit Werbeagentur)	Analysen und Entscheidungen bezüglich des Kommunikationsinhalts *(Werbebotschaft)* und der *Werbemittel* (Umsetzung der Werbebotschaft in konkrete Gestaltungsformen)
Mediaplanung	Werbungtreibender (eventuell zusammen mit Werbeagentur)	Analysen und Entscheidungen bezüglich der *Mediabelegung* und der *Streuungszeitpunkte* (Timing)
Werberealisation	Mediaunternehmen	*Transmission* der Werbemittel
Aufnahme des Werbemittels		Bei ausreichender psychologischer Aktivierung *psychischer Kontakt* mit Werbemittel
Verarbeitung des Werbemittels	Werbeerreichte (= Menge der tatsächlichen Empfänger, ≠ Werbesubjekte)	*Psychische Verarbeitung* des Werbemittels (Dekodierung des Werbemittels) zur empfangenen Werbebotschaft und dessen Speicherung im Gedächtnis, psychische Reaktion auf Werbemittel
Handlungswirkung des Werbemittels		*Physische Reaktion* auf Werbemittel in Form einer möglichen Veränderung des Kauf- und/oder Informationsverhaltens
Kontrolle der Werbewirkung	Werbungtreibender	Ermittlung der ökonomischen, Wahrnehmungs- und Einstellungswirkungen

Schaubild 8.6.: Phasenschema der Marktkommunikation

8.3.2. Die Abbildung der Marktkommunikation in Modellen

Aufnahme und Verarbeitung von Werbemitteln sind wahrnehmungs- und gedächtnispsychologische Prozesse, die darüber hinaus in Gruppenprozesse eingebettet sind. Es erscheint daher sinnvoll, zunächst die *interpersonalen Vorgänge* der Weiterleitung von Informationen und sodann die intrapersonalen Vorgänge der Informationsverarbeitung näher zu beleuchten. Die Ausführungen bauen auf den im Kapitel zwei dargelegten Erkenntnissen über soziale Systeme mit unilateraler Einflußwirkung und über Denken und Lernen auf.

Aus der Informationstheorie stammt das Modell der *einstufigen Kommunikation* bei massenmedialer Informationsübertragung. Angewandt auf den Fall der Absatzwerbung gilt demnach: Ein Sender (Werbungtreibender) übermittelt mit Hilfe eines apersonalen Informationsmediums (Werbeträger) ein bestimmtes Signal (Werbebotschaft). Für die Zwecke der Übermittlung ist das Signal in bestimmter Form zu kodieren (→ Werbemittel). Das Signal trifft schließlich auf die Empfänger, die sich in sozialer Isolation befinden und relativ passiv das kodierte Signal aufnehmen. Nach gewissen internen psychischen (→ Dekodierung) und physischen Vorgängen reagieren die Empfänger auf das ausgesandte kodierte Signal.

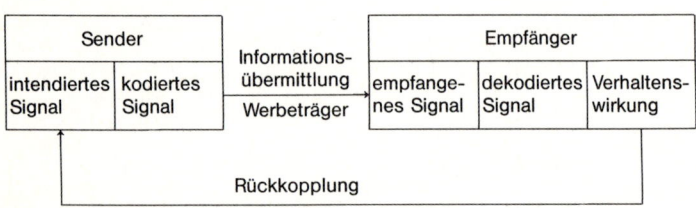

Schaubild 8.7.: Einstufiges Modell der Marktkommunikation

Schon bald erkannte man, daß das – vergleichsweise – starre einstufige Modell nur einen Teil der Prozesse der Marktkommunikation sinnvoll abzubilden in der Lage ist, etwa diejenigen Kommunikationsprozesse, bei denen die Werbesubjekte üblicherweise keine aktive Rolle einnehmen und die von relativ einfacher Aussage sind (z. B. Plakatanschläge).

Zur Abbildung des Prozesses der Marktkommunikation bei komplexeren Informationsinhalten und bei Kommunikationsmitteln, denen die Werbesubjekte in der Mehrzahl der Fälle nicht sozial isoliert gegenüberstehen (z. B. Zeitungen, TV), ist das Modell der *zweistufigen Marktkommunikation* eher geeignet. Wesentliches Element der zweistufigen Marktkommunikation ist der *Meinungsführer*, der als Quasifachmann insofern eine Mittlerrolle einnimmt, als er aktiv Informationen vor allem mittels *formaler* (apersonaler) *Kommunikation* nachsucht und sie vornehmlich mittels *informaler* (personaler) *Kommunikation* an Werbesubjekte in seiner sozialen Umgebung weitergibt. Die Meinungsführer, die nach der Überzeugung vieler sozialwissenschaftlicher Forscher etwa ein Viertel oder ein Fünftel der Bevölkerung ausmachen, üben im Rahmen der Marktkommunikation eine wichtige Relaisfunktion aus, da sie die empfangenen Informationen nur gefiltert, akzentuiert oder sogar um weitere Informationen ergänzt weitergeben.

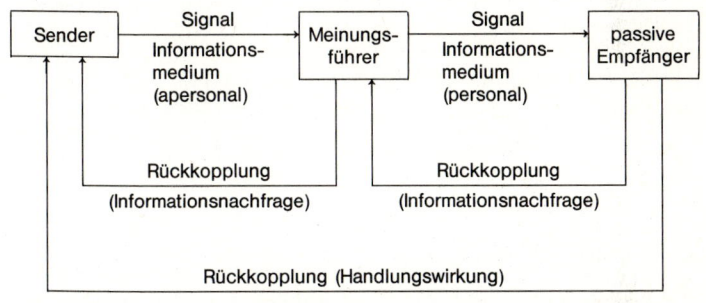

Schaubild 8.8.: Zweistufiges Modell der Marktkommunikation

Weder das zwei- noch das einstufige Modell ist in der Lage, die Mehrzahl der realen Prozesse der Marktkommunikation adäquat abzubilden. Die realen Prozesse enthalten vielmehr sowohl Elemente der zweistufigen als auch solche der einstufigen Marktkommunikation. Darüber hinaus glaubt man festgestellt zu haben, daß die apersonalen Informationsmedien vor allem im Hinblick auf das *Wissen um die Werbeobjekte* Bedeutung haben (kognitive Komponente der Einstellung), während die personalen Informationskanäle insbesondere für die Formung der affektiven Einstellungskomponente und damit für die *Präferenzbildung* Relevanz besitzen. Die höhere Wirksamkeit der personalen Information kann unter anderem damit erklärt werden, daß die meisten passiven Rezipienten den Meinungsführern keinen *Eigennutz* unterstellen, der bei von Werbungtreibenden gestreuten Informationen vermutet wird. Die Vermutung eines Eigennutzes bei bestimmten Informationen läßt diese, soweit es sich hier um Bewertungen handelt, als wenig vertrauenswürdig und nicht objektiv erscheinen. Schließlich verläuft in vielen Fällen der Prozeß der Marktkommunikation nicht nur über maximal zwei, sondern bisweilen über weit mehr Stufen; so können sich beispielsweise die in Schaubild 8.9. dargestellten komplexen Kommunikationsbeziehungen ergeben (IM = Informationsmedium).

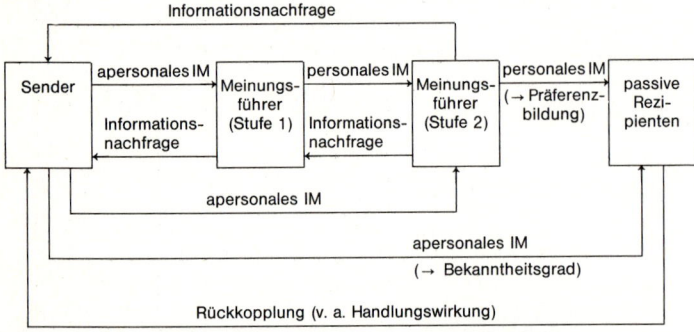

Schaubild 8.9.: Mehrstufiges Modell der Marktkommunikation

Die *intrapersonalen Vorgänge* bei kommunikationspolitischen Maßnahmen lassen sich unschwer mit der *Adoptionstheorie* erklären. Im Zusammenhang mit der Adoptionstheorie wurden auch unterschiedliche Stufenmodelle der Werbewirkung entworfen. Das bekannteste ist die sogenannte *AIDA-Regel*, die besagt, daß die Wirkung einer spezifischen Werbemaßnahme in folgender Abfolge psychischer bzw. physischer Reaktionen besteht:

- Attention (Erwecken von Aufmerksamkeit für das Werbeobjekt)
- Interest (Entstehen von Interesse am Werbeobjekt)
- Desire (Entstehen von Nachfrage nach dem Werbeobjekt)

psychische (vor-ökonomische) Reaktionen

- Action (Vollzug bestimmter Handlungen)

physische (ökonomische) Reaktion

382

Die AIDA-Regel erfaßt die Wirkung einer Maßnahme der Mediawerbung nur unvollständig; bessere Einsichten in die Wirkungsprozesse vermittelt ein erweitertes Werbewirkungsmodell, das etwa folgende Wirkungsstufen umfaßt:

- *Physischer Werbeträger-Kontakt*
  ↓
- *Physischer Werbemittel-Kontakt*
  ↓
- *Psychische Aufnahme* des Werbemittels
  ↓
- *Psychische Verarbeitung* des Werbemittels (Dekodierung)
  ↓
- *Speicherung* der empfangenen Werbebotschaft
  ↓
- *Veränderung von Präferenzen* (infolge Veränderung der Wahr-
  ↓   nehmungen der Objekte und/
                                 oder der Merkmalsgewichte)
- *Handlungswirkung*

Vielfach werden solche Stufenmodelle im Sinne deterministischer Gesetzmäßigkeiten (d. h. eine Wirkung folgt zwangsläufig aus der vorhergehenden Wirkung) oder – abgeschwächt – als feste Folgen, die allerdings nur teilweise durchlaufen werden, verstanden. Eine solche Interpretation ist allerdings nicht richtig, da ohne Zweifel Fälle denkbar sind, bei denen eine Handlungswirkung infolge einer kommunikationspolitischen Maßnahme eintritt, ohne daß eine Speicherung der Werbebotschaft stattfindet. Stufenmodelle können daher nur im Sinne von Checklisten verstanden werden, die die Vielzahl der bei Kommunikationsprozessen ablaufenden intrapersonalen Informationsverarbeitungsvorgänge zu typisieren erlauben.

8.3.3. Kriterien zur Messung der Kommunikationswirkung

Sowohl die Darstellung der Planungsphasen kommunikationspolitischer Maßnahmen als auch die Strukturierung der inter- und intrapersonalen Prozesse deuten bereits alternative Kriterien zur Messung der Kommunikationswirkung an; die Kriterien sollen nachfolgend zusammenfassend diskutiert werden.
Es ist zunächst naheliegend, als Beurteilungskriterium für alternative kommunikationspolitische Maßnahmen den *Zusatzgewinn*

des Werbeobjektes heranzuziehen. Noch deutlicher als für die anderen absatzpolitischen Instrumentalbereiche muß der Gewinn mangels *Aufgabenadäquanz* als Beurteilungskriterium für den kommunikationspolitischen Bereich abgelehnt werden. Nachstehend soll das Abgrenzungsproblem allein für den Umsatz als einer Komponente des Gewinns diskutiert werden. Eine bestimmte Umsatzhöhe kann einzelnen kommunikationspolitischen Maßnahmen aus drei Gründen sinnvollerweise nicht zugeschrieben werden:

- Der Umsatz ist allenfalls der *Gesamtheit der absatzpolitischen Anstrengungen* für ein bestimmtes Objekt zurechenbar, nicht aber allein der Kommunikationspolitik, die «nur» über das Objekt informiert, und noch weniger einzelnen kommunikationspolitischen Maßnahmen, die häufig gar keinen konkreten Produktbezug besitzen (Öffentlichkeitsarbeit).

- Der Umsatz ist kaum spezifischen kommunikationspolitischen Maßnahmen zurechenbar, da Kommunikationsmaßnahmen häufig Investitionscharakter haben, wirken sie doch über lange Zeit fort (sogenannte *Depotwirkung von Kommunikationsmaßnahmen*). Für kommunikationspolitische Maßnahmen gelten im besonderen Maße zeitliche Ausstrahlungseffekte (Carry-Over-Effekte, Abschnitt 8.4.4.2.); deretwegen ist es wenig zielführend, nur die Maßnahmenwirkung zu einem bestimmten Zeitpunkt heranzuziehen. Für die Gesamtheit der kommunikationspolitischen Maßnahmen zum Beispiel eines Jahres, die im Rahmen der Budgetplanung zur Diskussion ansteht, gilt die soeben vorgetragene Argumentation nur eingeschränkt.

- Der Umsatz ist schließlich auch kaum Informationsmaßnahmen für einzelne Produkte zuzurechnen. Geht man etwa von einem Unternehmen aus, das komplementäre Produkte anbietet, so wirkt sich eine Kommunikationsmaßnahme für ein Produkt auch auf die anderen Produkte aus. Aufgrund solcher sachlicher Ausstrahlungseffekte *(Spill-Over-Effekte)* ist eine isolierte Betrachtungsweise nicht sinnvoll.

Analog der Problematik einer Formulierung geeigneter produkt- und distributionspolitischer Ziele muß es daher das Bestreben sein, Kriterien zu formulieren, die auf die spezifischen Gegebenheiten der Kommunikationspolitik ausgerichtet sind. Es ist dabei unmittelbar klar, daß diese spezifischen kommunikationspolitischen Ziele an «frühere» Stufen in der Werbewirkungskette als der Stufe der Handlungswirkung anzuknüpfen haben. In der

Folge wird man auch keine ökonomischen Wirkungsgrößen, sondern vorökonomische[1] Wirkungsgrößen als Maßgrößen heranziehen.

Geht man vom erweiterten Werbewirkungsmodell aus, so liegt es nahe, zunächst die Anzahl der *Werbeträgerkontakte* oder davon abgeleitete Kriterien zur Beurteilung von Kommunikationsmaßnahmen heranzuziehen. Im Falle einer einmaligen Aussendung eines bestimmten Werbemittels ist die *Reichweite* des entsprechenden Werbeträgers (Anzahl der *kontaktierten Personen*) gleich der Anzahl der Werbeträgerkontakte. Für den Fall, daß ein bestimmtes Werbemittel mehrfach ausgesandt wird, weichen die Anzahl der Werbeträgerkontakte und die Reichweite voneinander ab. Während die Anzahl der Werbeträgerkontakte, die sogenannte *Kontaktsumme*, bei konstantem Mediennutzungsverhalten mit der Anzahl der Aussendungen proportional steigt, nimmt die Reichweite unterproportional zu, da bei der Reichweitenermittlung jede Person, unabhängig davon, wieviele Kontakte sie erhielt, nur einmal berücksichtigt wird. Die Reichweite ist das grundlegende Kriterium, das im Rahmen der Mediaplanung zur Beurteilung alternativer Kommunikationsmaßnahmen herangezogen wird.

Die dem Werbeträgerkontakt nächstgelegene Wirkungsstufe ist der *Werbemittelkontakt*. Logischerweise kann die Anzahl der Werbemittelkontakte nie größer sein als die Anzahl der Werbeträgerkontakte; lediglich für den Fall, daß alle durch den Werbeträger kontaktierten Personen das Informationsangebot des Werbeträgers vollständig nützen (jede Seite, jede Sendeminute etc.), ist die Anzahl der Werbemittelkontakte gleich der Anzahl der Werbeträgerkontakte. Aufgrund experimenteller Untersuchungen können Schätzwerte für die Wahrscheinlichkeit angegeben werden, daß ein Werbemittel in einem bestimmten Werbeträger kontaktiert wird, wenn ein Kontakt mit dem Medium erfolgt. Es ist einsichtig, daß man für Zwecke der Mediaplanung nicht die Summe der werbeträgerbezogenen, sondern die der werbemittelbezogenen Reichweiten heranzieht. Die werbemittelbezogene Reichweite eines Mediums ergibt sich dabei als Produkt der werbeträgerbezogenen Reichweiten mit der oben skiz-

---

[1] Zumeist wird hier das Attribut «außerökonomisch» verwandt, was allerdings insofern irreführend ist, als es den Eindruck erweckt, als ob diese Wirkungen keinen ökonomischen Bezug hätten.

zierten Wahrscheinlichkeit (sogenannte *Seitenkontaktwahrscheinlichkeit*). Sowohl werbeträger- als auch werbemittelbezogene Reichweitenwerte können als absolute oder auch als relative Zahlen angegeben werden. Als Bezugsgröße für die relativen Zahlen gilt in der Bundesrepublik Deutschland die Bevölkerung über 14 Jahre. Eine werbemittelbezogene Reichweite von 16% bei einer einmaligen Aussendung eines Werbemittels in einem Medium A besagt somit, daß 16% der Bevölkerung über 14 Jahre (ca. 8 Mio. Personen) das Werbemittel gesehen bzw. gehört haben.

Ein Beurteilungskriterium, das an der *Aufnahme* eines Werbemittels ansetzt, ist der sogenannte *Recognitionwert*. Recognition bedeutet *Wiedererkennung*. Gemessen wird bei Recognitiontests, ob ein Werbemittel, das vorgelegt wurde, entweder überhaupt gesehen oder sogar intensiv betrachtet wurde. Wurde der Recognitionwert einer Kommunikationsmaßnahme auf die intensive Betrachtung bezogen, so sagt ein Recognitionwert von 8% aus, daß 8% der relevanten Bevölkerung das entsprechende Werbemittel intensiv betrachtet haben. Die typische Fragestellung für die Ermittlung des Recognitionwertes lautet: «Haben Sie dieses Werbemittel schon gesehen/schon intensiv betrachtet?» Gleichzeitig wird das entsprechende Werbemittel vorgelegt.

Ein Beurteilungskriterium, das die *Speicherung* eines Werbemittels betrifft, ist der sogenannte *Recallwert*. Unter Recall wird der Tatbestand verstanden, daß sich die Werbesubjekte des Inhalts des Werbemittels *erinnern*. Üblicherweise wird bei der empirischen Erhebung von Recallwerten das Werbemittel nicht vorgelegt, sondern es wird nur verbal angedeutet, und die Werbesubjekte haben dann Auskunft über das betreffende Werbemittel zu geben. Die Auskünfte über das Werbemittel werden zumeist danach klassifiziert, ob das Meiste/wenig/gar nichts richtig erinnert wurde. Der Recallwert wird ebenso wie der Recognitionwert gemeinhin als relative Größe angegeben. Für ein bestimmtes Werbemittel bzw. eine bestimmte Werbemittelkombination muß folgendes gelten:

$$\text{Werbeträger-} \atop \text{reichweite} \geq {\text{Werbemittel-} \atop \text{reichweite}} \geq {\text{Recognition-} \atop \text{wert}} \geq {\text{Recall-} \atop \text{wert}}$$

Die der Handlungswirkung am nächsten stehende Werbewirkung ist die *Wirkung auf* die Einstellungen und *Präferenzen* der Werbesubjekte. Anders als für die anderen Werbewirkungsstufen existieren hier keine vergleichsweise einheitlich formulierten Beurteilungsgrößen. Die Feststellung der Wirkung einer Kommunikationsmaßnahme auf die Einstellungen ist insofern auch komplizierter, da man in diesem Fall nicht an der Einstellung an sich interessiert sein kann, sondern nur an der *Einstellungsänderung.* Dies kann etwa dadurch geschehen, daß vor und nach der betreffenden kommunikationspolitischen Maßnahme erfragt wird, ob ein Werbeobjekt als qualitativ hochwertig/preiswert/kaufenswert/ . . . beurteilt wird, und die Differenz zwischen beiden Meßwerten dann als Werbewirkung betrachtet wird.

Eine Katalogisierung der Werbewirkungskategorien, die die vorökonomischen Aspekte besonders detailliert aufgliedert, stammt von Steffenhagen (Schaubild 8.10.).

---

(1) Momentane Reaktionen:

- Werbung gesehen,
- Werbung erreicht bestimmte Aufmerksamkeit,
- Werbung modifiziert Gefühle,
- Werbeinhalte wahrgenommen,
- Werbebotschaft verstanden.

(2) Dauerhafte Reaktionen:

- Veränderung Bekanntheit des Werbeobjekts,
- Veränderung Kenntnisse über Werbeobjekt,
- Veränderung Einstellung zum Werbeobjekt,
- Veränderung Präferenz gegenüber Werbeobjekt.

(3) Verhaltensreaktionen:

- Veränderung Kaufverhalten,
- Veränderung Informationsverhalten,
- Veränderung Verwendungsverhalten,
- Veränderung Beeinflussungsverhalten.

Schaubild 8.10.: Werbewirkungskategorien nach Steffenhagen

Beurteilungskriterien, die ebenfalls häufig im Zusammenhang mit kommunikationspolitischen Maßnahmen genannt werden, sind folgende:

- *Bekanntheitsgrad:* Anteil der Bevölkerung, der das Werbeobjekt kennt.
- Kaufinteressegrad: Anteil der Bevölkerung, der das Werbeobjekt zu kaufen beabsichtigt/kaufen würde.

- Wiederkäuferanteil: Anteil der Käufer eines Werbeobjektes, die es wiedergekauft haben.

Obige Kriterien können jedoch kaum als bereichsadäquate Kriterien der Kommunikationspolitik eingestuft werden. Entsprechend den grundlegenden Anforderungen, die an Bereichskriterien zu stellen sind, müssen diese folgende Bedingungen erfüllen:

- Die Bereichskriterien müssen in einer Mittel-Zweck-Beziehung zu den übergeordneten absatzpolitischen Zielgrößen stehen.
- Die Bereichskriterien müssen vollständig formuliert und einwandfrei quantifizierbar sein.
- Die Bereichskriterien müssen stellen- bzw. bereichsadäquat und koordinationsgerecht sein.

Die zuerst genannten vier Kriterien (Werbeträger-, Werbemittelreichweite, Recall-, Recognitionwert) erfüllen diese Kriterien weitgehend, wenn es sich um Maßnahmen der Imagewerbung handelt, nicht aber ökonomische Beurteilungskriterien.

Wenn es darum geht, Maßnahmen der Aktionswerbung zu beurteilen, sind meist ökonomische Kriterien der Beurteilung angebracht. Verglichen mit Maßnahmen der Imagewerbung zeichnen sich Maßnahmen der Aktionswerbung nämlich dadurch aus, daß bei ihnen die Depotwirkung von Kommunikationsmaßnahmen kaum zum Tragen kommt und Spill-Over-Effekte in der Regel vernachlässigbar gering sind. Als einziger Faktor, der einer Anwendung ökonomischer Beurteilungsverfahren im Wege steht, verbleibt somit die Schwierigkeit der Zurechnung der Wirkung zu einer bestimmten absatzpolitischen Aktivität (z.B. Werbemaßnahmen bzw. Preis). In solchen Fällen ist die ökonomische Analyse für die Aktion insgesamt (Werbung plus Sonderpreis) vorzunehmen. Die aktionsbezogenen Mehrumsätze sind dabei in der Regel vergleichsweise leicht festzustellen (Ankündigungs- und Vorratseffekt beachten!, vgl. Abschnitt 8.4.4.2. dieses Werkes) ebenso wie die aktionsbezogenen Kosten; somit sind solche kommunikationspolitischen Maßnahmen sinnvoll anhand ökonomischer Kriterien (Aktionsdeckungsbeitrag) zu bewerten.

8.4. Entscheidungen über den Einsatz spezieller Kommunikationsmittel

Nachdem bisher die absatzpolitische Einordnung der Kommunikationspolitik, deren Gestaltungsmöglichkeiten und verhaltenswissenschaftliche Grundlagen dargestellt wurden, soll im folgenden der Versuch gemacht werden, wesentliche *kommunikationspolitische Entscheidungsbereiche* am Beispiel der Planung spezieller Kommunikationsmittel (Mediawerbung) näher zu erläutern.

8.4.1. Die Bestimmung der Höhe des Werbebudgets für ein Werbeobjekt

8.4.1.1. Inhalt und Grundprobleme der Werbebudgetplanung

Gegenstand der Werbebudgetplanung ist die Beantwortung der Frage: «Wieviel Finanzmittel sollen für die Marktkommunikation eines Werbeobjektes bereitgestellt werden?». Bedenkt man, daß die finanziellen Mittel je Werbeobjekt für sehr unterschiedliche Kommunikationsmaßnahmen ausgegeben werden können, so ist es verständlich, daß häufig bereits bei der Werbebudgetplanung die *Teilbudgets je Werbeobjekt* festgelegt werden. In vielen Unternehmen ist es beispielsweise üblich, bereits bei der Werbebudgetplanung für jedes Werbeobjekt festzulegen, was für die klassische Werbung (Mediawerbung, inkl. medialer Öffentlichkeitsarbeit) und was für die Verkaufsförderung (inkl. PoP-Werbung) ausgegeben werden soll. Addiert man zu diesen Werbeteilbudgets noch die festen Kosten der Werbeabteilung und die Ausgaben für die nicht-mediale Öffentlichkeitsarbeit, so ergeben sich daraus die gesamten Kosten der Marktkommunikation mittels Sachen. Im Zusammenhang mit der Werbebudgetplanung eines Unternehmens sind also unter anderem folgende Werbebudgets zu disponieren bzw. zu berücksichtigen:

- Fixe Kosten der Werbeabteilung.
- *Budget für die nicht-mediale Öffentlichkeitsarbeit* (z. B. Geschäftsberichte, . . .).
- *Budgets für die klassische Werbung* jedes Werbeobjekts, wobei als Werbeobjekte vor allem das Gesamtunternehmen, das gesamte Vertriebsprogramm, einzelne Produktgruppen und einzelne Produkte in Frage kommen.
- *Budgets für die Verkaufsförderung* jedes Werbeobjekts, wobei

als Werbeobjekte sowohl Produktgruppen als auch einzelne Produkte in Frage kommen.

In sehr vielen Fällen begnügt man sich im Rahmen der Werbebudgetplanung nicht damit, pro Werbeobjekt ein einziges pauschales Werbebudget für die gesamte klassische Werbung zu fixieren. Vielmehr werden bereits in diesem frühen Stadium der Werbeplanung insofern Vorentscheidungen getroffen, als das Budget für klassische Werbung auch nach den verschiedenen Werbeträgergruppen aufgeschlüsselt wird. So werden etwa Festlegungen darüber getroffen, welcher Teil des Werbebudgets für *elektronische Media* und welcher Teil für *Druckmedia* bereitgestellt wird. Gegebenenfalls kann auch noch eine weitere Aufschlüsselung stattfinden, beispielsweise dergestalt, daß festgelegt wird, den größten Teil des Werbebudgets für elektronische Media für das Medium Fernsehen zu verausgaben. Solche Festlegungen im Bereich der Werbebudgetplanung prägen bereits wesentlich die kommunikationspolitische Gesamtstrategie.

Jede Werbebudgetplanung ist vor dem Hintergrund eines unauflöslichen *Dilemmas* zu sehen: Einerseits ist die Festlegung eines bestimmten Werbebudgets bzw. Werbeteilbudgets für ein Werbeobjekt nur dann sinnvoll, wenn bereits genau bekannt ist, wofür die entsprechenden Mittel verausgabt werden sollen; diese Erkenntnis verlangt zuerst eine Planung der kommunikationspolitischen Einzelmaßnahmen bzw. Teilbudgets. Andererseits ist es aber notwendig, die Festlegung eines Werbebudgets unter Berücksichtigung aller anderen Werbebudgets vorzunehmen, da andernfalls die Gefahr bestehen kann, daß die finanziellen Möglichkeiten eines Unternehmens überfordert werden; letzteres kann etwa dann geschehen, wenn für eine größere Zahl von Werbeobjekten umfangreiche Werbekampagnen realisiert werden sollen. Die Berücksichtigung beider Aspekte würde eine *simultane Planung aller betrieblichen Maßnahmen* verlangen, was naturgemäß unrealistisch ist.

Anstelle der simultanen Planung sind grundsätzlich zwei Formen der sukzessiven Planung möglich: Bei der einen Art der Planung wird gewissermaßen «von oben nach unten» geplant, es werden also zuerst die Werbebudgets festgelegt und dann in diesem Rahmen die einzelnen Kommunikationsmaßnahmen optimal gestaltet. Bei der anderen Vorgehensweise wird ausgehend von Einzelmaßnahmen geplant. Der zweitgenannten Planungsweise haften zwei grundsätzliche Mängel an: Zum einen ist es äußerst schwierig, eine Werbekonzeption zu entwerfen, wenn keine Informa-

tionen darüber vorliegen, welches Aktivitätsniveau hierfür angestrebt wird, zum anderen entspricht die Planung von unten nach
oben nicht der Vorstellung, daß Planung nach einheitlichen
Gesichtspunkten vor sich geht. Die Folge dieses Dilemmas ist,
daß gemeinhin *Budgets* bzw. Teilbudgets für einzelne Werbeobjekte ohne genaue Kenntnis der einzelnen Maßnahmen festgelegt werden, wohl aber unter Berücksichtigung grundlegender Vorstellungen über die Wirksamkeit der Budgets.

8.4.1.2. Vorgehensweisen der Praxis bei der Fixierung des Werbebudgets

Angesichts der Schwierigkeiten bei der Ermittlung der Werbe-
wirkungsfunktion, die eine empirisch nur schwer zu lösende
Marktforschungsaufgabe darstellt, haben sich in der Praxis *einfach zu handhabende Regeln* der Bestimmung des Werbebudgets
herausgebildet. Die wichtigsten in der Praxis angewandten
Methoden sind die folgenden:

- *Umsatzorientierte Werbebudgetfixierung:* Das Werbebudget für
  jedes Werbeobjekt wird entsprechend dem realisierten
  Umsatz der Vorperiode bzw. dem geplanten Umsatz der Plan-
  periode festgelegt. Dabei kommen häufig *branchenübliche
  Prozentsätze* zur Anwendung («In unserer Branche werden 5%
  vom Umsatz für Werbung ausgegeben!» bzw. «In unserer
  Branche sind 8% des Umsatzes das richtige Werbebudget!»).
  Handeln alle Unternehmen nach solchen Regeln, so gilt für
  alle Unternehmen $(r = 1, \ldots, R)$:

$$\frac{E_r}{U_r} : \frac{\sum_r E_r}{\sum_r U_r} = 1,0.$$

Hinter dieser Form der Werbebudgetfixierung verbirgt sich
zumeist die Vermutung, daß bei einer durchschnittlichen
Werbeintensität des Unternehmens $(E_r : U_r)$ auch die Umsatzentwicklung eine durchschnittliche sein wird, mithin
der Marktanteil konstant bleibt. Als Ausdruck der relativen
Werbeintensität ist die *Werbeaustauschrate*

$$\frac{E_r}{U_r} : \frac{\sum_r E_r}{\sum_r U_r} \qquad \text{oder äquivalent:} \qquad \frac{E_r}{\sum_r E_r} : \frac{U_r}{\sum_r U_r}$$

anzusehen. Es wird meist angenommen, daß bei einer Werbeaustauschrate über 1,0 der Marktanteil des Unternehmens steigt und bei einer Rate unter 1,0 der Marktanteil abnimmt. In Feldstudien hat sich gezeigt, daß der Zusammenhang zwischen dem Werbebudgetanteil $(E_r:\sum_r E_r)$ und dem Marktanteil $(U_r:\sum_r U_r)$ in vielen Branchen sehr eng ist.

- *Konkurrenzorientierte Werbebudgetfixierung:* Während bei der umsatzorientierten Budgetfixierung die Ausgangsgleichung «Werbebudget = f (Umsatz)» lautet, kann sie bei der konkurrenzbezogenen Werbebudgetfixierung durch die Formel «Werbebudget = f (vermeintliches Werbebudget der relevanten Konkurrenten)» erfaßt werden. Dahinter steht die Vermutung, daß man hinsichtlich der Marktpräsenz möglichst immer mit dem/den relevanten Konkurrenten (z.B. Marktführer) gleichziehen müsse, um den Marktanteil zu halten. Vor allem bei stark unterschiedlichen Geschäftsvolumina der Konkurrenten ist die konkurrenzbezogene Budgetfixierung problematisch.
- *Gewinn-/liquiditätsorientierte Werbebudgetfixierung:* Bei Anwendung dieser Regel zur Fixierung des Werbebudgets werden die Werbeausgaben gewissermaßen als vermeidbare finanzielle Belastungen betrachtet, die nur dann übernommen werden, wenn die Gewinnsituation bzw. die Liquiditätssituation dies erlaubt. Der Ausdruck «All you can afford method» macht diesen Tatbestand sehr deutlich.

Die drei oben skizzierten Vorgehensweisen finden sich auch in nachstehender Tabelle wieder, die einem Bericht des Emnid-Instituts entnommen sind (Schaubild 8.11.).

Vorstehendes Schaubild verdeutlicht die immer noch große Bedeutung oben beschriebener Faustregeln der Ermittlung des Werbebudgets; die genannten Verfahren sind zwar sehr praktikabel, ihnen haften aber gravierende Mängel an; sie sind insbesondere nicht *werbezielorientiert.* Dies zeigt sich vor allem bei der umsatzorientierten Werbebudgetfixierung, die insofern einen Zirkelschluß darstellt, als das Werbebudget als proportionale Funktion des Umsatzes formuliert wird, und der Umsatz zugleich eine Funktion des Budgets ist. Obwohl die Berücksichtigung der Gewinnsituation und der Werbeintensität der Konkurrenten beachtenswerte Aspekte bei der Werbebudgetfixierung sind, darf rationalerweise das Werbebudget nicht als alleinige Funktion dieser Aspekte formuliert werden. Die einzig

Leitlinie der Festsetzung des Werbudgets	Häufigkeit der Anwendung				
	aus-schließ-lich (in %)	vor-wie-gend (in %)	manch-mal (in %)	selten (in %)	gar nicht (in %)
Prozentsatz vom Umsatz	6	23	14	10	47
Relation zum Marktanteil	2	14	21	13	50
Höhe des Werbe-Etats der Konkurrenten	–	3	11	14	71
Prozentsatz vom Gewinn/ Deckungsbeitrag	2	9	18	13	58
Finanziell verfügbare Mittel	18	35	20	5	22
Ziele, die die Werbung erreichen soll	21	47	21	5	5

Quelle: Zentralausschuß der Werbewirtschaft 1988.

Schaubild 8.11.: Vorgehensweise der Praxis bei der Festlegung des Werbebudgets

logisch gerechtfertigte Vorgehensweise bei der Fixierung des Werbebudgets besteht darin, von den Werbezielen auszugehen und deren adäquate Erfüllung anzustreben.

8.4.1.3. Eine alternative Vorgehensweise der Fixierung des Werbebudgets

Geht man davon aus, daß das Problem der Wirkungsabgrenzung und Werbewirkungsmessung im konkreten Fall gelöst ist, so wird sich die nachfolgend skizzierte Planungsmethodik anbieten. Ausgangspunkt der Überlegungen ist eine Kurve der Werbewirkung, wie sie in Schaubild 8.12. dargeboten ist.

Die Wirkung der Werbung kann dabei entweder in der Form der werbeträgerbezogenen bzw. werbemittelbezogenen Reichweite, des Recognition- oder Recallwertes oder auch des Umsatzes gemessen werden. Es ist unmittelbar einsichtig, daß – zumindest bei einer kurzfristigen Betrachtungsweise – auch bei Verzicht auf kommunikationspolitische Maßnahmen gewisse Werbewirkungen (etwa aus Vorperioden) existieren, insbesondere ist zu erwarten, daß der Umsatz *bei Ausbleiben von Werbemaßnahmen* nicht auf den Nullpunkt absinkt, sondern einen gewissen Mindestbetrag erreicht. Wird der kommunikationspolitische Auf-

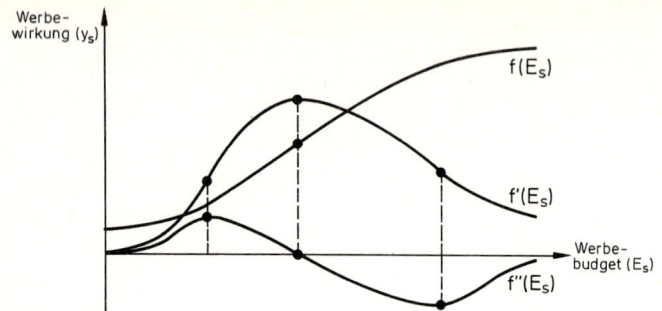

Schaubild 8.12.: Wirkung alternativer Höhen des Werbebudgets

wand gesteigert, so ist anzunehmen, daß sich bestimmte Wirkungen einstellen. Wie vielfältige praktische Erfahrungen zeigen, ist die Zunahme der Werbewirkung bei zunehmendem Werbebudget zuerst steigend und dann fallend, woraus eine *S-förmige Werbewirkungskurve* resultiert. Die bei geringem Werbebudget vergleichsweise geringe Grenzwirkung der entsprechenden Ausgaben ist meist darauf zurückzuführen, daß bei geringem Budget nur wenig effiziente Werbeträger gewählt (kein TV, keine Zeitschriften mit großen Auflagenzahlen) und nur wenig wirksame Werbemittel geschaffen werden können. Andererseits ist ebenso einleuchtend, daß auch bei unbegrenztem Werbebudget die Werbewirkung nicht über alle Maßen steigt, sondern einem gewissen *Sättigungswert* zustrebt. In manchen Fällen ist es sogar denkbar, daß infolge einer «Übersättigung» die Werbewirkung bei weiter ansteigendem Budget zurückgeht.

Ein formales Modell, das in der Lage ist, obigen S-förmigen Werbewirkungsverlauf wiederzugeben, ist das *Gompertz-Modell*, für das folgende Funktionsgleichung gilt:

$$y_s = \alpha_1 \, e^{-\alpha_2 \alpha_3^{E_s}} \quad (\ln y_s = \ln \alpha_1 - \alpha_2 \alpha_3^{E_s})$$

Dabei sind:

y_s: Absatz Produkt s (oder alternative Wirkungsgrößen)
E_s: Werbebudget für Produkt s

$\left.\begin{array}{l} \alpha_1 \\ \alpha_2 \\ \alpha_3 \end{array}\right\}$: = Koeffizienten; $\alpha_1, \alpha_2, \alpha_3 \in \mathbb{R}^+, \alpha_3 < 1 \; [\ln \alpha_3 < 0]$

394

Es gilt dann:

$$E_s = 0 \Rightarrow y_s = \alpha_1 e^{-\alpha_2}$$
$$E_s \rightarrow \infty \Rightarrow y_s \rightarrow \alpha_1$$

8.4.2. Die Gestaltung der Werbebotschaft und der Werbemittel

Auf das engste miteinander verbunden sind die beiden Entscheidungsbereiche Werbebotschaft und Werbemittel. Beide Bereiche werden häufig auch als die *kreativen Elemente der Kommunikationspolitik* bezeichnet; die Bereiche Werbebudget und Werbestreuung werden dann als analytische Elemente angesehen.

8.4.2.1. Zur Problematik einer wirkungsoptimalen Konstruktion von Werbebotschaften und Werbemitteln

Elemente der Werbemittelgestaltung sind etwa die Größe, die Farbigkeit und das Format des Werbemittels; Werbebotschaften können demgegenüber unter anderem nach Gesichtspunkten wie Originalität, Aktualität und Glaubwürdigkeit beurteilt werden. Lange Zeit ist der Versuch gemacht worden, diejenigen Elemente herauszuarbeiten, die eine Werbebotschaft und ein Werbemittel in der Beurteilung der Werbesubjekte «attraktiv» machen. Ergebnisse solcher Forschungsbemühungen sind Erkenntnisse wie die folgenden, die jeweils unter Ceteris-paribus-Bedingungen zu verstehen sind:

- Farbige Werbemittel erzielen höhere Wirkungswerte als schwarz-weiß gestaltete Werbemittel.
- Großformatige Werbemittel erzielen höhere Wirkungswerte als kleinformatige Werbemittel.
- Werbemittel, die sexuelle Anreize beinhalten, erzielen bei Männern höhere momentane Aufmerksamkeitswirkungen als Werbemittel ohne solche Gestaltungselemente.
- Originelle Werbebotschaften erzielen höhere Recognitionwerte als Werbebotschaften, die vergleichsweise übliche Werbebotschaften zum Inhalt haben.
- Werbebotschaften mit aktuellem Bezug erzielen höhere Werbewirkungswerte als Werbebotschaften mit geringem Aktualitätsgrad.
- Leicht verständlich dargebotene Werbebotschaften erzielen

höhere Wirkungswerte als vergleichsweise schwer verständlich dargebotene Werbebotschaften.

Solche und andere Erkenntnisse über die Werbewirkung führten schließlich zu Empfehlungen, die – recht praktisch orientiert – als Grundlage erfolgreicher Werbegestaltung die Berücksichtigung der Forderungen nach Originalität und Aktualität sowie nach Verständlichkeit und Übersichtlichkeit verlangten. Abgesehen von der Frage, ob die genannten Forderungen operational sind, haben empirische Studien immer wieder gezeigt, daß die *Wirkung einer kommunikationspolitischen Maßnahme* nur *sehr beschränkt aus ihren einzelnen Wirkkomponenten rekonstruierbar ist.* Die grundlegende theoretische Fragestellung hinter der Diskussion um einzelne Wirksamkeitsaussagen ist, ob für die Prognose der Wirkung einer Werbebotschaft bzw. eines Werbemittels elementenpsychologische oder ganzheitspsychologische Theorien besser geeignet sind. Während die *Elementenpsychologie* – vereinfacht ausgedrückt – davon ausgeht, daß die Wirkung einer Kommunikationsmaßnahme aus den Wirkungen der einzelnen Bestandteile dieser Kommunikationsmaßnahme rekonstruierbar ist, verwirft die *Ganzheitspsychologie* diese Annahme. Die Wirkung einer bestimmten Kommunikationsmaßnahme wird nach Meinung von Gestalttheoretikern – einer Schule der Ganzheitspsychologie – wesentlich durch die Prägnanz ihrer *Gestalt* bestimmt. Die Qualität der Gestalt ergibt sich dabei nur aus einer ganzheitlichen Betrachtungsweise, nicht aber als Summe einzelner Wirkkomponenten.

Wenngleich die elementenpsychologische Schule nicht als völlig irrelevant anzusehen ist, so drängen vielfältige Analysen doch den Schluß auf, daß eine ganzheitspsychologische Betrachtungsweise eher geeignet ist, die Wirkung von Kommunikationsmaßnahmen zu erklären, als elementenpsychologische Ansätze. Da es bis heute nicht gelungen ist, die entsprechenden Informationsverarbeitungsmechanismen aufzudecken, ist es auch nicht möglich, «wirksame» Kommunikationsmittel gewissermaßen analytisch zu konstruieren. Die praktische Folge des Mangels an theoretischer Erkenntnis ist die Unfähigkeit, effiziente Regeln für die Gestaltung von Werbebotschaften und Werbemitteln zu formulieren. Will man Aussagen über die Wirksamkeit bestimmter Werbebotschaften oder Werbemittel machen, so verbleibt keine andere Möglichkeit, als *zunächst entsprechende Werbebotschaften und Werbemittel zu kreieren* und sie dann *zu beurteilen.* Die Beurteilung kann dabei entweder von erfahrenen Fachleuten oder im

Wege einer Befragung von Werbesubjekten vorgenommen werden. Als Wirkungsgrößen kommen dabei zum einen rein affektive Größen (Aufmerksamkeitswirkung) und zum anderen auch kognitive Größen (Recallwert, Recognitionwert) in Betracht.

8.4.2.2. Eine Analyse der Wirkung alternativer Werbemittel

Bei der Gestaltung der Werbebotschaft leisten bisweilen die allgemeinen Gesetzmäßigkeiten des Konsumentenverhaltens wichtige Anhaltspunkte. So läßt sich aus ihnen ableiten, daß Werbebotschaften, um *aktivierende Wirkungen* (Aufmerksamkeit) zu erreichen, an die *Motive des menschlichen Handelns* anzuknüpfen haben. Geeignete Motive, die darüberhinaus vergleichsweise einfach angesprochen werden können, sind der Nahrungstrieb und der Sexualtrieb. Um im Sinne des Werbungtreibenden positive Einstellungen zu erzeugen, die noch dazu von einer gewissen Dauerhaftigkeit sind, ist es notwendig, nachhaltige *Impulse* zu geben, die eindeutig *dem Werbeobjekt zugerechnet* werden. Dies wird häufig durch die Herausstellung des einzigartigen Nutzens (unique selling proposition) zu realisieren versucht.

Die Vielzahl der Wirkungskomponenten eines Werbemittels, die etwa im Zusammenhang mit der Mediawerbung zu beachten sind, verdeutlicht ein Auszug aus einer Studie von Kiss[2], deren Ziel die Ermittlung der relativen Wirkung alternativer Gestaltungsausprägungen war (Schaubild 8.13.).

Bei dieser Studie wurden für 580 Anzeigen zum einen alle anzeigen-, plazierungs- und zeitschriftenabhängigen Merkmale (Einflußfaktoren der Werbewirkung) und zum anderen je Anzeige verschiedene Werbewirkungswerte empirisch erhoben. Es wurde dann ermittelt, in Abhängigkeit von welchem Gestaltungsmerkmal die jeweiligen Wirkungswerte am stärksten differierten. Das Merkmal «Farbe der Anzeige» erwies sich dabei als der am stärksten diskriminierende Einflußfaktor. Dem folgenden Schaubild 8.14. liegt als Werbewirkungsgröße die durchschnittliche Beachtungsdauer in Sekunden (Aufmerksamkeitswert) zugrunde, wobei der Durchschnitt über alle Anzeigen der

---

[2] Vgl. Kiss, T.: Was tut das Umfeld für die Wirkung von Anzeigen in Illustrierten, in: ZV + ZV 1973, S. 134–141.

Anzeigenabhängige Merkmale:	
1. Format der Anzeige	(< 1/2, 1/2, 3/4, 1/1, 1 1/2, 2/1)
2. Farbe der Anzeige	(s/w, s/w mit Zusatzfarbe, vierfarbig)
3. Beworbener Produktbereich	(z. B. Lebensmittel, Getränke, Tabakwaren etc.; 18 Bereiche)
4. Bildanteil der Anzeige	(0–10%, 25%, 50%, 75%, 90–100%)
5. Geschlechts-Spezifität	(für Männer, für Frauen, für Kinder, neutral)
6. Bisheriger Werbeaufwand für das Produkt	(stark, mittel, wenig, neues Produkt)
Plazierungsabhängige Merkmale:	
7. Plazierung	(rechts, links, Mitte, Doppelseite)
8. Heftparzellen	(1. Heftviertel, ... 4. Heftviertel)
9. Heftparzellen	(1. Heftsechstel .... 6. Heftsechstel)
Zeitschriftenabhängige Merkmale:	
10. Titel	(Stern, Bunte, Quick, Neue Revue, . . .)
11. Zahl der Anzeigen im Heft	(weniger als 55, 55–75, 76–94, 95 und mehr)
12. Umfang des redaktionellen Umfeldes	(kleiner als 1/2, 1/2–1/1, größer als 1/1 S.)
13. Art des redaktionellen Umfeldes	(abgeschlossene Redaktion, nicht abgeschlossene Redaktion)
14. Produktbezogenheit des Umfeldes	(produktverwandt, produktneutral, produktentgegen)
15. Geschlechts-Spezifität des Umfeldes	(männlich, weiblich, neutral)
16. Farbe des Umfeldes	(s/w, s/w mit Zusatzfarbe, vierfarbig)
17. Bildanteil des Umfeldes	(0–10%, 25%, 50%, 75%, 90–100%)
18. Art des Umfeldes	(gemischt, einheitlich)
19. Inhalt des Umfeldes	(z. B. Freizeit, Human Interest, Romane etc; 21 Bereiche)

Schaubild 8.13.: Einige Komponenten der Gestaltung von Werbemitteln

entsprechenden Ausprägung und alle befragten Personen gebildet wurde.

Die Ergebnisse dieser Studie zeigen deutlich die Bedeutung der Farbigkeit, des Titels und des Formats eines Werbemittels für dessen Aufmerksamkeitswirkung. Obwohl die Hierarchie der Bedeutung der einzelnen Gestaltungsmerkmale nur für die hier zugrunde gelegte Wirkungsgröße (M) und die ausgewählten 580 Anzeigen unmittelbar Gültigkeit besitzt, lassen sich dennoch gewisse Anhaltspunkte für die Gestaltung anderer Werbemittel daraus ableiten. Da hier die Wirkungsmessungen vor dem realen Einsatz der Werbemittel erfolgen, werden derartige Untersuchungen häufig auch Pre-Tests genannt.

8.4.3. Die Auswahl von Werbeträgern –
Die Werbestreuplanung

8.4.3.1. Zur Werbeträgerauswahl im Intermediabereich

Im Rahmen der Werbestreuplanung geht man gemeinhin davon aus, daß die Werbemittel bereits feststehen und es «nur» mehr darum geht, durch geeignete Streuung der Werbemittel die Wirkung der Werbemaßnahmen möglichst günstig zu gestalten. Unter dieser Voraussetzung ist die Wirkung einer bestimmten kommunikationspolitischen Maßnahme allein vom sogenannten *Kontakterfolg* abhängig.

Im Rahmen der Werbestreuplanung sind grundsätzlich alle Werbeträger auf ihre Vorteilhaftigkeit hin zu analysieren, also sowohl alle Arten von Zeitungen, Zeitschriften, Büchern, Adreßbüchern usw. als auch alle Programme des Fernsehens, des Radios und der Filmtheater, schließlich alle Arten von Plakatanschlägen (inkl. Verkehrsmittelwerbung) und Leuchtmittelwerbemaßnahmen. Betrachtet man allerdings die Werbemittel als gegeben, so besteht im Rahmen der Werbestreuplanung keine Wahl mehr etwa zwischen verschiedenen Zeitschriften und Fernsehprogrammen. Entsprechend einer in der Praxis üblichen Bezeichnungsweise verkürzt sich dann die Werbestreuplanung auf eine *Streuplanung im Intramediabereich*. Ein Mediabereich umfaßt nur Werbeträger, die sich durch eine gewisse Einheitlichkeit auszeichnen, also etwa die Mediabereiche Zeitschriften, Zeitungen, Fernsehen, Hörfunk und Außenwerbung. Werbestreuplanung im Intramediabereich bedeutet demnach, daß es im Rahmen der Streuplanung nur darum geht, zwischen Media einer einzigen Mediagruppe auszuwählen, während im Falle der *Streuplanung im Intermediabereich* grundsätzlich alle Medien zu berücksichtigen sind. Da Media unterschiedlicher Mediabereiche üblicherweise andere *Funktionen im Rahmen der Kommunikationsstrategie* für ein Werbeobjekt auszufüllen haben und für die Gestaltung der Werbemittel je nach Mediagruppe andere «Gesetzmäßigkeiten» zu beachten sind, nimmt man in der Praxis die Aufteilung der kommunikationspolitischen Aktivitäten nach Mediagruppen zumeist im Vorfeld der Streuplanung vor. Wie bereits angedeutet werden vielfach bereits im Bereich der Werbebudgetplanung nicht nur Budgets für klassische Werbung und Verkaufsförderung ermittelt, sondern zugleich wird eine Aufteilung der Budgets auf bestimmte Media oder Mediabereiche vorgenommen.

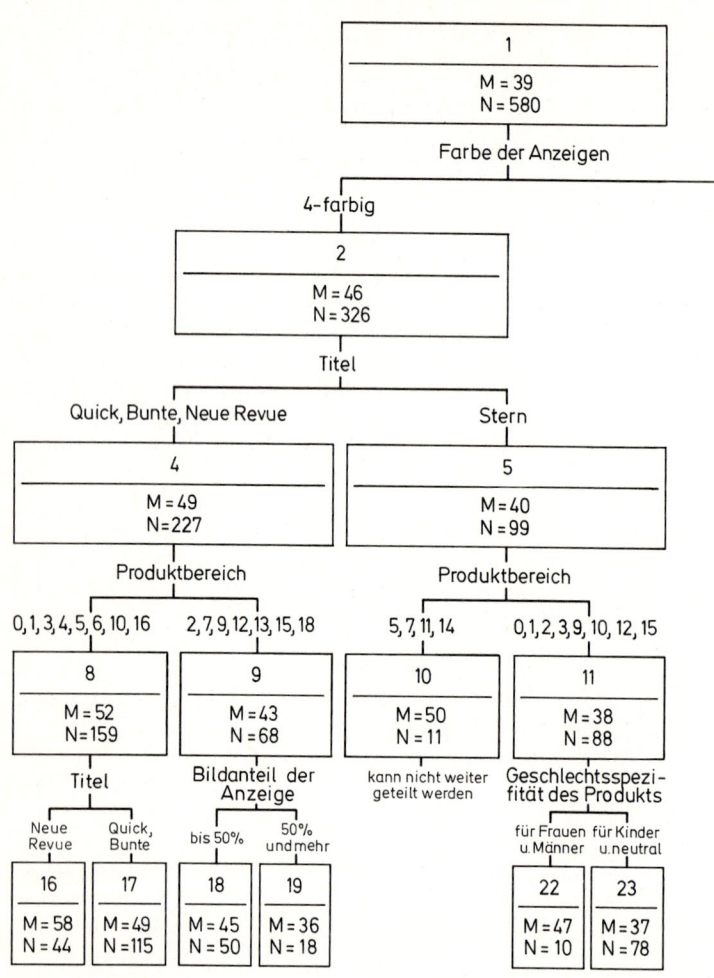

Quelle: Kiss, T.: Was tut das Umfeld für die Wirkung von Anzeigen in Illustrierten, in: ZV + ZV 1973, S. 134–141.

Schaubild 8.14.: Aufmerksamkeitswirkung von Werbemitteln in Abhängigkeit von den Ausprägungen ihrer Gestaltungsmerkmale (M: = durchschnittliche Beachtungsdauer der Werbemittel der entsprechenden Ausprägung in Sekunden; N: = Anzahl der Werbemittel mit der

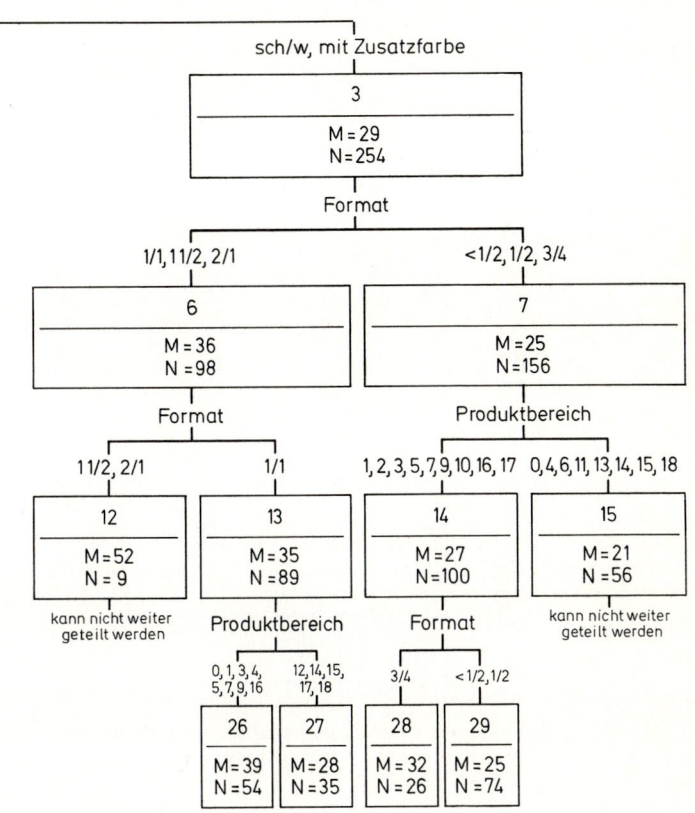

entsprechenden Ausprägung; die Anzahl der Werbemittel wird auf jeder Stufe des obigen Baumes so in zwei Untermengen unterteilt, daß die Mittelwerte der sich jeweils ergebenden Untergruppen maximal unterschiedlich sind)

Den einzelnen Mediagruppen schreibt man üblicherweise *spezi-fische Eigenschaften* zu, die sie in besonderer Weise zur Errei-chung bestimmter kommunikationspolitischer Ziele befähigen. Vergleicht man die Mediagruppen Tageszeitungen und Fernse-hen, so können folgende beurteilungsrelevante Eigenschaften herausgestellt werden:

Eigenschaften/Funktionen	Fernsehen	Tageszeitungen
Darstellungsmöglichkeiten	bewegt, farbig, Bild und Ton	starr, höchstens 1 Zu-satzfarbe, nur Bild (vergleichsweise geringe Qualität)
Kontaktdauer	kurz	lang
Nutzung des Werbemittels	einmalig	gegebenenfalls mehrmalig
Kontaktsituation	häusliche Umgebung, in Gruppe, abends	häusliche Umgebung oder Büro, einzeln, vor allem vormittags
Mediawahl und Mediabindung	oft nicht bewußte Mediawahl, geringe Mediatreue	meist bewußte Media-wahl, hohe Mediatreue
Belegbarkeit	Spotlänge in der Regel maximal 60 Sekunden, Einschalthäufigkeit im Jahr beschränkt	täglich, grundsätzlich unbeschränkt nach Volumen ($\rightarrow$ Beilage) und Häufigkeit
Funktion in der Kommunikationsstrategie	Übermittlung von ver-gleichsweise wenigen und nicht zeitbezogenen Informationen, die Präferenzen und Ein-stellungen prägen sollen	Übermittlung aktueller, schneller Informationen und umfangreicher Sachinformationen

Schaubild 8.15.: Vergleich der Eigenschaften und Funktionen der Werbemediagruppen Fernsehen und Tageszeitungen

Aus der Gegenüberstellung der beurteilungsrelevanten Eigen-schaften der beiden Mediagruppen ergeben sich unschwer die Funktionen, die Werbemittel, die über eine der beiden Media-gruppen gestreut werden, erfüllen können. Während dem *Fern-sehen* komparative Vorteile bei der Schaffung und Veränderung von *Einstellungen oder Präferenzen*, mithin bei der Beeinflussung der Beurteilungsstruktur der Werbesubjekte, zugeschrieben werden, liegen die relativen Vorteile der Tagespresse vor allem in der Fähigkeit, *schnell relativ viele Informationen* zu übermitteln. Werbung im Fernsehen besitzt somit vor allem Bedeutung für die Darstellung von Funktionsweisen von Produkten und für emotionale Ansprachen (affektive Komponente), während Werbung in Tageszeitungen primär der Vermittlung sachorientierter Informationen (kognitive Komponente) dient.

Die Ausgaben für die Werbestreuung stellen zumeist den weitaus größten Teil der Ausgaben für die klassische Werbung dar. Einen gewissen Überblick über die in der Bundesrepublik Deutschland in den vergangenen Jahren für kommunikationspolitische Maßnahmen verausgabten Mittel vermittelt Schaubild 8.16.

Jahr	Ausgaben für Mediawerbung (inkl. mediale Öffentlichkeitsarbeit in Mrd. DM)	Ausgaben für Verkaufsförderung (inkl. POP-Werbung in Mrd. DM)	Anteile für Mediawerbung bzw. für Verkaufsförderung	Bruttosozialprodukt (in Mrd. DM)	Anteil der Ausgaben für Mediawerbung und Verkaufsförderung am Bruttosozialprodukt (in %)	Anteil der Ausgaben für Mediawerbung am Bruttosozialprodukt (in %)
1960	2,3	0,6	79:21	282,1	1	0,8
1965	4,2	1,7	71:29	448,8	1,3	0,9
1971	7,2	4,5	62:38	756,4	1,5	0,9
1977	9,8	8,0	55:45	1193,4	1,5	0,8
1983	14,3	Zahlen nicht verfügbar	Zahlen nicht verfügbar	1680,4	Zahlen nicht verfügbar	0,9
1987	19,2			2003,0		1,0
1989	22,6			2245,2		1,0
1991	27,0			2808,3		1,0
1993	30,6					1,0

Quelle: Zentralverband der deutschen Werbewirtschaft.

Schaubild 8.16.: Ausgaben für ausgewählte kommunikationspolitische Maßnahmen in der Bundesrepublik Deutschland zwischen 1960 und 1993

Bemerkenswert ist an den oben dargestellten Zahlen die Konstanz der Relation Mediaausgaben zu Bruttosozialprodukt. Die Werbeausgaben verteilen sich entsprechend den in Schaubild 8.17. wiedergegebenen Werten auf die einzelnen Branchen. Die Entwicklung der Aufteilung der Werbeausgaben für klassische Medien gibt Schaubild 8.18. wieder.

Branche	Brutto-Werbe-ausgaben (in Tsd. DM)	Veränderung zum Vorjahr (in %)
Auto-Markt	1 413 977,6	13,4
Handels-Organisationen	1 029 628,0	−16,6
Massen-Medien	758 208,1	2,5
Schokolade/Süßwaren	641 525,0	11,7
EDV Hard-/Software + Services	471 334,4	2,0
Bier	423 927,7	15,6
Konserven/Fleisch/Fisch	379 005,2	26,9
Alkoholfreie Getränke	324 577,2	1,8
Körperschaften	323 980,9	−20,2
Zigaretten	146 537,0	−16,2

Quelle: ZAW (Hrsg.): Werbung in Deutschland 1992, S. 10–13.

Schaubild 8.17.: Werbeausgaben 1991 in verschiedenen Branchen im Vergleich

Werbeträger	1988 (in Mio. DM)	1989 (in Mio. DM)	1990 (in Mio. DM)	1991 (in Mio. DM)	Veränderung 1988–1991 (in %)
Tages- und Wochenzeitungen	7485,7	8097	8416,4	8784,5	17,4
Fernsehen	1834,1	2256,8	2858,2	3704,6	102,0
Publikums-zeitschriften	2818,4	2955,5	3060,7	3033,8	7,6
Hörfunk	792,8	844,8	908,7	948,3	19,6
Direktwerbung	2234,7	2506,2	2993,6	3514,5	57,3
Fachzeitschriften	1696,4	1772,1	1860,7	1991,0	17,4
Anzeigenblätter	1644,0	1808,0	1965,3	2175,9	32,4
Adreßbücher	1198,6	1281,7	1372,1	1643,3	37,1
Außenwerbung	587,0	621,0	681,5	773	31,7
Sonstiges	398,6	411,5	431,7	434,7	9,1
Gesamt	20 690,3	22 554,6	24 548,9	27 003,6	30,5

Quelle: ZAW (Hrsg.): Werbung in Deutschland 1992, S. 15.

Schaubild 8.18.: Entwicklung der Aufteilung der Streuaufwendungen auf verschiedene Mediagruppen in der Bundesrepublik Deutschland zwischen 1988 und 1991

Von den Ausgaben für Mediawerbung in den genannten Media-gruppen werden demnach etwa 33% für Werbung in Tageszeitungen, 11% für Werbung in Publikumszeitschriften sowie etwa

14% für Werbung im Fernsehen und 4% für Werbung im Hörfunk disponiert. Die übertragende Bedeutung der klassischen Werbung für das gesamte Pressewesen ist damit nur grob angedeutet; deutlicher wird sie aus der Tatsache, daß bei Zeitschriften und Zeitungen die Vertriebserlöse nur etwa ein Drittel der Erlöse darstellen, während zwei Drittel Werbeerlöse sind.

8.4.3.2. Die Wirkung mehrfacher Aussendungen von Werbemitteln

Werden bestimmte Werbemittel in einem oder mehreren Werbeträgern mehrmals geschaltet, so kann die Gesamtheit der Werbeerreichten unschwer in solche Personen unterteilt werden, die einmal, zweimal, dreimal, . . . durch das Werbemittel erreicht wurden. Dieser Tatbestand macht es notwendig, den bereits eingeführten Reichweitenbegriff exakter zu fassen, wobei von einem Streuplan ausgegangen werden soll, der mehrere Einschaltungen eines Werbemittels vorsieht.

- Die *Bruttoreichweite* oder *Kontaktsumme* eines Streuplans ist die Summe der *Kontakte*, die durch alle Einschaltungen im Rahmen eines Streuplans erreicht werden.
- Die *Nettoreichweite* eines Streuplans ist dagegen die Anzahl der *Personen*, die mindestens einmal kontaktiert werden. Sie ist numerisch nur dann der Bruttoreichweite gleich, wenn entweder nur eine Einschaltung vorgenommen wird oder die einzelnen Einschaltungen jeweils andere Personen erreichen.
- Unter der *internen Überschneidung* eines Streuplans versteht man die Anzahl der mehrfachen Kontakte mit einem Medium (bei Zeitschriften: mehrere Ausgaben oder eine Ausgabe des Mediums) des Streuplans.
- Unter der *externen Überschneidung* eines Streuplans versteht man demgegenüber die Anzahl der mehrfachen Kontakte durch verschiedene Media eines Streuplans.
- Unter dem *Reichweitenzuwachs* eines Mediums bei vorgegebenem Streuplan versteht man die Zunahme der Nettoreichweite infolge Ergänzung des vorgegebenen Streuplans durch eine zusätzliche Einschaltung des betreffenden Mediums.

Alle fünf soeben skizzierten Begriffe können *absolut* formuliert werden oder als *relative Größen* ausgedrückt werden. Als Bezugsgröße wird üblicherweise bei den Reichweitenbegriffen die Anzahl der Werbesubjekte und bei den Überschneidungsbegriffen die Kontaktsumme herangezogen. Reichweiten und

Überschneidungen können darüber hinaus entweder auf Werbeträger- oder auf Werbemittelkontakte bezogen werden. Nachfolgend sollen die Zusammenhänge anhand eines Beispiels mit drei Werbeaussendungen verdeutlicht werden; die Reichweiten sind dabei als Werbeträgerreichweiten definiert.

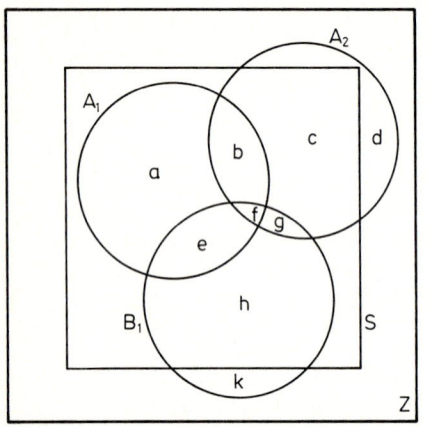

a,...,k: =
Mengen von Personen, die
die gekennzeichneten
Kontakte aufweisen

Schaubild 8.19.: Venn-Diagramm für einen Streuplan mit einer Einschaltung zweier Ausgaben des Mediums A (A_1 und A_2) und einer Ausgabe des Mediums B (B_1).

Die einzelnen Kreise in Schaubild 8.19. stellen die Gesamtheit der Leser der entsprechenden Media dar, die Überschneidungsbereiche der Kreise deuten Mehrfachkontakte an. Das durch das Viereck gekennzeichnete Feld weist die *Werbesubjekte* (S) als Teilmenge der *Gesamtbevölkerung* über 14 Jahre (Z) aus. Bei absoluter Formulierung der Reichweitenbegriffe gilt:

a+b+e+f: Leser der Ausgabe A_1 des Mediums A (sog. Leser pro Nummer [LpN], die dem Produkt aus Leser pro Exemplar [LpE] und der Auflage des Mediums gleich ist).

b+c+d+f+g: Leser der Ausgabe A_2 des Mediums A.

e+f+g+h+k: Leser der Ausgabe B_1 des Mediums B.

a+b+c+d+e+f+g+h+k: Nettoreichweite des Streuplans.

a+c+d+h+k+2(b+e+g)+3f: Bruttoreichweite des Streuplans.

b+f: interne Überschneidung bei zweifacher Einschaltung des Mediums A.

e+2f+g: externe Überschneidung zwischen Medium A und Medium B.

c+d: Reichweitenzuwachs, wenn von einem Streuplan mit Einschaltungen von A_1 und B_1 auf den Streuplan mit Einschaltungen von A_1, A_2 und B_1 übergegangen wird.

Bei relativer Formulierung der Reichweitenbegriffe gilt:

$$0 \leq \frac{a+b+e+f}{Z} \leq 1: \text{Leser der Ausgabe 1 des Mediums A.}$$

$$0 \leq \frac{a+b+c+d+e+f+g+h+k}{Z} \leq 1: \text{ Nettoreichweite des Streuplans.}$$

$$0 \leq \frac{a+c+d+h+k+2(b+e+g)+3f}{Z} \leq x:$$ Bruttoreichweite des Streuplans aus A_1, A_2 und B_1 (x: = Anzahl der Einschaltungen, gleichgültig welchen Mediums).

$$0 \leq \frac{c+d}{Z} \leq 1:$$ Reichweitenzuwachs, wenn von einem Streuplan mit Einschaltungen A_1 und B_1 auf den Streuplan mit Einschaltungen von A_1, A_2 und B_1 übergegangen wird.

$$0 \leq \frac{b+f}{a+c+d+g+e+2(b+f)} \leq \frac{1}{y}:$$ interne Überschneidung bei zweifacher Einschaltung des Mediums A (y: = Anzahl der Einschaltungen im gleichen Medium).

$$0 \leq \frac{e+2f+g}{a+c+d+h+k+2(b+e+g)+3f}:$$ externe Überschneidung zwischen Medium A und Medium B.

Berücksichtigt man schließlich, daß nur ein Teil der kontaktierten Personen tatsächlich Werbesubjekte sind, so können folgende Koeffizienten ermittelt werden (Nettoreichweite = Werbeerreichte):

$a+b+c+e+f+g+h$:   Nettoreichweite des Streuplans innerhalb der Gruppe der Werbesubjekte.

$$0 \leq \frac{a+b+c+e+f+g+h}{S} \leq 1:$$

Werbesubjektabdekkung (Zielgruppenabdeckung).

$d+k$:   Streuverlust (absolut).

$$0 \leq \frac{d+k}{a+b+c+d+e+f+g+h+k} \leq 1:$$ Streuverlust (relativ).

Es ist einsichtig, daß man im Rahmen der Streuplanung bestrebt ist, einerseits den *Streuverlust* (Doppelkontakte werden hier nicht als Streuverluste qualifiziert) möglichst gering zu halten, andererseits aber auch die *Zielgruppenabdeckung* möglichst groß werden zu lassen; beide Ziele sind in der Regel allerdings konfliktär. Eine instruktive Darstellung des Reichweitenzuwachses bei Vergrößerung der Anzahl der Schaltungen eines Mediums gibt die sogenannte *Kontaktverteilung*, die für ein bestimmtes Medium wie folgt aussehen kann:

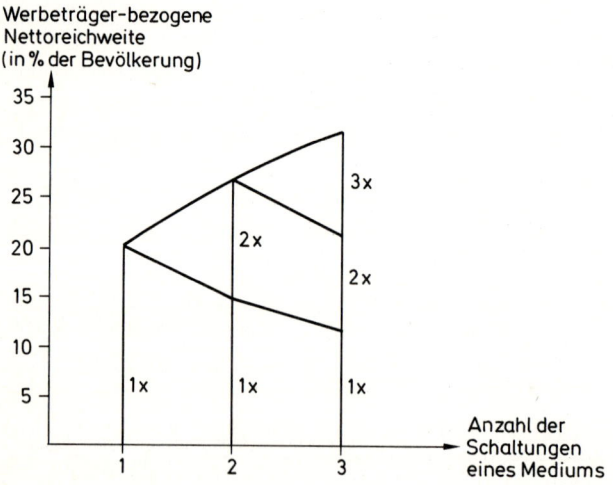

Schaubild 8.20.: Kontaktverteilung eines Mediums

408

Obige Kontaktverteilung bringt zum Ausdruck, daß bei zweifacher Schaltung des Mediums insgesamt 27 % der Bevölkerung erreicht wurden; 14 % sahen das Werbemittel einmal (erste oder zweite Schaltung) und 13 % (= 27 %–14 %) zweimal. Kontaktverteilungen stellen Spiegelbilder des Nutzungsverhaltens der durch das Medium erreichten Personen dar. Bei Media, die immer wieder von den gleichen Personen benutzt werden (Abonnementzeitungen, Media mit hohem Stammnutzeranteil), verläuft die Reichweitenkurve äußerst flach, bei Media, die stark schwankende Nutzerkreise aufweisen (Kaufzeitungen), dagegen vergleichsweise steil.

Reale Reichweitenangaben, die die Häufigkeit des Kontakts mit einem bestimmten Medium nicht berücksichtigen, sind für das Medium Fernsehen in Schaubild 8.21. wiedergegeben.

TV-Gesellschaft	Netto-Reichweite (in %)		Einschalt-/Sehdauer (in Min.)			
	Haushalte	Erwachsene	Haushalte		Erwachsene	
			West	Ost	West	Ost
Gesamt	87	70	266	312	160	198
ARD 1	69	50	60	54	37	35
ZDF	64	46	60	49	37	34
ARD 3	49	33	22	26	13	17
SAT.1	45	32	32	51	20	34
RTL	47	35	43	59	26	37
PRO 7	22	16	15	32	9	19

Quelle: Media Perspektiven 3/93, S. 114–126.

Schaubild 8.21.: Durchschnittliche Fernsehnutzung in bundesdeutschen Kabel- und Satellitenhaushalten 1992

Obige Tabelle gibt an, in wieviel Prozent der Haushalte zumindest kurzfristig von irgendeinem Haushaltsmitglied bzw. von einem erwachsenen Haushaltsmitglied der Fernseher genutzt und wie lange er genutzt wurde. Eine Erörterung der Angaben aus werbepolitischer und gesellschaftlicher Sicht erübrigt sich. Wichtige Quellen für Reichweiten verschiedener Medien in der Bundesrepublik Deutschland sind in Schaubild 8.22. zusammengestellt.

	BR Deutschland		
Titel der Untersuchung	MA: Mediaanalyse	AWA: Allensbacher Werbeträger-Analyse	Verbraucher-Analyse
Grundgesamtheit	deutsche Wohnbevölkerung über 14 Jahre in Privathaushalten	deutsche Wohnbevölkerung über 14 Jahre in Privathaushalten	deutsche Wohnbevölkerung über 14 Jahre in Privathaushalten
Stichprobenauswahlverfahren	Random, disproportional	Quota	Random, disproportional
Stichprobengröße	ca. 19 000	ca. 9000	ca. 12 000
Erhebungsperiode	ca. alle 2 Jahre	jedes Jahr	laufend, jd. Monat
Erhebungsprogramm – Mediadaten – Konsum-, Besitz- und Verwendungsdaten	ja nein	ja ja, sehr umfassend	ja ja, sehr umfassend schriftliches Interview zum Konsumverhalten
Markendaten	nein	nein	ja: z. B. Markenverwendung in ausgew. Prod.kl.
qualitative Werbeträgerdaten	nein	ja, Intensität der Heftnutzung, Leserblattbindung	nein

Quelle: Schweiger, G.; Schrattenecker, G.: Werbung, 2. Auflage, Stuttgart/New York 1988, S. 184

Schaubild 8.22.: Laufende Untersuchungen zum Mediaverhalten

Die Kontaktverteilung stellt den Zusammenhang zwischen der Einschalthäufigkeit und den Reichweitenangaben dar. Um die Werbewirkung – gemessen etwa in Recall- oder Recognitions-

410

werten – in Abhängigkeit von der Kontakthäufigkeit darzustellen, bedarf es noch einer zusätzlichen Abbildung. Alternative Formen einer solchen Abbildung der *Kontakthäufigkeiten* in die *Wirkungswerte* sind in Schaubild 8.23. dargestellt. Wie im Schaubild 8.20. ist auch in diesem Schaubild die Treppenkurve durch eine kontinuierliche Kurve angenähert.

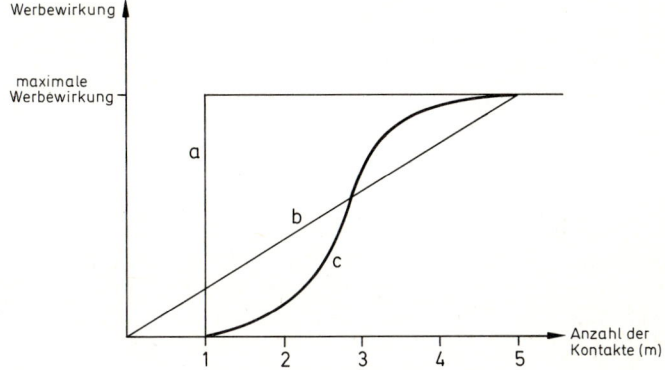

Schaubild 8.23.: Wirkung alternativer Kontaktzahlen auf ein Individuum

Wenn angenommen werden kann, daß Individuen bereits beim ersten Kontakt die individuell maximalen Recall- oder Recognitionwerte erreichen, ist die Wirkungskurve vom Typ a angemessen. Dies dürfte jedoch ein relativ seltener Grenzfall sein ebenso wie der Fall b, der eine proportionale Wirkungszunahme unterstellt. Die größte empirische Relevanz wird allgemein der *Wirkungskurve vom Typ c* zugeschrieben, deren Verlauf dadurch bedingt ist, daß bei geringen Kontaktzahlen noch gewisse psychische Hemmnisse gegen eine Entfaltung der Werbewirkung bestehen und bei hohen Kontaktzahlen gewisse Sättigungserscheinungen auftreten. Die personenindividuelle Kontaktwirkungskurve vom Typ c ist das Analogon zu der im Rahmen der Werbebudgetplanung diskutierten Wirkungskurve, die auf Personenmehrheiten abstellt.

8.4.3.3. Ein Ansatz zur Beurteilung alternativer Streupläne mittels qualitativer Tausenderpreise

Bei den bisherigen Erörterungen wurden allein die Wirkungen von Werbestreuungen berücksichtigt, nicht aber die Kosten der Streuung. Das am häufigsten gebrauchte Maß zur Beurteilung von Werbeträgern ist der sogenannte *Tausenderpreis*, das sind diejenigen Kosten, die bei einem bestimmten Medium für 1000 Kontakte bzw. für 1000 erreichte Personen zu bezahlen sind:

$$\frac{\textit{Tausenderpreis} \text{ eines Streuplans}}{\text{auf der Basis der \textit{Bruttoreichweite}}} = \frac{\text{Kosten des Streuplans}}{\dfrac{\text{Bruttoreichweite}}{1000}}$$

$$\frac{\textit{Tausenderpreis} \text{ eines Streuplans}}{\text{auf der Basis der \textit{Nettoreichweite}}} = \frac{\text{Kosten des Streuplans}}{\dfrac{\text{Nettoreichweite}}{1000}}$$

Für einen Streuplan, der nur aus einer Einschaltung eines einzigen Mediums besteht, nehmen beide Tausenderpreise denselben Wert an. Es hat sich eingebürgert, als Kosten einer Einschaltung bei Zeitungen den *Seitenpreis*, bei Zeitschriften den Seitenpreis für schwarzweiße und den für vierfarbige Anzeigen, beim Fernsehen den Preis für einen 30-Sekunden-Spot und bei Plakatanschlägen den Preis für eine sogenannte Ganzstelle pro Tag anzusehen. Der «Vierfarben-Tausenderpreis» für gängige aktuelle Zeitschriften (Bunte, Stern, Quick, ...) beträgt dabei derzeit zwischen DM 11,– und DM 13,50, für Frauenzeitschriften zwischen DM 8,– und DM 22,50 und für Programmzeitschriften zwischen DM 9,50 und DM 16,–. Sofern die Reichweitenangaben keinerlei qualitativen Gesichtspunkte berücksichtigen, bezeichnet man sie häufig als *quantitative Reichweiten* und die entsprechenden Tausenderpreise als quantitative Tausenderpreise.

Bei der Verwendung quantitativer Reichweiten und Tausenderpreise wird allen Werbeträgerkontakten der gleiche «Wert» zugesprochen. Bei der Verwendung *qualitativer Reichweiten* und Tausenderpreise werden dagegen Unterschiede hinsichtlich der Qualität der durch die Medien hergestellten Kontakte und hinsichtlich der durch die Medien erreichbaren Personengruppen berücksichtigt. Dies geschieht üblicherweise mittels Gewichten, wobei insbesondere folgende Gewichte verwandt werden[3]:

---

[3] Die Erörterungen dieses Abschnitts bleiben beschränkt auf den Intramediabereich, d. h. eine Bewertung von Werbeträgern in einem

- *Werbeträgergewicht* (φ_i; i: = Index für *Werbeträger*): Es bringt die Wertigkeit eines Werbeträgerkontaktes zum Ausdruck. Kontakte der Werbeerreichten mit den Werbeträgern sind insbesondere deshalb nicht für alle Werbeträger gleich, weil für alternative Media die *Seitenkontaktwahrscheinlichkeiten* und die Wirkungen eines Werbemittelkontaktes unterschiedlich sein können. Logischerweise gilt:

$$\begin{matrix} \text{Werbemittel-bezo-} \\ \text{gene Reichweite} \end{matrix} = \begin{matrix} \text{Werbeträger-bezo-} \\ \text{gene Reichweite} \end{matrix} \cdot \begin{matrix} \text{Seitenkontakt-} \\ \text{wahrscheinlichkeit.} \end{matrix}$$

Neben diesem vergleichsweise technischen Aspekt geht in das Werbeträgergewicht auch die *Kontaktqualität* ein, die die relativen Unterschiede der Wirksamkeit von Kontakten in verschiedenen Media zum Ausdruck bringt. Mittels der Kontaktqualität versucht man Unterschiede in den Recall- und Recognitionwerten alternativer Media bei gegebenem Werbemittelkontakt auszugleichen. Das Werbeträgergewicht kann als Produkt der Seitenkontaktwahrscheinlichkeiten mit der Kontaktqualität angesehen werden; es gilt

$$0 \le \varphi_i \le 1.$$

- *Werbeerreichtengewicht* (Zielgruppengewicht; ψ_l; l: = Index für *Personenmehrheiten*): Dieses Gewicht soll die *Zielgruppeneignung* der Werbeerreichten zum Ausdruck bringen. In den meisten praktischen Fällen wird man versuchen, eine differenzierte Unterteilung etwa nach Maßgabe der *Kaufvolumina* oder der *Beeinflußbarkeit* der einzelnen Gruppen von Werbeerreichten vorzunehmen. Weiß man etwa, daß die Personen der Mengen a und b (Schaubild 8.19.) durchschnittlich 4 Einheiten des fraglichen Produkts kaufen, die der Mengen c, e und f durchschnittlich 1 Einheit und die Personen der Mengen g und h durchschnittlich 2 Einheiten, so liegt es nahe, folgende Werbeerreichtengewichte festzulegen:

$$\psi_a = \psi_b = 1{,}0; \psi_c = \psi_e = \psi_f = 0{,}25; \psi_g = \psi_h = 0{,}5; \psi_d = \psi_k = 0{,}0.$$

bestimmten Mediabereich (z. B. Druckmedien). Für diese Beschränkung spricht, daß die Gestaltung von Werbebotschaften und Werbemitteln an die Reproduktions- und Kontaktqualitäten der jeweiligen Medien angepaßt werden muß, so daß meist eine direkte Vergleichbarkeit der mediaspezifisch gestalteten Werbemittel nicht mehr gegeben ist. Grundsätzlich ist eine Mediaauswahl auf der Grundlage von Tausenderpreisen jedoch auch im Intermediabereich möglich.

Üblicherweise wird festgelegt $0 \leq \psi_l \leq 1{,}0$, wobei der absolute Wert der Werbeerreichtengewichte keine Bedeutung besitzt, da der qualitative Tausenderpreis nur relativ, nicht aber absolut interpretiert werden kann.

- *Mehrfachkontaktgewicht* (δ_{ilm}; m: = Index für *Kontaktanzahl*): Mittels dieser Gewichtung versucht man, die relative Werbewirkung infolge einer Variation der *Anzahl der Kontakte* zu erfassen. Angesichts der Vermutung, daß die Form der Kontaktwirkungskurve (Schaubild 8.23.) von den Media und den Personengruppen abhängig ist, ist es ratsam, für alle mit i und l indizierten Werte solche Gewichte zu ermitteln. Aus Gründen der Begrenzung des Datenerhebungsaufwandes ist es oft nur möglich, δ_m-Werte zu ermitteln. Legt man für die maximale Werbewirkung in Abhängigkeit der Kontaktanzahl den Wert $\delta_{ilm}^{max} = 1{,}0$ fest, so gilt:

$$0 \leq \delta_{ilm} \leq 1{,}0 \ \forall i,l.$$

Für eine Kontaktwirkungskurve vom Typ a (Schaubild 8.23.) ergeben sich folgende Mehrfachkontaktgewichte:

$$\delta_{il0} = 0{,}0; \ \delta_{il1} = \delta_{il2} = \delta_{il3} = \ldots = 1{,}0.$$

Für eine Kontaktwirkungskurve vom Typ c (Schaubild 8.23.) mögen dafür folgende Gewichte gelten:

$$\delta_{il0} = 0{,}0; \ \delta_{il1} = 0{,}1; \ \delta_{il2} = 0{,}2; \ \delta_{il3} = 0{,}4; \ \delta_{il4} = 0{,}7;$$
$$\delta_{il5} = 0{,}9; \ \ldots$$

Die soeben skizzierten drei Gewichtungsgrößen erlauben es in der Regel, das Werbestreuplanungsproblem realitätsnah abzubilden. Für jeden einzelnen Streuplan läßt sich dann folgender Quotient für den qualitativen Tausenderpreis ermitteln (N_{ilm}: Zahl der Personen, die zur Teilmenge l aus der Menge der Werbeerreichten gehören, die von Medium i m-fach kontaktiert wurden):

$$\frac{\text{Qualitativer Tausenderpreis eines Streuplans}}{} = \frac{\dfrac{\text{Kosten des Streuplans}}{\dfrac{\text{Qualitative Reichweite}}{1000}}}{} = \frac{\text{Kosten des Streuplans} \times 1000}{\sum_i \sum_l \sum_m N_{ilm} \cdot \varphi_i \cdot \psi_l \cdot \delta_{ilm}}.$$

Nach den Grundprinzipien, die der Kalkulation mit dem Tausenderpreis zugrundeliegen, ist derjenige Streuplan der beste, der den *geringsten Tausenderpreis* aufweist. Die erheblichen Datenmengen, die bei praktischen Werbestreuplanungen zu verarbeiten sind, erzwingen in der Regel eine Werbestreuplanung mit Hilfe spezieller EDV-Programme.

8.4.4. Die Bestimmung des zeitlichen Einsatzes der Werbemittel – Das Werbetiming

Vielfach wird die Bestimmung des Werbezeitpunkts als Teil der Werbestreuplanung aufgefaßt, was insofern gerechtfertigt ist, als mit der Festlegung der Werbemedia und ihrer Einschalthäufigkeit implizit auch die *Zeitpunkte der Einschaltungen* der Werbung fixiert werden. Über dieses Problem hinaus werden nachfolgend zwei weitere Aspekte des Werbetimings behandelt, die über die Kommunikationspolitik hinausgreifen und generelle absatzpolitische Fragestellungen tangieren.

8.4.4.1. Werbepolitisches Aktivitätsniveau und Umsatzniveau im Zeitablauf

Nach dem Aktivitätsniveau der werbepolitischen Maßnahmen im Zeitablauf kann zwischen einer *periodischen* und einer *aperiodischen Werbestrategie* unterschieden werden. Bei einer periodischen Werbestrategie werden die werbepolitischen Aktionen jeweils zu *festgesetzten Zeitpunkten* durchgeführt, etwa in Anlehnung an jahreszeitliche Schwankungen. Faktische Schwerpunkte der werblichen Aktivität sind in vielen Wirtschaftsbereichen die Zeit vor Weihnachten und der Frühjahrsbeginn; Zeiten besonders schwacher Werbeaktivitäten sind die Monate Januar, Juli und August (Schaubild 8.24. und 8.25.). Diese Regelmäßigkeit der Werbeintensität gilt für alle Media, ganz besonders aber für Publikumszeitschriften.

Die werbepolitischen Schwerpunkte ergeben sich häufig aus Bedarfsschwerpunkten, die periodisch wiederkehren und nicht ad hoc geplant werden. Feste Werbezyklen sind häufig auch deshalb notwendig, weil anders kaum eine Abstimmung mit anderen unternehmensinternen Aktivitätsbereichen (etwa Außendienst) und mit unternehmensexternen Entscheidungsträgern (etwa Absatzmittler, Absatzhelfer) möglich ist.

Von dem Begriffspaar periodisch/aperiodisch klar zu trennen ist das Begriffspaar *prozyklisch/antizyklisch*. Während beim Begriffspaar periodisch/aperiodisch ein unmittelbarer Bezug zur

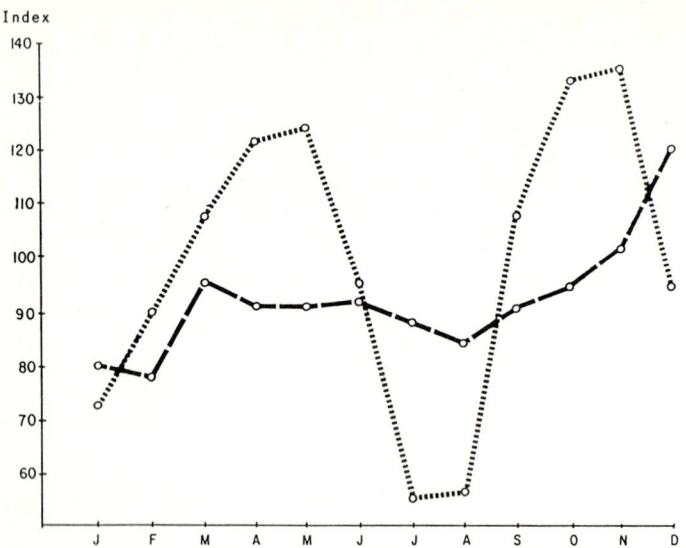

Schaubild 8.24.: Idealtypische Entwicklung der Einzelhandelsumsätze
(···) und der Bruttowerbeaufwendungen (–––) nach Monaten (Index-
Werte, Monatsdurchschnitt: 100)

Zeit hergestellt wird, ist dies beim Begriffspaar prozyklisch/anti-
zyklisch nur peripher gegeben. Als prozyklisch bezeichnet man
diejenige Werbung, die bezüglich des Aktivitätsniveaus den
Schwankungen des *Umsatzniveaus* folgt, als antizyklisch dagegen
diejenige, die den Schwankungen des Umsatzniveaus entgegen-
läuft. Bei prozyklischer Werbung wird in Zeiten starker Umsatztätigkeit vergleichsweise intensiv geworben, während in Zeiten
schwacher Umsatztätigkeit wenig geworben wird. Der
zyklische Charakter von Werbemaßnahmen wird häufig
dadurch induziert, daß die Höhe des *Werbebudgets als proportionale Funktion des Umsatzes* festgelegt ist.
Die Vor- und Nachteile prozyklischer Werbung gegenüber anti-
zyklischer Werbung können wie folgt zusammengefaßt werden:
• Bei prozyklischer Werbung werden die *Umsatzschwankungen
verstärkt,* was regelmäßig in den umsatzstarken Perioden zu
Kapazitätsproblemen in der Produktion und im Distributionssystem führt.
• Werbung zu Zeiten *starker Umsatztätigkeit* (= hoher allgemei-

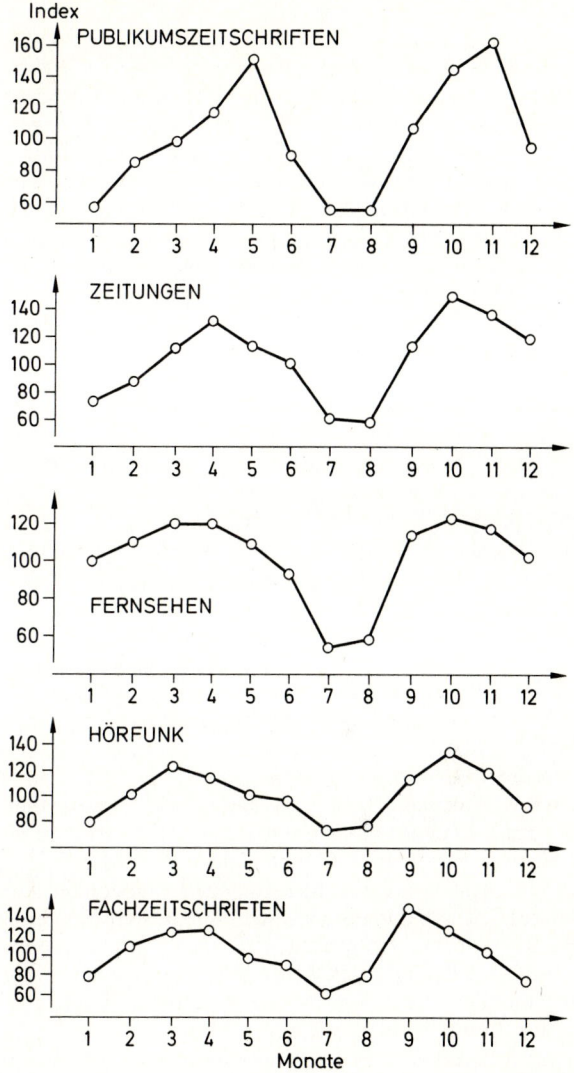

Schaubild 8.25.: Idealtypische Entwicklung der Bruttowerbeaufwendungen verschiedener Media nach Monaten (Index-Werte, Monatsdurchschnitt: 100)

417

ner Kaufbereitschaft) ist zumeist vergleichsweise wirksamer als Werbung zu Zeiten geringer Kaufbereitschaft.

- Werbemaßnahmen in Zeiten mit *starker Werbetätigkeit* werden häufig aufgrund der allgemein höheren Werbeaktivität vergleichsweise niedrigere Wirksamkeitswerte zugeschrieben als Werbemaßnahmen in Zeiten, in denen die Einzelmaßnahme nicht in der *Menge der Werbeaktivitäten* «untergeht».

Obwohl eine Dämpfung von Umsatzschwankungen vom theoretischen Standpunkt als gewichtiges Argument für eine antizyklische Werbung angesehen werden muß, hat die antizyklische Werbung in der Praxis kaum eine größere Bedeutsamkeit erlangt.

8.4.4.2. Dynamische Werbewirkungsanalyse

Die Wirkung von werbepolitischen Maßnahmen tritt häufig weder unmittelbar bei Betrachtung des Werbemittels im vollen Umfang ein, noch ist sie im Zeitablauf immer gleichartig. Die Veränderung der Wirkung von werbepolitischen Maßnahmen im Zeitablauf besitzt also sowohl einen quantitativen als auch einen qualitativen Aspekt.

Den *qualitativen Aspekt* der Veränderung der Werbewirkung im Zeitablauf beschreibt der *Schläfer-Effekt*. Die Kernaussage des Schläfer-Effekts lautet, daß im Zeitablauf die größere Einflußwirkung von Informationen, die anfangs als vergleichsweise glaubwürdiger beurteilt wurden, gegenüber anfangs als weniger glaubwürdig beurteilten Informationen abnimmt. Die unterschiedliche *Glaubwürdigkeit* und damit auch unterschiedliche Überzeugungskraft sachlich identischer Informationen *gleichen sich* danach mit Fortgang der Zeit *aneinander an*. Eine Folge dieses Schläfer-Effekts ist, daß Werbeaussagen, die wegen des Eigeninteresses des Senders zunächst als wenig glaubwürdig angesehen werden und daher relativ wenig wirksam sind, nach einiger Zeit (ohne Berücksichtigung des Vergessenseffekts) ebenso wirksam sind wie die «Werbeaussagen» übermittelt im Wege der informalen Kommunikation (Meinungsführer).

Den quantitativen Aspekt der Veränderung der Werbewirkung im Zeitablauf kann man zum Teil mit Hilfe von Verzögerungskurven abbilden. Verzögerungskurven bringen in diesem Zusammenhang die Wirkung eines einmal geschalteten Werbemittels (Werbemaßnahme) im Zeitablauf zum Ausdruck.

Bei den in Schaubild 8.26. dargestellten Wirkungsverläufen wird davon ausgegangen, daß der Werbestimulus im Zeitpunkt t = 0 von dem betreffenden Individuum bzw. der homogenen Personenmehrheit wahrgenommen wurde. Die einzelnen Wirkungsverläufe können wie folgt charakterisiert werden:

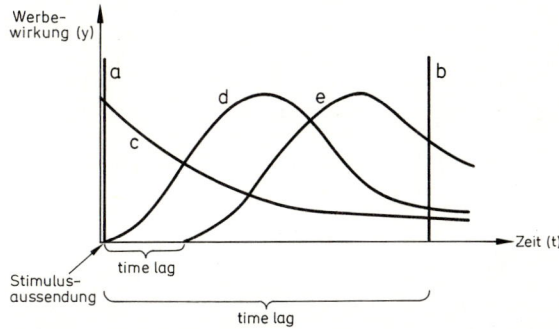

Schaubild 8.26.: Werbeverzögerungskurven

- «Kurve» (a): Die *volle Werbewirkung* tritt unmittelbar mit der Aussendung des Werbemittels ein. Dieser Wirkungsverlauf ist bezüglich Handlungswirkungen kaum denkbar, wohl aber bezüglich Wirkungen auf Einstellungen zu dem erworbenen Objekt. Dieser unverzögerte Wirkungsverlauf wird einfachheitshalber bei den meisten Werbeplanungsmaßnahmen unterstellt.

- «Kurve» (b): Die volle *Werbewirkung* tritt *unverteilt* erst zu einem Zeitpunkt auf, der deutlich dem Zeitpunkt der Aussendung des Werbemittels nachgelagert ist. Die dabei verstreichende Zeitspanne bezeichnet man als *time lag*. Empirische Relevanz besitzt dieser Wirkungsverlauf etwa im Zusammenhang mit Handlungswirkungen, deren Verzögerung bisweilen schon durch technische Gründe (Postlaufzeit für Bestellung) gegeben ist.

- Kurve (c): Die *Werbewirkung* tritt hier nicht mehr in einem bestimmten Zeitpunkt auf, sondern *verteilt* sich über mehrere Zeiteinheiten. Wird abweichend von obiger Annahme eine Werbeaussage für eine Marke im Zeitpunkt t = 0 ausgesandt, so ist es relativ wahrscheinlich, daß beispielsweise die Aufmerksamkeit für dieses Produkt oder die Kaufneigung zu diesem Produkt diesem Wirkungsverlauf entspricht. Es liegt in

419

diesem Fall zwar eine verzögerte Wirkung vor, allerdings kein time lag, da die Werbewirkung sich *unmittelbar nach Aussendung im größten Ausmaße* einstellt.

- Kurve (d): Auch hier liegt eine *verteilte Werbewirkung* vor, die sich vom Fall (c) dadurch unterscheidet, daß die *volle Wirkung erst nach einer gewissen Zeitspanne* eintritt. Kurve (d) hat eine ähnliche Gestalt wie die *Produktlebenskurve*.
- Kurve (e): Sie unterscheidet sich vom Fall (d) dadurch, daß die *Werbewirkung* nicht nur *verteilt* und anfangs vergleichsweise schwach ist, sondern überhaupt erst nach einer gewissen Zeitspanne einsetzt. Es liegt hier also wieder ein *time lag* vor.

Die Darstellungen (b) bis (e) kennzeichnen *Carry-Over-Effekte*, d. h. *Ausstrahlungseffekte in zeitlicher Hinsicht*, was nichts anderes bedeutet, als daß eine Werbemaßnahme wirkungsmäßig auf einen anderen (späteren) Zeitpunkt oder Zeitraum ausstrahlt. Die Ähnlichkeit der Verzögerungskurven (d) und (e) mit der Produktlebenskurve ist nicht nur eine reine formale, sondern auch inhaltlich begründet, da beide *Diffusionsprozesse* repräsentieren. In Anlehnung an die Formalisierung der Produktlebenskurve können die Verzögerungskurven durch folgende formale Ausdrücke beschrieben werden:

Verzögerungsfunktion Typ (e)[4]:

$$y_t = \left(\beta_0 t^{\beta_1} + \beta_3\right) e^{-\beta_2 t}, \text{ wobei } \beta_0\ \beta_1,\ \beta_2\ \in\ \mathbf{R}^+,\ \beta_3\ \in\ \mathbf{R}^-$$

Verzögerungsfunktion Typ (c):

Aus $\beta_0 = 0$ folgt:

$$y_t = \beta_3\ e^{-\beta_2 t}, \text{ wobei } \beta_2,\ \beta_3\ \in\ \mathbf{R}^+$$

Verzögerungsfunktion Typ (d):

Aus $\beta_3 = 0$ folgt:

$$y_t = \beta_0 t^{\beta_1} \cdot e^{-\beta_2 t}, \text{ wobei } \beta_0,\ \beta_1,\ \beta_2\ \in\ \mathbf{R}^+\ (\rightarrow\ \text{Produktlebenskurve})$$

Die Verzögerungsfunktionen vom Typ (a) und (b) stellen entartete Funktionen dar, die hier nicht formalisiert werden sollen.

Realistische Wirkungsdynamiken sind allerdings noch komplexer als in Schaubild 8.26. verdeutlicht. Neben dem *Verzögerungs-*

---

[4] Genaugenommen gilt die Verzögerungsfunktion vom Typ (e) nur für den Bereich $t \geq \left(\dfrac{-\beta_3}{\beta_0}\right)^{\beta_1^{-1}}$; für den Bereich $0 \leq t \leq \left(\dfrac{-\beta_3}{\beta_0}\right)^{\beta_1^{-1}}$ gilt $y_t = 0$.

effekt (Schaubild 8.26.) kommt es vor allem bei Promotionsmaß-
nahmen, die mit preispolitischen Maßnahmen gekoppelt sind,
häufig auch zu *Ankündigungseffekten*, d.h. zu dem Werbezeitpunkt vorauseilenden Effekten. Ankündigungseffekte wirken
sich bei Aktionsmaßnahmen zumeist als Kaufzurückhaltung aus.
Nach Ablauf der Werbekampagne kommt es bisweilen auch zu
einem Umsatzrückgang, der dadurch bedingt ist, daß während
der Aktionszeit Vorratskäufe im sonst unüblichen Ausmaß getätigt wurden *(Vorratseffekt)*; diese übergroßen Vorräte werden
zumeist erst abgebaut, bevor das entsprechende Produkt nachge-
kauft wird. Die am häufigsten anzutreffenden zeitlichen Wir-
kungsverlagerungen bei *einmaligen Werbemaßnahmen* (Aktionswerbung) sind in Schaubild 8.27. verdeutlicht.

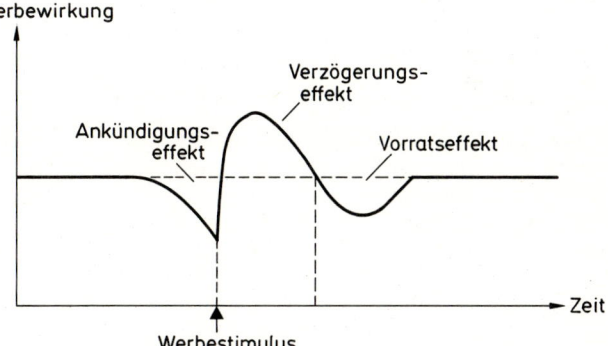

Schaubild 8.27.: Dynamische Wirkungsanalyse bei kurzfristigen Kommunikationsmaßnahmen

Wird eine Kommunikations- oder auch preispolitische Maßnahme über eine *längere Zeit* hinweg realisiert, so sind andere
Wirkungsmuster zu erwarten (Schaubild 8.28.).

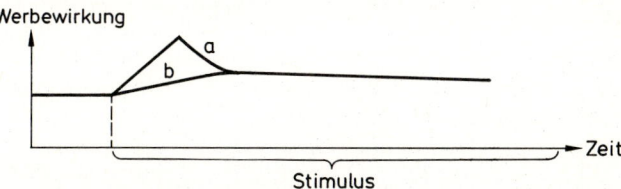

Schaubild 8.28.: Dynamischer Wirkungsverlauf bei langfristigen Kommunikationsmaßnahmen

421

Der sehr realistische Fall (a) ist durch eine schnelle Aktivierung einiger Kunden und einen anschließenden Rückgang der Wirkung *(wear out)* gekennzeichnet. Im Fall (b) wird nur eine allmähliche Marktdurchdringung erreicht.

Sind die Verzögerungsfunktionen numerisch bestimmt, so können daraus unmittelbar Rückschlüsse für die *Festlegung des Werbezeitpunktes* bei gegebenem Wirkungszeitpunkt oder bei feststehendem Werbezeitpunkt für die *Disposition der Bevorratung des Handels* gezogen werden. In vielen Fällen wird sich dabei zeigen, daß der Wirkungsverlauf für alternative Werbewirkungsgrößen (Aufmerksamkeitswirkung, Recallwert, Recognitionwert, Handlungswirkung) unterschiedlich ist. Die Unterschiedlichkeit kann sich dabei sowohl auf den Typ der Verzögerungsfunktion als auch auf die Parameterwerte der Verzögerungsfunktion beziehen.

8.5. Fallstudie «Richard Hirschmann II»

Die Kommunikationspolitik ist ohne Zweifel ein stark durch kreative Elemente geprägter betrieblicher Entscheidungsbereich. Dem kreativen Teil nachgelagert ist allerdings typischerweise eine Phase der kritischen Analyse einzelner kreativer Entwürfe. Zum besseren Verständnis der nachstehenden Fallstudie wird vorab die Lektüre der Fallstudie aus Kapitel 9 dieses Buches empfohlen[5].

Entwicklung des Unternehmens

Neben der Verbesserung der Marketingkonzeption im angestammten Markt diverser Antennen wurde in den vergangenen Jahren konsequent an der Schaffung eines «neuen Beines» gearbeitet. Als ein Produktbereich, dem nicht zuletzt auch infolge des Terrors der Baader-Meinhof-Gruppe, der Roten Armee Fraktion und ihrer Nachfolgeorganisationen (v.a. 1978, 1979) eine erhöhte Aktualität zugewachsen ist, kann Sicherheit gelten. Bereits vor 1978 waren bei RHRW erste Produktentwicklungen in diesem Bereich erfolgt, 1979 wurden dann die HAL-Meldeanlagen in

---

[5] Dieses Kapitel stellt einen verkürzten Abdruck der Fallstudie «Richard Hirschmann Radiotechnisches Werk (D)» dar (Böcker, F.: Fallstudien zum Marketing, Berlin 1983, S. 72–93). Wir danken dem Verlag für die Genehmigung des Abdrucks.

den Markt eingeführt. Seit Markteinführung verzeichnen die Produkte des RHRW eine stark positive Absatzentwicklung, die weit über der der Gesamtmarktentwicklung und auch der Entwicklung, die Marktneulingen zumeist zukommt, liegt. Der Produktbereich HAL-Meldesysteme stellt nach Ansicht des Managements einen vollen Diversifikationserfolg des Unternehmens dar. Der neue Produktbereich trägt dabei nicht nur wesentlich zum Umsatz, sondern in noch stärkerem Maße zum Gewinn des Unternehmens bei.

Die Teilbereiche des Marktes der Meldesysteme

Meldesysteme sind vergleichsweise umfassende Sicherheitseinrichtungen, die in der Regel aus einer zentralen elektronisch gesteuerten Einheit und einer Vielzahl von peripheren Fühlern, die auf Stöße, Unterbrechungen von Lichtschranken etc. ansprechen, zusammengesetzt sind (Anlage 1). Von den zentralen Einheiten können verschiedenartige Meldungen abgegeben werden: Elektrische Signale an die Polizei, Überwachungsdienste oder andere Personen bzw. auch akustische Signale, die die Umgebung «alarmieren». Solche Meldesysteme sind stets an die besonderen Bedürfnisse der einzelnen Installationsorte anzupassen, sie stellen insofern maßgeschneiderte Lösungen dar. Stark vereinfacht kann der Produktbereich Meldesysteme in zwei Teilmärkte unterteilt werden: den sogenannten Profi-Bereich (Banken etc.) und den sogenannten Massenmarkt. Mit den Meldeanlagen konkurrieren in gewisser Weise auch einfachere Sicherheitsanlagen vor allem mechanischer Art (besondere Schlösser und Fensterläden bzw. Gitter).

Die Marktsättigung im Profi-Bereich ist relativ hoch; andere Hersteller (z.B. Bosch) sind in diesem Markt mit adäquaten Problemlösungen bereits bestens etabliert. Nach Ansicht der Unternehmensführung von RHRW wird sich die Marke Hirschmann auf diesem Teilmarkt nur vergleichsweise langfristig als marktrelevante Alternative etablieren lassen.

Der Massenmarkt dagegen wird als vergleichsweise unterentwickelt eingestuft; der Markt ist zum einen noch wenig ausgeschöpft und zum anderen tummeln sich auf diesem Teilmarkt auch nur vergleichsweise wenige relevante Anbieter. Den Anbietern des Profi-Marktes fehlt es einerseits an adäquaten Konzepten für den Massenmarkt und andererseits an einer ausreichenden Distributionsdichte, die angesichts des notwendiger-

weise engen Kundenkontaktes unverzichtbar erscheint. Hirschmann hat nach eigener Einschätzung in diesem Teilmarkt die
begründete Aussicht «den Markt machen» und sich langfristig als
Marktführer etablieren zu können. Wenngleich der private
Markt wegen der dort geringen Marktsättigung, der allseits
befürchteten steigenden Kriminalität auch im Wohnbereich und
den daraus erwachsenden zunehmenden Sicherheitsbedürfnissen sowie der vergleichsweise großen Chancen, Marktführer zu
werden, als Schwerpunkt der Aktivitäten besonders attraktiv zu
sein scheint, soll der Profimarkt nicht völlig unbearbeitet bleiben, allein schon, da von ihm gewisse Ausstrahlungseffekte ausgehen.

Nachdem bisher für die Markteinführungsphase vorwiegend
mittels Prospekten und Druckschriften Kommunikationspolitik
betrieben worden war, soll nun für die Erschließung breiterer
Abnehmerschichten eine Mediawerbungskampagne in Print-
media (v.a. Zeitschriften) durchgeführt werden. Eine Werbeagentur wurde daher aufgefordert, ein Werbekonzept zu entwickeln, das sowohl für die zu übermittelnden Informationen
als auch für die Gestaltung der Anzeigen Vorschläge beinhaltet.

Das Konzept der Marsteller International GmbH

Ende 1979 wird von der Werbeagentur Marsteller International
GmbH ein Bericht vorgelegt, dessen wichtigste Teile die folgenden sind:

Grundsätzliche Forderungen an die Werbung:
• Sie muß das Problembewußtsein für Meldeanlagen erweitern.
• Sie muß das Hirschmann-Angebot bekanntmachen und In-
  teresse wecken.
• Sie muß Hirschmann als Anbieter eines neuen Produktberei-
  ches profilieren.
• Sie muß die Überlegenheit in Technik, Montage und Service
  klarmachen.
• Sie muß Vertrauen schaffen.
• Sie muß einen glaubwürdigen Nutzen versprechen.

Probleme des Marktes der Meldeanlagen:
• Relativ hohe Marktsättigung im Gewerbebereich.
• Im Privatbereich besteht nur eine geringe Marktsättigung.
  Den Zielgruppen sind die unterschiedlichen Systeme nicht be-
  kannt, wahrscheinlich besteht nur ein geringes Problembe-
  wußtsein und Informationsniveau über Sicherheitssysteme.

- Hirschmann ist im Profibereich nicht profiliert, die Angebote für den Privatbereich sind nicht bekannt.

Zielgruppen:
- Profibereich: Bauherren, Entscheider und Berater in Sicherheitsfragen.
- Privatbereich: Besitzer von teuren Eigenheimen.

Marketing-Ziele und -Strategie:
- Profibereich: Stärker profilieren und Marktanteile gewinnen. Überzeugen, daß Hirschmann die ausgereifteste Technik anbietet.
- Privatbereich: Neues Marktsegment aufbauen. Überzeugen, daß nur Hirschmann-Profitechnik die volle Sicherheit bietet.

Positionierung:
- Hirschmann bietet die ausgereifteste Sicherungstechnik.

Benefit:
- Die Sicherheit, das Beste für die Sicherung getan zu haben.

Reason why:
- Hirschmann-Anlagen sind ausgereifte Technik, die von Fachleuten installiert wird.

Copy Strategy Linie I:
- Headlines:
  - • «Nach dem Einbruch hatte Sie keine Patienten mehr» oder «Über Nacht verlor ein Arzt alle Patienten» oder «Wie ein Arzt wegen Einbruch seine Patienten verlor» (Motiv: Arzt/Ärztin/verbrannte Kartei, Anlage 2).
- Copy:
  - • Einbrecher begnügen sich nicht mit Stehlen. Zusätzlich richten sie sinnlose Zerstörung an.
  - • Und dabei können Ihnen Verluste entstehen, die nicht mit Geld zu bezahlen sind. Sei es ein Andenken, ein Bild, ein Geschenk, eine Arbeit oder ein kleiner schmutziger Stoff-Teddy. Dinge, die Ihnen ans Herz gewachsen sind und die keine Versicherung ersetzen kann.
  - • Wir bauen professionelle Meldesysteme, um Einbrüche und Überfälle weitgehend zu verhindern. Wobei Professionalität für uns nicht nur perfekte Technik bedeutet, sondern zusätzlich die unbedingt notwendige Montage

und Wartung durch Sicherheitsspezialisten. Die heutige Notwendigkeit für erhöhte Sicherung zeigt die polizeiliche Kriminalstatistik:

Insgesamt wurden 1977 in Deutschland nahezu 300 000 Einbrüche gemeldet. Davon betrafen

149 585 Privat-Wohnräume,
 60 423 Gaststätten, Hotels, Pensionen und
 89 694 Büros, Läden, Lager sowie Fabriken.

- • Weil wir nicht möchten, daß Sie vielleicht schon morgen von dieser Statistik erfaßt werden, bauen wir spezielle Einbruch-Meldesysteme.
- • Für den professionellen Schutz von Banken, Industrie und Gewerbe sowie Wohnungen und Villen.
- • Die individuelle Beurteilung des jeweiligen Objektes und die fachgerechte Installation durch unsere Techniker geben Ihnen Funktionsgarantie und Zuverlässigkeit.
- • Überfall- und Einbruch-Meldesysteme von Hirschmann. Informieren Sie sich mit diesem Coupon.

- Coupon:
Senden Sie mir Informationen über Meldesysteme
  ☐ HAL 1000 für Industrie, Gewerbe, Banken
  ☐ HAL 2000 für Wohnen
  ☐ HAL 4000 für Villen und Objekte im gewerblichen Bereich.

Copy Strategy Linie II:

- Headlines:
  - • «Einbrecher wecken Ihre Familie unsanft. Während Sie unterwegs sind» (Motiv: schlafende Frau, Anlage 3).

- Copy:
  - • Einbrecher sind schreckhaft. Im Affekt können Sie unberechenbar und gefährlich reagieren.
  - • Wenn Einbrecher erst im Hause sind, haben Ihre Frau und Ihre Kinder kaum noch Möglichkeiten, sich zu wehren. Lassen Sie es deshalb erst gar nicht so weit kommen. Schützen Sie das Leben derer, die Ihnen mehr wert sind als Geld, sorgfältig und gewissenhaft.
  - • Hirschmann baut Überfall- und Einbruch-Meldesysteme, um Einbrüche zu verhindern. Die Notwendigkeit erhöhter Sicherung zeigt die polizeiliche Kriminalstatistik.
  - • 1977 wurden in Deutschland insgesamt nahezu 300 000

426

Einbrüche gemeldet. Davon trafen
149 585 Privat-Wohnräume,
 60 423 Gaststätten, Hotels, Pensionen und
 89 694 Büros, Werkstätten, Lager sowie Fabriken.

- • Weil wir nicht möchten, daß Sie vielleicht schon morgen von dieser Statistik erfaßt werden, bauen wir spezielle Einbruch-Meldesysteme.
- • Für den professionellen Schutz von Banken, Industrie und Gewerbe sowie Wohnungen und Villen.
- • Die individuelle Beurteilung des jeweiligen Objektes und die fachgerechte Installation durch unsere Techniker geben Ihnen Funktionsgarantie und Zuverlässigkeit.
- • Wirkungsvolle Überfall- und Einbruch-Meldesysteme von Hirschmann. Informieren Sie sich mit diesem Coupon.

- Coupon:
Senden Sie mir Informationen über Meldesysteme
  - ☐ HAL 1000 für Industrie, Gewerbe, Banken
  - ☐ HAL 2000 für Wohnungen
  - ☐ HAL 4000 für Villen und Objekte im gewerblichen Bereich.

Copy Strategy Linie III:

- Headlines:
  - • «Ein Indianer kennt keine Trauer» (Motiv: weinender Indianer, Anlage 4).

- Copy:
  - • Denn ihn interessiert es überhaupt nicht, ob ihnen beim Anblick seiner Tat schlicht und ergreifend die Tränen kommen. Ersparen Sie sich das.
  - • Hirschmann baut wirkungsvolle Meldesysteme, um Einbrüchen und Überfällen vorzubeugen. Die heutige Notwendigkeit für erhöhte Sicherung zeigt die polizeiliche Kriminalstatistik: Allein 1977 wurden in Deutschland nahezu 300 000 Einbrüche bei der Polizei gemeldet. Davon betrafen
149 585 Privat-Räume,
 60 423 Gaststätten, Hotels, Pensionen und
 89 694 Büros, Läden, Lager sowie sonstige gewerbliche Räume.
  - • Weil wir nicht möchten, daß Sie vielleicht schon morgen

diese statistischen Zahlen persönlich erhöhen, bauen wir spezielle Einbruch-Meldesysteme für Banken, Industrie und Gewerbe sowie Wohnungen und Villen.

• • Die individuelle Begutachtung des jeweiligen Objektes und die Installation durch unsere Spezialisten geben Ihnen Funktions- und Zuverlässigkeitsgarantie.

• • Denn wirkungsvoller Raumschutz ist nur dann gewährleistet, wenn Technik, Montage und Wartung von professionellen Fachleuten durchgeführt wird.

• • Verlassen Sie sich besser nicht auf «Do-it-yourself» Sicherheit.

• • Überfall- und Einbruch-Meldesysteme von Hirschmann. Informieren Sie sich mit diesem Coupon.

• Coupon:
  Senden Sie mir Informationen über Meldesysteme
  ☐ HAL 1000 für Industrie, Gewerbe, Banken
  ☐ HAL 2000 für Wohnungen
  ☐ HAL 4000 für Villen und Objekte im gewerblichen Bereich.

Alternative Taglines:

• Hirschmann. Wir sind die Spezialisten für professionellen Schutz.

• Hirschmann. Mehr Sicherheit durch professionelle Technik und zuverlässige Montage.

• Hirschmann. Unsere Schutztechnik beginnt bei der Montage.

• Hirschmann. Wir bieten mehr als ein sicheres Gefühl.

• Hirschmann. Ihre Sicherheit sollten Sie von der Technik, Montage bis zur Wartung unseren Spezialisten überlassen.

• Hirschmann. Wir wenden für Ihre Sicherheit etwas mehr Zeit auf.

• Hirschmann. Denn wirkungsvoller Schutz ist nur gewährleistet bei fachgerechter Montage kombiniert mit optimaler Technik.

Weitere Überlegung bei den RHRW

Die Konzeption der Marsteller International GmbH findet keine ungeteilte Zustimmung der Marketingleitung des Unternehmens. Man geht von der Überzeugung aus, daß die Abnehmer der Meldesysteme einen Anspruch auf mehr Informationen über das Produkt selbst verdienen. Aus dieser Grundüberlegung heraus werden hausintern auch einige Anzeigenentwürfe mit einem vergleichsweise hohen Textanteil konzipiert (vgl. Anlage 5).

Einige wichtige Aussagen, die man mit der Werbekampagne bei der potentiellen Abnehmerschicht verankern möchte, sind etwa folgende:

- Einbruch-Meldesysteme sind keineswegs etwas für Hobby-Bastler, vielmehr bedürfen sie hochwertiger Technik und fachmäßiger Installation. Andernfalls kann eine wirkungsvolle Funktion nicht sichergestellt werden.
- Einbruch-Meldesysteme stellen maßgeschneiderte Lösungen dar, eine geeignete Gerätetechnologie und ehrliche Beratung sind daher unverzichtbar.
- Einbruch-Meldesysteme können keine hundertprozentige Sicherheit gewähren, aber deutlich das Risiko reduzieren. Eine elektronische Einbruch-Meldeanlage kann einen Einbrecher nicht tatsächlich daran hindern einzudringen, sie kann aber durch Geräuschsignale abschrecken oder den Einbruch-Versuch unhörbar dem Werkschutz, Nachbarn, vereinzelt auch der Polizei melden.
- Es geht nicht darum, schnell Einbruch-Meldesysteme zu verkaufen, sondern als Partner systematisch und intensiv an der Lösung der Sicherheitsprobleme zu arbeiten (kein schnelles Geschäft mit der Angst).
- Einbruch-Meldeanlagen sind grundsätzlich nicht völlig wartungsfrei; sie verlangen daher nach einem Netz von Service-Stationen.
- Einbruch-Meldeanlagen sollten aus finanziellen Gründen möglichst bereits bei der Planung und Errichtung eines Neubaues berücksichtigt werden, späterer Einbau ist in der Regel teurer.

Nachdem man sich solchermaßen Klarheit über die Ziele der Werbemaßnahmen und die einzelnen Alternativen verschafft hat, steht die Marketingabteilung vor der Aufgabe, eine Werbestrategie für den Produktbereich Einbruch-Meldeanlagen auszuwählen. Man glaubt davon ausgehen zu müssen, daß nur eine Strategie (Copy-Strategie I, Copy Strategie II, Copy Strategie III, Text-Strategie) gewählt werden soll, die gegebenenfalls noch weiterentwickelt werden kann.

HAL Einbruch-Meldesysteme:
HAL 1000 für gewerbliche Risiken,
anerkannt vom VdS
HAL 2000 für einfache Risiken,
entsprechend den
VdS-Richtlinien.

Hirschmann Einbruch-Meldesystem HAL 1000, HAL 2000, anerkannt und empfohlen

Die Hirschmann Einbruchmeldesysteme HAL 1000 für den Einsatz bei „gewerblichen Risiken" und HAL 2000 für den Einsatz bei „einfachen Risiken" sind vom Verband der Sachversicherer (VdS) anerkannt und entsprechen den Empfehlungen der kriminalpolizeilichen Beratungsstellen.

Anwendung – den Ansprüchen entsprechend

Hirschmann Einbruch-Meldesysteme eignen sich für Behörden, Industrie, Gewerbe und private Objekte. Welches der beiden Systeme, HAL 1000 oder HAL 2000, für Ihr Objekt zur Anwendung gelangt, ist von Ihrem speziellen Sicherheitsbedürfnis, von der Art und der Höhe des zu überwachenden (versichernden) Risikos, sowie von den Empfehlungen der kriminalpolizeilichen Beratungsstellen abhängig.

Planung und Montage Ihrer Einbruch-Meldeanlage durch die Hirschmann-Errichter-Organisation

Damit Ihre Einbruch-Meldeanlage nach den genannten Forderungen, Richtlinien und Empfehlungen optimal geplant, errichtet, in Betrieb genommen und betreut werden kann, stehen neben der Planungs- und Beratungsabteilung im Hauptwerk Esslingen 14 Technische Büros für HAL-Meldsysteme in der Bundesrepublik Deutschland zu Ihrer Verfügung. Hirschmann und seine Technischen Büros haben die VdS-Anerkennung zum Planen, Errichten und zur Abnahme von VdS-anerkannten Einbruch-Meldeanlagen. In diesen Technischen Büros arbeiten speziell für Hirschmann Einbruch-Meldesysteme ausgebildete Fachkräfte.

Welche Überwachung kommt in Frage?

Mit den Hirschmann Einbruch-Meldesystemen HAL 1000 und HAL 2000 können Einbruch-Meldeanlagen
– für die Überwachung der Außenhaut eines zu überwachenden Bereiches
– für die Überwachung von Innenräumen und
– für die Überwachung von einzelnen Objekten innerhalb von Räumen
erstellt werden.

Außenhautüberwachung

Zur Außenhautüberwachung werden Melder angewandt, die Mauern, Wände, Glasflächen, Decken, Türen und andere mögliche Einbruchstellen überwachen und somit einen Einbruch frühzeitig erkennen.

Innenraumüberwachung

Bei der Innenraumüberwachung kommen Sensoren zur Anwendung, die Bewegungen innerhalb von Räumen wahrnehmen und melden.

Einzelobjektüberwachung

Die Einzelobjektüberwachung kommt dort in Frage, wo einzelne Objekte wie z.B. Panzerschränke oder Ausstellungsvitrinen mit wertvollem Inhalt überwacht werden sollen. Die drei Überwachungsarten können jede für sich und in Kombination angewandt werden. Überfall-Meldeeinrichtungen können in diese Systeme integriert werden. Sabotagemeldelinien überwachen die Meldeanlage selbst gegen unbefugte Angriffe.

Die Melder

Von entscheidender Bedeutung für die zuverlässige Erkennung eines Einbruches und für hohe Sicherheit gegen Fehlauslösung der Melder ist deren sorgfältige Auswahl. Die nach unterschiedlichen physikalischen Gesetzen arbeitenden Melder und ihre grundsätzlichen Anwendungen sind der Übersicht zu entnehmen.

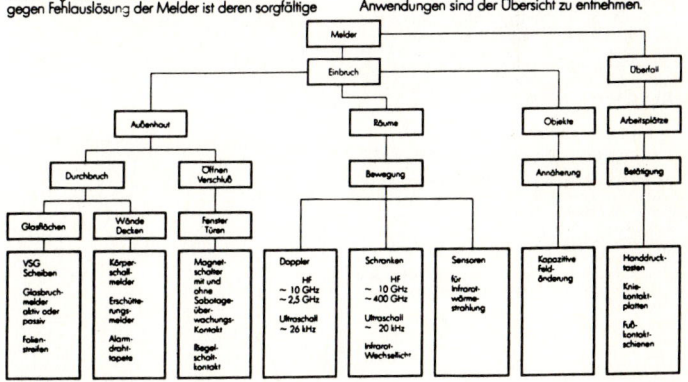

Die Meldelinien – anpassungsfähig

An die Meldelinien können alle in der Einbruch-Meldetechnik üblichen Melder angeschlossen werden. Die einzelnen Meldelinien sind so programmierbar, daß bei unterschiedlichen Schaltzuständen der Meldeanlage verschiedene Alarmmeldungen abgegeben werden können (Intern-Alarm, Extern-Alarm, kein Alarm). Jede Meldelinie ist einzeln abschaltbar. Abgeschaltete Meldelinien werden durch gelbe Leuchtsignale angezeigt. Dabei kann jedoch über ein rotes Leuchtsignal der jeweilige Zustand der Meldelinie (geschlossen oder offen) kontrolliert werden. Zwangsläufigkeitsschaltungen sorgen dafür, daß abgeschaltete Meldelinien beim Scharfschalten der Meldeanlage wieder eingeschaltet werden.

Die Meldelinien-Impedanz und die Ansprechempfindlichkeit jeder Meldelinie ist in Grenzen frei wählbar. Damit kann sie den Forderungen: schwer angreifbar einerseits und störfest andererseits, optimal angepaßt werden.

Eine neuentwickelte Meldelinienschaltung für Glasbruchmelder mit Einzelanzeige macht es möglich, daß die Einzelanzeige nach einem Alarm hell leuchtet, ohne daß zusätzliche Leitungen für die Versorgung der Leuchtanzeige erforderlich sind.

Überwachung von Nebengebäuden und Nebenräumen – problemlos

Die separate Überwachung von Nebengebäuden und Nebenräumen ist in mehreren Bereichen mit sogenannten „Unterblockmeldelinien" auch bei unscharfer Anlage möglich.
Bei einem Einbruch in Nebenräume wird bei unscharfer Anlage im Hauptteil Internalarm ausgelöst, der, wenn erforderlich, über Überfalltaster als Externalarm weitergeleitet werden kann. Ist die Meldeanlage scharf geschaltet, wird auch von den Nebenräumen Externalarm ausgelöst.
Die Unterblockmeldelinien werden mit elektromechanischen Schalt- und Verschließeinrichtungen mit Zu- und Aufschließblockierung (Unterblockschlösser) ein- und ausgeschaltet.
Zwangsläufigkeitsschaltungen mit diesen Linien und der Scharfschalteeinrichtung für die Meldeanlage sorgen dafür, daß Fehlbedienungen ausgeschlossen sind.

Scharfschalten und Unscharfschalten – einfach und sicher

Hirschmann Einbruch-Meldeanlagen werden mit elektromechanischen Verschließ- und Schalteinrichtungen gleichzeitig mit dem Verschluß des Sicherungsbereiches scharf geschaltet.
Zwangsläufigkeitsschaltungen sorgen dafür, daß der Sicherungsbereich nur verschlossen und damit die Meldeanlage scharf geschaltet werden kann, wenn sie vollständig meldebereit ist und keine Betriebsstörungen vorliegen.

Diese Scharfschalteeinrichtungen sind gegen Angriffe überwacht.

Unbefugtes Unscharfschalten erschwert

Besteht die Gefahr, daß die Einbruch-Meldeanlage durch Unbefugte unscharf geschaltet werden könnte, z.B. bei Schlüssel-Verlust, -Diebstahl, -Nachbildung, so kann die Scharfschalteinrichtung zusätzlich mit einem „geistigen Verschluß" in Form einer Tast-Codiereinrichtung gesichert werden.

Der Alarm – den Anforderungen entsprechend

Damit bei einem Einbruch oder Überfall hilfeleistende Stellen schnell und zuverlässig reagieren können, sind unterschiedliche Alarmmeldungen möglich.
1. Aufschaltung auf Überfall- und Einbruch-Meldeanlagen der Polizei
Der Überfall oder Einbruch wird über eine ständig überwachte Postmietleitung direkt bei der Polizei gemeldet.

2. Aufschaltung auf Hauptmeldeanlagen von Bewachungsunternehmen
Auch hier wird die Meldung über ständig überwachte Postmietleitungen an das Bewachungsunternehmen weitergeleitet.

3. Meldung an hilfeleistende Stellen über ein automatisches Wähl- und Ansagegerät
Die Meldung wird über das öffentliche Fernsprechnetz vermittelt.

4. Örtlicher Alarm durch akustische und optische Signalgeber
Sirenen, Blitzleuchten, Rundumkennleuchten oder andere Alarmbeleuchtungseinrichtungen sollen Angreifer abschrecken und dienen zur Information der Nachbarschaft.

5. Internalarm, optisch und akustisch.
Hausinterne Meldung eines Einbruchs.

**Unsere Einbruch-Meldeanlagen reduzieren
Ihr Risiko soweit wie möglich.
Hundertprozentigen Schutz müssen Sie
sich allerdings von anderen versprechen lassen.**

Wir haben eine sensible Antenne für Ihre Sicherheit.

Hirschmann

8.6. Literaturempfehlungen

Empfehlungen für den gesamten bzw. den überwiegenden Bereich des Stoffes, der in diesem Buch behandelt wird, sind unter den Literaturempfehlungen am Ende des ersten Kapitels dieses Buches zu finden.

Böcker, F.; Gierl, H.: Daten- und Verhaltens-gestützte Mediaplanung, in: Zeitschrift für betriebswirtschaftliche Forschung, 38. Jg. (1986), S. 64–83

Köhler, R.: Marktkommunikation, in: WiSt – Wirtschaftswissenschaftliches Studium, 5. Jg. (1976), S. 164–167

Kroeber-Riel, W.: Strategie und Technik der Werbung, 3. Auflage, Stuttgart 1991

Meyer, P. W.; Hermanns, A.: Theorie der Wirtschaftswerbung, Stuttgart/Berlin/Köln/Mainz 1981

Rehorn, J.: Werbetests, Neuwied 1988

Schweiger, G.; Schrattenecker, G.: Werbung, 3. Auflage, Stuttgart 1992

Tietz, B.; Zentes, J.: Die Werbung der Unternehmung, Reinbek 1980

9. Marketingplanung als situations-bezogene Integration der einzelnen absatzpolitischen Aktivitäten

9.0. Lernziele des Kapitels

Gegenstand der Kapitel fünf bis acht waren in den einzelnen absatzpolitischen Instrumentalbereichen häufig auftretende Planungsprobleme. Nachfolgend wird zum einen eine Integration und zum anderen eine Ergänzung der bisherigen, mehr partiell ausgerichteten Betrachtungsweisen vorgenommen. Angesichts der Vielfältigkeit und Komplexität der Analysen und Entscheidungstechniken im Zusammenhang mit der Entwicklung integrierter Strategien und Politiken können die damit aufgeworfenen Fragen nur angedeutet werden.

Zunächst wird das System der Marketing-Instrumente und ein vereinfachendes Konzept für eine optimale Abstimmung der einzelnen absatzpolitischen Instrumentalbereiche vorgestellt. Daran anschließend werden einige Grundfragen der Planung und Kontrolle im Absatzbereich sowie deren Lösung in einzelnen Wirtschaftsbereichen behandelt. Da absatzpolitische Planung und Kontrolle nicht im organisationsfreien Raum vor sich geht, sind schließlich einige Fragen der Organisation zu erörtern.

Ziel der Darstellungen in diesem Kapitel ist es demnach,

- das Verständnis für eine integrierte absatzpolitische Strategie, die auf die Besonderheiten der jeweiligen Wirtschaftsbereiche und Kundengruppen abgestimmt und die erfolgversprechend ist, zu vermitteln,
- die Grundzüge einer Vorgehensweise bei der Abstimmung einzelner absatzpolitischer Instrumentalbereiche bewußt zu machen und
- das Konzept der Planung und Kontrolle absatzpolitischer Aufgaben sowie deren organisatorische Verankerung nahe zu bringen.

9.1. Das System der Marketing-Instrumente

Unter Absatzwirtschaft waren im ersten Kapitel dieses Buches alle diejenigen Entscheidungen, die *primär* die *aktive Gestaltung der Absatzbedingungen* eines Unternehmens zum Gegenstand haben, und die *Realisation dieser Entscheidungen* verstanden worden. Marketing wurde als absatzmarktorientierte Unternehmenspolitik definiert *(«Führung des Unternehmens vom Absatzmarkt her»)*. In Anbetracht dessen stellen die *Marketing-Instrumente* alle diejenigen Instrumente dar, die geeignet sind, eine solche Unternehmenspolitik zu realisieren. Die Gesamtheit der Marketing-Instrumente kann demnach wie folgt kategorisiert werden:

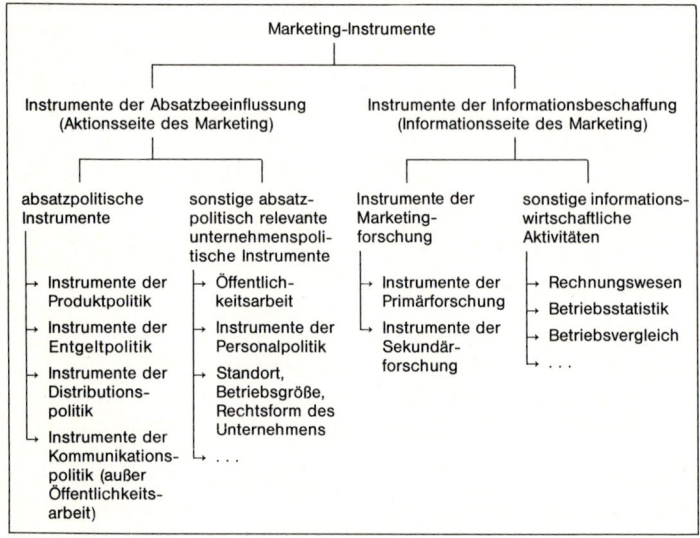

Schaubild 9.1.: System der Marketing-Instrumente

Entsprechend der alle Teilbereiche einer Unternehmung berührenden Definition des Begriffs Marketing ist auch der Bereich der Marketing-Instrumente weit zu ziehen. Die absatzpolitischen Instrumente werden bisweilen anders abgegrenzt bzw. bezeichnet und häufig auch anders unterteilt, obige Systematik berücksichtigt eine Vielzahl von Gesichtspunkten – aber nicht alle Aspekte –, die bei entsprechenden Systematisierungsversuchen vorgetragen werden. Die Zuweisung bestimmter Instrumente zum Bereich der primären oder zu dem der sekundären Instrumente der Aktionseite bzw. der Informationsseite des Marketing ist selbstverständlich bisweilen problematisch. Absatzpolitische Instrumente dienen der Beeinflussung der

Absatzmarktsituation; letztere wird jedoch auch durch *andere unternehmerische Maßnahmen* maßgeblich beeinflußt. Für das Instrument Öffentlichkeitsarbeit wurde dies bereits dargestellt. Die Bedeutsamkeit der betrieblichen Personalpolitik für absatzpolitische Ziele ist vor allem bei Unternehmen offenkundig, die einen hohen Anteil an Dienstleistungen außer Haus erbringen. Die Arbeitsleistung eines Mitarbeiters eines Handwerksunternehmens ist ohne Zweifel stark von der betrieblichen Personalpolitik abhängig, da die Personalpolitik wesentlich die Motivation des Mitarbeiters und dessen Arbeitsleistung wiederum die Absatzchancen eines Unternehmens beeinflußt. Bedeutsam für die absatzpolitischen Möglichkeiten eines Unternehmens sind auch dessen Größe und Standort, da in der Vorstellungswelt vieler Abnehmer der Standort eines Produktionsunternehmens (Nürnberger Lebkuchen gelten bereits wegen ihrer Herkunft als qualitativ hochstehend) und dessen Betriebsgröße (Großbetriebe gelten im Zweifel als leistungsfähiger) Indikatoren für das Leistungspotential eines Unternehmens sind.

Wie bereits an früherer Stelle dieses Buches verdeutlicht wurde, ist die *Beschaffung entscheidungsrelevanter Informationen* häufig das größte Problem einer rationalen marktorientierten Absatzplanung. Ebenso wie im Bereich der Instrumente der Absatzbeeinflussung kann im Bereich der *Instrumente der Informationsbeschaffung* eine Unterteilung danach vorgenommen werden, ob die entsprechenden Instrumente primär oder nur sekundär der Beschaffung von Daten für eine marktorientierte Absatzpolitik dienen. Daß die *Absatzmarktforschung* in erster Linie Daten für die Absatzpolitik zu beschaffen hat, trifft definitionsgemäß zu. Das *Rechnungswesen* dagegen dient vornehmlich anderen Zwecken (Gläubigerschutz, Gewinnermittlung), es liefert aber auch wichtige Daten für absatzpolitische Planungsaufgaben (vor allem Kosten und Umsatzwerte).

Die Gesamtheit der Instrumente der Absatzbeeinflussung kann in *strategische* und in *taktische Instrumente* unterteilt werden; als strategisch werden dabei diejenigen bezeichnet, die die *Struktur der Absatzpolitik* vergleichsweise stark determinieren, die nur relativ langfristig wirken und die nur in *größeren Zeitabschnitten* wesentlich *modifiziert* werden können. Taktische Instrumente sind demgegenüber vergleichsweise kurzfristig realisierbar und erzielen vergleichsweise schnell Wirkungen. Als strategische Instrumente der Absatzpolitik sind insbesondere die meisten Maßnahmen der Produkt- und Distributionspolitik anzusehen, während die Mehrzahl der preis- und kommunikationspoliti-schen Maßnahmen eher taktischer Natur sind. Diese Einteilung ist allerdings nur beschränkt zutreffend. Das Preisniveau eines Produktes (Normal-, nicht Sonderpreis) etwa kann kaum in kur-zer Zeit mehrfach geändert werden, da andernfalls schwerwie-gende Folgen bei der Produkteinschätzung zu befürchten sind. Äußere Gestaltungselemente eines Produktes (Packungsfarbe) können demgegenüber in vielen Fällen schnell verändert wer-den; ist allerdings die Farbe eines Produktes Bestandteil der Marke (z. B. Maggi, Zigarettenmarken), so ist eine Farbvariation als strategische Maßnahme einzustufen.

Die Festlegungen hinsichtlich der strategischen Komponenten der Absatzpolitik – also vor allem die Produkt- und Distribu-tionspolitik – faßt man häufig im *Produkt-Markt-Konzept* zusam-men. Das Produkt-Markt-Konzept stellt die *strategische Grund-orientierung* eines Unternehmens dar; in ihm wird – entweder für ein einzelnes Produkt oder für die Gesamtheit der angebotenen Produkte einheitlich oder differenziert – festgelegt,

- *welche Segmente* des Gesamtmarktes die Zielmärkte darstellen (Seniorenmarkt, Norddeutschland, Inland, Discounter-Markt etc.) und
- welche grundsätzlichen Produktversprechen in den einzelnen Segmenten (→ *Positionierung*) abgegeben werden sollen.

Die Festlegung des Produkt-Markt-Konzeptes stellt eine wich-tige Basis der strategischen Planung dar.

Absatzpolitische Planungen sind an geeigneten Zielen auszurich-ten. Die entsprechenden Ziele sind vollständig zu formulieren und sie müssen stellen- bzw. aufgabenadäquat sowie koordina-tionsgerecht sein. Die beiden zuletzt genannten Kriterien waren in den Kapiteln fünf bis acht regelmäßig die Basis für die Ableitung *bereichsadäquater Ziele. Als Inhalte der einzelnen Politik-bereiche und als bereichsadäquate Zielgrößen wurden dabei ermittelt:*

- Produktpolitik: Der Nutzen des Angebots ist zu präzisieren, Ziel: Grad der Präferenz für das zu gestaltende Produkt.
- Preispolitik: Die Gegenleistung für das präzisierte Angebot ist festzulegen, Ziel: Absatz und – daraus abgeleitet – Dek-kungsbeitrag des Produktes.
- Distributionspolitik: Die Verfügbarkeit des Angebots im Markt ist zu gewährleisten, Ziel: Distributionsquote des Produktes (Akquisitorische Distribution).
- Kommunikationspolitik: Die Bekanntheit des Angebots im Absatzgebiet ist zu gewährleisten. Ziel: Reichweite bzw.

Recognitionwert bzw. Recallwert einer kommunikationspolitischen Maßnahme.

Die genannten Ziele sind insbesondere dann zu modifizieren, wenn nicht über Einzelprodukte, sondern über Produktgesamtheiten zu entscheiden ist.

9.2. Ein marginalanalytischer Ansatz für die optimale absatzpolitische Gesamtplanung

Eine quantitativ fundierte Abstimmung der einzelnen absatzpolitischen Maßnahmen kann nur bei Verwendung eines für alle Maßnahmen gleichen Beurteilungskriteriums vorgenommen werden; trotz der teilweise mangelnden Bereichsadäquanz kommt als ein solches Kriterium fast ausschließlich der *Deckungsbeitrag* in Betracht und als einheitliche Steuerungsgröße fast nur das *Budget*. Die Aufteilung des Marketingbudgets in unterschiedliche Teilbudgets stellt so einen einfachen Ansatz für eine Abstimmung der verschiedenen Planungen dar.

Gemeinsames Kennzeichen aller Planungskalküle, die eine deckungsbeitragsoptimale Gestaltung eines einzelnen absatzpolitischen Instruments zum Gegenstand haben, ist der Tatbestand, daß der *Instrumentaleinsatz* dann *optimal* ist, wenn die *zuletzt eingesetzte Einheit* des Instruments *keinen Deckungsbeitragszuwachs* mehr erbringt. Dieser Aussage inhaltsgleich ist die Aussage, daß das betreffende absatzpolitische Instrument dann im optimalen Umfang eingesetzt ist, wenn der *Grenzdeckungsbeitrag* der zuletzt eingesetzten Einheit gleich *Null* ist oder wenn die Grenzkosten gleich den Grenzerlösen sind. Diese so formulierte Optimalitätsbedingung kennzeichnet unter folgenden Rahmenbedingungen den optimalen Einsatz des betreffenden Instruments:

- Die Variablen die den absatzpolitischen Einsatz und das unternehmerische Ergebnis kennzeichnen, werden *stetig* gemessen. Dies kann für die Ergebnisgröße (Deckungsbeitrag) als gegeben betrachtet werden, für die Einsatzgrößen trifft dies in vielen Fällen nicht zu, da die Ausgaben etwa für den Marktkanal oder die Mediawerbung nicht in infinitesimal kleinen Schritten variiert werden können.

- Die *Gesamtkostenfunktion steigt mit der Ausbringungsmenge* monoton, was immer zutreffen wird.

- Die *Variablen,* die den absatzpolitischen Einsatz kennzeichnen, besitzen einen *uneingeschränkten Wertebereich.* Der Fall, daß die genannten Variablen einen eingeschränkten Wertebereich aufweisen, ist in der Realität sehr häufig gegeben. Dabei kann der Wertebereich der Einsatzvariablen entweder variablenspezifisch oder für alle Einsatzvariablen zusammen beschränkt sein. Ein realistisches Beispiel für den Fall einer variablenspezifischen Beschränkung des Wertebereiches sind Werbebeschränkungen, die nur bestimmte Werbebudgets zulassen. Ein realistisches Beispiel für den Fall einer Beschränkung des Wertebereichs aller Einsatzvariablen zusammen stellen autonom festgelegte Marketingbudgets für alle absatzpolitischen Aktivitäten dar.

Ein Ansatz, der die zuletzt angeführten Einschränkungen zu berücksichtigen in der Lage ist, ist der marginalanalytische, der von *Gutenberg* bzw. von *Dorfman und Steiner* formuliert wurde. Der Ansatz soll zunächst für den Fall, daß *keine Beschränkungen der einzelnen absatzpolitischen Instrumente* vorliegen, dargestellt werden. Es mögen dabei folgende allgemeinen Beziehungen gelten:

Absatzfunktion:
$$y_s = f(p_s, C_s, E_s) = y_s(p_s, C_s, E_s)$$

Produktionskostenfunktion:
$$K_s = F_s + k_s y_s(p_s, C_s, E_s)$$

Produktdeckungsbeitragsfunktion:
$$D_s = (p_s - k_s)\, y_s(p_s, C_s, E_s) - F_s - C_s - E_s$$

Elastizität (hier: Preiselastizität der Nachfrage):
$$\varepsilon_{p_s/y_s} = \frac{p_s}{y_s(p_s, C_s, E_s)} \cdot \frac{\delta y_s(p_s, C_s, E_s)}{\delta p_s}$$

Grenzerlös (hier: Grenzerlös der Werbung):
$$\eta_{E_s/U_s} = p_s \frac{\delta y_s(p_s, C_s, E_s)}{\delta E_s}$$

Nach den üblichen Regeln der Optimierung gilt dann:

$$\frac{\delta D_s}{\delta p_s} = y_s(p_s, C_s, E_s) + (p_s - k_s)\frac{\delta y_s(p_s, C_s, E_s)}{\delta p_s} \qquad (9.1.)$$

$$\frac{\delta D_s}{\delta C_s} = (p_s - k_s)\frac{\delta y_s(p_s, C_s, E_s)}{\delta C_s} - 1 \qquad (9.2.)$$

$$\frac{\delta D_s}{\delta E_s} = (p_s - k_s)\frac{\delta y_s(p_s, C_s, E_s)}{\delta E_s} - 1 \qquad (9.3.)$$

Werden (9.1.), (9.2.) und (9.3.) gleich Null gesetzt und werden die Elastizitäten bzw. Grenzerlöse eingesetzt, so gelten für die Maxima folgende Bedingungen[1]:

$$y_s\left(p_s, C_s, E_s\right) + \left(p_s - k_s\right) \varepsilon_{p_s/y_s} \frac{y_s\left(p_s, C_s, E_s\right)}{p_s} = 0 \qquad (9.4.)$$

$$\left(p_s - k_s\right) \eta_{C_s/U_s} \frac{1}{p_s} - 1 \qquad\qquad = 0 \qquad (9.5.)$$

$$\left(p_s - k_s\right) \eta_{E_s/U_s} \frac{1}{p_s} - 1 \qquad\qquad = 0 \qquad (9.6.)$$

Aus (9.4.) folgt:

$$1 + \left(p_s - k_s\right) \varepsilon_{p_s/y_s} \frac{1}{p_s} = 0$$

$$\frac{p_s - k_s}{p_s} = -\frac{1}{\varepsilon_{p_s/y_s}} \qquad (9.7.)$$

Aus (9.5.) und (9.6.) folgt:

$$\eta_{C_s/U_s} = \eta_{E_s/U_s} = \frac{p_s}{p_s - k_s} \qquad (9.8.)$$

(9.8.) in (9.7.) eingesetzt ergibt:

$$\eta_{C_s/U_s} = \eta_{E_s/U_s} = -\varepsilon_{p_s/y_s} = \frac{p_s}{d_s} \qquad (9.9.)$$

Das absatzpolitische Instrumentarium ist in diesem Falle also dann optimal gestaltet, wenn der *Grenzerlös der Distributionsaufwendungen gleich dem der Kommunikationsaufwendungen* sowie dem *negativen Wert der Preiselastizität* der Nachfrage bzw. gleich dem *Quotienten aus Preis und Stückdeckungsbeitrag ist.* Dies ist die Kernaussage des Dorfman-Steiner-Theorems, die zumindest hinsichtlich der Gleichheit der Grenzerlöse auch unmittelbar einsichtig ist.

Der Fall der Beschränkung der absatzpolitischen Aktionsmöglichkeiten infolge eines autonom festgegebenen Budgets ist nachfolgend skizziert. Zusätzlich zu obigen Bestimmungsgleichungen sei hier:

Marketing-Budget: $C_s + E_s = B_s$

---

[1] Die hinreichenden Bedingungen (zweite Ableitungen kleiner Null) seien erfüllt!

Dann gilt bei Annahme fester Preise:

$$D_s = (p_s - k_s)\, y_s\,(C_s, E_s) - F_s - C_s - E_s$$
$$= (p_s - k_s)\, y_s\,(C_s, B_s - C_s) - F_s - B_s$$
$$\frac{\delta D_s}{\delta C_s} = (p_s - k_s)\, \frac{\delta y_s\,(C_s, B_s - C_s)}{\delta C_s} = 0$$

Wenn $y_s = \beta_0\, C_s^{\beta_C}\, E_s^{\beta_E}$ ist, dann gilt:

$$y_s = \beta_0\, C_s^{\beta_C}\,(B_s - C_s)^{\beta_E}$$
$$\frac{\delta D_s}{\delta C_s} = (p_s - k_s)\, \beta_0\, [\beta_c\, C_s^{\beta_c - 1}\,(B_s - C_s)^{\beta_E} + C_s^{\beta_c}\, \beta_E\,(B_s - C_s)^{\beta_E - 1}\,(-1)]$$
$$= (p_s - k_s)\, \beta_0\, C_s^{\beta_c - 1}\,(B_s - C_s)^{\beta_E - 1}\,[\beta_c(B_s - C_s) - C_s\, \beta_E] = 0$$

Diese Gleichung kann nur dann Null werden, wenn einer der Multiplikanden gleich Null ist. Nimmt man realistischerweise an, daß $p_s > k_s$, $C_s \neq 0$ und $E_s \neq 0$ ist, so erhält man:

$$\beta_c\,(B_s - C_s) = C_s\, \beta_E$$

und

$$C_s = \frac{\beta_c B_s}{\beta_E + \beta_c}\,.$$

Für das Werbebudget gilt dann:

$$E_s = B_s - C_s = \frac{\beta_E B_s}{\beta_E + \beta_c}\,.$$

Das Marketingbudget ist also dann optimal auf die beiden Aktivitätsbereiche aufgeteilt, wenn

$$C_s : E_s = \beta_c : \beta_E$$

ist. Für die in diesem Zusammenhang unterstellte Marktreaktionsfunktion $y_s = \beta_0\, C_s^{\beta_c}\, E_s^{\beta_E}$ ist:

$$\varepsilon_{C_s/y_s} = \beta_c \text{ und}$$
$$\varepsilon_{E_s/y_s} = \beta_E,$$

weshalb die Bedingung für die optimale Budgetaufteilung bei beschränktem Budget auch wie folgt geschrieben werden kann:

$$C_s : E_s = \varepsilon_{C_s/y_s} : \varepsilon_{E_s/y_s}.$$

Das Budget ist folglich *nach Maßgabe des Verhältnisses der Elastizitäten der Nachfrage* aufzuteilen; umsatzwirksamen absatzpolitischen Instrumenten sind demnach mehr Mittel zuzuteilen als weniger umsatzwirksamen absatzpolitischen Instrumenten. Diese für den Fall einer speziellen Marktwirkungsfunktion abgeleitete Erkenntnis gilt auch für andere Marktwirkungsfunktionen, die Aufteilungsregel kann daher als allgemeine Handlungsanweisung angesehen werden. Sie ist darüber hinaus einsichtig und wird häufig implizit in der unternehmerischen Praxis angewandt.

Wenn diejenigen Variablen, die den Einsatz der absatzpolitischen Instrumente charakterisieren, als stetig variierbar angesehen werden können, stellt der oben skizzierte marginalanalytische Ansatz ein realistisches Modell zur simultanen Optimierung des Einsatzes aller absatzpolitischen Instrumente dar. Mangelnde Kenntnisse über die empirischen Reaktionsfunktionen im Falle mehrerer absatzpolitischer Instrumente im allgemeinen und das Vorhandensein von Wirkungsschwellen (z.B. Preisschwellen) im speziellen machen es in der Regel allerdings kaum möglich, solche Modelle für globale Marketing-Mix-Entscheidungen zu formulieren. Meistens ist daher eine simultane Optimierung des Einsatzes mehrerer absatzpolitischer Instrumente praktisch nicht realisierbar, allenfalls eine simultane Optimierung des Einsatzes von jeweils zwei Instrumenten. Simultane Optimierungen aller absatzpolitischen Instrumente für ein Produkt stehen in der Praxis allerdings auch nur sehr selten an.

9.3. Grundfragen der absatzpolitischen Planung und Kontrolle

Die Planung und Kontrolle absatzpolitischer Maßnahmen geht immer dann, wenn der Absatz-Sektor der *Engpaßsektor* eines Unternehmens ist, fast nahtlos in die *Unternehmensplanung* über, dies gilt ganz besonders für die strategische Planung. Ansatzpunkte der absatzpolitischen Planung sollen aus nachstehenden Typologien, Prozeßdarstellungen und Ergebnisskizzen deutlich werden.

9.3.1. Formen der absatzpolitischen Planung und Kontrolle

Die betriebswirtschaftliche Planungsliteratur hat unterschiedliche Klassifikationsschemata entwickelt. Das dominierende Einteilungskriterium für unterschiedliche Planungsmaßnahmen sind die *Objekte der Planung* (Produkt, Entgelt, Distribution, Kommunikation), die auch der Gliederung dieses Lehrbuches ihren Stempel aufgedrückt haben. Einige andere Formen der Planung sollen nachstehend kurz skizziert werden:

- Planungsmaßnahmen werden nach dem ihnen zugrundeliegenden *Planungshorizont* als *langfristige, mittel-* oder *kurzfristige* Maßnahmen bezeichnet. Üblicherweise werden dabei Maßnahmen als kurzfristig und kürzestfristig eingestuft, bei denen nur die Wirkungen innerhalb des ersten Jahres bedacht werden, als mittelfristig solche, bei denen die Wirkungen bis maximal drei Jahre im voraus analysiert werden und als langfristig schließlich alle übrigen Maßnahmen.

- Planungsmaßnahmen können auch danach beschrieben werden, welche *hierarchische Ebene* dafür verantwortlich zeichnet; dementsprechend unterscheidet man zwischen *Unternehmensplanung* (→ Unternehmensleitung), Division- oder *Abteilungsplanung* (→ Middle Management) und *Ausführungsplanung* (→ Lower Management). Die Planungen der Unternehmensleitungen haben dabei zumeist Budgets (z.B. Budget für Marktkommunikation) zum Gegenstand, die Planungen des Middle Managements zumeist Strategien (z.B. Wahl der Werbeslogans) und die Planungen des Lower Managements zumeist einzelne Maßnahmen (z.B. Auswahl des Werbeträgers im Intermediabereich).

- Planungsmaßnahmen können auch nach Maßgabe der Revidierbarkeit der betroffenen Pläne beschrieben werden. Demnach ist zwischen *strategischen Plänen* einerseits und *operativen* bzw. *taktischen Plänen* andererseits zu unterscheiden. Die Ergebnisse der erstgenannten Pläne prägen das Erscheinungsbild des Unternehmens und haben lange andauernde Wirkungen; die Ergebnisse der anderen Pläne dagegen sind einfach zu revidieren. Strategische Pläne kreisen um die Frage nach der *Richtigkeit des Produkt-Markt-Konzeptes* bzw. der Marktwahl, während operative bzw. taktische Pläne vor allem die Frage nach den *richtigen Maßnahmen zur Bearbeitung der ausgewählten Märkte* zum Inhalt haben. Die der strategischen Planung zugrunde liegende Frage lautet also «Welche Produkt-Markt-Kombinationen sind zu bearbeiten?»; die Fragestellung der operativen bzw. taktischen Planung lautet dagegen «Wie ist die gewählte Produkt-Markt-Kombination richtig zu bearbeiten?»

- Planungsmaßnahmen können schließlich auch danach beschrieben werden, wie sie mit anderen Planungen koordiniert werden. Allgemein gebräuchlich sind die *Koordinationsprinzi-*

pien Top-Down-, Bottom-Up- und *Gegenstrom-Prinzip.* Die einzelnen Alternativen sind in Schaubild 9.2. verdeutlicht, wobei die einzelnen Planungsmaßnahmen anhand der hierarchischen Ebene, die sie tragen, skizziert sind und nicht etwa anhand des Planungshorizonts oder des Maßes an Revidierbarkeit, was in gleicher Weise möglich wäre. Die Ziffern in Schaubild 9.2. deuten die Reihenfolge der verschiedenen Aktivitäten in vereinfachter Weise an.

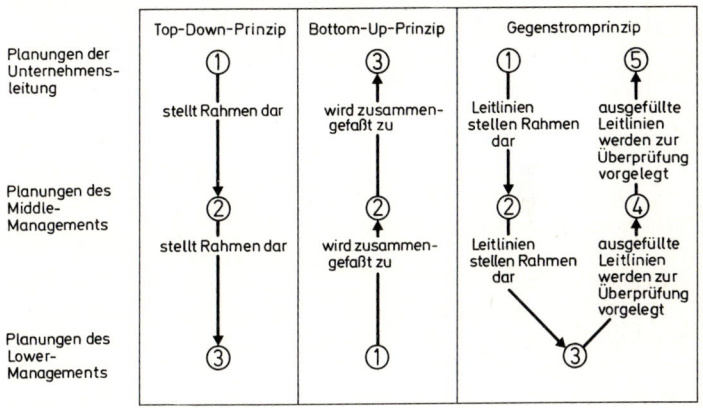

Schaubild 9.2.: Prinzipien der Koordination einzelner betrieblicher Pläne

Es ist unmittelbar einsichtig, daß bei einer Planung nach dem Top-Down-Prinzip zum Beispiel in keiner Weise gewährleistet ist, daß die auf höherer hierarchischer Ebene unterstellten «globalen» Wirkungszusammenhänge zwischen verschiedenen Werbebudgethöhen und den ihnen entsprechenden Wirkungen realistisch sind. Bei einer Planung nach dem Bottom-Up-Prinzip ist andererseits in keiner Weise gewährleistet, daß zum Beispiel die einzelnen absatzpolitischen Maßnahmen auch wirklich zu einer integrierten Strategie zusammenlaufen. Mit Hilfe des Gegenstrom-Prinzips versucht man, beide Probleme zu vermeiden und einerseits eine einheitliche sowie andererseits eine auf hinreichend genau spezifizierte Wirkungsgesetzmäßigkeiten aufbauende absatzpolitische Konzeption zu erreichen. Planungen können schließlich starr oder flexibel sein, wobei unter starren Planungen unbedingte Planungen (z.B.: Senke den Preis auf DM 9,99!) und unter flexiblen Planungen bedingte Planungen zu verstehen sind. Die in der Planung enthaltene Handlungsanweisung wird im Rahmen einer flexiblen Planung üblicherweise entweder als von Aktionen der Konkurrenten/Absatzmittler oder als von Informationen abhängig definiert. Ein Beispiel für den erstgenannten Fall ist: Senke den Preis auf DM 9,99, wenn der Konkurrent DM 9,50 oder weniger verlangt; belasse den Preis bei DM 10,49, wenn der Konkurrent mehr als DM 9,50 verlangt! Ein Beispiel für den zweitgenannten Fall ist: Führe das Produkt in den Markt ein, wenn der Test positiv ist; führe es nicht in den Markt ein, wenn der Test negativ ist! Flexible Planungen sind vor allem bei längerfristigen Planungen fast unverzichtbar, da anders kaum die Notwendigkeit einer klaren Vorausschau und zugleich die einer Anpassung an die spezifischen Marktforderungen zu gewährleisten ist.

Die Beschreibung der alternativen Formen der Planung kann auch auf der Unterscheidung zwischen *starrer, fixer* und *rollierender Planung* aufbauen; diese Unterscheidung wird erst an anderer Stelle (Abschnitt 9.3.3.) eingehender behandelt.

Nicht nur in der unternehmerischen Praxis, sondern auch in der betriebswirtschaftlichen Theorie werden häufig die Merkmale Revidierbarkeit, zugrundeliegender Planungshorizont und Planungsebene nicht klar voneinander getrennt. Diese unvollständige Trennung ist nicht verwunderlich, sind doch zum Beispiel strategische Planungen üblicherweise langfristiger Natur, ferner werden sie von der Unternehmensspitze verantwortet. Typische strategische Entscheidungen im Marketing stellen etwa die Festlegungen von Produkt-Markt-Konzepten und die Festlegung von Marketing-Zielsetzungen quantitativer sowie qualitativer Art dar; als operativ wird man Maßnahmen der Außendienstpolitik sowie die Auswahl einzelner zu besuchender Kunden (aus einer vorab festgelegten Menge besuchsrelevanter Kunden) ansehen.

Wenn in der Planungsliteratur von einem Gleichlauf der Ausprägungen der drei Merkmale Revidierbarkeit, Planungshorizont und Planungsebene ausgegangen wird, so stellt dies zunächst nur eine Beschreibung eines Sollzustandes dar, nicht aber auch des planerischen Alltags. Legion sind die Fälle, in denen ohne Notwendigkeit (z.B. Notfall) operative Planungen, deren Ergebnisse vergleichsweise leicht revidierbar sind, von vergleichsweise hohen hierarchischen Ebenen vollzogen werden. Dieser Fall mag «nur» Probleme der Motivation der niedrigeren Hierarchie-Ebene zur Folge haben, besonders nachteilig sind aber diejenigen

Fälle, in denen schwer revidierbare Entscheidungen auf der Basis eines kurzen Planungshorizonts von untergeordneten Stellen getroffen werden (der strategische Charakter einer Entscheidung wird nicht erkannt).

Im Wege der absatzpolitischen Planungen versucht man, die unternehmenseigenen Möglichkeiten mit den marktbezogenen Begrenzungen sowie Chancen möglichst gut in Einklang zu bringen. Die Planung soll dabei sowohl durch einen *kreativen Entwurf* (Entwicklung von Strategien) als auch durch eine *klare Analytik* (Situationsanalyse) gekennzeichnet sein. In jedem Fall bedarf eine sinnvolle Gesamtkonzeption der unternehmerischen Planung auch einer systematisch aufgebauten Kontrolle, denn «Planung ohne Kontrolle ist sinnlos» und «Kontrolle ohne Planung ist unmöglich». Die Interaktion dieser beiden betrieblichen Aktivitäten ist einfach zu skizzieren: Wenn nicht überprüft wird, ob Planungswerte auch erreicht werden bzw. in welchem Ausmaß Abweichungen eintreten, ist die nachfolgende Planung nicht mit der vorhergehenden Planung verbunden und tritt keine Verbesserung der Planung (Marktgesetzmäßigkeiten überprüfen!) ein. Wenn keine Planung vorliegt, fehlt es der Kontrolle an dem Maßstab, um irgendwelche Überprüfungen vorzunehmen.

Jegliche Kontrolle stellt primär einen Vergleich der tatsächlich erreichten Werte mit den geplanten Werten der relevanten Beurteilungskriterien dar *(Soll-Ist-Vergleich)*. Darüber hinaus ist es aber häufig auch sinnvoll, sich im Rahmen der Kontrolle Klarheit darüber zu verschaffen, ob die der Planung zugrundeliegenden *Situationsbeschreibungen* und *Wirkungsgesetzmäßigkeiten* zutreffend sind. So ist es etwa für die nachfolgende Planung von eminenter Bedeutung zu wissen, ob die unterstellten Werte der Preiselastizität der Nachfrage näherungsweise zutreffend sind oder nicht. Die Kontrolle geht hier über einen Vergleich der Soll- mit den Ist-Werten hinaus und gipfelt in einem Vergleich der unterstellten mit den tatsächlich vorgefundenen Marktgesetzmäßigkeiten. Daß diese Art der Kontrolle wesentlich komplexer und schwieriger zu realisieren ist als eine Ergebniskontrolle, ist naheliegend; die Erfahrung zeigt allerdings, daß erfolgreiche Unternehmen sich unter anderem dadurch auszeichnen, daß sie diese sogenannte *Prämissenkontrolle* gut gestalten. Insbesondere diese Prämissenkontrolle ist im absatzpolitischen Bereich von entscheidender Bedeutung dafür, daß Planungen immer genauer und damit hilfreicher werden.

Neben der Ergebniskontrolle und der Prämissenkontrolle bedarf es vor allem bei Maßnahmen, die erst längerfristig Wirkungen zeitigen, in der Regel auch einer *Tätigkeitskontrolle*. Dem Verständnis der Marketing-Praxis folgend stellt beispielsweise eine Kontrolle der Tätigkeiten der Außendienstmitarbeiter ohne Zweifel einen wichtigen Teilbereich der Marketing-Kontrolle dar.

Erst ein abgerundetes System aus Tätigkeits-, Ergebnis- und Prämissenkontrolle verbunden mit entsprechenden Planungsmaßnahmen garantiert eine langfristig erfolgreiche Unternehmenspolitik. Planung und Kontrolle im Sinne einer analytischen Durchdringung des Unternehmensgeschehens sind allerdings nur notwendige, nicht aber hinreichende Bedingungen für einen langfristigen Unternehmenserfolg. Erst wenn klare Analysen durch kreative Konzeptionen (→ *Produkt-Markt-Konzept*) ergänzt werden, lassen sich in der Regel Erfolge erzielen.

9.3.2. Der Planungs- und Kontrollprozeß

Bedingt durch die vielfältigen Umweltbedingungen, die zu berücksichtigen sind, und die vielen Detailplanungen, die dabei aufeinander abzustimmen sind, ist absatzpolitische Planung meist äußerst komplex. Um solche komplexe Probleme zu lösen und um die Erreichung der absatzpolitischen Ziele und damit auch der Unternehmens-Ziele dauerhaft zu gewährleisten, bedarf es klarer Vorstellungen, wie die einzelnen Teilaufgaben aufeinander abzustimmen bzw. wie sie hintereinander abzulaufen haben. Dies soll nachstehend anhand eines *idealtypischen Planungs- und Kontrollprozesses* verdeutlicht werden.

Unter Planung kann dabei ganz allgemein ein *Festlegen von Zielen sowie Ressourcen* und ein systematisches, *zukunftsbezogenes Durchdenken sowie Festlegen von Maßnahmen* zur Zielerreichung verstanden werden. Planung umfaßt demnach sowohl die Ziel- als auch die Mittelplanung, sie ist eindeutig zukunftsorientiert. Jegliche Planungsaktivitäten stellen eine gedankliche Vorwegnahme des Handelns (*«Probehandeln»*) dar. Planungsaktivitäten sind daher umso dringlicher, je dynamischer und komplexer die Unternehmens- und Umweltkonstellationen sind, da mit zunehmender Komplexität und Dynamik die Möglichkeiten, im Wege von Versuch und Verbesserung dem Optimum nahe zukommen, immer mehr eingeschränkt sind.

Absatzpolitische Planung betrifft dementsprechend alle Zielsetzungen, Informationen und Maßnahmen, die den Absatzmarkt betreffen bzw. auf ihn abzielen. Im Vordergrund stehen daher folgende Planungsbemühungen:

- *Analyse der Situation der Unternehmung* und der für sie *relevanten Umwelt* und Festlegung der als relevant zu erachtenden Konstellationen.
- Festlegung der *Marketing-Gesamt- und Detailziele.*
- Erarbeitung von *Strategien* und *operativen Maßnahmen.*
- Festlegung von *Budgets.*
- Die *Prognose der Wirkung* der Strategien und Maßnahmen bei Unterstellung alternativer Umweltbedingungen.
- Erarbeitung von *Planwerten.*

Kontrollen werden unternommen, um Fehler in der Planung und bei der Realisierung zu vermeiden, d. h. um Planung sowie Realisation zu verbessern. Im Rahmen einer laufenden systematischen Überprüfung betrieblicher Vorgänge und Zustände sollen demnach die aus der Planung entnommenen Sollwerte den tatsächlich erreichten Istwerten gegenübergestellt werden und Hinweise für die Ursachen der Abweichung bzw. für Korrekturmaßnahmen gegeben werden.

Bei der Darstellung des betrieblichen Planungs- und Kontrollgeschehens wird zumeist auf das Regelkreismodell zurückgegriffen; dies kann wie in Schaubild 9.3. dargestellt werden.

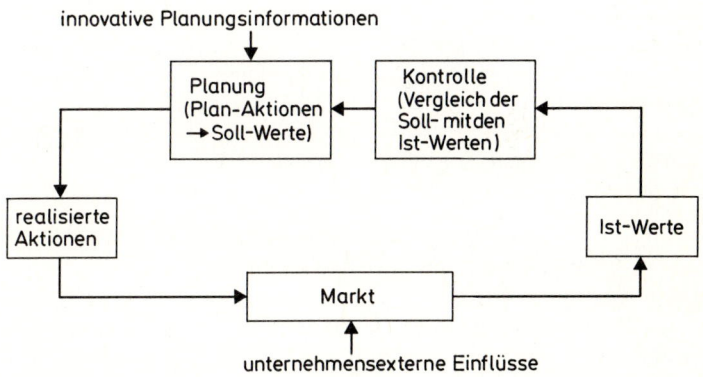

Schaubild 9.3.: Einfacher Regelkreis der absatzpolitischen Planung und Kontrolle

Der in Schaubild 9.3. angedeutete Regelkreis der absatzpolitischen Planung und Kontrolle symbolisiert ein geschlossenes

System, das zum einen durch unternehmensexterne Einflüsse auf dem Markt und zum anderen durch innovative Planungsinformationen mit der Außenwelt verbunden ist. Das Schaubild verdeutlicht klar zwei Kategorien von Anstößen der betrieblichen Planung:

- *Kontrollinformationen:* Dies sind Informationen, die aus der Tätigkeits-, Ergebnis- oder Prämissen-Kontrolle heraus erwachsen und die eine laufende Anpassung der Planung an Veränderungen im Markt und im Unternehmen bewirken. Kontrollinformationen führen zunächst nur zu einer Art *reaktiven Planung,* d. h. zu Maßnahmen, die in erster Linie Reaktionen auf unvorhergesehene Markt- oder Unternehmenskonstellationen darstellen.

- *Innovative Planungsinformationen:* Dies sind Informationen, die gewissermaßen von außen an das System herankommen und die eine kreative Leistung darstellen. Solche Informationen stellen die *kreative Komponente* des Planungs- und Kontrollprozesses dar, sie induzieren eine aktiv die Zukunft bewältigende Planung, die auch häufig die Umwelt verändert.

In der Planungspraxis ist die Trennlinie zwischen den beiden Informationen nicht immer klar auszumachen; als Typen kennzeichnen sie allerdings unterschiedliche Planungsformen. Unternehmen, bei denen innovative Planungsinformationen fast ganz ausbleiben, sind durch ein passives Operieren am Markt gekennzeichnet. Unternehmen, die eine unzureichende Verarbeitung der Kontrollinformationen kennzeichnet, laufen trotz kreativer Entwürfe Gefahr, am Markt vorbeizuplanen. Es muß daher die Aufgabe des betrieblichen Planungs- und Kontrollprozesses sein, beide Arten von Planungen zu initiieren.

9.3.3. Der Marketingplan als Kern der absatzpolitischen Planungs- und Kontrollmaßnahmen

Die vielfältigen absatzpolitischen Planungs- und Kontrollmaßnahmen kulminieren in verschiedenen Plänen, wobei dem üblicherweise jährlich zu erstellenden *Marketingplan* die größte Bedeutung zukommt. In diesem Jahresplan werden zumeist folgende Einzelplanungen miteinander verbunden:

- *Kontrolle* der *Planungsprämissen.*
- *Kontrolle* der *Ergebnisse.*
- *Fortschreibung* des *langfristigen Marketingplans.*
- *Festlegung* der *Maßnahmen im Planungsjahr.*

Was unter Kontrolle der Planungsprämissen sowie der Ergebnisse und unter Festlegung der Maßnahmen im Planungsjahr zu verstehen ist, kann zumindest umrißartig aus den Ausführungen des vorigen Abschnitts dieses Buches (9.3.2.) und den Kapiteln fünf bis acht geschlossen werden, was mit Fortschreibung des langfristigen Marketingplans angedeutet werden soll, ist nachstehend kurz zu erläutern.

Die bisweilen bestehende Vorstellung, daß langfristige Planungen in größeren Periodenabständen vorgenommen werden, um dann für diesen Zeitraum gewissermaßen als Fixpunkt der weiteren Planungen zu dienen, ist irreführend. Eine solche statische Betrachtungsweise der strategischen Planung würde angesichts laufender Änderungen in der Umwelt und im Unternehmen selbst unweigerlich zu erheblichen Problemen führen. Das Prinzip der *rollierenden Planung* ist in Schaubild 9.4. verdeutlicht, in dem die Dichte der Schraffierung der einzelnen Balken die Detailliertheit der Planung andeutet (je dichter schraffiert das Feld – desto detaillierter die Planung).

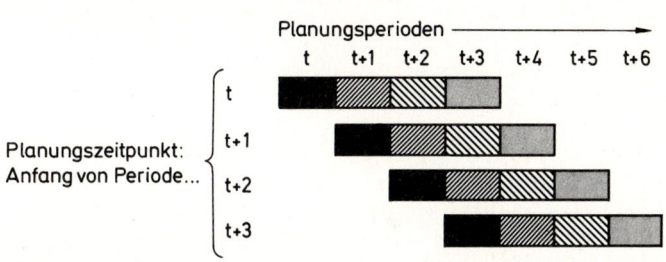

Schaubild 9.4.: Prinzip der rollierenden Planung (Planungsperioden: Perioden, für die geplant wird)

Bei der rollierenden Planung wird somit jeweils für den gesamten Planungshorizont (hier: 4 Jahre) geplant, wobei die jeweils am weitesten entfernt liegende Periode neu geplant wird und für alle anderen Perioden die Pläne des Vorjahres präzisiert bzw. überarbeitet werden.

Dem bisher konzipierten Konzept der Planung und Kontrolle entsprechend kann der Jahresplan wie folgt aufgebaut werden:
• Situationsanalyse der Umwelt des Unternehmens.
• Darstellung der unternehmenspolitischen Zielsetzungen und langfristigen Strategien.
• Fortschreibung der Strategien und bereits eingeleiteter Maßnahmen.

453

- Festlegung der einzelnen absatzpolitischen Maßnahmen nach Art, Ausmaß und zeitlichen Einsatz und Darstellung der Interaktion der einzelnen Maßnahmen.
- Budget und Zeitplan (Übersicht).

Am Anfang jedes Jahresplanes sollte eine klare *Analyse der Umweltsituation* stehen, in der die Ausgangslage der Planungseinheit klar umrissen ist. Dabei ist zum einen die gesamtwirtschaftlich-gesellschaftliche Umwelt und zum anderen die branchen- bzw. einzelwirtschaftliche Umwelt zu berücksichtigen. Diese Situationsanalyse ist dringend zu empfehlen, um die Planungsgrundlagen einer Diskussion und einer späteren Kontrolle zugänglich zu machen. Nur wenn etwa die Annahmen der Planung *(Planungsprämissen)* festgeschrieben sind, ist es in der Regel möglich, im nachhinein zu erkennen, ob *Soll-Ist-Abweichungen* auf falsche Annahmen und richtige Politiken oder auf richtige Annahmen und falsche Politiken zurückzuführen sind. Gegenstand der Situationsanalyse sollten nicht nur Bestandsfestschreibungen, sondern auch Trends und Wirkungsgesetzmäßigkeiten (z.B. veränderte Einstellung zu einer bestimmten Form von Werbung, zunehmende Bedeutung der Produktfunktionalität) sein. Ziel der Situationsanalyse ist es, die gesamten Umweltbedingungen klar gegliedert zusammenzustellen, weshalb dieser Berichtsteil häufig auch als «marketing fact book» bezeichnet wird. Insbesondere sind dabei folgende Aspekte zu bedenken:

- Ökonomische Rahmenbedingungen der Volks- und Weltwirtschaft
- Sozio-kulturelle Rahmenbedingungen in der Gesellschaft selbst und in anderen Gesellschaften mit Ausstrahlungskraft (Westeuropa, USA, Japan)
- Technologische Rahmenbedingungen national und international
- Politisch-rechtliche Rahmenbedingungen inkl. der relevanten Rechtsprechung

derzeitige Struktur und absehbare Strukturveränderungen; Wirkung dieser Bedingungen auf das Unternehmen jetzt und in absehbarer Zukunft

- Endabnehmer
- Direkte Abnehmer
- Lieferanten
- Konkurrenten
- Absatzhelfer etc.

derzeitige Struktur und absehbare Strukturveränderungen; deren Einwirkungsmöglichkeiten auf das Unternehmen und deren Beeinflußbarkeit durch das Unternehmen jetzt und in absehbarer Zukunft

Der Situationsbericht ist eine wichtige Grundlage für jede Art von Prämissenkontrolle, die – wie bereits herausgestellt – eine Voraussetzung für effiziente weitere Planungsschritte ist. An den Situationsbericht schließt sich der *Ziel- und Strategieplan* an, der auf das Unternehmen selbst gerichtet ist. Im wesentlichen sind in diesem Teil des Marketingplans drei Arten von Informationen zusammenzutragen:

- Strukturelle Gegebenheiten des Unternehmens und ihre Veränderung aufgrund bereits vorgenommener Planungen.
- Unternehmens- und relevante Bereichszielsetzungen.
- Langfristige Strategie und generelle Festlegungen.

Strukturelle Gegebenheiten betreffen die Rechtsform und Kapitalversorgung, die Finanzmittelversorgung, den Bestand an wichtigen Sachmitteln, an Know How und die Personalsituation, die Struktur der Kosten und des Informationssystems. All diese Faktoren sind dann zu berücksichtigen, wenn ihnen ein Einfluß auf den Planungsgegenstand in der Gegenwart oder in naher Zukunft vor allem in der Form zukommen kann, daß sie zu einem Engpaß werden können. Die Darstellung der *strukturellen Gegebenheiten* ist durch eine klare Zielsystematik und eine Wiedergabe der langfristigen Strategien bzw. generellen Festlegungen (z.B. *Produkt-Markt-Konzept, Unternehmensleitbild,* corporate identity etc.) zu ergänzen. Der Ziel- und Strategieplan als Ganzes sollte aufzeigen, in welche längerfristigen betrieblichen Rahmen sich die zu planenden Maßnahmen einzufügen haben.

Auf das engste mit der Darstellung der Ziele und Strategien verknüpft ist deren Überprüfung sowie Fortschreibung, die allerdings nicht mehr wie die ersten beiden Teile des Marketingplans deskriptiver, sondern analytischer Natur ist. Das System der Ziele und längerfristigen Strategien ist dabei zunächst auf seine Konsistenz, Richtigkeit und Umweltangemessenheit zu kontrollieren. Veränderungen der gesellschaftlichen Bedingungen können etwa bestimmte Zielsetzungen in den Hintergrund treten und andere als bedeutungsvoller erscheinen lassen (z.B. zunehmende Berücksichtigung ökologischer Faktoren in der Unternehmenszielsetzung). Dieser Teil des Jahresplans beinhaltet in der Regel auch Kontrollen der Ergebnisse einzelner Produkt-Markt-Konzepte. Den Abschluß hat die Fortschreibung bzw. modifizierte Fortschreibung und *Präzisierung der längerfristigen Strategie* (→ rollierende Planung) zu bilden.

Auf den unternehmensexternen und den unternehmensinternen

strukturellen Gegebenheiten und den einzelnen Strategien fußt die Darstellung der eigentlichen *Planungs- und Kontrollmaßnahmen des Jahresplans.* Dieser Plan wird entweder nach Produkten bzw. Produktbereichen oder nach Märkten gegliedert und sollte durch einen umfassenden Kontrollteil eingeleitet werden. Der Kontrollteil beinhaltet zum einen Soll-Ist-Vergleiche aller wichtigen absatzpolitischen Maßnahmen und aller wesentlichen Marktsegmente und zum anderen Prämissenkontrollen etwa hinsichtlich der Wirksamkeit einzelner preis- und kommunikationspolitischer Maßnahmen bzw. der Attraktivität verschiedener Produktmerkmale. Dieser Kontrollbericht leitet unmittelbar über zu einem Berichtsteil, der gezielte Verbesserungen bzw. Anpassungen der bisherigen Maßnahmen zum Inhalt hat (reaktive Planung). Er bildet ferner den Ausgangspunkt für die proaktive Planung der einzelnen absatzpolitischen Maßnahmen.

Im letzten Teil des Marketingplanes werden die einzelnen Budgets (z.B. Werbebudgets/Außendienstbudgets/Verkaufsförderungsbudgets für einzelne Produkte/Marktsegmente/Kampagnen) tabellarisch sowie die zeitliche Abfolge der einzelnen Maßnahmen kalendermäßig zusammengestellt. Der Marketingplan als ganzes stellt dann die Summe der Handlungsempfehlungen für eine Planungsperiode (Jahr) dar.

9.4. Marketingkonzeptionen

Nachstehend sollen einige integrierte Strategien und deren Elemente kurz skizziert und Besonderheiten der absatzpolitischen Planung sowie Strategieformulierung für einzelne Wirtschaftsbereiche herausgearbeitet werden. Einführend werden diejenigen Faktoren, die erfolgreiche Unternehmen auszeichnen, skizzenhaft aufgelistet.

9.4.1. Erfolgsfaktoren marktwirtschaftlicher Unternehmen

Die Frage nach den Gründen des Erfolgs von Unternehmen ist nicht nur von zentraler betriebswirtschaftlicher Bedeutung, sondern auch für breite Kreise von herausragendem Interesse. Daß dabei nicht nur der Absatzbereich anzusprechen ist, dürfte einsichtig sein; daß der Absatzbereich allerdings entscheidend zum Unternehmenserfolg beiträgt, zeigen vor allem die Ausführungen von Peters und Waterman überdeutlich. Diese Autoren haben einen allseitig anerkannten Katalog von acht Erfolgsdeterminanten erarbeitet und Management-gerecht aufbereitet. Dieser Katalog stellt eine Unternehmensführungslehre in Kurzform dar. Die Erfolgsursachen sind nach ihnen die folgenden:

- *Neigung zur Handlung:* Erfolgreiche Unternehmen zeichnen sich nicht nur durch klare Analysen, sondern auch dadurch aus, daß sie zur rechten Zeit handeln. Breit angelegte, theoretische Ausarbeitungen werden durch knappe, präzise Analysen und gezielt vorgenommene Marktaktivitäten, die häufig als Tests verstanden werden, ersetzt. Der kleine Einsatz am Markt, der mit dem Ziel zu lernen unternommen wird, kennzeichnet beispielsweise die Strategie von Procter & Gamble. Die von diesem Unternehmen über Jahre hinweg *sinnvoll geplanten Experimente* förderten nicht nur wichtige Erkenntnisse über den Markt, sondern in vielen Fällen auch unerwartete Markterfolge zutage.

- *Strikte Kundenorientierung:* Die notwendige Ausrichtung auf die aktuellen und potentiellen Kunden darf nicht nur im Sinne der Befriedigung einmal konstatierter Kundenwünsche, sondern muß auch als ein systematisches Zusammentragen aller Informationen bezüglich der aktuellen und der potentiellen Kunden verstanden werden. Kunden sind dabei nicht als nach Bedürfnisbefriedigung lechzende Wesen anzusehen, sondern als Individuen, die häufig sehr wertvolle *Verbesserungsvorschläge* für neue Produkte beisteuern. Das beste Beispiel hierfür stellt die IBM dar, ein Unternehmen, das sich in der Vergangenheit weniger durch technischen Avantgardismus auszeichnete als durch seine Servicestärke und dadurch, daß es viele Entwicklungen zusammen mit Kunden vorantrieb (anders z.B.: Siemens).

- *Förderung von Autonomie* und Unternehmertum im mittleren Management: Unternehmen sind vor allem deshalb erfolgreich, weil sie Innovatoren und Unternehmer im Kleinen hervorbringen und sie angemessen gewähren lassen. Oberster Wahlspruch sollte daher sein: «Stelle sicher, daß eine vernünftige Anzahl von Fehlern gemacht wird!.» Dieser Wahlspruch gilt nicht nur für die Unternehmensleitung, sondern auch für das mittlere Management.

- *Achtung vor dem Mitarbeiter:* Nicht Kapital oder Know-How, sondern die Mitarbeiter sind die Quelle des Unternehmenserfolges, und zwar Mitarbeiter aller Hierarchieebenen. Das

Bemühen um die Mitarbeiter als Menschen stellt keine untergeordnete Aufgabe des Managements, sondern dessen zentrale Funktion dar.

- *Unternehmensführung durch Werte:* Eine einzigartige und unverwechselbare *Unternehmenskultur* (corporate identity) ist eine wichtige Triebfeder des Handelns der Mitarbeiter. Die Entwicklung einer eindeutigen und eingängigen Wertvorstellung, die nach innen und nach außen wirkt, schafft für die Mitarbeiter und die Kunden *Identifikationsmöglichkeiten* und liefert ihnen den Grund, sich mit der entsprechenden Marke bzw. dem Unternehmen zu identifizieren.

- *«Schuster bleib bei Deinen Leisten»:* Nachhaltigen Erfolg erzielen nur solche Unternehmen, die sich durch ein vergleichsweise homogenes Angebotsprogramm auszeichnen. Konglomerates mit ihren unterschiedlichen Aktivitätsbereichen können nur finanzwirtschaftlich geführt werden, womit wesentlich Antriebskräfte menschlicher Leistung aufgegeben werden und kaum eine einzigartige Unternehmenskultur entwickelt werden kann.

- *Einfache Organisationsstrukturen:* Komplexe Organisationsstrukturen und umfangreiche Stabseinheiten erschweren die direkte Kommunikation und behindern die Entwicklung von Führungspersönlichkeiten, ferner führen sie häufig zu Verzögerungen von Entscheidungen, die eine Demotivation der Betroffenen zur Folge haben können.

- *Konzentration der Unternehmensführung* auf das Wesentliche: Nur weniges bedarf einer zentralen Festlegung, vieles kann dezentral besser erledigt werden. Einer zentralen Planung und Kontrolle ist vor allem die Entwicklung des Wertesystems einer Unternehmung zu unterwerfen.

Eine besonders große Wirkung resultiert aus der Anwendung der genannten Merkmale erfolgreicher Unternehmensführung dann, wenn sie nicht durch blasse Regeln vorgeschrieben, sondern durch Führerpersönlichkeiten vorgelebt werden.

Die von Peters und Waterman herausgearbeiteten Erfolgsfaktoren basieren auf US-amerikanischen Unternehmensverhältnissen. Analysiert man die Gründe des weltweiten Erfolgs der japanischen Großunternehmen, so stößt man allerdings auf sehr ähnliche Ursachenbündel, die – was die Absatzpolitik angeht – etwa wie folgt zusammengefaßt werden können:

- *Ausrichtung am Markterfolg* statt am kurzfristigen finanziellen Erfolg: Das stete Streben nach kurzfristig realisierbaren

Gewinnen oder Deckungsbeiträgen behindert häufig die Suche nach den sowie das Auffinden der langfristig entscheidenen Gewinnquellen.

- Klare Orientierung auf *strategische Lücken:* Japanische Unternehmen sind ständig auf der Suche nach neuen Marktsegmenten, neuen Technologien oder neuartigen Vertriebskonzepten; diese stete Suche nach Chancen im Markt ist offensichtlich vom Erfolg gekrönt.
- Schnelle *Adaption an Marktverhältnisse* anstelle langfristiger Innovationen: In der Vergangenheit haben sich japanische Unternehmen häufig dadurch ausgezeichnet, daß sie zwar Neuheiten nicht als erste angeboten, aber diese sehr schnell vervollkommnet und als Massenprodukt adäquat kommerzialisiert haben.
- *Realisation der Marketing-Philosophie:* Japanische Unternehmen haben in vielerlei Hinsicht Marketing-Lehrbuchwissen konsequenter als andere Unternehmen angewandt. Besonders deutlich wird dies etwa daran, daß nur adäquate und keine übertriebene Produktqualität angeboten wird bzw. daß die Gesetze der Erfahrungskurve konsequent ausgenutzt werden.

Solche Kataloge von Erfolgsfaktoren stellen wichtige Anregungen für die absatzpolitische Strategiebildung dar, dürfen in keinem Fall aber als unmittelbar umsetzbare Handlungsweisungen verstanden werden.

9.4.2. Ansätze einer integrierten Planung

Einige Konzepte einer integrierten Marketingplanung haben in den vergangenen Jahren das Interesse der Fachöffentlichkeit ganz besonders geweckt; sie sollen nachstehend kurz kritisch beleuchtet werden.

9.4.2.1. Das Portfolio-Konzept

Das Portfolio-Konzept erwuchs aus der Beratungstätigkeit der Boston Consulting Group und hat in kurzer Zeit eine Vielzahl von Variationen erfahren, deren Aussagegehalt nahezu identisch ist.

Nach dem Portfolio-Konzept werden die Produkte eines Unternehmens als Teile eines Wertpapier-Portefeuilles gesehen, die eine möglichst weitgehende Ausbalancierung des Risikos, eine finanzielle Einbuße zu erleiden, garantieren sollen. Als wichtigstes Hilfsmittel der Planung dient die matrixartige Portfolio-Darstellung mit den beiden Dimensionen «*relatives Marktwachstum*» als Indikator für die Attraktivität des betreffenden Marktes und «*relativer Marktanteil*» als Indikator für die Marktstellung der betreffenden Marke. Die beiden Dimensionen werden üblicherweise wie folgt definiert.

$$\text{relativer Marktanteil} = \frac{\text{Marktanteil der darzustellenden Marke (in \%)}}{\text{Marktanteil der stärksten Konkurrenzmarke (in \%)}}$$

$$\text{relatives Marktwachstum} = \frac{\text{Wachstum des Marktes, dem die darzustellende Marke angehört (in \%)}}{\text{Wachstum der Volkswirtschaft insgesamt (in \%)}}$$

Diese Dimensionsbezeichnungen resultieren aus der Erkenntnis, daß für die Beurteilung der Erfolgsaussichten einer Marke einerseits die *Attraktivität des Marktes* und andererseits die *Stärke der Marktstellung* entscheidend ist. Die relativen Größen sind dabei erklärungsstärker als die absoluten Größen, die äußerst stark von nur bedingt beeinflußbaren allgemeinen Konstellationen abhängen. Sowohl hinsichtlich der Dimension Marktwachstum als auch hinsichtlich der Dimension Marktanteil sind regional und sachlich abgegrenzte Märkte der Analyse zugrunde zu legen, was im Extremfall (unterschiedliche Produkte in verschiedenen Märkten) differierende Bezugspunkte (Volkswirtschaften, Märkte, Konkurrenten) für jedes Objekt der Darstellung zur Folge haben kann.

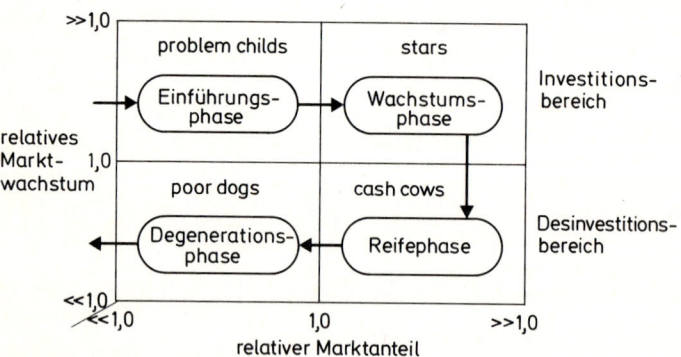

Schaubild 9.5.: Portfolio-Konzept und die «natürliche» Produktentwicklung

Für marktwirtschaftlich orientierte Unternehmen ist es erstrebenswert, möglichst viele Produkte in den beiden oberen Feldern aufzuweisen. Produkte im Feld «problem child» (dieser Begriff ist dem Ausdruck «question marks» vorzuziehen, deutet er doch die Entwicklungsmöglichkeiten an) sind zwar zukunftsträchtig, bringen aber in der Regel keine aktuellen Beiträge zur Abdeckung der Unternehmensfixkosten (vgl. dazu Abschnitt 9.4.2.3.), Produkte im Feld «poor dogs» eröffnen weder kurznoch langfristig günstige Aussichten. Häufig wird mit der Portfolio-Darstellung die Vorstellung von einem «natürlichen» Weg eines Produktes durch die Vier-Felder-Darstellung verknüpft (Schaubild 9.6.).

Die Portfolio-Darstellung ermöglicht eine plastische Übersicht über die relative Attraktivität der einzelnen Produkte und das Ausmaß der Ausgewogenheit eines Vertriebsprogramms. Das Konzept ist allerdings nicht als Erklärungsgrundlage tauglich, da etwa der Weg eines Produktes in dieser Darstellung nicht zeitlich hinreichend genau prognostizierbar ist. Analog dem Konzept der Produktlebenskurve gilt die Aussage, daß es einen *«natürlichen»* – gewissermaßen fest vorgegebenen – *Weg eines Produktes* durch die Vier-Felder-Matrix nicht gibt; dieser Weg ist vielmehr das Ergebnis der spezifischen unternehmerischen Anstrengungen. Darüber hinaus stellt dieses Konzept auch deshalb keine operative Planungshilfe dar, weil es bis heute noch nicht gelungen ist, die Stellung eines Produktes im Vier-Felder-Raum bzw. die Veränderung der Stellung in diesem Raum hinreichend präzise mit absatzpolitischen Anstrengungen in Beziehung zu bringen.

9.4.2.2. Das Erfahrungskurven-Konzept

Während das Portfolio-Konzept nur konzeptionellen Charakters ist, kann dem Erfahrungskurven-Konzept ein operativer Charakter zugesprochen werden, wenngleich in der Regel erhebliche Unschärfen im Detail bestehen. Den Kern des Erfahrungskurven-Konzepts macht die empirisch gefundene Erkenntnis aus, daß mit *zunehmender Produktionserfahrung* (= über die Zeit kumulierte Produktionsmenge) die *Herstellung eines Produktes billiger* wird. Das Neue des Erfahrungskurven-Konzeptes besteht darin, daß dieses Phänomen nicht nur als durch Fixkosten, sondern auch als durch die variablen Kosten bedingt angesehen wird.

Um das Erfahrungskurven-Konzept richtig verstehen zu kön-

Beurtei-lungskriterium	problem childs	stars	cash cows	poor dogs
Marktanteil	niedrig	hoch	hoch	niedrig
Markt-wachstum	hoch	hoch	niedrig	niedrig
Marktpositions-Ziele	Marktanteile gewinnen	Dominanz im Markt, dann Gewinne	Liquidität und Gewinne maximieren	Produkte aufgeben, umstrukturieren
Position im Lebens-zyklus	Markteintritt	Wachstum	Reife, Sätti-gung	Verfall
Liquiditäts-bedarf	hoch	hoch	niedrig, bringt Liquidität	niedrig, bringt Liquidität
Investitionen	hoch	hoch	minimal oder keine, nur zur Marktpositionserhaltung und Kostensenkung	keine knappen Mittel einsetzen
Manage-menterfor-dernisse	Unternehmer, Innovatoren	konsequente analytische Planer	Gewinn- und Produktions-orientierte Manager	Krisenmanager, harte Operateure

In Anlehnung an: Kramer, S.: Innovative Produktpolitik, Berlin 1988, S. 134.

Schaubild 9.6.: Kennzeichen der einzelnen Portfolio-Positionen

nen, müssen drei Ursachen einer Kostendegression bei erhöhter Produktion klar unterschieden werden. Diese drei Ursachen sollen nachstehend mathematisch differenziert werden, wobei q_t für die Produktionsmenge in der Periode t, k_{jt} für die variablen Stückkosten der Produktion bei Technologie j (mengenproportional) und F_{jt} für die fixen Kosten der Produktion bei Technologie j steht. Wie leicht ersichtlich, soll für die nachstehende Analyse einfachheitshalber von einer linearen Kostenfunktion der Form $K_{jt} = F_{jt} + k_{jt}q_t$ ausgegangen werden. Die verschiedenen

Kostendegressionseffekte können wie folgt differenziert werden.

- *Mengendegression der Kosten:* Dieses Phänomen ist seit alters her bekannt; die Kostendegression ist danach darauf zurückzuführen, daß bei gleichbleibender Technologie (inkl. gleichem Maschinenpark) die Fixkosten auf mehr Einheiten verteilt werden. Selbstverständlich tritt dieser Effekt nur bis Erreichung der Kapazitätsgrenze ein. Formal gilt:

$$\{q_t \text{ steigt}\} \Rightarrow \{K_{jt} : q_t \text{ fällt}\} \qquad \begin{matrix} \text{für gegebenes j,} \\ \text{für jedes t} \end{matrix}$$

- *Technologiedegression der Kosten:* Häufig kann bei größerer Produktionsmenge eine insgesamt kostengünstigere Technologie eingesetzt werden, daraus resultiert eine über die reinen Fixkosten-bezogene Kostendegression hinausgehende Kostenverminderung. Formal gilt:

$$\begin{Bmatrix} \text{Übergang von} \\ \text{j nach j}' \end{Bmatrix} \Rightarrow \{(K_{jt} : q_t) - (K_{j't} : q_t) > 0\} \qquad \begin{matrix} \text{für gegebenes } q_t, \\ \text{für jedes t} \end{matrix}$$

- *Erfahrungsdegression der Kosten:* Bedingt durch im einzelnen minimale Änderungen der Produktionsverfahren etwa in Form von anderen Arbeitsabläufen, günstigeren Handhabungen etc. fallen die variablen Kosten der Produktion mit zunehmender kumulierter Produktionsmenge. Formal gilt:

$$\left\{ \sum_{t=1}^{\tau} q_t \text{ steigt} \right\} \Rightarrow \{k_{jt} \text{ sinkt}\} \qquad \begin{matrix} \text{für gegebenes j,} \\ \text{für gegebenes t} \end{matrix}$$

Diese drei Kostendegressionseffekte können wie folgt (Schaubild 9.7.) verdeutlicht werden.

Die Kurven (5) und (6) verdeutlichen jeweils für sich den Mengeneffekt, der Vergleich der Kurven (5) und (6) den Technologieeffekt; der Vergleich der Kurven (3) und (7) zeigt den Erfahrungseffekt an, der im Grundsatz sofort nach Produktionsbeginn einsetzt und mit kumulierten Produktionsmengen ($\sum_t q_t$) immer stärker wird.

Zwar wirft das Erfahrungskurven-Konzept bis heute noch erhebliche Probleme der Quantifizierung auf, an seiner grundsätzlichen Gültigkeit wird aber nicht gezweifelt; es liegen auch zahlreiche Schätzungen des Effektes vor. Eine graphische Darstellung der Kostendegression enthält Schaubild 9.8.

Üblicherweise wird der Erfahrungskurven-Effekt als *prozentuale Verringerung der variablen Herstellungskosten* je Stück bei einer

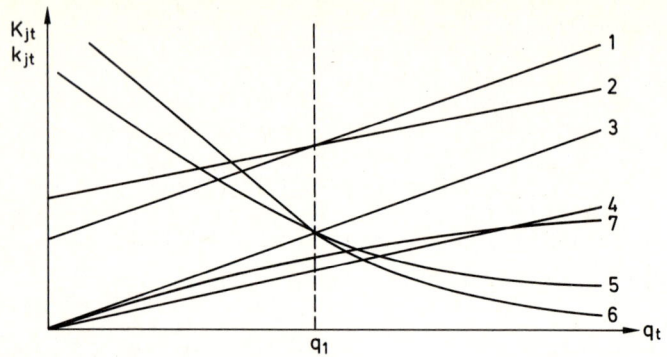

(1) K_{jt} ohne Erfahrungskurveneffekt
(2) $K_{j't}$ ohne Erfahrungskurveneffekt
(3) $(k_{jt} q_t)$ ohne Erfahrungskurveneffekt
(4) $(k_{j't} q_t)$ ohne Erfahrungskurveneffekt
(5) $(K_{jt} : q_t)$ ohne Erfahrungskurveneffekt
(6) $(K_{j't} : q_t)$ ohne Erfahrungskurveneffekt
(7) $(k_{jt} q_t)$ mit Erfahrungskurveneffekt

Schaubild 9.7.: Die verschiedenen Kostendegressionseffekt bei Zunahme der Produktionsmenge

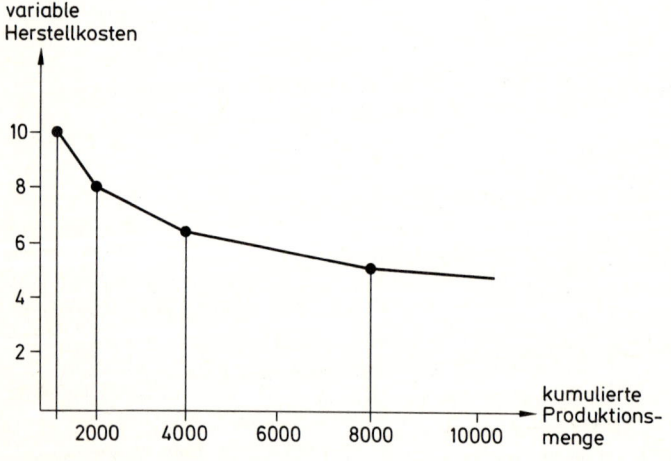

Schaubild 9.8.: Das Konzept der Erfahrungskurve

Verdoppelung der kumulierten Produktionsmengen (ab Produktionsbeginn) gemessen; im Beispiel des Schaubilds 9.8. sind dies also 20%, was einen relativ guten Näherungswert für viele Produkte darstellt.

Das Erfahrungskurven-Konzept ist für die strategische Absatzpolitik von kaum zu überschätzender Bedeutung; es stellt den Erklärungshintergrund für die vielfach wiederholte Behauptung dar, daß Marktführer, die üblicherweise auch die größten Produktionsmengen auf sich vereinigen, besonders gewinnträchtig operieren. Diese Gewinnträchtigkeit, die mit einem über längere Zeit hinweg praktizierten großen Produktionsvolumen einhergeht, gründet sich also auf Kostenvorteile, die allerdings nicht nur Erfahrungs-, sondern auch Mengen- und Technologie-bedingt sind. Der Unterschied zwischen Erfahrungs-bedingten niedrigen Kosten auf der einen Seite und Mengen- bzw. Technologie-bedingten Kosten auf der anderen Seite besteht allerdings darin, daß Erfahrungs-bedingte Kostensenkungen nicht kurzfristig von der Konkurrenz wettgemacht werden können; sie offerieren also einen strategischen Wettbewerbsvorteil (vgl. 9.4.2.3.). Japanische Großunternehmen des Elektro-Bereiches haben in der Vergangenheit ohne Zweifel ihre Strategien unter bewußter Berücksichtigung des Erfahrungskurven-Effekts formuliert.

9.4.2.3. Das Konzept der Wettbewerbsvorteile

Ähnlich wenig präzise formuliert wie das Portfolio-Konzept, aber dennoch für die längerfristige absatzpolitische Planung äußerst erklärungskräftig ist das Konzept der Wettbewerbsvorteile, das auf Porter zurückgeht. Dieses Konzept ergänzt insofern das Portfolio- und das Erfahrungskurven-Konzept, als es andeutet, warum gewisse Positionen im Portfolio (stars) bzw. warum die langfristige Kostenführerschaft infolge Erfahrungs-Degression besonders vorteilhaft ist.

Ausgangspunkt der Überlegungen ist die Erkenntnis, daß der auf gesättigten Märkten anzutreffende Kampf um Marktanteile zur Formulierung einer *expliziten Wettbewerbsstrategie* zwingt. Diese Strategie soll es einem Unternehmen erlauben, seine Gewinnaussichten gegenüber dem Wettbewerber zu behaupten oder sogar zu verbessern. Die dabei üblicherweise möglichen Strategien sind in Schaubild 9.9. in Anlehnung an Porter formuliert. Ziel jeglicher *Kostenführerschaft* (rechte Felder) ist es, die niedri-

	spezifische Stärke des Unternehmens	
	Leistungsvorteil	Kostenvorteil
Bearbeitung des Gesamt-marktes mit einem dif-ferenzierten und relativ breiten Vertriebspro-gramm	A: generelle *Qualitäts-führerschaft*	B: auf Kostendegres-sion basierende aggressive *Preis-politik für breites Sortiment*
Bearbeitung eines be-stimmten Teilmarktes mit einem spezifischen und relativ schmalen Ver-triebsprogramm	C: *Nischenpolitik*, d. h. Angebot eines spezi-fischen Produkts für ein bestimmtes Seg-ment	D: *Discountpolitik* für spezifisches Seg-ment (Preis-Nische)

Schaubild 9.9.: Strategien mit Wettbewerbsvorteilen (in Anlehnung an Porter)

gen Kosten in entsprechende Preise umzusetzen, die dem Unter-nehmen selbst ausreichende Gewinne belassen, den Konkurren-ten dies aber kaum mehr ermöglichen. Bei einer Teilmarkt-bezo-genen Politik wird stets ein erheblicher Teil des Marktes dem Konkurrenten überlassen. Je nach den Ressourcen eines Unter-nehmens (Kapital, Know How, Distribution etc.) sind verschie-dene Strategien als vorteilhaft einzustufen.

Die bisweilen behauptete Beziehung, daß höhere Marktanteile auch höhere Rentabilitäten der Unternehmen induzieren, ist im Lichte der in Schaubild 9.9. skizzierten Zusammenhänge zu modifizieren. Unternehmen sind somit vor allem dann profita-bel, wenn sie entweder eine der Strategie (A) und (B) oder eine der Strategien (C) und (D) verfolgen, wobei zu beachten ist, daß die Strategie (A) und (B) regelmäßig mit einem relativ hohen Marktanteil und die Strategie (C) und (D) mit einem relativ niedrigen Marktanteil (bezogen auf den Gesamtmarkt und nicht auf das betreffende Marktsegment) einhergehen. Somit ergibt sich der in Schaubild 9.10. skizzierte Zusammenhang.

Nach dem in Schaubild 9.10. skizzierten Zusammenhang haben somit sowohl relativ kleine Unternehmen (Größe gemessen als Marktanteil), die sich häufig einer Nischenpolitik befleißigen, als auch relativ große Unternehmen, die häufig die Politik der *Qualitätsführerschaft* betreiben, gute Gewinnaussichten, wäh-rend mittelgroße Unternehmen gewissermaßen zwischen bei-den Stühlen sitzen und nur beschränkte Gewinnmöglichkeiten besitzen. Die Größe eines Unternehmens ist in diesem Zusam-

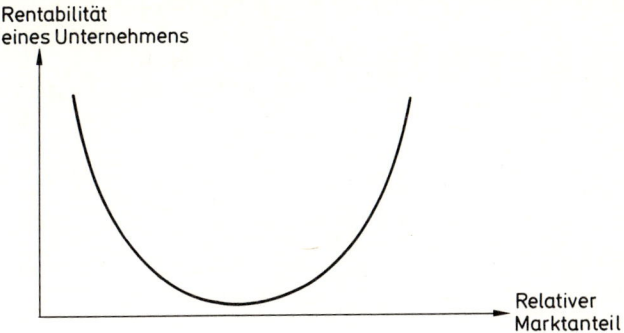

Rentabilität
eines Unternehmens

Relativer
Marktanteil

Schaubild 9.10.: Rentabilitätskurve von Unternehmen

menhang nicht absolut, sondern nur in Beziehung zu seinen Konkurrenten zu beurteilen.

Das Konzept der strategischen Wettbewerbsvorteile ist ohne Zweifel äußerst vage, erfaßt aber einige empirisch relativ gut bestätigte Sachverhalte und kann so – mit Vorsicht – als Anregung zur Formulierung von langfristigen Strategien dienen.

9.4.3. Der Datenkranz realer Planungen

Die Skizze wesentlicher Strategien soll nachfolgend durch einige Informationen bezüglich wichtiger Planungsgrundlagen ergänzt werden, wobei weder Vollständigkeit noch eine spezifische Systematik der Darstellung angestrebt wird.

Ausgangspunkt der betrieblichen Planungen ist eine Erfassung und Bewertung der *gesamtwirtschaftlichen Lage*, die anhand verschiedener, zumeist leicht zugänglicher Daten vorgenommen werden kann. Die Entwicklung einiger gesamtwirtschaftlicher Indikatoren in den letzten Jahren wird in den Schaubildern 9.11. und 9.12. verdeutlicht.

Das Bruttoinlandsprodukt stellt dabei einen ganz allgemeinen ökonomischen Aktivitätsindikator dar, wobei zu bedenken ist, daß geringe Veränderungen der Werte dieses Indikators bereits deutliche Unterschiede im Aktivitätsniveau vieler Wirtschaftszweige andeuten, da ein Großteil der Wirtschaftätigkeit fast konjunkturunabhängig ist (Ausgaben für Lebensmittel, Mieten etc.). Die Veränderung der realen Produktivität je Erwerbstätigenstunde stellt einen wichtigen Index für mögliche Einkommensverbesserungen dar, die ihrerseits die Nachfrage nach Kon-

Jahr	Erwerbs-tätige (Index)	Brutto-inlands-produkt in jeweiligen Preisen (in Mrd. DM)	Brutto-inlands-produkt in Preisen von 1985 (Index)[1]	Staats-verbrauch in jeweiligen Preisen (in %)	Ausfuhr-überschuß in jeweiligen Preisen (in Mrd. DM)	reale Pro-duktivität je Erwerbs-tätigen-stunde (Index)	Geschäfts-klima am Jahresende (Index +:pos. −:neg.)	Verfüg-bares Ein-kommen in jeweiligen Preisen (in Mrd. DM)	Anteil am verfügbaren Einkommen (in %) Netto-lohn und -gehalt	Gewinne und Ver-mögens-ein-kommen	Trans-fer-ein-kommen	Lebens-haltungs-kosten-index aller privaten Haushalte (Index)	Erzeuger-preise gewerbl. Produkte des Inlands am Jahres-ende (Index)
Alte Bundesländer													
1960	100,0	285,6	100,0	18,5	7,9	100,0						39,7	
1970	101,9	675,3	154,3	18,6	14,1	161,0		428,0	55,8	26,9	21,2	50,4	
1980	103,5	1472,0	201,7	19,9	−1,5	223,7	−18	960,4	52,7	25,5	26,2	82,4	
1988	104,6	2096,0	228,8	19,7	121,7	260,8	+9	1323,2	48,9	29,0	26,1	101,5	98,8
1989	106,0	2220,9	236,2	18,7	144,7	268,5	+20	1378,8	48,7	29,5	26,0	104,6	102,1
1990	109,1	2403,1	247,4	18,3	165,6	276,6	+22	1489,6	49,9	29,0	25,3	107,2	103,6
1991	111,9	2599,3	255,0	17,8	167,5	281,0	+7	1640,0	47,5	32,0	25,1	110,7	105,7
1992	112,4	2772,0	259,3	18,0	189,7	283,0	−20	1709,4	47,6	31,7	25,2	115,2	
1993	110,7	2827,5	254,1	18,0	193,0	287,3	−20	1755,0	46,6	32,0	26,1	119,9	
Neue Bundesländer[2]													
1990	100,0	97,7	111,5	39,0	−48,8	100,0		85,8				97,3	
1991	85,7	186,2	186,2	46,3	−172,3	103,5	−20	199,9	55,4	11,1	35,9	118,0	
1992	76,9	235,3	198,9	45,0	−196,0	113,1	−15	245,4	52,5	9,7	41,0	129,7	62,1
1993	73,8	281,5	209,8	41,6	−199,0	123,3	−15	262,5	52,2	9,1	42,3	140,7	63,2

[1] für die neuen Bundesländer in Preisen von 1991

[2] Angaben für 1990 beziehen sich nur auf das 2. Halbjahr

Quelle: Statistisches Bundesamt (Hrsg.): Zur wirtschaftlichen und sozialen Entwicklung in den neuen Bundesländern 1991–1993; Ifo-Institut (Hrsg.): Spiegel der Wirtschaft 1991/92; Ifo-Institut (Hrsg.): Wirtschaftskonjunktur.

Schaubild 9.11.: Einige gesamtwirtschaftliche Indikatoren mit genereller Relevanz für die Marketingplanung

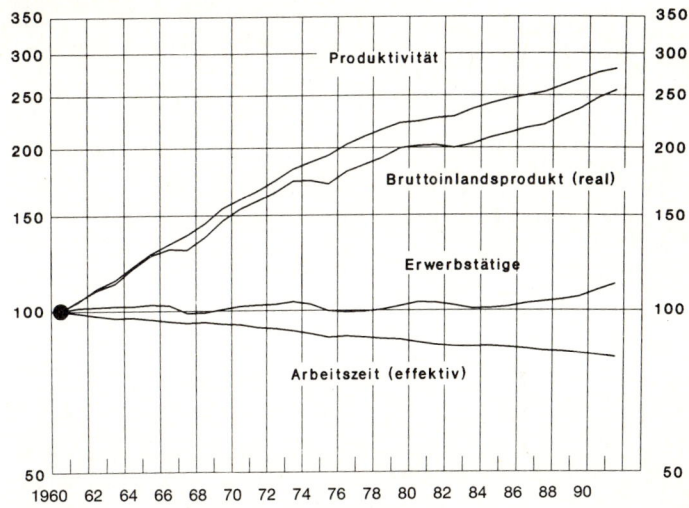

Quelle: Ifo-Institut (Hrsg.): Spiegel der Wirtschaft 1992/93.

Schaubild 9.12.: Wirtschaftsentwicklung 1960 bis 1991 (1960 entspricht 100)

sumgütern determinieren. Der Ausfuhrüberschuß ist nicht nur ein für die gesamtwirtschaftlichen Planungen bedeutungsvoller Indikator, sondern zugleich ein Maßstab der internationalen Wettbewerbsfähigkeit einer Volkswirtschaft.

Gesamtwirtschaftliche Indikatoren stellen im Prinzip wichtige Einflußgrößen der betrieblichen Planung dar; ihren Werten haftet aber üblicherweise das Manko an, daß sie für den Planungszeitraum nicht vorab verfügbar sind. Wünschenswert wären demgegenüber Werte, die unmittelbar *Prognosekraft* besitzen, mithin Werte, die der Zeit *«vorauslaufen»*. Ein besonders gutes Beispiel hierfür ist das Volumen der Baugenehmigungen, die den Bauaufträgen etwa ein knappes Jahr «vorauslaufen». Dasselbe Vorlaufprinzip gilt auch für industrielle Aufträge und den ihnen zugrundeliegenden Investitionsplänen. Seit Jahren sammelt daher das Ifo-Institut für Wirtschaftsforschung Daten zu den *Investitionsabsichten* der Industrie (Ausschnitt aus dem Fragebogen: Schaubild 9.13.), die auch regelmäßig als Index des Geschäftsklimas (achte Spalte von Schaubild 9.11.) veröffent-

III Investitionspläne 1986

1. **Investitionen insgesamt**
(einschl. evtl. Bauinvestitionen)

a) Wir werden 1986 Investitionen durchführen

ja ☐ nein ☐

b) Wertmäßig werden diese Investitionen im Vergleich zu den Investitionen von 1985 sein

größer ☐ schätzungsweise um ____ %

etwa gleichgroß ☐

kleiner ☐ schätzungsweise um ____ %

2. **Investitionen in Betriebsbauten**
(ohne Wohnungsbauten)

a) Wir werden 1986 Bauinvestitionen durchführen

ja ☐ nein ☐

b) Wertmäßig werden diese Investitionen im Vergleich zu den **Bau**investitionen von 1985 sein

größer ☐ schätzungsweise um ____ %

etwa gleichgroß ☐

kleiner ☐ schätzungsweise um ____ %

IV Investitionsziele 1985 und 1986

Unsere Investitionstätigkeit war 1985 in **erster Linie** abgestellt bzw. wird sich 1986 **überwiegend** erstrecken auf
(Wenn sich die Investitionstätigkeit auf mehr als ein Ziel erstreckt, bitte die **Rangfolge** durch entsprechende Ziffern [1, 2 . . .] in den fettgedruckten Kästchen kennzeichnen)

	1985	1986
Erweiterung	☐	☐
a) unter Beibehaltung des bestehenden Produktionsprogrammes	☐	☐
b) unter Änderung und/oder Ausweitung des Produktionsprogrammes	☐	☐
Rationalisierung	☐	☐
a) gerichtet auf Lohn- und Gehaltskosten	☐	☐
b) gerichtet auf sonstige Kosten	☐	☐
Ersatzbeschaffung	☐	☐

Schaubild 9.13.: Ausschnitt aus dem Investitionstest des Ifo-Instituts für Wirtschaftsforschung zur Ermittlung des Investitionsklimas (hier: Fassung 1985/86)

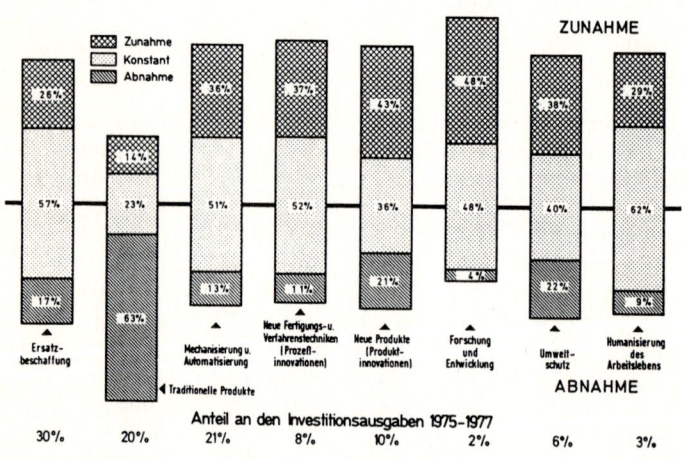

Quelle: Fotiadis, F.; Hutzel, J. W.; Wied-Nebbeling, S.; Uhlmann, L.: Konsum- und Investitionsverhalten in der Bundesrepublik Deutschland seit den fünfziger Jahren, Band 2, Berlin 1981, S. 26.

Schaubild 9.14.: Struktur der Investitionsvorhaben der verarbeitenden Industrie für die Jahre 1979 bis 1981 (ohne chemische Industrie; Erhebung des Ifo-Instituts aus dem Jahre 1978) licht werden. Die Gesprächsklima-Werte sind nicht absolut, sondern nur relativ interpretierbar.

Die Werte des sogenannten Investitionstests sind besonders instruktiv, wenn sie nach der Art der Investitionen differenziert werden, wie es in Schaubild 9.14. angedeutet ist. Diese Werte sind vor allem dann erklärungskräftig, wenn die Werte mehrerer Perioden einander gegenübergestellt werden.

Während die gesamtwirtschaftlichen Indikatoren, wie sie in den Schaubildern 9.11. und 9.12. angedeutet sind, für nahezu alle Wirtschaftszweige Relevanz besitzen, sind Angaben, wie sie im Schaubild 9.14. wiedergegeben sind, vor allem für die Investitionsgüterindustrie bedeutsam. Für die Konsumgüterindustrie bedeutsam ist vor allem etwa die Entwicklung der *Verbrauchsstruktur* (Schaubild 9.15.) und der *Bestand an gewissen langlebigen Gebrauchsgütern* (Schaubild 9.16.).

Ausgabengruppe	1965 (in %)	1975 (in %)	1985 (in %)	1990 (in %)	1991 (in %)
Nahrungs- und Genußmittel	40,0	29,8	25,7	24,1	23,3
Miete, Elektrizität, Gas, Brennstoff	15,7	20,6	26,9	26,9	26,4
Bekleidung, Schuhe	11,9	9,9	8,2	8,1	8,0
Bildung, Unterhaltung, Freizeit	6,5	8,9	10,0	10,6	10,3
Verkehr, Nachrichtenübermittlung	9,7	13,8	14,8	15,9	17,3
Sonstiges	16,2	17,0	14,4	14,4	14,7

Quelle: Das Bundesministerium für Arbeit und Sozialordnung (Hrsg.): Statistisches Taschenbuch 1992, Abb. 6.1.

Schaubild 9.15.: Aufteilung des Haushaltsbudgets eines 4–Personen-Haushalts mit mittlerem Einkommen für verschiedene Ausgabengruppen im Zeitablauf (in %)

Bestandszahlen hinsichtlich langlebiger Gebrauchsgüter stellen zunächst Indikatoren der *Sättigungsentwicklung* der entsprechenden Güter dar, darüber hinaus signalisieren sie aber auch Absatzmöglichkeiten für die den langlebigen Gebrauchsgütern zuzuordnenden Verbrauchsgüter (Video-Cassetten und Video-Recorder; Tiefkühlkost und Tiefkühltruhe).

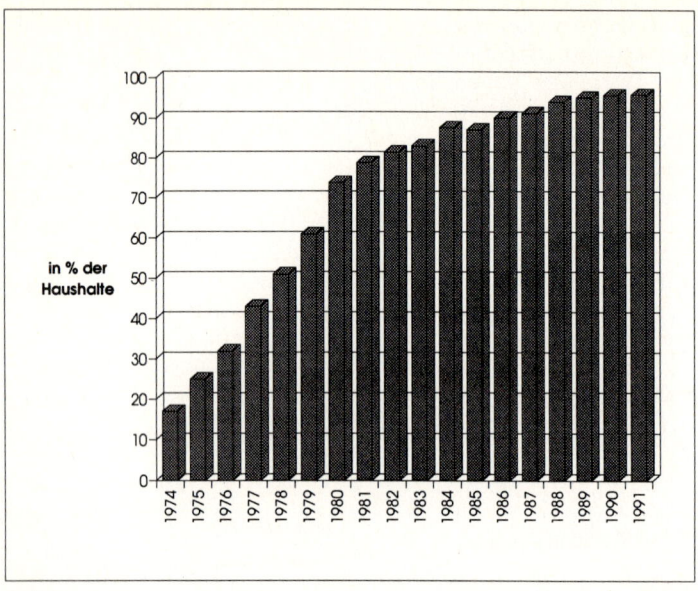

Quelle: Bundesministerium für Arbeit und Sozialordnung (Hrsg.): Statistisches Taschenbuch 1992, Abb. 6.3.

Schaubild 9.16.: Bestand an Farbfernsehern 1974 bis 1991

Für den Export bzw. sonstige multinationale Tätigkeiten sind analoge Daten verfügbar (Schaubilder 9.17. und 9.18.), solche Statistiken werden allerdings stark von Wechselkursveränderungen tangiert.

Land	Gesamtbevölkerung am Jahresende (in Mio.)		Veränderung des realen Bruttoinlandsprodukts pro Jahr (in %)		Leistungsbilanzsaldo (in % des Bruttoinlandsprodukts)		Veränderung der Lebenshaltungskosten der privaten Haushalte pro Jahr (in %)		Veränderung der Anzahl der Erwerbstätigen pro Jahr (in %)		Arbeitslosenquote pro Jahr (in %)	
	1985	1992	1990	1992	1990	1992	1990	1992	1990	1992	1990	1992
USA	234,50	251,10	0,80	2,10	-1,60	-1,00	5,40	3,00	0,80	1,30	5,50	7,40
Japan	119,30	123,50	4,80	1,30	1,20	3,20	3,10	1,70	1,80	1,20	2,10	2,20
Deutschland	61,40	(63,5) 80,2	5,10	2,00	3,20	-1,30	2,70	4,00	2,30	-0,60	6,20	7,70
Frankreich	54,40	57,20	2,50	1,30	-1,30	0,20	3,40	2,40	0,50	0,40	8,90	10,20
Italien	56,80	57,90	2,10	0,90	-1,30	-2,10	6,10	5,30	0,70	-1,00	11,10	10,70
Großbritannien	56,40	57,60	0,50	-0,60	-3,10	-2,00	9,50	3,70	0,00	-1,00	5,90	10,10
Österreich	7,50	7,90	4,60	1,50	0,80	-0,20	3,30	4,00	2,30	2,30	3,20	3,70
Spanien	38,20	39,10	3,70	1,00	-3,40	-3,20	6,70	5,90	1,40	0,50	16,30	18,40
Schweiz	6,50	6,80	2,30	-0,60	3,80	6,50	5,40	4,00	1,20	-0,60	0,50	2,50
Türkei	47,80	57,00	9,20	5,90	-2,40	-0,80	60,30	70,10	2,00	1,80	10,00	11,80

Quelle: OECD Wirtschaftsausblick Vol. 53, 6/1993; Bundesminister für Arbeit und Sozialordnung (Hrsg.): Statistisches Taschenbuch 1992.

Schaubild 9.17.: Einige gesamtwirtschaftliche Indikatoren mit Relevanz für grenzüberschreitende Marketingmaßnahmen

9.4.4. Integrierte Strategien und Taktiken in einzelnen Wirtschaftsbereichen

Hinsichtlich des Inhalts absatzpolitischer Planung und Kontrolle sind kaum eindeutige generelle Empfehlungen zu geben; in diesem Abschnitt werden lediglich einige Anhaltspunkte einer sinnvollen Planungs- und Kontrollstruktur entwickelt und anschließend erwähnenswerte Besonderheiten einiger Wirtschaftsbereiche dargestellt.

Das Gesamtsystem der absatzpolitischen Planung und Kontrolle wird in Schaubild 9.18. angedeutet.

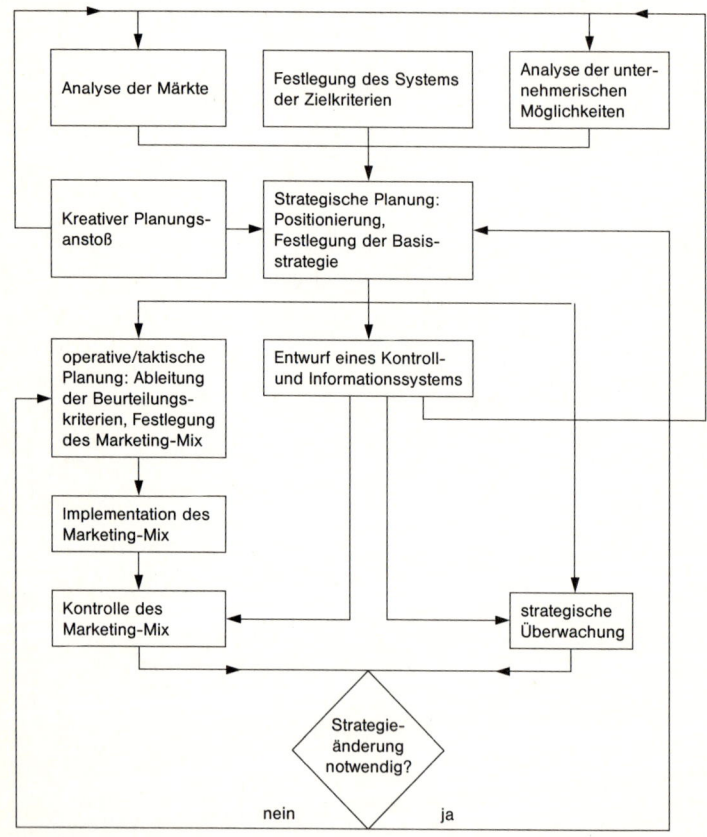

Schaubild 9.18.: System der absatzpolitischen Planung und Kontrolle

474

Ausgangspunkt jeder absatzpolitischen Planung und Kontrolle ist eine profunde *Analyse der Märkte* und *unternehmerischen Möglichkeiten* einerseits und eine *Festlegung der für die Planung maßgeblichen Zielkriterien* andererseits. Die Analyse der Märkte und der unternehmerischen Möglichkeiten wird dabei stark von dem bereits existierenden betrieblichen Informationssystem bedingt. Das System der Zielkriterien basiert teils auf logischen Analysen, teils auf außerökonomischen Überlegungen der Anteilseigner und der relevanten Öffentlichkeit.

In einem teils kreativen, teils analytischen Prozeß wird auf diesen Grundtatbeständen aufbauend strategisch geplant; Kernelemente dieser langfristig orientierten Planung sind die *Positionierung des Unternehmens* (Was ist das Unverwechselbare?) und die Festlegung der Basisstrategie *(Produkt-Markt-Konzept)*. Aus diesen grundlegenden Festlegungen werden sodann die taktischen und operativen Maßnahmen abgeleitet; der Entwurf dieser Pläne ist eine weit weniger kreativ geprägte Leistung als der Entwurf des strategischen Plans. Gemäß der allgemeinen Erkenntnis, daß Planung immer *Ziel- und Mittelplanung* zu sein hat, sind im Rahmen der operativen und taktischen Planung auf der Basis der strategischen Planung sowohl Beurteilungskriterien als auch Einzelheiten des Marketing-Mix zu entwickeln. Der Implementation des geplanten Marketing-Mix folgt dessen Kontrolle.

Ausfluß der strategischen Planung ist auch der Entwurf eines *Kontroll- und Informationssystems,* das die Basis aller informationswirtschaftlicher Aktivitäten im Unternehmen darstellt. Das Kontrollsystem besteht dabei aus zwei unterschiedlichen Elementen: zum einen dem System der Ergebniskontrollen, das zur laufenden Überwachung des Marketing-Mix-Einsatzes benötigt wird, und zum anderen das System der strategischen Überwachung, das nicht Ergebnis-orientiert ist, sondern eine ständige Beobachtung und Analyse unternehmensexterner Informationen zum Inhalt hat und die Antwort auf die ganz allgemeine Frage «Ist das Unternehmen noch richtig positioniert?» zu liefern hat. Auf der Grundlage der Überlegungen im Bereich der Ergebniskontrollen und der strategischen Überwachung wird schließlich eine Aussage darüber gefällt, ob eine Änderung der bisher verfolgten Strategie geboten ist oder nicht. Je nach Antwort ist sodann primär die taktische/operative oder primär die strategische Planung gefordert.

Das soeben skizzierte System der Planung und Kontrolle ist gewissermaßen Kontroll-orientiert bzw. *reaktiv,* da die wesentli-

chen Anstöße der Planung von der Analyse bzw. Kontrolle exter-
ner bzw. interner Quellen herrühren. Demgegen wird bei der
innovativen bzw. *proaktiven Planung* von einer zündenden kreativen Idee ausgegangen, die entweder direkt auf die Planung ein-
wirkt oder die Markt- und Unternehmensanalysen entsprechend
steuert.

Dieses Flußschema der absatzpolitischen Planung und Kontrolle
kann als generell einsetzbar angesehen werden. Je nach den
Besonderheiten der einzelnen Wirtschaftsbereiche (Massenan-
fertigung/Einzelanfertigung, längerfristige/kürzerfristige Kun-
denbeziehungen, hohe/geringe Bedeutung des Know-hows
etc.) sind unterschiedliche absatzpolitische Instrumente domi-
nant. Schaubild 9.19. enthält Anhaltspunkte für die in der
Realität vorzufindenden dominanten absatzpolitischen Instrumente in einigen Wirtschaftsbereichen.

Das Schaubild 9.18. macht Schwerpunkte der absatzpolitischen
Anstrengungen bei typischen Unternehmen in den fünf genannten Wirtschaftsbereichen deutlich. Zugleich werden Angaben
über das *absatzpolitische Aktivitätsniveau*, d.h. über das Ausmaß
absatzpolitischer Anstrengungen, und die Bedeutung einer
aktiven Marktsegmentierung in den betreffenden Wirtschaftsbereichen gemacht. Die Darstellung zeigt das vergleichsweise
hohe absatzpolitische Aktivitätsniveau bei Produktionsunternehmen von Markenartikeln; dies ist letztlich auch der Grund
dafür, daß als vorherrschende Unternehmensart im Rahmen dieses Buches das Markenartikelunternehmen gewählt wurde.
Unter einer Politik der aktiven Marktsegmentierung ist dabei
eine Absatzpolitik zu verstehen, die von einer segmentweisen
Betrachtung des Marktes ausgeht und bei der aus der Kenntnis
der Nachfragebedingungen in den einzelnen Teilmärkten
(Marktsegmenten) für alle bzw. für ausgewählte Teilmärkte spezifische Absatzpolitiken entworfen und realisiert werden. Von
einer Politik der *passiven Marktsegmentierung* kann demgegenüber dann gesprochen werden, wenn eine Absatzpolitik betrieben wird, die nur einem Ausschnitt bzw. mehreren Ausschnitten
des Gesamtmarktes adäquat ist, diese Politik aber nicht bewußt
auf die Nachfragebedingungen des entsprechenden Teilmark-
tes/der entsprechenden Teilmärkte zugeschnitten wird. Basis
jeglicher Politik einer aktiven Marktsegmentierung sind umfangreiche Marktforschungsuntersuchungen, die im Falle eines

von weiblichen Personen gekauften Produktes etwa folgende Marktsegmente ergeben haben:

Marktsegment 1: Personen höheren Einkommens, die überdurchschnittlich häufig das Kaufmotiv «Selbstbestätigung» besitzen.

Marktsegment 2: Personen höheren Einkommens, bei denen insbesondere Gesichtspunkte einer sparsamen Verwendung für die Markenwahl von Relevanz sind.

Marktsegment 3: Personen mittleren Einkommens, die ein deutliches Qualitätsbewußtsein besitzen.

Marktsegment 4: Personen niedrigeren Einkommens mit überdurchschnittlich geringer Markenbindung.

Absatzpolitische Instrumente	Produktivgütersektor		Konsumgütersektor		
	Rohstoff-gewinnende Unternehmen	Produktions-unternehmen von Fertig-erzeugnissen	Produktions-unternehmen von Marken-artikeln	Einzel-handels-unternehmen	sonstige Dienst-leistungs-unternehmen
Produktkern	•	•	•		
Angebots-programm		•	•	•	•
Garantien		•	•		•
Kundendienst		•	•		•
Preis			•	•	
Rabatt			•		
Zahlungs-bedingungen		•			
Standort der Letzt-verkaufsstellen			•	•	•
Marktkanal			•		
Lieferbereitschaft und physische Distribution	•	•	•	•	•
Mediawerbung	•		•	•	•
Verkaufsförderung			•	•	•
Öffentlichkeits-arbeit	•		•		
Direktwerbung		•			•
absatzpolitisches Aktivitätsniveau	sehr klein	klein	sehr groß	sehr groß	groß
Bedeutung einer aktiven Markt-segmentierung	sehr klein	klein	sehr groß	groß (unter-schiedlich)	groß (unter-schiedlich)

Schaubild 9.19.: Dominante absatzpolitische Instrumente und sonstige Kennzeichen der Absatzpolitik in ausgewählten Wirtschaftsbereichen

Marktsegment 5: Personen, die keiner größeren Personenmenge mit homogenen Verhaltensweisen zugerechnet werden können.

Für diese Segmente mögen dann die nachfolgend skizzierten Nachfragekennzeichen gelten:

Markt-segment	Feld-anteil (in %)	Marktanteil, der auf Personen des Marktsegments entfällt (in %)	Anteil der					Σ
			Käufer Marke A	Käufer Marke B	Käufer Marke C	Marken-wechsler	Nicht-käufer	
			an allen Personen des Marksegments (in %)					
1	16	18	12	10	35	5	38	100
2	24	26	40	12	14	9	25	100
3	19	25	10	20	30	22	18	100
4	8	12	12	13	13	38	24	100
5	33	19	24	30	6	12	28	100
Σ	100	100	—	—	—	—	—	—

Schaubild 9.20.: Beschreibung von Marktsegmenten auf der Basis des Kaufverhaltens der jeweiligen Personenmehrheiten

Das obige Beispiel verdeutlicht das mit jeder Strategie der Marktsegmentierung verbundene Problem, daß die nach üblichen Kriterien der Segmentierung (Schaubild 1.6.) gebildeten Marktsegmente kein im Hinblick auf die Markenwahl einheitliches Verhalten aufweisen. Das Dilemma kann präziser wie folgt formuliert werden: Wird einerseits eine Segmentierung nach dem *tatsächlichen Kaufverhalten* (regelmäßige Käufer von Marke A, B oder C, Markenwechsler, Nichtkäufer) vorgenommen, so können die Personen der betreffenden Marktsegmente in der Regel hinsichtlich anderer Merkmale (z. B. soziodemographische Merkmale) kaum aussagefähig beschrieben werden. Hat man andererseits Marktsegmente auf der Basis von die Personen beschreibenden sonstigen Merkmalen ermittelt, so weisen die Personen in den solchermaßen gebildeten Marktsegmenten häufig ein sehr heterogenes Kaufverhalten auf. Beide Vorgehensweisen sind allerdings für eine Politik der aktiven Marktsegmentierung von Bedeutung: Die Merkmale des realisierten Kaufverhaltens sind für den *Erfolg der Absatzpolitik* des planenden Unternehmens entscheidend. Die sonstigen Merkmale dagegen sind für die *Zielung der Absatzpolitik* von grundlegender Bedeutung, da nur sie geeignet sind, die Zielgruppen zu definieren. Angesichts des soeben skizzierten Dilemmas ist es meist unumgänglich, bei der Aufteilung der Märkte in Marktsegmente Kompromisse zu schließen. Man wird demnach versuchen, Marktsegmente zu definieren, die sich hinreichend genau hinsichtlich

---

Angeboten wird ein «Zentralheizungspaket», das aus folgenden Komponenten besteht:

- Eine Auswahl aus fünf erprobten Ölfeuerungsanlagen, die den Wärmebedürfnissen verschiedener Haus- bzw. Wohnungsgrößen entsprechen; diese Anlagen werden zu festen Preisen angeboten.

- Qualitätsöl, das auf seinem Weg von der Raffinerie bis zum Tank des Verbrauchers immer wieder geprüft wird.

- Ein Vertriebssystem, das selbst die abgelegensten Inseln Schottlands und Nordirlands einbezieht.

- Sicherheit der Belieferung dank der weltweiten Ressourcen von zwei der größten Ölkonzerne der Welt, was auch in der Werbung betont wird («The big man round the corner» – «we can't afford to let you down»).

- Automatische Belieferung der Kunden auf Grund von Verbrauchsprognosen, die auf den örtlichen Temperaturverhältnissen basieren.

- Regelmäßige Inspektion und Wartung der Befeuerungs- und Tankanlagen durch besonders geschulte Techniker, für deren Aus- und Weiterbildung eine eigene Trainingsstätte unterhalten wird.

- Ein Reparaturdienst für Notfälle, der Kessel, Pumpe, Tank etc. einschließt und garantiert innerhalb von 24 Stunden verfügbar ist.

- Ein Ersatzteillager für alle Bestandteile der verkauften Anlagen, so daß jede Reparatur schnell und relativ billig ausgeführt werden kann.

- Eine Versicherung für die gesamte Zentralheizungsanlage für (umgerechnet) ca. 9,– DM jährlich.

- Bezahlung der Heizöl- und Servicekosten in gleichen Monatsraten, und zwar ohne jeden Aufschlag, durch Abbuchung, Überweisung oder Bareinzahlung. Außerdem kann durch Übereinkunft mit einer befreundeten Bank die Anlage in bis zu 10 Jahresraten abgezahlt werden.

Quelle: Nieschlag, R.; Dichtl, E.; Hörschgen, H.: Marketing. 14. Auflage, Berlin 1985, S. 12

Schaubild 9.21.: Beispiel eines integrierten Abgebots: Die Absatzpolitik der SHELL-MEX & BP Ltd für leichtes Heizöl beider Gruppen von Merkmalen unterscheiden. Das oben gezeigte Beispiel einer Segmentierung in fünf Teilmärkte wird in etwa den angedeuteten Zielsetzungen gerecht.

Ziel jeglicher Politik der aktiven Marktsegmentierung ist es, Teilmärkte ausfindig zu machen, die hinsichtlich des Kaufverhaltens vergleichsweise homogen sind und für die spezifische Angebote erarbeitet werden können. Eine an Marktsegmenten orientierte Gestaltung der Absatzpolitik beinhaltet also sowohl eine Abstimmung der Ausprägungen der betreffenden absatzpolitischen Instrumente untereinander als auch eine Ausrichtung ihrer Gestaltung auf die segmentspezifischen Gegebenheiten der Nachfragestruktur. Ein Beispiel einer solchen *integrierten Absatzpolitik,* die exakt auf das Segment vergleichsweise risikoscheuer und wenig technisch versierter Nachfrager zugeschnitten ist, zeigt das Schaubild 9.21.

9.5. Die Organisation der absatzpolitischen Aufgaben und das Informationswesen als Strukturelemente der Planung und Kontrolle

Planung und Kontrolle vollziehen sich nicht im organisationsfreien Raum, ihre Wirksamkeit ist vielmehr in hohem Maße von *organisatorischen Regelungen* abhängig. Von besonderer Bedeutung ist in diesem Zusammenhang zum einen die personelle Organisation der absatzpolitischen Aufgaben und zum anderen die Grundstruktur des betrieblichen Informationssystems.

9.5.1. Organisationsstrukturen für absatzpolitische Aufgaben

Die absatzpolitischen Aufgaben können nach *Funktionen, Produkten, Regionen* oder *Kunden* beschrieben werden; dementsprechend sind auch unterschiedliche Organisationsformen möglich. Neben der Organisation der absatzpolitischen Aufgaben selbst ist im Rahmen der organisatorischen Strukturüberlegungen auch die Frage zu behandeln, in welcher Weise die absatzpolitischen Aufgaben mit den sonstigen unternehmerischen Aufgaben abgestimmt werden.

Ein Gestaltungsprinzip vieler organisatorischer Regelungen ist das Postulat der Kongruenz von Aufgabe, Handlungskompetenz und Verantwortung jeder Organisationseinheit. Unter *Aufgabe* subsumiert man dabei die Menge der von einer Organisationseinheit üblicherweise zu verrichtenden Tätigkeiten und der zu treffenden Entscheidungen; mit *Handlungskompetenz* kennzeichnet man dagegen die Menge der Tätigkeiten bzw. Entscheidungen, zu deren Vollzug die entsprechende Organisationseinheit durch hierarchisch höher gestellte Einheiten authorisiert ist; *Verantwortung* schließlich bezieht sich auf die Ergebnisse des Handelns. Eine *Kongruenz* der drei Aspekte ist beispielsweise dann nicht gegeben, wenn eine Person für den Deckungsbeitrag eines Produktes zur Verantwortung gezogen werden kann, aber keine Kompetenz zur Festlegung des Produktpreises besitzt.

Hinsichtlich der Einordnung der Organisationseinheiten, die sich primär mit Absatzfragen befassen, in das Gesamtunternehmen werden häufig die nachstehend skizzierten Alternativen diskutiert (Schaubild 9.22.).

(1) Nicht-integrierte Marketingorganisation:

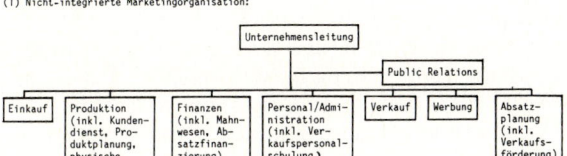

(2) Integrierte Marketingorganisation:

(3) Unternehmensorganisation als Marketingorganisation:

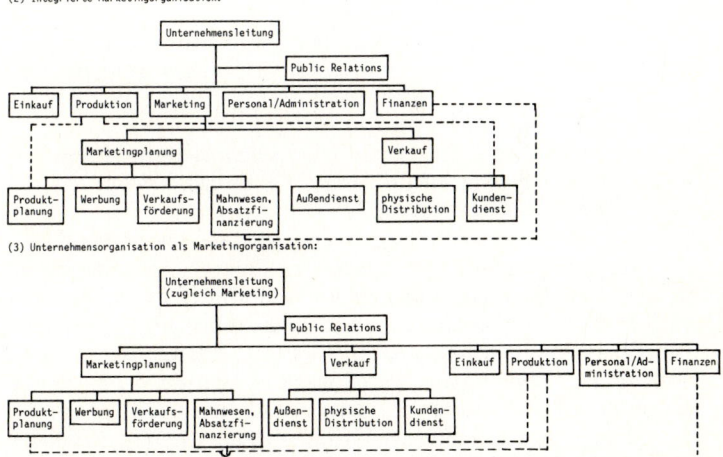

Schaubild 9.22.: Alternative Formen der Gesamtunternehmensorganisation unter besonderer Berücksichtigung derjenigen Organisationseinheiten, die sich primär mit Absatzfragen befassen

Schaubild 9.22. verdeutlicht *Grundmuster organisatorischer Regelungen*; sie können nicht als direkt umsetzbare Organisationsstrukturen aufgefaßt werden. Die aufgezeigten Muster spiegeln in gewisser Weise auch einzelne Stufen der Entwicklung eines Marktes wider; das erste Muster (nicht-integrierte Marketingorganisation) ist auf Verkäufermärkten besonders häufig anzutreffen, das dritte Muster (Unternehmensorganisation als Marketingorganisation) dagegen macht nur dann Sinn, wenn der Absatzsektor den deutlich dominierenden Engpaßsektor darstellt. Beim ersten Organisationsmuster ist eine integrative Absatzpolitik nur vergleichsweise schwer zu verwirklichen; die eindeutige Dominanz des Marketingsektors, die für das dritte Muster kennzeichnend ist, läßt Abstimmungsprobleme etwa zwischen den Bereichen Marketing und Produktion kaum mehr auftauchen, da die übrigen Funktionsbereiche fast schon zu «Zuarbeitern» des Marketingbereichs degradiert sind.

Die Frage der Angemessenheit der einzelnen Organisationsmuster ist vor allem davon abhängig, wie ausgeprägt der *Engpaßcharakter des Marketingsektors* ist bzw. inwieweit technische Produkteigenschaften absatzdeterminierend sind. Unternehmen, die Spezialmaschinen vertreiben und bei denen die technische Produktauslegung absatzbestimmend ist, sind ohne Zweifel mit einem Organisationsmuster analog dem erstgenannten gut bedient. Für Unternehmen der Kosmetikindustrie oder mancher Bereiche der Nahrungsmittelindustrie (z. B. Fertiggerichte) dagegen entspricht das reale Organisationsverhalten weitgehend dem drittgenannten Muster.

Die Organisation des Absatzbereiches selbst stellt in vielen Fällen ebenfalls eine wichtige Planungsaufgabe dar. Einige Organisationsmuster sind in Schaubild 9.23. wiedergegeben, wobei auch hier nur Grundstrukturen nachgezeichnet werden können. Die Organisation der absatzbezogenen Aufgaben wurde früher fast ausschließlich nach *funktionalen Gesichtspunkten* vorgenommen, d. h. es wuren Organisationseinheiten gebildet, die einzelne Teile der gesamten absatzpolitischen Planungs- und Kontrollaufgabe bewältigen. Die Aufteilung wurde dabei häufig analog dem in Schaubild 9.23. zuerst skizzierten Muster vorgenommen; eine mangelhafte Koordination der einzelnen Teilaufgaben war häufig die Folge. Seit einigen Jahren ist eine funktionale Gliederung neueren Typs (Muster 1 in Schaubild 9.23.) für viele Unternehmen, die sich Käufermärkte gegenübersehen, kennzeichnend. Nach diesem Organisationsmuster werden die

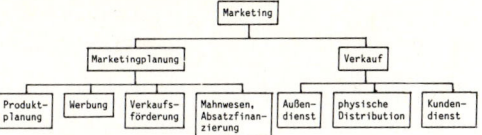

(1) funktionale Absatzorganisation (neueren Typs):

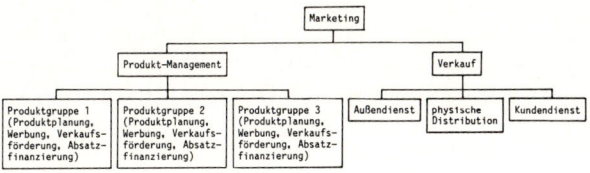

(2) Produkt-Management-Organisation:

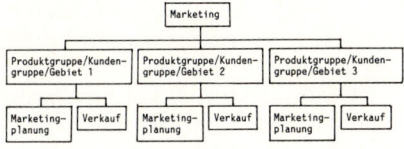

(3) Objektorientierte Absatzorganisation (Objekte: Produktgruppen/
Kundengruppen/Gebiete):

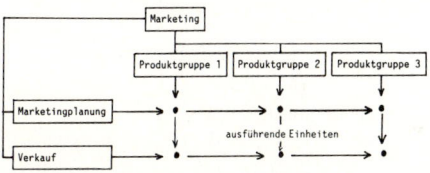

(4) Matrixorganisation (Basis: Produktgruppen und Funktionen):

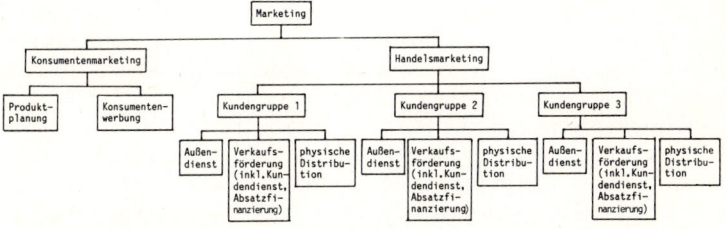

(5) Absatzorganisation beim vertikalen Marketing:

Schaubild 9.23.: Alternative Formen der Organisation des Absatzbereiches

vielfältigen absatzbezogenen Funktionen in zwei Bereiche zusammengefaßt: Marketingplanung und Verkauf. Dem Bereich

Marketingplanung werden dann die mehr analytischen bzw. konzeptionellen Aufgabenstellungen der Absatzplanung zugewiesen, während dem Bereich Verkauf die konkreten Verkaufs- und Versandaktivitäten zugeordnet sind.

Angesichts oft gravierender Unterschiede zwischen den einzelnen Produktmärkten hat sich in vielen Unternehmen die *Produkt-Management*-Organisationsform (Muster 2 in Schaubild 9.23.) herausgebildet. Im Unterschied zur rein funktionalen Gliederung wird hier der Planungsbereich nicht funktional, sondern produktbezogen untergliedert. Kennzeichnend für die funktionale Absatzorganisation (neueren Typs) und die Produkt-Management-Organisation ist, daß Ergebnisverantwortung und Handlungskompetenz nur dem Verkauf und dem ihm nachgeordneten Außendienst zukommt. Marketingplanung und Produkt-Management haben zwar entsprechende Aufgaben, können zumeist aber nicht allein deren Realisierung in die Wege leiten. Aus dieser mangelnden Kongruenz erwachsen häufig Motivationsprobleme der Mitarbeiter.

Kompetenz- und daraus erwachsende Motivationsprobleme treten kaum bei den *objektorientierten Organisationsformen* (Muster 3 in Schaubild 9.23.) auf; die Zuordnung von Aufgabe, Handlungskompetenz und Verantwortung ist hier eindeutig geregelt. In letzter Zeit besonders häufig diskutiert wurde aus der Vielzahl objektorientierter Absatzorganisationen das *Key-Account-Management,* bei dem alle Aktivitäten im Hinblick auf einen wichtigen Kunden durch einen für ihn «bereitgestellten» Großkundenmanager koordiniert werden. Je nach der Art der Organisationsstruktur (nach Produktgruppen, Kundengruppen oder Gebieten) ist die Abstimmung einer Planungsdimension (Produktgruppen, Kundengruppen, Gebiete) nahezu perfekt gewährleistet, nicht aber diejenige hinsichtlich der anderen Dimensionen. So ist etwa bei einer produktorientierten Absatzorganisation in der Regel gewährleistet, daß alle Aktivitäten für das entsprechende Produkt aufeinander abgestimmt sind, nicht aber im gleichen Maße, daß die Aktivitäten bezüglich Produkt A mit denen bezüglich Produkt B voll harmonieren (einheitliche Werbekonstante, Besuch durch einen einzigen Außendienst). Analoge Probleme ergeben sich bei kunden- und gebietsorientierten Absatzorganisationen. Aus diesem mindestens doppelten Abstimmungsbedürfnis heraus erwuchs die Idee der Matrixorganisation, vor allem diejenigen der *Produkt-Funktions-Matrixorganisation* (Muster 4 in Schaubild 9.23.), bei der für die

Ausführung einer Tätigkeit stets Produkt- und Funktionsspezialisten zusammenwirken müssen; dementsprechend ist auch bei einer solchen Organisation die Abstimmung bezüglich jedes Produkts und jeder Funktion gewährleistet. Die Komplexität der Entscheidungsprozesse läßt Matrix-Organisationen allerdings meist schwerfällig werden.

Dem allgemeinen Prinzip «structure follows strategy» folgend ist für Märkte, bei denen ein *zweistufiges Marketing* notwendig ist, eine andere Absatzorganisationsform zu empfehlen (Muster 5 in Schaubild 9.23.). In solchen Märkten, in denen die Absatzmittler üblicherweise eine starke Stellung innehaben (Nachfragemacht des Handel), ist es für Produzenten unerläßlich, eine Marketingkonzeption zu realisieren, die sowohl eine auf den Handel als auch eine auf die Konsumenten gerichtete Strategie beinhaltet. Dieser strategischen Konzeption folgend wird dann – bisher nur sehr vereinzelt – die Marketingabteilung nach den Zielgruppen der Strategie (Konsumenten, Handel) ausgerichtet.

Die relative Vorteilhaftigkeit der einzelnen Formen der Organisation der Absatzaufgabe bemißt sich vordringlich nach den marktlichen Gegebenheiten. Für Unternehmen, die auf Verkäufermärkten operieren, dürfte die funktionale Absatzorganisation angemessen sein; für Unternehmen, die sehr unterschiedliche Produktgruppen mit jeweils unterschiedlichen Abnehmergruppen aufweisen, ist eine objektorientierte Organisationsform naheliegend; für Unternehmen, die sich einem starken Handel gegenübersehen, stellt die zuletzt skizzierte Organisationsform eine sich fast natürlich ergebende Regelung dar.

9.5.2. Die Organisation der Informationswirtschaft

Angesichts der unbestritten großen Bedeutung, die der informationswirtschaftlichen Absicherung der absatzpolitischen Planungs- und Kontrollmaßnahmen zukommt, ist es angebracht, zum Abschluß des Buches einige Gedanken zur Organisation der Informationswirtschaft aus absatzpolitischer Sicht vorzutragen.

Das informationswirtschaftliche System, das zur Lösung absatzpolitischer Fragestellungen zur Verfügung steht, wird üblicherweise *Marketing-Informationssystem* genannt. Dieses System sollte alle für die diversen Planungs- und Kontrollvorgänge notwendigen Informationen ohne unnötigen Zeitverzug, aktuell und genau zur Verfügung stellen. Ein weiteres Bauprinzip des Marketing-Informationssystem ist die Universalität der im System aufgenommenen Informationen, die nicht nur dem Bereich des betrieblichen Rechnungswesens entnommen sein dürfen. Anforderungen, die üblicherweise an ein solches Marketing-Informationssystem gestellt werden, sind folgende:

- In das System sind *alle relevanten Daten* unabhängig von ihrer Herkunft aufzunehmen, somit also sowohl Struktur- als auch Reaktionsinformationen (vgl. dazu Kapitel 3). Das Informationssystem sollte danach zumindest folgende Informationsquellen berücksichtigen: Rechnungswesen, Absatzstatistik, Außendienstberichterstattung, Reklamationsstatistik, Marktanteils-/Feldanteils-/Wiederkauf-/Distributionsanteilsdaten aus Handels- bzw. Haushaltspanels, Marktstrukturdaten der Öffentlichen Statistiken und der Verbandsstatistiken und Betriebsvergleichswerte.

- Die im Informationssystem gespeicherten Daten müssen *schnell verarbeitbar* sowie *miteinander vernetzbar* sein (z.B. einheitliches Indexsystem mit Produkt-, Kunden-, Gebiets- und Mitarbeiterindex). Sämtliche Informationen sind vor Eingabe in das System naturgemäß auf ihre Richtigkeit hin zu überprüfen.

- Das Informationssystem muß neben *Standardberichten* (zu Kontrollzwecken, z.B. Deckungsbeitragslisten) zum einen einen *freien Zugang* zu einzelnen Informationen und zum anderen *beliebige Aggregationen* ermöglichen. Diese Forderung setzt voraus, daß die Daten grundsätzlich in unaggregierter Form gespeichert und erst für Zwecke einzelner Auswertungen aggregiert werden.

- Hinsichtlich der Zugangsmöglichkeiten muß das System äußerst flexibel sein, um so den *spezifischen Bedürfnissen der einzelnen Informationsnachfrager* weitgehend entgegenkommen zu können. Unflexible Abfrageroutinen, die nicht nach dem Wunsch des Informationsnachfragers gestaltet werden können, führen stets zu Akzeptanzproblemen seitens der Zielpersonen des Systems.

- Basis der Konzeption des Informationssystems müssen sowohl *objektive Analysen* der regelmäßig zu fundierenden Entscheidungsaufgaben als auch *anwenderorientierte Analysen der Informationsverarbeitungswünsche* (Inhalt, Zugangsform) der Informationsnachfrager sein.

Die Anforderungen einer Vernetzung der einzelnen Informationen und einer frei wählbaren Aggregation der Einzelinformationen sind fast nur mit Hilfe von EDV-gestützten Informations-systemen zu lösen. Übereinstimmung besteht hinsichtlich des Aufbaus des Informationssystem dahingehend, daß es mindestens drei Elemente aufweisen muß:

- *Datenbank*, in der die einzelnen Informationen in Rohform leicht zugreifbar gespeichert sind.
- *Methoden- und Modellbank*, die es erlaubt, mit Hilfe einfacher (z.B. Aggregation, Summenbildung etc.) oder komplexer (z.B. Prognoseverfahren, Regressionsanalysen, statistische Tests, Varianzanalysen, Beschreibungsmodelle) Verfahren die Rohdaten zu für die Entscheidungsträger brauchbaren Informationen aufzubereiten.
- *Interaktionseinrichtung*, mittels der der Benutzer auf einfache Weise sowohl einzelne Daten direkt abrufen als auch Datenverarbeitungsroutinen einleiten kann. Die Interaktionsmöglichkeiten müssen dabei so ausgestaltet sein, daß auch beliebige Sprünge, Verzweigungen und Zwischenspeicherungen von Daten möglich sind. Neben dem Bildschirm als Aus- und Eingabeeinheit muß dabei auch die Ausgabe über einen Drukker möglich sein.

Vereinfacht kann die Struktur des Informationssystems wie in Schaubild 9.24. skizziert dargestellt werden.

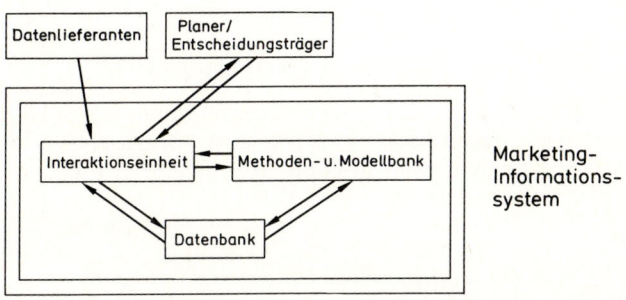

Schaubild 9.24.: Grundstruktur eines Marketing-Informationssystems

Der Realisation eines solchermaßen strukturierten Informationssystems stehen in der Realität häufig erhebliche Probleme entgegen; einige seien kurz in Frageform aufgeführt.
- Wie kann ein Übermaß an zu speichernden Informationen vermieden werden? Da nicht alle Planungsprobleme vorab bekannt sind, ist es schon theoretisch äußerst schwierig, lange

Zeit vorab zu entscheiden, ob eine bestimmte Kategorie von Informationen als relevant und damit zu speichern oder als irrelevant einzustufen ist.

- Wie kann die Liste der Planungsaufgaben vorab sinnvoll festgelegt werden? Eine solche Liste ist zur Festlegung der zu speichernden Daten jedoch notwendig.
- Wie können Informationen sinnvoll aufeinander abgestimmt werden, so daß das System miteinander konsistente Einzelaussagen liefert. Liegen etwa für gleiche Sachverhalte unterschiedliche Informationen vor, so wird man in der Regel erwarten, daß diese Informationen aufeinander abgestimmt werden; wie dies zu erfolgen hat, ist jedoch weitgehend unklar.
- Wie kann verhindert werden, daß entweder zu viele unterschiedliche Ausgabemodalitäten («babylonische Sprachverwirrung» als Folge) oder zu wenige Ausgabemodalitäten (Hemmnis für Akzeptanz des Systems) generiert werden?
- Wie können allgemeine Berührungsängste mit solchen Systemen vermieden werden?

Trotz heute noch beträchtlicher Schwierigkeiten bei der Lösung von Detailproblemen der Informationssysteme besteht Einigkeit darüber, daß entsprechende Systeme als Basis einer rationalen Absatzplanung und -kontrolle unverzichtbar sind.

9.6. Fallstudie «Richard Hirschmann I»

Marketingplanung und -kontrolle besteht nicht nur im Entwurf großer Strategien und deren Kontrolle, sondern ebenso in der laufenden Analyse des gesamten Unternehmensgeschehen auf Schwachpunkte bzw. Bereiche besonderer Vorteile. Die nachstehende Fallstudie soll zu einer solchen Unternehmensanalyse anregen.[2]

Ausgangssituation

Anfang 1971 fand eine Sitzung der Geschäftsleitung der Richard Hirschmann Radiotechnisches Werk GmbH statt, auf der die Grundlinien der Marketingstrategie im nächsten Jahrzehnt dis-

---

[2] Dieses Kapitel stellt einen verkürzten Abdruck der Fallstudie «Richard Hirschmann Radiotechnisches Werk (A)» dar (Böcker, F.: Fallstudien zum Marketing, Berlin 1983, S. 22–44). Wir danken dem Verlag für die Genehmigung des Abdrucks.

kutiert werden sollten. Teilnehmer der Sitzung waren Richard Hirschmann, der Seniorchef des Unternehmens, der Juniorchef Richard G. Hirschmann, der Marketingleiter Siegfried E. Kramer, der Leiter der Marktforschung H. Müller und M. Schwäble von der GfK, die vor einiger Zeit eine Marktanalyse auf nationaler Ebene durchgeführt hatte. Diese Marktanalyse war ein Teil der routinemäßigen Marktanalysen, die das Unternehmen durchführte bzw. durchführen ließ.

Die Marktanalyse von 1970 stieß insofern auf besonderes Interesse, als man hoffte, aus ihr Hinweise auf die Ursachen für den seit vier Jahren mehr oder weniger kontinuierlichen Verlust an Marktanteilen ableiten zu können. Trotz zurückgehender Marktstärke konnte das Unternehmen allerdings noch immer auf eine sehr befriedigende Renditesituation verweisen.

Die Sitzung sollte in erster Linie der Behandlung der strategischen Empfehlungen, die die GfK auf der Basis der Marktanalyse erarbeitet hatte, und einiger Grundsätze, die Herr Kramer alternativ entwickelt hatte, dienen. Die anstehenden Entscheidungen wurden allseits als so wichtig eingestuft, daß sie der Geschäftsleitung vorbehalten wurden.

Das Unternehmen

1924 gründete Richard Hirschmann in Esslingen die Richard Hirschmann Radiotechnischen Werke GmbH (RHRW); Grundstein des Unternehmens war eine einzige Idee: eine verblüffend einfache Steckverbindung für Radiogeräte, der Bananenstecker, für den die Firma noch in jenem Jahr ein Patent erhielt. Angesichts der großen Nachfrage und dem Mangel an Konkurrenz war der Unternehmenserfolg vorgezeichnet. Schon wenige Jahre später wurde die Entwicklung und Produktion von Antennen aufgenommen (1939 erste Autoantenne). Der Siegeszug der zunächst recht einfachen Rundfunkempfänger, später der UKW-Empfänger, darauf der Autoradiogeräte und schließlich des Fernsehers verschaffte RHRW bis vor einigen Jahren ein schnelles und relativ problemloses Wachstum. Unter der etwas patriarchalischen Führung des Gründers gingen die Umsätze auch nach dem zweiten Weltkrieg steil nach oben; von etwa 4 Mio DM im Jahre 1950 wuchsen sie über 50 Mio DM im Jahre 1965 auf 74 Mio DM im Jahre 1968 und 104 Mio DM im Jahre 1970 (40% davon werden im Export oder durch ausländische Tochtergesellschaften erzielt).

In seiner ihm eigenen Art formulierte Richard Hirschmann die ehernen Grundsätze des Unternehmens wie folgt: «Wir wollen auf jeden Fall die volle Selbständigkeit erhalten, bei der dadurch begrenzten Kapitalkraft und dem damit notwendigerweise verminderten Risiko aber ein ausreichendes Wachstum sichern. Wir reden daher nicht nur über Marketing, sondern wir handeln auch in diesem Sinne. So haben wir bereits 1965 als eines der ersten Unternehmen unserer Branche eine Marktforschungsabteilung eingerichtet.» RHRW ist seiner Ansicht nach ein mit modernen Managementmethoden geführtes typisches mittelständisches Unternehmen. Seit 1965 arbeitet sein Sohn leitend in der Unternehmung mit.

Produktions- und Vertriebsprogramm der RHRW umfassen zum einen Autoantennen, Fernsehantennen sowie Gemeinschaftsantennenanlagen und zum anderen alle Arten von Steckverbindungen – vom Bananenstecker bis zum 64-poligen Stecker für EDV-Anlagen. Die vier Produktbereiche sind etwa gleich umsatzstark. Das Sortiment umfaßt insgesamt etwa 6500 Produktvarianten, die alle unter dem Namen Hirschmann vertrieben werden. Im Bereich Autoantennen (vgl. Anlage 1) weist die Preisliste 1970/71 insgesamt 121 Bestellnummern (DM 0,50 bis DM 241,90) und im Bereich TV- und Gemeinschaftsantennen 836 Bestellnummern (DM 0,62 bis DM 599,40) auf. Bis 1970 waren weltweit bereits mehr als 25 Mio. Auto- und 20 Mio. Fernsehantennen mit dem Namen Hirschmann verkauft worden.

1970 beschäftigt das Unternehmen 3100 Personen, davon 2600 in Deutschland. Produktionsbetriebe bestehen daneben noch in Österreich, Spanien und Südafrika, Verkaufsgesellschaften in Frankreich und den Niederlanden, Kooperationsverträge mit einer englischen und einer ungarischen Unternehmung. Im Inland wird der Vertrieb des gesamten Produktionsprogramms getrennt nach den beiden Produktbereichen Steckverbindungen/Autoantennen und TV-/Gemeinschaftsantennen betrieben. Der Gesamtvertriebsleitung sind daher zwei Produktverkaufsleitungen untergeordnet, denen jeweils Gruppenleiter für die einzelnen (vier) Produktgruppen angehören. Die Marktforschungsabteilung ist direkt der Unternehmungsleitung unterstellt. In der Bundesrepublik Deutschland bestehen insgesamt 18 Regionalvertretungen, die jeweils Gebietsschutz besitzen und das ganze Programm betreuen (vgl. Anlage 2). Von den 18 Regionalvertretungen sind 13 als selbständige Handelsvertretungen ausgebildet (Unternehmen mit bis ca. 60 Beschäftigten), die übrigen sind Firmenniederlassungen; Berichts- und Kontrollwesen beider Typen von Regionalvertretungen weichen voneinander ab, nicht aber Aufgaben und Kompetenzen.

RHRW und der Markt für Antennen in der Bundesrepublik Deutschland

Aus Verbandsstatistiken und Hochrechnungen auf der Basis vertraulicher Kundenmitteilungen errechnete die Marktforschung die nachfolgend dargestellten Marktanteilswerte, die durch Zeitvergleiche zusätzlich abgesichert wurden.

Unternehmen	Autoantennen	TV-Antennen	Gemeinschafts-antennen
	Marktanteil, mengenmäßig (in %)		
RHRW	40	22	16
Konkurrent A	–	16	14
Konkurrent B	10	26	15
Konkurrent C	23	–	25
Konkurrent D	8	–	–
Konkurrent E	–	–	22
Konkurrent F	2	14	6
Rest (incl. Importe)	17	22	2

Schaubild 9.25.: Mengenmäßige Marktanteile auf den wichtigsten Antennenteilmärkten 1969/1970

Die Qualitätsunterschiede zwischen den Erzeugnissen der einzelnen Hersteller sind in den vergangenen Jahren auf dem Antennenmarkt immer mehr zusammengeschmolzen. Auf dem für RHRW wichtigsten Teilmarkt der Autoantennen bietet seit ca. 1950 allein RHRW die vollautomatische Antenne an, d.h. eine Antenne, die durch einen vom Fahrgastraum aus zu bedienenden Motor aus- und eingefahren werden kann. Bei den übrigen Autoantennen unterscheiden sich Hirschmann-Produkte von Importwaren etwa dadurch, daß sie aufgrund aufwendigerer Technik auch unter schwierigen äußeren Umständen volle Funktionstüchtigkeit gewährleisten. Diese Qualitätsunterschiede sind allerdings für den Verbraucher kaum zu erkennen (auch bei TV- und Gemeinschaftsantennen), so daß sich bisher kein Markenbewußtsein herausgebildet hat. Durch Anzeigen in Fachzeitschriften und Mitteilungen in Kundenzeitschriften versucht RHRW das Qualitätsbewußtsein der relevanten Mitarbeiter der Handelsunternehmen zu steigern.

Die Preise der Hirschmann-Produkte liegen in der Mehrzahl der Fälle am oberen Ende der Preisskala der gehandelten Produkte. RHRW liefert nur an den Fachgroßhandel und industrielle Abnehmer, eine direkte Belieferung von Einzelhandelsunternehmen oder Handwerksbetrieben erfolgt nicht.

Im Verlaufe der letzten Jahre konnte Konkurrent B seinen Marktanteil im Autoantennenbereich und Konkurrent A in den beiden anderen Produktbereichen vor allem zu Lasten von RHRW ausbauen. Die Entwicklung der einzelnen Teilmärkte zwischen 1960 und 1970 ist in Schaubild 9.26. zusammengefaßt.

	Autoantennen		TV-Antennen		Gemeinschafts-antennen	
	1960	1970	1960	1970	1960	1970
Marktvolumen (in Mio Stück)	1,1	2,5	1,4	1,7	–	–
Jährliches Wachstum des Marktvolumens	+ 8,6 %		+ 2,0 %		–	
Marktvolumen (in Mio DM)	10	30	50	60	5	50
Jährliches Wachstum des Marktvolumens	+ 11,6 %		+ 1,8 %		+ 25,9 %	
Markt-durchdringung	5 %	30 %	20 %	65 %	5 %	30 %
Marktdurchdringung Schweden Großbritannien	3 % 2 %	18 % 15 %	40 % 65 %	85 % 85 %	• •	• •

Schaubild 9.26.: Entwicklung der Antennenteilmärkte von 1960 bis 1970

Nach Ansicht des Managements werden sich in den kommenden Jahren die Fernseh- und Autoantennenteilmärkte sehr schnell auf eine Sättigungsgrenze hin bewegen. Für den Fernsehantennenmarkt Großbritanniens, wo das Fernsehen bereits 10 Jahre früher eingeführt wurde, bestehen schon jetzt deutliche Sättigungserscheinungen; in der Bundesrepublik Deutschland macht der Ersatzbedarf derzeit schon einen beachtlichen Anteil der Umsätze aus.

Hirschmann liefert einen wesentlichen Anteil seiner Autoantennen an die Kfz-Industrie zur Erstausrüstung der Kraftwagen; im Bereich der Erstausstattung ist Hirschmann eindeutig marktbestimmend. Der Kontakt mit den Kraftfahrzeugherstellern wird nicht von den Vertretern/Reisenden, sondern von der Marketingleitung direkt gepflegt. Die an den Handel bzw. das Handwerk ausgelieferten Antennen werden zu 80% von Autoradio-Einbaubetrieben bzw. von Kfz-Werkstätten installiert. Seit einigen Jahren glaubt man eine steigende Bedeutung anderer Vertriebswege als die über die Kfz-Industrie feststellen zu können, was man darauf zurückführt, daß beim Verbraucher der Wunsch nach einem differenzierteren Angebot als es die Kfz-Industrie bietet, im Wachsen begriffen ist.

Marketingstrategien von RHRW

Nach einleitenden Worten von Richard Hirschmann trägt zunächst Herr Schwäble die wichtigsten Ergebnisse der GfK-Marktstudie (vgl. Anlage 3) vor: «Besonders bemerkenswert erscheint mir unsere herausragende Bekanntheit bei allen Abnehmergruppen. Über 85% unserer Abnehmer kennen unsere Produkte, die Bekanntheitsgrade unserer schärfsten Konkurrenten A und B liegen um etwa 10% bzw. 20% unter unseren Zahlen.

Neben dem Bekanntheitsgrad haben wir auch das Firmenimage, die Distributionsquote, die Produktimages der einzelnen Teilsortimente, die Besuchsfrequenz und die Qualität der Werbung von RHRW und jedes wichtigen Konkurrenten untersucht. Beim Firmenimage zeigt sich deutlich, daß die konsequente Qualitätspolitik, die RHRW bereits seit Jahren betreibt, auch vom Abnehmer aufgenommen wird. Hinsichtlich der Distributionsquote ist RHRW eindeutig führend. Hier sind scharfsinnige Analysen allerdings kaum möglich, da wir die unterschiedlichen Größen der einzelnen Abnehmerbetriebe nicht berücksichtigen konnten. Um die Stärken und Schwächen der Produkte der einzelnen Anbieter abschätzen zu können, haben wir auch nach den Produktimages gefragt. Die in diesem Zusammenhang abgefragten Merkmale wurden danach ausgewählt, ob ihnen grundsätzlich Bedeutung für die Markenwahl zukommt. Dabei zeigte sich zum einen, daß die Produktimages zum Teil erheblich vom jeweiligen Firmenimage abweichen und zum anderen, daß unsere Bezugsbedingungen und unser Kundenkontakt nicht als sehr gut betrachtet werden. Aus den Besuchsfrequenzzahlen ist allerdings abzuleiten, daß wir im Durchschnitt relativ hohe

Werte aufweisen. Die Empfehlung, die man aus diesen Ermittlungen ableiten kann, lautet etwa wie folgt: Intensivierung der Anstrengungen bei den Installateuren und Erhöhung der Besuche von Reisenden beim Einzelhandel.»

«Ich glaube, Ihre Analyse ist sehr nützlich», fuhr Richard G. Hirschmann fort, «aber ich zweifle daran, ob wir allein durch Vertriebsanstrengungen unsere Marktposition ausbauen können! Betrachten wir einmal den Autoantennenbereich, so müssen wir uns eingestehen, daß unser Produkt zwar für die Leistungsfähigkeit des kompletten Systems von sehr großer Bedeutung ist – ohne Antenne kein Empfang bzw. ohne gute Antenne kein guter Empfang –, dies aber von den Abnehmern und Konsumenten nicht immer in der notwendigen Deutlichkeit gesehen wird. Nach Meinung der Verbraucher und im geringen Maße auch der der Fachleute ist die Antennenwahl doch sehr unwichtig – zumindest bis heute noch! Hinzu kommt, daß immer mehr Unternehmen unsere Produkte nachbauen und dann billiger auf den Markt werfen, als wir es mit all unseren Forschungsaufwendungen können.»

«Ich glaube, wir sollten zur Bildung eines klaren Produktimages – oder wenn Sie so wollen – eines Qualitätsbewußtseins beim Letztkäufer eine breit angelegte Werbekampagne starten!», warf ein Teilnehmer der Sitzung ein.

Anlage 1: Preise für Auto-Antennen 1970/71

Produktgruppe	empfohlene RHRW-End-verbraucherpreise	niedrigste tatsächliche Konkurrenzpreise
Versenkantennen	DM 33,30 – DM 65,50	DM 13,30
Versenkantennen im Baukastensystem	DM 13,30 – DM 18,30	?
Vollautomatische Auto-antennen	DM 169,75 – DM 241,90	–
Anbauantennen	DM 18,90 – DM 54,40	DM 8,90

Sonstige Produktgruppen im Produktbereich Auto-Antennen:
– Kofferradio-Antennen
– Zubehör.

Anlage 2: Hirschmann Regionalvertretungen 1970

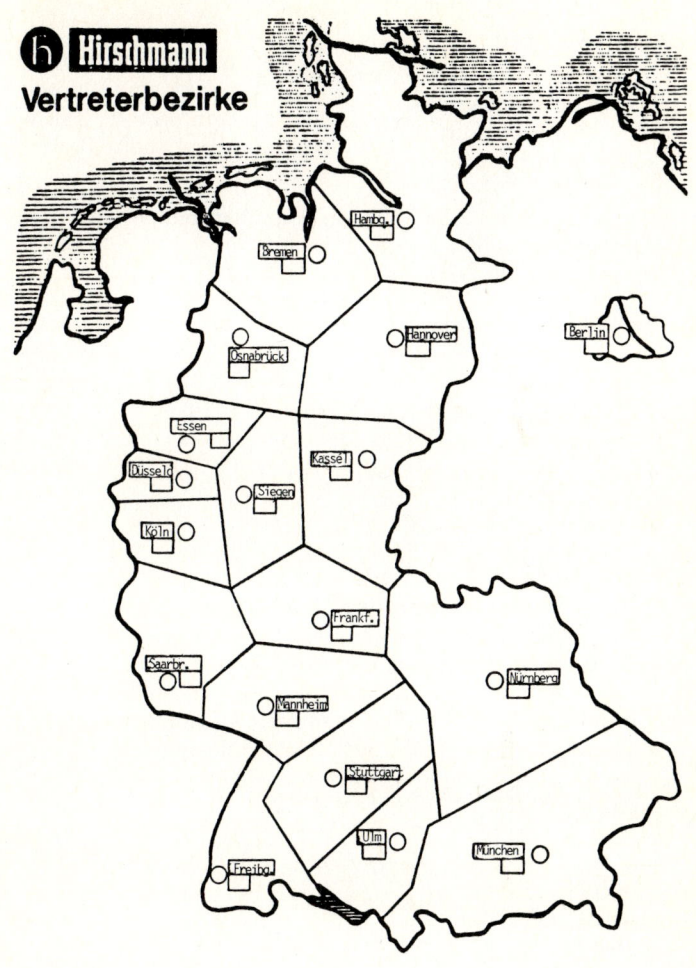

Anlage 3: Ergebnisse der GfK-Marktanalyse 1970 (Bundesrepublik Deutschland)

Basis: 252 Einzelhandelsunternehmen
185 Großhandelsunternehmen
50 Planungsbüros
20 Installateure
Persönliche Interviews

} nach dem Schwer-
punkt- und Quoten-
prinzip von RHRW
ausgewählte Betriebe

a) Bekanntheit der Anbieter von Antennen bei den einzelnen Abnehmergruppen:

Unternehmen	Bekanntheitsgrade (in %)					
	Einzelhandel		Großhandel		Planungsbüro	Installateure
	Auto	TV + Gem	Auto	TV + Gem	TV + Gem	TV + Gem
RHRW	85,7	94,3	100,0	88,0	79,7	80,5
Konkurrent A	–	78,2	–	74,1	89,3	80,5
Konkurrent B	60,1	72,0	89,7	59,9	79,7	86,0
Konkurrent C	51,4	49,2	58,2	·	46,2	46,0
Konkurrent D	15,9	–	27,6	–	–	–
Konkurrent E	–	44,9	–	30,2	83,0	70,9
Konkurrent F	26,5	·	13,3	50,6	55,4	55,1

–: Unternehmen bietet entsprechendes Sortiment nicht an.
·: Unternehmen weist Bekanntheitsgrad auf, der niedriger ist als der niedrigste in der betreffenden Spalte.

b) Einstellung der einzelnen Abnehmergruppen zu den relevanten Anbietern von Antennen («Firmenimage»):

Unternehmen	Durchschnittliche Einstellungswerte nach Rangplätzen (1: = bester Wert)		
	Einzelhandel	Großhandel	Planungsbüro + Installateure
RHRW	1.	1.	1.
Konkurrent A	2.	2.	2.
Konkurrent B	3.	3.	3.
Konkurrent C	4.	3.	4.
Konkurrent D	5.	5.	–
Konkurrent E	6.	6.	5.
Konkurrent F	6.	7.	5.

c) Distributionsquote bei den einzelnen Abnehmergruppen:

Unternehmen	Distributionsquoten nach Rangplätzen (1: = höchster Wert)									
	Einzelhandel			Großhandel			Planungsbüros		Installateure	
	Auto	TV	Gem	Auto	TV	Gem	TV	Gem	TV	Gem
RHRW	1.	1.	1.	1.	1.	1.	1.	1.	2.	1.
Konkurrent A	–	2.	4.	–	2.	1.	2.	1.	1.	2.
Konkurrent B	2.	3.	2.	2.	3.	3.	4.	3.	•	5.
Konkurrent C	3.	–	5.	3.	–	5.	–	4.	–	3.
Konkurrent D	4.	–	–	4.	–	–	–	–	–	–
Konkurrent E	–	–	2.	–	–	4.	–	•	–	•
Konkurrent F	5.	•	•	4.	4.	•	2.	5.	•	4.

Ergebnisse basieren auf ungewichteter Summierung der Werte der einzelnen Abnehmer.

–: Unternehmen bietet entsprechendes Sortiment nicht an.

•: Unternehmen hat vergleichsweise geringe Distributionsquote.

d) Besuchsfrequenz bei den einzelnen Abnehmergruppen:

Unternehmen	durchschnittliche Besuchshäufigkeiten alle ... Wochen			
	Einzelhandel	Großhandel	Planungsbüros	Installateure
RHRW	6,5	4,3	7,5	7,1
Konkurrent A	6,1	4,6	6,9	7,1
Konkurrent B	6,8	4,9	7,8	7,2
Konkurrent C	6,1	5,0	8,1	7,3
Konkurrent D	6,8	5,0	–	–
Konkurrent E	7,3	7,0	8,3	7,6
Konkurrent F	7,7	5,0	7,8	7,3
von Abnehmern gewünschte Besuchshäufigkeit	7,1	4,4	8,6	7,8

e1) Einstellung der einzelnen Abnehmergruppen zum Teilsortiment Autoantennen der relevanten Anbieter («Produktimage Autoantennen»):

Beurteilungs-merkmale	Rangwerte (1: = höchster Wert)									
	RHRW		Konkurrent B		Konkurrent C		Konkurrent D		Konkurrent F	
	EH	GH	EH	GH	EH	GH	EH	GH	EH	GH
pünktliche, rasche Lieferung	1.	2.	2.	2.	3.	2.	3.	1.	5.	5.
technisch verläß-liche und ausge-reifte Produkte	1.	1.	3.	3.	1.	3.	4.	2.	5.	5.
einfach zu mon-tierende Produkte	2.	1.	4.	3.	2.	2.	5.	3.	1.	5.
fortschrittlich in der Technik	1.	2.	1.	1.	3.	3.	4.	3.	5.	5.
moderne Form-gebung	1.	1.	2.	1.	3.	3.	4.	5.	5.	4.
guter technischer Kundendienst	1.	1.	3.	2.	2.	3.	5.	4.	4.	5.
gute Vertreter/ Reisende	1.	1.	1.	2.	3.	5.	5.	3.	3.	4.
gutes und viel-seitiges Informa-tionsmaterial	1.	1.	3.	2.	2.	4.	5.	4.	4.	3.
persönlicher Kon-takt zur Firma	2.	1.	1.	2.	3.	5.	5.	4.	4.	3.
gute Werbung	2.	1.	2.	3.	1.	1.	4.	4.	4.	4.
günstige Bezugs-bedingungen	4.	2.	1.	1.	3.	4.	2.	4.	4.	3.
Gesamt-beurteilung	1.	1.	3.	4.	2.	2.	5.	3.	4.	5.

Die Rangreihung wurde merkmalspezifisch für die Abnehmergruppen Einzelhandel (EH) und Großhandel (GH) getrennt erstellt.

e2) Einstellung der einzelnen Abnehmergruppen zum Teilsortiment TV- und Gemeinschaftsantennen der relevanten Anbieter («Produktimage TV- und Gemeinschaftsantennen»):

| Beurteilungsmerkmale | Rangwerte (1: = höchster Wert) | | | | | | | | | | | | | | | | | |
| | RHW | | | Konkurrent A | | | Konkurrent B | | | Konkurrent C | | | Konkurrent E | | | Konkurrent F | | |
	EH	GH	Inst	EH	GH	Inst	EH	GH	Inst	EH	GH	Inst	EH	GH	Inst	EH	GH	Inst
pünktliche, rasche Lieferung	1.	1.	2.	5.	2.	2.	1.	2.	1.	4.	4.	5.	5.	5.	5.	3.	6.	4.
technisch verläßliche und ausgereifte Produkte	2.	1.	1.	2.	2.	1.	1.	3.	3.	4.	3.	4.	4.	3.	4.	6.	6.	6.
einfach zu montierende Produkte	1.	1.	2.	2.	1.	3.	4.	3.	1.	4.	6.	4.	6.	4.	5.	3.	4.	6.
fortschrittlich in der Technik	1.	1.	1.	2.	1.	2.	4.	3.	3.	2.	4.	3.	4.	4.	3.	6.	4.	6.
moderne Formgebung	2.	1.	2.	1.	1.	2.	2.	3.	1.	5.	5.	5.	5.	5.	5.	4.	3.	4.
guter technischer Kundendienst	1.	1.	3.	1.	3.	2.	3.	2.	1.	5.	6.	6.	5.	4.	3.	4.	4.	3.
gute Vertreter/ Reisende	3.	1.	2.	1.	3.	3.	1.	1.	1.	5.	6.	3.	4.	3.	5.	5.	5.	6.
gutes und vielseitiges Informationsmaterial	1.	1.	1.	4.	5.	5.	5.	4.	2.	1.	2.	3.	3.	2.	3.	6.	6.	6.
persönlicher Kontakt zur Firma	3.	1.	3.	2.	2.	2.	1.	6.	1.	5.	4.	5.	5.	4.	5.	3.	3.	4.
gute Werbung	1.	1.	1.	3.	3.	3.	4.	2.	3.	1.	3.	2.	6.	5.	3.	4.	5.	6.
günstige Bezugsbedingungen	3.	2.	3.	2.	2.	3.	1.	1.	1.	3.	5.	5.	6.	5.	5.	3.	4.	2.
Gesamtbeurteilung	1.	1.	1.	2.	2.	2.	2.	3.	3.	4.	3.	4.	6.	6.	6.	5.	5.	5.

Die Rangreihen wurden merkmalsspezifisch für die Abnehmergruppen Einzelhandel (EH), Großhandel (GH) und Installateure/Planungsbüros (Inst) getrennt erstellt.

9.7. Literaturempfehlungen

Empfehlungen für den gesamten bzw. den überwiegenden Bereich des Stoffes, der in diesem Buch behandelt wird, sind unter den Literaturempfehlungen am Ende des ersten Kapitels dieses Buches zu finden.

Backhaus, K.; Plinke, W.: Rechtseinflüsse auf betriebswirtschaftliche Entscheidungen, Stuttgart/Berlin/Köln/Mainz 1986

Bidlingmaier, J.: Marketing-Organisation, in: Die Unternehmung, 1973, S. 133–154

Böcker, F.: Marketing-Kontrolle, Stuttgart/Berlin/Köln/Mainz 1988

Bauer, H. H.: Marktabgrenzung, Berlin 1989

Diller, H.: Produkt-Management und Marketing-Informationssysteme, Berlin 1975

Diller, H. (Hrsg.): Marketingplanung, München 1980

Gierl, H.: Die Erklärung der Diffusion technischer Produkte, Berlin 1987

Hansen, U.; Stauss, B.; Riemer, M. (Hrsg.): Marketing und Verbraucherpolitik, Stuttgart 1982

Heinzelbecker, K.: Marketing-Informationssysteme, Stuttgart/Berlin/Köln/Mainz 1985

Köhler, R.: Beiträge zum Marketing-Management, 3. Auflage, Stuttgart 1993

Meffert, H.; Althans, J.: Internationales Marketing, Stuttgart/Berlin/Köln/Mainz 1982

Peters, Th. J.; Waterman, R. H.: Auf der Suche nach Spitzenleistungen, 3. Auflage, München 1991

Porter, M. E.: Wettbewerbsstrategie, 7. Auflage, Frankfurt 1992

Schenk, F.: Dienstleitungsmarketing, München 1982

Schmalen, H.: Marketing-Mix für neuartige Gebrauchsgüter, Wiesbaden 1979

Zentes, J.: EDV-gestütztes Marketing, Berlin/Heidelberg/New York 1987

Sachwortverzeichnis

UTB für Wissenschaft

Grundwissen der Ökonomik BWL

Herausgegeben von Prof. Dr. F. X. Bea, Tübingen, Prof. Dr. E. Dichtl, Mannheim und Prof. Dr. M. Schweitzer, Tübingen

Ahlert
Distributionspolitik
2. A. DM 29,80 (UTB 1364)

Bea/Dichtl/Schweitzer
Allgemeine Betriebswirtschaftslehre
Band 1 • Grundfragen
6. A. DM 27,80 (UTB 1081)
Band 2 • Führung
5. A. DM 29,80 (UTB 1082)
Band 3 • Leistungsprozeß
5. A. DM 27,80 (UTB 1083)

Bloech/Lücke
Produktionswirtschaft
DM 26,80 (UTB 860)

Böcker
Marketing
5. A. liegt vor (UTB 919)

Brockhoff
Produktpolitik
3. A. DM 39,80 (UTB 1079)

Buchner
Rechnungslegung und Prüfung der Kapitalgesellschaft
2. A. DM 39,80 (UTB 1586)

Büschgen
Bankbetriebslehre
2. A. DM 36,80 (UTB 917)

Drukarczyk
Finanzierung
6. A. DM 34,80 (UTB 1229)

Hansen
Wirtschaftsinformatik I
Einführung in die betriebliche Datenverarbeitung
6. A. DM 29,80 (UTB 802)

in Verbindung mit:
Hansen
Arbeitsbuch Wirtschaftsinformatik I
Lexikon, Aufgaben und Lösungen
4. A. DM 26,80 (UTB 1281)

Göpfrich
Wirtschaftsinformatik II
Strukturierte Programmierung in COBOL
4. A. DM 22,80 (UTB 803)

in Verbindung mit:
Göpfrich
Arbeitsbuch Wirtschaftsinformatik II
3. A. DM 18,80 (UTB 1283)

GUSTAV FISCHER

Altmann •
Außenwirtschaft für Unternehmen
Europäischer Binnenmarkt und Weltmarkt
1993. Etwa 810 S., etwa 268 Abb., kt. DM 49,80
(UTB 1750)

Altmann •
Volkswirtschaftslehre
Einführende Theorie mit praktischen Bezügen
3. Aufl. 1991. XVI, 267 S., 131 Abb., kt. DM 24,80
(UTB 1504)

Altmann •
Wirtschaftspolitik
Eine praxisorientierte Einführung
5. Aufl. 1992. XII, 454 S., 219 Abb., kt. DM 26,80
(UTB 1317)

Altmann •
Arbeitsbuch Volkswirtschaftslehre/Wirtschaftspolitik
Fragen, Aufgaben, Materialien und Lösungen
2. Aufl. 1993. XVI, 385 S., zahlr. Abb. u. Tab.,
kt. DM 29,80 (UTB 1537)

Ritter/Zinn •
Grundwortschatz wirtschaftswissenschaftlicher Begriffe
Englisch-Deutsch/Deutsch-Englisch
5. Aufl. 1990. VI, 272 S., kt. DM 24,80 (UTB 644)

Pilz/Ortwein •
Das vereinte Deutschland
Wirtschaftliche, soziale und finanzielle Folgeprobleme und
Konsequenzen für die Politik
1992. XII, 258 S., 2 Abb., 12 Schaubilder, 28 Tab., 3 Über-
sichten, kt. DM 26,80 (UTB 1695)

Preisänderungen vorbehalten

GUSTAV
FISCHER